卓英干燥—农化行业首选品牌
ZHUOYING DRYING

江阴市卓英干燥工程技术有限公司
JIANGYIN ZHUOYING DRYING ENGINERING TEVHNOLOGY CO.,LTD.

因为专注 所以专业
专注于农化行业，致力于农药剂型加工
清洁化、连续化生产设备的研发与制造

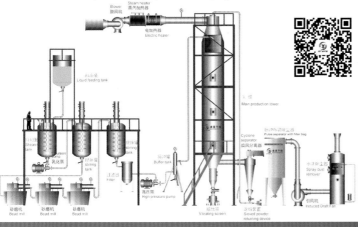

农药干悬浮剂（DF）专用喷雾造粒装置效果图
Pesticide Dry Flowable (DF) Dedicated Spray Granulation Set

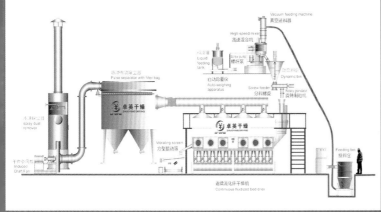

农药水分散粒剂（WG）清洁化连续生产装置效果图
Pesticide Water Dispersible Granule(WG) Clean Continuous Production Set

可调节式连续流化床　　高速混合机

旋转制粒机　　DF实验室小试设备

典型用户

地址：江阴市临港街道景贤村（新沟工业园）
销售热线：0510-81662226　81662210
传真：0510-81662230　售后服务：0510-81662230
手机：13912338885　18906168885
联系人：曹云华 先生

公司特点

本公司专注于农化行业，长期与国内农药专业研究院所合作，并与国内众多知名农药企业建立了广泛的交流与合作。

公司可为广大用户提供专业的技术支持与优质的生产装置，并可代开发剂型配方（DF和WG），实现让用户满意的全套工程技术服务。

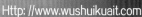

金旺三化包装线

专业农化包装生产线打造 — 安全 环保 智能

2ml~吨桶瓶装线系列

2g~吨袋袋装线系列

  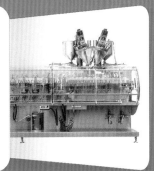

DGD-210型全自动
水平给袋式袋装机

DGD-330型全自动
水平给袋式袋装机

DXD-180F型全自动
水平式袋装机

 江苏金旺包装机械科技有限公司
JIANGSU JINWANG PACKAGING MACHINERY SCI-TECH CO.,LTD

全国免费咨询热线 : 400-662-6025

电话 : 0519-82793788　　Http : //www.11jw.com
地址 : 江苏省常州市金坛区丹凤西路39号
传真 : 0519-82792436　　E-mail : sale@jtjinwang.com

扫一扫关注微信

现代农药剂型 加工技术丛书

农药固体制剂

刘广文 主编

Pesticide Solid Formulations

化学工业出版社

·北京·

本书从农药固体制剂开发的基础理论、助剂的作用机理、制剂的开发与生产技术等多个角度，详细介绍了可湿性粉剂、可溶性粉（粒）剂、干悬浮剂、可乳化粒剂、粒剂、水分散粒剂、片剂、除草地膜、烟（雾）剂、固体蚊香、饵剂等主要固体制剂从小试到生产各阶段的相关技术，使读者全面系统地了解固体制剂开发及生产的相关技术，为农药新制剂的开发提供有力参考。

本书可供从事农药制剂研发单位、助剂生产企业、剂型开发及生产的有关技术人员、生产车间技术工人使用，也可作为大专院校相关专业师生的参考用书。

图书在版编目（CIP）数据

农药固体制剂 / 刘广文主编 . —北京：化学工业
出版社，2017.11
（现代农药剂型加工技术丛书）
ISBN 978-7-122-30624-1

Ⅰ. ①农… Ⅱ. ①刘… Ⅲ. ①农药剂型－固体－制剂
Ⅳ. ① TQ450.6

中国版本图书馆 CIP 数据核字（2017）第 227960 号

责任编辑：刘 军 张 艳　　　　　文字编辑：向 东
责任校对：王素芹　　　　　　　　　装帧设计：关 飞

出版发行：化学工业出版社（北京市东城区青年湖南街 13 号　邮政编码 100011）
印　　装：中煤（北京）印务有限公司
787mm×1092mm　1/16　印张 26　彩插 2　字数 625 千字　2018 年 3 月北京第 1 版第 1 次印刷

购书咨询：010-64518888（传真：010-64519686）　售后服务：010-64518899
网　　址：http://www.cip.com.cn
凡购买本书，如有缺损质量问题，本社销售中心负责调换。

定　　价：168.00 元　　　　　　　　　　　　　　版权所有　违者必究

京化广临字 2018——4

《现代农药剂型加工技术丛书》
编审委员会

本书编写人员名单

主　　编：刘广文

编写人员：（按姓名汉语拼音排序）

储为盛　浙江工业大学

樊小龙　陕西美邦农药有限公司

冯俊涛　西北农林科技大学

姜成义　海利尔药业集团股份有限公司

刘广文　沈阳化工研究院有限公司

马志卿　西北农林科技大学

秦　龙　浙江新安化工集团股份有限公司

周于启　山东省农药研究所

序

农药是人类防治农林病、虫、草、鼠害，以及仓储病和病媒害虫的重要物质，现在已广泛应用于农业生产的产前至产后的全过程，是必备的农业生产资料，也为人类的生存提供了重要保证。

农药通常是化学合成的产物，合成生产出来的农药的有效成分称为原药。原药为固体的称为原粉，为液体的称为原油。

由于多数农药原药不溶或微溶于水，不进行加工就难以均匀地展布和黏附于农作物、杂草或害虫表面。同时，要把少量药剂均匀地分布到广大的农田上，不进行很好地加工就难以均匀喷洒。各种农作物、害虫、杂草表面都有一层蜡质层，表面张力较低，绝大多数农药又缺乏展着或黏附性能，若直接喷洒原药，不仅不能发挥药效，而且十分容易产生药害，所以通常原药是不能直接使用的，必须通过加工改变原药的物理及物理化学性能，以满足实际使用时的各种要求。

把原药制成可以使用的农药形式的工艺过程称为农药加工。加工后的农药，具有一定的形态、组分、规格，称为农药剂型。一种剂型可以制成不同含量和不同用途的产品，这些产品统称为农药制剂。

制剂的加工主要是应用物理、化学原理，研究各种助剂的作用和性能，采用适当的方法制成不同形式的制剂，以利于在不同情况下充分发挥农药有效成分的作用。农药制剂加工是农药应用的前提，农药的加工与应用技术有着密切关系，高效制剂必须配以优良的加工技术和适当的施药方法，才能充分发挥有效成分的应用效果，减少不良副作用。农药制剂加工可使有效成分充分发挥药效，使高毒农药低毒化，减少环境污染和对生态平衡的破坏，延缓抗药性的发展，使原药达到最高的稳定性，延长有效成分的使用寿命，提高使用农药的效率和扩大农药的应用范围。故而不少人认为，一种农药的成功，一半在于剂型。据统计，我国现有农药生产企业2600余家，近年来，制剂行业出现了一些新变化。首先，我国农业从业人员的结构发生了变化，对农药有了新的要求。其次，我国对环境保护加大了监管力度，迫使制剂生产装备进行升级改造。更加严峻的是行业生产水平和规模参差不齐，大浪淘沙，优胜劣汰，一轮强劲的并购潮已经到来，制剂行业洗牌势在必行，通过市场竞争使制剂品种和产量进行再分配在所难免。在这种出现新变化的背景下，谁掌握着先进技术并不断推进精细化，谁就找到了登上制高点的最佳途径。

化学工业出版社于2013年出版了《现代农药剂型加工技术》一书，该书出版后受到了业内人士的极大关注。在听取各方面意见的基础上，我们又邀请了国内从事农药剂型教学、研发以及工程化技术应用的几十位中青年制剂专家，由他们分工撰写他们所擅长专业的各章，编写了这套《现代农药剂型加工技术丛书》（简称《丛书》），以分册的形式介绍农药制剂加工的原理、加工方法和生产技术。

《丛书》参编人员均由多年从事制剂教学、研发及生产一线的教授和专家组成。他们知识渊博，既有扎实的理论功底，又有丰富的研发、生产经验，同时又有为行业无私奉献的高尚精神，不倦地抚键耕耘，编撰成章，集成本套《丛书》，以飨读者。

《丛书》共分四分册，第一分册《农药助剂》，由张小军博士任第一主编，主要介绍了助剂在农药加工中的理论基础、作用机理、配方的设计方法，及近年来国内外最新开发的助剂品种及性能，可为配方的开发提供参考。第二分册《农药液体制剂》，由徐妍博士任第一主编，主要介绍了液体制剂加工的基础理论、最近几年液体制剂的技术进展、液体制剂生产流程设计及加工方法，对在生产中易出现的问题也都提供了一些解决方法与读者分享。第三分册《农药固体制剂》，由刘广文任主编，主要介绍了常用固体制剂的配方设计方法、设备选型、流程设计及操作方法，对清洁化生产技术进行了重点介绍。第四分册《农药制剂工程技术》，由刘广文任主编，主要介绍了各种常用单元设备、包装设备及包装材料的特点、选用及操作方法，对制剂车间设计、清洁生产工艺也专设章节介绍。

借本书一角，我要感谢所有参编的作者们，他们中有我多年的故交，也有未曾谋面的新友。他们在百忙之余，牺牲了大量的休息时间，无私奉献出自己多年积累的专业知识和宝贵的生产经验。感谢《丛书》的另两位组织者徐妍博士和张小军博士，二位在《丛书》编写过程中做了大量的组织工作，并通阅书稿，字斟句酌，进行技术把关，才使本书得以顺利面世。感谢农药界的前辈与同仁给予的大力支持，《丛书》凝集了全行业从业人员的知识与智慧，他们直接或间接提供资料、分享经验，使本书内容更加丰富。因此，《丛书》的出版有全行业从业人员的功劳。另外，感谢化学工业出版社的鼎力支持，《丛书》责任编辑在本书筹备与编写过程中做了大量卓有成效的策划与协调工作，在此一并致谢。

制剂加工是工艺性、工程性很强的技术门类，同时也是多学科集成的交叉技术。有些制剂的研发与生产还依赖于操作者的经验，一些观点仁者见仁，智者见智。编撰《丛书》是一项浩大工程，参编人员多，时间跨度长，内容广泛。所述内容多是作者本人的理解和体会，不当之处在所难免，恳请读者指正。

谨以此书献给农药界的同仁们！

刘广文

2017年10月

前言

就制剂的物理形态而言，固体制剂可谓是剂型中的大家族。不论是制剂的品种还是产量，都可称得上是剂型的一个重要分支。固体制剂有棒、块、片、粉、粒等多种形态，加工机理也迥然不同，生产流程、加工方法也有很大区别。近年来，由于土地流转、种植结构的调整以及农村劳动力结构的变化，固体制剂中的无尘化、微粒化、省力化的剂型深受终端用户欢迎。

固体制剂加工过程复杂，人力成本较高，生产环境压力较大。本书以用量较大和近年来发展较快的典型固体制剂为对象，详细介绍其具体的常用流程和设备、生产方法、配方的设计技术以及生产经验，固体制剂在生产中常依赖于操作者的熟练程度，对生产中易出现的异常情况和解决方法也有相当篇幅的介绍。

固体制剂的生产往往需要几个阶段，期间物料的转移、防尘和防止交叉污染是重点。固体制剂通常对粒子细度及产品粒度分布有一定要求，需要通过技术手段进行控制。另外，产品表面理化特性、机械强度都有一定的技术要求，必须通过特殊生产技术进行控制。因此，技术比较复杂。配方组成、生产流程、生产设备及操作技术是决定产品技术指标的三大因素，同时是决定产品性能的关键因素。

本书着重介绍以下内容：①固体制剂的加工机理；②配方的设计及优化；③流程设计、设备选型及操作技术；④清洁生产技术。对近年来固体制剂的最新技术、环境友好型制剂等进行了重点介绍。

读者通过本书可以全面系统地了解固体制剂开发及生产的相关技术，书中既有对传统制剂如可湿性粉剂等制剂加工技术新的阐述，同时又有对水分散粒剂、干悬浮剂等新剂型较具体的介绍，可为新制剂的开发提供参考。

本书共分十一章，从固体制剂开发的基础理论、助剂的作用机理、制剂的开发技术与生产技术等多个角度，全面系统地介绍了固体制剂从小试到生产各阶段的相关技术，书中所介绍内容广泛，深入浅出，有很强的实用性。

本书涉及制剂加工技术的内容十分广泛，相关理论仍在研究及认识之中，还有待于完善。有些内容仁者见仁，智者见智。由于作者专业水平、资料来源有限，加之时间仓促，书中难免存在不足之处，万望农药界的前辈、同仁不吝赐教。

本书得以顺利出版，首先要感谢本书的所有作者，是他们无私地将自己多年积累的宝贵经验奉献出来与读者共享。还要感谢农药界的前辈与同仁给予的大力支持，他们直接或间接地提供资料使本书内容更加丰富。

刘广文

2017年12月

目录

第一章 可湿性粉剂 / 1

第二章 可溶性粉（粒）剂 / 42

第三章 干悬浮剂 / 69

第四章 可乳化粒剂 / 116

第五章 粒剂 / 135

第六章　水分散粒剂 / 175

第七章　片剂 / 247

第八章　除草地膜 / 279

第九章 烟（雾）剂 / 300

第十章 固体蚊香 / 324

第十一章　饵剂 / 356

第一章

可湿性粉剂

农药可湿性粉剂是由农药原药、助剂和填料经混合，粉碎而制成的农药制剂。它与粉剂、乳油和颗粒剂被称为传统的农药四大剂型。目前，粉剂基本上已退出流通领域。颗粒剂虽然有一定的生产吨位，但是无论原药用量还是产值，都已萎缩到比较小的规模。乳油在生产过程中耗用大量的有机溶剂，既耗费大量的宝贵资源，又对环境造成污染，因此，其产量逐年压缩，近几年新型溶剂油的使用，也没有使其产量得到提升。20世纪80~90年代，我国的可湿性粉剂的产量和质量都得到很大提升，年产量基本保持不变。近几年推广、生产、使用的新剂型，对可湿性粉剂的产能打压并不明显。预计在相当长的一段时间内，可湿性粉剂在农药制剂中所占份额应当相对稳定。

第一节　可湿性粉剂的配方组成

可湿性粉剂由原药、助剂和填料经混合，粉碎制得。其中原药是一种或两种（一般不会是三种以上）原药的组合。按农药的防治对象，原药的组合都是同类组合，即杀虫剂之间的组合、杀菌剂之间的组合、除草剂之间的组合。目前正式登记的品种中还未见不同种类的组合。助剂也是一个广义的称谓，包括助悬剂、润湿剂、分散剂等一系列的表面活性剂，还有稳定剂、着色剂、渗透剂、特定助剂等。填料可以是单一的，也可能是两种或几种的组合。下面分述之。

一、原药

在农药行业有一个习俗，通常把常温情况下固体状态的原药称为原粉，把液体状态的原药称为原油。农药原药基本上都不能直接使用，只有硫黄粉、硫酸铜几个例外。因此，农药原药通常需要加工成一定的剂型才能达到防治目的。具体选择加工成哪种剂型需要综合考虑多方面的因素与可能性。原则上，把农药原药加工成水剂是最佳选择，如果能加工成其他剂型，尽可能不要加工成乳油。实际情况是，绝大多数农药原药不是水溶性的，在水中的溶解度也很小。只此一点，就决定了绝大多数农药品种不能加工成水剂，还有一点是原药在水中的稳定性问题，一旦分解过快，也就不能加工成水剂了。还有几个农药品种，虽可加工成水剂，但是从经济效益方面考虑，又显然没有必要，如硫酸铜、乙膦铝等。这些原因决定了水剂产品数量少。有一部分不溶于水的农药品种被加工成了水悬浮剂，当然是一个不错的选择。总体来说，目前水悬浮剂的加工技术有待进一步完善，市面上各种产品不尽如人意的地方太多。从化学热力学角度来看，水悬浮剂自身是一个亚稳定体系，无论如何也不可能让它达到水剂、乳油、可湿性粉剂的稳定程度，沉降、絮结、分层等现象不可避免。综合考虑，农药原药如果不能加工成水剂，加工成可湿性粉剂应当就是较好的选择。如果不适合加工成可湿性粉剂，再作其他选择，如水悬浮剂、乳油等。

原粉加工成可湿性粉剂是比较方便的。尤其当原粉的凝固点（或熔化点）高于60℃时，原粉加助剂、填料经混合、粉碎即制成可湿性粉剂。我们见到的可湿性粉剂产品大多数属于此种情况，农药原油也可制成可湿性粉剂。若原油黏度不大，可直接喷雾用白炭黑吸收，制成粉末状物料，当原粉使用，加工可湿性粉剂即可。若原油黏度较大，可以加热使之黏度降低，然后喷雾用白炭黑吸收，制得粉末状物料，进行可湿性粉剂加工。需要说明一下，吸附原油后的白炭黑物料，流动性变差，且随着吸附量的增加会有潮湿感。用其加工制得的可湿性粉剂流动性自然也较差。因此，吸附白炭黑物料中一般把原油的含量限制在50%~60%，若再提高含量将给可湿性粉剂的加工带来不便。这一点也制约了原油加工成可湿性粉剂有效成分的含量，一般控制在30%~50%为宜。若可湿性粉剂中含有几种有效成分，更要注意这一点。凝固点在30~50℃的农药原药加工成可湿性粉剂相对难度大一些，如毒死蜱，这类农药原药有一个共同点，常温下往往是固-液共存，直接按原粉或原油的方法进行加工行不通。若要通过加热让其变成液体，往往喷雾过程中有凝结现象，堵塞液路。即便完成喷雾，原药在白炭黑中的分散性很差，往往黏着在白炭黑表面，容易黏结、聚集。勉强加工，在后面的粉碎工序中，气流粉碎机的分级轮往往容易被粘住、堵塞，使整个系统无法工作，且特别容易烧坏分级轮的驱动电机。进入捕集器中的物料容易在布袋壁上粘住，且不容易去除干净。在物料流经的整个过程中，各处的黏结现象致使有效成分的含量及均匀分布都存在着隐患。该类型的农药加工成可湿性粉剂有一个可行的方法：在冬季进行加工，或在冬季把原药制成白炭黑物料备用。冬季，这类农药就变成了原粉加工类型了。

前几年，有人提倡制备高浓度可湿性粉剂。此论点值得商榷。一度出现的高浓度品种实例，可以参见表1-1。

表1-1　高浓度可湿性粉剂的品种实例

品名	西维因	猛捕因	噻菌灵	茅草枯	达拉朋	益乃得
含量/%	85	88	90	85	85	90

可以说这些高浓度的可湿性粉剂产品在人们的视线中不多见了。可湿性粉剂中有效成分的含量受多方面因素的制约，不能由管理角度、学术方面或经济方面等诸因素中的一方面或几个方面来决定。一是从农药药效生测方面考察，给出一个含量高低的参考数据。二是从原药的纯度方面考察，原药纯度本身不高，制剂的含量就不可能高。三是从加工方面考察，若原药的悬浮、分散、稳定等要求加工时加入较多的助剂，制剂的含量不可能高了。四是从使用者的角度来讲，如果某些农药的单位用药量很小（俗称高效农药），若加工较高

浓度的可湿性粉剂，制备喷雾液时，取药量太少，很难操作。如磺酰脲类除草剂，尤其是卫生用药中的可湿性粉剂，一家一户使用，每次用量很小，如果加工成高浓度的制剂，基本无法使用。如凯素灵、奋斗呐等含量在2.5%~5.0%，就是为了避免不必要的麻烦。制剂中有效成分含量的确定，切记不要强调一点不计其余。

加工成可湿性粉剂的原粉，大多数也能加工成水悬浮剂。具体选择哪一种剂型作为基本剂型需要综合考察。与水悬浮剂相比较，可湿性粉剂有以下几个方面的优势：首先，可湿性粉剂的配方、加工技术相对成熟，经过20世纪的探索、发展已趋完善。水悬浮剂工业规模的生产时间较短，许多问题尚需进一步解决、完善。因为水悬浮剂在化学热力学上属于亚稳定体系，无论技术成熟到何种程度，它都处在一个不断的动态变化中。贮存时间一长，没有办法停止其不断沉降或漂浮或凝聚的现象。在此给出一个建议：水悬浮剂无论质量达到一个什么水平，都应当尽可能地缩短其贮存时间，随着贮存时间的延长，其质量指标在不断地降低，笼统地讲，可以把水悬浮剂认作是可湿性粉剂的高浓度喷雾液，其成分几乎是一致的。把可湿性粉剂的总悬浮率提高到一定层次，加少量水稀释成高浓度喷雾液（实际使用时再加水稀释到相应的倍数），加一点防冻剂，或者再加一点增稠剂，那就是一个水悬浮剂了。其次，可湿性粉剂在包装、运输、贮存时往往要便利、经济一些。当然，水悬浮剂这一剂型也有它的优点，特别是加工过程中，湿法研磨不容易对空气造成污染，相关论述中会提到。

顺便提一下，各种剂型的配方是非常相似的，各有优缺点。参见表1-2。从表中可以看出，各种剂型之间的关系是相互依存、相互促进、相互补充的。

表1-2　各种农药剂型的组成特点列表

物　料			剂　型
原　药	助　剂	填　料	
○	√	√	—
√	○	固体填充物	粉剂、颗粒剂
√	√	○	乳粉
√	√	固体填充物	可湿性粉剂，分散颗粒剂
√	√	有机溶剂	乳油，油剂
√	√	水	水剂，水悬浮剂
√	√	水/有机溶剂	油悬浮剂

注：√—添加；○—不添加。

可湿性粉剂的技术指标也对原药提出了一定的限制条件。第一，农药原药的化学稳定性要好，如果加工成可湿性粉剂，原药的分解率偏高，又无合适的稳定剂可选用，则这类农药不能加工成可湿性粉剂。如有机磷类农药的大多数品种均属此类。否则，产品在有效期内（农药商品有两年的保质期）药效就会有较大的波动。第二，农药原药的立体或顺反式化学结构与药效有联系的品种不宜加工成可湿性粉剂。如果加工成可湿性粉剂，原药即使不分解，也有可能在可湿性粉剂中发生差转异构现象，对药效造成严重影响。如高效氯氰菊酯、来福灵等均属此类。特别是在有两个以上的有效成分时，各种稳定剂的作用都阻止不了这种现象。第三，具有熏蒸作用的农药品种不宜加工成可湿性粉剂。如敌敌畏、氯化苦等。若将这类农药加工成可湿性粉剂，在加工过程中将有一定量损失，且造成空气污染，在贮存、运输时也很难避免有效成分的逸出现象，更难保证制剂在保质期内稳定的药效。

还有一种比较特殊的情况，就是有效成分之间不能组合在一起，类似于中药方面的禁伍问题。从农学的角度来讲，有些药物组合在一起比较理想，药效上有促进作用或补充作用，但是它们之间相互排斥或直接发生化学反应，最典型的例子是氢氧化钠与福美系列的组合。该组合制成可湿性粉剂，外观漂亮，防治效果理想，加工难度不大。但是成品存放一年后，靓丽的蓝色褪尽，变成乌蒙蒙的咖啡色甚至灰色，让人看了非常不舒服。

总之，农药原药可否加工成可湿性粉剂，要考察三个方面的因素：①加工工艺方面是否可行；②稳定性能否保证；③经济效益核算是否过关。

二、助剂

在此，助剂是一个广义的名词，除去有效成分和生化惰性的填充物外，可湿性粉剂中其他的组分都划为助剂范畴。它包含的内容也较多，涉及表面活性剂、稳定剂、特性添加剂等。表面活性剂又包括助悬剂、润滑剂、分散剂等。稳定剂包括抗氧剂、螯合剂等。特性添加剂包括着色剂、增效剂、吸水剂等。助剂的品种和用量的选择可以说是可湿性粉剂配方筛选的关键，也是可湿性粉剂制备过程中的核心技术。下面就助剂的品种及用量的选择原则分别述之。

（1）表面活性剂类助剂　表面活性剂类助剂在化学上是一个庞大的体系，常见的洗涤剂、去污剂、清洁剂、发泡剂、润湿剂、乳化剂等，其成分都是表面活性剂。在石油化工、日用化工、纺织、造纸等行业也大量使用表面活性剂。表面活性剂在化学结构上有一个共同的特征，就是含有亲水、亲油两种功能团，其显著特性就是在水中和有机溶剂中都具有一定的溶解度。通常把它既溶于水又溶于有机溶剂的特性称为亲水亲油性，并把亲水性和亲油性分别相对量化，叫做亲水亲油平衡性，英文hydrophile lipophile balance，简写为HLB。

即
$$HLB = \frac{\text{亲水能力}}{\text{亲油能力}}$$

显然，HLB值越大，表面活性剂的亲水性越强，HLB值越小，表面活性剂的亲油能力越强。目前，HLB值都是经验性的，在某些地方能够查到这方面的数据，在实际工作中也有一定的指导作用。需注意，这方面的数据只能作为参考，实际工作要以实验结果为基础。也有些学者通过把亲水基团的亲水能力量化，把亲油基团的亲油能力和原子量统计量化，用计算公式的方法对表面活性剂的HLB值进行测算，在学术上有很好的进步意义。同样通过计算得到HLB值在实际工作中只能作为参考。在此给出HLB值与应用范围的对应关系一览表供参考，见表1-3。

表1-3　HLB与应用范围对应关系表

HLB 值	应用范围
1~3	消泡
3~6	乳化（水／油型）
3~8	增溶（水／油型）
7~9	润湿

HLB 值	应用范围
8~18	乳化（油/水型）
9~18	分散
10~13	展着
12~16	发泡
13~15	去污、洗涤
14~18	增溶（油/水型）

　　作为加工农药可湿性粉剂选用的表面活性剂，首先必须满足经济上合算的条件，即价格不要太高。近几年几种进口的表面活性剂在农药行业推广使用的情况不理想，与其较高的价格有非常大的关系。试想一下，更换助剂使产品的成本每吨增加千元以上，对常规品种来说是不可接受的，否则，利润空间基本被挤压没了，无法维持正常的经营。一般说来，用进口助剂更换国产助剂，产品质量可能有一定程度的提高，往往成本也提高千元以上，在国产助剂还能满足产品质量要求时，企业是没有更换的欲望的。更何况更换过程还要企业的技术力量跟进，质量检测服务配套，使用结果跟踪，增加额外的工作量，除非现有助剂不能满足需要了，迫使企业进行这方面的更换。此种情况进口助剂也往往不是首选。各种高档助剂在农药行业推广应用普遍不好，与其价格也有关。农药是一个特殊商品，应用于农业的生产资料，投入产出比非常敏感，一旦价格达到某一点，它的使用范围也就萎缩殆尽了。必须考虑用户的实际情况，用户使用的产品经济上不合理，产品一定没有出路。产品易得，即必须是流通领域能买到的商品。进口助剂推广应用得不好，也有这方面的因素。这也是我国新技术、新产品推广、普及的难点所在，更是推动技术创新的障碍。企业作为整个社会的一员，没有能力摆脱这些不利因素的困扰。

　　一种表面活性剂，不论是作为助悬剂，还是作为润湿剂、分散剂，其作用往往不是单一方面的。润湿剂除润湿作用外，还会有一定的助悬浮、分散、渗透等作用，只是主导作用是哪一个方面而已。例如木质素分散剂磺酸钠，既有一定的助悬浮作用，亦可作为分散剂使用，又可作为分散剂、黏着剂使用。又例如拉开粉，既可作为润湿剂，又可作为分散剂，也就是说，各种表面活性剂之间存在着复杂的交互作用。在确定可湿性粉剂的配方时一定要注意这一点。下面就各种表面活性进行分类讨论。

　　首先，按化学结构特点把表面活性剂分为离子型和非离子型。很明显，这两类的区别在于亲水基团的不同。离子型的亲水基团是能产生离子的那部分，如羟基、硫酸基、磺酸基、四价铵离子等。这类表面活性剂的特点是亲水基团的亲水能力很强，衍生的作用就是这类表面活性剂往往具有较强的润湿作用。非离子型表面活性剂的亲水基团往往是羟基、醚基等，其亲水能力相对较弱，衍生的作用是这类表面活性剂往往具有较好的助悬能力。其次，离子型表面活性剂按能产生离子的基团来分，分为磺酸盐、硫酸盐、羟酸盐、铵盐等。铵盐属于阳离子型表面活性剂，由于其有机铵盐往往价格较高，很难在农药行业中推广应用。不过按照原理上推算，在铜制剂中加入一定量的季铵盐类表面活性剂，会起到很好的效果。磺酸盐类表面活性剂往往具有较好的润湿性和分散性，硫酸盐类表面活性剂往往具有较好的助悬浮性。羟酸盐、醇醚酯酸盐，非离子型表面活性剂中羟基与羟酸基酯等这一系列表面活性剂，属于相对软和的表面活性剂，这类表面活性剂的一大特点是可以使可湿性粉剂的喷雾液放置一段时间后具有较好的再悬浮性。在强调物料总悬浮率和再悬浮率时，使用该类助剂就是很好的选择了。同时，这一特点在制备水悬浮剂或油悬浮剂时特别有用。下面将在加工可湿性粉剂时经常用到的一些表面活性剂简要介绍一下。

① 天然产物类　此类表面活性剂有茶枯、皂角、蚕沙等。在20世纪60年代被广泛使用，效果不是很好，但价格低廉。当时可供选用的固体表面活性剂品种不多，流通领域也不通畅。就地取材的思路，使该类助剂有一定应用面。天然类表面活性剂中含有的活性成分一般在20%以下，用其作为助剂生产的可湿性粉剂的悬浮率也就不高。

建议：此类助剂可以作为可湿性粉剂加工时的填料使用，能够节省部分表面活性剂。尤其是在制备总悬浮率要求较高的可湿性粉剂时此法甚好。

② 木质素类分散剂　此类助剂包括木质素分散剂磺酸钠和木质素分散剂磺酸钙。两者性能差异不大，不包括改性木质素分散剂。

此类助剂原来就直接叫做纸浆。因为它是造纸工业的纸浆和残留物质处理得到的固化物。传统造纸业的原料有三个来源，一是树木类造浆，简称木浆，其衍生制得的木质素分散剂简称木质木质素分散剂；二是草本类秸秆造浆，简称草浆，其衍生制得的木质素分散剂简称草质木质素分散剂；三是竹类的茎叶制浆，其衍生制得的木质素分散剂简称竹质木质素分散剂。来源不同的三种木质素分散剂，作为表面活性剂使用时总体效果有较大差异，价格上也有明显的区别。排列顺序：木质木质素分散剂最好，竹质木质素分散剂居中，草质木质素分散剂最差，价格的排列也是如此。从木质素分散剂的产地也可以大致判断一下具体产品分属哪一类。一般东北产木质素分散剂基本上是木质木质素分散剂，因为东北地区木材资源丰富。中原地区产木质素分散剂多数为草质木质素分散剂，因为中原地区木材、竹子相对匮乏，却有丰富的麦秆、玉米秸秆之类。南方木质素分散剂大部分是竹质木质素分散剂，南方盛产竹子，不成材的竹子做纸浆也是一个很好的出路。

在所有的固体表面活性剂中，木质素分散剂几乎是最便宜的。相对使用效果还不错，因此在加工可湿性粉剂时被大量使用。所谓效果不错，指木质素分散剂具有一定的润湿作用、助悬浮作用和分散作用。在确定可湿性粉剂的配方时，先确定一定量的木质素分散剂，然后再对其他助剂的品种和用量进行选择，往往会取得非常满意的效果，尤其是在成本核算方面，往往具有很大的优势。在对木质素分散剂的选择上，建议选用木质木质素分散剂，尽可能避免使用草质木质素分散剂，这一点在附录中有专门的解释。怎样判断木质素分散剂是哪一种，有两个简单的方法供参考：第一种方法是观察颜色。木质木质素分散剂颜色呈橙黄色，草质木质素分散剂往往是黄褐色，竹质木质素分散剂介于二者之间。第二种方法是暴晒。在太阳光下暴晒，木质木质素分散剂基本不变化，草质木质素分散剂会慢慢地吸收水变潮湿甚至成为浆状物，竹质木质素分散剂介于二者之间。在此提示一下，木质素分散剂在运输、贮存、使用过程中注意防潮，尽可能不使其暴露在空气中，在空气湿度大时尤其要注意这一点。

目前木质素分散剂的改性与衍生物的研究工作仍在进行，许多人在抢占这一领域的制高点。因为木质素分散剂的原料来源是再生性资源，这一领域的产品显然底气十足。木质素分散剂的后续产品主要是新材料类，作为表面活性剂使用的也是一大分支。暂时把这类表面活性剂称为改性木质素分散剂。严格意义上讲改性木质素分散剂已不是传统意义上的木质素分散剂了，成分、性能、价格已有显著差异。中南林业大学、中国矿业大学在这方面做了大量的、有益的工作。改性木质素分散剂往往保持了木质素分散剂的多功能性，又使某些特性得以提升，总体效果往往优于传统的分散剂、润湿剂。目前的推广应用往往受到其价格偏高的制约（不一定是生产成本的问题，有可能是流通领域加价过高）。如果形成规模化生产，价格降下来，改性木质素分散剂的推广应用将非常具有竞争力。

建议：木质素分散剂的用量一般为3%~5%，选用木质木质素分散剂。运输、贮存、使用时严格防潮。

③ 十二烷基苯磺酸钠　又叫四聚丙烯基磺酸钠，白色或浅黄色粉末。在名称上，以四聚丙烯基代替十二烷基是不太合适的。因为十二烷基苯磺酸钠中的十二烷基指的是直链烷基（LAS），四聚丙烯基是带多个支链的烷基（ABS），两者是不一样的，实际上，产品中的烷基是直链和多种支链的组合体。产品外观随着其纯度的不同由高到低，颜色也就由白色逐渐变黄，纯度降至一定程度，产品还会变成液体。所以，可以根据其外观颜色、潮湿感判断其纯度高低，该产品是一个传统的表面活性剂，尽管很多人对它提出这样那样的质疑，还是没有哪一个产品能够取代它的位置。价格低、性能好、与其他产品复配适应性强，是家用洗涤剂用量最大的合成表面活性剂。

十二烷基苯磺酸钠具有很好的润湿性能，在加工可湿性粉剂时往往作为润湿剂使用。它是唯一的在价格上与木质素分散剂处在同一个水平上的合成表面活性剂。偏低的价格是它被广泛选用的极大优势，在试验过程中往往是作为首选，没有哪一种润湿剂可以取代它的位置。尤其是常规农药品种的可湿性粉剂加工时，都会选用它。在20世纪70~80年代，由于可供选择的固体表面活性剂品种很少，往往在加工可湿性粉剂时加入洗衣粉。其实洗衣粉的活性成分就是十二烷基苯磺酸钠。十二烷基苯磺酸钠的助悬作用、分散作用不明显，不要指望加入它可改善可湿性粉剂的悬浮率和扩散性。十二烷基苯磺酸钠的产品往往呈现碱性，这一点对农药原药的稳定性往往不利，会限制它的用量。十二烷基苯磺酸钠与其他助剂有很好的配合适应性，用其调节可湿性粉剂的润湿性能时往往不会对其他技术指标造成不利影响。十二烷基苯磺酸钠具有很强的吸潮性，在贮存、使用时注意防潮，尽可能缩短暴露在空气中的时间。

建议：十二烷基苯磺酸钠的用量在1.2%以下。贮存使用时注意防潮。

④ 十二烷基硫酸钠　俗称K12，又叫月桂硫酸钠，白色或浅黄色粉末。严格意义上讲叫做月桂醇硫酸酯钠比较准确。它的结构是一分子硫酸与一分子月桂醇酯化，硫酸的另一个氢原子被Na取代后的产物。即：

$$R-[O-H+H-O]-S-O-[H+HO]-Na \longrightarrow R-O-S-O-Na$$

形象的说法就是硫酸钠中的一个Na原子被月桂基取代了。

$$[R] \rightleftharpoons [Na]-O-S-O-Na \longrightarrow R-O-S-O-Na$$

许多人对K12的真实结构有误解，认为其存在C—S键。其实不然，K12在性能上几乎可以完全取代十二烷基苯磺酸钠，只是价格上差距较大，很多情况下，使之不具有实际操作性。外观上颜色的变化也是其纯度的表现。纯度高，白色；纯度降低时，呈浅黄色。含量太低时，就变成黏稠物了，参见表1-4。

表1-4 十二烷基硫酸钠的技术指标

项目		指标					
		粉状产品		针状产品		液体产品	
		优级品	合格品	优级品	合格品	优级品	合格品
活性物含量 /%	≥	94	90	92	88	30	27
石油醚可溶物 /%	≤	1.0	1.5	1.0	1.5	1.0	1.5
无机盐含量（以硫酸钠和氯化钠计）/%	≤	2.0	5.5	2.0	5.5	1.0	2.0
pH 值（25℃，1% 活性物水溶液）		7.5~9.5				7.5	
白度（WG）	≥	80	75			—	
水分 /%		3.0		5.0		—	
重金属（以铅计）/（mg/kg）		20.0					
砷 /（mg/kg）		3.0					

K12具有很好的助悬性能，尤其是农药原药不含有环状化合物时K12往往是首选助悬剂。K12具有一定的润湿作用和分散作用，但是往往不作为润湿剂和分散剂使用，主要原因是价格因素的制约。K12价格明显高于常见的分散剂和润湿剂价格。与其他的表面活性剂有较好的复合适应性，用K12调节可湿性粉剂的某项指标时一般不会对其他指标造成不利影响。暴露在空气中吸潮速率比较慢，往往可以贮存较长时间还能使用。当然，长时间放置肯定是不可取的，同时也必须注意防潮。

十二烷基硫酸钠与十二烷基苯磺酸钠有许多相似的地方。有的人索性把十二烷基硫酸钠叫做精K12，把十二烷基苯磺酸钠叫做粗K12，在试验、生产过程中要注意，两者不是一个产品。

建议：十二烷基硫酸钠的用量在1.6%以下。注意不要被称为粗K12的十二烷基苯磺酸钠误导。

⑤ 烷基萘磺酸盐　此类表面活性剂的典型代表是拉开粉BX和分散剂NNO，是目前加工可湿性粉剂时选用量最大的表面活性剂系列。以拉开粉BX和分散剂NNO为例介绍。

拉开粉BX又叫作渗透剂BX，外观为淡棕色到棕褐色粉末状固体。颜色的变化是其纯度的外在表现，纯度越高，颜色越浅。化学名称为二异丁基萘磺酸钠。拉开粉能显著降低水的表面张力，具有良好的渗透性和润湿性，具有一定的乳化、扩散性能，还有一个非常好的优点是能与其他表面活性剂混用（阳离子型表面活性剂除外）。用于纺织物处理时再润湿性也很好，用作可湿性粉剂的助剂时产品对喷雾液用水的酸碱性适用性大大提高。高纯度的拉开粉BX价格与K12相当或稍低，目前在制备常规的可湿性粉剂产品时不具备价格优势。实际上在制备可湿性粉剂产品时大量采用的是拉开粉BX的中端产品，与高纯度的产品比较，中端产品的价格大幅度地下降了。

分散剂NNO外观为浅棕色或棕褐色粉末状。颜色的变化是其纯度的外在表现：纯度越高，颜色越浅。化学名称为亚甲基双萘磺酸钠（或叫萘磺酸盐甲醛缩合物）。分散剂NNO具有良好的扩散性，与拉开粉BX相比，由于其结构成为两个萘环相连接了，分子明显变大，其空间结构也变得位阻大多了，虽与拉开粉BX属同类物质，但是分散剂NNO基本上没有渗透性，也不增加黏结性等指标。这说明分散剂NNO不能作为渗透剂和黏结剂使用。

在可湿性粉剂中除了可湿性粉剂的技术指标需要外，无需多加，多加对可湿性粉剂的药效也不会有多大提升（其他表面活性剂增加用量往往对可湿性粉剂的药效有一定的提升）。一般情况下，一个萘环的产品往往具有渗透性和黏结性，两个萘环的产品往往没有渗透性，有无黏结性就不一定了。当然具体情况以实验数据为准。分散剂NNO的价格与纯度的关系和拉开粉BX的情况基本一致。

分散剂MF、分散剂CNF与分散剂NNO的化学机构属于同一类。各种性能指标基本一致。分散剂IW属于脂肪醇聚氧乙烯醚系列，通常作为乳化剂和渗透剂使用，在可湿性粉剂加工中使用得较少。

对拉开粉BX和分散剂NNO进行比较，在可湿性粉剂中作用基本一致。建议选拉开粉BX，因为拉开粉BX往往对可湿性粉剂产品的药效有益。当然，两者之间的润湿性能稍有差异，实际工作中还是以保证可湿性粉剂产品的技术指标为前提。

还有一点需要相关人员注意：该类产品的质量差距很大，有生产企业的原因，但是大多数情况是纯度太低。前已述及，该类产品的外观颜色与其纯度有明显的对应关系，纯度低的产品有时虽然颜色很浅，但其真实纯度很低，一般人员对此不容易鉴别。同一生产企业外观上差不多的产品，有时价格相差很大，甚至成倍数关系。在此提供一个简易的鉴别方法供大家参考。第一种方法是从体积上判断。纯度低的产品往往体积偏小，杂质的成分往往是元明粉（硫酸钠）类盐，其密度较大，产品的体积自然也就下降了，元明粉类进入可湿性粉剂产品中往往对产品的性能指标没有什么影响，正是这一点容易使人们忽视。有时候按可湿性粉剂的试验配方生产的产品，助剂用量足够了，由于使用了纯度低的助剂，产品达不到相应的技术指标，分析原因时往往使问题复杂化。第二种方法是用一底色较深的结实的平面板，制造一个15°～45°的斜坡，让该类助剂在斜坡上筛动，慢慢地各种物料会逐渐分段，如果出现不同的颜色断面，那是很容易发现杂质的。也可以把该类助剂放入有一定深度的桶中，如大量筒，长时间晃动，底层出现重质物的那就是元明粉的成分。

建议：拉开粉BX和分散剂NNO同时使用时，两者之和控制在3.5%以下；单一使用，控制在3.0%以下。

⑥ 索泊（Soap）　常温下为浅黄色的黏稠液体。属于烷基酚聚氧乙烯醚甲醛缩合物硫酸盐类。由于其分子结构中含有部分聚氧乙烯段非离子型表面活性剂特性基团和硫酸盐类封头的阴离子型表面活性剂基团，它明显具有非离子型表面活性剂和阴离子型表面活性剂的双重特点。Soap具有良好的助悬浮作用和润湿作用。尤其是其助悬浮作用，几乎对所有的农药品种都有效。可湿性粉剂助悬浮剂选择是一大难点，因为没有哪种助剂对悬浮率的提升能取得比较理想的结果。一般情况下选择Soap做助悬浮剂，往往是比较合适的。表面活性剂具有一定助悬浮能力的品种不少，但是以助悬浮性作为主导作用的品种很少。在可湿性粉剂加工过程中，有些比较难悬浮的原药，如哒螨酮、甲基硫菌灵、代森锰锌等，为了提高悬浮率，往往会对其他技术指标造成损伤。尤其是通过加大助剂的用量来提高悬浮率的方法，往往使产品的流动性、自然扩散性受到很大伤害。

Soap常温下呈液态，一般是通过用白炭黑将其吸附，制成吸附白炭黑再作为可湿性粉剂的助剂。具体方法与白炭黑吸附原油的方法基本一样。吸附Soap后的白炭黑有一定的吸水能力，注意防潮。

建议：Soap的用量在2.0%以下（以Soap的有效成分计，而不是以吸附的白炭黑）。吸附

Soap后的白炭黑注意防潮。

还有一些表面活性剂在加工可湿性粉剂时会用到，不再一一列举。总之，选用表面活性剂的品种和数量的正确方法由试验确定。不过，借鉴以往的经验，依据相关的理论进行判断还是非常有益的。下面给出几条意见供参考。

① 相似相溶原理的运用。我们在判断物质的结构性能时，相似相溶原理往往会提供很大的帮助。在确定可湿性粉剂的助剂时，亦可以借鉴这一原理。表面活性剂的亲油部分与农药有效成分的结合，以相似相溶中的"相溶"来看待。寻求其结构上的大致相同（没有完全相同的情况），视为相似，则两者的结合往往效果会比较理想，即视为"相溶"。满足这一点，助剂可选用的概率非常大，若两者在结构上差距很大，那种助剂基本上不能使用。例如原药的分子结构中含有苯环或杂环，一般不要选择直链结构的助剂作为其助悬浮剂，反之亦然。

② 亲水亲油平衡值（HLB）的应用。如果可湿性粉剂的某一指标需要调节，可以针对性地选择助剂的HLB值与指标的对应范围相应的品种。注意HLB值可能有一定的误差，但是在其相应的范围内进行筛选还是比较合理的。

③ 注意相同作用助剂之间的协同效果。润湿剂之间的作用往往有叠加现象，即在可湿性粉剂中再投入润湿剂必定缩短润湿时间。分散剂之间的作用往往相互抵消。即在可湿性粉剂中加入过多的分散剂往往使得可湿性粉剂在配制喷雾液时自然扩散效果更差。

④ 从经济效益角度出发，选用档次合适、价位合理的助剂。农用化学品在这方面往往是一种艰难的选择。

（2）特种助剂　特种助剂包括两方面的助剂：a. 辅助性助剂，就是对其他的助剂的功能进行加强或提供有利的帮助。b. 功能型助剂，对制剂提供某些特性或对有效成分进行保护。特种助剂往往不是可湿性粉剂的技术指标所必需的，而是为了提升可湿性粉剂的防治效果或改变其外观指标。农药企业有时为了彰显自己产品的特点也会有针对性地加入特种助剂。

① 着色剂　使制剂的颜色得到加强或改变的助剂。如酞菁兰，分散红等通常被用来使可湿性粉剂着色，使其外观靓丽。此类助剂的加入对产品的性能基本上不产生影响。

② 渗透剂　从化学结构上分类于表面活性剂，目前可选用的品种较多。在农药制剂中加入渗透剂的技术，最早是从纺织印染方面移植过来的。可湿性粉剂加入渗透剂，可以使其喷雾液的渗透性得到明显加强，使有效成分渗透到靶标的速率明显加快。尤其是靶标上具有蜡层时，渗透剂的加入往往使可湿性粉剂的防治效果得到提升（此处的蜡层指由蜡质构成的生物体表面保护层，与人为制造的保鲜的水果表面蜡层不是一回事）。如防治菜青虫、梨木虱等的药物中加入渗透剂效果很好。农药企业常用的渗透剂有快渗T、AEO-5、有机硅渗透剂等。需要注意：渗透剂的加入往往使可湿性粉剂的自然分散性能有所下降。

广义上讲，渗透剂也可以归类为增效剂。它是通过增加药物的渗透能力来增加药效的。

③ 增效剂　本身无生物活性或生物活性很小，但是添加到农药制剂中能明显提高防治效果的一类助剂。常见的有增效磷、增效醚、八氯二苯醚等。能直接用于可湿性粉剂加工的增效剂不多。

增效剂的作用机理不详，各种解释都有合理性也都不完善。但是选用正确的增效剂确实能提高农药制剂的防治效果。

④ 稳定剂　制剂中加入稳定剂的目的有两个：一是保护制剂中的有效成分，使其放慢

分解速率，以保证产品在保质期内的质量要求；二是保证制剂的某项技术指标基本上不变化或放慢变化的速率，同样是为了保证产品的质量。一般是二者只居其一。如加工菊酯类农药的制剂时加入抗氧剂BHT，就是为了降低药物的氧化分解速率。其作用机制应该是类似于电化学腐蚀方面的牺牲阳极法，抗氧剂牺牲自己，保护有效成分。再如在可湿性粉剂中加入氯化铵以避免制剂的pH值向碱性方向移动，使其pH值指标稳定在一个合理的范围。如在可湿性粉剂中加入EDTA，可以保证其喷雾液中的金属离子不发生絮凝现象，故此种助剂也叫抗絮凝剂。如可湿性粉剂中加入无水硫化钠，可以吸收其中的水分，制剂不容易结块。

三、填料

填料又称为填充料、载体，是组成可湿性粉剂的三元素之一。在有效成分、助剂的品种和用量确定之后，以填料填至100%。填料往往是生物惰性的物质，在可湿性粉剂中不起防治作用，主要起补充和填充作用。虽然填料充自身是生物惰性的，但是填料的性能可以影响甚至改变可湿性粉剂的某些指标，从而影响到可湿性粉剂的药效。选择合适的填料的品种与用量往往对可湿性粉剂的质量有很大的影响。在用农药原油或液态助剂制备可湿性粉剂时，往往先用填料把液态物料吸附，然后再制备可湿性粉剂。此种情况液态物料由填料载着进入可湿性粉剂的物料体系中，所以有时也把填料叫做载体。

在加工可湿性粉剂时，可选用的填料种类很多。具体选用哪一种或哪几种填料，一般遵循以下原则：①满足可湿性粉剂技术指标要求，可湿性粉剂某些指标需要针对性地选用特定填料，如密度大小的调节、酸碱性调节、总悬浮率要求、外观颜色调节等。②属地原则，矿物质填料一般选用当地产或运输成本低的产品。很明显是为了降低可湿性粉剂的造价。③来源与质量保持稳定，矿物质填料由于受地理条件不确定因素的限制，不同产地、不同季节、不同厂家、不同批次的产品有时会有明显的差异，填料的更换可能影响到可湿性粉剂的技术指标。更换填料还会给企业增加一定的工作量，有时需要技术人员的介入，有时需要分析检测人员的跟踪检查。④填料的细度合适，水分含量要低。填料细度高了，粉碎加工时要方便些，省时省力。填料太粗，将大大延长物料的粉碎时间，增加能耗，降低加工效率。仅仅是物料粗细之间的价格差异往往远不能补偿粉碎加工时多消耗的能源价值，更不用说影响加工效率了。当然也不是填料越细越好，一旦填料的细度要求太高，填料的价格将大幅度上升，可湿性粉剂造价也就相应提高，这种要求也就不合理了。填料的水分含量越低越好。填料水分含量的高低往往不与其价格挂钩。

填料中水分的去除往往不增加填料生产企业的生产成本，所以填料中水分含量低，物料的混合时间会缩短，冷干机的工作量将下降。反之亦然。

农药制剂加工中常用的填料有多种，其中可以作为可湿性粉剂填料的有陶土、高岭土、膨润土、硅藻土、轻质碳酸钙、白炭黑。不适合作为可湿性粉剂填料的有凹凸棒土、滑石粉、石粉、煤矸粉，有时作为特性助剂还可以少量使用。常用的几种可湿性粉剂填料介绍如下：

1. 陶土

陶土原定义为烧制陶制品和粗瓷器的高岭土。在此包括某地特产黏土的粉末状产品，陶土的地域特点明显，其化学成分也就各异，形状也大不相同，几乎无法给出一个统一名称，一般是以地名冠之。仅山东淄博附近就有湖田陶土、博山陶土、周村陶土、黄河陶土（黄河细沙粉碎制得）。陶土类填料往往易得，成本很低，且来源、质量指标容易控制，无需大量备货，供应上也有保障。此类物料往往是由地下十几米处大量的细质黏土层经挖掘、晾晒、粉碎制得的。作为可湿性粉剂的填料使用前，最好对陶土的各项理化指标进行检测，避免盲目使用后再去对可湿性粉剂指标进行检测，有一点需要特别注意，使用陶土作填料时，一定不要照搬他人的可湿性粉剂配方，一定要对其配方进行实际考察后再做决定。否则可湿性粉剂产品质量很难保证，甚至造成某些技术指标的严重偏离。

各地的陶土其酸碱性往往有着较大的差异。酸碱性往往对可湿性粉剂中的有效成分稳定性影响较大。使用陶土作原料，要注意可湿性粉剂的稳定性问题，尤其是在有效成分的分解率较高的情况下更是如此。测定有效成分的分解率往往需要较长的时间周期，即使是热贮存试验，也需要半个月的时间。所以这一问题往往容易被忽视。

建议：可以选用陶土作为可湿性粉剂的填料，必须对陶土的理化指标进行检测。

2. 高岭土和膨润土

高岭土和膨润土类填料的化学组成是硅酸盐类物质。各种组成比例有时差距很大。确切的分子式、分子量等数据没有现实意义，通常给出一个通式$Al_n(Si_4O_{10})(OH)_m$。不同产地的产品，加工方法、化学组成、外观颜色、密度水分、品型硬度、包装规格大同小异，有时生产商会提供各种指标数据供参考。该类填料质量指标基本稳定，外观上多为暗白到纯白的颜色，价格相对低廉。非常受农药企业的欢迎，行业内人评价是"很好使"。

高岭土和膨润土的化学惰性很好，酸碱性适中。一般对可湿性粉剂的技术指标不会造成影响。虽然同属于硅酸盐系列，凹凸棒土、滑石粉、沸石粉就不适合作为可湿性粉剂的填料了，除非是专门为了调节某项指标，严格意义上讲那就是作为特殊助剂来使用了。凹凸棒土硬度偏大，粉碎加工耗时稍长，增加能耗。滑石粉比较特殊，在可湿性粉剂中它是非常不容易被乳化、被悬浮的，往往下沉速率过快，且在水中不形成雾状物，在目前只测试有效成分悬浮率的情况下，对可湿性粉剂的技术指标影响还小一些，但是对可湿性粉剂在水中的自然扩散性影响很大，尤其是在视觉上会造成非常不好的效果。沸石粉的情况类似于滑石粉，也是会对可湿性粉剂的自然分散性造成不好的影响。

煅烧高岭土是普通高岭土的升级产品。将普通高岭土在煅烧炉中烧结到一定时间和温度，冷却后再粉碎加工成一定细度的粉末，即可得到煅烧高岭土。与普通的高岭土相比，煅烧高岭土的生物惰性和化学惰性得到进一步提升，水分含量降低，细度要求提高，色泽度明显改善。可以用于橡胶、电缆、塑料，甚至可以用于医药。在可湿性粉剂加工过程中，可以选用煅烧高岭土，且用其直接代替普通高岭土也没有问题。因为煅烧高岭土的价格是普通高岭土的十几倍甚至是几十倍，从产品的造价上考虑就受到限制了。可以用煅烧高岭土来制备可湿性粉剂的高端产品，如卫生用药、纯白色制品等。

建议：高岭土和膨润土可以作为大多数可湿性粉剂的填料，可以用煅烧高岭土制造可湿性粉剂的高端产品。

3. 硅藻土

硅藻土是生物成因的硅质沉淀岩，主要由古代硅藻的遗骸形成，其主要化学成分是二氧化硅。硅藻土通常呈浅黄色或浅灰色，甚至是灰褐色。堆积密度为$0.34 \sim 0.65g/cm^3$，即比较膨松，具有较大的吸水吸油性能。硅藻土在水中具有一定的悬浮性，且具有一定的乳化能力，这在各种填料中是独有的特性。

硅藻土用途很广，在新型建材、食品、环保塑料、玻璃纤维、保温材料等领域都得到了应用。在农药行业中，硅藻土也有一定的用途。悬浮剂、可湿性粉剂中都可以使用硅藻土。只是由于价格的原因，在可湿性粉剂的加工过程中采用得较少，且选用的也多是硅藻土的低端产品。事实上我国的硅藻土矿产很丰富，只是目前的推广应用工作做得不好。硅藻土用作可湿性粉剂的填料有两个明显的功能：一是使用硅藻土作填料，往往可以节省表面活性剂的用量；二是使用硅藻土与使用陶土、高岭土、膨润土相比，可以减小可湿性粉剂的堆积密度，提升可湿性粉剂小包装中药物的视觉体积，给人以好感。

建议：加大推力力度，在农药作业中扩大硅藻土的用量。

4. 轻质碳酸钙

轻质碳酸钙简称轻钙。其化学成分就是碳酸钙，与石灰石完全一样，白色粉末状，密度为$2.7g/cm^3$，与之对应类似的东西叫重钙，是重质碳酸钙的简称。其化学成分也是碳酸钙，白色粉末状，密度为$2.7 \sim 2.9g/cm^3$。两者的化学性质基本一致，但是来源和用途不同。重钙简单地讲就是石粉，石灰石粉碎而得，用途很广，但是不能在农药行业使用，作悬浮剂和可湿性粉剂使用重钙自然扩散性极差。重钙自身也很难悬浮。轻钙是这样制备的：石灰石作原料，煅烧制成生石灰，再加水变成熟石灰。熟石灰与二氧化碳反应制得碳酸钙乳膏，经脱水、干燥、粉碎得得轻钙。由其来源可以判定，轻钙里面的杂质主要是熟石灰。碳酸钙是中性的，石灰呈一定的碱性，所以轻钙里面残存的石灰量往往影响到轻钙的酸碱性。轻钙中残存一定量的石灰，这一点是其作为可湿性粉剂填料非常讨厌的一个问题。碱性填料往往对可湿性粉剂有效成分的稳定性非常不利。轻钙的细度往往是令人满意的，一般情况下不经粉碎就可达到可湿性粉剂的细度要求。轻钙的颜色接近纯白的程度，用其制备的可湿性粉剂往往外观靓丽，轻钙在水中的自然扩散性很好，用其作填料的可湿性粉剂往往有好的自然扩散性。

建议：杀虫剂的可湿性粉剂最好不用轻钙作填料，杀菌剂的可湿性粉剂中可以用轻钙作填料。

5. 白炭黑

白炭黑，白色膨松粉末状。主要成分是无定形硅酸和硅酸盐，堆积密度$0.138g/cm^3$，比表面积吸附容量和分散能力都很大。白炭黑用途很广，在农业化学品行业经常被用作填料、吸附载体、稀释剂、崩解剂等。

白炭黑是一种人工合成的填料，不是天然的矿物质，其制备方法有传统的沉淀法和气相法，近几年又推出了以非金属矿及其延伸物为硅源，采用沉淀法制备白炭黑的新工艺。两种方法生产的白炭黑外观、性能、价格上有很大的差距，农药行业使用的基本都是沉淀法生产的白炭黑，或是气相法产品的尾料、收集物等低端产品。气相法的产品色泽好、纯度好、吸油吸水率高、堆积密度小，一般价格（2013年夏）在2.3万～4.5万元/吨。沉淀法产品色泽、纯度、堆积密度与气相法产品，稍有差距，吸油吸水性稍差一些，一般价格在0.3万～0.8万元/吨。很显然，在农药行业选用沉淀法白炭黑的原因就是价格问题、成本问题综合的结果。沉淀法白炭黑之间也存在着不小的差距。堆积密度上有时相差很大，同样是15kg/袋的产品，有时体积具有明显的差异。为提升可湿性粉剂的体积，选用白炭黑作填料时要注意选择。吸水吸油性具有较大的差异，白炭黑在作为吸附载体使用时要注意选择，一般情况下堆积密度小的产品往往吸油率大一些。可湿性粉剂中加入白炭黑作为吸水剂，可以使可湿性粉剂在视觉上感觉良好。尤其是在外观上能保证其呈疏松粉末状，此种情况要选用含水量低的产品。产品含水量高低从手感上应该有明显区别，通过暴晒或加热除水，称重法就可以确定产品含水量的高低（相对比较）。注意一点：白炭黑的用量增加，可湿性粉剂的润湿问题就会相应延长，要随时跟踪检测。

在此介绍一下用白炭黑吸附液体物料的方法。

原药、助剂为液体时，要加入到可湿性粉剂中，一般是先用白炭黑把液体物料吸附，制成吸附白炭黑（行业俗称），然后进行可湿性粉剂的配料、粉碎等。制备吸附白炭黑的方法如下：①设备，带有喷雾头的混合机（一般情况下，只要提出要求，混合机供应商会为其产品配备喷雾头），高压喷雾器（用高墙清洗喷雾器，果园用高压喷雾器亦可）。②操作方法，把计算量的白炭黑投入到混合器中，开启搅拌，转动稳定后开始把液体通过喷雾器进行喷雾。喷雾结束后混合器仍然要搅拌一定时间方可停止搅拌，放料备用。注意，混合器的搅拌臂横梁上不可避免要粘一些液体物料，要计算清楚液体物料的损失量，不然会导致配方投料不准确。一般情况下，制备吸附白炭黑时，不要让白炭黑吸附量达到或接近最大的吸油值。那是一个极限值，一旦接近，吸附白炭黑的流动性将很差，给下面的配料、加工带来不便。吸附白炭黑中吸附的液体量与白炭黑的量最好是一个整数或倍数关系。不要使投料计算复杂化，如4：6、5：5等就很好，不要成43：57之类的麻烦事。也就是说，合适的比例与液体物料的投放量形成的数字关系越简单越好，最好是吸附白炭黑固定量小包装的整包数而无需计算。特别提示：白炭黑容易吸油吸水，在运输、贮藏时要注意防潮问题。包装破裂或开启袋未用完的包装，放置一段时间再用，可能导致可湿性粉剂的水分超标。白炭黑的化学性质稳定，甚至有一定的生理惰性，库存时间稍长，质量不会变，注意防潮便可。

6. 淀粉、白糖

白色粉末状固体。在化学结构上都属于糖类，即分子结构可用$C_n(H_2O)_m$表示，由粮食和植物粉碎加工制得。一般由其来源命名，如玉米淀粉、蔗糖等。作为农药填料使用时，可以不对其中的蛋白质、脂肪、维生素进行去除。类似于常见的面粉、生粉都可以，直链的、支链的也没有什么区别。这类填料的特点是无毒、无味、无腐蚀性，在水中能部分溶解，甚至全部溶解，其水溶液的黏度明显加大，这一点对可湿性粉剂的悬浮率非常有益。可溶性淀粉和白糖还是制备可溶性粉剂的上佳填料（可溶性粉剂是可湿性粉剂的一个特例）。淀粉、白糖具有一定的吸水性，注意防潮问题。

可以用淀粉、白糖直接替代部分矿物质填料进行可湿性粉剂的制备，各项技术指标不会下降，只是可湿性粉剂的生产成本稍有上升而已。

7. 其他填料

无机盐类填料，如氯化钠（食盐）、硫酸钠（元明粉）、氯化钙、铵盐等。这类填料的优点是价格低、有一定的水溶性甚至全溶解。其缺点是该类填料在水中往往以离子的状态分布，属于破乳剂范畴，往往对可湿性粉剂的悬浮率造成危害。这类填料的共同特点是堆积密度较大（氯化钙除外），可以用来对可湿性粉剂进行堆积密度调节。

加益粉是矿物质、无机盐、变性淀粉等经过处理制得的复合物。化学成分复杂，不确定。特点是不吸潮、不结块、水溶性好、流动性好、性质也比较稳定的白色粉末状固体。作为可湿性粉剂的填料使用，在整个加工过程中没有问题。但是，加益粉在水中溶解过程会大量放热，此种现象可能会对可湿性粉剂造成一定损害。若选用加益粉作为可湿性粉剂的填料，相关人员一定要随时跟踪检测，否则谨慎选择。

生产可湿性粉剂的原料经混合、粉碎制成可湿性粉剂。很明显，加工工艺主要有两大部分：混合工序和粉碎工序。

一、混合工序

混合工序指各种物料按一定次序投入到混合设备中，经过一段时间的搅动，使各种物料均匀地掺和在一起的过程。混合设备种类很多，相比而言，双螺旋重力混合机适用于可湿性粉剂物料的混合使用（图1-1），不提倡使用卧式混合设备和滚筒式混合设备。

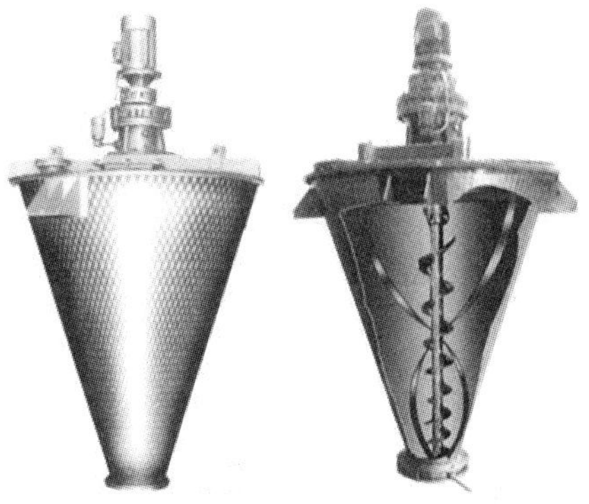

混合工序中物料投入到混合器中有一定的技巧。物料投入到混合器中一般遵循下列原则：

① 以物料的密度，按照从小到大的顺序投料。密度大的物料在重力作用下会自然下沉。按该顺序投料容易使物料混合均匀，混合搅动时间相应缩短。

图1-1　DSH双螺旋锥型混合机的外观及纵切面图

② 以物料在配方中所占的质量分数，按照从大到小的顺序投料，最先投入到混合器中的物料在整个加工过程中必定是损失量最大者，先投入用量最大者，对整个配方的计量准确性往往影响最小，对可湿性粉剂的质量影响最小。

③ 以物料的黏结性投料，不容易黏壁的物料最先投入到混合器中。一般来讲，最先投入的物料对后投入的物料有一定的黏附阻碍作用，后投入的物料往往被先投入的物料所包裹，接触混合器桶壁的机会减少，自然也就减少了整个加工过程的损失量，同时也可以缩短混合搅动的时间。

④ 以物料的价值投料，贵重物料要倒数第二的次序投入混合器中最为合理。按此法投入，贵重物料被其他物料前后包夹包裹，损失量会最小，从经济效益上核算是利益最大化的。在可湿性粉剂中加入少量的高端助剂时就适用此法。再如可湿性粉剂配方中加入甲维盐、磺酰脲类原药投料量较少时都应遵循此原则。

在上述四原则遭遇冲突时，按照经济效益最大化原则来决定投料顺序。其中要考核的主要因素有物料的混合搅动时间、物料损失及价值、可湿性粉剂的各项指标的稳定性。

二、粉碎工序

（一）粉碎工序

粉碎工序是可湿性粉剂加工工艺中的主要部分。混合均匀的物料（俗称可湿性粉剂的粗料，简称粗料），经过粉碎机械被粉碎细化成一定细度的粉末状可湿性粉剂物料（俗称可湿性粉剂的细料，简称细料）的过程，即为粉碎工业。粉碎机械设备种类很多，根据不同的粉碎细化要求及粉碎效率、成本等要求，可针对性地选择不同的粉碎设备。

图1-2 流化床对撞式超微气流粉碎机

根据现在可湿性粉剂的细度要求和总体质量要求，推荐选用流化床对撞式超微气流粉碎机，参见图1-2。

粉碎设备很多，归纳一下，按粉碎原理分为三类。

① 两硬物对物料进行夹击、挤压、研磨。原理与传统的石磨与石碾是一致的。

滚球、锤击、砂磨、球磨类机械均属此类。其特点是两硬物对付硬度较差的物料，简记为：

Ⅰ 硬物 ⟶ 物料 ⟵ 硬物

② 一硬物对物料进行击打、撞击或物料撞击硬物。比较形象的比喻是向空中扔出一石头，在未落地时用锤、棒、刀等硬物对其进行击打，使之破碎。这是硬物对付物料。物料撞击硬物那就是向石头上扔鸡蛋了。雷蒙机、圆盘式气流粉碎机等属此类。简记为：

Ⅱ 硬物 ⇌ 物料

③ 物料与物料直接撞击进行粉碎。此类的特点是不需要硬物对物料的作用或物料依靠作用于硬物来进行粉碎。流化床对撞式气流粉碎机属于此类。简记为：

Ⅲ 物料 ⇌ 物料

很明显，第Ⅲ种粉碎方式是效率最高的，因为作用于硬物上的功力是浪费掉的。某些情况下，粉碎设备的粉碎方式具有两种甚至三种，但是，特定设备必定有其一为主导。

作为机械设备来讲，上面讲的硬物也就是粉碎设备的部件，往往很容易使之运动，如机械的高速转动或高速往复运动。物料动与不动都可以达到Ⅰ、Ⅱ种粉碎方式的要求。要使物料整个动起来容易，要使物料个体动起来就不容易了。尤其使物料个体单独高速动起来就更难了。一般的机械方法肯定不行，否则能耗也将是一个不可接受的因素。高压气流恰恰能做到这一点，物料被高速气流夹裹着，以相对的方向撞击。物料之间相互剧烈碰撞，结果是"两败俱伤"，相互被撞碎，整体物料得到粉碎。流化床对撞式气流粉碎机就是按照这个原理设计的。见图1-3、图1-4所示。

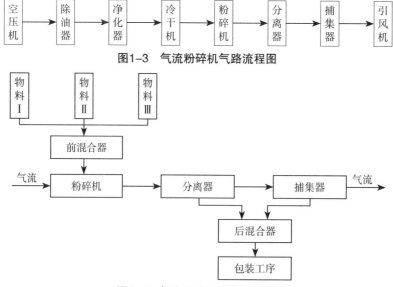

空压机 → 除油器 → 净化器 → 冷干机 → 粉碎机 → 分离器 → 捕集器 → 引风机

图1-3 气流粉碎机气路流程图

物料Ⅰ　物料Ⅱ　物料Ⅲ

前混合器

气流 → 粉碎机 → 分离器 → 捕集器 → 气流

后混合器

包装工序

图1-4 气流粉碎机物料流程图

对于一般的农药企业，建议选用流化床对撞式气流粉碎机作为加工可湿性粉剂的设备。除上述讲的粉碎效率高之外，还有以下几个方面的优势：锤式、棒式、磨式等粉碎机械往往都具有局部过热现象。轴承、摩擦件的发热是不可避免的，这种现象对可湿性粉剂的质量是非常有害的。这类设备往往产生较大的噪声，同时加工过程中物料，尤其是微细物料的逸出问题很难避免，即工作环境往往很差。气流粉碎机可以避免上述不利之处。同时，流化床对撞式气流粉碎机还有一个特点，粉碎机体从喷嘴的小孔高速喷出工作气体时，瞬间形成快速扩散，在一定的空间内起到了高压绝热膨胀的作用，达到了很好的吸水除水效果。尤其是在物料中水分过高或空气中湿度较大的天气条件下，这一特点非常有用。

流化床对撞式气流粉碎机也有不足之处。与其他的粉碎设备相比，它的整体系统需要较大的安装空间，整体造价会偏高，整体用电量较大。以 $\phi 400$ 型为例，整套配电额达 130kW 左右，还不包括分装设备的用电量。

（二）粉碎设备

下面我们以BKL系列流化床对撞式气流粉碎机的整个加工工艺过程为例，对加工工艺中的各个部分进行讨论。先看一下整套设备的流程图（以 $\phi 400$ 型为实例），见图1-5。

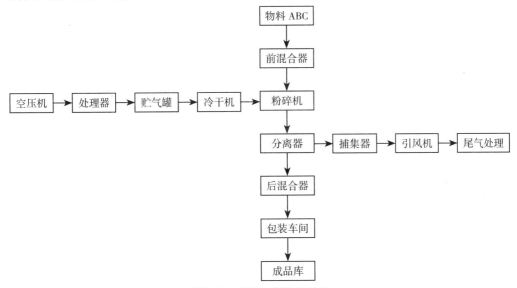

图1-5　整套设备流程总图

下面按照图中顺序对各部分分别讨论，首先按照图1-5的排列顺序讨论。

1. 空压机

空压机是空气压缩机的简称，是现代工业的基础设备。通常所讲的电气自动化里面的气就是气动的意思，气动的动力源来自于压缩空气，压缩空气来自于空压机。

空压机用途很广，冰箱、空调、风动工具、车辆、矿山机械、船舶、医院等都会用到空压机。现代化的气动冲击、气动控制等都离不开空压机。根据不同的用途、不同的使用对象，选用不同种类的空压机。空压机的种类很多，可以按工作原理分类，按润滑方式、性能、用途、固定方式分类。

在可湿性粉剂加工工艺中，对空压机的要求是压缩气体无油，工作压力达标即可。一般选用活塞式空压机或螺杆式空压机。下面我们的讨论也针对这两者。

（1）活塞式空压机 活塞式空压机属容积式空压机，压缩元件是活塞，在气缸内做往复运动产生压缩空气。其优点是结构简单、使用寿命长，且容易实现大容量和高压输出，历史悠久、易于维修、价格较低、使用方便。其缺点是振动大、噪声大、排气为断续进行，即直接输出气体有脉冲现象，往往容易出现小问题，需固定基座安装。

农药生产企业，拥有空压机简单维修经验的人员，可优先选用活塞式空压机。

（2）螺杆式空压机 螺杆式空压机属双容积式压缩机。两转子啮合对空间挤压形成压缩空气。其优点是性能稳定、振动小、噪声低、易损件少、故障率低。往往是与冷却净化附件置于同一箱式体内，安装方便。其缺点是直接提供的压缩空气中往往含有油的成分。需处理后方可作为可湿性粉剂加工中的工作气源（注意：有的螺杆式空压机不配套除油装置时，需作另外配套；也有的型号已配套了除油装置，此种情况就缩略掉图1-3中的除油器了）。另外，螺杆式空压机的维修难度较大。

农药生产企业，如果技术人员相对缺乏的情况下，建议选用螺杆式空压机。配套 $\phi400$ 型粉碎机的空压机参数：配套容量10m³/min；工作压力0.7~1.0MPa。

顺便提示一下，空压机上配置的压力指示表要选用抗震防震型的，且需要相关管理部门的检验。不要选用普通的压力指示表。后者的使用寿命很短，且显示数据很难与事实相符，易发生误导，必须保证压力指示表处在正常工作状态。

2. 除油器与净化器

在图1-3中列出了除油器和净化器的连接位置。有人建议连接在贮气罐与冷干机之间。原则上连接在贮气罐前或后都不影响整个气流的工作。如压缩空气需要除油和净化，把除油器和净化器连接在贮气罐前，贮气罐就是干净的。如果连接在贮气罐后，贮气罐也就被污染了。建议连接在贮气罐前。

除油器和净化器都是品牌众多的多用途设备，针对的处理对象是各种流体。其工作原理有两种：一是吸附方式，使流体经过吸附材料，如特种树脂、吸脂棉等，使流体中的杂质被吸附，流体通过。二是过滤方式，使流体经过过滤网，使流体中的杂质留下，流体通过，杂质有的被凝结、聚集、收集，可排放出；有的聚集、收集，经一段时间的富集后取出。

使用除油器和净化器时要注意经常排放或取出其中聚集的物质。自动排出式的要注意自动排放装置的工作状态，保证其正常工作。吸附处理方式的装置要注意吸附材料的饱和更新事项。严格控制凝结聚集物的污染问题，注意排放聚集物操作的安全，尤其是在空压机处于工作状态的情况下，要缓慢操控。

除油器和净化器是压缩空气的净化处理设备。在整个加工系统中起辅助作用。

3. 贮气罐

贮气罐，又记作储气罐，是压力容器，属于特种设备，采取持证上岗的方法。相关单位对操作人员进行培训、考核、管理，操作时要注意安全。

贮气罐是一个盛装气体的容器，用普通钢材制造，有一定的壁厚要求，目的是为了耐压。相关部门对其进行定期鉴定、认证。贮气罐顶部有一个压力安全阀，在罐体内空气压力超过一定的限制时，安全阀会自动开启，保证罐体内空气压力不超过设定的极限值。安全阀也要经过相关部门的检测、认证，且需要定期复检。贮气罐中部与空压机连接气路点附近安装着一个压力表（此处无震动，可用普通的压力表）。此压力表需经相关部门检测、认证。

贮气罐底部有一个阀门，用以排放压缩空气中的凝聚水。一般需要手动开启。贮气罐在工作状态时开启排水阀门要注意安全。高压气体冲出时有一定的危险性。

贮气罐在工作状态时往往罐体温度在40~50℃，说明罐内的压缩空气温度在40~50℃。该温度状态下的压缩空气进入下一工作单元（冷干机）时，给冷干机带来较大的工作压力。建议对贮气罐罐体进行降温。有一个比较方便的条件是空压机和冷干机都有冷却水排出，可以把冷却水排水管出水直接对罐体进行喷淋，降温效果很好。尤其是在气温较高的季节，此法非常有效。

建议选用立式贮气罐，见图1-6。贮气罐建议安装在室外，最好是靠近冷却水的水池，便于喷淋水降温，冷却水最好循环使用，节约用水。

图1-6　立式贮气罐外观图

4. 冷干机

冷干机是冷冻式干燥机的简称。按冷干机冷凝器的冷却方式分为风冷型和水冷型。建议选用水冷型。因为风冷型冷干机往往在环境温度稍高时会自动停机以做自我保护。一般环境温度45℃左右就会停机了。在夏季，气温往往很高，冷干机需置于室内，处于工作状态的冷干机还会向环境释放热量，其工作环境很容易达到45℃，造成风冷型冷干机自动停机，影响正常生产。风冷型冷干机一旦自动停机，往往不能立即再启动。需环境温度和自身机体温度降至一定值时才会重新启动（顺便提示一下，空压机也有风冷型的，不建议选用风冷型的，原因与冷干机的选用道理一样。风冷型空压机也是环境温度达到一定值时会自动保护，停止工作）。

冷干机的工作原理是利用冷媒与压缩空气进行热交换，把压缩空气温度降低到设定值T_c后。T_c的设定是有技巧的，根据不同的情况，T_c可以有较大的变化范围，冷干机的作用有两个：①降低压缩空气的温度。从贮气罐过来的压缩空气往往温度高于生产车间的温度，较高温度的压缩空气作为工作气流对可湿性粉剂是不利的。②去湿（除水），压缩空气中的水分饱和值与压缩空气的温度有直接关系。温度高，饱和值大，反之亦然（可定成比例关系）。降低压缩空气的温度，可使压缩空气的水分含量降低。作为工作气体的压缩空气，含水量越低越好，对可湿性粉剂的物料能起到一定的去水作用（在粉碎工序中讲过）。从温度的角度来讲，压缩空气的温度降到室温T_{c1}时，作为工作气流就可以了。即T_c设定为室温值T_{c1}即可。从工作气流附带的除水作用来讲，压缩空气的温度越低越好，假设这一温度为T_{c2}。很显然，T_{c2}的设定依据是给可湿性粉剂的物料除水。如果可湿性粉剂的物料中含水量不高，不需要工作气流给其除水，则T_{c2}可以不考虑了，此种情况下$T_c=T_{c1}$即可。如果可湿性粉剂物料中含水量偏高，需要工作气流为其除水，此时T_{c2}就成为首要考虑的因素了。T_{c2}原则上是越低越好，但是实际情况往往不可能把T_{c2}定得过低，这时要考察压缩空气中的水分含量。在空气干燥的春天，空气中水分含量极低，压缩空气也就远远达不到饱和状态，即使把压缩空气降至2℃，往往也没有水分析出，此种情况下，直接把T_c定为T_{c1}就行了。如果空气湿度较大，压缩空气中的水分含量自然也就很高，此种情况下，一般把T_{c2}定为8~14℃。此时应设定$T_c=T_{c2}=8~14$℃。如果把T_c定得更低一些，冷干机往往就会连续工作，基本不间歇了，这样将影响到冷干机的使用寿命。

冷干机的冷冻降温能力来自于制冷压缩机。特别需要注意：制冷压缩机的工作介质（如氟利昂）是需要经常补充甚至更换的，工作介质型号的选用非常重要，选错型号冷干机将不能工作，甚至损坏。

冷干机有一个排水阀，用于压缩空气中凝聚水的排放。排水阀有自动型和手动型。手动型的一定要注意定时排水。水满未排出冷干机就失去了除水功能。

5. 粉碎机

粉碎机是粉碎工序的主设备。粉碎工序是可湿性粉剂整个加工过程中的主要部分，即粉碎机是可湿性粉剂加工过程的主要设备。

前已述及，粉碎机的品牌、种类繁多，在此只针对流化床对撞式气流粉碎机的ϕ400型进行相关的讨论。ϕ400型流化床对撞式气流粉碎机由底座支架、筒体、进料系统、分级轮四大部分组成，是可湿性粉剂加工过程中工作气流流程与物料流程的交汇点，参见图1-5。

底座支架对整个粉碎机起支撑、连接各部分的作用。直接坐落在工作平面上，无需加固安装，但需要四个接地住脚实实在在的接地，以防晃动。注意接地点要处理地整齐、平滑，防止挂涉或形成死角。筒体是物料的粉碎室（圆筒状，ϕ400型即指内径为400mm）。一般由2~3节对接起来（分节主要是为了运输、安装、维修方便）。底部有一个长宽各十几厘米的视窗，四个工作气流喷嘴，各成90°角，两两相对。气流喷嘴由刚玉制作。刚玉的硬度很大，气流喷嘴的磨损也就很慢。一旦喷嘴的喷气孔变大，粉碎机的粉碎效果就会降低，如用铸铁制作工作气流喷嘴，效果可以，但是铸铁喷嘴的使用寿命不长，一般工作400~500h后粉碎机的工作效率就会明显下降。喷嘴容易损坏，要注意经常检查、更换。筒体的上下两端有封盖，上端封盖打开可以对分级轮进行维护。下端封盖打开可以卸料，放出筒体内残存的物料。封盖的开启与关闭与几节筒体的连接一样，容易操作，但是需要注意关闭连接时一定要对正取齐，固定牢固。进料系统有三部分：进料斗、螺旋进料驱动、进料速率调节。进料斗是为了接收混合粗料的，可以与前混合器对接，但最好不要封闭，以便随时观察进料情况。要使粗料轻轻地、以一定的速度均匀地移入进料斗中，避免尘埃飞扬，整个可湿性粉剂加工过程中，此处是一个易形成尘灰的工作点。螺旋进料驱动是一个螺旋轴在进料斗底部将粗料输送到筒体的一个装置。筒体内的工作气流与引风机的引风量有一个动态的平衡。由于进料速率与分级轮转速之间是一个动态平衡关系，这个平衡不间断的在平衡与不平衡之间滑动，也就很容易形成粗料倒吹的现象。即进料口处的物料被工作气流吹出，形成粉尘飞扬的现象，均匀的进料是可以避免倒吹现象的。均匀进料就是要求向进料斗中投料速率要均匀，螺旋进料驱动的转速要均匀。进料速率达到一个平衡状态后整个系统就会处在半衡稳定的工作状态。进料速率调节就是调节驱动螺旋进料的转速。进料的速率要看筒体内物料的粉碎——分级后回落与进入分离器部分的一个平衡。筒体内的物料进入分离器的部分与进料供给补充的部分达成一致，进料速率是最合适的。太快，筒内物料积压；太慢，设备部分空转，从而造成浪费。不同的物料被粉碎的难易程度有差别，进料系统的进料速率也就不同。一般密度大的物料，进料速率需慢些，反之亦然。同一批物料，进料速率基本上可以保持不变，但是一定要注意观察筒体上的视窗，以保持筒体内的物料平衡。

分级轮是控制可湿性粉剂细度的部件。由一个中空的组装套筒式的钢体组成。套筒由许多5mm厚的金属片有序地排列

图1-7　常见的分级轮外观图

制成（图1-7）。横向安装在直立的粉碎机筒体上部。一端连接驱动电机，另一端套装在物料出口上。筒体内粉碎到一定细度的物料，由套筒的金属片之间的缝隙进入套筒中心，受气流夹裹经过出口进入分离器中。分级轮的转动速率越高，加工过的物料越细，整个系统的加工速率越慢，单位时间内的加工量就越小，反之亦然。分级轮的转速应当由可湿性粉剂的细度要求和原材料的细度来决定。如果原材料的细度已达到可湿性粉剂的细度要求，则分级轮的转速要尽可能低。否则，就要注意调节可湿性粉剂细度与分级轮转速、单位时间产量这一平衡了。

应当注意，分级轮是一个易损件，一般寿命4000~5000h。很容易理解，物料经过分级轮对其磨损不可避免。分级轮的更换非常方便，操作人员即可完成。

经常遇到的一个问题是分级轮容易被黏住。一是钢片之间的缝隙被黏住，二是分级轮与驱动电机连接处被黏住。在加工含水量较大的物料时容易发生这种现象，在加工含有一定黏度的物料时容易发生这种情况。分级轮被黏住，可以取下，水洗后晾干再安装上即可。分级轮与驱动电机连接处被黏住处理起来比较麻烦一些。需要仔细地、轻轻地用螺丝刀类的工具把黏结在该处的物料取下，并要去除干净。后一种情况必须及时处理的。发生这种黏结往往导致分级轮转不动，粗的物料也会进入到分离器中，可湿性粉剂细度会受到影响。分级轮转不动时若驱动电机没有断电，驱动电机不久就会烧毁。

6. 分离器

分离器是旋风分离器的简称。参见图1-8。

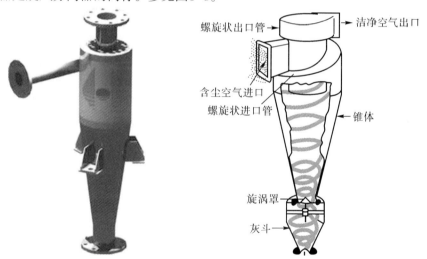

图1-8　分离器外观及纵剖面图

旋风分离器是用于气固体系或液固体系物料分离的一种设备。工作原理是靠气流切向引入形成的旋转运动，使其具有较大的惯性离心力，固体物料甩向内壁而分开。在加工可湿性粉剂的工艺中，选用的旋风分离器为上部进气式，底部以电动卸料阀封堵的产品。通常情况下物料分离效率都在99%以上，极少数的轻质产品分离率偏低一点。如福美系列可湿性粉剂和含有较多白炭黑的某些可湿性粉剂品种。物料细度与物料的密度与分离效率相关联。物料越细，密度越小，分离效率越差，反之亦然。

分离器直接安装在后混合机上，以电动卸料阀相连。分离器中的工作气流来自引风机，时常会出现风力的波动，若连接处省略掉电动卸料阀，会经常出现后混合机中粉尘的逸出现象。在工作气流进入分离器前就应该开启电动卸料阀，保证分离器中分离出来的物料在分离器中不要过多地沉积。过量地沉积影响分离效果，沉积太多，将使分离器失去分离作用。很显然，在加工系统的工作过程中，要保证电动卸料阀处在正常的工作状态。

7. 除尘器

除尘器在行业中也称为捕集器。把从旋风分离器中过来的工作气流中夹载的少量的很细的物料捕集住，收集起来。通常选用脉冲袋式除尘器。参见图1-9。

图1-9　常见的脉冲袋式除尘器外观图

除尘原理就是气体的袋子过滤。制作布袋的材质的致密程度决定滤除固体物料的粒径，布袋的过气表面积决定气体的处理量。脉冲是帮助工作过程中布袋抖落袋壁上附着的捕集到的物料。

除尘器底部物料出口以电动卸料阀封堵。可以通过卸料阀把除尘器直接连接在后混合器上。也可以将除尘器独立安装在工作台上或地面上。此处电动卸料阀的工作原理注意事项与旋风分离器上电动卸料阀的情况基本一致，要注意其工作状况，除尘器有顶部开门与侧面开门两种情况，安装时要特别注意留出维修空间。顶部开门的除尘器，处理除尘器的布袋时往往需要提升近2m的高度，除尘器的顶部到车间的棚顶之间空间高度不够将无法操作。成套设备安装时往往容易忽视这一点。侧面开门的除尘器，开门方向要留有空间，最好不使开门方向面对墙壁。

脉冲阀的工作气体往往来自系统工作气体系统，但是其压力与系统工作气体压力不同，通过气路支路上的调节阀来控制。脉冲阀的工作气体的压力有一个范围。压力过大对布袋会造成较大的冲击，布袋寿命缩短，压力过小，布袋上的附着物料抖落不干净，影响除尘器的工作效率。一般原则上，物料黏结性大一些，物料的密度较小时（即进入除尘器物料较多），此时脉冲阀的工作气流压力取其最大值，反之亦然。除尘布袋需经常清洗，一般情况下工作1000h需清理一次。清理的方法视布袋上的附着物而定。如干法清理和湿法清理。若能用干法清理干净，即扫除，就不要用湿法处理，湿法处理就是水洗。湿法处理需要注意三点：一是避免洗涤水污染水源及场所，二是布袋清洗后一定要晾晒干，三是要注意不要破坏了布袋材质的致密均匀性。

在除尘器独自安装的情况下，一批物料全部粉碎完毕，且将除尘器中捕集到的全部物料都投入后混合器中，经过在后混合器中搅动一定时间后，才可以将加工好的可湿性粉剂物料转到下一步工序中去（分装车间）。

有人也采取加工车间的除尘过程并入气流粉碎机工作系统中。此法不当，建议车间的除尘另建立独立的系统与处理方法。车间除尘有成熟的方法可以借鉴。

8. 引风机

引风机是个广泛应用于矿井、隧道、建筑物等的通风换气设备，依靠输入的机械能，提高气体压力排送气体，是一种流体机械。

在可湿性粉剂加工过程中，工作气流（高压气体）经过粉碎机后，压力明显降低。从粉碎机出来的工作气流就需夹裹物料提升。如果不以引风机辅助（类似于牵引），将使旋风分离器、捕集器中气体压力逐渐增大，增加物料逸出的可能，设备内逐渐增加的气体压力也将增加危险。同时夹裹物料的气流流动速率也将放缓，严重影响整个系统的运转，大大降低工作效率。引风机的作用就是减轻粉碎机后面（按工作气流方向）的设备内部的压力，增加夹裹物料的工作气流的流动速率。特别是增大了捕集器中布袋两面的压力差，提高了布袋的"过滤"速率，既可保证捕集器的工作效率，又可延长其使用寿命。

引风机的规格型号是整套设备出厂时匹配好的。其安装时需要注意：如果出风口是直接排空的，相关部门对此有一定的规定，即排空高度要达到一定要求。某些农药品种在加工时尾气是不能直接排空的，因为其中的微量粉尘可能造成危害，如高效除草剂品种。在这种情况下，建议将尾气经过水洗甚至特别处理后再排空。

第三节　可湿性粉剂的生产技术

一、纯白可湿性粉剂的制备

可湿性粉剂的外观颜色取决于原药、助剂和填料的外观颜色。如果原药是深颜色，则无法制备纯白可湿性粉剂。当原药是白色，或者是浅色且用量很低的情况下，可以把它制备成纯白色的产品。纯白色产品，外观靓丽，给人以高档次的感觉。纯白可湿性粉剂的制备其配方筛选、加工过程与普通产品并无区别，只是在选用助剂和填料时选择纯白色的物料就可以了。表面活性剂类助剂，普通规格的产品多具有颜色，即便是没有颜色，也多属于暗白色，基本不可用于纯白可湿性粉剂的制备。一般选用K12、十二烷基苯磺酸钠和其他一些脱色助剂，基本上属于同类中的高端产品。还可选用基本无色的液体助剂，制成吸附白炭黑作为助剂，填料的情况基本与助剂一致，不可使用普通的高岭土、陶土、膨润土等。可以选用白炭黑、煅烧高岭土、高档次轻钙等。

总之，选用外观颜色为白色的物料，就可加工出白色可湿性粉剂，具体加工工艺、注意事项并无差异。加工可湿性粉剂的设备往往是多品种共用的，容易污染，注意其他品种残留物对纯白可湿性粉剂的污染，特别是当设备加工过带颜色或带染料的品种后，在加工纯白可湿性粉剂之前最好安排加工1~2次普通白色的产品，借以过渡。

二、可溶性粉剂的制备

可溶性粉剂是可湿性粉剂的一个特例。可湿性粉剂的物料具有可溶性或较大水溶解度时产品就是可溶性粉剂。

可溶性粉剂的悬浮率近乎100%，溶解属分子之间的混合了，不存在细度问题。这两个指标不必考虑了。整个加工过程与普通可湿性粉剂并无差异，只是在物料的选择上注意就行了。原药必须是水溶性或者在水中具有较大的溶解度，这是制备可溶性粉剂的前提。可溶性粉剂的润湿性往往很容易解决，多数情况下不用针对性地加入润湿剂，为了解决其他问题加入的表面活性的协同作用往往就可以解决这一问题。表面活性剂的选择不考虑悬浮率、润湿时间两项指标，主要为了改善制剂的黏结性和渗透性。填料当然也必须是水溶性或在水中有较大溶解度的。普通的矿物性填料基本不能使用。可以选用可溶淀粉、改性淀粉、糖类，除非为了调节产品的密度。否则不提倡使用无机盐类作为填料。可溶性粉剂一般制成白色，其物料外观颜色的选择原则与制备纯白可湿性粉剂时基本一致，再附加水溶性方面的条件。

注：纯白可湿性粉剂和可溶性粉剂一般属于可湿性粉剂中的高端产品，造价往往会有明显地增加，这一点要做到心中有数。

三、可湿性粉剂的自燃现象

在农药可湿性粉剂中，复合制剂所占比例很大，近几年复合制剂的发展尤为迅速。在复合制剂中，有效成分含有代森系列的可湿性粉剂，在生产、贮运时会出现自燃现象，给人们的财产和生命造成很大威胁，同时也严重威胁到这些品种的生存。笔者对代森锰锌复合制剂的自燃现象进行了连续几年的考察、研究，以期发现自燃现象的原因，并寻找如何避免自燃现象的方法。就这一问题分述如下。

（1）代森系列是农药杀菌剂中的一大系列品种，无论是单剂还是复合制剂，现在的产量都很大，生产厂家也很多，遍及世界各地。该系列中的产品，易于生产，原料易得，成本较低，使用方便，药效良好，农民乐意接受，毒性较低，无残留问题。例如国外的大生（代森锰锌80%可湿性粉剂的商品名）、乙膦铝·锰锌、多菌灵·锰锌等，都很受农民朋友的欢迎。代森锰锌可湿性粉剂以及代森锰锌与下列品种复合制剂可能出现自燃现象：主要有硫黄、福美双、福美锌和多菌灵等。到目前为止，国内因自燃引发火灾的生产厂家都怀疑是代森锰锌与这几个品种复合制剂引起自燃的。比较一下可以发现，上述几个品种从化学结构上来看，都含有硫元素，且分子结构中硫元素相对比较活泼。不可否认，代森锰锌以及与硫或含硫化合物混合，可能出现自燃现象。

（2）在制备代森锰锌及复合可湿性粉剂时，作为添加剂的某些原料，可能影响到自燃现象。大家知道，农药可湿性粉剂所需添加剂的种类较多，如润湿剂、悬浮剂、分散剂、调节剂、填充料等。到目前为止，我国在添加剂方面可供选择的品种较少且质量差，这一方面也是导致国产农药可湿性粉剂质量大大低于国外同类产品质量的两大原因之一（另一大原因是原药的质量问题，我国的农药原药含量偏低，杂质含量，特别是有害杂质含量偏高）。木质素分散剂，俗名纸浆，是造纸废液的固化物，作为添加剂在农药可湿性粉剂的生产过程中被广泛地选用。价格低廉，且作为悬浮剂使用效果良好，很受生产企业的欢迎。正是木质素分散剂，在添加剂方面是自燃现象的导火索。目前我国的木质素分散剂产量还是比较大的，不同的生产厂家的产品质量相差很大，质量好坏的主要原因在于造纸所用原料的不同。质量差的木质素分散剂作为添加剂时，其制剂自燃的可能性加大；木质素分散剂用量越大，自燃的可能性越大。在这一点上，生产厂家要非常注意产品的产地、质量，同时尽可能减少制剂中木质素分散剂的用量。

（3）填充料对自燃现象的影响往往被人们忽视。填充料一般用天然矿物质，如陶土、硅藻土、高岭土等。一般来说，这些矿物质都是惰性的，不会对制剂的自燃现象产生影响。

但是有一种情况下填充料对自燃现象产生一定的影响。那就是填充料中含有较多的有机质的情况。有机质含量较高，是因为采矿时使用了地表层物质，陶土作为填充料时容易出现这种情况，应当说这种情况容易避免，但是不可大意。

（4）农药可湿性粉剂中水分含量越高，其自燃的可能性越大。这一点可以从下面的现象中得到证实，在其他条件相同的情况下，制剂中水分含量越高，其发热现象（发热现象是制剂自燃的前奏）越严重。可能是制剂的水分含量高，容易结块，不利于散热所致。

归纳一下，引发自燃现象的原因有四条：

① 制剂有效成分自身的原因；

② 助剂的问题；

③ 填充料的问题；

④ 制剂中水分含量的原因。

下面就如何防止自燃现象的发生阐述一下笔者的意见。

在制剂有效成分问题上，作为生产厂家，尽可能避免这一问题。在进行配方筛选、药效试验时，尽可能不用上述的危险组合，一旦选择，别无他法。只能从其他方面做文章。

在助剂的问题上，前已述及，首先要少用甚至不用木质素分散剂，退一步讲要用也要选择质量好的产品。其他的助剂也尽可能选择可燃性差的产品。例如，同类产品尽可能选择盐类。

填充料的问题无需再述。

最后一点是水分问题。这方面包括两项工作。第一项是制剂所用原料水分含量要低。这是显而易见的事。第二项工作是在加工、生产过程中注意除水，同时尽可能缩短制剂暴露在空气中的时间。因为制剂中含有表面活性剂，容易从空气中吸收水分。在此提醒生产厂家，空气中湿度太大时尽可能停产，如雨天、雾天。可湿性粉剂即使没有自燃现象的，水分含量也是越低越好。

从生产的角度出发，避免自燃现象发生的一个行之有效的方法，就是不要过多地堆放半成品，也不要使之与其他物品一起存放。

作为研究，还可以从另外一个角度考察自燃现象。目前已经有人从事这方面的工作且取得一定的成绩，即在制剂中加入阻燃剂。可湿性粉剂作为农药使用，其目的主要是防治农作物病、虫害，如果其中加入阻燃剂，是否会对农作物产生不良影响甚至造成药害，还要考察农作物中的残留问题。这一问题有待进一步研究。

其他农药品种存在自燃现象的有双硫灭多威、二氯异氰脲酸钠等，上述两种药物产品吨位不大，不如代森锰锌系列影响面大，但是其危害性不容小视。尤其是有些企业把它们作为隐性成分加入到其他产品中，容易被人忽视，容易使人查不到原因，一旦出事，不知所以然。提醒相关人员，正确对待双硫灭多威和二氯异氰脲酸钠的选用问题，防止其引发事故。

四、可湿性粉剂的胀袋现象

胀袋现象指某些可湿性粉剂产品的小包装袋（通常是铝塑材质），在经过一段时间的存放后，包装袋内有气体生成的现象，该现象致使包装膨胀，严重者致使包装袋破裂，小包装集装成箱时还会致使箱体破裂，影响到产品的贮存、销售、使用。多数情况下产品的质量指标可能受影响不大，但是该现象的出现会严重影响到产品的流通、销售。相信许多企业遇到过这一问题。

通过统计分析，可以发现，胀袋现象多发生在下列原药的可湿性粉剂产品中：灭多威、乙膦铝、哒螨酮、乙酸铜等。这类产品的一大特点是原药中往往残存有一定量的酸性杂质或容易产生酸性物质的杂质。可湿性粉剂矿物填料中往往都含有碳酸盐（简记为MCO_3）。原药中的酸性杂质（简记为HAC）遇到MCO_3很容易发生下列反应：

$$2HAC+MCO_3 \longrightarrow M(AC)_2+H_2CO_3$$

$$H_2CO_3 \longrightarrow H_2O+CO_2\uparrow$$

当温度升高时，上述反应同时加速，气温较低时，胀袋现象往往较轻，冬春季节胀袋现象较少，夏季气温较高，尤其是产品受到暴晒时，有潜在胀袋危险的产品就会快速表现出胀袋现象。一般规律大致如此。这也反过来印证了上述判断基本正确。

很显然，原药中残存的酸性杂质和填料中的碳酸盐是发生胀袋现象的两个要素。控制其中之一即可避免胀袋现象的发生。先来看一下控制原药中残存酸性杂质的办法。第一个办法是选用高纯度原药。原药的纯度提高了，自然残存在其中的酸性物质存在空间就被挤没了。97%的灭多威原粉、93%乙膦铝原粉、95%的哒螨酮原粉，用以上原粉加工的可湿性粉剂就基本不会发生胀袋现象。第二个办法，选用不产生酸性杂质的合成工艺路线制备的原药。如灭多威原粉的情况，甲氨酰氯法和氯代甲酸酯法工艺路线，原药中不可避免地要残存着少量的酸性杂质，经过纯化工序，当然可以除去其中残存着少量的酸性杂质，那即是高纯度原药了。采用甲基异氰酸酯法合成制得灭多威，其中不含有酸性杂质，用其加工成的可湿性粉剂也就不发生胀袋现象，且对原药的纯度不必苛求。再来看一下控制填料中碳酸盐的问题。若原药中含有少量的酸性杂质，就要控制使用不含有碳酸盐的填料，如硅酸盐类填料白炭黑、淀粉类、草木质类等填料。没有了MCO_3，同样上述反应也就不发生了。也就不会出现胀袋现象了。

特种助剂的加入导致胀袋现象的发生。某些可湿性粉剂品种，在加工时需要加入特种助剂，以保证可湿性粉剂的质量，如乙膦铝、杀螺胺等作为有效成分时，可湿性粉剂配方中就需要加入抗絮凝剂，以免其产品的喷雾液形成絮状物或凝胶。有些抗絮凝剂是酸性物质，此种情况与原药中含有酸性杂质的情况一致。助剂引起胀袋现象的解决方法：第一，不使用含有碳酸盐类的填料，此点上已述及。第二，协调助剂的酸碱性。该类酸性助剂都是有机酸，使用其盐类产品，自然助剂的酸性问题就解决了。该类盐往往又呈弱碱性。若其可湿性粉剂对酸碱性要求苛刻，可以选用该盐与酸性助剂的混合物。有机酸是弱酸，该类盐是弱酸强碱盐，是弱碱，两者以合适的比例搭配完全可以形成中性或近中性的组合体。第三，选用其他助剂，该类助剂基本上是通过发生螯合反应而起作用的。针对发生螯合反应的另一方，往往有几种螯合剂可供选用。

还有导致胀袋现象是助剂、填料等的发酵。持此观点的人不少，但是取得证据不容易。按照发酵胀袋的说法，原因有两个：第一，助剂中的木质素分散剂用量较大，且木质素分散剂是草质的，据称草质木质素分散剂容易出现发酵现象；第二，填料是淀粉或葡萄糖，在一定条件下会发酵，因为淀粉和葡萄糖确实存在着发酵的可能。还有填料是陶土时，若陶土中含有一些有机质，尤其小企业生产的陶土容易出现这种情况，也确实存在着发酵的可能。发酵导致胀袋的现象的确存在。避免此类胀袋现象的有效办法是选用质量好的木质素分散剂。选用好的陶土填料，不使用淀粉或葡萄糖与其他填料的混合物做填料。

一旦发生胀袋现象，要分清原因，采取不同的处理方法有针对性地进行整理、补救。

对于轻微的胀袋，可不作处理。按正常的销售渠道，对产品进行快速的、有针对性的处理。轻微的胀袋现象，基本上不会对可湿性粉剂产品的质量指标和药效造成影响。对于一般的胀袋现象，即包装袋膨胀但是不会致使包装袋破裂，此种情况要分析原因，做出判断，做到心中有数。首先判断胀袋气体是否会继续生成。若胀袋气体不会继续生成了，可以在包装袋上用针扎一个小孔，放出气体。封闭小孔后，按轻微胀袋现象处理即可。若判定还会有气体生成，则需要按照下述的胀袋现象处理了。具体判定方法如下：将一般胀袋的产品破袋倒出，重新包装，封闭严密后加热或暴晒新包装袋，使其快速变化。若还是胀袋，则证明还有胀袋气体生成。若新包装不胀袋了，则证明生成胀袋气体的反应基本结束了。对于严重的胀袋现象，即包装袋出现破裂或包装箱撑破了，这种情况下就要注意了，必须进行处理。产品直接进入流通领域肯定是不行的。即使可湿性粉剂的指标和药效不受影响，用户对此类产品也是抵触的。在贮存、运输过程中产品受到挤压的情况下，往往会加重损失。严重胀袋的处理，给出以下方法供参考。将包装袋去除，实行大桶包装。当然需保证质量指标和药效没有问题，最好是在更换包装前把可湿性粉剂的物料重粉（重粉的概念：不需要加入任何东西，作为粗料再粉碎一次）一次。大桶产品可以进入流通领域，最好还是在你能控制、指导的范围内由用药大户直接使用。期间出现意想不到的情况时让技术人员及时介入。不要使胀袋产品成为垃圾、废品，那处理起来相当麻烦。

再一种处理方法是将严重胀袋的产品放置（一般需要一个夏季高温期），使其内部生成胀袋气体的反应进行完全。然后重粉一下，使其成为正常的产品，需要注意检测其各项技术指标。要特别注意补足有效成分的含量，以保证药效。

总之，胀袋现象是可控的，一旦出现胀袋现象，采取正确的应对方法，可以使你不受损失或把损失降到最低。

第四节　各项技术指标解读

农药可湿性粉剂的技术指标较多，其中在产品的质量标准中列出了重要项目，是可湿性粉剂产品中必须满足的技术指标，称为基本技术指标。还有一部分在产品的质量标准中没有列出，不属于强制性指标。但这部分技术指标同样非常重要，生产企业自身也要随时检查这类指标。这部分技术指标往往被称为隐性指标。高端产品和著名企业的产品对这类隐性技术指标也必须做得很好。基本技术指标是强制性的、具有一定法律功能的指标，是相关机构检查、抽检、通报处罚的技术依据。隐性技术指标是为可湿性粉剂进行全面保驾护航的，是体现可湿性粉剂产品尽善尽美的内在素质。用一种形象的说法就是基本技术指标是法律范畴的硬性规定、强制约束，而隐形技术指标则是道德范畴的文明体现，是一种自觉行为。只有这两部分指标都做好，产品质量才能达到理想的高度。下面以甲基硫菌灵可湿性粉剂的各项技术指标为例进行解读，参见表1-5。

表1-5　甲基硫菌灵可湿性粉剂控制项目指标（引自GB 23552—2009）

项目	指标	
	70%	50%
甲基硫菌灵质量分数 /%	70.0 ± 2.6	50.0 ± 2.6

项目	指标	
	70%	50%
HAP（2-氨基-3-羟基吩嗪）质量分数/（mg/kg）	≤ 0.4	≤ 0.3
DAP（2,3-二氯基吩嗪）质量分数/（mg/kg）	≤ 4.0	≤ 3.0
pH 值范围	6.0 ~ 9.0	
细度（通过 45μm 标准筛）/%	≥ 98	
悬浮率/%	≥ 70	
润湿时间/s	≤ 90	
热贮稳定性试验（1%）	合格	

注：正常生产时，HAP质量分数、DHP质量分数、热贮存稳定性试验每三个月至少检测一次。

一、组成和外观

（1）组成　因为是单一有效成分，所以对原药的要求是符合标准的原药，此处所讲的符合标准有两方面的内容，一是原药的各项技术指标达到原药对应质量标准中的各项技术指标，二是生产原药的企业也要满足相关部门对农药生产企业的要求。后一条往往容易被忽视，但这一条对保证原药的质量及质量稳定性非常重要。忽视这一条往往会对产品的质量、相关的管理带来麻烦。对于非单一有效成分的情况，要求基本一致。原药之间的匹配问题属于隐性技术指标范畴，没有强制要求。但在确定可湿性粉剂的配方前必须要做好各项工作。

（2）适宜的助剂和填料　所谓适宜就是能够满足各项技术指标的要求。这项工作在确定可湿性粉剂的配方时已经进行了筛选、试验，肯定是适宜的，否则产品就不合格。具体适宜的程度，事实上就是可湿性粉剂的配方水平了。

（3）外观　均匀的疏松粉末，不能有结块。在此提示一下，一要防止吸潮问题，二要防止黏结问题，更不要对可湿性粉剂产品进行挤压，防止结块。

此处说明一下，外观上没有加颜色的指标，说明对产品的颜色没有强制的约束。有利的一面是企业可以进行特色产品外观的统一配制，创造名牌；不利的一面就是普通消费和管理者对产品的甄别提出了更高的要求，增加了选择指定难度。靓丽的颜色可以带给人以愉悦感，但同时也容易使人产生误解，建议企业不要过多地追求颜色这一指标。

二、有效成分的质量分数

表1-5中列出两个数据：70.0±2.6，50.0±2.6，说明此表对应的是两个规格的甲基硫菌灵的可湿性粉剂产品，且这两个产品的技术指标要求基本一致。多数情况下产品的质量标准对应的是一个规格的产品，只有当有效成分和各种杂质完全一致时，才能合二为一。通常是同一种原药的同一剂型，当有效成分含量不同时会出现这种情况。

甲基硫菌灵的质量分数（通常称为含量）是没有争议的强制性指标，必须达到。数据的确定过程应当是经过科学论证的，即便存在问题，也不允许在实际操作过程中进行争议、改变。要想对其进行改变，必须先更新质量标准中的数据，否则就是违法行为。具体到甲基硫菌灵可湿性粉剂这一实例，要先撤销GB 23552—2009这一国家标准，同时还要公布新的标准。特别说明一下，某一产品如果有了国家标准，必须执行国家标准，原来的企业标准、行业标准都不再有效力。

杀菌剂多用于大田作物或经济作物，一般用量相对较大，基本上没有几克到十几克的小包装。也就是说，杀菌剂的可湿性粉剂中有效成分含量可以尽可能的高些，只要制备方法满足即可。反过来说，杀菌剂中有效成分的含量偏低是不合理的，那是为了迎合特殊需求而出现的行为。某些高效杀虫剂、除草剂制剂中有效成分含量较低是合理的。如黄酰脲类除草剂、拟除虫菊酯类杀虫剂，可以制成低含量的制剂。结合我国农业的实际情况，一家一户式的耕作方式，有时只用一喷雾器喷雾液即可满足要求。此时需要有效成分数量很小，低含量制剂的小包装的存在就比较合理。此种情况若制剂中有效成分含量偏高，将导致制剂的需求量太小（有时不到5g甚至更小），实际操作难度加大，用药误差不好估算。

HAP和DAP是甲基硫菌灵原药中的杂质成分。此项指标的规定形式上是在控制可湿性粉剂的指标，往前推一步可以发现，其实是在控制甲基硫菌灵原药中该杂质的含量。再前一步，实际上就是要求甲基硫菌灵原药的纯度要高。在我国，此项指标是近几年才进入质量标准的技术指标行列的，是一种进步。国外在多年前已经把原药中的杂质含量作为必须控制指标，尤其是恶性杂质，往往对其控制非常严格。在原药中的杂质，只要质量分数达到一定限度，往往是0.3%左右，就要求必须确定其名称、结构、性质。目的主要是控制恶性杂质，如酸性或碱性杂质、生物性敏感且属不良反应的杂质。恶性杂质含量可能不高，但是危害可能很大，甚至是致畸、致癌、致突变（"三致"）的原因。杂质，尤其是含有N、S等元素的杂环，一旦有双键或三键存在，在一定程度上都存在"三致"的风险。严格控制农药原药中杂质的含量也对我们也提出了一个更高的要求：就是农药原药的制备工艺、技术要先进，选用的原料也要达到一定的纯度。否则，原料中夹带着一些杂质进入农药的制备过程，将使问题更加复杂化，解决问题的难度也大大增加。

HAP、DAP的质量分数控制指标的单位是mg/kg，即10^{-6}级别，检测难度很大。一般是专业部门的专业人员使用专用的设备经过专业的培训方能进行该项指标的检测。相信目前还没有人对该项目指标的情况提出质疑，也不会围绕该项指标发生争议、仲裁或处罚，在相当长的一段时间内情况基本如此。原药生产厂家要以负责的态度对待这个问题，以国际标准来管控工业生产；相关管理部门认真对待这个问题，把管理工作提高、细化到更高的水平。只有这样，我们的产品才能进入国际市场，才能参与国际竞争，才能在国际市场上站稳脚跟。

严格控制该项技术指标，对产品的质量是一个提升，对生产工艺、技术的改革是一种促进，也是淘汰落后的生产方法、工艺、技术、产能的有效办法。

三、pH值范围

表1-5中列出的pH值的范围是6.0～9.0。绝大多数可湿性粉剂产品的pH值范围与之基本一致。pH值反映的是可湿性粉剂内部的酸碱性环境。这个环境受到原药、助剂和填料三方面的影响和制约。一般情况下，可湿性粉剂的pH值范围在近中性附近。这一点也就要求助剂、填料最好是近中性的，在实际工作中这一点也是不难做到的，剩下的就是原药的问题了。农药原药大多数是有机化合物，高纯度的有机化合物基本上都是近中性的（有机酸和有机碱除外）。可以说，可湿性粉剂的pH值这一指标虽然是强制性的，但是对生产企业来讲不是个大问题，稍加注意就很容易处理。对某些农药原药来讲，自身

稍有一定的酸碱取向，这其中又有一部分是由内部游离酸引起的，一般来讲，游离酸是农药原药的控制指标之一，只要控制好该项指标，其后延伸出来的问题就好解决了，还有很小一部分原药具有一定的酸碱性，如乙酸铜，其相应的产品的pH值范围也必须是与之相适应的。

对于某些产品的pH值范围需要调节的，建议通过选用不同的填料的放大，或加入少量的酸性、碱性助剂进行调节。酸性助剂建议选用有机酸（如柠檬酸、草酸等）或强酸弱碱性助剂（如氯化铵、硝酸铵等），碱性助剂建议选用生石灰、小苏打等。注意一定是选用弱酸或弱碱，同时还必须注意到该类助剂的加入有可能导致其他的技术指标的变化。

pH值的测试方法，参阅GB/T 1601—1993。CIPAC（国际农药协作分析委员会）提供的游离酸或碱度的测试方法可以借鉴，但是不能用其代替GB/T 1601—1993的地位。在这方面有争议仍以GB/T 1601—1993为基准。

pH值的范围控制主要是为了保证可湿性粉剂的质量稳定性，该项指标往往对可湿性粉剂喷雾液的影响很小，对药效的影响也就很小。除非极个别的极端例子才会对防治对象有酸碱性造成的危害。其他农药有这样的极端的例子，如劣质硫酸铜有时就会出现这种现象。一般情况下，pH越高，可湿性粉剂中有效成分的分解速率就会越快，所以大多数的可湿性粉剂的pH值范围不能偏碱性过度。pH值偏低，往往诱发胀袋现象的危险性增大。所以，保持pH值在近中性是合理的。

选用高纯度原药，选择合适的助剂和填料，pH值这一指标是非常容易控制的。建议尽量不采取加入酸碱性助剂的方法调节该项指标。

四、细度

细度，泛指粒子的大小，是可湿性粉剂的重要指标，同时会对其他指标产生一定量的影响。细度有两种表述方法：第一种方法是粒径法。即把微粒视为球体，以其直径作为细度指标，通常标记为：ϕ+数字+长度单位，如ϕ 0.9mm、ϕ 44μm等。事实上微粒并不一定是球体，更不可能是非常均匀、形体一致的。此时一般把微粒的投影作为测量对象。投影往往是不规则的图形，这种情况是把长、宽、高中的最大者作为微粒的粒径。目前用显微镜观察到的粒径数据就是这种情况。有人把这种粒径形象地称为"当量球径"。也有人以多个微粒的平均数据为粒径的代表，主张进行多次检测取其平均值，目的是为了得到比较合理的粒径数据。在这方面，众多微粒的粒径分布应当是一个正态分布，且分散性很小，只要取样方法合理，具有代表性，这方面的误差应当是很小的。且微米计量的长度单位，在个体上产生误差是不可避免的。第二种方法是目数法。目数的原始定义非常烦琐，且难以理解，涉及复杂的运算。简单地给出通常的定义：1in（1in=0.0254m）长度的线段内网孔排列的数目。注意网孔的尺寸并不是简单的1in的长度除以目数，还要考虑隔离用的网丝的直径，而网丝的粗细又是一个不确定的因素。网丝很细，但是目数多了，其加和起来就不可忽视了。以400目的情况来看一下，细度为400目时物料的粒径为38μm，参见表1-7，1in的线段分割成400份长度应当是63.5μm，其中的差距已然明显，两者的差距来自那1in的长度范围内作为分隔用的那399根丝线。我们把网孔的尺寸与物料的微粒粒径等同起来，可以用下面一个简单的算式表示它们之间的关系：

$$网孔尺寸（微粒粒径）=\frac{25400}{目数}-网丝直径$$

两种方法都是针对粒子大小的表述，两者之间必然存在一定的对应关系。表1-6 列出了9组对应的数据。

表1-6　微粒的粒径与目数的对应数据表

粒径/μm	150	104	89	74	53	44	38	21	19
目数/目	100	140	170	200	270	325	400	650	800

如果两者之间能进行直接换算，那就方便多了，按上述公式换算理论完全正确。但是由于网丝直径是一个不确定的数值，实际上缺乏可操作性。有人用数列的方式进行推算，得出了一个公式，可以进行两者之间的换算，非常方便。缺点是误差稍大一点，不过很有参考价值。

$$微粒粒径（μm）= \frac{14832.4}{目数}$$

关于细度的测试方法，对应着两种表述方式，各自有不同的操作方法。粒径测试方法就是把微粒置于显微镜下观察测量。一般是把物料用水浸湿，涂抹在玻璃片上，形成薄层，对玻璃片上的物料微粒（要求相互之间有一定的距离，不可相互重叠），进行观察、测量、记录。目数的测定方法是让物料通过标准筛。可湿性粉剂的细度测试方法是湿筛法，即物料置于标准筛中，用水冲击使其过筛，详细操作参见GB/T 16150—1995。

需要特别说明一下，目前我国的可湿性粉剂细度要求基本上都是44μm粒径筛，96%或98%以上通过，通过方式是湿筛法。44μm粒径对应的是325目的细度，要求不高。事实上超微气流粉碎机加工的产品细度都在400目以上。主要是目前的标准筛超过400目的网筛的检测结果的可靠性很难使人信服。一是网丝制造得特细又不均匀，二是网筛孔细的牢固程度很难保证。网丝非常细，受点外力难保不变形。网筛孔的大小均匀程度得不到保障，作为检测工具，其结果也就可想而知了。

目前，细度这一指标在可湿性粉剂加工过程中已不是难点。只要有相关的设备，操作规范，可湿性粉剂的细度肯定令人满意。细度往往对可湿性粉剂的性能有很大影响。细度越高，材料的比表面越大，各种成分的分布越容易均匀，悬浮率往往也会相应提高，使用效果也会越好。同时也需要注意，细度升高，比表面积增加，微粒之间的聚结现象也会增加，这就要求分散剂的用量相应增加，加工时间相应延长，粉尘的逸出量也会增加，要做好相应的配套工作。

五、悬浮率

悬浮率是可湿性粉剂的关键技术指标，也是在实际工作中比较难解决的技术问题。悬浮率的高低基本标志着可湿性粉剂配方水平的先进与否，往往是人们关注最多的一项技术指标。可湿性粉剂的悬浮率定义：将规定量的可湿性粉剂样品，按规定的方法加入到装盛一定量的标准硬水中，在特定温度下静置一定时间后，量筒上层液体（有一个规定的高度分数，常用刻度250mL的具塞量筒）中仍处于悬浮状态的有效成分的量占试样中包含的有效成分的量的百分率。悬浮剂体现的是可湿性粉剂中有效成分在喷雾液体中的悬浮能力。悬浮率高，说明喷雾液的均匀性好，喷出的雾液的均匀性好，制剂的防治效果就稳定。如果悬浮率低，喷雾液中有效成分的分布就不均匀，防治效果就不稳定。像除草剂类制剂的悬浮率低，还容易出现药害，因为喷雾液不均匀，可能导致某些区域或部位局部用药量越过发生药害临界线。

影响可湿性粉剂悬浮率的因素较多，第一，原药的性能影响最大，若原药是水溶性的，或是有较大的溶解度，则可湿性粉剂的悬浮率必定是较高的。此类原药加工可湿性粉剂时可以不考虑悬浮率问题，把注意力集中到其他技术指标上。第二，选择合适的助剂是提高悬浮率的最好选择。大多数农药原药的水溶性都很差，依靠原药的水溶性现象来解决悬浮率问题根本行不通。此种情况必须选择合适的助剂，具体选择原则和方法在助剂一节中已经讲过，不再重复。第三，可湿性粉剂细度对其悬浮率有较大的影响。细度提高，悬浮率也相应有所提高。注意，在可湿性粉剂的细度达到一定程度后（如325目以后），细度的提高对悬浮率的提升效果非常有限。在目前用超微气流粉碎机加工可湿性粉剂时，就不要考虑细度对悬浮率的影响了。应当把注意力放在助剂的品种与用量的选择上。也有人认为粉碎方式、水分、贮存时间、填料的吸附性能对可湿性粉剂的悬浮率有影响，但是这几个因素对可湿性粉剂悬浮率的影响非常有限，在此不作讨论。

关于可湿性粉剂标准中对悬浮率的要求，不同的品种数值上可能有较大的差异。对于原药是水溶性或水中溶解度较大的品种，悬浮率不是问题了。对于依靠助剂来解决悬浮问题的品种来讲，那就有一定的针对性了。对于具有较大亲水性的原药，即有一定的水中溶解度的原药，往往比较容易悬浮，此种情况往往会把悬浮率定得高一些。对于比较难以悬浮的农药原药，往往会把悬浮率定得低一些。杀虫剂、杀菌剂的可湿性粉剂往往允许悬浮率相对低一些。除草剂的可湿性粉剂往往要求悬浮率要高一些。因为除草剂的可湿性粉剂产品，如果悬浮率低，往往容易诱发药害。目前我国针对可湿性粉剂产品有三类标准，国家标准（即GB）、行业标准（即HB）、企业标准（即QB）。其中，国家标准具有一定的强制性，即有此标准就必须执行，同一产品不允许再执行其他标准。无国家标准有行业标准的产品，必须执行行业标准，不允许执行企业标准。在无国家标准和行业标准的情况下，企业才可以发布自己的企业标准，且必须经相关管理部门审查、备案，而且要慎重。企业标准与国家标准和行业标准一样，同样具有一定的法律效力。各种技术指标的确定要切合实际，既要反映出产品的技术水平、质量内涵，又不要自己难为自己，过高的要求可能束缚自己的发展，甚至可能使企业出现过多的不合格产品。在农药行业，前些年因为助剂、加工技术的原因，可湿性粉剂的悬浮率往往很低，强制性的指标是≥34%。现在可湿性粉剂的悬浮率一般是60%以上。随着时间的推移，还会有相应的变化。

可湿性粉剂再悬浮问题逐渐引起人们的注意。再悬浮的意思是指测定悬浮率的喷雾液，配制好后不是即时测定，而是让其经过较长时间的静置（一般12h或24h），然后再把经过静置后的喷雾液重新搅动，摇匀，然后按照正常的测定悬浮率的方法、步骤进行测试，计算所得到的悬浮率（暂时把其称为二次悬浮率，正常悬浮率叫作一次悬浮率）。若二次悬浮率与一次悬浮率基本一致，说明可湿性粉剂具有很好的再悬浮能力。若稍有下降，亦属正常。因为可湿性粉剂的各种物料中难免会有盐类等对乳化不利的物质。若两者之间有明显的差异，就应当分析原因了。如果有效成分在喷雾液中存在分解较快的情况导致悬浮率下降，问题基本无法解决，最好在产品说明书上说明喷雾液不要长时间放置。如果是助剂或填料的原因，建议对可湿性粉剂的配方做进一步的完善，具体方法与一次悬浮率的解决方法相同。

提高总悬浮率是一种进步，上面我们讲的悬浮问题针对的都是农药原药，即可湿性粉剂中的有效成分，所以前述的悬浮率也称为有效悬浮率。总悬浮能力针对的是可湿性粉剂的所有物料，包括原药、助剂和填料。所有物料在喷雾液中的悬浮成分比率就是总悬浮率。很明显，总悬浮率高了，有效悬浮率一定也不低。但是反过来就不成立了，即有效悬浮率高，总悬浮率不一定很高。这其中的主要原因是可湿性粉剂中的填料往往不容易悬浮起来。

提高总悬浮率从技术角度来看，不是很难。在可湿性粉剂中的有效悬浮率较高的基础上，问题就更容易解决了。具体步骤：①解决有效悬浮率的问题。②解决助剂中不属于表面活性剂的助剂的悬浮问题。③选用水溶性的填料或相对容易悬浮的填料。其中①项的解决方法前已述及，②项涉及的相对量往往比较小，多数情况下不成问题，造成较大影响时考虑对其更换，③项选择上比较容易，但可湿性粉剂造价往往要提升一些，为了提高总悬浮率也是值得的。

注意可湿性粉剂产品经过一段时间的贮存后悬浮率下降的问题。这一现象普遍存在，只要下降幅度很小，属于正常现象。如果下降幅度过大，就要对产品的配方进行重新筛选，直到满意为止。

提示一下，悬浮率的测量数据往往存在较大的偏差，关键是测试方法。同一样品，不同的单位或个人给出的结果相差1%～3%属于正常现象。所以悬浮率作为判定技术指标时要有明显的差异才可下结论，数据接近的测试结果划归同一水平。

六、润湿时间

润湿时间是可湿性粉剂的一个硬性指标，也是一个比较容易测试的指标。指可湿性粉剂样品置于静止的水面上被水充分浸湿的过程耗时。不同产品对润湿时间要求不同，一般在120s之内。润湿时间短，说明可湿性粉剂总体亲水性好，反之亦然。润湿时间短还有一层意思，指可湿性粉剂的喷雾液在喷洒到防治对象上时，其黏附能力强。可湿性粉剂防治对象多为植物，植物的枝叶和昆虫的表面往往有一层蜡质，若喷洒的药液黏结性不好，不容易在其上附着，影响药效。有时可湿性粉剂中也会针对性地加入黏结剂、溶蜡剂或渗透剂。就是为了解决黏结性的问题或破坏表面蜡层，往往对提高药效非常有益。

润湿时间这一指标往往比较容易达到。一是现在可选用润湿剂品种较多，二是各种表面活性剂往往都有一定的润湿作用。可湿性粉剂中往往加入几种表面活性剂，其协同作用很容易满足指标的要求。

某些可湿性粉剂需要针对性地加入润湿剂，如乙膦铝。此类品种不多，解决方法在助剂一节中讲过了。

七、加速贮存试验

加速贮存试验俗称热贮试验。产品经过一段时间的存放，其质量指标会发生怎样的变化？我们可以在产品贮存一年后抽样检测。作为针对性地检测，配方试验等项工作不可能长时间等待。为解决这一问题，拟定热贮试验。具体方法是把样品在不受压力的情况下置于（54±2）℃恒温箱中贮存14天，取出后放在干燥器内冷却至室温。按普通样品对待，进行相关指标的检测，并把检测数据与样品未贮存前的比对。一般认为在（54±2）℃环境下热贮7天、14天分别相当于自然状态下半年、一年的情况。半年的时间涉及季节不同的问题，现在基本不用了，标准中也就没有列出。

样品热贮前后的各项技术指标基本不变，说明其稳定性非常好，配方合理，若有明显差异，则就要分析原因，区别对待，有针对性地采取一些改进办法。最常见的问题是分解率过高，超过了标准中的规定。一般情况下分解过快的原因有两个：一是原药自身的原因，二是制剂的酸碱性不合适。第一种情况基本上是采取加入稳定剂的办法，具体办法在助剂一节中讲了，或者在投料时考虑到原药的分解问题适当加大原药投放量以保证制剂的药效。第二种情况就是加入助剂调节制剂的酸碱性，具体方法在pH值范围一节中讲过。

热贮试验的结果与产品自然存放时发生的变化可能会有一些差别。热贮试验结果是一个参考数据。温度升高，反应速率加快，但是温度与化学反应速率的关系是一个复杂多变的函数，不同的物质情况各异。所以在实际工作中，产品在自然贮存半年、一年、一年半、两年的时间段上应当抽检，查看一下技术指标是否有变化，以便及时调节或改进可湿性粉剂的配方，以保证产品在保质期内药效的稳定性。

八、其他指标

之所以把下列指标列入另类，是因为这些技术指标虽然重要，但是在标准中未列出，也就是说还不是强制性的，不属于抽检、通报、处罚的指标。但是作为生产企业，必须对这些指标做到心中有数。这些指标往往对安全有序生产、设备选择配套、计量贮存运输具有重要的参考价值。这些指标有一个共性，检测一次长期有用，建议在建立产品档案时一定要获取这些技术指标的相关数据。

1. 流动性

① 把可湿性粉剂视为流体，在平滑的平面上堆积放置，逐渐使平面倾斜，直至可湿性粉剂有流动，可观察到其流动性。

② 放置一块平面板，让可湿性粉剂从其正上方漏斗灌注式向下自然流动，形成锥状堆。观察锥状堆的底面与高度的比例，可以了解可湿性粉剂的流动性（有人主张用锥状堆斜面与底面的角度大小来标注流动性，原理一致）。流动性目前还没有专门的计量单位，但是确实有一些参考价值。可湿性粉剂加工时物料在管道中的运动与之相关，出料装料与之相关，计量包装、物料输送与之相关。流动性好的产品往往操作方便，计量准确度高，生产使用时物料黏附损失量小，反之亦然。

增加流动性的几个方法：①用滑石粉代替部分填料，效果明显。尽可能少加或不加，原因在填料一节中讲过。有人建议加入少量固体石蜡，这可能会对可湿性粉剂的其他技术指标造成不利的影响，不提倡添加石蜡，因为石蜡难以乳化、悬浮。②适当降低表面活性剂的用量，可以使流动性有所改善，但是可能影响到其他技术指标，需谨慎。③降低可湿性粉剂中的水分含量，往往能使其流动性得到改善。此法有效，且对可湿性粉剂的整体性能有益，只是有一个限度，可湿性粉剂中水分一旦达到低限，很难再降，且对流动性的改善非常有限。减少可湿性粉剂暴露在空气中防止其吸潮倒是一个好措施。

2. 堆积密度

有两个数据，疏松状态下的堆积密度，夯实状态下的堆积密度。前者是样品不承受任何外力的情况下的自然状态，后者是样品受到一定挤压时的状态。目前，在申报申请产品相关证件证书时，需要向相关部门提供该数据。堆积密度在实际工作中也有重要的参考价值。预测混合机的投料量，混合机的容积以体积计，通常在加工可湿性粉剂时是以重量计算的，重量与容积的换算需要参考堆积密度，在生产可湿性粉剂的包装工序、计量、集装、贮存、运输等都要参照该数据。

很显然，影响到堆积密度的是可湿性粉剂的所有物料，其中原药和助剂的数据往往是确定的，不易更改，且即使小有改动，对产品堆积密度的影响相对有限。影响产品堆积密度最大的是填料。一个产品，其堆积密度该是多少，没有定论，也没有限制。一般规律是产品的最小包装单位（即包装袋）若比较小，通常是20g/袋以下认为是较小。这种情况下，可湿性粉剂堆积密度小一些为好。如果是最小包装单位比较大，一般是200g/袋以上认为是较大的。这种情况堆积密度不要太小，改变堆积密度的办法就是多用堆积密度小的填料，调低产品的堆积密度，少用堆积密度小的填料，调高产品的堆积密度。注意：堆积密度的调节有一个范围，肯定是在堆积密度最大者和最小者之间波动。一般不提倡对其进行专门的调节。企业往往有这方面的需求，无可厚非。

3. 起泡性

起泡性指可湿性粉剂配制喷雾液时形成泡沫的现象。此现象对企业的生产、贮存、运输无影响，但是对喷雾液的使用产生影响。企业当为用户着想，做好这方面的工作。联合国粮农组织（FAO）的标准规定了这一指标。

泡沫的成因归为表面活性剂。起泡过程水是分散介质，气体是分散相。没有液相的波动，不会起泡；水相中不含表面活性剂（起降低表面张力的作用），泡沫不会稳定。很显然，配制喷雾液时，搅动越剧烈，起泡就越多，可避免剧烈搅动，防止药以泡沫的形式逸出。同时注意，肩背式喷雾器一边喷雾一边搅动，起泡会增加喷雾器中的压力，一旦喷头堵塞，会有安全隐患。药液起泡严重，会影响药液的喷洒均匀性，对药效不利。

控制起泡性有两个方法：①选用表面活性剂时要注意，如十二烷基磺酸钠起泡性强，控制用量；②加入消泡剂，如有机硅消泡剂用量很小效果就很好，同时要注意对其他指标的影响。

4. 黏结性和渗透性

许多植物和昆虫的体表面有一层蜡质保护层，黏结性指可湿性粉剂喷雾液在植物或昆虫上的黏附能力，渗透性指黏着在生物体上的药液透过其表面蜡层渗入体内的能力。很显然，黏结性好，渗透力强，药物的防效肯定会增加。有时也把它们归为增效剂类。黏结性和渗透剂一般都是表面活性剂类。作用机制应当是该类助剂与生物体表面蜡层具有很好的亲和能力，或乳化，或溶解，或吸附，使蜡层的防护作用降低或消失。可湿性粉剂中加入这类表面活性剂一般会缩短其润湿时间，但是对其水中自然扩散性往往不利。用于改善制剂的黏结性和渗透性的助剂有羧甲基纤维素、氮酮、快渗T、有机快渗透剂等。

提倡在制剂中加入黏结剂和渗透剂。在不增加用量的情况下提高药效，既节约成本，又增效环保。

5. 自然扩散性（分散性）

将可湿性粉剂的样品置于水面上，不加搅动、晃动，样品慢慢地自由下沉，在下沉过程中样品自然扩散形成雾状物，形成雾状物大小及速率定义为可湿性粉剂的自然扩散性。一般情况下，自然扩散性好的产品，润湿性、悬浮率往往也比较理想。所以，自然扩散性往往是判定可湿性粉剂各项指标的简单易行的办法。尤其是不具备检测能力的单位和个人通常用其作为判定的依据。自然扩散性好的产品，给人良好的印象。某些可湿性粉剂样品，自然扩散性很好，在自然扩散过程中类似于乳化性好的乳油，形成的蘑菇云非常漂亮，且有触底反弹后再次自然扩散现象。不加搅拌即在外观上非常均匀。这样的产品人人喜欢。自然扩散性不好的样品，往往给人质量是否合格的疑问。某些样品，自然扩散性很差，样品从水面直接下沉到底，中间几乎不见扩散现象，水层上部几乎是清澈的，试样在水底如同泥土。谁也不喜欢这样的产品。改善可湿性粉剂的自然扩散性应从多方面着手。在确定配方时选择合适的助剂，尽可能少选用液体物料，适量加入专门用作自然扩散作用的助剂，如小苏打类（注意：这类助剂往往对有效成分的稳定性不利）。

自然扩散性与悬浮率没有必然的联系。许多人认为二者是相辅相成的关系。其实不然，有时自然扩散性很好，悬浮率可能不高；有时自然扩散性差，悬浮率可能不低。自然扩散性只是一个感官指标，具体数据以检测结果为准。

6. 可燃性

可燃性指可湿性粉剂能否被点燃的属性。此指标在办理产品的相关证件证书时需要提供。目的是判断相关产品在生产、贮存、运输时的燃烧安全性。

可湿性粉剂是否具有可燃性，取决于填料、助剂和有效成分各自的性能和质量分数。三者都是可燃物，产品自然也具有可燃性，反之亦然。可湿性粉剂成分中的物料70%以上是可燃的，产品往往具有可燃性。70%以上不具有可燃性，产品往往也不具有可燃性。中间区间的产品的可燃性，就需要专门的测试了，目前有专门的测试仪器和单位进行这方面的工作。

可以直接用火点燃可湿性粉剂样品的小堆积来检验其是否可燃，结果也往往是正确的。在此过程中须注意安全。不过可湿性粉剂的可燃性结果需相关机构的认可。

7. 爆炸性

爆炸性指可湿性粉剂是否具有爆炸倾向的属性。此指标在办理产品的相关机关证件证书时需要提供。目的是保证产品在生产、贮存、运输时的安全。

混合物的爆炸性往往是各组分相互作用后的一个内在属性。组分都具爆炸性，混合体自然有爆炸的倾向，没有爆炸属性各组分的组合体有可能具有爆炸属性。这也是不能由组分爆炸属性推算爆炸性的原因。目前有专门的仪器和单位进行这方面的工作，确定样品的三种爆炸倾向：撞击感度法，测试样品受力挤压、撞击时的爆炸倾向；摩擦感度法，测试样品受到摩擦时的爆炸倾向；热敏感度法，测试样品在近封闭状态下受热时的爆炸倾向。

可以运用相应测试方法的原理进行简单的判断。如锤击、封闭加热等。须注意安全。不过可湿性粉剂的爆炸倾向结果需要相关机构的认可。

在此对爆炸性问题进一步探讨一下，因为可湿性粉剂的生产过程中确实存在着这方面的隐患。可湿性粉剂产品的爆炸倾向的测试结果要借鉴。对于有爆炸倾向的产品，按相关的管理方法进行控制。对于没有爆炸倾向的产品的生产，人们容易忽视这方面的问题。其实可湿性粉剂产品几乎都没有爆炸倾向。但是生产过程产生的粉尘存在爆炸性问题。封闭空间中粉尘浓度有一个限制，防止爆炸。许多人认为组成粉尘的物质若是不可燃的，其粉尘就不会爆炸，其实是一种错误的认识。目前相关粉尘爆炸的理论不甚全面，引起误解。防尘止粉爆炸的方法：①加强生产设备的封闭性能，减少粉尘逸出。②采用负压生产工艺，让粉尘不进入车间。③加强车间除尘，安装除尘器、排风系统。④生产时若天气条件允许，打开门窗，减小空间封闭程度。

切不可在爆炸性问题上粗心大意。一旦出了问题，对企业将是毁灭性的打击，往往比火灾的危害程度更大。请参阅《工业企业设计卫生标准》（GBZ 1—2010）、《工作场所职业病危害作业分级　第1部分：生产性粉尘》（GBZ/T 229.1—2010）、《粉尘防爆安全规程》（GB 15577—2007）。下面列举一些粉尘爆炸事故，给以警示：

1913~1973年，美国发生过72次严重粉尘爆炸事故。

1952~1979年，日本发生过209次粉尘爆炸事故。

1965~1980年，法国发生768次粉尘爆炸事故。

1987年，哈尔滨亚麻厂发生爆炸，死58人，伤77人。

1980年，河北秦皇岛骊骅公司发生粉尘事故，死19人，伤49人。

2011年，富士康程度公司粉尘爆炸，死3人，伤16人。

2014年2月，常州新北区新桥镇华达化工厂金属粉尘爆炸。

2014年4月，南通市如皋双马化工有限公司粉尘爆炸。

2014年5月，广东溢达纺织公司粉尘爆炸。

2014年6月，新疆天玉生物科技有限公司粉尘爆炸。

2014年8月，江苏昆山中荣金属制品公司发生特大粉尘爆炸。

附件: 20%哒螨酮可湿性粉剂安全生产操作规程

（×× 省 ×××× 有限公司，年月日）

一、产品说明

1. 产品简介

20%哒螨酮可湿性粉剂是由哒螨酮原药加助剂、填料经混合形成混合粗料，通过气流粉碎机粉碎后经再次混合制得的新型杀螨杀虫剂，制剂外观为白色到淡灰色的粉状物，其相比密度为1.2～1.3，毒性为低毒。

2. 产品用途

20%哒螨酮可湿性粉剂杀虫谱广，对果树、蔬菜、棉花等多种叶螨、锈螨防效甚佳，对螨的整个发育期即卵、若螨及成螨防效好且速效性好、药效期长，对作物安全。

3. 产品的质量标准及贮运要求

① 20%哒螨酮可湿性粉剂的各项质量指标：

项目	指标
哒螨酮含量 / %	≥ 20.0
pH 值范围	6 ~ 8
悬浮率 / %	≥ 60
湿润时间 / s	≤ 80
细度（通过 45μm 筛）/ %	≥ 95
加速贮存试验	合格

注：在正常情况下，加速贮存试验，每三个月至少进行一次。

② 产品的贮运要求：

第一，贮存空间应阴凉、通风，不湿、不潮、不暴晒，不与其他货物混放在一起。

第二，运输过程中要防雨、防潮、防暴晒。

4. 原药的性能

中文通用名称　哒螨酮；

英文通用名称　Pyridaben（建议用名）；

其他名称　速螨酮（NC-129）、扫螨净；

化学名称 2-叔丁基-5-（4-叔丁基苄硫基）-4-氯-2H-哒嗪-3-酮；

化学结构式：

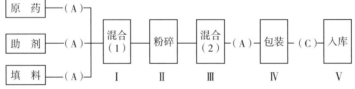

理化性质 纯品为白色晶体，无味，熔点111~112℃，20℃时蒸气压253.3×10⁻⁶Pa。25℃时的溶解度，在水中1.2×10^{-6}g/100mL，己烷中1.0g/100mL，苯中11g/100mL。

毒性 按我国农药毒性分级标准，哒螨酮属低毒杀螨剂。原药大鼠（雄）急性经口LD_{50}=1350mg/kg，急性经皮LD_{50}>1350mg/kg，急性吸入LC_{50}=0.62mg/L。对兔的皮肤无刺激性，对兔的眼睛有轻微的刺激作用。在试验剂量内，对试验动物无致突变、致畸和致癌作用。90天的喂养试验，对鼠的无作用剂量为30mg/kg。对狗经口无作用剂量为1.0mg/kg。104周的喂养试验，对大鼠的无作用剂量为28mg/kg。对小鼠78周喂养试验无作用剂量为8mg/kg。

哒螨酮对虹鳟鱼的LC_{50}（96h）2.9μg/L，对水藻的LC_{50}（48h）0.59μg/L，对翻车鱼的LC_{50}（96h）3.7μg/L。蜜蜂急性经口LD_{50}（24h经口）0.55μg/只。鹌鹑急性经口LD_{50}>2250mg/kg，野鸭急性经口LD_{50}>250mg/kg。蚯蚓在土壤中急性经口LD_{50}（14天）38 mg/kg；无作用剂量（14天）10 mg/kg。

哒螨酮在土壤中的半衰期为12~19天；土壤中光解半衰期为4~6天；在水中光解半衰期为30min以内。

作用特点 哒螨酮是一种新型速效光谱性杀螨剂。对哺乳动物毒性中等，对鸟类低毒，对鱼、虾和蜜蜂毒性较高。该药剂触杀性强，无内吸、传导和熏蒸作用，对叶螨各个生育期（卵、幼螨、若螨和成螨）均有较好效果；对锈螨防治效果也较好，速效性好，持效期长，一般可达1~2月。

二、生产基本原理及工艺简介

1. 生产基本原理

先将原药、助剂和填料混合均匀，经气流粉碎机粉碎到一定细度，再充分混合，经检验合格后分装，入库。

2. 生产工艺流程框图

```
原 药 ——(A)——┐
              ├── 混合 ── 粉碎 ── 混合 ──(A)── 包装 ──(C)── 入库
助 剂 ——(A)——┤     (1)              (2)
              │      Ⅰ      Ⅱ        Ⅲ          Ⅳ        Ⅴ
填 料 ——(A)——┘
```

注：（A）为抽样化验点；（C）为检验员检查点。

3. 生产工艺流程中各工序操作简介

Ⅰ 混合（1）

本单元操作称为前混合。

过程：把检验合格的原药、助剂和填料加入混合机中，经过一定时间的混合后形成混合粗料，备用。

Ⅱ 粉碎

本单元操作是整个生产过程中的核心部分。

过程：混合组料通过加料系统按一定速率给气流粉碎机供料、粉碎，经过分离器，捕集器收集起来，合在一起形成混合细料，备用。

Ⅲ 混合（2）

本单元操作称为后混合。

过程：把混合细料加入混合机中，经过一定时间的混合后出料，装大桶，形成大桶产品，备用。

Ⅳ 包装

过程：把经检验合格后的大桶产品，按照要求，通过计量，分装成小包装，再按照要求集装成箱。

Ⅴ 入库

过程：检验包装箱外标识和内装一致后，每箱中置入说明书和合格证，封箱。登记入库。

三、各工序安全操作及技术要求

Ⅰ 前混合

（1）备料　把合格的物料称重后分别放在不同的开口容器中，并作好记录。

（2）操作

① 将混合机封好出料口，打开进料口，接通电源，核实好转动方向，停机备用。

② 按以下次序加料：轻质料（白炭黑）—填料（陶土）—助剂—原药，将物料加入混合机中，关闭加料口。

③ 核实加料记录，检查混合机进、出料口是否关闭。确定无误后，合上电源开关，开启启动开关，混合机开始工作，计时。经过一定时间的混合后，关闭启动开关。

④ 等混合机停稳后，打开出料口，把混合粗料置于开口容器中，备用。

Ⅱ 粉碎

（1）开机　此项操作请参阅《气流粉碎机操作须知》。使气流粉碎机处于开机状态，调整好工作压力。

（2）进料

① 接通加料系统的电源，并使该系统与气流粉碎机接通。

② 将混合粗料加入加料机的加料斗中，开启加料振荡器，开始进料。3～5min内逐渐加大振幅到一定值。

③ 加料斗中还有少许混合粗料时，直接续加混合粗料，无需停机。

④ 收集分离器和捕集器中的物料，混在一起，形成混合细料，置于带盖容器中，备用。

Ⅲ 后混合

（1）加料　将混合机出料口关闭，进料口打开，接通电源，核实好转动方向后，停机。把混合细料加入混合机中，关闭进料口。

（2）开机　检查混合机进、出料口是否关闭，确定无误后，合上电源开关，开启启动开关，混合机开始工作，计时。经过一定时间的混合后，关闭启动开关。

（3）出料　等混合机停稳后，打开出料口，出料，将物料置于带盖的容器中。

（4）检验　将物料抽样化验，合格后将容器封口，作为大桶产品，备用。

Ⅳ 分装

分装分为机械分装和手工分装。

（1）机械分装的操作参阅分装机械的使用说明。

（2）手工分装即把大桶产品按照小包装的重量要求，称重后装入小包装中，封口。再根据包装箱上的要求集装成箱。每箱中放入说明书、合格证。经检查小包装数量、说明书、合格证、批号、日期、检验员号码无误后封箱。登记入库。

各工序不正常现象发生的原因及处理方法：

工序	异常现象	可能原因	处理方法
Ⅰ 前混合	混合机不启动	①电源不通 ②电机倒转	检查电路 变换三相电源接头
	出料困难	①出料开关不能全打开 ②物料堵塞	松动开关螺丝，打开开关 疏通出料口，必要时启动混合机（需有值班人员在场）
Ⅱ 粉碎	进料困难	①气流压力不够 ②进料速度太快 ③进料管堵塞	调整气流压力 调整振荡器振幅 停机！取下进料管并疏通之
	细度不够	①进料速度太快 ②气流压力不够 ③磨头与吹嘴角度不合适	调整振荡器振幅 调整气流压力 停机！调整内部喷嘴角度（需有值班人员在场）
	空气中杂尘太多	①捕集器布袋破裂 ②脉冲电流太大 ③风道漏气 ④物料输送管路密封不好	停机！更换布袋（需有值班人员在场） 调整脉冲电流 停机！修补风道 停机！更换接头或垫圈，或用密封带封闭漏气处
Ⅲ 后混合	混合机不启动	①电源不通 ②电机倒转	检查电路 变换三相电源接头
	出料困难	①出料开关不能全打开 ②物料堵塞	松动开关螺丝，打开开关 疏通出料口，必要时启动混合机（需有值班人员在场）
Ⅳ 分装	计量不准	①计量器剩料 ②更换物料	擦洗计量器，并使之干燥 重新调整计量器
	封口不严	①热合机热度不够 ②输送带转速太快 ③热合处有杂质	调整电流 调整转速 清除杂质
	印码不准	未更改号码	停热合机！更换号码

四、劳动保护

1. 危险品介绍、防护措施

① 哒螨酮原药及20%哒螨酮可湿性粉剂有毒，注意防护。特别注意：哒螨美对眼睛有刺激作用，带防护镜。

② 各助剂均属有机化工原料，易燃，注意防火。

2. 工作场所安全措施

① 各操作场所照明要充足。

② 进入工作场所必须穿戴防护用品。

③ 严格遵守安全规章制度及安全操作规程。

④ 发现设备异常，及时报告，及时处理，不准设备带病运转，不准私自维修。

⑤ 不准随便敲击设备及管路。

⑥ 电器电路故障由电工维修，他人不许私动。

⑦ 遇到突然停电，马上切断电源，然后处理故障。

⑧ 未办理动火手续，不准在车间内动火。

⑨ 未经值班人员同意，外来人员不准进入车间。

⑩ 工作完毕，清理现场，检查记录水、电、门、窗。经值班人员同意，方可下班。

五、主要设备仪表一览表

名称	型号	数量	备注
水泵	11/2BA-6	1	
空气压缩机	2W-10/8	1	
干燥器	LG-（10）	1	
气流粉碎机	QS350	1	电机功率75kW
捕集器	DMC-36-120	1	
混合机	DSH-0.5	2	
供料机	2G-C107	1	

参考文献

[1] 蒋志坚，马毓龙. 农药加工丛书：可湿性粉剂. 北京：化学工业出版社，1991：13，15，16.

[2] 蒋志坚，马毓龙. 农药加工丛书——粉剂. 北京：化学工业出版社，1991：1，36.

[3] 姜春艳，黄峰. 木质素的研究进展. 山东林业科技，2006，4：17.

第二章

可溶性粉（粒）剂

概　述

　　可溶性粉（粒）剂一般是指可直接加水溶解使用的粉（粒）状农药剂型，是指在使用浓度下，有效成分能迅速分散而完全溶解于水中的一种新剂型，其外观呈流动性的粉粒体，其包含了粒剂和粉剂两种剂型，可溶性粉剂（soluble powder，SP）和可溶性粒剂（soluble granule，SG）。这两种剂型具有相同的特点，即加工成的剂型产品可完全溶解于施用时所采用的溶剂中。农业生产中最常用的溶剂为水，因此在该类剂型中最主要的即为水溶性粉剂和水溶性粒剂。

　　该类剂型在生产中一般由水溶性较大的农药原药或水溶性较差的原药附加了亲水基，与水溶性无机盐和吸附剂等混合后经粉碎、造粒后制成，其有效成分含量通常为60%~90%。由于浓度高，贮存时化学稳定性好，加工和贮运成本相对较低；由于它是固体剂型，可用塑料薄膜或水溶性薄膜包装，与液体剂型相比，可大大节省包装费用、运输费；它用的包装容器也不像包装瓶那样难以处理，在贮藏和运输过程中不易破损和燃烧，比乳油安全。

　　此剂型的药效比可湿性粉剂高，与乳油相近，但加工时不需用有机溶剂，乳化剂或润湿剂等助剂的用量也较乳油少，可以加水溶解配制成水溶液代替乳油作喷雾使用。因而，尽管出现较晚，却受到普遍重视。

一、我国可溶性粉剂发展现状及趋势

　　其中可溶性粉剂从20世纪60年代开始发展，我国同期开始相应的研究，开发了60%乐果可溶性粉剂、80%敌百虫可溶性粉剂和75%乙酰甲胺磷可溶性粉剂等产品，其中敌百虫和乙酰甲胺磷可溶性粉剂曾有小批量产品打入国际市场。近年来，可溶性粉剂发展速率明显提升。我国2007年登记的可溶性粉剂有杀虫双、杀虫单、单甲脒、野燕枯、杀虫单、杀螟丹（巴丹）、吡虫清、草甘膦、多菌灵、啶虫脒等近200个品种。其中2003~2013年，可溶性粉剂在我国登记数量情况变化如表2-1所示。

表2-1　2003~2013年我国可溶性粉剂产品登记数量变化情况　　　　单位：种

剂型	2003 年	2013 年
可溶性粉剂	125	564
可湿性粉剂	998	6036

二、我国可溶性粒剂发展现状及趋势

可溶性粉剂由原药、填料和助剂所组成。所选择的组分必须符合一定规格要求，否则得不到合格产品。

可溶性粒剂是在可溶性粉剂的基础上进一步衍生得到的剂型产品，产品外观呈颗粒状。与水分散粒剂相比，可溶性粒剂入水后能快速崩解，均匀溶解在水中，溶液均匀稳定，溶液完全，能真正形成溶液，溶解度极高基本上能够达到99%以上，有效成分利用率在95%以上，在使用过程中药液能均匀附着在植物叶面。与可溶性粉剂相比，可溶性粒剂避免了可溶性粉剂在产品包装及使用时产生粉尘的问题，更易于运输、贮存。因此，该剂型是目前国际上最先进的剂型之一，也是国际农药剂型的发展方向。

我国登记的可溶性粒剂产品数量如表2-2所示。

表2-2　近年来我国可溶性粒剂产品登记数量　　　　单位：种

剂型	2003 年	2013 年
可溶性粒剂	6	138
水分散粒剂	14	995

从表2-2数据可以看出，可溶性粒剂的发展速率虽有提高，但与水分散粒剂相比，其登记数量差异显著。其原因是绝大多数农药原药品种均为非水溶性品种，且难以通过简单的转化来改善水溶性，从而造成水溶性粒剂产品开发难度大，登记数量不多。

我国已有登记的可溶性粒剂品种及其登记数量情况如表2-3所示。

表2-3　我国可溶性粒剂主要品种及其登记数量　　　　单位：种

品种	混配组分	登记数量
草甘膦	单剂	101
	2,4- 滴	1
	精吡氟禾草灵	1
草甘膦铵盐	单剂	3
	2 甲 4 氯钠	2
	麦草畏	1
草甘膦钠盐		1
二氯吡啶酸		5
甲氨基阿维菌素		5
烯啶虫胺		4

品种	混配组分	登记数量
乙酰甲胺磷		3
赤霉酸		2
呋虫胺		2
麦草畏		2
二氯喹啉酸		1
甲磺隆		1
2,4-滴		1

从表2-3中可进一步看出，首先，草甘膦可溶性粒剂产品是目前我国登记数量最多的品种，同时也是我国生产量最大的可溶性粒剂产品。其次，可溶性粒剂产品的开发已成为剂型加工研究的热点。不仅一些原药本身可溶的产品被加工成水溶性粒剂，一些原药不溶于水的品种通过成盐等方法附加亲水基团后也可以加工成可溶性粒剂产品，而且在一定程度上较原有可湿性粉剂、水悬浮剂等剂型药效有所提高。

第二节　可溶性粉（粒）剂基本构成

可溶性粉（粒）剂在产品的配方构成上与可湿性粉剂没有显著区别，均由原药、助剂和填料组成。但因为在质量要求上与可湿性粉剂存在差异性，因此在助剂和填料的选择上需要特殊限制，一般只能选择水溶性良好的助剂和填料，否则得不到合格产品。

一、原药

能加工成水溶性粉（粒）剂的农药主要有两大类，一类是常温下在水中具有一定溶解度的固体原药，如敌百虫、乙酰甲胺磷等。一般情况下，该类原药常温下在水中的溶解度应大于12g/L，以便加工得到的产品满足溶解性质量检测要求。另一类是常温下原药本身在水中难溶或溶解度偏小，但转变成盐后或者附加亲水基团后能溶于水中，也能加工成可溶性粉（粒）剂使用。该类产品典型品种为草甘膦，草甘膦在水中的溶解度仅为10.5g/L（pH 1.9，20℃），但当转变为草甘膦铵盐后其溶解度增加为（144±19）g/L（pH 3.2），可以直接加工成可溶性粉（粒）剂。其他还有如2,4-滴（2,4-滴钠盐）、二氯喹啉酸（二氯喹啉酸钾盐）、甲磺隆（甲磺隆钠盐）等。

二、填料

可溶性粉（粒）剂的填料在选择中具有不同的理解。一般而言，填料应选择对作物安全、对农药活性组分惰性的水溶性材料，常用的主要是硫酸铵、硫酸钠等无机盐。

但在部分跨国公司已商品化的产品中，也存在使用一些不溶于水的惰性材料作为可溶性粉剂填料的应用，如粉碎一定细度的白炭黑、轻质碳酸钙等。如德国拜耳公司的85%敌百虫可溶性粉剂配方中采用的填料为白炭黑和硫酸钠的混合。该类填料在使用中一般需粉碎至细度达到98%过320目筛，以保证在水中稀释时能迅速分散并悬浮，避免喷雾时堵塞喷头。

在农药可溶粒剂开发中可使用的主要可溶性填料有如下几种。

（1）硫酸铵　俗称肥田粉，无色结晶或白色颗粒，无气味，280℃以上分解，有吸湿性，吸湿后固结成块，水中溶解度（0℃时41.22g/L）较大，水溶液呈酸性。本身是一种优良的氮肥，也是农药常用无机盐填料之一，硫酸铵对部分农药具有协同增效作用。如在草甘膦铵盐可溶粒剂典型配方：草甘膦铵盐原药75.7%，博力通G850（美国赢创德固赛公司）10%，硫酸铵补足。配方加入一定量的硫酸铵会显著提高草甘膦的除草效果。

（2）硫酸钠　又名无水芒硝，白色、无臭、有苦味的结晶或粉末，有吸湿性，化学性质稳定，溶于水，水溶液呈中性，主要用于合成洗涤剂的填充料，在农药可溶粒剂配方中的也有应用。如80% 2,4-滴可溶粒剂的典型配方：原药80%（折百），分散剂Morwet D-425（阿克苏诺贝尔公司）2%，润湿剂Morwet EFW(阿克苏诺贝尔公司)3%，填料硫酸钠补足。

（3）乳糖　易溶于水，性质稳定，无吸湿性，与大多数药物不起化学反应，且对药物含量测定的影响较小，是很好的填料组分，主要用在医药颗粒剂的制备中。在《中华人民共和国药典》（简称《中国药典》）2000版一部首次收载了4种乳糖型颗粒剂。目前在农药可溶粒剂中应用逐渐广泛。如50%啶虫胺可溶粒剂典型配方：啶虫胺原药（折百）50%，分散剂Morwet D-425（阿克苏诺贝尔公司）2%，Berol 790A（阿克苏诺贝尔公司）4%，填料乳糖10%，填料硫酸钠补足。

另外，葡萄糖、蔗糖、可溶性淀粉或水溶性糊精也可作为填料使用，主要依据配方需要进行针对性选择。

三、助剂

可溶性粉剂配方中助剂作用主要为保证充分发挥有效成分的药性，保证制剂的质量稳定和使用方便；而可溶性粒剂配方中除上述作用的助剂外，有时还需要添加一定的成型助剂，以利于生产加工过程中颗粒的成型。一般来说。可溶性粉（粒）剂使用的助剂主要有以下几种：

（1）黏着剂　提高药液在喷施时靶标的附着，减少流失，从而提高制剂的药效。常用的品种有非离子型表面活性剂（如烷基多糖苷、脂肪醇聚氧乙烯醚等）、阴离子型表面活性剂（如烷基萘磺酸盐、木质素磺酸盐等）以及它们的复配物等。

（2）抗结块剂和分散剂　在可溶性粉剂配方中为防止粉体结块，促进粉体遇水时的分散溶解，需要加入一定的抗结块剂和分散剂。常用的品种包括烷基酚或脂肪醇环氧乙烷加成物的磷酸酯、烷基磺酸盐等。

（3）稳定剂　为防止有效成分的分解，在部分品种中需要加入稳定剂。部分配方中有时将它称为pH调节剂等名称，但主要是起稳定有效成分的作用。针对有机磷可溶性粉剂常用的稳定剂有：有机酸、脂肪醇、烷基磺酸盐等。

（4）助溶剂　对部分溶解速率较慢的品种，有时需要加入助溶剂以提高溶解速率。助溶剂的品种需要依据有效成分的不同进行针对性筛选，有机酸、无机盐甚至活性物本身均可能具有助溶效果，如硫酸铵在作为填料的同时还具有助溶效果，在二氯喹啉酸可溶粒剂配方中，如以二氯喹啉酸钾盐为有效成分则添加一定量的二氯喹啉酸也具有助溶效果。

目前，我国农药剂型的发展仍与发达国家存在差距，而水性化、固体化是剂型发展的主要方向。可溶性粉（粒）剂，尤其是高含量的可溶性粉（粒）剂是固体化发展的主要方向之一，前景广阔。但如何进行配方合理设计及改进，促进可溶性粉（粒）剂品种的不断丰富需要我们剂型加工技术人员的不断探索。

上述助剂中常用助剂品种有：萘磺酸盐类助剂，如阿克苏诺贝尔公司的Morwet系列助剂等，脂肪醇聚氧乙烯基醚助剂，如草甘膦体系中的牛脂胺聚氧乙烯醚助剂，具体的有阿克苏诺贝尔公司的4130A、亨斯曼的3780等；木质素磺酸盐，如挪威鲍利葛工业有限公司的Borresperse系列助剂及Ufoxane 3A助剂。

除增效助剂外，为达到可溶粒剂良好的外观还需添加一定的成型助剂如黏结剂等，常用的黏结剂有：

（1）乙醇　为半极性润湿剂，当原料用水润湿易结块，故常用不同浓度的乙醇作润湿剂。如：50%二氯喹啉酸可溶粒剂制备过程中，为确保颗粒良好的水溶速率即采用乙醇作为黏结剂。但用乙醇作黏结剂时要控制好其浓度及用量，并迅速搅拌，立即制粒，减少挥发。

（2）聚乙烯吡咯烷酮（PVP）是一种合成高分子聚合物，性质稳定，能溶于水或醇，20世纪70年代起开始用作药物片剂、颗粒剂的黏合剂。国外产品有美国ISP公司的Plasdobe和德国BASF公司的Kollidon等。PVP-K30有良好的溶解性和稳定性，对很多品种有较佳的黏合性和崩解性，在制剂中应用日益广泛。

另外，羧甲基纤维素钠（CMC-Na）、低取代羟丙基纤维素（L-HPC）、聚乙二醇（PEG）等也用作颗粒剂的黏结剂。

第三节　可溶性粉（粒）剂质量要求

我国新修订的《农药产品编写规范》对可溶性粉剂产品及可溶粒剂产品质量标准要求进行了明确。规范中可溶性粉（粒）剂在质量控制指标的类别上具有统一的内容，仅在产品组成和外观的要求上具有一定差别。

一、组成和外观要求

1. 可溶性粉剂

本品应由符合标准的……（有效成分1通用名）、……（有效成分2通用名）、……（有效成分3通用名）原药、载体和助剂制成，应是均匀粉末，用水稀释后形成有效成分的真溶液，可能含有不溶的添加剂。

2. 可溶性粒剂

本品应由符合标准的……（有效成分1通用名）、……（有效成分2通用名）、……（有效成分3通用名）原药、载体和助剂制成，应是均匀的颗粒，能自由流动，基本无粉尘，无可见的外来杂质和硬团块。

对比上述外观要求可知，可溶性粉剂明确要求产品用水稀释后应形成有效成分的真溶液，而可溶性粒剂中没有特别要求。

二、可溶粉（粒）剂控制项目指标要求

可溶粉（粒）剂控制项目指标要求见表2-4。

表2-4 （制剂名称）可溶粉（粒）剂控制项目指标

项　　目^①	指　　标
（有效成分1通用名）/%　≥（或规定范围）	
（有效成分2通用名）/%　≥（或规定范围）	
（有效成分3通用名）/%　≥（或规定范围）	
（相关杂质名）质量分数/%　≤	
水分/%　≤	
酸度（以H_2SO_4计）/%　≤ 或碱度（以NaOH计）/%　≤ 或pH值范围	
润湿时间/s　≤	
溶解程度和溶液稳定性（留在75μm试验筛上）/% （5 min后）　≤ （18 h后）　≤	
持久起泡性（1 min后）/%　≤	
热贮稳定性试验^②	合格

① 所列项目不是详尽无疑的，也不是任何可溶粉剂标准都需全部包括的，可根据不同农药产品的具体情况，加以增减。

② 热贮稳定性试验，每···个月至少进行一次。

注：表中"······/%"表示控制项目指标为质量分数，用"%"表示。

上述指标中，针对可溶性粉（粒）剂的特征指标是溶解程度和溶液稳定性指标。溶解程度和溶液稳定性指标反映了可溶性粉（粒）剂在水中的溶解情况以及形成的溶液的稳定性情况，确保产品在农业生产中不会产生堵喷雾器及药液不均匀产生药害的情况。一般而言，5min残余物w_1应小于0.1%，18h后残余物w_2应小于0.5%。

三、检验方法

常规有效含量、杂质、水分、酸度及制剂稳定性指标的检测参照有关原药或已有制剂中相关测定方法进行。此处仅对可溶性粉（粒）剂的特征指标——溶解程度和溶液稳定性的检测方法进行介绍。

1. 方法提要

将可溶性粉剂溶于25℃的标准水中，颠倒15次，静置5min，用75μm试验筛过滤，定量测定筛上残余物。溶液稳定性的测定是将该溶液静置18h后，再次用75μm试验筛过滤。

2. 仪器

标准筛：孔径75μm，直径76mm。

刻度量筒：玻璃，具塞，0～250mL刻度之间距离20～21.5cm，250mL刻度线与塞子底部距离为4～6cm。

3. 试样溶液的制备

在250mL量筒中加入2/3的标准水，将其温热至25℃，加入一定量的样品（样品的数量应与推荐的最高使用浓度一致，最少不少于3g），加标准水至刻度。盖上塞子，静置30s，用手颠倒量筒15次（180°），复位，颠倒、复位一次所用时间应不超过2s。

4. 5min后试验

将量筒中的试样溶液静置5min±30s后，倒入已恒重的75μm试验筛上，将滤液收集到500mL烧杯中，留作下一步试验。用20mL蒸馏水洗涤量筒5次，将所有不溶物定量转移到筛上，弃去洗涤液，检查筛上的残余物。如果筛上有残余物，将筛于60℃下干燥至恒重，称量。

5. 18h后试验

在静置18h后，仔细观察烧杯中滤液是否有沉淀。如果有不溶物，再将该溶液用75μm试验筛过滤，用100mL蒸馏水洗涤试验筛。如果有固体或结晶存在，将筛于60℃下干燥至恒重，称量。

6. 计算

5min残余物w_1（%）和18h后残余物w_2（%）分别按式（2-1）和式（2-2）计算：

$$w_1 = \frac{m_2 - m_1}{m} \times 100 \qquad (2-1)$$

$$w_2 = \frac{m'_2 - m'_1}{m} \times 100 \qquad (2-2)$$

式中　m_2，m'_2——筛子和残余物的质量，g；

　　　m_1，m'_1——筛子恒重后的质量，g；

　　　m——试样的质量，g。

第四节　可溶性粉（粒）剂实验室研究方法

在实验室中进行可溶性粉（粒）剂的配方研究是，首先要对拟开发的原药进行分析，了解其物理化学特性，重点关注其溶解度以及转化为可溶性固体的可行性。一般来说本身为可溶性固体或易于转化得到可溶性固体的原药能直接加工成可溶性粉（粒）剂；部分可溶液体形式的原药通过添加吸附性填料后也能加工成可溶性粉（粒）剂，但含量范围会有所限制。可溶性粉剂的加工流程包含混合、粉碎、质检和包装四个步骤，如图2-1所示。

图2-1　可溶性粉剂基本加工流程

实验室中将原药、助剂及填料混合后可通过常规机械粉碎（图2-2）或气流粉碎（图2-3）至一定细度，从而得到可溶性粉剂产品。

图2-2　实验室机械粉碎机　　　　**图2-3　实验室气流粉碎机**

如要加工成可溶性粒剂，则在助剂中需要考虑颗粒成型所需的助剂组分，将原药、助剂及填料混合，粉碎后加入黏结剂再次混合后，造粒、干燥得到产品。其基本流程如图2-4所示。

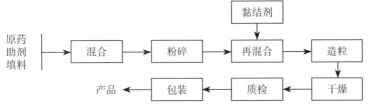

图2-4　可溶性粒剂加工基本流程

其中实验室加工可溶性粒剂产品一般采用挤压造粒方式进行造粒，利用烘箱进行干燥。造粒设备可采用螺杆挤压造粒机，见图2-5，也可采用旋转挤压造粒机，见图2-6。

图2-5　实验室螺杆挤压造粒机　　　　**图2-6　实验室旋转挤压造粒机**

两种造粒设备在造粒过程中对物料的压力不同，成型的颗粒紧实度也存在差异，一般来说螺杆挤压压力较大，成型的颗粒较致密、硬度好，适用于溶解度大、溶解速率较快的品种；旋转造粒压力较小，成型的颗粒相对蓬松，对部分溶解速率较慢的品种更有利。实际试验中需要根据得到产品的检测数据进行分析选择。

如草甘膦铵盐可溶粒剂的加工一般采用螺杆挤压式造粒机，得到产品颗粒强度好，利于包装和贮运，且溶解时间一般在2min以内。国内最大草甘膦生产企业浙江新安化工集团股份有限公司建有采用该类设备的、年产2万吨规模的草甘膦铵盐可溶粒剂生产线。

而二氯喹啉酸可溶粒剂产品如采用螺杆挤压式造粒机，得到的产品溶解时间需要超过3min而难以接受，采用旋转式造粒则可得到有效改善。

第五节　可溶性粉（粒）剂产业化加工方法

一、可溶性粉剂加工方法

农药可溶性粉剂的加工主要有三类方法，分别为喷雾冷凝成型法、粉碎法和喷雾干燥法。其中最常规的方法为粉碎法。三种方法的差异主要由于原药的性能和状态要求而决定。

喷雾冷凝成型法：主要用于原药为熔融态或加热熔化后不分解的固体原药，它们在室温下为晶体，并在水中具有一定的溶解度。该方法在洗涤行业的粉状洗衣粉生产中应用较多。

粉碎法：主要用于原药为固体的原料，并在水中具有一定的溶解度。

干燥法：主要用于原料为水溶性的盐类，经干燥后不分解而能得到固体。

1. 喷雾冷凝成型法

喷雾冷凝成型法也称为喷雾结晶法，在农药剂型生产中以安徽省化工研究所开发的1500t/a的80%敌百虫可溶性粉剂为代表。其原理是由于原药热熔后冷却至凝固点以下时，存在类似过饱和度的过冷现象而不产生晶体，当将助剂和热熔的药液混合均匀同时降温，则会形成细小的晶体。该法一般采用喷雾塔喷雾，只要喷雾塔的塔高使喷雾形成的雾滴在塔内的停留时间大于雾滴和气体完成热交换所需的时间，在塔底部即可形成粉状产品。该方法工艺流程见图2-7。

图2-7　喷雾冷凝成型法工艺流程

该方法针对产品熔点较低的品种如敌百虫、乙酰甲胺磷等产品。与采用气流粉碎机加工工艺相比，具有设备简单、操作方便、生产能力大、能耗少以及成本低等优点。产品相比气流粉碎工艺，粉体颗粒粒度相对较大，但在使用稀释浓度下不影响溶解程度。该方法制备的敌百虫、乙酰甲胺磷可溶性粉剂在我国已推广应用并有产品出口。

喷雾冷凝成型法设备流程如图2-8所示。

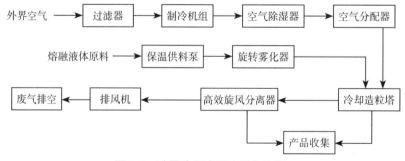

图2-8　喷雾冷凝成型法设备流程

2. 粉碎法

粉碎采用的粉碎机与实验室设备类似，具有超微粉碎机和气流粉碎机两大类。制备高浓度的可溶性粉剂一般采用气流粉碎机，对部分熔点较高的原药也可以采用超微粉碎机。对原药本身水溶性较好，配方中均采用可溶性材料的产品一般采用超微粉碎机。

超微粉碎机属于机械粉碎机，它利用高速机械运动形成的物料间的撞击、冲击和剪切作用使物料粉碎，一般而言该设备可将物料粉碎至粒度范围37~177μm。机械粉碎产能较大，但由于物料碰撞等影响物料温度会上升，对温度不敏感的物料一般采用该设备。如草甘膦系列可溶性粉（粒）剂的加工。

气流粉碎机（又称流能磨）是利用高速（300~1200m/s）气流喷出时形成的强烈多相紊流场使其中的颗粒自撞、摩擦或与设备内壁碰撞、摩擦而引起颗粒粉碎的一种超细碎设备。超细气流粉碎机在工业上的应用是在20世纪30年代，经过80年来的改进，已发展成相当成熟的超细粉碎技术。

目前工业上应用较广泛的主要类型是扁平（水平圆盘）式气流粉碎机、循环管式（跑道式）气流粉碎机、对喷式（逆向式）气流粉碎机、冲击式（靶式）气流粉碎机、超音速气流粉碎机和流态化床逆向气流粉碎机等。气流粉碎机主要粉碎作用区域在喷嘴附近，而颗粒之间碰撞的频率远远高于颗粒与器壁之间的撞击，因此气流磨机中的粉碎作用以颗粒之间的冲击碰撞为主。气流粉碎机与其他超细粉碎机相比，具有如下优点：

① 粉碎仅依赖于气流调整运动的能量，机组无需专门的运动部件；

② 气体绝热膨胀加速，并伴有降温，粒子高速碰撞会使温度升高，但由于气体是绝热膨胀使温度降低，所以在整个粉碎过程中，物料的温度不高，这对热敏性或低熔点材料的粉碎尤为适用；

③ 粉碎主要是粒子碰撞，几乎不污染物料，而且颗粒表面光滑，纯度高，分散性好。

气流粉碎机可将物料粉碎至粒度为0.5~40μm。气流粉碎的产品细度小，有效成分在水中溶解更迅速，但能耗较高、产能较小。

在产业化应用中，物料颗粒不均匀，粒度较大，为确保设备运行顺畅，在物料进入超微粉碎机和气流粉碎机前，通常还需要将物料预先进行粗粉碎，一般进入超微粉碎机的物料粒度应小于10mm，而进入气流粉碎机的物料粒度应小于2mm。扁平（水平圆盘）式气流粉碎机结构如图2-9所示。

3. 喷雾干燥法

喷雾干燥目前主要用于可溶性粒剂的制备。该方法又称流化制粒、一步制粒。该技术为混合、制粉（粒）、干燥操作一步完成的新型制粒技术，可大大减少辅料量，颗粒粒度均匀、外形圆整、流动性好、可压性好，生产效率高，便于自动控制；同时由于制粒过程在密闭的制粒机内完成，生产过程不易被污染，成品质量得到更好的保障。

尤其是农药产品中部分合成的原药是其盐的水溶液（如杀虫双、单甲脒等），或经过酸（碱）化处理转变成盐的水溶液（如多菌灵盐酸盐、二氯喹啉酸钾盐等），只要经过干燥脱水，即可得到其可溶性的固体。虽然多种干燥方式均能实现脱水，但得到的是块状或大颗粒状的原料产品，仍需经过粉碎、与助剂的混合、造粒等过程才能得到最终的可溶性粉（粒）剂产品，而采用喷雾干燥则可在完成脱水的同时直接得到目标产物。

虽然喷雾干燥在染料工业、日化化工等行业已广泛使用，优点明确，但到目前为止，我国尚没有使用这种工艺生产出农药可溶性粉（粒）剂产品。在该方法的研究也主要集中

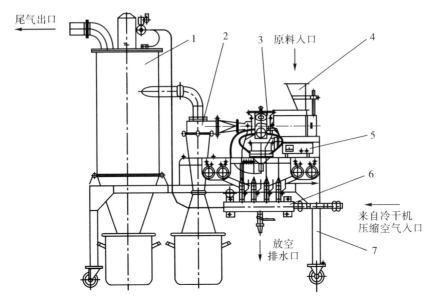

图2-9　扁平（水平圆盘）式气流粉碎机结构

1—尾气布袋除尘；2—旋风分离器；3—加料口；4—震动加料器；5—加料器控制器；6—压缩空气分气缸；7—支架

在干悬浮剂（DF）制备方面，在可溶性粉（粒）剂产品方面则相对缺乏。喷雾干燥流程如图2-10所示。

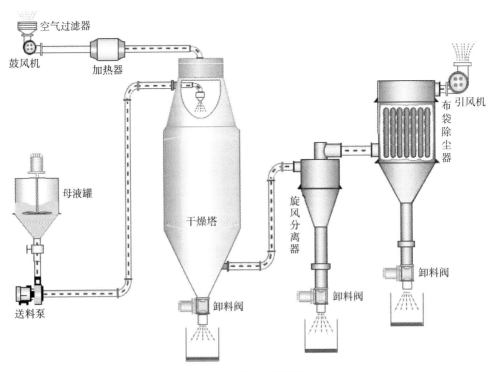

图2-10　喷雾干燥流程

喷雾干燥制粒技术在其他行业使用中也遇到相应的技术问题，技术人员对这些问题进行了总结并提出了改进建议。这些问题在今后使用喷雾干燥进行农药加工的过程会同样遇到。

喷雾干燥制粒时颗粒粒度偏小。原因可能有几个方面：一是原料相对密度太小，黏性不足；二是工艺参数不合理，雾化压力太大而喷雾压力太小，进风量太大而药液的流量太小，进风温度太高而进液量太小导致的液滴未喷到物料上即被干燥等。

在中药制粒的生产中，一般的原料密度控制在1.15~1.2g/cm³，小型设备其相对密度还可以稍高，如果黏性还是不够的话，可以在物料中加入一部分增黏组分。

在喷雾的时候，开始的一段时间，尽量把进风开得稍大，让物料在流化床上充分地流化，进风的温度不要太高，如果不塌床的话，干燥温度40℃就足够了，将雾化的压力调得稍微小些，进料的速率不要太快，先形成一部分颗粒，稳定后就可以提高进风的温度，流量加大，将形成的颗粒变大。同时，随着颗粒的长大，加大进风量，使制得的颗粒保持一个良好的流化状态，直到药液喷完干燥就可以了。

二、可溶性粒剂加工方法

在农药颗粒剂的加工方法上主要有湿法制粒和干法制粒两大类，其中湿法制粒是指在颗粒成型之前物料含有一定的液体组分为湿的，干法制粒则物料本身为干的，主要依靠一定的压力挤压成型。在可溶粒剂的制备方法上干法制粒相对应用较少，主要为以湿法制粒为主。湿法制粒工艺又主要包含了挤压制粒、喷雾干燥造粒等造粒方法。

1. 常规挤压制粒

常规挤压制粒与实验室挤压造粒工艺基本相同，在挤压造粒机上也有螺杆式和旋转式两种。其中草甘膦可溶粒剂的加工是典型代表。其主要加工工艺流程如图2-11所示。

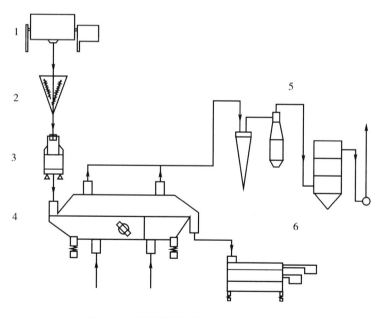

图2-11　草甘膦可溶粒剂加工工艺流程图

1,2—混合器；3—造粒机；4—振动流化床干燥机；5—除尘装置；6—筛分机

该工艺主要针对原料为固体或大部分原料为固体的物料。物料在进入混机合之前需要将物料预先粉碎成一定的细度。将固体物料(原药、填料等)与助剂在混合机中充分混合后，经造粒机挤压造粒成型，颗粒直接进入振动干燥床进行干燥，干燥后的颗粒经筛分

后得到成品。

在生产过程中由于连续生产，造粒机螺杆挤压部分温度会迅速上升，部分对温度较敏感的品种在生产过程中会出现生产前期颗粒外观良好，生产后期无法成型的现象。针对该问题，部分加压造粒设备在筛网外侧增加了冷却装置，已改善该现象。同时在配方上可根据设备运行状态进行细微的调整，重点为黏结剂的加入量。

2. 快速搅拌制粒技术

图2-12　湿法混合制粒机（搅拌制粒）

快速搅拌制粒技术是利用快速搅拌制粒机完成的制粒技术。由于该设备运行时桨叶和制粒刀同时旋转，形成三向搅拌并同时切割制粒，故物料混合非常均匀，也不存在结块现象；又由于药与辅料被共置于制粒机的密闭容器内，混合、制软材、切割制粒与滚圆一次完成，故制成的颗粒圆整均匀，流动性好，辅料用量少，制粒过程密闭、快速，污染小。其设备见图2-12。

国内技术人员通过光学显微以及吸湿率及溶解速率测定实验来研究摇摆制粒、快速搅拌制粒、挤压制粒三种制粒工艺的差异。结果表明，在颗粒的松密度方面，摇摆制粒＜快速搅拌制粒＜挤压制粒；在溶解速率方面，挤压制粒＜快速搅拌制粒＜摇摆制粒；在吸湿率方面，快速搅拌制粒＜挤压制粒＜摇摆制粒。综合以上各因素可以看出，快速搅拌制粒的颗粒稳定性好（吸湿性小），适合具有一定吸湿性物料颗粒的制备。

3. 喷雾流化制粒

流化制粒又称一步制粒，是使药物粉末在自下而上的气流作用下保持悬浮的流化状态，黏合剂液体由上部或下部向流化室内喷入使粉末聚结成颗粒的方法。该技术为混合、制粒、干燥操作一步完成的新型制粒技术，可大大减少辅料量，颗粒大小均匀、外形圆整、流动性好、可压性好，生产效率高，便于自动控制；同时由于制粒过程在密闭的制粒机内完成，生产过程不易被污染，成品质量得到更好的保障。其工艺流程如图2-13所示。

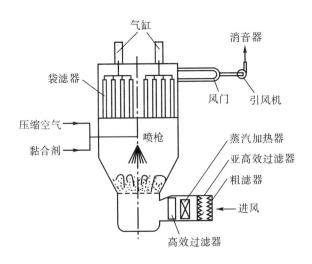

图2-13　一步制粒法工艺流程示意图

流化制粒机见图2-14。

顶喷制粒床

图2-14　流化制粒机

一步制粒法的优点：

① 简化操作。物料的混合、制粒、干燥在一台机器内完成，简化了生产工序，减轻了劳动强度；一步制粒自动化程度高，操作可以按工艺要求设计的参数进行生产，生产重现性好。

② 硬件减少。一台设备代替了混合机、制粒机、干燥机，减少了占地面积。

③ 提高了生产效率。缩短生产周期、提高产量、节约能源，生产效率较高。

④ 生产环境较好。从原辅料投料到制成的颗粒出料的整个过程都在密闭状态下操作，可以有效地避免细粉飞扬，避免交叉污染，保证生产环境。

⑤ 适用范围更广。适用于高黏度的膏状物料的制粒，可以直接喷入流膏，从而降低成本；制粒与干燥温度较低，非常适用于对热不稳定的物料的生产。

⑥ 产品质量提高。制成的颗粒均匀，松实适宜，粒度大小分布较窄，外形圆整，流动性好，颗粒间色差小，可以制备所要求的颗粒，且颗粒在水中的溶解速率较挤压造粒更快。

其缺点在于含活性组分的尾气量较挤压造粒方式大大增加，对尾气处理要求较高。

喷雾制粒过程中塌床。塌床是指由于喷雾速率过快，而风量较小，或者是雾化压力过小，喷出的液滴过大，喷到颗粒上后，颗粒来不及干燥造成的产品不合格现象；有时该现象的发生也与外界环境、物料本身易黏结有关系，或者是进风的温度较高，超过物料熔点造成物料在高温下软化造成塌床。

相对应的如果是第一种情况的话，相应地提高进风量、降低喷雾的速率，调节雾化压力在一个合适的大小即可；如果是外界环境湿度过大，则调节其空气湿度，最好小于50%；如果是物料本身易黏结的，可以考虑在物料中加入一定的分散剂改善其黏性。

三、部分可溶性粉（粒）剂配方

（1）50%二氯喹啉酸钠盐SP

二氯喹啉酸钠盐　50%	填料（可溶）　补足100%
渗透剂（DT-80）　16%	剂型渗透力超强，溶解迅速；1%浓度<30s，热贮稳定。
尿素　6%	
白炭黑　5%	

（2）25%啶虫脒SP

啶虫脒　25%

渗透剂（DT-80）　6%

白炭黑　1.5%

（3）25%烯啶虫胺SP

烯啶虫胺　25%

渗透剂（DT-80）　6%

白炭黑　3%

（4）50%烯啶虫胺SP

烯啶虫胺　50%

渗透剂（DT-80）　7%

白炭黑　4%

（5）80%草甘膦水溶性颗粒SG

草甘膦铵盐（折百）　80%

增效剂（Terwet 221）　10%

（6）25%吡虫啉SG

TC（95%）（折百）　25%

分散剂（Morwet D-425）　5%

润湿剂（Morwet EFW）　2%

K12　2%

（7）50%二氯喹啉酸钠SG

原药（折百）　50%

分散剂（Morwet D-425）　2%

润湿剂（Morwet EFW）　2%

（8）50%烯啶虫胺SG

TC（折百）　50%

分散剂（Morwet D-425）　2%

Berol 790A　4%

（9）7%草甘膦SG

草甘膦（折百）　74.7%

ADsee 150　12%

（10）20%啶虫脒SP

啶虫脒原药　20.7%

分散剂（Morwet D-425）　2%

润湿剂（Morwet EFW）　1.5%

SRE　0.4%

填料（可溶）　补足100%

剂型渗透力强，助溶迅速；1%浓度<15s，热贮稳定。

填料（可溶）　补足100%

剂型渗透力强，助溶迅速；1%浓度<15s，热贮稳定。

填料（可溶）　补足100%

剂型渗透力强，1%浓度<15s；助溶迅速，热贮稳定。

助崩解剂（硫酸铵）　补足100%

硫酸钠　20%

葡萄糖　8%

蔗糖　2%

硫酸铵　补足100%

羟丙基纤维素　2%

硫酸铵　补足100%

乳糖　10%

硫酸钠　补足100%

造粒加水　3%

蔗糖　3%

硫酸铵　补足100%

白炭黑　10%

无水硫酸铵：补足100%

第六节　可溶性粉（粒）剂开发实例

一、可溶性粉剂的开发

1. 70%敌百虫可溶性粉剂

首先将熔融敌百虫与硅藻土混合，配成70%敌百虫可溶性粉剂，在滚筒上冷却结晶，用刀刮下，呈小片状，捣碎后在50℃下贮藏4周，保持原松散状态，分解率相当于敌百虫原药。

设备如图2-15所示。

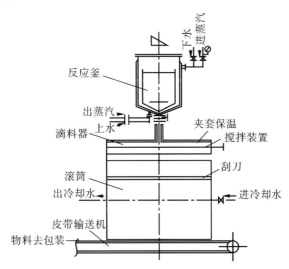

图2-15　敌百虫可溶性粉剂成型滚筒流程示意图

① 夹套反应釜　铁制，内衬不锈钢，外部尺寸 ϕ 80mm×1000mm，约500L，搅拌转速为54r/min。

② 夹套滴料器　铁制，内衬不锈钢，带有手动式压料搅拌， ϕ 300mm×2000mm，下面有64个孔，孔径为 ϕ 8mm。

③ 滚筒　铁制， ϕ 1500mm×2000mm，转速为85r/s，内通常温冷却水。

试验工艺：将固体敌百虫投入反应釜，加热熔化，然后加入硅藻土搅拌混合，并通水冷却。当温度下降到55℃左右时，改用热水保温。待有部分敌百虫结晶生成时（用小棒蘸出少许，滴于铁板上，30s左右固化，即达固化点），略提高温度，保持良好流动性（同时用热水保温滴料器，以防敌百虫流入滴料器时凝固）。将物料放入滴料器，由滴料器平向分配滴在滚筒上。固化的物料由刮刀刮下，掉入皮带运输机，然后称重包装。

试验用原料为敌百虫和硅藻土。

原料要求干燥后粉碎，细度90%通过325目筛，97%通过200目筛。试验结果（共三批）如下：

第一批投敌百虫（一级品）102kg（内有20~30kg呈糊状）、硅藻土29kg，得到敌百虫可溶性粉剂107kg。还有部分物料留在反应釜和滴料器内。

第二批投敌百虫（一级品）200kg、硅藻土58kg，得到敌百虫可溶性粉剂251kg。

第三批投敌百虫（二级品）200kg、硅藻土54kg，得到敌百虫可溶性粉剂259kg。

所得产品各项指标均符合国家标准。

2.80%噻菌灵盐酸盐可溶性粉剂

① 噻菌灵盐酸盐的制备　将一定量盐酸溶液加热至微沸，其比例为盐酸∶噻菌灵=1∶1.1（摩尔比），在不断搅拌下加入定量的噻菌灵盐粗品（95%左右），同时加入一定量的活性炭，待充分溶解后，趁热过滤，滤液即为较纯净的噻菌灵盐酸盐母液（其结晶体含量在98%左右），放入调制釜，保温待调制。

② 噻菌灵盐酸盐可溶性粉剂的调制　将一定量的白炭黑或轻质碳酸钙（98%通过325目筛）及其他助剂加入调制釜，基本配方如下：

噻菌灵盐酸盐　80%　　　　　　　　　　NNO　5%

柠檬酸　0.1%　　　　　　　　　　　　白炭黑　补充至100%。

MSF　1%

充分混匀后，流入喷雾干燥器内干燥，一步即可得到噻菌灵盐酸盐可溶性粉剂。

3.90%灭多威可溶性粉剂

（1）原材料及工艺配方的确定　灭多威原药为白色晶体，国产原药含量一般为96%~98%，在中性溶液中稳定，在碱性溶液中不稳定。根据国产原材料的特点，选用了具有特大吸附容量和很小堆密度的白炭黑作为载体，以避免粉碎过程中的结块和阻塞，选用能很好地阻止使用过程中固–液分散体系中固体粒子相互凝集的木质素磺酸盐作为分散剂，以及稳定剂和抗静电剂等。经过试验，采用FAO和CIPAC方法对产品与可溶性粉剂的外观、pH值、细度、水不溶物、溶解速率和产品的加速贮存试验进行比较，其性能与进口90%可溶性粉剂药效无差异。根据药效和产品的稳定性确定了工艺配方。90%灭多威可溶性粉剂原材料及配方见表2-5。

表2-5　90%灭多威可溶性粉剂原材料及配方

原材料名称	质量分数/%
灭多威原药	90.0
木质素磺酸盐	3.2
抗静电剂A	1.6
稳定剂H	1.2
白炭黑	≈ 100

（2）生产工艺的确定　农药可溶性粉剂生产工艺方法主要有喷雾冷凝成型法、喷雾干燥法和粉碎法。根据灭多威原药的物理和化学性质，灭多威可溶性粉剂的生产工艺采用粉碎法比较适合。粉碎法主要有两种。

① 超微粉碎法　如图2-16所示，把灭多威原药与其他助剂混合粉碎，粉碎机选用离心或高速机械式的超微粉碎机。由于是粒子间的相互挤压，过程中原药晶体过热易出现结团，不易分散，粒径分布不够均匀，流动性降低。试验证明该方法不适合低熔点原药和高浓度的90%灭多威可溶性粉剂制备。如果用氮气作保护，安全性和产品性能有所改善，但产品性能仍达不到要求。

图2-16 灭多威可溶性粉剂的生产工艺流程

② 气流粉碎机法 如图2-17所示,先把灭多威原药与其他助剂混合粗粉碎,避免过度粉碎引发物料过热。用强气流将物料粉碎以避免粒子间的过度挤压,然后进行同步粒度筛选分级,全过程物料在35℃以下。生产安全性、产品的粒径分布和外观流动性明显变好了。该方法特别适合低熔点原药或高浓度的90%灭多威可溶性粉剂的制备。气流粉碎机主要有对冲式、旋转式、扁平式、靶式、流化床式和循环管式等。90%灭多威可溶性粉剂选用的是流化床对撞式气流粉碎机。灭多威原药与其他助剂计量、混合、用一般常用的低速粉碎机粗碎,从而控制了温度。通过螺旋加料器进入气流粉碎系统。

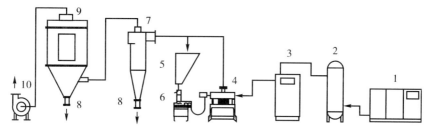

图2-17 气流粉碎系统简图

1—空压机;2—贮气罐;3—空气冷冻干燥器;4—气流粉碎机;5—计量料仓;
6—螺旋加料器;7—旋风分离器;8—星形回转阀;9—布袋捕集器;10—引风机

(3)流程原理 流化床气流粉碎机是由气源、供料系统、超音速气流喷管、粉碎室、分级室、气固分离器、收集器等部件组成,用高速气流来实现干式物料超粉碎的系统装置。其工艺原理是:

灭多威原药和助剂等固相物料通过螺旋加料器进入粉碎室,空气经净化、冷干燥和压缩从导入喷管形成约2倍音速气流,被压缩的高速气流通过喷嘴出来进入粉碎室时,绝热膨胀,产生焦耳-汤姆逊降温效应,物料粉碎过程不会超过室温。物料在超音速喷射流下加速获得动能,冲击速度增大,喷管以几个相向位置进入粉碎室形成多相流流化床,在喷嘴交汇处粉体反复冲击、碰撞达到粉碎。被粉碎物料随上升气流进入分级室筛析,由于分级转子高速旋转,粒子既受到分级转子产生的离心力,又受到气流黏性作用产生的向心力,当粒子粒径大时受到的离心力大于向心力,返回粉碎室继续冲击粉碎。达到分级要求的粒子随气流进入旋风分离器、脉冲除尘器进行气固分离,物料收集。气体由风机排出。物料混合、化验、进入自动包装机包装成产品。全过程实现连续生产和自动化操作。

(4)装置和工艺参数 2000 T/Y流化床气流粉碎装置的工艺参数如下:

粉碎室气流的工作压力:0.7MPa;

进料的气流的工作压力:4.6MPa;

进入粉碎室的气流温度:15℃;

气流量:8.6m^3/min;

初次混合时间:10min;

粗磨转速:1800r/min;

分级转速:500r/min;

二次混合时间:15min。

（5）产品技术指标和药效的试验

① 含量的测定方法参照杜邦公司液相色谱法。pH值、水分、细度、水不溶物等测试方法按国家标准进行，产品测定结果见表2-6。

表2-6 产品测定结果

样品	含量 /%	水分 /%	pH	水不溶物 /%
1	90.6	0.57	6.8	5.43
2	90.7	0.58	6.4	5.07
3	90.6	0.53	6.9	5.89
4	90.3	0.52	6.8	5.83
5	90.4	0.54	6.8	5.12
6	90.3	0.51	6.6	5.17
8	90.4	0.53	6.7	5.89
9	90.3	0.52	6.5	5.27
10	90.6	0.56	6.8	5.49
平均	90.4	0.54	6.7	5.43

② 产品稳定性　按联合国粮农组织（FAO）农药标准之加速贮存试验法。

按CIPAC MT4 6.1.3进行热贮存稳定性试验，贮存条件（54±2）℃，贮存时间7天及14天，有效成分稳定性结果分别为98.47%和97.25%。

4. 多噻烷可溶性粉剂的制备

（1）可溶性粉剂的制备　将多噻烷盐酸盐微粒设法吸附在一种比表面积很大的填料中和表面上，制成一种既能降低吸湿性又能迅速溶于水的新剂型。

① 粉剂的制备方法　用与制备盐酸盐原粉基本相同的方法，在室温下将干燥氯化氢气体通入多噻烷原药稀释液中，按粉剂含量50%计算填料量（也可按需配制含量40%或60%的产品），在搅拌下加入、搅匀、过滤、干燥、粉碎、过筛，制成产品。

② 填料选择　选用水合二氧化硅，按比例加入多噻烷盐酸盐后混合制成产品。置于空气中23h，观察无明显吸湿现象。1周后表面有少量吸湿并有表层疏松结块现象，但略加搅动又恢复粉状。在使用浓度最高范围内，将粉剂加水，稍加搅拌，即可迅速溶解并形成均匀的乳白色悬浮液，半小时内无沉淀生成，适宜喷雾。所以水合二氧化硅是一种性能较好的填料。

③ 成盐条件试验

a. 溶剂选择　溶剂与多噻烷环化合成条件相关，选用苯或甲苯为宜，但甲苯毒性较低、沸点较高，是性质相对较好的溶剂。

b. 浓度选择　多噻烷环化合成原液，一般含量为14%~18%。直接用来成盐浓度太高，易在釜内结块，造成搅拌困难。将合成原液加一定溶剂稀释，易于成盐。产品呈粉末状，分散性好，无结块现象。

c. 溶液水分控制　多噻烷原药合成后，要经水洗分层工序，在正常条件下原液含水量0.5%左右。经二次室温2~4h沉降分层后再加溶剂稀释配制，成盐效果良好。

（2）优化成盐试验　以上述成盐条件为依据，优化成盐平行试验结果见表2-7。

表2-7　多噻烷盐酸盐粉剂优化平行试验

序号	原药重量/g	原药含量/%	溶剂用量/mL	填料用量/g	溶剂回收率[①]/mL	粉剂重量/g	粉剂含量/%	成盐收率/%
1	204.0	14.42	380.0	24.0	441.0	59.0	55.69	97.44
2	237.0	12.39	380.0	24.0	447.0	61.0	54.93	99.37
3	232.0	12.68	380.0	24.0	461.0	59.5	54.89	96.85
4	221.5	13.28	380.0	24.0	450.0	58.0	55.97	96.27

① 浓产品含结晶溶剂量较高干燥时即可回收。

表2-7数据说明，成盐过程接近定量反应，收率较高。回收溶剂可连续套用，只要严格控制水分含量不影响收率。

（3）干燥温度和时间　经配制后的多噻烷可溶性粉剂，在60~70℃干燥3h为佳。若高于75℃或时间长于3h，则影响产品色泽和水溶性。

（4）产品全分析　含量50%的多噻烷可溶性粉剂在二次配制后，全分析试验结果见表2-8。

表2-8　50%多噻烷可溶性粉剂全分析试验

序号	有效成分/%	胶体硫/%	氯化物盐酸盐/%	产品水溶液pH值
1	50.30	3.15	0.72	3.90
2	50.04	6.85	0.29	4.00
3	50.15	4.81	0.63	3.90
4	50.13	4.57	0.18	4.00

由表2-8可见，多噻烷可溶性粉剂除有效成分外，主要是填料，其余为少量胶体硫和微量氯化物盐酸盐。

（5）热稳定性试验　将多噻烷可溶性粉剂恒温在（54±1）℃下、30天热稳定性试验结果见表2-9。

表2-9　热稳定性试验

含量/% 序号	日期 6月17日	6月27日	7月7日	7月17日	密闭贮物态
1	41.51	41.48	41.48	41.45	
2	42.81	42.55	42.62	42.80	物态无变化
3	44.57	44.49	44.45	44.53	
4	50.34	50.36	50.34	50.35	

由表2-9可见，含量40%~50%的多噻烷可溶性粉剂，在（54±1）℃密闭恒温贮存一个月，含量几乎无变化，贮存物态、色泽也无变化。证明多噻烷盐酸盐可溶性粉剂热稳定

性是良好的。

5.90%噻菌灵盐酸盐可溶性粉剂

可溶性粉剂的制备方法有喷雾冷却成型法、粉碎法和喷雾干燥法。选用哪种方法要视原药的物化性能而定。根据噻菌灵及其盐的自身特点，采用粉碎法可获得较高浓度的可溶性粉剂。

（1）噻菌灵盐酸盐的制备　噻菌灵与盐酸具有定量成盐的良好性能，且生成的盐在低温条件下可重新结晶。因此，选择合适的成盐条件和分离条件，一方面可对噻菌灵粗品进行纯化处理，另一方面可获得满意的噻菌灵盐酸盐纯品。

成盐操作过程如下：将一定量的盐酸溶液加热至微沸，在不断搅拌下加入定量的噻菌灵粗品（含量约95%），待充分溶解后趁热过滤，滤液经低温冷却析出噻菌灵盐酸盐晶体，过滤并干燥后，经紫外比色分析，纯度≥98%，回收率≥96%。

盐酸与噻菌灵成盐优惠条件：

盐酸：噻菌灵=1：1.1~1.2（摩尔比）

（2）助剂的筛选　用白炭黑为填充剂，硫酸钠、柠檬酸、NNO和MFS为助剂。其中白炭黑加工性能好于高岭土，主要表现有较强的吸附性、比表面积大和加工的产品流动性好。硫酸钠可加速制剂在水中的溶解速率；柠檬酸为稳定剂，以防止产品在贮藏期有效成分的分解；而NNO和MSF分别为阴离子型和非离子型表面活性剂，具有分散、黏着、渗透等综合性功能。

（3）噻菌灵盐酸盐可溶性粉剂的配方　通过热贮及有效成分全溶解时间的测定，并经检验对比，确定配方如下：

噻菌灵盐酸盐　90%　　　　　　　　柠檬酸　0.5%

MFS　1%　　　　　　　　　　　　NNO　0.5%

硫酸钠　1%　　　　　　　　　　　合计　100%

白炭黑　7%

（4）粉碎流程及设备　将填充剂、助剂（98%通过200目）和噻菌灵盐酸盐（16~100目）经计量后送入双螺旋混合机内混合，经气流粉碎机粉碎，入旋风分离器及袋式脉冲捕集器，再经双螺旋混合机混匀后出料包装。

工艺流程示意见图2-18。

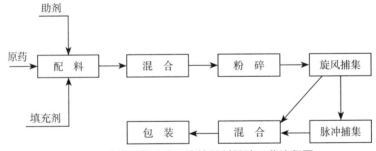

图2-18　噻菌灵盐酸盐可溶性粉剂粉碎工艺流程图

（5）贮藏稳定性试验　试样经测定含量后，分别密封于磨口塞的玻璃瓶中，在（54±2）℃恒温箱中贮藏14天，取出样品冷却至室温后，测定有效成分含量，并计算分解率，结果如表2-10所示。

表2-10 噻菌灵盐酸盐可溶性粉剂贮藏稳定性试验结果

项目	批号 05-1	05-2	05-3	05-4
贮前含量 /%	90.23	90.56	90.08	90.03
贮后含量 /%	88.51	88.03	87.82	87.95
分解率 /%	1.91	2.79	2.51	2.31

（6）有效成分全溶解时间测定　称取5.000g样品于1000mL的烧杯中，放置（25±1）℃恒温槽中，加入25℃的蒸馏水500mL，立即打开秒表，同时开启搅拌器，以60~70r/min的速率搅拌，分别于2min、3nin、4min……吸取上层液10mL，分析有效成分含量，直到溶液中的有效成分含量不再增加时的时间为全溶解时间。结果见表2-11。

表2-11 全溶解时间测定结果

时间 /min	2	3	4	5	6	7
含量 /%	90.25	90.28	90.27	90.29	90.27	90.26

从表2-11中数据可以看出，若忽略分析上的误差，3min内便全部溶解，与我国其他可溶性粉剂标准相近，满足溶解速率要求。

6. 杀虫双可溶性粉剂

（1）工艺过程　如图2-19所示，将杀虫双原液与各种辅料按一定比例加入调制釜内搅拌，使之成为均匀体系；经计量泵注入雾化器，由压缩空气雾化成雾状，与热空气同时由塔底部并流进入喷雾干燥塔。在塔内，雾状物料与热空气进行传质传热，并使物料在瞬间得到干燥，通过旋风分离器收集，包装即为成品。经布袋除尘后的尾气再经水膜除尘后放空。水膜除尘器的水洗液循环使用，达到一定浓度后送到调制工段循环使用或直接喷雾干燥。

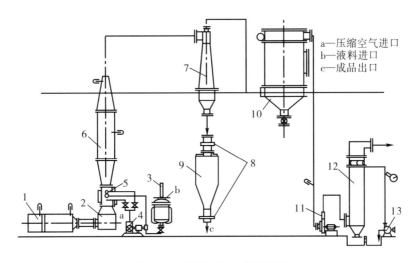

a—压缩空气进口
b—液料进口
c—成品出口

图2-19 喷雾干燥工艺流程图

1—空气加热器；2—热空气分布器；3—调制釜；4—计量泵；5—雾化器；6—喷雾干燥塔；
7—旋风分离器；8—电磁阀；9—料斗；10—布袋除尘器；11—高压风机；12—水膜除尘器；13—水泵

（2）主要设备

① 雾化器　本试验采用的三流式喷嘴在处理高黏度料液、高进料速率的低黏度料液或膏状物较二流式喷嘴优越。设计喷嘴时，根据进料速率和雾滴大小，确定料液与气体流量比以及喷射速率。再计算喷嘴气体通过喉管的截面积。喷嘴设计工艺条件：

进料速率：100kg/h。

压缩空气压力：0.5MPa。

压缩空气温度：30℃。

气液比：2.0。

一次进气：20%。

二次进气：80%。

经计算得出，一次进气喉管面积0.1cm^2，二次进气喉管面积0.44cm^2。

② 喷雾干燥塔　由于选用内外混合三流式喷嘴雾化效果很好，雾滴粒径很小，在20~80μm，因而雾滴容易干燥。干燥时间约为3s。喷嘴的雾化角几乎为零，所以喷雾塔的直径选择较小。根据理论计算与实际经验，选用的喷雾干燥塔直径为0.5m，塔高度为5m。

（3）产品规格

有效成分含量：≥36%。

外观：灰白色可流动粉体。

细度（过0.25mm筛）：≥90%。

全溶时间：≤2min。

水分含量：≤3%。

pH值：7~8。

54℃贮藏两周分解率：≤5%。

7. 草甘膦铵盐可溶性粉剂

将1000g草甘膦铵盐（含量≥95%）、助剂［茶皂素类（如商品代号为SDP、SD的助剂）、烷基糖苷（代号为APG）、有机硅聚醚（如商品代号为L-77的助剂）、脂肪胺的环氧基化物、羟基磺基甜菜碱］255g、防结块剂1g一起加入到混合器中混合，混匀后的物料通过粉碎机的粉碎，得到75.7%草甘膦铵盐粉剂。通过调节投料配比和筛网直径，可生产不同含量和规格的草甘膦铵盐粉剂。

二、可溶性粒剂的制备

1. 草甘膦铵盐可溶性粒剂（A）

由于草甘膦的耐水溶性好，开发具有同等效果的水溶性剂型尤为必要。与草甘膦钠盐相比，草甘膦铵盐具有不易结块、制造成本较低、除草活性相对较高的优点。草甘膦不溶于水，只有制成盐后才能方便使用和增加使用效果。

（1）草甘膦铵盐的合成　在装有温度计、搅拌器的四口烧瓶中加入100g草甘膦原粉和60g水，搅拌状态下于1h内通入氨气10g，在64~80℃下搅拌反应2h；反应结束将物料温度降至30~40℃，加入160g（95%~99%）甲醇进行醇析。保温2h，反应析出物经抽滤、干燥即得草甘膦铵盐（含量95%~98%），收率95%~99%。母液经简单蒸馏分离出甲醇，甲醇回收套用于醇析。反应中草甘膦原粉与氨气所用量的摩尔比为1∶1.1~1.3，醇析过程草甘膦铵盐水溶液与所用醇的质量比为1∶1~5。

（2）草甘膦铵盐制剂的制备　将1000g草甘膦铵盐（含量≥95%）、助剂（茶皂素类、烷基糖苷、有机硅聚醚、脂肪胺的环氧基化物、羟基磺基甜菜碱）190g、泡腾剂65g、水63g一起加入到混合器中混合。混匀后的物料加入挤出造粒机中进行造粒。将得到的可溶性颗粒剂进行干燥，得到75.7%草甘膦铵盐可溶性粒剂。通过调节投料配比和筛网孔径，可生产不同含量和规格的草甘膦铵盐可溶性粒剂。

2. 草甘膦铵盐可溶性粒剂（B）

在水介质中合成草甘膦铵盐原药作为88.8%草甘膦铵盐可溶性粒剂原料，生产过程产生母液草甘膦含量为33%~35%，加入10%助剂配制成30%草甘膦水剂，整个生产过程中无废水产生。

所用材料为草甘膦原药含量95.0%，氨水含量25.0%~27.5%，助剂XN-130，羟基磺基甜菜碱XN-1001。

制备的草甘膦铵盐原药通过粉碎、挤出造粒、干燥、过筛制成88.8%草甘膦铵盐可溶性粒剂，工艺流程如图2-20所示。

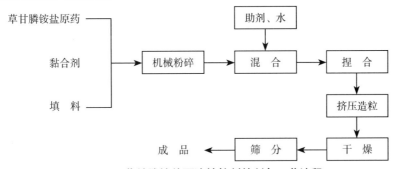

图2-20　草甘膦铵盐可溶性粒剂的制备工艺流程

（1）草甘膦铵盐原药合成　在装有温度计、搅拌器的2000mL三口烧瓶中加入水150g，搅拌状态下加入95%草甘膦原粉500g，使之形成糊状。慢慢滴加25%氨水300g，再加入草甘膦原粉500g和氨水300g保持糊状，能正常搅拌即可；滴加氨水结束后再加500g草甘膦原粉，用25%氨水调节pH值为5.0~6.0；在55~65℃温度下保温反应1h，再次升温至80~90℃并保温1h，使物料全部溶解变清澈，保温结束后将物料真空抽滤，滤液冷却至5~10℃，反应析出物经抽滤、干燥即制得草甘膦铵盐（含量95.0%）；收率为75%~80%；母液套用于反应中或直接加助剂配制成30%草甘膦水剂；草甘膦原粉与氨水所用量的摩尔比为1:1~1.80。

（2）草甘膦铵盐颗粒的制备　将1000g草甘膦铵盐（含量95%）、助剂15g（如商品代号为XN-130）、填料硫酸铵15g放入粉碎机进行粉碎，混合均匀；然后放入捏合机中，启动搅拌，在维持搅拌的情况下，缓慢地向混好的物料均匀喷入XN-1001和适量水（根据物料的潮湿程度加入，一般加入量控制在2%~5%），使混合料成为潮湿且无明显团块的物料；将混匀的物料加入造粒机中进行造粒，将成型的可溶性颗粒剂进行干燥，通过调节筛网直径，可生产不同规格的88.8%草甘膦铵盐可溶性粒剂。

（3）结果与讨论

①该农药生产工艺简单，设备投入少，生产操作简单。

②草甘膦铵盐原药和氨水先后分3次投入并且保持反应物料呈糊状，能正常搅拌使用，氨水伸入液下滴加；有水体系比无水体系（直接通入液氨）合成草甘膦铵盐合成反应速率更快，在水体系反应一般需2~3h。

③ 反应体系保持pH值为5.0~6.0，pH值小于5.0时部分草甘膦没有反应，pH值大于6.0时草甘膦铵盐原药收率低。

④ 当pH值为5.0~6.0、温度为55~65℃时，整个反应体系是浑浊的，温度升高至80℃时变清澈透明，这时反应比较彻底，也便于抽滤。

⑤ 母液套用多次后黏度会越来越黏稠，可以加入分散均匀剂或将母液直接加入助剂配制成30%草甘膦水剂。

⑥ 用XN-1001、XN-130、填料硫酸铵制得草甘膦可溶性粒剂药效杂草防除效果好，不容易吸潮，也比较环保，易于加工和包装。

3. 95%乙酰甲胺磷可溶性粒剂

（1）实验试剂与配方　乙酰甲胺磷原药（含量99%）、黏结剂P（有效成分为聚乙烯吡咯烷酮）比例为96∶4组成造粒配方。

（2）造粒设备的设计　乙酰甲胺磷可溶性粒剂是干式挤出造粒，物料黏性不是很强，挤出造粒选用螺杆挤出造粒，筒体采用4mm厚的不锈钢材料（如果采用摇摆挤出造粒，则造粒效果差，产品成型不好）。

螺杆挤出造粒的出料方式有侧面出料和端面出料。通过对两种出料方式的对比，采用端面出料的设计。表2-12即为两种出料的效果比较。

表2-12　两种出料的效果比较

出料方式	造粒效果	设备成本	产品产量	产品强度
侧面出料	颗粒少，粉末多	大	大	强度差，易碎
端面出料	颗粒大小均匀，粉末少	小	小	强度好，粉末少

（3）混合工艺的研究　因为制剂中有效成分含量高，所加助剂少，助剂中可能还有非结晶物质成分。物料一次性混合，容易出现混合不均匀、造粒效果不好、产品质量不稳定等现象。采用分级混合的方式，产品质量好而稳定。过程如图2-21所示。

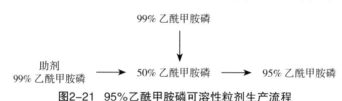

图2-21　95%乙酰甲胺磷可溶性粒剂生产流程

（4）造粒工艺的研究

① 粒径范围的选择　对于干式挤出造粒，粒径范围的选择对实际造粒有着决定性的影响。本例采用不同孔径的面板，得到表2-13结果。

表2-13　不同孔径的造粒结果比较

孔径大小/mm	造粒效果
0.8	出料慢，颗粒强度较好
1.0	出料正常，颗粒强度较好，有少量粉末，约2%
1.2	出料正常，颗粒强度较好，有粉末，约3%
1.5	出料快，颗粒强度较差，粉末较多，5%以上

从表2-13可以看出，最理想的孔径范围是1.2mm，其次是1.0mm。

对孔的分布密度，也有类似现象。孔分布太疏，出料不畅；孔分布太密，虽出料快，但产品强度不好。孔分布的理想范围是4~6孔/cm²。

② 挤出螺杆的设计　因为物料黏性低，造粒阻力大。螺杆挤出造粒时，物料是个逐渐结实的过程，这就要求螺杆有一定的长度，使物料经过挤出，能达到出料要求的结实程度。如果螺杆太短，会影响产品强度，如果螺杆太长，则出料太慢。经过试验，螺杆的长度在25cm左右为宜，螺杆的外径和内径比在2∶1为佳。对加工得到的产品进行相应的质量指标分析，结果如下：

外观：白色均匀短圆柱状颗粒，强度良好，无可见杂质，粉末比例2%；

有效成分含量：95.02%；

全溶时间：1.5min左右；

水分：0.3%；

pH值：3.8~4.1；

热贮稳定性：合格（降解率1.5%）。

4.90%乙酰甲胺磷可溶性粒剂的配制

（1）造粒工艺的选择　因为乙酰甲胺磷易溶于水，本制剂含量又高，所以不宜选择湿法造粒，应选用干式挤出造粒。根据一定的配比，选用一定量原药、助剂，混合均匀后用干式挤出造粒，不用干燥，过程简单，制得的制剂强度好、粒度均匀，其工艺流程见图2-22。

原药助剂 ⟶ 混　合 ⟶ 造　粒 ⟶ 产　品

图2-22　造粒工艺流程图

（2）黏结剂的选择　因本制剂含量较高，又是干式造粒，所以黏结剂的选择就成为本制剂的加工关键，按以下加工配方对常用的黏结剂进行试验，结果见表2-14。加工配方：98%乙酰甲胺磷原药92%（质量分数，下同），黏结剂4%，稳定剂2%，渗透剂2%。

表2-14　不同黏结剂的试样结果比较

黏结剂品种	造粒效果	产品质量
聚乙烯醇	成形困难，颗粒松	成形不好
可溶性淀粉	可以成形，强度差	粉末多不好
硅酸铝镁	可以成形，强度差	粉末多，全溶性不好
黄原胶	可以成形，强度好	全溶性较差，全溶时间长（＞3min）
黏结剂P	可以成形，强度好	全溶性好，溶于水形成真溶液 全溶时间1.5min

通过比较可以看出黏结剂P为理想的黏结剂，再对此黏结剂的用量按2%、4%、6%，加入试样（其余用稳定剂、渗透剂按比例补充至100%），结果见表2-15。所以选用4%为黏结剂最佳使用量。

表2-15　黏结剂P不同用量的试样结果比较

编号	黏结剂用量 /%	试样结果
1	2	造粒效果不理想，粉末多
2	4	造粒效果好，全溶性好，全溶时间 1.5min
3	6	造粒效果好，全溶性好，全溶时间 2.5min

（3）渗透剂和稳定剂的选用　因本制剂能加入助剂的量很少，加入的助剂要考虑到能否有利于造粒和全溶解。试验表明，加入2%的快速渗透剂T能满足工艺要求。

（4）结果与讨论　因为本制剂的含量高，能加助剂的量非常有限，所以选用的原药要尽可能含量高。如用95%乙酰甲胺磷原药加工，则所加助剂的量不够，无法加工得到性能较好的制剂。选用干式造粒的工艺，在助剂的选用上，黏结剂的选用是关键，所选的黏结剂在干式条件下有黏结作用，并且制剂的全溶性要好。

本制剂选择了合适的加工工艺，制剂的稳定性良好，考虑到加入稳定剂能起稳定作用，最佳配方加入2%稳定剂，乙酰甲胺磷制剂在碱性条件下易分解，制剂的pH值一般控制在3~6，偏酸性。本制剂配方的pH值在4~6。

参考文献

［1］中国农业百科全书总编辑委员会. 中国农业百科全书：农药卷. 北京：中国农业出版社，1996.

［2］凌世海. 农药剂型加工工业现状和发展趋势. 安徽化工，2006（3）：3-9.

［3］秦龙. 二氯喹啉酸可溶粒剂配方研究. 农药，2010（7）：497-499.

［4］凌世海. 固体制剂. 第3版. 北京：化学工业出版社，2003.

［5］刘广文. 现代农药剂型加工技术. 北京：化学工业出版社，2013.

［6］朱民，卓震. 对流化床喷雾制粒工艺过程控制的研究. 化工装备技术，2005，26（3）：13-15.

［7］韩谋国. 喷雾干燥法制杀虫双可溶性粉剂. 安徽化工，1992（3）：13-18.

［8］储为盛. 90%乙酰甲胺磷可溶性粒剂的配制. 农药，2007（10）：663-665.

［9］储为盛. 95%乙酰甲胺磷可溶性粒剂工程化开发研究. 世界农药，2009（2）：46-48.

［10］郭文松. 多噻烷可溶性粉剂的制备. 贵州化工，1999（3）：3-5.

［11］韦指. 草甘膦铵盐原药的合成及可溶性粒剂的制备. 企业科技与发展，2013（12）：72-74.

［12］周曙光. 草甘膦铵盐的合成及可溶性粒剂（粉剂）的制备. 浙江化工，2003（4）：7-8.

［13］余兆洽. 90%灭多威可溶性粉剂的工艺研究. 广东化工，2004（2）：11-12.

第三章

干悬浮剂

概　述

一、干悬浮剂简述

1.干悬浮剂的发展简述

悬浮剂（SC）又称水悬浮剂，是一种将固体原药的极细粒子（平均粒径为2~5μm）分散在水中所制得的类似于液体的高悬浮、可流动的农药剂型。由于悬浮剂具有粒径小、活性表面大、悬浮率高、生物活性作用发挥好等优点，就产量而言，是目前农药主要剂型之一。但是由于悬浮剂是一种在热力学上不稳定的分散体系，因此许多悬浮剂产品的贮存稳定性难以保证，即悬浮剂的分散粒子在贮存过程中容易产生沉积和团聚现象，造成了制剂在容器中的残留和容器清理的困难，给环境带来污染，增加了悬浮剂开发的难度。为此，将悬浮剂进一步干燥（造粒），生产出固体制剂，既保留了SC剂型的性能优点，又解决了难于贮存的问题。使用时用水稀释，使之再成为细粒分散悬浮在水中的喷洒液。从这种思路出发，就成功研制开发了一种新的固体剂型，称为干悬浮剂（dry flowable，国内代号为DF）。干悬浮剂通过按照水悬浮剂的生产方法，首先制备成水悬浮剂，然后通过喷雾干燥（造粒）的方法制得产品。据介绍，干悬浮剂在国外的产量较大，占所有粒状产品的14.5%，仅次于挤出成型法（27.5%）。其典型的生产流程见图3-1，图3-2是干悬浮剂生产流程图。

图3-1　干悬浮剂的生产工艺流程框图

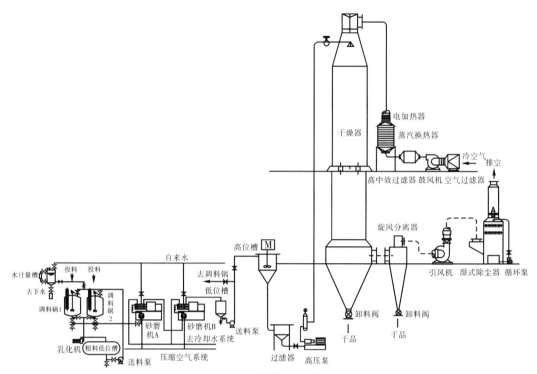

图3-2 干悬浮剂生产流程图

DF农药干悬浮剂设备投资大，且要求产品的生产规模较大，而难以推广开来。与传统挤压法制粒相比较，DF要求批产量吨位较大，也是限制因素之一，但是DF与传统挤压法生产水分散粒剂（WG）相比较，其产品性能优异，助剂成本（不含设备投入、能耗）较低，且配方较WG简单更为实用。目前已建立大规模DF装置的几家农药企业，生产的主要品种有甲维盐DF、代森锰锌DF、苯噻草胺·苄嘧磺隆DF、吡嘧磺隆DF、二氯喹啉酸DF、啶虫脒DF、溴氰菊酯DF等。

2.干悬浮剂的特点

生产干悬浮剂，是将水溶性较低而熔点在100℃以上的固体农药，加入适当的润湿剂、分散剂、载体和水，经砂磨机湿法粉碎而制成水悬浮剂，经过喷雾干燥制成干悬浮剂。在使用时一般有两种方法，一种方法是将干悬浮剂拌土，进行撒施（如水田除草剂）；另一种方法是将干悬浮剂加水配制成水悬浮剂进行喷施（如旱田除草剂等），所以干悬浮剂在干燥成型前成水悬浮剂状态，农药干悬浮剂大多是配制成水悬浮剂后，以粒径为0.5~5.0μm的固体农药颗粒为分散相，以水为连续相的分散体系。干燥后成固体（细粉或颗粒）状态，而使用时又回到水悬浮剂状态，所以它的内在质量具备水悬浮剂的一切优点。

干悬浮剂这种农药新剂型具有药效好，当用50%苯醚菌酯DF针对黄瓜白粉病与50%苯醚菌酯WG对照进行了田间药效试验，试验结果表明：50%苯醚菌酯DF在田间使用更加方便高效，在15~30g（a.i.）/hm^2（a.i.为有效成分）用量下，对黄瓜白粉病的防效可达83.7%~94.3%，其药效较50%苯醚菌酯WG提高2.3%~9.5%。苯醚菌酯加工成剂型药效更高，有生产使用安全、成本低、易于推广和施用方便的特点。干燥前大都由砂磨机湿粉碎而成，被分散的原药平均粒径在2~3μm，颗粒近于球形，粒度分布范围小而均匀，在研磨中形成的微小气泡吸附在颗粒表面，使悬浮率和稳定性提高，且不易受水温、水质的影响，撒布后覆盖面积大而且药液分布均匀，有附着力强、耐雨水冲刷的特点。与同剂量可湿性粉剂相比药效好，在同等药效的情况下可节省药量20%~50%。悬浮剂用砂磨机湿法生产，不仅可节省大量有机溶剂而且无使用有机溶剂带来的燃烧、刺激毒害、污染环境等弊病，也无制成粉剂、可湿性粉剂时造成的粉尘飞扬等缺点。

干悬浮剂除可直接加水稀释进行常量和低量喷雾施用外，还可以超低容量喷雾形式用飞机或在地面施用。在喷洒现场不像可湿性粉剂那样留下药物痕迹。在空气中停留浓度很低，不会对人身安全造成不利影响。

干悬浮剂有如下特点：①干悬浮剂是湿粉碎后再经过喷雾干燥（造粒）或其他方法制得的固体产品，活性物质的颗粒很细，具有水悬浮剂（SC）的一切特点；②干悬浮剂通常制成颗粒状产品，具有无粉尘、流动性能好、节省包装材料及费用、方便运输、贮存等特点；③干悬浮剂可以大规模连续化生产，生产环境好，工人劳动强度低，能实现农药的绿色化生产；④干悬浮剂可以喷雾法施药，也可以拌土法施药，施药方法灵活。

凡是在水中不易分解，熔点高于100℃的固体农药都可制成悬浮剂。有些不适合制成乳剂或可湿性粉剂的农药制成悬浮剂往往能取得较理想的防治效果。目前悬浮剂农药多用于适宜喷施的保护性杀菌剂、触杀性的除草剂和杀虫剂。

当然，生产干悬浮剂也有一定的局限，设备一次性投资较大，生产操作的技术性较强。因此，只有达到一定产量规模时才适用这种生产方法。

3. 我国干悬浮剂的发展现状

干悬浮剂（DF）剂型是一种很有前发展前景的剂型。我国开发该剂型较晚，大约在十几年前第一套干悬浮剂装置实现了工业化，品种为53%苯噻草胺·苄嘧磺隆合剂。目前只有少数品种制成干悬浮剂。干悬浮剂剂型的发展受如下条件制约：①由于我国农药单品种产量较低，不能形成生产规模；②设备一次性投资较大，超出一般企业的承受能力；③市场认知度还有待于进一步提高；④设备与工艺的结合过于密切，有一定的操作难度。

近年来，国内有许多厂家开始开展这方面的开发工作，如硫黄、苯噻草胺·苄嘧磺隆合剂、苯噻草胺·吡嘧磺隆合剂、二氯喹啉酸、百菌清、甲维盐、代森锰锌等均已制成了干悬浮剂剂型，使用效果良好，取得了很好的社会效益及经济效益，得到了市场的认可。

4. 干悬浮剂技术开发的关键技术

（1）干悬浮剂加工配方的开发　应保证各项商业指标和应用指标，确定生产工艺参数，为粉碎工艺设计和干燥设备设计提供数据，以降低生产成本。农药产品作为一种商品在市场上销售，商业指标和应用指标是有一定标准的，国家和行业也都有相应的规定指标，配方的开发也须严格遵守相应标准。

（2）干燥设备设计　保质保量达到要求，尽可能降低设备投资，提高生产效率，降低运行成本和环境治理成本。干燥设备虽然不属于工艺开发专业的内容，但它又与配方开发的工艺参数有密切关系，所以干悬浮剂配方开发者也必须对干燥设备有一定的了解。

（3）生产工艺优化　生产中有许多可变条件，配方组分、设备结构、操作条件均影响最终结果，还需要操作者进行优化才能达到工艺与设备的完美结合。

5. 干悬浮剂的重要参数

在配方开发过程中，许多参数影响其最终结果，其中最重发的参数有以下几种：

（1）含固率　所谓含固率，是指液体中所含固形物的质量分数（也称湿基固含量）。含固率应根据流动状态确定，在制备干悬浮剂时，加入的水量不计入配方成分中，因为这部分水分最后通过干燥除掉，所以只要在管道中能用泵输送，含固率越高越好。配方中需加入一些分散剂，分散剂有一定的减水作用，就是有一定的降低悬浮液黏度的作用。而不同的分散剂品种这一作用也有差异，降低黏度效果越好越能提高悬浮液的含固率。这对设备投资、操作成本和产品质量都有益处。

（2）耐热性　耐热温度的确定也是配方筛选的主要目的之一。将按不同配方制成的悬浮液经小型喷雾干燥器干燥后，对样品性能（如活性成分含量、崩解性、粒子直径、润湿性、悬浮率、分散性能等）进行分析。配方组成不同其耐热性能也不同，需要小试对配方进行优化。样品合格时的干燥器进口气体最高温度就是此配方的最高耐热温度，也是干燥器的设计温度。可以说，配方的优劣由其耐热温度所决定。

（3）理化性　在筛选配方时，通常实验所用的干燥设备是小型的离心喷雾或气流喷雾干燥器，得到的是粉末状样品，并不能考查配方的成粒性能。加入不同的分散剂对悬浮液表面张力的影响不同。如：

分散剂Reax85A（美国），30℃，1%水溶液，悬浮液表面张力为53.7mN/m；

分散剂M-9（国产），30℃，1%水溶液，悬浮液表面张力为49.7mN/m。

喷雾干燥的成粒率与悬浮液的表面张力和黏度有关，研究结果表明，悬浮液的黏度影响产品粒度，而表面张力影响颗粒球形度。当表面张力降低至50mN/m以下、黏度降低至5×10^{-2}Pa·s以下时，成粒率会显著降低。悬浮液的表面张力和黏度可以通过实验室仪器进行测定，以预测成粒情况。

二、干悬浮剂与水悬浮剂的异同

干悬浮剂由农药原药（分散相）、助剂、载体、水（连续相）组成。原药一般含量在5%~70%，助剂对保持悬浮剂优良的物理、化学性能有重要作用，一般含量在0.5%~15%，主要有润湿剂、分散剂、稳定剂、着色剂、消泡剂等。

一般认为，喷雾造粒法生产干悬浮剂，是在水悬浮剂的基础上进一步通过造粒干燥的深加工得到产品。这两种剂型有相似之处，但有更多的不同。干悬浮剂与水悬浮剂在前期加工方法相同，都是通过湿粉碎加工成悬浮液。其实，干悬浮剂与水悬浮剂是有一定区别的。它们的区别不仅在于形态上，主要是配方的组成不同。水悬浮剂是活性成分长期保存在水相中，因此在配方中需加入一些防冻剂、助悬浮剂等助剂。而干悬浮剂则不需要加这类助剂。但是，由于干悬浮剂要经过干燥和造粒过程，农药要经过一次受热。在喷雾造粒过程中，操作的经济温度一般为喷雾干燥器热风进口温度在150℃以上，出口温度为80℃左右。众所周知，农药是经化学合成的有机化学品，多为热敏性产品。为防止活性成分在受热后产生凝聚，必须筛选出耐热性能优异的配方以保证产品不因受热而使性能下降，使最终产品保持干燥前的粒子细度。因此制备干燥悬浮剂配方中分散剂的用量也比水悬浮剂大。另外，为保证造粒过程中有较高的成粒率，悬浮液要保证有一定的黏度和表面张力。两种剂型的特点对比见表3-1。

表3-1　水悬浮剂与干悬浮剂对比情况

剂型	水悬浮剂（SC）	干悬浮剂（DF）
粉碎方法	湿粉碎（砂磨机）	湿粉碎（砂磨机）
配方组成	分散剂、润湿剂、防冻剂、增稠剂、渗透剂、黏结剂等	分散剂、润湿剂、崩解剂、黏结剂、渗透剂等

剂型	水悬浮剂（SC）	干悬浮剂（DF）
对悬浮液的要求	贮存稳定性能好	耐热性能好，有一定的黏度和表面张力
产品状态	悬浮体	颗粒
贮存稳定性	差	好
包装物	瓶	袋
设备投资	小	大
生产费用	低	较高

三、干悬浮剂与水分散粒剂的区别

干悬浮剂是粒状产品，但它与水分散粒剂（WG）有一定区别。首先是粉碎方法不同，干悬浮剂采用湿法粉碎，细度为1~5μm；水分散粒剂采用干法粉碎，细度为5~15μm。由于干悬浮剂的基本粒子比水分散粒剂小一些，因此其生物活性、药效均优于水分散粒剂。当然，两种剂型的造粒方式及产品的粒度也不同，两者的成型机理也不同。干悬浮剂是物料在悬浮液状态下通过喷雾干燥制成颗粒状产品，成粒机理是浓缩固结成粒，不受机械力的作用，因此颗粒比较疏松。而水分散粒剂物料在有一定水分状态下经过挤出法、流化床法成型，颗粒或受机械力，或是团聚法成粒，因此颗粒比较坚硬。两种剂型的粒度不同，干悬浮剂粒度一般为100~150μm。而水分散粒剂的粒度为0.8~1.2mm。当采用拌土法施药时，干悬浮剂的效果优于水分散粒剂。

第二节　干悬浮剂常用助剂

干悬浮剂制剂和其他制剂一样，都要经过加工、贮藏和使用过程，而所加入的助剂（含填充剂）在不同的阶段起作用，见表3-2。

表3-2　DF（干悬浮剂）生产中各种助剂的主要作用

助剂品种	主要作用阶段		
	加工过程	贮藏过程	使用过程
分散剂	▲	▲	▲
润湿剂	▲		▲
增稠剂	▲		
崩解剂			▲
pH 调解剂	▲	▲	
稳定剂	▲	▲	
消泡剂	▲		▲
乳化剂	▲		▲
金属络合剂	▲		
助悬浮剂			▲
警示剂		▲	▲
填料	▲		▲

注：▲主要发挥作用的阶段。

从本质上讲，农药加工主要研究农药表面物理化学性质，寻求改善这些性质的方法。向农药中加入助剂以改善农药的各种性能是农药加工的主要手段，这些助剂有的是有机物，有的则是无机物。

加工助剂如果按照化学结构分类可以分为有机物和无机物两大类，如果按照在农药加工中的作用分类，大约可归纳为十几种。如果把分散剂称为主要助剂的话，则其他一些用量少的助剂称为辅助剂，本章主要介绍一些常用辅助剂的作用机理（分散剂将另辟章节介绍）。

一、乳化剂

适于加工干悬浮剂的活性成分一般不溶或微溶于水。要想得到稳定的悬浮体，必须向体系内加入另一种能够降低两相表面张力的物质以增加体系的稳定性，这种使两种互不混溶的物质形成乳化体系或对体系起稳定作用的物质称为乳化剂。乳化剂使乳液易于形成，并得到稳定的作用。乳化剂多为表面活性剂，它的作用是提高农药体系的稳定性。乳化剂的结构同样有亲水基团和亲油基团，亲油基团是以长链的烷烃为代表，亲水基团是以羟基、羧基、氨基、磺酸基和醚基为代表。亲水亲油平衡值HLB值是选择乳化剂的重要依据，HLB值在3~6用于水/油型体系的乳化，在8~18的适用于油/水型体系的乳化。常用乳化剂见表3-3。

表3-3 常用乳化剂的品种及HLB值

牌号	组成	HLB 值
乳化剂 S-40	山梨糖醇酐单棕榈酸酯	
乳化剂 S-60	失水山梨醇硬脂酸酯	
乳化剂 S-80	失水山梨醇油酸酯	
乳化剂 S-85	山梨糖醇酐三油酸酯	
乳化剂 GMS	甘油单硬脂酸酯	
乳化剂 T-20	聚氧乙烯山梨醇酐单月桂酸酯	
乳化剂 T-60	与 Tween 相同	
乳化剂 T-61	聚氧乙烯山梨醇酐单硬脂酸酯	
乳化剂 T-65	聚氧乙烯山梨醇酐三硬脂酸酯	
乳化剂 T-80	失水山梨醇油酸酯聚氧乙烯醚	
乳化剂 T-81	聚氧乙烯山梨醇酐单油酸酯	
乳化剂 T-85	聚氧乙烯山梨醇酐三油酸酯	
乳化剂 MOA	脂肪醇环氧乙烷缩合物	
乳化剂 F-68	环氧乙烷与丙二醇环氧丙烷聚醚共聚物	
乳化剂 EL-40	蓖麻油与环氧乙烷缩合物	
乳化剂 LT-60M	聚氧乙烯木糖醇酐硬脂酸酯	
乳化剂 SE-40	非离子型高级脂肪酸聚氧乙烯醚	
Span 20	失水山梨醇月桂酸酯	8.6

牌号	组成	HLB 值
Span 40	失水山梨醇软脂酸酯	6.7
Span 60	失水山梨醇硬脂酸酯	4.7
Span 65	失水山梨醇三硬脂酸酯	2.1
Span 80	失水山梨醇油酸酯	4.3
Span 85	失水山梨醇三油酸酯	1.8
Tween 20	聚氧乙烯失水山梨醇月桂酸酯	
Tween 21	聚氧乙烯失水山梨醇月桂酸酯	13.3
Tween 40	聚氧乙烯失水山梨醇软脂酸酯	15.6
Tween 60	聚氧乙烯失水山梨醇硬脂酸酯	14.9
Tween 65	聚氧乙烯失水山梨醇三硬脂酸酯	10.5
Tween 80	聚氧乙烯失水山梨醇油酸酯	15.0
Tween 85	聚氧乙烯失水山梨醇三油酸酯	11.0
Cirrasol EN–MP	聚氧乙烯脂肪醇	
Cirrasol AEN–XB	聚氧乙烯脂肪醇	
Cirrasol AEN–XF	聚氧乙烯脂肪醇	
Cirrasol LAN–SF	聚氧乙烯脂肪醇	
Cirrasol ALN–WF	聚氧乙烯脂肪醇	
Cirrasol EN–MB	聚氧乙烯脂肪醇	

二、消泡剂

这里讨论的是农药液体的起泡性和泡沫的稳定性。所谓起泡性是指泡沫形成的难易程度和生成泡沫量的多少，泡沫稳定性是指泡沫存在"寿命"的长短。气泡液膜中含有的液体属于热力学不稳定态，它的稳定程度对气泡的稳定性起决定性作用。在农药加工时，除某些特殊工艺要求外，一般不希望有起泡现象的出现，即使产生气泡也最好在短时间内把气泡消除，使之不会对生产和应用产生任何不良后果。

农药加工常加入一些表面活性剂，因为表面活性剂有降低表面张力的作用，所以加入液相后容易引起液体起泡。泡沫对加工过程和使用都带来不便，例如，泡沫会造成研磨效率下降，压力喷雾干燥时泡沫进入泵腔后会造成系统工作不稳定，药液喷雾时会在叶片上产生斑点而使用药不均匀等，必须引起足够重视。

1. 泡沫的产生

当农药悬浮液被高速搅动时，空气很容易被带入液体内部，所形成的气泡被含有表面活性剂的液膜包围着。因气泡比液相轻而向表面上浮，见图3–3。表面活性剂的亲水基团指向水，疏水基团指向空气。当气泡浮到液体表面时又将农药表面上的表面活性剂的定向分子在吸附层吸附上去，形成了双层表面活性剂分子液膜包围着气膜。一般而言，阴离子型表面活性剂大多数起泡都比较严重，其次是非离子型表面活性剂和阳离子型表面活性剂。在选用助剂时必须注意表面活性剂的起泡性。常用表面活性剂的起泡性见表3–4。

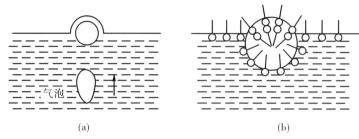

图3-3　气泡的成形原理

表3-4　常用表面活性剂的起泡性

表面活性剂	最初泡沫高 /mm	5min 泡沫高 /mm	备　注
油酸钠	268	269	0.25%（35℃）
四丙烯基苯磺酸钠	198	194	
二辛基磺化琥珀酸钠	167	163	
辛基酚聚氧乙烯（8）醚	104	95	
辛基酚聚氧乙烯（10）醚	151	144	
壬基酚聚氧乙烯（10）醚	111	103	
壬基酚聚氧乙烯（12）醚	123	114	
香醇聚氧乙烯（10）醚	72	71	
聚乙二醇（600）单油酸酯	58	51	0.5%

2. 影响泡沫稳定性的主要因素

泡沫的稳定性主要取决于形成泡沫液膜的厚度、强度和液膜中液体的运动状态。

（1）表面张力　泡沫的形成与液体的表面张力有关，表面张力减小容易产生泡沫。例如，纯水因表面张力（20℃时表面张力为72.8mN/m）大而不易产生泡沫，但加入表面活性剂后表面张力下降，泡沫也就容易产生。不论是稳定泡沫还是不稳定泡沫，形成泡沫时液体的表面积都增大。表面张力与起泡性存在这样一个因果关系，但不是正比关系。这说明，除此之外起泡性或泡沫的稳定性还与加入表面活性剂后液体的其他性质有关。

（2）液体的黏度　由于重力作用，液膜中液体会自动向下流动，在液膜排液过程中，流下的液体分子较液体中分子有较大的自由能。液体向自由能减小的方向运动，气泡排液使气泡壁变薄而破裂。液体表面黏度大可以增加液膜的强度，抑制了泡沫由厚变薄的速率，形成的泡沫相对稳定，延缓了液膜的破裂时间，因此黏度增加泡沫的稳定性也增大。例如，0.1%月桂酸钾表面黏度为3.9×10^{-2}Pa·s，泡沫寿命为2200min；相同浓度的十二烷基硫酸钠表面黏度为5.5×10^{-2}Pa·s，泡沫寿命为6100min。

除此之外，起泡性还与表面活性剂的种类、液体纯度、水的硬度和温度、pH值、气泡液膜的扩散性、表面电荷、机械振动等因素有关。因此在操作中最好进行一些必要的实验以避免泡沫的产生。

3. 消泡机理

通过机械、电的作用或化学试剂都可以破坏泡沫的稳定性，达到消泡目的。具有破坏泡沫稳定性的物质称为消泡剂。一般消泡剂的表面张力都比较低，而且易于吸附。消泡剂的铺展速率越快消泡作用就越好。

消泡剂加入农药分散体系中，迅速在液体表面铺展，同时会带走泡沫相邻表面的一层液体，使液膜局部变薄造成液膜破裂达到消泡目的，见图3-4。

图3-4 消泡剂的消泡原理

4. 消泡剂的选择

消泡剂的种类繁多，但在选择时应考虑以下几方面因素：①根据需要选择暂时性消泡剂或永久性消泡剂。如果为了消除加工过程中产生的泡沫，可以选择醇、醚类消泡剂，它们属于暂时性消泡剂。如果加入农药中为防止使用过程中产生泡沫，需选择其他消泡剂。②因为消泡剂有降低表面张力的倾向，如果喷雾造粒前加入消泡剂应进行必要的实验，加入消泡剂有时会影响农药干燥造粒后的成粒率。③消泡剂的本身不能产生泡沫，必须要微量高效、无毒或低毒、无味的品种。常用消泡剂品种如下：

醇类：甲醇、乙醇、丁醇、戊醇、癸醇、异辛醇、正辛醇、异丙醇、异戊醇、二乙基己醇、二异丁基甲醇。

磷酸酯类：磷酸三丁酯、磷酸三辛酯、磷酸戊辛酯、烷基醚磷酸酯（消泡剂GP）。

脂肪酸及脂肪酸酯类：失水山梨醇单月桂酸酯、失水山梨醇三月桂酸酯、脂肪醇聚氧乙烯酯。

有机硅类：302乳化硅油（高纯度甲基硅油加入乳化剂和水，经乳化得到）、304乳化硅油（多官能团的硅油加入适量乳化剂和水，经乳化得到）、消泡剂FZ-880（有机硅消泡剂与非离子型、阳离子型乳化剂组成）、有机硅消泡剂（硅油在水中的乳液）。

三、金属络合剂

水是最廉价的溶剂，未经过处理的天然水中常含有$Ca(HCO_3)_2$、$Mg(HCO_3)_2$、$CaCO_3$和$MgCO_3$等杂质，如不经过处理而直接用于生产，Ca^{2+}、Mg^{2+}极易残留在农药中，影响产品质量。所以农药加工过程中对水的要求比较严格，对于含有酸式碳酸盐的水，可以通过加热使之沉淀的方法除去金属离子，反应式如下：

$$Mg(HCO_3)_2 \longrightarrow MgCO_3 \downarrow + H_2O + CO_2 \uparrow$$

$$Ca(HCO_3)_2 \longrightarrow CaCO_3 \downarrow + H_2O + CO_2 \uparrow$$

除此之外，水里还常有硫酸钙（$CaSO_4$）、硫酸镁（$MgSO_4$）、氯化钙（$CaCl_2$）、氯化镁（$MgCl_2$）、氯化钠（$NaCl$）等。有些离子不能通过简单的物理方法除去，可以通过在水中加入金属络合剂方法把离子除去。金属络合剂能在水中与某些金属离子形成螯状结构，形成可溶性金属络合物，使金属离子钝化，以减轻或消除对农药构成的不利影响。

金属络合剂也称螯合剂。农药中的金属离子主要来自合成过程中的有机中间体以及生产用水，水质不良将带入大量的重金属离子。许多实验结果表明，绝大多数重金属离子对农药都有不同程度的不良影响。

因此，通过络合消除金属离子对提高贮存稳定性有明显作用。常用的金属合剂有以下几种：

氨基三乙酸（NTA）；乙二胺四乙酸（游离酸、二钠盐、三钠盐、四钠盐、二胺盐、三胺盐等）（EDTA）；二乙烯三胺五乙酸（游离酸、五钠盐）（DTPA）；羟乙基乙二胺三醋酸三钠盐（HEDTA）。

金属络合剂与金属形成络合物是有条件的，其中液体的pH值对络合效果影响最明显。许多金属络合剂在一定的pH值下才能有效络合，否则将失去作用。如EDTA在pH 12以上将完全失去络合能力，金属络合剂对各种金属络合时最佳pH值范围见表3-5。

表3-5　金属络合剂对各种金属络合时最佳pH值范围

金属离子	pH 范围	金属离子	pH 范围	金属离子	pH 范围
Mg^{2+}	9~11	Co^{2+}	3~10	Ca^{2+}	8~13
Zn^{2+}	4~10	Ti^{4+}	3~7	Fe^{3+}	1~4
Al^{3+}	2~5	Mn^{2+}	5~8	Pb^{2+}	4~10
Fe^{2+}	5~6	Cu^{2+}	2~10	Hg^{2+}	3~6

当需要加入金属络合剂时，首先应分析出液体里含有哪种离子，再选定相应的络合剂及用量。

络合剂与金属离子形成络合物是一个平衡过程，平衡常数K值越大，络合物越稳定，络合效率越高。各种络合剂与金属离子产生络合物的稳定性不同，见表3-6。

表3-6　各种络合剂与金属离子产生络合物的稳定性

金属离子	NTA	HEDTA	EDTA	DTPA
Fe^{3+}	15.87	19.87	25.10	28.60
Cr^{3+}			24.00	
Al^{3+}	10.89		16.11	
Hg^{2+}		20.10	21.78	26.27
Cu^{2+}	13.16	17.55	18.79	21.10
Ni^{2+}	11.54	17.00	18.56	20.21
Pb^{2+}	11.39	15.50	18.30	18.60
Zn^{2+}	10.66	14.5	16.69	18.30
Fe^{2+}	8.83	11.6	14.33	16.55
Mn^{2+}	7.44	10.70	13.98	15.50
Ca^{2+}	6.56	8.51	10.85	10.74
Mg^{2+}	5.41	7.00	8.69	9.02
Ba^{2+}	4.82	6.20	7.76	8.63
Ag^+	5.40		7.30	
Na^+	2.15		1.66	

四、分散剂

1. 分散剂的作用

加工干悬浮剂的农药几乎不溶于水，半成品农药颗粒大约有100μm左右。不能直接使用。因此需要经过湿式粉碎，将原药研磨到1~5μm，甚至更小一些，通常在农药中加入一些分散剂。分散剂的用量比较大，其作用是使农药颗粒分散，有助于颗粒粉碎，同时阻止已经粉碎的颗粒再凝聚，保持农药分散体系的稳定。离子型分散剂加入悬浮剂中，由于溶解而电离，其活性基团的亲油基端趋向农药，亲水基端趋向于水。因此在农药颗粒表面被包有一定排列方向的相同电子层。由于颗粒因电性相同而彼此相互排斥，阻止颗粒沉降和凝聚使农药悬浮，保持分散体的稳定。非离子型表面活性剂以及高分子表面活性剂，在农药悬浮液中，则是其非极性部分（碳氢基）指向农药颗粒，形成配向吸附，极性部分指向水液，产生水合作用。因而也起着阻止颗粒凝聚而沉降的作用。

为了调整农药的加工性能和应用性能，在农药配方中常加入不同种分散剂，往往加入复配分散剂比加入单一分散剂有更好的效果。

在干悬浮剂加工用的各种助剂中，分散剂在不同的阶段起作用，因此，分散剂的选择和用量是影响其耐热性的主要因素。分散剂的品种有很多，主要可以分为两类，一类是化学合成的高分子分散剂，另一类是木质素磺酸钠类分散剂，它们的作用机理不尽相同。分散剂的筛选是配方研发的重要任务之一。配方的耐热性是决定干悬浮剂加工成败的关键，由于木质素分散剂耐热稳定性突出，所以通常是加工干悬浮剂的主要助剂（另有介绍），辅以其他合成的分散剂。

当单一使用木质素分散剂时，由于分子大而不能完全包围农药表面。当木质素分散剂与萘磺酸盐类分散剂同时使用时，萘磺酸盐分散剂向没被包住的表面渗透，因为这两种分散剂有相同作用，所以会出现表面分配现象。

研究结果表明，木质素磺酸钠分散剂在农药上的吸附主要靠静电和空间障碍，而萘磺酸盐分散剂仅依靠静电吸引力，如图3-5所示，缺少立体保护能力，所以它会有更快的解吸速率，也就是不耐热。如果两种分散剂同时使用，会收到良好效果。值得指出的是，萘磺酸盐分散剂的吸附与解吸也与它的分子量有关，分子量小的解吸速率也快。

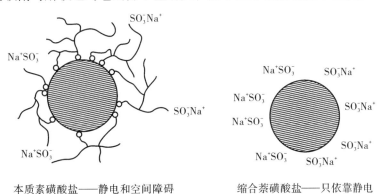

本质素磺酸盐——静电和空间障碍　　　缩合萘磺酸盐——只依靠静电

图3-5　木质素磺酸钠分散剂与萘磺酸盐分散剂的吸附原理图

2. 分散剂NNO

分散剂NNO也有称扩散剂N，是由萘磺化制成2-萘磺酸，然后再与甲醛缩合的产物。

分散剂NNO是一种黄色粉末，易溶于水，耐酸、耐碱、耐盐。可与许多阴离子型助剂和非离子型助剂在同一个配方中使用，可与木质素类分散剂混用。使用结果表明，分子量为400~600时分散性能最好。分散剂NNO加水后有一定黏度，可以提高干悬浮剂的成粒率。

3. 分散剂MF

分散剂MF是1-甲基萘磺酸钠甲醛缩合物，是一种阴离子型表面活性剂，在农药加工中使用较多。分散剂MF是由1-甲基萘与硫酸磺化，然后再与甲醛缩合而成。经过过滤、浓缩和干燥（目前多采用喷雾干燥）获得粉末状或颗粒状产品。

由于生产过程中工艺条件的不同，生产出来分散剂MF产品质量也不同。分散剂的HLB值小，对应用性能的影响较大，分散剂磺酸基的含量、钙镁离子含量、不溶物的含量和pH值等，都是影响应用效果的重要因素。分散剂MF与木质素磺酸钠分散剂配合使用效果较好。

4. 分散剂CNF

分散剂CNF为苄基萘磺酸与甲醛的缩合物，是很好的农药分散剂。CNF为浅棕色粉末，属于阴离子型表面活性剂，1%的水溶液pH值为7~9，不溶物含量≤0.05%，硫酸钠含量不大于5%，钙镁离子含量不大于5%。可与阴离子型和非离子型助剂混合使用，作为加工高含量农药的助剂。

分散剂的存在是农药湿式粉碎的必要条件，也就是说，没有分散剂加入农药几乎不可能达到所要求的粒度。分散剂加入到农药浆液中后，在农药颗粒的表面包围一层电荷保护层，防止粉碎后农药再凝聚。随着粉碎的进行，颗粒的比表面积迅速增大，当分散剂不能全部包围颗粒表面时，已经被磨碎的颗粒就有重新凝聚的趋势。湿粉碎是一个动态可逆过程，即粉碎和凝聚同时发生。当这个可逆过程向负方向移动时，粉碎速率下降。粉碎阶段主要是完成农药的湿式微粉碎，在此过程中，应注意以下几点：

① 分散剂的加入量应根据原药的含量及商品药的规格确定，作为添加剂加入的矿物填料的粒子应进行分级处理，有些填料遇水后产生膨胀，注意液体流动性的变化。

② 作为分散剂的助剂，应有良好的分散作用，如果还需进一步干燥，应加入一些耐热性分散剂。

③ 分散剂的加入顺序是助磨性较好的分散剂先加入，耐热性较好的分散剂后加入。

④ 尽可能提高含固率，实践证明高含固率可以提高研磨效率。

⑤ 如果需要通过喷雾干燥获得微粒状商品，必要时需加入少量黏结剂。加入的分散剂均是表面活性剂，而表面活性剂会在不同程度上降低液体的表面张力，影响成粒率。

五、黏结剂

（一）黏结剂的作用

1. 黏结剂对颗粒机械强度的影响

黏结剂的作用是使干悬浮剂的颗粒在制成产品后，不仅使干悬浮剂的颗粒具有一定强度，在包装、运输、贮存等过程中不易松散成粉，而且确保崩解时间较短。黏结剂加入量少，颗粒的强度不够，易破碎；加入量越大，颗粒的强度就越大，但颗粒的崩解性随之变差，这就需要找出一个平衡点。在满足制剂崩解性的同时，尽量使颗粒保持较高的机械强度。

其中，羟乙基纤维素、聚乙二醇随着含量的增加颗粒的强度增大，同时对崩解时间的影响较大。可溶性淀粉用量在3%时不但强度好，而且崩解时间也较短。见表3-7。

表3-7 各种黏结剂的比较

黏结剂	颗粒强度 /N	水中崩解性 / 次	起泡性（15min 后）/mL
羧甲基纤维素（CMC）	1.9	3	5
聚乙烯吡咯烷酮（PVP）	1.4	4	40
萘磺酸盐缩合物	0.4	2	25
聚丙烯酸盐	0.7	3	15
木质素磺酸钠	0.7	4	10

作为黏结剂，不能影响其在水中的崩解，宜使用低分子量的水溶性高分子材料，如羧甲基纤维素、聚乙烯吡咯烷酮、萘磺酸盐缩合物、聚丙烯酸盐等。尤其是黏度较低的羧甲基纤维素可制得具有一定强度且崩解性好的颗粒。黏结剂性能比较见表3-8。

表3-8 黏结剂性能比较

黏结剂	优点、缺点
PVP（Sokalan HP-50）	干悬浮剂颗粒不受到空气中水分的影响，硬度、分散性与悬浮性皆有不错的效果，缺点为添加黏结剂比例高
PVP（K-30）	硬度最好，缺点为悬浮性较差
PEG 6000（聚乙二醇）	缺点为悬浮性差，须在除湿环境中测量正确的硬度
PEG 8000	缺点为悬浮性差，须在除湿环境中测量正确的硬度
木质素磺酸钠	价钱便宜，目前广泛使用，但是缺点为硬度不良及悬浮性差

以上所示为一实验实例，具体则由于农药有效成分及加入辅料不同而使颗粒的物理性能有所变化。对此，应根据实际情况及制剂的性能，选择最佳黏结剂和加入量。

另外，表面活性剂亦应使用安全性高的天然原料作为非离子型表面活性剂，如蓖麻油羟乙基酯、山梨糖脂肪酸酯羟乙基酯、油烯基乙醇羟乙基酯、油酸羟乙基酯、蔗糖脂肪酸酯等。

2. 黏结剂对颗粒硬度及应用性能的影响

在黏结剂选择方面，常使用的黏结剂如：聚乙二醇（PEG）、聚乙烯吡咯烷酮（PVP）及木质素磺酸钠等。以PEG而言，分子量越高则黏结性越好，但是会因黏结性高而使颗粒在水中不易分散，导致悬浮率降低。然而以PEG制成的成品，在室温中容易吸湿，使颗粒软化而聚集成团，导致无法测量真正的硬度，此为PEG黏结剂的缺点。

实验表明，K-30的硬度效果比HP-50好，其原因为K-30的平均分子量为45000，高于HP-50的40000所导致的结果，但是分散性及悬浮率的结果则是因为黏结剂分子量的增加，而不及HP-50，此为K-30黏结剂的缺点，见表3-9。

表3-9 黏结剂选择结果

项目	342mg/L 水质[①]分散性 /%	342mg/L 水质悬浮率 /%	硬度 /%
20% HP-50	97.86	88.25	83.71
20% K-30	92.28	62.00	85.71
28% 木质素磺酸钠	87.51	69.93	29.10
40% 木质素磺酸钠	89.41	67.60	62.82
10% PEG 6000	95.95	72.37	—
8% PEG 8000	90.74	52.16	—

① 表示水的硬度指标，即每升水中含342mg钙镁离子

3. 黏结剂对颗粒硬度和悬浮率的影响

黏结剂的选择若仅以硬度、分散性、悬浮率三者比较，以PVP较佳，如果在配方中则是选择HP-50为配方的主要成分，其缺点为添加所需的比例偏高。由表3-10可以得知，硬度会随着黏结剂的比例增加而增加，而分散性及悬浮率会随着黏结剂的比例增加而降低，表3-10是黏结剂的性能比较。

表3-10　黏结剂用量与硬度和悬浮率的关系

Sokalan HP-50 含量 /%	（342mg/L 水质）分散性 /%	（342mg/L 水质）悬浮率 /%	硬度 /%
15	96.15	94.56	73.67
20	97.86	88.25	83.71
25	84.96	67.87	88.85

加入黏结剂的量太多时，成品的硬度良好。但是在调配成悬浮液时会使悬浮液变稠，导致流动性降低。在喷雾造粒时，会阻碍喷雾干燥机的进料管路及喷嘴，影响到喷雾造粒整个流程。

在下面六种农药配方中，黏结剂总含量约占30%，但是入水后分散性及悬浮率仍然有良好的效果。见表3-11、表3-12。

表3-11　部分农药干悬浮剂的分散性（342mg/L与34mg/L水质）

DF 成品	342mg/L 水质 /%	34mg/L 水质 /%
莠灭净	88.02	90.35
苯菌灵	94.58	102.35
甲萘威	90.88	99.93
百菌清	89.24	90.56
灭多威	98.40	105.13
戊菌隆	84.13	88.03

表3-12　部分农药干悬浮剂的悬浮率（342mg/L与34mg/L水质）

WG 成品	342mg/L 水质 /%	34mg/L 水质 /%
莠灭净	86.87	90.16
苯菌灵	88.45	94.60
甲萘威	87.76	94.34
百菌清	84.54	86.28
灭多威	97.16	98.04
戊菌隆	85.54	89.55

（二）常用黏结剂的性能

1. 天然聚合物

（1）淀粉　淀粉是从植物中获得的糖类聚合物，如马铃薯、小麦、玉米和木薯等原料均含淀粉。使用最多的颗粒黏结剂的淀粉在冷水中不溶，在热水中糊化（水解）成糊浆。

在淀粉糊的制作过程中，先把淀粉用1~1.5倍的冷水润湿，再加入2~4倍的沸水，不停地搅拌，直至形成半透明的糊浆，再用冷水稀释至所需要的浓度。也可将淀粉和冷水的混悬液在恒速搅拌条件下加热至流化而得。常用的淀粉浆浓度为5%~25%。用淀粉浆作黏结剂的时候，制得的颗粒相对较软而具有脆性。

（2）预胶化淀粉　预胶化淀粉是一种改良淀粉，它是用化学法或机械法加工，使水中的淀粉颗粒全部或部分粉碎、干燥而制成的淀粉。这个过程使淀粉颗粒具有流动性，且在温水中就能溶解，可以作为干悬浮剂的黏结剂。

预胶化淀粉有完全预胶化和部分预胶化两种形式。预胶化的程度决定其在冷水中的溶解度。部分预胶化淀粉商品名为"可压性淀粉"。

（3）明胶　明胶是动物胶原质部分酸水解（A型明胶）或碱水解（B型明胶）得到的纯化蛋白质的混合物。明胶在冷水中不溶，能溶于热水。在热水中，当温度下降至35~40℃时形成胶体，只有当温度高于40℃时才会形成溶液。因此，使用明胶溶液需保持一定温度，防止胶体的形成。

常用明胶10%~20%的水溶液作黏结剂，其黏性强，适用于不易造粒的物料。制备明胶溶液时，明胶必须先用冷水润湿，然后在加热条件下轻微振荡以促进溶解，振摇时必须控制幅度以防止黏性溶液引入气体产生气泡。

（4）阿拉伯胶　阿拉伯胶也称阿拉伯树胶，来源于阿拉伯树的天然树脂，成分复杂，是糖类和半纤维素酶的松散聚集物。市售的有粉末、颗粒和喷雾干燥产品。阿拉伯胶溶于水或者混合前用水润湿后用作黏结剂。但阿拉伯胶作黏结剂造粒硬度较高，崩解较缓慢。阿拉伯胶过去作为黏结剂使用广泛，但因价格较高，近年来逐渐被合成聚合物所取代。

2. 合成聚合物

（1）聚乙烯吡咯烷酮　聚乙烯吡咯烷酮（PVP）是使用最为广泛的黏结剂之一。它可在水中立即溶解，有多种不同分子量的聚合物，大多数情况下以溶液形式使用。PVP制得的颗粒随存放时间延长而变硬，常用作黏结剂。作为黏结剂使用时，常用低中黏度，浓度为0.5%~5%。PVP具有高度吸湿性，在相对湿度较低的条件下就有明显的润湿。

（2）甲基纤维素　甲基纤维素（MC）是一种长链糖，其中27%~32%的纤维素基团被羟基以甲醚的形式取代。它的聚合物由于取代程度不同而分子量不同，因而有不同的黏合力。MC的黏合效率随分子量的增大而增大。作为黏结剂使用时，低黏度和中等黏度聚合物应用较多。它可以直接或以溶液的形式加入，一般用量为1%~5%。

（3）羟丙基甲基纤维素　羟丙基甲基纤维素（HPMC）是甲基纤维素的丙烯乙二醇醚取代物，它因取代度不同而有不同的黏度，其黏性与甲基纤维素相似。常用浓度为2%~5%，HPMC能溶于冷水并形成胶体溶液。

（4）聚乙二醇　由于聚乙二醇（PEG）本身的性质，使其作为黏结剂使用具有局限性。但是，聚乙二醇可以增强造粒中黏结剂的作用。

（5）聚乙烯醇　聚乙烯醇（PVA）有不同黏度的聚合物。在造粒过程中使用的黏度范围为0.01~0.1Pa·s。PVA是水溶性聚合物，选用冷溶型PVA可以随配方加入，也可以调制成液体后在捏合物料时加入。

六、润湿剂

润湿剂（与分散剂有相似作用）是干悬浮剂生产的重要助剂。一方面，由于农药原药大都水溶性很小，如不借助润湿剂的作用先将固体原药润湿，原药在水中就无法被磨细，也不可能被分散和悬浮。加入润湿剂后，药剂的表面张力降低可增大其雾滴的分散程度，易于喷洒并在植株和害虫体表展开和附着，促使有效成分进入作用部位，迅速发挥效力。另一方面，通过对配方的筛选，确定合适的表面活性剂品种和用量，可以提高活性成分的耐热温度，避免活性成分受热而凝聚，确保产品的各项指标，同时也有降低设备投资、提高生产热效率的作用。所以润湿剂（包括分散剂）在干悬浮剂生产、使用过程中均起重要作用。润湿剂一般占悬浮剂含量的0.2%~1.0%，要求其结构中有亲水性很强的官能团，又有与原药亲和力强的亲油性基团，才能其发挥良好的润湿性，同时还要求润湿剂具有热稳定性好、不易分解失效的优点。阴离子型表面活性剂的润湿作用机理是：它的亲油基部分吸附在润湿分散的颗粒表面，而其亲水基朝外，这种定向吸附排列结构使分散颗粒表面带有同种电荷而相反排斥，提高了双电层的Zeta电位，防止絮凝和沉淀的产生、抑制晶体的生长，从而保持分散体系的稳定性。

使用的非离子型表面活性剂润湿剂有脂肪醇聚氧乙烯醚、烷基酚聚氧乙烯醚、失水山梨醇聚氧乙烯醚脂肪酸酯，一般它们HLB值较大的品种有较强的润湿分散性能。当阴离子型表面活性剂与非离子型表面活性剂复配使用时润湿效果将更好。

润湿剂在干悬浮剂加工中虽然加入量不多，但作用却非常重要，合适的润湿剂常起到画龙点睛的作用。润湿剂的品种没特别要求，一般WG配方中可以使用的这里均可以使用，但若润湿剂热敏性温度太低时，可能在喷雾干燥过程中温度超过其耐热性而失去润湿效果。润湿剂的加入量一般在0.5%~2%。

在干悬浮剂配方中，润湿剂起着两个方面的作用：①润湿剂的加入可控制体系的表面张力，使固体颗粒表面容易被水润湿后迅速崩解，均匀分散形成一个悬浮喷洒液。②第二个作用是药液喷洒后，由于润湿剂降低了药液的表面张力，因此药液在受药表面易于润湿展布，增加了农药在受药表面的附着量，有利于提高药剂的防治效果。

目前已开发出可用于干悬浮剂的润湿剂主要产品有：

YUS-WG6（烷基硫酸盐类）；

YUS-WG7（聚氧乙烯烷基苯基醚硫酸盐类）；

YUS-WG3（烷基苯磺酸硫酸钠）；

YUS-TXC或YUS-SXC（磺酸盐类）；

YUS-EP70G（属烷基磺酸琥珀酸盐类），YUS-D1109S；

Morwet EFW（属烷基萘磺酸盐和阴离子润湿剂的混合物），用于高含量WG的制备；

Morwet 3028（属烷基芳基磺酸钠混合物），用于高含量WG的制备；

Morwet 3008（也属于烷基芳基磺酸钠的混合物），用于低含量WG的制备；

Morwet IP（属异丙基萘磺酸钠类混合物），要求起泡性低的润湿剂；

Witconol NP-100（属乙氧基化壬基苯酚类非离子型表面活性剂），特别适用于高极性原药；

YUS-NV-1203（HLB=8）；

YUS-NV-410（HLB=13）；

YUS-NV-406（HLB=11）。

除了上面介绍的在干悬浮剂配方中常用的润湿剂外，在干悬浮剂的配方研究中，重点应考虑高表面活性、绿色环保的新型润湿剂，例如：有机硅、有机氟表面活性剂。不仅用量低，提高药剂耐雨水冲刷能力，有利于提高药剂药效。

由于干悬浮剂是雾滴浓缩固化成粒，内部孔隙发达，对崩解剂无特殊要求，因此在这里不作过多的介绍。

七、载体

载体一般是廉价的填充剂，在配方中无功能性作用，只是起到调节活性成分含量的作用。但载体会对造粒后的硬度产生影响，因此，在研制干悬浮剂配方时，载体的应用特性也应予以关注。利用不同载体如：白土、高岭土等，与配方中的各种成分混合。以硬度为主要测试目标，实验发现，用白土可得到较高的硬度，见表3-13。

表3-13 利用不同载体测试硬度的结果

成分	质量分数/%	成分	质量分数/%	成分	质量分数/%
白土	64	高岭土	64	厄贴普石	64
Ablusol NL	6	Ablusol NL	6	Ablusol NL	6
Petro-AGS	2	Petro-AGS	2	Petro-AGS	2
木质素磺酸钠	8	木质素磺酸钠	8	木质素磺酸钠	8
Sokalan HP-50	20	Sokalan HP-50	20	Sokalan HP-50	20
合计	100	合计	100	合计	100
硬度	63.47	硬度	38.34	硬度	2.96

第三节 木质素分散剂

由于悬浮剂是一种热力学不稳定体系，为保持固体原药已磨细的分散程度，防止重新凝聚成块，并保证使用条件下的悬浮性能，确保使用效果，必须添加分散剂，且用量较大。分散剂的作用机理是，它在农药粒子表面形成强有力的吸附层和保护屏障，阻止凝聚，同时它对分散介质有一定的亲和力，因此有利分散体系的稳定。分散悬浮剂分子中通常含有足够大的亲油基团和适当的亲水基团，这种结构有利于发挥其分散悬浮作用。常用的分散剂是阴离子型表面活性剂和非离子型表面活性剂。其中木质素磺酸钠能吸附在悬浮颗粒周围形成坚固稳定的保护层，这种具有一定机械强度和弹性的凝胶结构能阻止颗粒间的凝聚，改善体系的分散悬浮性能，提高其稳定性，在农药悬浮剂中有广泛应用。用阴离子型和非离子型表面活性剂复配形成的分散体系能表现出最佳分散效果，但两者的混合比例和总用量应控制在一定范围内。

干悬浮剂配方设计时，建议配方中加入一定量的木质素分散剂。分散剂的选择空间较大，目前分散剂的品种也很多，该分散剂主要有以下作用：①提高湿粉碎效率；②提高悬浮液的含固率（因木质素分散剂有稀释剂作用）；③干燥过程中保护活性成分不凝聚，从而保证产品质量。

目前，木质素分散剂是用来加工干悬浮剂的主要助剂，因为经过进一步处理的分散剂与多种农药有良好的相容性，无论在常温下还是高温下都可以有良好的分散效果。木质素分散剂来源较广，基本原料来自木材，成本低，而且往往是造纸工业的副产品，变废为宝，资源丰富。不受石油等不可回收资源的限制，因此木质素分散剂更有广阔的发展前景。

磺化的木质素磺酸钠因有良好的水溶性而被大量用作农药的分散剂，加工干悬浮剂用的木质素分散剂应满足以下条件：①分散剂应有良好的助磨性，也就是说加入分散剂应该提高农药的研磨效率；②起泡量少；③外观颜色浅；④有良好的耐热性能；⑤对农药无分解性；⑥具有良好的贮存稳定性。

当然，上面提到的对木质素分散剂的要求只是加工者的一种愿望或者说是农药对分散剂质量的理想要求，因为有一些指标相互矛盾、相互冲突，真正完全符合上述标准的分散剂很难找到。

木质素分散剂含有吸附和亲水两种功能团，在研磨过程中吸附基使得木质素吸附在农药晶体上，而亲水基与水分子相互作用而生成双层膜以防止农药颗粒再度凝聚。吸附和亲水基之间的平衡是木质素分散剂成功分散农药的关键。一般来说，分散剂的吸附基团多，亲水基团少，对农药的吸附能力强，表现为分散体系的热稳定性和高温分散稳定性好。反之，分散剂的吸附基团少，亲水基团多，对农药的吸附能力弱，表现为分散体系的耐热性能和高温分散稳定性差。同样，吸附基团多，亲水基团少，表现为湿粉碎效果差，而吸附基团少，亲水基团多则表现为砂磨效果好。

木质素分散剂的分散作用有三种影响，根据Verwey-Overbeck的双电层理论，在农药粒子表面产生电荷；由于高分子的吸附作用，大分子产生空间屏障保护作用，阻止农药粒子的聚集；根据Vold理论，"溶剂化"起保护作用。

木质素磺酸钠是阴离子型表面活性剂的一种，有时兼有多种功能，如木质素分散剂对农药就有稀释、分散、填充等几种作用。因主要应用木质素的分散作用，所以称为分散剂。干悬浮剂加工首先都需要进行研磨等湿粉碎，随着粉碎过程的进行，农药粒子不断受到机械力的作用而被粉碎。粒子比表面积增大，表面自由能也增大，分开的农药对水的亲和力小。另外，研磨是高耗能过程，大量的机械能都转变为热能，致使悬浮液温度升高。导致粒子布朗运动加剧，也加速了已经被磨碎的粒子重新凝聚，当达到平衡后粉碎将无法进行。木质素分散剂加入后，由于溶解而电离，活性基团的亲油基端趋向农药，亲水基端（如磺酸基、羟基）趋向于水。在农药颗粒表面包有一层有一定排列方向的相同电子层，木质素磺酸钠解离后呈阴性，使颗粒间相互排斥，能有效防止颗料凝聚。有的颗粒并未被完全粉碎，只是产生了裂缝或外力作用产生了塑性变形，一旦外力消失又将重新凝聚。如果分散剂能够渗透到裂缝中可以防止裂缝重新弥合，也在一定程度上提高了粉碎效率，见图3-6。

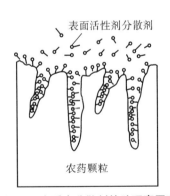

图3-6　木质素分散剂的助研磨原理

一、木质素磺酸钠分散剂的磺化度

作为分散剂的木质素磺酸钠，一般是从亚硫酸纸废液中分离出来的，木质素的来源也可以从其他制纸浆方法中提取出来。由于木质素的来源和处理方法不同，木质素磺酸钠的性质也不同。但作为分散剂的木质素磺酸钠，对其作用影响最大的是两个因素：一个是分子量，另一个是分子中含磺酸基的多少。磺酸基的多少是指1000g木质素中含磺酸基（SO₃H）的个数，称为磺化度，例如，20000g木质素磺酸钠中含15个磺酸基，则磺化度值为：

$$\frac{15个磺酸基}{20000g} \div \frac{1个磺酸基}{1000g} = 0.75$$

通常将其分为三个等级：

$$磺化度 \begin{cases} 低磺化度 \\ 中磺化度 \\ 高磺化度 \end{cases}$$

表3-14是国外部分木质素类分散剂的磺化度。

表3-14 国外部分木质素类分散剂的磺化度

品名	磺化度值	磺化度级别	平均分子量	溶液 pH	溶液浓度 /%
Borresperse N	1.84	高	7220	7.8	5
Diwatex 40	1.5	中	7290	9.7	5
Diwatex XP	1.18	低	8330	9.9	5
Dynasperse B	1.12	低	8130	11.0	5
Dynasperse LCD	0.84	低	9230	10.3	5
SD-60	1.59	中	7320	9.8	5
Ufoxane 2	1.84	高	7440	9.6	5
Ufoane RG	1.59	中	7120	9.4	5
Ultazine NA	2.0	高	11030	9.3	5
Vanisperse CB	1.12	低	5620	8.9	5
Reax 83A	1.7	高		10.0	2
Reax 85A	0.9	低		10.5	2
Reax 83B	4.7	很高		11.0	2
D-30		低	1000 ~ 15000	10.5	
NSX-125		中	12000	10.4	
NSX-120		中~高	11000	9.8	
FTA		中	10000	10.0	
Reax 81A		高		9.4	2
Reax 88B	2.5	高		11.0	2
Reax 95A	2.0	高		9.5	2

1. 磺化度对研磨效率的影响

湿粉碎性能优异和良好的品种与磺化度数据对比后可以看到：美国生产的两种优异的品种为Reax 83A和88B，其磺酸硫含量为8.0~9.6，为磺化度最高的品种。研磨性良好的品种磺化度稍高，这与一般的概念"磺化度高研磨性好"相一致。相反，Lignosol系列中用作研磨分散剂的三个品种D-30、NSX-125、NSX-120的磺酸硫含量分别为2.7%，43%，5.3%，在它的产品中是磺化度最低的几种（曾用D-30对个别农药进行研磨，其速率确实很快）。

所以上述结论还与分散剂的品种有关，还不能作为普遍规律来应用。研磨性与磺化度对比关系见表3-15。

表3-15　Westvaou公司Reax及Polyton分散剂的助磨性能

品种	磺化度	磺酸硫含量/%	分子量	研磨性
Polyton H	低	1.9	中	中
Polyton O	中	3.8	中	良好
Reax 80C	中	6.4~8.0	中~高	良好
Reax 81A	高	6.08~7.68	高	良好
Reax 82	中~高	5.12	很高	中
Reax 83A	高	8.0~9.6	高	优异
Reax 85A	低	2.56~3.52	高	中
Reax 88B	很高	8.0~9.6	中	优异

应该指出，有些磺化度低的分散剂有时磨效也较好，这说明分散剂的分散过程中还有一些没有被我们认识的内在规律。

较低熔点原药加工干悬浮剂时，由于分子量较小，熔点低，结构上含有亲水基，在水中的溶解度相对较大，可以选用中高分子量、中低磺化度的分散剂，如Lignosol D-30、Ufoxane NA等分散剂。对于熔点较高的苯噻草胺可以选用高磺化度分散剂。

2. 磺化度对吸附量的影响

不同磺化度木质素分散剂在同一农药上的吸附规律是磺化度越高，木质素的亲水性越强，那么，吸附到疏水性农药粒子表面的能力就越差。也就是说，磺化度越高，吸附率就越差。研究者分别取磺化度为0.75、1.5、2.3的分散剂在21℃下进行实验，所得结果与预测的一致，见图3-7。

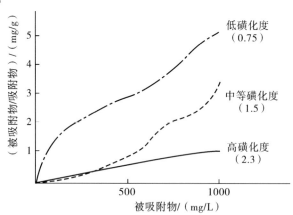

图3-7　不同磺化度木质素分散剂对吸附量的影响

3. 磺化度与高温稳定性

分散剂的耐热稳定性是衡量分散剂质量的重要指标之一，因加工干悬浮剂时需要进行干燥。有一些分散剂在受热情况下，脱离了与农药的吸附，使粒子裸露造成相互吸附或凝聚，导致加工后的产品质量下降。农药与分散剂是以吸附和解吸来维持分散体平衡，图3-8更清楚地给出吸附与解吸的原理。

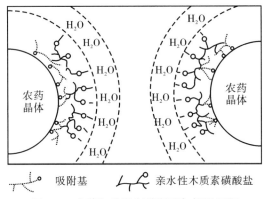

吸附基　　　　亲水性木质素磺酸盐

图3-8　农药与分散剂的吸附与解吸原理

实验证明，木质素磺酸钠的磺化度对热稳定性的影响最大，低磺化度具有很好的热稳定性。因为低磺化度木质素分散剂亲水基团较少，牢牢吸附在农药粒子上，受热时从农药粒子上解吸速率较低，仍能有效保护活性成分不会受热，并有效隔离农药粒子，使之不凝聚。在受高温时也能有良好的分散效果，见图3-9。

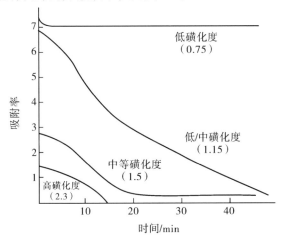

图3-9　不同磺化度的木质素分散剂的解吸速率

将耐热性优异及良好的品种加以对比则可以看到，Lignosol诸品种中耐热性优异的品种与研磨性优异的品种相同，磺化度较低的Westvaou公司的产品中耐热性优异品种是Polyton H及Reax 85A（磺酸硫含量分别为1.9%及2.56%~3.52%），其磺化度也是同系产品中最低的，见表3-16。

表3-16　磺化度与热稳定性的关系

品种	磺化度	磺酸硫含量/%	分子量	热稳定性
Polyton H	低	1.9	中	优异
Polyton O	中	3.8	中	良好
Reax 80C	中	6.4~8.0	中~高	良好
Reax 81A	高	6.08~7.68	高	良好
Reax 82	中~高	5.12	很高	中
Reax 83A	高	8.0~9.6	高	良好
Reax 85A	低	2.56~3.52	高	优异
Reax 88B	很高	8.0~9.6	中	中

二、木质素分散剂的起泡性

木质素磺酸钠分散剂也同其他分散剂一样，容易产生泡沫，如果在湿粉碎时产生泡沫会使研磨效率降低，在喷雾干燥时造成操作不稳定。研究发现，分散剂的起泡性与分子量和组成有关，分子量低或磺化度高的分散剂起泡性均较差。在相同磺化度的情况下，高分子量比低分子量溶解性能差，易产生泡沫，表3-17是几种木质素分散剂在弱酸和弱碱溶液里的起泡情况。

表3-17　木质素分散剂的起泡情况

分散剂特性	pH 值	起泡高度 /mm			
		0s	30s	60s	120s
高磺化度木质素分散剂	8	40	20	15	12
	5	70	60	50	35
低磺化度木质素分散剂	8	60	30	20	12
	5	80	70	60	50

三、木质素磺酸钠分散剂的加工性能

一般认为，在喷雾造粒前研磨是用一种分散剂以求高速研磨，磨完后再加一种耐热性好的品种。但是，Lignosol产品是用同一种得到研磨和耐热两种加工性能的，而另外添加的只是这两种性能一般的填充剂而已。部分Lignosol木质素分散剂的主要功能见表3-18。

表3-18　部分Lignosol木质素分散剂的主要功能

品种	用途	分子量	磺化度	磺酸硫含量 /%	耐热性	黏度
D-30	主要的研磨分散剂	高	低	2.7	优异	一般
NSX-125	主要的研磨分散剂	高	中	4.3	优异	低
NSX-120	可与 D-30 混用，加快研磨	中～高	中	5.3	良好	低
FTA	研磨分散剂，可在上述三种之后中入作填充剂		中	5.5	良好	
DXD	分散性能优良的填充剂，可用作易分散及耐热要求不高的农药填充剂	—	—	5.8	一般	—
NSX-105	具良好分散性的填充剂	聚合		5.6		低
NSX-135	低润湿性填充剂	非聚合		5.9		
SFX-65	分散性一般廉价填充剂			5.5		
SFX	廉价填充剂			5.6	—	
XD	分散剂，代替昂贵的萘磺酸盐分散剂	—	—	6.1		
NSF-150	填充剂及稀释剂			4.4		
X-2u35	润湿剂			5.2		

部分Borresperse 系列分散剂的技术指标见表3-19。

表3-19 Borresperse系列木质素分散剂的技术指标

产品	化学性质	分子量	磺化度	pH	Na 含量 /%	Ca 含量 /%	有机硫含量 /%	备注
Borresperse CA-SA	木质素磺酸钙	<20000	0.70	6.8~8.3	<0.1	5.0	5.0	用于农药化学领域，做分散剂使用，广泛应用于WP
Borresperse NA	木质素磺酸钠	20000~50000	0.70	7.5~9.1	9.0	0.3	6.0	做分散剂使用，其分散性能好，悬浮率高，稳定性好，适用于水分散粒剂和可湿性粉剂
Ufoxane 3A	木质素磺酸钠	>50000	0.48	8.5~9.5	8.5	0.02	5.3	做分散剂使用，其分散性能好，悬浮率高，稳定性好，适用于 SC 和 WG
Ultrazine NA	高纯改性钠	<50000	0.50	8.6	7.0	0.02	6.2	做分散剂使用，其分散性能好，悬浮率高，贮存稳定性好，特别适用于水分散粒剂和悬浮剂
Borresperse CA	高纯改性钙	20000~50000	0.70	4.4	0.3	5.0	6.0	—

木质素磺酸钠分散剂的基本规律如下：

木质素磺酸钠的基本规律
- 分子量高——溶解性差、耐热性好、助磨性差
- 分子量低——溶解性好、耐热性差、助磨性好
- 磺化度高——溶解性好、耐热性差、助磨性好
- 磺化度低——溶解性差、耐热性好、助磨性差

部分木质素分散剂作用于干悬浮剂加工的综合性能见表3-20。

表3-20 用于干悬浮剂的木质素分散剂

耐热性	助研磨性能	喷雾干燥性	降低黏度	增加黏度	低起泡性能
Reax 85A	Reax 88B	Reax 85A	Reax 915	Reax 82A	Reax 915
Reax 905	Reax 83A	Reax 905	Reax 88B	Reax 905	Reax 82A
Reax 910	Reax 910	Reax 910	Reax 100M		Reax 80C
Reax 81A	Reax80C	Reax 81A	Reax 910		Reax 910

第四节 配方的开发

一、配方开发的目标

干悬浮剂的生产首先要开发相应的配方，干悬浮剂配方的开发应达到如下目的：

1. 实现农药含量的标准化

许多农药是化学合成的产物,每批生产出的原药活性成分的含量并不能完全一致。农药作为一种商品,也应有一定的规格(如含量等)。在应用过程中,也有一定的用药标准。这些问题要通过在加工过程中加入各种填充物(包括助剂和填料)进行标准化,统一到同一标准含量,以便销售及应用。

2. 保证产品的商业指标

农药作为特殊商品,在销售过程中要受到相关部门的检查及监督,而在检验标准中,一般应满足商品的商业标准。这是因为按照农药的应用性能进行检验时间太长,实际操作中有一定难度,所以一般用商业指标进行检验。这些指标一般包括产品含量、水分、分散性能、悬浮率、润湿性能、崩解性能、起泡性、细度、pH值、粒度、硬度等。通过配方的研制,用各种助剂调节其性能,以达到产品的商业标准。

3. 满足产品的应用性能

产品的最终目的是为了应用,产品的指标主要包括含量、分散性能、润湿性能、渗透性能、产品细度、毒性、残留、用量等(这些指标一般是通过药效实验后已经确定的数据)。生产的产品要严格遵守这些指标,才能保证其产品的用法及用量,从而达到安全用药目的。

4. 保证加工性能

干悬浮剂首先要对物料进行湿粉碎(物料在水中进行粉碎)制成水悬浮剂,然后通过喷雾干燥才能获得产品。在湿粉碎过程中,能否达到所要求的细度,除粉碎机械及操作技术外,与配方的组分也有一定关系。其中分散剂、润湿剂的品种及用量尤为重要,还与悬浮液的其他物理性能有关。

前面提到,干悬浮剂的生产中要经过喷雾干燥造粒,一般喷雾干燥的热风进口温度不低于150℃,出口温度不低于80℃。干燥过程中物料要受到高温的考验,因此干悬浮剂的配方要有一定的耐热性,否则干燥后产品悬浮率会因受热粒子凝聚而下降。在配方中,分散剂的种类及加入量是影响耐热性能的主要因素,应通过筛选确定。目前的干悬浮剂更多的是希望得到颗粒状产品,其中悬浮液的黏度、表面张力、含固率影响产品的粒度。以上三个物理量值越高,产品的粒度越大。配方中的黏结剂影响颗粒硬度,可通过筛选进行确定。干燥过程将直接影响产品的粒度、悬浮率、分散性能、润湿性能、崩解性能、设备规模及操作费用,而这些指标均与配方的性能相关。因此,配方的组成要满足生产过程的要求。

5. 控制生产成本

作为一种商品,物美价廉是人们永远追求的目标,对于干悬浮剂而言,降低生产成本可从以下几个方面入手:

① 降低配方成本　主要通过实验进行优化配方。

② 提高悬浮液的耐热温度　因为悬浮液的耐热温度可以直接影响到设备投资和操作费用。

③ 悬浮液越耐热,节能效果越明显,一般通过筛选分散剂的品种及用量解决。

④ 提高悬浮液(此状态也可称为悬浮剂)的含固率　生产干悬浮剂干燥前物料中的含水率越低,生产能耗越低,自然生产成本也越低。但因含固率达到一定程度悬浮液的流动性能下降,也就无法进一步操作。

为了提高悬浮液的流动性能,可以在配方中增加一些稀释剂,以提高悬浮液的流动性能。

干悬浮剂配方的开发应着眼于全部生产过程，对配方的组成应进行综合技术经济评价，才能得到令人满意的结果。

由于喷雾造粒产生空心颗粒，所以颗粒的强度、硬度不高，必须通过配方的组成进行调节。在配方中，含有30%~70%的原药、1%~3%的润湿剂、1%~5%的崩解剂、10%~40%的分散剂以及适量黏结剂及载体（添加剂）。

二、干悬浮剂的配方设计准则

干悬浮剂配方的开发应着眼于全部生产过程，对配方的组成应进行综合技术经济评价，才能得到令人满意的结果。配方的开发主要解决如下问题：①保证悬浮液各项应用性能；②确定最高含固率；③确定悬浮液的耐热温度；④保证产品的粒度；⑤确定最佳生产工艺条件。

三、液体物料的特殊要求

众所周知，生产干悬浮剂首先要成水悬浮剂，由于DF经过喷雾干燥得到的最终产品为微粒状，所以干燥前的水悬浮剂除具备真正SC的各项指标外，还有其特定的性能指标。

（1）黏度　黏度是悬浮剂的重要指标之一。黏度大，体系稳定性好；反之，稳定性差。然而，黏度过大容易造成流动性差，甚至不能流动，给加工、计量、倾倒等带来一系列困难。因此，要有一个适当的黏度。由于制剂品种不同黏度各异，一般在100~5000mPa·s。在此区间内应尽可能使黏度高一些，因为黏度高有利于提高产品的成粒率。

（2）表面张力　加工农药SC制剂中希望有较小的表面张力，常加入一些化学助剂以改善农药的应用性能。液体的表面张力对农药加工有相当大的影响，在不同的加工过程中对农药表面张力的要求也不相同。表面张力对DF加工的影响有两个方面：一方面DF的加工过程中需要喷雾干燥造粒，在造粒过程中表面张力越大成粒性越好，换言之，表面张力大有利于提高成粒率。在采用喷雾干燥制备DF时，希望悬浮剂有较大的表面张力，因为表面张力降低到某一值时就不能加工出颗粒来。一般情况下，表面张力大的浆料经雾化器产生的雾滴较大，获得的颗粒状产品的粒径大，这是我们所希望的结果。但在做加工配方时为了调整农药的其他性能往往加入一些助剂有时会降低表面张力，这在制备DF时应特别注意。另一方面，表面张力高对农药的使用会有副作用，一些农药（除草剂、杀虫剂等）使用时经兑水后通过喷雾的形式进行施药，药滴会落在植物叶面或农田表面，特别是落到植物表面时，表面张力大会使药滴成圆珠状从叶面上滑落而降低药效，因此，生产DF时表面张力应控制一定的范围，以最终药液的表面张力低于植物叶面表面张力为宜。

（3）细度　细度是指悬浮剂中悬浮粒子的大小。悬浮粒子的细度是通过机械粉碎完成的。任何悬浮剂无论用什么型式的粉碎设备，进行何种形式和多长时间的粉碎，都不可能得到形状、粒径相同的均一粒子，而只能是一种不均匀的具有一定粒谱的粒子群体。采用粒子平均直径和粒度分布的方法，才能比较客观地反映出悬浮剂中粒子的大小。平均粒径从宏观上说明悬浮剂的平均细度，粒度分布进一步说明粒子的群体结构。一般要求平均粒度为2~3μm。

四、影响悬浮率的主要因素

悬浮率是干悬浮剂产品的重要指标之一。影响农药悬浮剂悬浮率的因素虽多，但主要的有三个。第一个是制剂的细度；第二个是密度差；第三个是黏度。

1.悬浮剂细度及粒度分布对悬浮率的影响

悬浮剂沉降速率的大小，恰恰反映悬浮率的高低。即制剂粒度越细，悬浮率越高；反之，悬浮率越低。

2.制剂黏度对悬浮率的影响

黏度是悬浮剂稳定机制的三个重要因素之一。适宜的黏度将使制剂具有良好的稳定性和高的悬浮率。黏度过低则制剂稳定性差，黏度过高则制剂流动性不好，给加工带来困难。制剂的分散性不好，甚至不能自行分散。一般悬浮剂的黏度在$100 \sim 5000 mPa \cdot s$，常用段在$100 \sim 1000 mPa \cdot s$，控制黏度应从悬浮率和加工成粒率两方面考虑，确定兼顾两个条件的最佳值。

3.制剂组成对悬浮率的影响

悬浮剂的组成包括原药（分散相）、水（连续相）和助剂。为了获得性能优良而又稳定的悬浮剂，除了细度、黏度的要求外，还必须选择合适的助剂和有效成分含量，并使三者按最佳比例配制。

悬浮剂中的助剂有多种，主要有润湿分散剂和消泡剂等，还要添加一定量的惰性载体材料。其中影响最大的是润湿分散剂。当原药粒子经多级超微粉碎，粒子逐渐变小，表面积迅速增大，表面自由能也迅速增大。这些微细粒子在范德华引力的作用下，粒子之间互相碰撞、吸引产生凝集，粒子变大，沉降速率加快，导致悬浮率降低。DF配方中分散剂十分重要，由于在制备过程中必须经过喷雾干燥段，活性成分受热后有凝聚趋势，粒子长大后会使悬浮率下降，因为分散剂的品种和用量确定得当，可以大大提高干燥时的耐热性，可以抵御粒子的凝聚，也就保持了干燥前的悬浮率。润湿分散剂的加入阻止了粒子的凝集，保持和提高了悬浮率。对于悬浮剂中使用的其他助剂如消泡剂等对悬浮率都或多或少有一定影响，必须使用得当。否则，还会起副作用，降低悬浮率。

五、干悬浮剂的开发程序

因为干悬浮剂是一种新剂型，在我国实现工业化也仅有十余年的时间，对于干悬浮剂的开发技术还未普及，因此在这里有必要进行介绍。

干悬浮剂的加工对设备的依赖性很强，特别对干燥设备更是如此。干燥设备是非标准设备，要根据物料的具体情况进行工艺设计及结构设计，才能满足产量及质量要求，因此干燥设备有唯一性。其中最重要的指标是悬浮液的含固率、产量要求、悬浮液的物理化学性质、耐热温度等。

1.干悬浮剂的生产过程

第一步是将活性成分与助剂和添加剂按配方所确定的比例在水中进行湿拼混。

第二步是进行湿粉碎，制成悬浮液。

第三步是进行喷雾干燥或喷雾造粒，其流程如下：

$$湿拼混 \longrightarrow 湿粉碎 \longrightarrow 喷雾干燥（造粒）$$

2.配方开发要点

配方的开发主要关注以下几点：①活性成分的熔点；②有效成分含量；③分散剂的选择及用量；④润湿剂的选择；⑤崩解剂的选择；⑥填料的选择；⑦调整耐热温度。

六、配方的开发程序

以某酰胺类水田除草剂（以下简称除草剂）为例，介绍干悬浮剂的开发方法。

（一）研磨效率实验

加工干悬浮剂的农药经过研磨湿粉碎时，离子型分散剂加入悬浮液中，由于溶解而电离，其活性基团的亲油基端趋向农药，亲水基端趋向于水。因此在农药颗粒表面被包有一定排列方向的相同电子层。见图3-10。

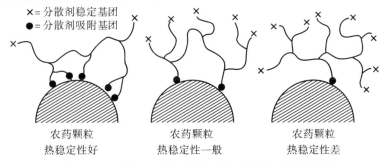

图3-10 木质素磺酸钠分散剂在农药颗粒表面的吸附

1.加工用材料

木质素磺酸钠分散剂品种及指标见表3-21。

表3-21 木质素磺酸钠（简称木钠）品种及指标

木质素磺酸钠品种	品名	产地	磺化度值	磺化度级别	溶液pH（5%）
木钠A	Ultazine NA	挪威	2.0	高	9.3
木钠B	Borresperse N	挪威	1.84	高	7.8
木钠C	Diwatex XP	挪威	1.18	低~中	9.9
木钠D	Reax 83A	美国	1.7	高	10.0
木钠E	Reax 85A	美国	0.9	低	10.5

润湿剂为拉开粉BX　　　　　　产地为江苏
乳化剂为OP-15　　　　　　　产地为辽阳
填充剂为高岭土　　　　　　　产地为江西
玻璃珠为$\phi 0.8 \sim 1.0mm$　　　产地为浙江

2.加工用设备及仪器

小型砂磨机（0.2L）　　　　　产地为江阴（图3-11）
显微镜（OLYMAPUS）　　　　产地为日本
电子秤　　　　　　　　　　　产地为沈阳

3.投料计算

砂磨机投料总重量：100g；
悬浮液含固率：35%，加入固形物折干35g，加水量65g；

图3-11 实验型砂磨机

研磨介质：100g（直径为0.8~1.0mm的玻璃珠）。

磨效实验结果见表3-22。

表3-22　配方固形物组成及磨效实验结果（投料量，%）

实验编号	01	02	03	04	05
配方组成	原药：56 拉开粉BX：3 OP-15：4 高岭土：13 木钠A：24	原药：56 拉开粉BX：3 OP-15：4 高岭土：13 木钠B：24	原药：56 拉开粉BX：3 OP-15：4 高岭土：13 木钠C：24	原药：56 拉开粉BX：3 OP-15：4 高岭土：13 木钠D：24	原药：56 拉开粉BX：3 OP-15：4 高岭土：13 木钠E：24
研磨时间/min	90	90	95	110	110
显微镜观察细度/μm	2~3 个别6~8	2~3 个别6~8	2~3 个别6~8	2~3 个别6~8	2~3 个别6~8

除上表中用显微镜观察湿粉碎粒度外，还有一种简便的方法，就是在湿粉碎时，每2小时用滤纸渗圈法测定一次样（按HG/T 3399—2001方法进行）。研磨到滤纸渗圈扩散性达4级以上时，与显微镜下观察粒子粒度为2~3μm相对应，可以记录此时的研磨时间后停止研磨、出料、过滤。得到水悬浮剂样品。

（二）悬浮液的耐热性能研究

众所周知，化学农药是合成的化合物，高温稳定性较差，而干悬浮剂的生产过程中物料必须经过干燥时的高温考验，因此，能否经受高温干燥而保证质量稳定是干悬浮剂开发的技术关键，也是干悬浮剂开发成败的关键。而配方的组成、添加剂的品种和加入量将在很大程度上改善活性组分的加工性能（耐热性能）和应用性能，特别是分散剂的品种、用量、与其他组分的配伍性在此起着重要作用。

对于熔点较高的原药，如杀虫剂吡虫啉（熔点143.8℃），制备70%干悬浮剂时，可以选用高磺化度分散剂。人们发现，在使用磺化度在2.5~3的Reax 95A木质素磺酸钠分散剂时研磨速率加快。

较低熔点原药加工干悬浮剂时，可以选用中高分子量、中低磺化度的分散剂。如除草剂苯草酮（熔点106℃），可以选择Lignosol D-30、Ufoxane NA等分散剂。

在生产实践中有兴趣的现象是，用50/50两种不同磺化度的木质素磺酸钠的混合配方加工农药，首先在低磺化度木质素磺酸钠存在下进行研磨，而后加入高磺化度木质素磺酸钠分散剂，可以获得满意的耐热稳定性能，如果加入的次序相反，则耐热性能下降。所以高磺化度木质素磺酸钠常常可以作为干悬浮剂加工的最后助剂。在干悬浮剂加工中，加入助剂难免产生泡沫，为加工带来不少困难。经验告诉我们，低分子量和高磺化度的产品泡沫少，即使产生泡沫也会自然消失。耐热性能的实验结果见表3-23。

所谓耐热性实验，也就是通过对水悬浮剂干燥以考查配方的耐热性能。干燥温度从低向高，耐温性能越好，配方越佳。

考查耐温性能在实验室也有两个阶段，第一阶段为探索阶段，将研磨好的悬浮剂平涂于2mm的玻璃板上，涂层厚度为0.3~0.5mm，放入设置一定温度的烘箱中，待干燥后迅速取出玻璃板并刮下物料，将此物料加适量水稀释后用吸管点滤纸，按HG/T 3399—2001方法执行，观察干燥前后的变化，以耐温度高者为佳。另一阶段就是小试阶段，采用喷雾干燥法进行干燥悬浮剂，耐热风进口温度高者为佳。配方耐热性能筛选的实验设备见图3-12。

（a）实验用喷雾干燥器　　　　（b）离心式雾化器　　　　（c）气流式雾化器

图3- 12　实验型喷雾干燥机

表3-23　耐热性能的实验结果

实验编号	热风进口温度 /℃	排风温度 /℃	雾化器嘴形式	雾化气体压力 /MPa	润湿性 /s	悬浮率 /%
01	200	80	气流式	0.25	75（水面少量悬浮物）	72
02	180	75~80	气流式	0.3	90（水面少量悬浮物）	70
03	190	75~80	气流式	0.3	75	78
04	190	75~80	气流式	0.35	80（水面少量悬浮物）	85
05	190	75~80	气流式	0.25	40	92

注：① 润湿性：按MT53.3方法。

② 悬浮率：按GB/T 14825—2006进行测定。

此实验证明，木质素磺酸钠的磺化度对热稳定性的影响最大，低磺化度具有很好的热稳定性（Reax 85A，磺化度0.9）。其原理见图3-13。

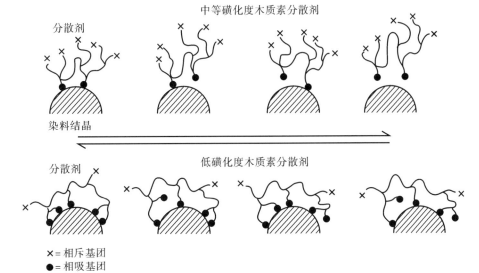

= 相斥基团
= 相吸基团

图3-13　木质素磺酸钠分散剂吸附示意图

当单一使用木质素分散剂时，并不能完全包围农药表面。当木质素分散剂与萘磺酸盐分散剂同时使用时，可以弥补一些不足。萘磺酸盐分散剂向没被包住的表面渗透，因为这两种分散剂有相同作用，所以会出现表面分配现象。一般的加入比例是萘磺酸盐为木质素磺酸钠的10%~15%。其工作原理见图3-14。

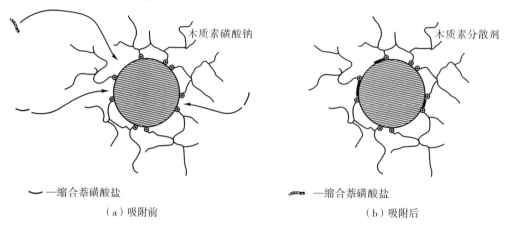

（a）吸附前　　　　　　　　　　　　　　（b）吸附后

图3-14　木质素磺酸钠和萘磺酸盐在农药表面的渗透

对05号配方进行优化，以木质素磺酸钠为主要分散剂的同时，加入少量分散剂NNO（萘磺酸盐甲醛缩合物），还可以提高其耐热温度。

例如：

除草剂原药　56%	分散剂（木质素磺酸钠E）　21%
润湿剂（拉开粉BX）　3%	乳化剂（OP-15）　4%
分散剂（NNO）　3%	填料（高岭土）　13%

测试结果：

热风进口温度（t_1）220℃（原配方耐热温度为190℃）

润湿性时间　35s

悬浮率　92%

排风温度（t_2）80℃

经干燥后样品的入水效果见图3-15。

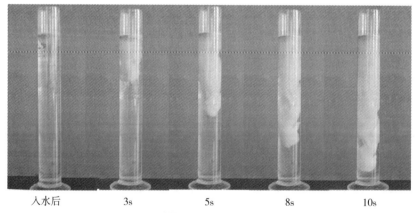

入水后　　　　3s　　　　5s　　　　8s　　　　10s

图3-15　经喷雾干燥后小试样品的入水效果

另外，低磺化度木质素分散剂加工后的成品润湿性能较差，若采用高磺化度的木质素磺酸钠，在低温时仍有好的分散效果，一旦升温，就将破坏其分散性，因高磺化度木质素分散剂对热稳定性差，有降低农药熔点的倾向，使其软化而凝聚。对于高熔点农药，相对疏水性较强，因此对热不敏感，故可采用高磺化度木质素分散剂。既能缩短研磨时间，又能保持分散体的稳定性能。

（三）部分干悬浮剂品种的实验条件

甲维盐和吡虫啉DF实验条件见表3-24~表3-27。

表3-24　甲维盐5.7%DF（一）

配方组成	重量 / g	实验结果
甲维盐（含量76.8%）	1.6	50% 固含量砂磨 2h，D_{90}=5.48 加分散剂 LA 砂磨 15min，D_{90}=7.75；砂磨 3h 后，D_{90}=4.66 柠檬酸调节 pH=10.1~6.2 130℃ /73℃ SD　pH=7.2　D_{90}=11.89 润湿时间 40s，拖尾好，30min 沉淀 0.5mm
Reax 88B	1.55	
Reax AG	1.5	
LA（润湿剂）	0.86	
硅藻土	15	
水	20	
玻璃珠	100g	

表3-25　甲维盐5.7%DF（二）

配方组成	重量 / g	实验结果
甲维盐（含量76.8%）	1.6	40% 固含量砂磨 2h，D_{90}=4.97 加分散剂 LA 砂磨 15min，D_{90}=4.48 pH=10.02 柠檬酸调节至 pH=6.25 130℃ /73℃ SD pH=6.7　D_{90}=9.76 润湿时间 60s，拖尾细入水效果好，30min 沉淀 1~1.5mm
分散剂 Reax 83A	3.2	
助剂 LA	0.86	
白硅藻土	15	
水	20	
玻璃珠	80	

表3-26　吡虫啉70% DF（一）

配方组成	比例 /%	实验结果
95% 吡虫啉	72	135℃喷干，2s 润湿，拖尾好，30min 沉淀 0.5mm 150℃喷干，3s 润湿，拖尾好，30min 沉淀 0.5mm
Reax LS	15	
WL	2	
高岭土	11	

表3-27　吡虫啉70% DF（二）

配方组成	比例 /%	实验结果
95% 吡虫啉	72	135℃喷干，42s 润湿，拖尾好，30min 沉淀 < 0.5mm 150℃喷干，52s 润湿，拖尾好，30min 沉淀 1mm
Reax LS	15	
WL	2	
硫酸钠	11	

（四）部分干悬浮剂的生产配方

表3-28为部分DF的生产配方。

表3-28　部分干悬浮剂的工艺配方

（1）50% 毒草胺 毒草胺原药（折百）　50% 分散剂（Morwet D-425）　5% 润湿剂（烷基芳基磺酸钠混合物）　1.5% 分散剂（NNO）　15% 分散剂（MF）　5% 载体（高岭土）　补齐100%	（7）20% 灭多威 农药原体　20.0% Ablusol NL　6.0% Petro-AGS　2.0% 木质素磺酸钠　8.0% Sokalan HP-50　20.0% 消泡剂　0.1% 白土　3.9% 高岭土　补齐100%
（2）75% 代森锰锌 代森锰锌　75.0% 分散剂（Borresperse 3A）　15.0% 润湿剂（萘磺酸盐）　3.0% 填料（高岭土）　补齐100%	（8）25% 戊菌隆 戊菌隆原药　25.0% Ablusol NL　6.0% Petro-AGS　2.0% 木质素磺酸钠　8.0% Sokalan HP 50　20.0% 消泡剂　0.1% 白土　补齐100%
（3）50% 莠灭净 莠灭净原药　50.0% Ablusol NL　6.0% Petro-AGS　2.0% 木质素磺酸钠　10.0% Sokalan HP 50　18.0% 消泡剂　0.1% 白土　补齐100%	（9）80% 硫黄干悬浮剂 硫黄　81% 分散、润湿剂用量　13% 助崩解剂用量　3% 增稠剂用量　3%
（4）苯50% 菌灵 苯菌灵原药　50.0% Ablusol NL　6.0% Petro-AGS　2.0% 木质素磺酸钠　8.0% Sokalan HP 50　20.0% 消泡剂　0.1% 白土　补齐100%	（10）60% 苯噻草胺/苄嘧磺隆 苄嘧磺隆　6.3% 苯噻草胺　57.00% 润湿剂　1.14% 分散剂　34.3% 乳化剂　1.17% 填料（高岭土）　补齐100%
（5）60% 甲萘威 甲萘威原药　60.0% Ablusol NL　6.0% Petro-AGS　2.0% 木质素磺酸钠　8.0% Sokalan HP-50　20.0% 消泡剂　0.1% 白土　补齐100%	（11）53% 苯噻酰草胺·苄嘧磺隆 苄嘧磺隆　5.43% 苯噻酰草胺　52.0% 润湿剂　1.14% 分散剂　34.3% 乳化剂　1.17% 高岭土　补齐100%
（6）60% 百菌清 百菌清原药　60.0% Ablusol NL　6.0% Petro-AGS　2.0% 木质素磺酸钠　8.0% Sokalan HP-50　20.0% 消泡剂　0.1% 白土　补齐100%	（12）75% 苯磺隆 苯磺隆　75% 分散剂 SP　10% 润湿分散剂 DW　10% 高岭土　补齐100%

（13）70% 吡虫啉 高效分散剂　26% 拉开粉　补齐100% 悬浮率　96.8% 含固率　60%	（16）80% 氟虫腈 DF 原药含量　97% 原药　83% 分散剂（SP）　5% 分散剂（木质素磺酸钠）　9% 润湿剂（Morwet EFW）　3% 含固率　35%~40% 进风温度　140~160℃ 排风温度　70~80℃
（14）70% 甲基硫菌灵 甲基硫菌灵原药（97%）　70% 分散剂（NNO）　18% 聚羧酸盐分散剂　3% 乳化剂（OP-15）　2% 润湿剂（拉开粉BX）　2% 硫酸铵　补齐100% 含固率　40%	（17）75% 苯磺隆 DF 原药含量　95.1% 原药　79% 分散剂（D1001）　4% 分散剂（木质素磺酸钠）　14.3% 润湿剂（BX）　2.7% 含固率　35%~40% 干燥进风温度　140~160℃ 排风温度　70~80℃
（15）80% 多菌灵 多菌灵原药（98.8%）　80% 高效分散剂　11.5% 分散剂（DT-53）　4.3% 润湿剂（DT-80）　1.5% 高岭土　补齐100% 含固率　35%	（18）50% 苯醚菌酯 DF 湿法粉碎（砂磨）浆 原药含量　50% Reax WL　2% Reax 910　6% SP2836　4% 高岭土　补足100% 含固率　40% 干燥进风温度　130℃ 排风温度　70℃

第五节　干悬浮剂生产设备

从广义上讲，干悬浮剂是悬浮液经干燥后得到的固形物。虽然干燥设备有多种形式，但能将悬浮液一步干燥成固体的干燥设备只有如下几种，见图3-16。

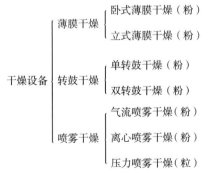

图3-16　可将液体一步干燥成粉粒体的干燥机型式

干悬浮剂的生产方法是在热气流中使液滴喷雾分散，在干燥的同时形成球形颗粒，这类制品的流动性很好。由于液滴是瞬间被干燥，因此呈多孔状，所得颗粒密度只有$0.4 \sim 0.6 \text{g/cm}^3$，比其他造粒方法小得多，配制药液时在水中很易崩解。其缺点是难于得到较大的颗粒，需要使用大型的喷雾干燥设备，能耗、造价都较高。生产干悬浮剂，目前使用最多的是两种喷雾干燥器，一种是离心式喷雾干燥器，因为这种喷雾干燥器可以制成小型设备，所以多用于实验室筛选配方，但所得到的样品为粉体物料。另一种是压力式喷雾干燥设备（亦称压力式喷雾造粒塔），因这种设备不能小型化，所以非一般实验室所具有，目前国内建造的几套DF生产设备基本是该种设备，所得产品为微粒状。

一、喷雾造粒机理

喷雾造粒是将悬浮液用雾化器喷雾于干燥室内的热气流中，使水分迅速蒸发制备小颗粒的方法。它包括喷雾和干燥两个过程。该法在数秒内即完成悬浮液的浓缩、干燥、造粒过程，悬浮液含水率可达60%～80%。经过湿粉碎的料浆首先被喷洒成雾状微小液滴，水分被热空气蒸发带走后，液滴内的固相物就聚集成了干燥的颗粒，基本流程见图3-17。

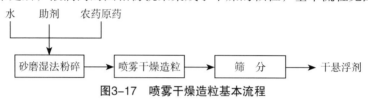

图3-17　喷雾干燥造粒基本流程

在喷雾造粒过程中，雾滴经过受热蒸发，水分逐渐消失。而包含在其中的固相颗粒逐渐浓缩，最后在液桥力的作用下团聚成颗粒。在雾滴向颗粒变化的过程中也会发生相互碰撞，聚并成较大一点的微核，微核间的聚并和颗粒在核子上的吸附包层是形成较大颗粒的主要机制。上述过程必须在颗粒中的水分未完全脱掉之前完成，否则颗粒就难再增大。经过干燥后，液体架桥向固体架桥过渡，干燥颗粒以固桥力结合。但由于没有外力的作用，喷雾造粒所制备的颗粒强度不是太高，并且呈多孔状。

在上述干燥设备中，压力式喷雾干燥器中料液在高压泵的作用下进入压力式喷嘴后在旋涡室内产生高速旋转，从喷嘴孔旋转喷出后，形成由旋转液膜组成的空心锥体。当液膜达到一定长度时，受机械振动破裂成液丝，液丝伸长后受空气的摩擦断裂。断裂后受液体表面张力的作用迅速收缩成球形雾滴。雾滴受热后表面水分迅速蒸发，形成湿度差后，内部水分不断向外迁移以补充表面水分，此时物料处于湿球温度下。当达到某一含水率时，内部水分向外迁移速率低于表面水分的蒸发速率，此时外表面迅速形成半干壳体，内部水分向外迁移因受阻而终止。随着颗粒升温，内部水分开始汽化，气体压力也不断提高。当达到一定压力极限时，气体从外壳的薄弱部位逸出，干燥后得到了200～300μm的空心球状产品，见图3-18。这也是目前该设备用于干悬浮剂生产的主要原因。

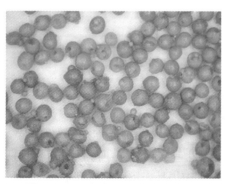

图3-18　甲维盐干悬浮剂显微照片

目前用于干悬浮剂干燥的主要是压力式喷雾干燥器，喷雾造粒（用压力式喷雾干燥的同时造成小微粒产品）是将悬浮液用雾化器喷雾于干燥室内的热气流中，使水分迅速蒸发制备小颗粒的方法。该法在数秒内即完成悬浮液的浓缩、干燥、造粒过程。

目前国内生产DF的干燥设备主要以压力式喷雾干燥器为主，其特点是：

① 干燥速率高。料液经压力式喷嘴雾化后，比

表面积（表面积与质量之比，m²/kg）大大增加，在高温气流中，瞬间就可蒸发95%~98%的水分，完成干燥仅需数秒。

② 采用并流型喷雾干燥型能使液滴与热风同方向流动，虽然热风的温度较高，但由于热风进入干燥室内立即与喷雾液滴接触，室内温度急降，而物料的湿球温度基本不变，因此也适宜于热敏性物料干燥。

③ 使用范围广。根据物料的特性进行设计，可以满足不同生产条件的需要。

④ 由于干燥过程是在瞬间完成的，成品的颗粒基本上能保持近似液滴的球状，产品具有良好的分散性、流动性和崩解性。

⑤ 系统易实现全自动化，生产过程简化，操作控制方便。喷雾干燥通常用于固含量50%以下的悬浮液，干燥后，不需要再进行粉碎和筛选，减少了生产工序，简化了生产工艺。对于产品的粒径、松密度、水分，在一定范围内调节。

二、压力喷雾干燥器设计程序

下面介绍压力式喷雾干燥器的设计方法。

① 根据生产要求计算出干品产量：

$$\frac{G_1}{G_2}=\frac{1-w_2}{1-w_1} \tag{3-1}$$

式中　G_1——物料处理量，kg/h；

　　　G_2——产品量，kg/h；

　　　w_1——物料湿基含水率；

　　　w_2——产品湿基含水率；

② 根据产量计算出蒸发水量：

$$W=G_1 \times \frac{w_1-w_2}{1-w_2} \tag{3-2a}$$

或

$$W=G_2 \times \frac{w_1-w_2}{1-w_1} \tag{3-2b}$$

式中　W——蒸发水量，kg/h。

③ 根据配方确定的耐热温度计算出所需空气量（质量流量）：

$$G_a=WL_a \tag{3-3}$$

式中　G_a——干燥所需空气质量流量，kg；

　　　L_a——蒸发1kg水所需干空气量，kg（干空气）/kg（水），此值可查表3-29。

表3-29　对流干燥时，蒸发1kg水需要的干空气量　　单位：kg（干空气）/kg（水）

进口温度/℃ ＼ 出口温度/℃	70	80	90	100	110	120	130	140
120	55.6	71.4	85.5					
130	41.7	50.0	62.5					
140	37.0	43.5	52.6	66.7				
150	31.3	35.7	43.5	52.6				
160	28.6	32.3	37.0	43.4	52.6			
170	25.0	28.6	32.3	37.0	43.5			

进口温度/℃ \ 出口温度/℃	70	80	90	100	110	120	130	140
180	23.3	25.6	28.6	32.3	37.0	43.4		
190	21.3	23.3	25.6	28.6	32.3	37.0		
200	19.6	21.2	23.3	25.7	30.3	32.3	37.0	
210	18.8	20.0	22.2	25.0	27.8	31.3	28.6	
220	17.5	18.5	20.0	22.2	23.8	27.0	30.3	33.3
230	16.1	17.2	18.5	20.0	21.7	23.2	27.2	30.3
240	15.2	15.8	17.5	18.2	20.0	21.7	23.8	27.0
250	14.1	15.2	15.9	17.5	18.2	20.0	21.7	23.8
260	13.5	14.7	15.6	16.7	17.9	19.2	20.0	23.3
270	12.7	13.3	14.3	15.2	16.4	17.9	18.9	20.0
280	12.2	13.0	13.7	14.7	15.6	16.7	17.9	19.2
290	11.8	12.2	13.3	13.7	14.7	15.6	16.7	18.2
300	11.4	11.8	12.3	13.2	13.7	15.0	15.9	16.9

注：① 计算条件：环境温度t_0=10℃，相对湿度Ψ_0=80%。

② 考虑热量损失及物料升温所需热量，此值乘1.2。

④ 根据空气的平均温度计算出气体体积流量：

$$t_p = \frac{t_1 + t_2}{2} \tag{3-4}$$

式中 t_p——干燥器内空气平均温度，℃；

t_1——干燥器热风进口温度（小试确定的温度），℃；

t_2——干燥器热风出口温度（小试确定的温度），℃。

$$G_V = \frac{G_a}{\gamma_a} \tag{3-5}$$

式中 G_V——在t_p温度下的空气体积流量，m^3/h；

γ_a——在t_p温度下的空气密度，kg/m^3。

⑤ 根据所需空气量计算出所需热量：

$$Q_a = G_a C_a (t_1 - t_0) \tag{3-6}$$

式中 Q_a——加热空气所需热量，kJ/h；

C_a——空气比热容，kJ/（kg·℃）；

t_0——环境空气平均温度，℃。

⑥ 根据热空气进口温度计算出蒸发强度：

$$A = 0.03t_1 - 1 \tag{3-7}$$

式中 A——蒸发强度，kg（水）/（h·m^3）。

⑦ 根据蒸发强度计算出干燥室容积：

$$V = \frac{W}{A} \tag{3-8}$$

式中 V——干燥室容积，m^3。

⑧ 根据气流速度计算出干燥器直径：

$$D = \frac{1}{30}\sqrt{\frac{G_V}{v\pi}} \qquad (3-9)$$

式中　D——干燥器直径，m；

　　　v——干燥器内气流速度，m/s，一般为0.3～0.5m/s。

⑨ 根据总容积确定干燥器有效高度：

$$H = \frac{4V}{\pi D^2} \qquad (3-10)$$

式中　D——干燥器有效高度，m。

三、压力式喷雾干燥器的结构设计

DF生产中，干燥设备有非常高的关联度，换言之，配方的性能、条件、产品粒度、产品含水率、生产能力等指标决定干燥器的规模、结构，所以干燥器的设计结果直接决定生产的结果。由于目前生产DF多采用压力式喷雾干燥器，所以在此做重点介绍。

压力式喷雾干燥器是一种高塔形圆形筒体，主要由空气分配室、进风管、压力式雾化器、干燥室、出料口、尾风管等组成。

结构设计的目的是保证干燥器的性能达到最佳状态，操作维修方便。干燥器的结构设计主要有：①塔头设计，包括进风型式、进风管直径、整流形式、整流板数、开孔率及间距、上锥体高度、锥角等；②干燥器孔、门设计，开孔设计应保证操作方便、气密性能好、不积料、不黏壁，开孔主要有检修孔、测温孔、测压孔、测速孔、视镜、雾化器孔等；③塔底设计，塔底设计应保证最大限度的气固分离，主要包括确定下锥体高度、锥角、出料型式、排风型式及排风管尺寸等。除此之外，还应设计清扫装置等。

在DF生产应用中，压力式喷雾干燥器多以上喷下并流式为主。由于雾化器产生的雾滴较其他几种要大一些，雾滴的固化或干燥时间相对较长，所以热风对它的作用非常敏感，如果处理不当，将会造成严重黏壁。因而对各部结构尺寸的设计多是从热风的均一性出发，此外要注意产品的气固分离等问题。图3-19是压力式喷雾

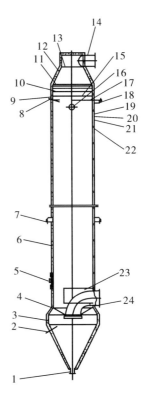

图3-19　压力式喷雾干燥器主体结构图

1—出料口；2—底部温度计；3—放大体；4—支撑杆；5—检修门；6—中部温度计；7—支座；8—顶部温度计；9—支座；10—整流板；11—整流板；12—上锥体；13—小整流板；14—热风进口管；15—清洗环管；16—视镜；17—喷嘴杆；18—喷嘴座；19—直筒部分；20—加强圈；21—保温层；22—保护层；23—防雨罩；24—排风管

干燥器主体，主要由塔头、塔身和塔底部分组成。对于上喷下压力式喷雾干燥器，塔头部分的设计十分关键，塔头的设计决定热风的分配效果。

1. 塔头部分的设计

一般来说，塔头部分主要确定塔头直径、高度、上锥体的角度及高度等尺寸，还包括进风管的直径、位置、分布板开孔率、间距、开孔形式及位置等。在这里只能作为一般性介绍。

目前，国内采用的塔头形式主要有以下几种：图3-20中（a）为垂直进风。这种结构空气分布形式是气体在进入主塔前，主气流轴向运动，经整流板后均匀进入塔内，特点是整流效果好，物料不易黏壁。但同时也增加了塔头的高度，如果安装在室内，还要增加厂房的高度。图3-20（b）是侧向进风，这种形式又分两种进风方式，一种是进风管的轴线与干燥器的轴线垂直相交；另一种是切向侧进风，热风进入干燥器后，经过2~3层整流板。在经过上锥体整流后使气体均匀进入干燥器内，干燥器同一截面上的气流速率比较均匀。因为热风是从侧向进入塔头，进入塔头后垂直向下，对整流的要求较高。如果采取前后两个风机时更要注意热风的分配问题。为防止气流分配不均，上锥体锥角不能太大，推荐锥角为25°~30°。图3-20（c）中形式进风有两个进风口，在上面的进风口为主风口，干燥用的绝大部分热量都是由主风带入。下面的为二次风口，二次风主要是产生环壁面从上至下的顺壁风。顺壁风有两个作用，它可以在雾焰（喷嘴喷出的锥形雾滴群）与塔壁之间由热空气形成一层屏障，避免湿物料与塔壁接触，防止物料黏壁。另一个作用是清扫附着在壁面上的粉尘，防止物料过热。这种结构的操作略有难度，一次风与二次风之间的风速比是关键参数，一般二次风的风速是一次风的4~5倍。同时也应注意，二次风在环隙方向上的分布也很重要，所以设计时还要根据物料的具体情况而定。图3-20（d）中形式为直塔头结构，这种结构的特点是加工制造简单，塔身短，降低了塔的高度。但整流效果一般，如果干燥器直径足够大，耐热性好的物料可以采用这种结构，否则将有黏壁现象。

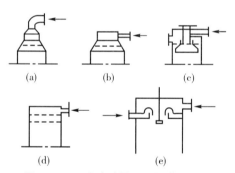

图3-20　压力式喷雾干燥器塔头结构

前面多次提到整流的概念，整流就是把紊乱的风流整理成方向一致的风流束，它是通过整流板完成整流操作。整流板是在金属板上开若干个小孔，安装在塔头处。根据干燥器直径不同，一般设置1~3层。如果放置多层，整流板的开孔率应有区别。按空气通过的先后顺序由大到小，开孔率一般为15%~30%，两层整流板之间的间距为300~500mm，整流板所产生的阻力为150~200Pa。图3-20（e）中热风的分配不需要整流孔板，塔内的气流与轴线平行。通过主风管与二次风管的空气分配，在喷出热风的周围又喷出少量的冷空气膜，使热风入口周围和上部塔壁黏粉和焦化现象显著减少。

在进入干燥器内的风管里，气流的推荐速率为5~12m/s。

2. 塔底部分的设计

对尾风管的设计应满足下列要求：①将气体顺利带出干燥器；②在干燥器底部应有良好的气固分离效果；③尾风管中不能出现物料的沉积；④尽可能减小风管的阻力。一个成功的设计，塔下的得料率可以达到70%~97%。

对于具有锥形塔底的干燥器，塔底型式及排风管的设计主要有以下几种：在

图3-21的（f）~（h）结构中，空气经过转向后进入排风管，这种结构要比90°转向的带出较多的干粉。特别是（a）型的设计，由于排风管向下深入锥底，风口处干粉浓度高，风管所处的截面上气流速率较高，容易把降落到塔底的干粉重新吸走。（f）~（h）型适用于大颗粒产品，在气速较低的情况下不易夹带干粉，因此塔底得料率较高。（b）型的特点是使空气通过整个塔的容积，延长了干燥时间，有利于干燥。（c）型对塔内气流影响很大，使气流偏向于一边，有可能造成产品水分含量不均匀。只适用于热敏性物料，它可排除在管道表面的沉积。（d）型由于进口向上，而且设置在干粉浓度较低的截面上，因此被带出的干粉少于（b）型，但塔的容积利用率较低。（e）型的排风口位置较高，夹带的干粉更少，但同样存在塔的容积利用率低的问题。（g）型在管口上装有挡盖，使空气在底半部转90°的弯，可以提高塔容积的利用率。（g）型、（h）型风口的位置设在塔体下部的环形处，适用于较粗颗粒和较低风速的场合。对于一些热敏性物料的干燥，为防止干粉堆积在塔内的水平风管上，可以在风管上方安装三角形防雨罩。（i）型是在尾风管处设有内旋风的出料形式，可提高干燥器底部得料率。（j）型出料结构的特点是在底部设有放大段以降低塔底部截面的风速，也是为了减少物料的夹带量。（k）型出料结构是在干燥器的底部接尾风管，在塔下部不出料，所有产品都由尾风管输送到气固分离装置分离出料。其特点是通过管道的输送延长物料的干燥时间，可以进一步降低产品水分。（l）型结构是干燥器底部设计成"W"形，通过塔底搅拌轴将产品推到出料口，尾气在底部中心处排出。（m）型出料装置是一种平底结构，在干燥器的侧面和底部有一个可以旋转的"L"形气扫装置，吹掉壁上黏附和底部的物料，风管的气速应为12~18m/s。

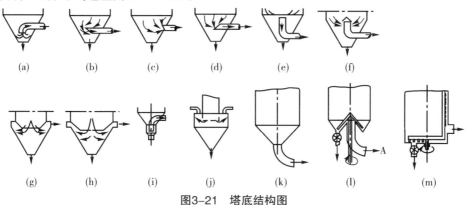

图3-21　塔底结构图

四、喷雾造粒的返粉造粒技术

以造粒为目的的喷雾干燥特别注重产品粒度，因为喷雾造粒的产品粒度受多种因素的影响，造粒过程又是随机的，所以会有部分产品小于所要求的粒度。这部分物料有两种处理方法，一种是重新打浆造粒。另一种是将旋风分离器和布袋除尘器捕集下来的粉料通过气力输送返回干燥器内，与新雾滴黏结造粒。这种技术称为返粉造粒技术，这是一项新的DF造粒技术。

1.返粉造粒机理

一般理论认为，雾滴在干燥器内水分的蒸发有两个阶段——等速干燥阶段和降速干燥阶段。等速干燥结束，雾滴已基本形成颗粒，如果使返回干燥器内的细粉黏附在雾滴表面，必须在雾滴含水率大于临界含水率之前与之接触，这是决定返粉成粒率的关键。

2. 返粉造粒装置各部件工作原理

以某物料的返粉造粒流程为例，介绍其装置的作用。

① 空气压缩机　空气压缩机提供足够的风量及风压，连续将细粉返回干燥器内。

② 脱湿机　压缩空气进入脱湿机后经冷却降温，使水分冷凝，再经过换热器提高温度，使气温高于该压力下的露点温度，避免剩余水分冷凝。一般经过冷却—脱湿—升温的工作过程。

③ 换热器　换热器以蒸汽（或导热油）为传热介质，管程走压缩空气，壳程走蒸汽，将脱湿后的压缩空气继续升温，以达到安全输送目的。

④ 文丘里供料器　压缩空气自喷嘴喷出时产生很高速率，在供料器里产生局部低压区，在吸入气流的同时也吸入来自旋风分离器、布袋除尘器捕集下来的细粉，利用压缩空气将其输送到干燥器顶部进入干燥器内。

⑤ 细粉分布器　细粉分布器将细粉均匀喷洒在雾滴上，使细粉黏附或包围雾滴，以达到最佳返料造粒效果。

图3-22是带返粉装置的喷雾干燥造粒流程图。

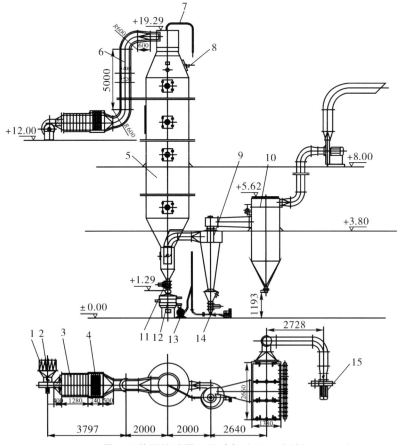

图3-22　带返粉装置的喷雾干燥造粒流程图（单位：mm）

1—空气过滤器；2—鼓风机；3—蒸汽换热器；4—电加热器；5—喷雾干燥器；6—热风管；7—返粉管；8—喷嘴；
9—旋风分离器；10—布袋除尘器；11—星形阀；12—振动筛；13—气泵；14—返料器；15—引风机

3. 喷雾造粒的细粉反馈系统

采用压力式喷雾干燥，其目的就是在干燥的同时得到颗粒状产品。前面提到，设备的规模和雾化器型式及孔径不同，得到产品的颗粒也不同。另外，物料的理化性质及含固率等指标不同，也直接影响产品的粒度，可能会出现一定量的粉状产品（低于某一粒度指标的产品）。近年来，国内外都试图把这部分粉体输送到干燥器内重新造粒，以达到产品全部为颗粒而消除细粉目的。

细粉反馈造粒主要是把小于某一粒度的物料通过适当的方法输送到干燥器内，与雾滴黏附后重新成粒。目前国内外采用的方法多数为通过气力输送把细粉返回到干燥塔内，通过特殊装置分散后喷洒到液体雾化的雾锥上，主要技术有以下几个方面。

（1）细粉的输送方法　干燥后产生的细粉内部和空隙中的空气湿度较高，如温度降低到露点温度时会出现冷凝现象，粉料潮湿后使气力输送无法进行，输送气体应保证不出现冷凝现象。采取的措施有两点，一点是输送气体进行脱湿并适当升温，达到安全输送温度；另一点是加大风量，但会对雾焰造成干扰，所以应慎重考虑。另外，气力输送主要有吸送式和压送式两种方法，根据喷雾干燥设备的位置和结构特点，基本都采用压送式。如被输送细粉对环境或人有影响，应特别注意系统的气密性。

（2）气体分布器　气体分布器安装在干燥器内，它的作用是把输送回塔内的粉体均匀"喷洒"到雾焰上。但分布器安装的位置应与雾化器有合适的高度，粉体必须在恒速干燥的时间内接触雾滴，否则产品的表面不光滑。如果雾滴颗粒形成后，粉体黏附的概率减小会使返粉量增大。分布器的结构必须不使气体产生涡流，不能有积料的死角，尽可能设计结构要圆滑，加工制造光滑。

输送气体用量。压缩空气的气体消耗量按下式计算：

$$Q_a = \frac{G_S}{60\rho_a f}$$ （3-11）

式中　Q_a——压缩空气消耗量，m^3/min；

G_s——输送物料量，kg/h；

ρ_a——当地自由空气密度，kg/m^3；

f——粉料与空气的混合比，即固气比，kg（料）/kg（气）。

对于输送喷雾干燥后的粉体，一般取3～5即可。

输送管径计算式为：

$$D = \sqrt{\frac{\dfrac{G_s+600}{\rho_s}}{360 \times \dfrac{\pi}{4} u_2}}$$ （3-12）

式中　D——输送管道内径，m；

G_s——输送物料量，kg/h；

ρ_s——物料密度，kg/m^3；

u_2——空气的末端速率。

输送压力是选择风机或空压机的主要技术参数，输送压力为：

$$\Delta p = \Delta p_h + \Delta p_y + \Delta p_{sp} + \Delta p_{ex} + \Delta p_p$$ （3-13）

式中　Δp——总压力损失，Pa；

Δp_{sp}——旋风分离器的压力损失，Pa；

Δp_{ex}——管道出口压力损失，Pa；

Δp_p ——供气泵的阻力损失，Pa；

Δp_y ——垂直管的压力损失，Pa；

Δp_h ——水平管的压力损失，Pa。

$$\Delta p_h = n\frac{G}{360}(1+\phi^{2n})\frac{u_a^2}{2} \tag{3-14}$$

式中　G ——输送物料量，kg/h；

　　　ϕ ——固气悬浮冲击弯管时的流速降低率，一般取0.7；

　　　n ——理论冲击次数，与曲率半径R和管道直径D之比有关，见表3-30。

表3-30　R/D比值与n的关系

R/D	0.5	1	2	3	9	20
n	0.75	0.94	1.22	1.67	2.04	3

　　　n ——弯头个数。

$$u_a = \frac{u_1+u_2}{2}$$

　　　u_a ——管中气流平均速率，m/s；

　　　u_1 ——气流起始速率；

　　　u_2 ——管终端速率。

$$\Delta p_y = \lambda_a\frac{H}{D}\times\frac{u_a^2}{2}\rho_a(1+k_v f)+\rho_a(1+\frac{f}{\phi'})Hg \tag{3-15}$$

式中　λ_a ——气体的摩擦系数；

　　　Δp_y ——垂直管的压力损失，Pa；

　　　D ——管路内径，m；

　　　H ——垂直管有效高度，m；

　　　u_a ——管路中气体平均流速，m/s；

　　　ρ_a ——气体密度，kg/m³；

　　　k_v ——垂直管固体产生的附加阻力系数；

　　　f ——固气比；

　　　ϕ' ——速率比，小于等于1。

颗粒的悬浮速率为：

$$u_{悬}=3.62\sqrt{\frac{d(\rho_s-\rho_a)}{\rho_a\xi}} \tag{3-16}$$

式中　d ——被输送物的直径，m；

　　　ρ_s ——物料密度，kg/m；

　　　ρ_a ——气体密度，kg/m；

　　　ξ ——阻力系数，是Re的函数。

五、干悬浮剂喷雾干燥造粒工艺实例

1.80%硫黄干悬浮剂

硫黄干悬浮剂是硫黄悬浮剂经压力喷雾干燥制成的产品。该产品流动性好，无粉尘，水中崩解快，悬浮率高，安全性好。

硫黄（325目）折百量　81%	增稠剂用量　3%
分散、润湿剂用量　13%	加水　调节至含固率40%
助崩解剂用量　3%	

前期先制成水悬浮剂，但与水悬浮剂不同的是不需加防冻剂，防止在后序干燥工艺中水的沸点提高而导致难干燥。水作为介质，只是在硫黄研磨的过程中起作用，在后序工艺中经干燥除去。

分散剂的选择用量最为重要。硫黄DF的分散剂选择时基于如下几点考虑：①防止分散剂的富集现象，即分散剂包覆在颗粒表面，致使产品最后无法完全崩解；②热贮存稳定性能好；③在粒径相同情况下悬浮率较高。可加入高分子木质素磺酸钠、萘磺酸盐、聚羧酸盐、拉开粉等，或采用两种以上复配。

将硫黄水悬浮剂置于不同温度下干燥，然后对悬浮率进行检测，优良配方能在进风温度105℃干燥后保持高的悬浮率。硫黄熔点决定其不适宜在过高温度下干燥，但温度越低喷雾干燥器就越高，设备投资大。干燥后的硫黄DF在显微镜下观察是空心的，壳上有许多小空隙，整体观察是中间呈凹陷的球状物。

（1）工艺参数

物料名称　硫黄	产量　400kg/h
进口温度　105 ℃	残余水分　约2%
出口温度　65℃	加热方式　0.7MPa蒸汽
悬浮液固含率　40%	总功率　63kW
水分蒸发量　600kg/h	造粒方式　并流式喷雾造粒

（2）硫黄DF的测试指标

外观　灰褐色的球状颗粒	悬浮率　80%
pH值　6～9	磨耗强度　98%
水分　约2%	崩解时间　<3min
含量　79%～82%	湿筛　通过44μm >98%
润湿时间　1min	持久起泡性　<25mL（1min）
分散性　长管实验<0.05mL	热贮　（54±2）℃

2.60%苯噻草胺·苄嘧磺隆干悬浮剂

按配方将各种物料投入到砂磨机中进行湿粉碎，当粉碎结束后，悬浮液经真空泵吸至贮料槽中。经过滤器进入高压泵，经稳压器稳压后进入喷嘴，从喷嘴喷出后在干燥器内雾化。与此同时，冷空气经热风炉加热后进入干燥器，与雾滴并流向下，进行传质传热。物料水分蒸发后干燥成微小颗粒，产品经气固分离后在干燥器和旋风分离器底部出料，尾气经除尘分离后排空。

这是双组分配方，配方及工艺参数如下：

苄嘧磺隆　5%	分散剂（木质素M-9）　34.3%
苯噻草胺　55.0%	乳化剂（OP-15）　1.17%
润湿剂（拉开粉BX）　1.14%	填料（高岭土）　5.42%

主要技术参数

干燥器　φ2.8m	旋风分离器　φ1.1 m

湿式除尘器　两台并联　　　　　　产量　100kg/h

热风炉　2.5×10^6kJ/h　　　　　蒸发水量　185kg/h

进风温度　160℃　　　　　　　　产品粒度　80～180目

尾气温度　88～90℃　　　　　　　悬浮率　85%

进料含固率　35%　　　　　　　　产品含水　≤5%

3. 53%苯噻草胺·苄嘧磺隆干悬浮剂

这是双组分配方，配方及工艺参数如下：

苄嘧磺隆　5.43%　　　　　　　　度6m

苯噻草胺　52.0%　　　　　　　　物料停留时间　10s

润湿剂（拉开粉BX）　1.14%　　　喷嘴直径　0.6mm

分散剂（木质素磺酸钠M-9）　34.3%　　雾化压力　0.15MPa

乳化剂（OP-15）　1.17%　　　　热风进口温度　140℃

填料（高岭土）　余量　　　　　　尾气出口温度　80℃

压力式喷雾干燥器　直径1.2m，有效高　产品粒度　80～160目

六、干悬浮剂喷雾造粒条件控制

在农药制剂加工中，干悬浮剂的生产与生产设备的联系最为紧密。除配方因素外，干燥器结构、雾化器形式、热风温度、尾气温度、物料含固率、产品含水率等因素都会影响产品的粒度和悬浮率。

1. 热风进口温度

热风进口温度范围限制为120～200℃，进口温度的高低会影响到干燥速率，然而进口温度也是影响颗粒硬度的要素之一。实验发现，进口温度越高，颗粒越容易破裂。其原因为在干燥的过程中，颗粒表面的水分会迅速地被蒸发，而颗粒内部所含的水分在蒸发时所产生的蒸汽压会迅速冲出颗粒的表面，容易造成颗粒破裂，因此颗粒的硬度会降低。

2. 尾气出口温度

尾气出口温度一般限制为90℃以下，而出口温度会随进口温度的提升而升高，也会随着加料量的增加而使出口的温度降低。出口温度若高，则成品的含水率低。

3. 悬浮液含固率

悬浮液含固率也是影响到成品质量的关键之一。经湿粉碎后制成水悬浮剂，悬浮液的浓度高，所含的水分会较少，因此生产能力大。但会造成颗粒容易破裂，导致颗粒的硬度下降。对某除草剂的实验得知，悬浮液浓度在41.6%~43%，可得到高的硬度。而高于45%后，硬度则会随着悬浮液含固率的增加而降低。然而经干燥后容易破裂的颗粒，经过旋风分离器分离时，会因为碰撞到旋风分离器的器壁而破碎形成粉末，因此旋风分离器的粉末收集就会变得很多，回收率就会降低，因此悬浮液含固率应有一个最佳值。

七、喷雾造粒常见问题及解决方法

1. 产品成粒率

因配方中要加入一些表面活性剂，表面活性剂的加入降低了悬浮液的表面张力。喷雾干燥的成粒率与悬浮液的表面张力和黏度有关，当表面张力降低至50mN/m以下、黏度降低至5×10^{-2} Pa·s以下时，成粒率会显著降低。此时应通过加入配方中的助剂改善悬浮液的

黏度、表面张力和含固率，以提高成粒率。

2. 颗粒的粒度

产品颗粒粒度小主要是悬浮液的含固率低、雾化器的雾化角度大造成的。另外，压力式喷雾造粒的操作压力、离心式喷雾造粒时雾化盘的线速率、气流式喷雾造粒的气流与物料的相对速率都是影响颗粒粒度的因素，还有一些因素需操作者进一步探索。

3. 产品的含水率

产品的含水率是干悬浮剂的指标之一，含水率主要由喷雾造粒的尾气温度决定，如出现产品含水率超过标准值的情况时应提高尾气温度。

悬浮率与产品含水率关系紧密，含水率越高，悬浮率也越高。53%苯噻草胺·苄嘧磺隆干悬浮剂的实验结果见表3-31。

表3-31　产品含水率与悬浮率的关系

产品含水率 / %	悬浮率 /%
1.7	46
2.5	70
3.5	91.5
5	95

4. 产品悬浮率

喷雾干燥造粒过程是物料的受热过程，干燥的同时物料有受热凝聚的倾向，应在配方中选用耐热性分散剂，同时也应增加分散剂的用量。还应适当降低热风的进口温度。另外，产品悬浮率低与原药湿粉碎的细度有关。一般干悬浮剂湿粉碎的细度为1~5μm，如果粉碎细度不够，也会影响悬浮率。

DF生产装置外观见图3-23。

喷雾造粒是动态干燥的一种，其特点是物料在瞬间完成干燥过程，在干燥过程中物料基本保持湿球温度，有效避免了物料因干燥造成的凝聚。干燥设备的设计和操作中应注意以下几点：

① 干燥器的热风温度应能在线自动控制。

② 干燥器的半径应大于雾滴水平飞行距离100mm以上，以防黏壁。

图3-23　安装在国内某企业的DF生产装置

③ 尾气最好采用湿式除尘处理以防异味逸出。

④ 操作温度必须根据物料的耐热温度确定，以防农药粒子凝聚。

八、喷雾干燥操作技术

生产中可能出现的问题和引起的原因及补救措施总结如下：

1. 黏壁现象严重

主要表现是干燥室内壁黏着的湿粉。其原因是：

① 进料量太大，不能充分蒸发。

② 喷雾开始前干燥室加热温度低。

③ 开始喷雾时，下料流量调节过大。

④ 加入的料液不稳定。

⑤ 热风分配器整流效果不佳。

⑥ 热风的空塔风速过低。

⑦ 用于雾化的喷嘴孔磨损变形或雾化器位置不正。

针对上述产生问题的不同原因，可依次采取以下措施：适当减少进料量；适当提高热风的进口和出口温度；在开始喷雾时，流量要小，逐步加大，调节到适当时为止；检查管道是否堵塞，调整物料固形物含量，保证料液的流动性；通过鼓风机、引风机调节干燥室内风压，检查喷嘴雾化情况。

2. 产品水分含量太高

排风温度是影响产品水分含量的主要因素，所以造成产品水分含量太高的原因一般是排风温度太低。而排风温度可由进料量来调节。因此相应的措施是适当减小进料量，以提高排风温度。一般当产品含水率为3%以下时，干燥器排风温度应不低于85℃。

3. 产品粉粒太细

产品颗粒太细会影响其润湿性、冲调性能。原因是含固量太低或进料量太小。补救措施是提高料液的含固量，降低雾化压力，加大进料量，提高进风温度。

4. 尾气带粉现象严重，产品得率低

带粉损失过多，大大影响成品的得率，一般的原因是旋风分离器的分离效果差。若出现这种情况，应检查旋风分离器是否由于敲击、碰撞而变形；提高旋风分离器进出口的气密性，检查其内壁及出料口是否有积料堵塞现象。当然分离效率还与粉末的密度及粒度的大小有关，某些物料可根据需要增加第二级除尘。

5. 蒸发量太低

蒸发量太低的原因可能是：

① 整个系统的空气量减少。

② 热风的进口温度偏低。

③ 设备有漏风现象，有冷风进入干燥室。

补救措施为：

① 检查离心机的转速是否正常。

② 检查离心机调节阀位置是否正确。

③ 检查空气过滤器及空气加热器管道是否堵塞。

④ 检查电网电压是否正常。

⑤ 检查加热器工作温度是否正常。

⑥ 检查设备各组件连接是否密封。

九、部分干悬浮剂的生产条件

（1）80%氟虫腈

| 原药含量 | 97% | 分散剂SP | 5% |
| 原药 | 83% | 分散剂（木质素磺酸钠） | 9% |

润湿剂（EFW）　3%

含固率　35%~40%

（2）75%苯磺隆

原药含量　95.1%

原药　79%

分散剂（D1001）　4%

分散剂（木质素磺酸钠）　14.3%

（3）3%甲维盐配方

按500kg投料，含固率为40%，配方如下：

甲维盐（70.6%）　16kg

木质素磺酸钠　10kg

分散剂（NNO）　60kg

（4）7%甲维盐配方

原药（90%）　6.4%

磺酸盐润湿剂　4%

萘磺酸盐分散剂　8%

复合崩解剂　10%

稳定剂　2%

进风温度　140~160℃

排风温度　70~80℃

润湿剂（BX）　2.7%

含固率　35%~40%

进风温度　140~160℃

排风温度　70~80℃

碳酸氢钙　114kg

加水　300kg

产品水分　≤3%

干燥进风温度　160~170℃

出风温度　75℃

黏结剂　3%

消泡剂　适量

填料　高岭土和轻钙补齐

浆料含固率　60%

其中：稳定剂可用六偏磷酸钠，热风进口温度为110℃。

助剂可用十二烷基硫酸钠、磺酸盐、聚羧酸盐、萘磺酸盐、木质素磺酸钠。

崩解剂可用羧甲基淀粉钠、纤维素、硫酸铵、无水硫酸钠。

黏结剂可用羧甲基纤维素、葡萄糖。

消泡剂可用有机硅消泡剂。

载体可用高岭土、膨润土、轻钙、淀粉。

参考文献

[1] 刘步林. 农药剂型加工技术. 第2版. 北京：化学工业出版社，1988.

[2] 洪家宝. 精细化工后处理装备. 北京：化学工业出版社，1990.

[3] 刘广文. 喷雾干燥实用技术大全. 北京：中国轻工业出版社，2001.

[4] 刘广文. 干燥设备设计手册. 北京：机械工业出版社，2009.

[5] 刘广文. 染料加工技术. 北京：化学工业出版社，1999.

[6] 刘广文. 农药水分散粒剂. 北京：化学工业出版社，2009.

[7] 凌世海. 固体制剂. 第3版. 北京：化学工业出版社，2003.

[8] 赵国玺，等. 表面活性剂作用原理. 北京：中国轻工业出版社，2003.

[9] 郑树亮，等. 应用胶体化学. 上海：华东理工大学出版社，1996.

[10] 梁治齐，等. 功能性表面活性剂. 北京：中国轻工业出版社，2002.

[11] 刘广文. 造粒工艺与设备. 北京：化学工业出版社，2011.

[12] 刘广文. 现代农药剂型加工技术. 北京：化学工业出版社，2013.

第四章

可乳化粒剂

第一节 概 述

可乳化粒剂（emulsifiable granual，EG）亦称乳粒剂，也有人称其为固化乳油，加水后成为水包油（O/W）型乳液状态的颗粒制剂。该产品是一种水乳化颗粒，它将有效成分溶解和稀释到加入表面活性剂的有机溶剂中，用载体吸附后制粒、干燥得到，使用时用水破解或者分散成常规的水包油状态而使用。外观干燥、均匀，能自由流动，颗粒状，无可见外来物和硬团块。

在农药制剂加工过程中，以乳油、微乳剂的喷雾药效最好，但由于乳油、微乳剂含有大量有机溶剂，运输及包装不安全，受温度、时间、水质影响较大而受到限制；因此可乳化粒剂相对而言，是个较好的选择。其主要优势为：不含水分，对水敏感的物料较为合适；受温度、时间影响较小，稳定性高，药效与乳油或微乳剂相当。与用量较大的剂型比较，其主要优点见表4-1。

表4-1 可乳化粒剂与其他相关剂型对比

项目	可湿性粉剂（WP）	水分散粒剂（WG）	乳油/水乳剂/微乳剂（EC/EW/ME）	悬浮剂（SC）	可乳化粒剂（EG）
有效成分要求	熔点大于60℃，含量较高	熔点大于60℃，含量较高	易溶于有机溶剂，含量较低	熔点大于60℃，含量中等	易溶于有机溶剂，含量较低
加工过程	需要粉碎，有粉尘	需要粉碎，有粉尘	混合或均质	湿粉碎	填料粉碎，有效成分吸附、制粒、干燥
生产安全性	有粉尘，加工简单	有粉尘，加工复杂	有气味，加工简单	环保，加工简单	有少量粉尘及气味，加工复杂
包装运输	易贮运，包装费用低，安全，可能结块	易贮运，包装费用低，安全	贮运困难，不安全，包装费用高，受温度影响较大	贮运困难，不安全，包装费用高，受环境温度影响较大	易贮运，包装费用低，安全

项目	可湿性粉剂（WP）	水分散粒剂（WG）	乳油/水乳剂/微乳剂（EC/EW/ME）	悬浮剂（SC）	可乳化粒剂（EG）
环保性	有粉尘，包装材料易处理	无粉尘，包装材料易处理	有气味，包装材料难处理	无气味，包装材料易处理	无粉尘，包装材料易处理
自动分散性	一般	一般	好	一般	一般
物理稳定性	稳定性较好	稳定性较好	稳定性较差，受温度、时间、水质影响较大	稳定性较差，受温度、时间、水质影响较大	稳定性较好
田间应用效果	一般	一般	好	较好	好

由表4-1可以看出，可乳化粒剂的主要优点有：

① 没有粉尘飞扬，降低了对环境的污染，对作业者安全，并且可以使剧毒品种低毒化。

② 与可湿性粉剂比较，产品相对密度大，体积小，便于包装、贮存和运输。

③ 贮存稳定性和物理化学稳定性较好，特别是在水中不稳定的农药，制成此剂型比悬浮剂要好。

④ 颗粒的崩解速率快，颗粒一触水会立即被湿润，并在沉入水下的过程中迅速崩解乳化。

⑤ 分散在液体中的颗粒只需稍加搅拌，细小的乳化微粒即能很好地分散在液体中，直到药液喷完能保持均匀性。

但与此同时，乳化颗粒剂也存在一定的缺点。例如，可乳化粒剂生产工艺较为复杂，生产条件要求高，有机溶剂需要回收利用，在经时存放后，配方调配不好易受外力积压、环境气温较高等因素的影响，出现崩解分散性、乳化性能、悬浮率等一系列质量指标下降的弊端。

第二节 可乳化粒剂发展历史及性能要求

一、可乳化粒剂的发展历程

国内在20世纪50年代中期，在王君奎先生指导下，由高永根与沈阳农药厂合作成功研制滴滴涕乳粉。这种剂型是将熔融的滴滴涕原粉加到已预热至90~100℃的浓缩亚硫酸纸浆废液中，在加热搅拌下，使滴滴涕形成细小的液珠（0.5~3μm）分散在亚硫酸纸浆废液中，再经干燥、冷却后，滴滴涕凝固成细小微粒分散在纸浆废液的固形物中，即滴滴涕乳粉。如将此制剂撒到水中后，由于纸浆废液固形物易溶于水，即形成滴滴涕微粒悬浮在水中的悬浮液，悬浮性能良好，1h的悬浮率可达90%，药效极好。经室内毒力测定和田间药效对比试验，其药效比滴滴涕可湿性粉剂高1倍左右，与滴滴涕乳油的药效相近。这种剂型与可湿性粉剂比较，具有流动性好的优点，便于称取，由于颗粒大，称取时可避免粉尘飞扬。乳粉同目前一些国家正在大力提倡的干悬浮剂（dry flowable）相似。这个剂型与乳油相比，既可不用溶剂和乳化剂，又能节省包装材料。这一加工原理，后来又应用于配制除草醚乳粉。这两个制剂沈阳农药厂曾生产多年，产品很受用户欢迎。但由于其加工产品易吸潮结块，所以受到限制。

近年来随着乳油剂型的禁用、新型农药表面活性剂的出现，以及胶体化学和表面化学科学的发展，为可乳化粉（粒）剂提供了一个发展的机遇，许多国内的研究单位及生产单位已经进行许多研究，如20%醚菊酯EP（可乳化粉剂）、100亿孢子/g绿僵菌EP、25%氟磺胺草醚EP、10%喹草烯EP、25%苯醚甲环唑EP、20%氟硅唑EP等。

可乳化粒剂是在可乳化粉剂基础上发展起来的，减少了使用过程中出现的粉尘，提高了制剂的流动性，同时也避免了使用过程出现的溶剂，是以后替代可乳化粉剂的方向。可乳化粒剂是一种较新颖的剂型，在1978年的农药剂型标准中未见记载。目前国外大型农药公司研发较多，如德国拜耳作物科学公司、美国杜邦公司、瑞士先正达作物保护有限公司、赫斯特股份有限公司等，但是还没有成熟的商业化产品和销售统计数据。其中德国拜耳作物科学公司研制的溴氰菊酯可乳化粒剂稳定性良好，室温至高达50℃条件下贮藏3个月，可乳化粒剂的各项指标基本未变。

国内研究虽然起步较晚，但也在慢慢兴起之中，部分企业已经申请了可乳化粒剂的专利，如南通联农农药制剂研究开发有限公司申报了"一种农药可乳化粒剂及其制备方法"的专利。江西正邦生物化工股份有限公司研发的二嗪磷、三唑磷、咪鲜胺、毒死蜱、丙环唑、丁硫克百威、丙溴磷等可乳化粒剂产品，制作过程不加入有机溶剂，使用时加水可完全乳化，低浓度使用便可得到很高防治效果，药效与相同有效成分的乳油相当，具有速效和持效性特点。山西绿海农药科技有限公司研发了醚菊酯可乳化粒剂，北京富力特农业科技有限责任公司研发了甲维盐可乳化粒剂；云南大学尹海霞、吴毅歆、何月秋等人，从基本概念和研制方法等方面做了可乳化粒剂的介绍；浙江大学的魏方林等人进行了微乳化粒剂（MEP）配制的可行性研究。丰县百农思达农用化学品有限公司也报道了2%甲维盐EG配方及加工工艺。由此表明可乳化粒剂正在受到越来越多农药生产厂及农药助剂公司的关注，应该是一个前途较好的剂型。

在助剂研究方面，国内外多家助剂公司已经在进行此方面助剂的开发及应用工作。如日本竹本油脂株式会社提出的固化乳油（无溶剂乳油）产品解决方案，提供了相应的乳化剂（YUS-SB75、YUS-FS7PG）及润湿分散剂，并提供了部分产品配方组成及相应的加工工艺，具有很好的推广和实践工作；索尔维集团在产品手册中推出了可乳化粒剂中使用的水溶性聚合物GEROPON EGPM，可有效防止产品积聚现象，保证了产品优异的再乳化能力。

由此可见，可乳化粒剂以其安全、环保、高效、稳定的特点正在受到越来越多的关注，必将得到快速的发展。

二、可乳化粒剂的性能要求

可乳化粒剂的有效成分可以是一种或者几种。有效成分被溶剂溶解后，在表面活性剂作用下，被吸附在水溶性聚合物的外壳上，或者另外一些可溶或者不可溶的载体中。根据要求该制剂还可以添加其他助剂。它兼具乳油和粒剂的优点，不仅具有药效高、稳定性好、施用方便、无粉尘、易于计量、悬浮性和再悬浮性好的优点，而且也解决了液体制剂不易运输贮存和有机溶剂产生药害和环境污染的缺点。可乳化粒剂根据药效、使用、贮藏运输等各方面要求，其主要性能要求有以下几个方面：粉尘、耐磨性、流动性、润湿性、分散性、分散稳定性、持久泡沫性、湿筛试验、水分、酸碱度、热贮稳定性等。

1. 粉尘

粉尘对产品的生产者及使用者均会产生极大危害，必须对其进行控制。主要检测的方法为GB/T 30360—2013《颗粒状农药粉尘测定方法》，测定方法为：称量0.3～0.8g脱脂棉（精确至0.0001g），均匀放入过滤网前端。将过滤器连接空气流量计入口，流量计出口连接真空泵。将带有盖子的倾倒管安装在测量箱体上。开启真空泵，调节空气流量为15L/min。用烧杯称量30.0g（精确至0.1g）样品，将其匀速倒入倾倒管入口处，同时计时，控制倾倒样品在60s完成，收集粉尘于脱脂棉上。收集完毕用镊子取出脱脂棉称重（精确至0.0001g）。结果判定：粉尘的测定值≤30mg为基本无粉尘，粉尘测定值＞30mg为有粉尘。

国内用于农药粉尘测定设备为淄博三合仪器有限公司生产的SHNF-2型农药粉尘测定仪（图4-1）。

图4-1　SHNF-2型农药粉尘测定仪

2. 耐磨性

产品耐磨性反映了产品在包装、运输及贮藏过程中，受到摩擦挤压破碎的程度。具体测量方法如下：准确称量50.0g（精确到0.1g）筛选后的样品，放入玻璃瓶中，封好瓶口，将其水平放在转轴上，转速为75~125r/min，转动4500r。

把125μm试验筛放到接收盘上，小心地转移玻璃瓶里的物质到125μm试验筛上，同时用刷子或（和）玻璃棒除去留在玻璃盖和玻璃瓶表面的物质与样品一起置于125μm试验筛上，筛子盖放在振筛机上振动3min。取下筛子，去掉盖子，转移筛子上的物质到去皮称量好的表面皿上，轻敲筛子边框5次，刷筛子下表面，丢弃该部分；然后刷上表面，反转筛子，将刷下来的物质合并至表面皿上，称量表面皿上物质质量。产品耐磨性一般应≥90%。

3. 流动性

流动性会对产品的生产包装及使用造成很大影响，好的流动性便于生产过程中的输送、包装和防止在料仓中架桥堵塞，同时便于在使用时倒出，易于称量，可减少产品包装的残留量。流动性一般以坡度角或者流动数来表示，坡度角越大，流动性越差。

4. 润湿性

润湿性一般包括两个方面内容：一是产品倒入水中，能够自然润湿沉降；二是指药剂的稀释液对植株、虫体及其他纺织对象表面的润湿能力。两个指标都将影响到药效的充分发挥，影响产品的防治效果。润湿性指标通常以润湿时间来表示，通常要求润湿时间≤120s。

5. 分散性

分散性是指药粒倒入水中后，在搅拌情况下迅速崩解成细微个体粒子的能力。以测定崩解时间长短来表示，一般规定小于3min。方法如下：向装有90mL蒸馏水的100mL具塞量筒（内高22.5cm，内径28mm）于25℃下加入样品颗粒0.5g，之后夹住量筒的中部，塞住桶口，以8r/min的速率绕中心旋转，直到样品在水中完全崩解，记录产品崩解所需时间。

6. 分散稳定性

分散稳定性是指药剂在稀释使用时，有效成分分布均匀程度的关键性指标，实际上要求1~2h分散体系稳定，24h后能很好地再分散，FAO标准要求：在（30±2）℃用CIPAC标准水A和D稀释，一般制剂应满足如下要求。分散性指标见表4-2。

表4-2 分散性指标

指标	参数
最初分散性	沉淀：无
	乳膏或浮油：无
一定时间后分散性（30min后）	沉淀：≤ 1mL
	乳膏或浮油：≤ 0.05mL
重新分散性（24h后）	沉淀：≤ 1.2mL
	乳膏或浮油：≤ 0.1mL

7. 持久起泡性

测定方法：按照HG/T 2467.5—2003中4.11进行，一般要求为1min后250mL具塞量筒测试时，体积<60mL。

8. 水分

水分对制剂的物理和化学性能都有重要影响。水分含量超标，在堆放期间易产生结块，流动性降低，给使用带来不便；同时还可能加剧有效成分的分解，从而导致产品质量下降，药效降低。其测定方法：按照GB/T 1600—2001中"共沸蒸馏法"进行测定，水分一般要求≤2.5%。

9. 酸碱度或pH值

为了确保有效成分贮存的稳定性，避免贮存中有效成分分解、制剂物理性质的降低和对包装物潜在的腐蚀；酸度或碱度一般以硫酸或氢氧化钠的百分数（％）表示。不考虑实际中以何种酸或碱存在，pH值规定上下限，即以pH值范围表示，并注明测定温度。测定方法：酸度或碱度按HG/T 2467.1—2003中4.7进行，pH值按照GB/T 1601—1993标准进行测定。

10. 湿筛试验

湿筛试验指标主要保证产品在兑水使用时具有较高的悬浮率和限制不溶颗粒物的量以防止喷雾时堵塞喷头或过滤网，一般通过湿筛法进行测试，也可采用粒度分布仪对其颗粒的平均细度、粒径分布进一步测试，以便充分发挥产品药效。湿筛法测定方法：按照GB/T 16150—1995中的"湿筛法"进行。

11. 热贮稳定性

湿贮稳定性指标主要确保产品在高温贮存时对产品的性能无负面影响，并评价产品在常温下长期贮存时有效成分分解（和相关杂质可能增加）及相关物理性质变化。按照GB/T 19136—2003中"其他制剂"进行，一般有效成分热贮后平均有效成分含量不得低于贮前含量的95%，相关杂质的含量、酸碱度或pH值范围、润湿性、分散稳定性、湿筛试验、粉尘、破损率等应符合产品规格要求。

第三节 可乳化粒剂的配方组成及筛选

一、可乳化粒剂的配方筛选

可乳化粒剂配方一般包括以下组分：有效成分、助溶剂、乳化剂、水溶性高分子聚合物、吸附剂或载体、润湿分散剂、其他助剂。通过选择各组分的品种，调节各组分的用量，从而获得性能优越的产品。

1. 有效成分

可乳化粒剂产品主要用于喷雾使用，所以在进行配方筛选时需要对有效成分进行选择，主要关注以下几点：有效成分为低熔点原药（熔点低于45℃）或者在常温下呈固态的农药原药易于溶解在有机溶剂中，形成的有机相比例一般不超过50%（有效成分+助溶剂+乳化剂），挥发性较低，在短时间高温中不易分解，化学稳定性好；其有效成分可以包括除草剂、杀虫剂、杀菌剂、植物生长调节剂等。

2. 助溶剂

助溶剂主要在配方中起到溶解和稀释有效成分、改善流动性的作用。当然部分常温下为液体的有效成分也可不加，选用时主要考虑资源丰富、价格便宜、对人及环境安全等因素。

（1）芳香烃类溶剂 此类溶剂对有效成分溶解度较高，如甲基萘、二甲基萘、烷基苯衍生物、二甲苯、溶剂油Solvesso 100、Solvesso 150、Solvesso 200等。

（2）植物油类溶剂 如油酸甲酯、松脂基植物油、植物油、柴油、白油、矿物油等，其主要起部分稀释作用，同时可增加有效成分的铺展性及黏着性。

（3）醇、醚、酮、酯、酰胺类溶剂 例如乙醇、环己醇、C_8醇衍生物、二苄醚、环己酮、4-甲基环己酮、N-甲基吡咯烷酮、N-辛基吡咯烷酮（AgsolEx 8）、N-十二烷基吡咯烷酮（AgsolEx 12）、N-环己基吡咯烷酮、烷基苯甲酸酯、碳酸二甲酯、邻苯二甲酸酯、乙酸仲丁酯、N,N-二甲基辛酰胺-癸酰胺（Hallcomid M8-10）。

（4）其他溶剂 如罗地亚的绿色溶剂，如Rhodiasolv® Green 25、Rhodiasolv® Green 21、Rhodiasolv® RPDE、Rhodiasolv® Polarclean、Rhodiasolv® ADMA 810、Rhodiasolv® ADMA 10、Rhodiasolv® DIB，以提高产品的环保型。

3. 乳化剂

乳化剂的选择是极其关键的环节，关系到剂型的研制成败。一般首先考虑分散相的结构、特点和被乳化物所需的亲水疏水平衡值（HLB值）；其次还要考虑乳化剂的结构、组成和HLB值；此外，还需要考虑乳化剂和分散相的相容性、稳定性以及乳液的稳定性。乳化剂主要起到对有效成分进行乳化分散的作用，同时具有一定的保护胶体、防止有效成分析出的作用，为配方筛选的关键组分。乳化剂可单独使用，也可采用阴-非离子、非-非离子、阴-阴离子复配使用。使用的乳化剂类型有：

（1）常规乳油用乳化剂 烷基苯磺酸钙盐，烷基苯磺酸胺盐、快T、600#、700#、400#、700#、1600#、BY系列、司盘系列、吐温系列、NP、AEO等。这类乳化剂能够对有效成分进行有效乳化，但容易在相变时出现结晶析出问题。

（2）采用阴离子修饰的非离子乳化剂　此类表面活性剂同时具有乳化和分散两种功能，确保产品在发生相变化时具有较好的适应性。主要品种有600#磷酸酯或硫酸酯、700#磷酸酯或硫酸酯、NP磷酸酯或硫酸酯、AEO硫酸酯等；其他国外产品牌号有：日本竹本油脂株式会社的YUS-SB75、YUS-FS7PG、YUS-EP60P、YUS-D935，索尔维集团的SOPROPHOR FD，江苏擎宇化工科技有限公司的SP-SC29等。

（3）其他乳化剂　脂肪酸聚乙二醇酯类，例如乙氧基化失水山梨糖醇月桂酸酯和乙氧基化失水山梨糖醇油酸酯、丙二醇/乙二醇嵌段聚合物及其混合物、磷酸化乙二醇/丙二醇/乙二醇嵌段聚合物。

（4）固体颗粒乳化剂　近年来，随着纳米材料科学的升温，具有表面活性的颗粒乳化剂再次引起广泛的关注。颗粒乳化剂是指固体粒子代替传统的化学乳化剂，固体颗粒在分散相液滴表面形成一层薄膜，阻止了液滴之间的聚集，获得稳定的油/水分散相。而且大量的分散相液滴本身就可以作为农药的贮存场所。与传统乳化剂相比，颗粒乳化剂具有乳化性能强、乳液稳定性好、乳化剂用量小的优点，且固体颗粒乳化剂没有小分子表面活性剂的分子迁移所带来的毒害性。在食品、化妆品、医药行业用途广泛。研究表明，颗粒乳化剂形成的乳液中加入固体颗粒（如超细的黏土、碳酸钙、硅藻土等）和表面活性剂，能获得良好的稳定性。并且在加入了固体粒子而获得的稳定乳液中，加入乳化助剂（表面活性剂或者聚合物），乳液的稳定性能够大大提高。由上述可以得出，选用合适的水溶性聚合物载体和颗粒乳化剂，可以使其有相互促进作用，还能减少表面活性剂的使用量。

4. 水溶性高分子聚合物

水溶性高分子聚合物在水中能溶解或溶胀成溶液或凝胶状的分散液，水溶性聚合物良好的水溶性，来源于其结构中的羧基、羟基、酰胺基、氨基、醚基等亲水基团；水溶性聚合物具有优良的分散性，能增加乳液的稳定性，防止产生絮凝；水溶性聚合物在界面上有吸附作用，大分子聚合物在界面上吸附与小分子不同，它与界面之间是多点连接。当溶液被稀释时，解吸很困难，几乎不可逆，使得溶液具有良好的稳定性。有了这种胶体保护剂，被乳化的原油被保护在高分子形成的网络中，使颗粒在高温和机械外力作用下比较稳定。

水溶性聚合物一般可分为有机天然类聚合物、有机半合成类聚合物、有机合成类聚合物、无机水溶性聚合物等。其品种有黄原胶、聚乙二醇、糊精、明胶、阿拉伯胶、聚乙烯吡咯烷酮、聚丙烯酸钠、聚乙烯醇、可溶性淀粉、海藻酸钠、酚醛树脂、虫胶、镁铝硅酸、羧甲基纤维素、纤维素及其衍生物，如甲基纤维素、羧甲基淀粉钠等。

索尔维集团有一个适用于包封活性化合物的有机溶液的聚合物为马来酐与烯衍生物（2,4,4-三甲基戊烯或二异丁烯）聚合形成的共聚物，其平均分子量为4000~8000，作为WO00/26280中公开的钠盐。商品名称为Geropon EGPM，其主要特性为有效防止聚集现象，保证优异的再乳化能力；沸点大于200℃，可适应不同的干燥形式；易溶于水，pH适应范围广，尤其对于对pH敏感的活性组分；包覆效率高，可达60%~65%；符合EPA40 CFR180.1001条款的要求。其实例介绍中：50%乙酰苯胺除草剂50%EG，其含量是非常高的。

5. 吸附剂或载体

吸附剂或载体的主要作用是将有效成分均匀分散在载体上，起到分隔有效成分、吸附有效成分作用确保制剂稳定的作用。一般要求吸附剂的吸附容量要大，同时要求吸附剂还需要有较好的崩解性能，其对可乳性粒剂的质量同样起着至关重要的作用。常用的吸附剂或载体有膨润土、硅藻土、淀粉、β-环糊精、白炭黑、苯甲酸钠、硅酸镁铝、交联聚乙烯吡咯烷酮、白炭黑。

6. 填料

填料主要起填充和稀释有效成分的作用，主要品种有高岭土、滑石粉、陶土、活性白土、硅藻土、凹凸棒土、葡萄糖、乳糖、轻质碳酸钙、无机盐等。

7. 润湿分散剂

润湿分散剂的主要作用是能够促进制剂的润湿、崩解、分散，使填料能够均匀分散在稀释液中，提高制剂在作物表面的铺展及润湿效果。主要有烷基硫酸盐、萘磺酸盐、木质素磺酸盐、烷基苯磺酸盐、烷基酚聚氧乙烯醚羧酸盐、聚羧酸盐等。

8. 润滑剂

润滑剂主要作用是在挤压制粒过程中便于出粒，减少产品造粒过程的发热。主要品种有滑石粉、硬脂酸镁，聚乙二醇等。

9. 其他

其他如稳定剂、警色剂、增效剂等。

二、可乳化粒剂配方的筛选

（1）有效成分分析　有效成分的理化性质，一般包括外观、杂质、熔点、溶解度、稳定性，对其进行分析，作为配方筛选的基础。

（2）助溶剂选择　针对有效成分的状态、熔点、溶解度、稳定性等特点，选择合适的助溶剂。一般要求对有效成分溶解度大、对人及环境安全、气味小的溶剂。如果原药本身是液体，或经过加热（50℃以下）后是液体，且具有较好的流动性，则不必加入助溶剂，以减少载体的吸附量，便于降低成本，同时具有更大的载体选择空间。

（3）乳化剂选择　针对有效成分特点选择乳化剂，使其具有较好的乳化效果（乳液稳定性首先要合格），尽量选择转相时黏度较小的乳化剂，便于生产应用。最好选择同时具有乳化、分散功能的乳化剂（即在EW及SC中均有效的分散剂可重点考虑），使其在被吸附后依然具有较好的乳化及分散功能，同时结合高分子水溶性聚合物的选择，确保其具有较好的乳化性能。此类乳化剂有YUS-FS7PG（日本竹本油脂株式会社）、SOPROPHOR SC（索尔维集团）、SOPROPHOR FD（索尔维集团）、SP-SC29（江苏擎宇化工科技有限公司）等。

（4）高分子水溶性聚合物选择　首先需要将高分子水溶性聚合物进行充分溶解，以确保其能对胶体溶液进行有效保护，溶解时如果出现泡沫，可适量加入消泡剂。其次用选择好的油相（包括有效成分、助溶剂、乳化剂、稳定剂等）加入至高分子聚合物水溶液中，放置24h后无结晶析出，乳液稳定性正常的最为理想。高分子聚合物中聚乙烯醇较为常见，其效果较好，同时还具有乳化及分散功能，非常合适。

（5）乳状液配制　将油相与水相进行充分混合后，形成黏稠的乳状液，选择的乳化剂尽量选择转相黏度变化低的乳化剂，同时具有较好包裹功能的高分子水溶性聚合物，使整个液相黏度较小，便于后续操作，降低加工难度。

（6）载体及吸附剂选择　根据乳状液在体系中所占的比例选择载体，载体中较为常用的有白炭黑、交联聚乙烯吡咯烷酮、淀粉、硅藻土、凹凸棒土、膨润土等。经过实践其吸附性能依次为：白炭黑＞交联聚乙烯吡咯烷酮＞硅藻土＞凹凸棒土＞膨润土＞淀粉，但性能各不相同。白炭黑吸附量大，处理顺畅，但崩解性能差，选用气相白炭黑更佳。硅藻土吸附性能适中，崩解较好，但挤出困难，外形粗糙，颗粒松散。凹凸棒土吸附性能一般，但颗粒黏结性较强，成粒容易。膨润土膨胀系数高，黏结性较强，崩解较为彻底，但分散性较差；淀粉崩解性较好，黏结性适中，崩解较为彻底，但吸附量不足。交联聚乙烯吡咯烷酮各种性能指标均佳，最为理想，但价格较高，在一般情况下无法使用。根据以上情况，个人认为在使用以上载体时应根据各载体的性能进行有效搭配使用，才可以取得较好的效果。

（7）制粒方式选择　根据国内目前情况，挤压造粒较为常见，在生产上较易实现，为了取得较好的崩解效果，一般采用旋转式造粒设备较为合适。

第四节　可乳化粒剂的加工工艺

可乳化粒剂的加工工艺，根据物料及助剂选择的差别，其加工方法大致有三种：挤压制粒法、流化制粒法、喷雾制粒法。

一、挤压制粒法

1. 方法1

（1）油相配制　将有效成分加入助溶剂中进行充分溶解，必要时可进行加热处理，温度一般不超过60℃。加入乳化剂继续搅拌至整个体系均匀透明，溶解完全。此步骤需要的设备为带夹套可加温的反应釜。

（2）水相配制　将水溶性聚合物、消泡剂、pH值调节剂配制成适当的水溶液，一般与油相的比例为1∶1~5∶1，使其充分溶解。此步骤需要的设备为均质混合器，以便快速进行产品的配制，同时保证水溶性聚合物充分溶解，不能有团块，否则会严重影响后续的产品加工。

（3）乳状液配制　将油相在搅拌情况下徐徐加入至水相中，混合均匀得到黏稠的乳状液，并保持一定时间，使其水相中形成的液滴平均直径达到0.5~5μm。此步骤根据乳状液的形成需要使用反应釜或均质混合器，但必须使液滴粒径尽量均匀，并保持在一定的范围内。

（4）固相处理　将吸附剂、填料、润湿分散剂、润滑剂等混合均匀，并进行气流粉碎至500目以上，以确保其有足够的表面积对乳状液进行吸附。此步骤采用常规的可湿性粉剂生产装置进行加工即可。

（5）预造粒混合物处理　在混合机中加入固相，在混合状态下加入乳状液进行充分混合，确保乳状液与固相混合均匀。此步骤可采用水分散粒剂加工中使用的混合设备，如槽型混合机、无重力混合机、犁刀混合机、高速混合机等。以犁刀混合机、高速混合机较为理想。

（6）挤压制粒　将预造粒混合物投入制粒机中进行造粒，并加入适量水，使其出粒顺畅。此步骤可采用的设备有旋转式挤压制粒机、螺杆式挤压造粒机、

（7）颗粒处理　对挤出的颗粒进行干燥、筛分得到可乳化粒剂。干燥设备可采用烘箱、流化床干燥机、振动流化床干燥机等设备。

此造粒方法评价：国内大部分的专利均采用此法生产，主要优点是：成本适中，便于操作，设备及工艺较为成熟，生产条件便于控制，易于推广及应用，需要加温及剪切

设备。缺点是：①产品非连续化生产，批次产品质量可能存在波动，挤压崩解时间受到设备、配方、工艺等方面影响较大；②形成乳状液时，物料黏度较大，流动性差，给物料加工及转运造成一定困难；③产品在生产过程中，有机溶剂的挥发会给操作人员、环境、安全造成较大的伤害，增加生产成本，必须进行有效回收利用。

2. 方法2

① 将有效成分、乳化剂、高分子聚合物、润湿分散剂、吸附剂、润滑剂、填料等组分进行充分混合，进行气流粉碎，经过二次混合，使其混合物平均粒径小于10μm。

② 将上述料品放入混合机中加入黏合剂进行充分混合，进行挤压造粒。

③对挤出的颗粒进行烘干、筛分，得到可乳化粒剂。

此造粒方法评价：本方法生产加工工艺与水分散粒剂基本相同，生产成本低，便于操作，产品质量连续稳定，无有机溶剂，崩解速率相对较快。主要缺点是：①需要乳化剂的量较大，配方筛选较为困难；②有效成分形成乳状液，受粉碎细度、乳化剂均匀程度等因素影响，形成乳状液的难度较大，仅适用于部分有效成分含量较低的产品，现只有甲维盐EG有过此类报道。

二、流化造粒法

① 将有效成分、乳化剂、高分子聚合物、润湿分散剂、吸附剂、润滑剂、填料等进行充分混合，进行气流粉碎，经过二次混合，使其混合物粒径小于10μm。

② 将物料放入流化制粒机中，调整设备参数，用黏合剂或水进行喷雾，使其与物料充分接触，形成颗粒，并进行干燥即可。此步骤选用的设备有流化床喷雾制粒机、旋流流化床喷雾制粒机等。

③ 将制成的产品进行筛分，即可得到可乳化粒剂产品。

此造粒方法评价：本生产工艺前处理部分与方法2相同，制粒方式改用流化方式，制出的产品崩解速率快，悬浮率高。但产品收率较低，粉尘控制较为困难。适用范围也与方法2相同。

三、喷雾制粒法

① 制备有机相。将原药、助溶剂、乳化剂进行充分混合均匀，必要时可进行加热，使其充分溶解均匀。

② 制备水相。将水、水溶性高分子聚合物、消泡剂等进行充分搅拌混合均匀。

③ 将油相加入到水相，进行高速搅拌或剪切使其成为浆料，为避免可能的如拉丝性、干燥设备壁上的成膜、入口处的堵塞以及较大的结块的形成等问题，浆液的黏度应在100~1000mPa·s。乳化过程可适当控制乳化温度在25~50℃，使其形成的液滴的直径d_{50}为1.0~10μm。

④ 将浆液制粒。通过逆流原理将得到的黏稠的浆液持续加入到喷雾干燥机中进行成粒，造粒设备选用压力式喷雾器或离心式喷雾器均可。得到颗粒的平均粒度应控制在0.5~2mm，其可自由流动，不放出粉尘，可容易地进行容积计量，并可在水中形成稳定的乳液。

⑤ 筛分。对造粒的产品进行筛分即可得到合格产品。

此造粒法评价：国外专利有报道，国内暂时未见报道，此方法生产的产品含量可以做得更高，并且质量稳定，颗粒均匀，崩解迅速，药效最高。生产环境好，有机溶剂、粉尘等便于回收利用。但其配方筛选难度大，高分子聚合物质量要求高。生产工艺较长，生产控制技术要求高，生产设备较为昂贵。产品切换较为困难，适用于大批次产品的生产。

四、配方及工艺上需要关注解决的问题

① 水溶性高分子聚合物需要充分的溶解，使其能够充分发挥作用，保护胶体溶液不被破坏，避免表面活性剂脱附的现象出现，一般使用较多的是聚乙烯醇的水溶液。

② 有机相制备时应注意调节黏度，便于物料的倾倒，减少残留，使物料能够迅速地混合均匀。必要时可在乳状液形成后再加入少量水，以降低黏度。但必须保证挤压过程中颗粒顺畅，同时水量增大，有利于成品颗粒干燥。

③ 乳化剂最好采用阴离子修饰的非离子助剂，否则会影响形成的颗粒崩解。

④ 对有机溶剂进行有效回收，降低生产成本，减少环境污染。

⑤ 载体的选择应具有足够的吸附量、易于成型、崩解迅速。载体选择非常重要，对产品的崩解性能影响非常大。常用的有苯甲酸钠、硅藻土、淀粉、白炭黑，其中白炭黑吸附量较大，有助于颗粒挤出，但会严重影响崩解；淀粉吸附量较低，但有助于崩解和颗粒成型，同时有利于颗粒挤出；硅藻土吸附量适中，崩解迅速，但挤压出粒较为困难，挤出颗粒松散、粗糙，成型困难；苯甲酸钠吸附量较小，同时崩解较慢。交联聚乙烯吡咯烷酮各项指标最为理想，但价格昂贵，暂时无法使用。

第五节　可乳化粒剂的生产技术

可乳化粒剂相对于其他剂型而言，具有耐贮运、有效成分稀释后粒径小、药效高、不含有机溶剂等特点，有其他剂型不可替代的优势，正在受到越来越多人们的关注，具有非常广阔的发展前景。现将部分产品配方收集如下：

（1）30%吡唑醚菌酯·精甲霜灵EG（15：15）

有效成分（吡唑醚菌酯）　15.0%　　　　吸附剂（白炭黑）　2.0%

有效成分（精甲霜灵）　15.0%　　　　黏结剂（10%聚乙烯醇水溶液）　10.0%

乳化剂（YUS-FS7PG）　8.0%　　　　消泡剂（Sag630）　适量

吸附剂（硅藻土）　33.0%　　　　载体（淀粉）　余量

润湿分散剂（YUS-WG7）　4.0%

其加工工艺如下：

① 将吡唑醚菌酯、精甲霜灵混合均匀，加热至45℃充分溶解至完全透明，加入乳化剂（YUS-FS7PG），继续搅拌并保持5min，检查一下乳化效果是否合格。

② 将聚乙烯醇溶解前先放入凉水中进行溶胀。溶解过程要不断搅拌，使聚乙烯醇在水中充分分散。然后使水温升高到40~50℃后，保持温度30~60min，直到其完全溶解，加入0.1%消泡剂搅拌均匀即可。

③ 将油相与聚乙烯醇水溶液计量后，高速搅拌5min，使其成为均匀糊状物。

④ 将白炭黑、分散剂（YUS-WG7）、硅藻土、淀粉混合均匀，进行气流粉碎，使其粒径在10μm以内。

⑤将液相与固相充分混合，采用挤压制粒进行制粒，在54℃干燥至水分≤2.0%。

（2）25%功夫·啶虫脒EG（5∶20）

有效成分（高效氯氟氰菊酯） 5%　　　　润湿剂（Soprophor Let/p） 1.5%

有效成分（啶虫脒） 20%　　　　分散剂（Supragil MNS-90） 6.0%

助溶剂（环己酮） 2.5%　　　　载体（淀粉） 补足100%

乳化分散剂（Soprophor FD） 3%　　　　高分子聚合物（10%聚乙烯醇水溶液）

吸附剂（白炭黑） 2%　　　　5%

载体（硅藻土） 15%　　　　消泡剂（Sag630） 适量

其加工工艺同（1）。

（3）以下是摘自杰世化工（上海）有限公司于军关于固化乳油配方资料（作者认为也是可乳化粒剂的一种型式）典型的制作工艺如下：①液体原油和乳化剂混合均匀。②混合后的原药被加入到水溶性聚合物的水溶液中，混合均匀，得到黏稠的乳剂。③将有机载体加入黏稠的乳剂中得到预造粒混合物。④造粒并干燥。

主要的产品配方见表4-3，加工流程见图4-2。

表4-3　油脂固化乳油配方

序号	1	2	3	4	5
醚菊酯	25.5	—	—	—	—
噁唑磷	—	32.0	—	—	—
氯菊酯	—	—	25.5	—	—
稻丰散	—	—	—	27.9	—
杀草丹	—	—	—	—	27.5
水溶性聚合物	4.5	15.0	15.0	4.5	4.5
有机载体	65.0	43	54.5	65.6	66.0
YUS-SB75	5.0	—	—	2.0	2.0
YUS-FS7PG	—	10.0	5.0	—	—

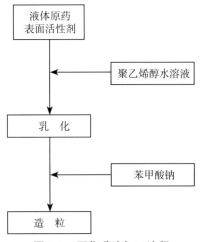

图4-2　固化乳油加工流程

（4）快灭灵30%EG

有效成分（快灭灵）　30%　　　　　吸附剂（白炭黑）　22.5%

乳化剂（YUS–D935）　1.5%　　　　载体（玉米淀粉）　26%

乳化剂（YUS–FS7PG）　5%　　　　分散剂（YUS–WG$_4$）　6%

胶体保护剂［聚乙烯醇1788（10%AS）］　10%　　　　分散剂（YUS–JK）　2%

以上混合形成糊状EW　　　　　　　润湿剂（PICO–NW$_1$）　2%

混合粉碎后，加入糊状物中，充分捏合进行挤压造粒，于54℃烘干至水分≤2.0%即可。

（5）氟硅唑20%EG

氟硅唑Tech（98%）　20.4%　　　　粉碎过的玉米淀粉　49%

溶剂油S–150　5%　　　　　　　　YUS–WG$_4$　8%

YUS–FS7PG　5%　　　　　　　　PICO–NW$_1$　2%

聚乙烯醇1788（10%AS）　10%　　　高岭土　10%

以上混合形成糊状EW

混合粉碎后，加入糊状物中，进行充分捏合进行挤压造粒，于54℃烘干至水分≤2.0%即可。

（6）15%三唑磷MEG

有效成分（三唑磷）　15%　　　　　含苯甲酸钠复合载体　补足　100%

表面活性剂［（506#：602#=11：19）］10%

生产工艺：

① 将三唑磷与表面活性剂混合均匀成油相，加入去离子水为水相，在磁力搅拌情况下，将油相加入到水相中，继续搅拌5min，形成微乳液。

② 用含有苯甲酸钠的复合载体吸附上述微乳液，加入适量水后混合均匀，采用挤压制粒机进行挤压制粒。

③ 采用真空干燥法在50℃下干燥1h得到三唑磷MEG。

（7）以下是摘自南通联农农药制剂研究开发有限公司《一种农药可乳化粒剂及其制备方法》的部分专利内容：

本发明使用固体载体，在农药原药为液体时，不需要采用有机溶剂，从而达到有效减少环境污染和降低二甲苯等有机溶剂的使用量，不易燃、易爆，运输安全。

乳油EC制剂本身有很好的药效，本发明通过对剂型的改进减少有机溶剂的使用，使其毒性得到降低，对于我国制剂产品结构的更新换代和促进社会生态效益的提高有着显著作用。通过固化乳油技术，研制出可乳化粒剂的新型环保制剂，减少传统制剂乳油中所使用的有机溶剂（甲苯、二甲苯等），对环境更加友好；通过研制出的可乳化粒剂，有效降低制剂的毒性，对人体更加安全，从而提高安全性；将低熔点的液体状农药活性成分制备成固体的颗粒剂形式；制备的可乳化粒剂对标靶生物有着良好的防治作用。

采用合适配比的水溶性高分子聚合物，有效解决了普通乳化颗粒剂在经时存放后，因受外力积压、环境气温较高等因素的影响，出现崩解分散性、乳化性能、悬浮率等一系列质量指标下降的问题。本发明在工艺和配方上采取微粒高分子包裹形成隔离，有效解决了EG开发过程中普遍存在的热团聚问题。

实施例1

实例1的配方的组成见表4-4。

表4-4　氯菊酯EG配方组成

组　　分	用量/g
有效成分（氯菊酯）	25.5
乳化剂（NEWKALGEN FS-7）	5.0
高分子水溶性聚合物［聚乙烯醇PVA（10%）］	15.0
润湿剂（Morwet EFW）	2.0
pH值调节剂（冰醋酸）	0.1
有机硅消泡剂	0.3
吸附剂（白炭黑）	54.5
水	根据造粒情况加水

将25.5g的氯菊酯原药加入5.0g的乳化剂NEWKALGEN FS-7（日本竹本油脂株式会社）搅拌均匀（油相）；把配制好的油相倒入含有10%水溶性高分子聚合物聚乙烯醇的15g水相中并搅拌，形成乳白色的糊状物；将混合好的乳剂加入载体白炭黑搅拌，0.1g的冰醋酸调pH值至6左右，加有机硅消泡剂0.3g、润湿分散剂Morwet EFW2.0g搅拌均匀，形成捏合预造粒混合物、然后采用盘式加压造粒、干燥，得到氯菊酯EG。

实施例2

表4-5为实施例2的成分配比。

表4-5　稻丰散EG配方组成

组　　分	用量/g
有效成分（稻丰散）	27.9
乳化剂（YUS-SB75）	2.0
高分子水溶性聚合物［聚乙烯醇PVA（10%）］	4.5
分散剂（Morwet D-425）	8.0
吸附剂（苯甲酸钠）	65.6
水	根据造粒情况加水

将27.9g的稻丰散酯原药加入2.0g的乳化剂YUS-SB75（日本竹本油脂株式会社）搅拌均匀（油相）；把配制好的油相倒入含有10%水溶性高分子聚合物聚乙烯醇的4.5g水相中并搅拌，形成乳白色的糊状物；将混合好的乳剂加入载体苯甲酸钠搅拌，加润湿分散剂（Morwet D-425）8.0g搅拌均匀，形成捏合预造粒混合物，然后采用盘式加压造粒、干燥，得到稻丰散EG。

实施例3

表4-6为实施例3的成分配比。

表4-6　氟硅唑EG配方组成

组　　分	用量/g
有效成分（氟硅唑）	20.4
助溶剂（溶剂油）	5.0
乳化剂（YUS-FS7PG）	5.0

组 分	用量/g
高分子水溶性聚合物［聚乙烯醇PVA（10%）］	10.0
分散剂（YUS-WG4）	8.0
润湿剂（PICO-NW1）	2.0
填料（高岭土）	10.0
吸附剂（玉米淀粉）	49.0
水	根据造粒情况加水

将20.4g的氟硅唑原药先用5g的溶剂油溶解，然后加入5.0g的乳化剂YUS-FS7PG（日本竹本油脂株式会社）搅拌均匀（油相）；把配制好的油相倒入含有10%水溶性高分子聚合物聚乙烯醇的10g水相中并搅拌，形成乳白色的糊状物；将混合好的乳剂加入载体玉米粉搅拌，加润湿分散剂（YUS-WG4）8.0g、（PICO-NW1）2.0g、高岭土10g搅拌均匀，形成捏合预造粒混合物，然后采用盘式加压造粒，烘干干燥，得到氟硅唑EG。

实施例4

表4-7为实施例4的成分配比。

表4-7 丙环唑EG配方组成

组 分	用量/g
有效成分（丙环唑）	15.0
乳化剂（壬基酚聚氧乙烯醚磷酸酯）	3.5
高分子水溶性聚合物［阿拉伯胶（8%）］	5.0
润湿分散剂（木质素磺酸盐）	8.0
载体（葡萄糖）	10.0
吸附剂（凹凸棒土）	52.0
水	根据造粒情况加水

将15g的丙环唑原药加入3.5g的乳化剂壬基酚聚氧乙烯醚磷酸酯搅拌均匀（油相）；把配制好的油相倒入含有8%水溶性高分子聚合物阿拉伯胶的5g水相中并搅拌，形成乳白色的糊状物；将混合好的乳白色糊状物加入载体葡萄糖和凹凸棒土搅拌，加入润湿分散剂木质素磺酸盐8g搅拌均匀，形成捏合预造粒混合物，然后采用盘式加压造粒，烘干干燥，得到丙环唑EG。

实施例5

表4-8为实施例5的成分配比。

表4-8 仲丁灵EG配方组成

组 分	用量/g
有效成分（仲丁灵）	0.1
乳化剂（壬基酚聚氧乙烯醚磷酸酯）	2.5
高分子水溶性聚合物［黄原胶（8%）］	5.0
润湿分散剂（木质素磺酸盐）	3.0

组　　分	用量 /g
润湿分散剂（苯乙烯苯酚甲醛树脂聚氧乙烯醚磷酸酯盐）	5.2
吸附剂（硅藻土）	12.0
吸附剂（凹凸棒土）	45.0
水	根据造粒情况加水

　　将0.1g的仲丁灵原药加入2.5g的乳化剂壬基酚聚氧乙烯醚磷酸酯搅拌均匀（油相）；把配制好的油相倒入含有8%水溶性高分子聚合物黄原胶的5g水相中并搅拌，形成乳白色的糊状物；将混合好的乳白色糊状物加入载体硅藻土和凹凸棒土搅拌，加入润湿分散剂木质素磺酸盐和苯乙烯苯酚甲醛树脂聚氧乙烯醚磷酸酯盐搅拌均匀，形成捏合预造粒混合物，然后采用盘式加压造粒，烘干干燥，得到仲丁灵EG。

　　实施例6

　　表4-9为实施例6的成分配比。

表4-9　除虫菊素EG配方组成

组　　分	用量 /g
有效成分（除虫菊素）	1.0
乳化剂（十二烷基硫酸钠）	2.5
高分子水溶性聚合物［硅酸镁铝（8%）］	3.0
润湿分散剂（木质素磺酸盐）	8.0
吸附剂（凹凸棒土）	50.0
水	根据造粒情况加水

　　将1g的除虫菊素原药加入2.5g的乳化剂十二烷基硫酸钠搅拌均匀（油相）；把配制好的油相到入含有8%水溶性高分子聚合物镁铝硅酸的3g水相中并搅拌，形成乳白色的糊状物；将混合好的乳白色糊状物加入载体凹凸棒土搅拌，加入润湿分散剂木质素磺酸盐8g搅拌均匀，形成捏合预造粒混合物，然后采用盘式加压造粒，烘干干燥，得到除虫菊素EG。

　　实施例7

　　表4-10为实施例7的成分配比。

表4-10　二甲戊灵EG配方组成

组　　分	用量 /g
有效成分（二甲戊灵）	25.0
助溶剂（石油醚）	5.0
乳化剂（壬基酚聚氧乙烯醚磷酸酯）	18.0
高分子水溶性聚合物［聚乙烯醇（8%）］	5.0
润湿分散剂（木质素磺酸盐）	8.0
吸附剂（改性玉米淀粉）	12.0
吸附剂（凹凸棒土）	32.0

组　分	用量 /g
低碳醇消泡剂	0.2
pH 调节剂（盐酸）	适量
水	根据造粒情况加水

将25g的二甲戊灵原药在5.0g的溶剂石油醚中溶解，然后加入18g的乳化剂壬基酚聚氧乙烯醚磷酸酯搅拌均匀（油相）；把配制好的油相倒入含有8%水溶性高分子聚合物聚乙烯醇的5g水相中并搅拌，形成乳白色的糊状物；将混合好的乳白色糊状物加入载体改性玉米粉和凹凸棒土搅拌，加入润湿分散剂木质素磺酸盐8g、低碳醇消泡剂0.2g和适量盐酸搅拌均匀，形成捏合预造粒混合物，然后采用盘式加压造粒，烘干干燥，得到二甲戊灵EG。

实施例8

表4-11为实施例8的成分配比。

表4-11　氟硅唑EG配方组成

组　分	用量 /g
有效成分（氟硅唑）	25.5
助溶剂（溶剂油）	5.0
乳化剂（YUS-FS7PG）	5.0
高分子水溶性聚合物［聚乙烯醇（10%）］	10.0
润湿分散剂（YUS-WG4）	8.0
润湿剂（PICO-NW1）	2.0
填料（高岭土）	10.0
吸附剂（凹凸棒土）	56.0
水	根据造粒情况加水

将25.5g的氟硅唑原药先用5g的溶剂油溶解，然后加入5.0g的乳化剂 YUS-FS7PG（日本竹本油脂株式会社）搅拌均匀（油相）；把配制好的油相倒入含有10%水溶性高分子聚合物聚乙烯醇的10g水相中并搅拌，形成乳白色的糊状物；将混合好的乳剂加入载体凹凸棒土搅拌，加润湿分散剂（YUS-WG4）8.0g、（PICO-NW1）2.0g、高岭土10g搅拌均匀，形成捏合预造粒混合物，然后采用盘式加压造粒，烘干干燥，得到氟硅唑EG。

国内相关可乳化粒剂的专利如下：

① 含醚菊酯组合物的可乳化粒剂　含醚菊酯组合物的可乳化粒剂及制备方法，涉及农用杀虫剂及其制备方法。由以下原料组成（质量分数）：有效成分1%～50%、润湿分散剂5%～30%、溶剂0%～10%、吸附剂5%～40%、黏结剂0～10%、载体余量。方法是先将配方中有效成分、液体助剂组分混合均匀后先吸附于载体上，再与其他固体组分混合后，通过气流粉碎机进行粉碎，使粒度达到98%通过45μm筛孔，然后经过捏合、造粒。或者是先将配方中有效成分、溶剂与液体助剂混匀后，然后均匀吸附在粉碎至粒度98%通过45μm筛孔的载体与固体混合物的组分上，然后经过捏合、造粒。该发明解决了现有的醚菊酯、吡蚜酮杀虫制剂药效时间短、不环保的问题。

② 二嗪磷可乳化粒剂及其制备方法　二嗪磷可乳化粒剂及其制备方法，涉及一种农药杀虫剂。该发明包括以下的原料（质量分数）：二嗪磷20%～60%、乳化剂5%～10%、水溶性聚合物8%～12%、余量为载体。该发明的制备方法是先将液体二嗪磷和乳化剂混合均匀，混合后的二嗪磷加入到水溶性聚合物的水溶液中，混合均匀得到黏稠的乳剂，再将载体加入黏稠的乳剂中得到预造粒混合物，最后造粒并干燥。该发明为一种不加入有机溶剂的可乳化粒剂，使用时加水能完全乳化，使用低浓度便可得到高效果，药效优于相同有效成分的其他剂型，具有速效与持效性，能保持长期的优越效果。

③ 螺螨酯组合物的可乳化粒剂　一种含螺螨酯组合物的可乳化粒剂及其制备方法，可乳化粒剂各组分（质量分数）为：有效成分1%～60%、润湿分散剂5%～30%、溶剂2%～15%、吸附剂5%～40%、黏结剂0%～10%、载体余量。先将以上配方中有效成分、液体助剂组分混合均匀后先吸附于载体上，或者先将配方中有效成分、溶剂与液体助剂混匀后，再与其他固体组分混合，通过气流粉碎机进行粉碎，使之粒度达到98%通过45μm，然后经过捏合、造粒，制成成品。该发明有组分合理、杀螨效果显著、用药成本低、持效期长、使用安全、配制方法简单、贮运与运输安全、施用方便、对环境友好等优点，是一种的理想杀螨剂品种。

④ 咪鲜胺可乳化粒剂　咪鲜胺可乳化粒剂及其制备方法，涉及一种农药杀菌剂。包括以下原料（质量分数）：咪鲜胺20%～60%、乳化剂8%～12%、水溶性聚合物8%～12%、余量为载体。其制备方法为先将液体咪鲜胺和乳化剂混合均匀，混合后的咪鲜胺被加入到水溶性聚合物的水溶液中，混合均匀得到黏稠的乳剂，再将载体加入黏稠的乳剂中得到预造粒混合物，最后造粒并干燥。该发明的优点是具有速效和持效性，能保持长期的优越效果，使用低浓度便可得到高效果。

⑤ 毒死蜱可乳化粒剂　毒死蜱可乳化粒剂及其制备方法，涉及一种农药杀虫剂。该发明包括以下原料（质量分数）：毒死蜱20%～60%、乳化剂5%～10%、水溶性聚合物8%～12%、余量为载体。该发明的制备方法是先将液体毒死蜱和乳化剂混合均匀，混合后的毒死蜱被加入到水溶性聚合物的水溶液中，混合均匀得到黏稠的乳剂，再将载体加入黏稠的乳剂中得到预造粒混合物，最后造粒并干燥。该发明具有较好的速效与持效性，使用时加水能完全乳化，使用低浓度便可得到高效果，药效优于相同有效成分的其他剂型。

⑥ 丁硫克百威可乳化粒剂　丁硫克百威可乳化粒剂及其制备方法，涉及一种农药杀虫剂。该发明包括以下原料（质量分数）：丁硫克百威20%～60%、乳化剂5%～10%、水溶性聚合物8%～12%、余量为载体。该发明的制备方法是先将液体丁硫克百威和乳化剂混合均匀，混合后的丁硫克百威被加入到水溶性聚合物的水溶液中，混合均匀得到黏稠的乳剂，再将载体加入黏稠的乳剂中得到预造粒混合物，最后造粒并干燥。

⑦ 丙溴磷可乳化粒剂　丙溴磷可乳化粒剂及其制备方法，涉及一种农药杀虫剂。该发明包括以下原料（质量分数）：丙溴磷20%～60%、乳化剂5%～10%、水溶性聚合物8%～12%、余量为载体。该发明的制备方法是：先将液体丙溴磷和乳化剂混合均匀，混合后的丙溴磷被加入到水溶性聚合物的水溶液中，混合均匀得到黏稠的乳剂，再将载体加入黏稠的乳剂中得到预造粒混合物，最后造粒并干燥。该发明使用低浓度便可得到高效果，具有速效与持效性，能长期保持效果。具有强大的内吸、渗透力，能杀死叶内的卷叶螟。

⑧ 三唑磷可乳化粒剂　三唑磷可乳化粒剂及其制备方法，涉及一种农药杀虫剂。该发明包括以下原料（质量分数）：三唑磷20%～60%、乳化剂8%～12%、水溶性聚合

物8%～12%、余量为载体。该发明的制备方法是先将三唑磷和乳化剂混合均匀，混合后的三唑磷被加入到水溶性聚合物的水溶液中，混合均匀得到黏稠的乳剂，再将载体加入黏稠的乳剂中得到预造粒混合物，最后造粒并干燥。该发明具有速效和持效性，能保持长期的优越效果；使用低浓度便可得到高效果，使用较小剂量的三唑磷就能达到同样的杀菌效果。

⑨ 含硼肥料的可乳化颗粒剂制剂　水可乳化颗粒制剂，所述制剂包括以下成分（质量分数）：1%～70%的溴氰菊酯、0～80%的溶剂或溶剂混合物、10%～80%的马来酐与烯衍生物聚合形成的共聚物、0.5%～40%的乳化剂、0～20%的常规的制剂助剂。

在高剪切力下将有机相A和常规制剂助剂、乳化剂分散于制成的含马来酐与烯衍生物聚合形成的共聚物溶液的水相B中以制备水包油型乳液，其中所述有机相A通过将溴氰菊酯溶解于溶剂或溶剂混合物而得到，干燥水包油型乳液以获得所需的可乳化颗粒剂。

参考文献

［1］尹海霞，吴毅歆，何月秋. 一种农药新剂型——乳粒剂简介. 农学学报，2013，3（6）：45-48.

［2］江西正邦生物化工股份有限公司. 一种毒死蜱可乳化粒剂及其制备方法. 中国专利：201110129158，2011-05-18.

［3］江西正邦生物化工股份有限公司. 一种丙环唑可乳化粒剂及其制备方法. 中国专利：201110129157，2011-05-18.

［4］山西绿海农药科技有限公司. 一种含醚菊酯组合物的可乳化粒剂及其制备方法. 中国专利：201010592522，2010-12-17.

［5］江西正邦生物化工股份有限公司. 一种二嗪磷可乳化粒剂及其制备方法. 中国专利：201110128907，2011-05-18.

［6］北京富力特农业科技有限责任公司. 甲氨基阿维菌素苯甲酸盐的可乳化粒剂及其制备方法. 中国专利：200910244200，2009-12-30.

［7］魏方林，魏晓林，刘　迎，等. 农药新剂型——微乳粒剂配制的可行性研究. 农药学学报，2011，13（3）：319-326.

［8］南通联农农药制剂研究开发有限公司. 一种农药可乳化粒剂及其制备方法. 中国专利：201010551896，2010-11-19.

［9］江西正邦生物化工股份有限公司. 一种丁硫克百威可乳化粒剂及其制备方法. 中国专利：102308794 A，2011-05-18.

［10］江西正邦生物化工股份有限公司. 一种咪鲜胺可乳化粒剂及其制备方法. 中国专利：102308791 A，2011-05-18.

［11］江西正邦生物化工股份有限公司. 一种三唑磷可乳化粒剂及其制备方法. 中国专利：201110129706. 4，2011-05-18.

［12］江西正邦生物化工股份有限公司. 一种丙溴磷可乳化粒剂及其制备方法. 中国专利：201110129161. 7，2011-05-18.

［13］拜尔作物科学有限公司. 具有含硼肥料的可乳化颗粒剂制剂. 中国专利：200580030933，2005-09-01.

第五章

粒　剂

第一节　概　述

一、粒剂的概念

农药粒剂（granule，GR）是由农药原药、溶剂（或水）、助剂和载体（一定细度的矿土）组成的粒状制剂。

粒剂作为农药的较早开发的剂型，随着农业生产方式的变化，近年来备受业内关注，应用面也较广泛，杀虫剂、除草剂、杀菌剂、杀线虫剂均有较好的品种。它的特点是：便于下落；无粉尘飞扬；减少了对人和动物、作物、环境（空气、水、土壤）的污染；提高施药效率、节省劳动力；使残效期延长。所以，目前颗粒剂的应用正不断扩大到更多的农药品种。

从施药效率来说，最理想的是以较快的速率、使用最简单的设备进行少量施药。高浓度的颗粒剂用手撒是安全的，但投大量药剂会造成土壤和水的污染。粉剂的有效成分利用率最高，但粉剂微小颗粒的漂流会造成对空气的污染，对人畜的危害。将大小在粉剂和颗粒剂之间的颗粒称为微粒剂。

农药粒剂是5~8mm直径的大粒状农药制剂和1689~297μm（10~60目）的颗粒状农药制剂及297~74μm（60~200目）微粒状农药制剂的总称。

农药颗粒化研究，包括农药粒剂的配制、生产，以及质量控制等方面，是农药制剂学的组成部分之一。

二、粒剂的特点

农药粒剂作为一种常用的农药剂型具有许多优点，概括起来有以下几个方面：

① 施药时具有方向性，使撒布能充分到达靶标生物而对天敌等有益生物安全。

② 药粒不附着于植物的茎叶上，避免直接接触产生药害。

③ 施药时无粉尘飞扬，不污染环境。

④ 试药过程中可减少操作人员身体附着或吸入药量，避免中毒事故。

⑤ 使高毒农药低毒化，避免人畜中毒。

⑥ 可控制粒剂中有效成分的释放速率，延长持效期。

⑦ 使用方便，效率高。

总之，农药粒剂是一种使用安全、方便、持效期长的优良剂型。

三、粒剂的分类

农药粒剂的种类很多，分类方法不一致，按照防治对象分为：杀虫剂粒剂、除草剂粒剂、杀菌剂粒剂等。根据多年生产应用及沿用习惯，按粒子大小进行农药粒的分类较为实际。其分类如下：

大粒剂：粒度为直径5~9mm。

颗粒剂：粒度为（10~60目）1689~297μm。

微粒剂：粒度为（60~200目）297~74μm。

四、粒剂的发展概况

农药粒剂是目前许多国家正在发展和应用的一种剂型，它在农药领域里已经占据相当重要的地位，成为农药工业生产中品种较多、吨位较大、应用广泛的剂型。

1. 国外农药粒剂的发展概况

杀虫粒剂最早的大田试验是1946年开始的，W.R.Horsfall在防治稻田黑蚊的试验报告中，就提到5%滴滴涕粉剂和粒状氮肥的混合物的应用。

1953年，M.D.Farrar就预测，颗粒杀虫剂在消灭土壤害虫方面前途是无量的，因此颗粒剂在美国得到迅速发展和应用。

1958年，日本首先将2,4-滴粒剂应用于水田，1960年五氯酚钠粒剂应用，1962年六六六粒剂实用化。日本农药粒剂的发展，首先是从水田除草剂和杀虫剂开始，其次是旱田杀虫剂和水田杀菌剂。

20世纪60年代后期，农药粉剂撒布时微粉飘移对环境和作物的污染问题，对防止药剂飘移的要求越来越高。因此，出现了介于颗粒剂和粉剂之间的剂型，称为微粒剂。

早在1955年，美国就开发了农药微粒剂技术。1970年，日本微粒剂新剂型开始应用，并于1971年开始有商品出售。日本农林部发表新剂型——微粒剂F（65~250目）的标准，至1973年9月就有23类、123种杀虫剂、杀菌剂、杀虫剂、杀虫和杀菌混合剂的微粒剂登记并获专利，1974年市场上开始有商品出售。

农药粒剂已成为世界各国普遍应用的剂型。在制备技术上，各国都有各自的较成熟的生产工艺和配制技术。

2. 我国农药粒剂的发展概况

近年来，我国农药粒剂发展十分迅速，已成为国内最重要、吨位较大的农药剂型之一，许多科研部门都做了大量并深入的研发及推广工作。

20世纪50年代，沈阳化工研究院对粒剂进行了系统的研制、推广工作。20世纪60年代中期采用挤出造粒法制造五氯酚钠和六六六粒剂，并于1969~1970年在镇江农药厂建成年产1500t规模的中试生产车间。1974~1976年采用包衣法研制出对硫磷及对硫磷–滴滴涕混合粒剂，并在江苏省铜山农药厂建成年产10000t规模的包衣法粒剂生产车间。1974~1975年又采用吸附法进行异稻瘟净粒剂的研制，1977年在浙江省兰溪农药厂建成年产3000t规模的中试生产车间。1975~1976年用电厂煤灰，采用热吸附法进行除草醚微粒剂的研制，在北京顺义农药厂建成年产6000t规模的生产车间。1979~1980年采用干包衣，研制成功克百威（呋喃丹）粒剂，相继在铜山农药厂、武汉农药厂、宁阳农药厂和邢台农药厂投产，随后，将克百威原药采用湿法研磨粉碎制成浆料，再进行包衣成粒，避开了干法制母粉的粉尘危害，并于1992年在江陵农药厂投产。

1983年用包衣法研制成功甲拌磷粒剂，先后在铜山农药厂、天津汉沽农药厂、海安农药厂、广州农药厂从化分厂和杭州农药厂等建成年产5000t规模的生产车间。

1987~1988年沈阳大学师范学院化工研究所，完成国家"七五"农药科技攻关项目，研制转动法和包衣法制丁草胺粒剂，在铜山农药厂建成年产1000t规模的生产车间。1989~1992年该所与南开大学元素有机所合作完成国家农药重点建设项目"5%涕灭威颗粒剂的研制"，采用挤出成型—吸附—包衣法组合式造粒，在宁阳农药厂建成年产1万吨的生产车间，1995年9月由国家计委、化工部、山东省化工厅组织通过国家技术验收。

20世纪80年代，北京农业大学（现中国农业大学）进行了杀虫双大粒剂的研制，取得了良好效果。

从我国农药粒剂发展过程看，在科研、生产、应用等部门的共同努力下，农药粒剂的研究与生产已初步形成了体系。并具有一定的生产规模，为我国农药粒剂加工技术的发展奠定了基础。

3. 杀菌剂粒剂在草坪上的应用

草坪作为城市园林绿化的重要组成部分，在保护城市生态环境中起着至关重要的作用，同时为我们的娱乐和休闲提供安全、舒适的场地，美化环境，激发人们对大自然的爱护和环境保护的意识。然而，化学农药的大量不合理使用，造成环境的严重污染，显然与草坪所发挥的功能极不协调。如何减少农药的使用次数，降低农药飘移性引起的对人体呼吸道的侵害，减轻对环境的污染程度，做到科学、合理地使用农药，确实对现代园林植物保护提出了新的挑战。杀菌剂粒剂在草坪上应用具有以下十个方面的优点：

① 粒剂具有缓释作用，延长农药的残效期，大大减少农药的施用次数，将原来的年施药次数10~15次降低到3~4次。

② 施用方法简便易行，可以采用播种施肥机实施，工效高，成本低。

③ 易于协调草坪施药与灌溉及修剪等养护管理措施之间的矛盾，避免了草坪施药期间不能灌溉和修剪的缺陷。

④ 药剂可直接渗透土壤，被植物吸收和利用，对于草坪根部侵染的病害起到有效的保护和治疗作用，这是保护性杀菌剂所无法做到的。由于粒剂含有内吸性杀菌剂，被根部吸收后可作用于地上部分，防治草坪叶部病害，起到了一药多能，同时兼治的目的。

⑤ 药剂可直接作用于土壤，抑制和杀死土壤中的真菌，降低病原菌数量，从而减轻病害的发生。

⑥ 粒剂的飘移性小，可减轻对大气的污染，有利于环境保护。

⑦ 施药安全，药剂不容易从人的皮肤或呼吸道侵入，保护操作人员及周围人员的身体健康。尤其是在夏季高温天气进行喷雾操作存在很多隐患，农药挥发性大，药械质量不

合格，施药人员容易出现中毒情况。

⑧ 可以用于草坪卷生产，草坪建植期间进行土壤处理及成坪期间使用，扩大了使用范围。

⑨ 避免不利天气情况的影响。由于草坪病害多集中于夏季发生，此时正逢雨季，喷雾操作经常延误，导致错过病害防治的最佳时期；此外大风天气也无法进行喷雾操作。但粒剂可在这种情况下正常施用，做到及时防治。

⑩ 可以采用杀菌剂复配粒剂，同时防治几种病害的发生；杀菌剂与杀虫剂制成复合粒剂，兼治病害与虫害；杀菌剂与肥料制成复合粒剂，病害防治与施肥同时进行。一次操作，完成多项任务，可谓一举多得。

第二节 粒剂的配制

所谓"配制"是将产品各组成成分进行适当组合，因此农药粒剂的配制，就是按照选择给出的配方，将农药原药与载体、填料及其他助剂混合，得到粒剂产品的过程。

一、粒剂配制的类型

1. 以粒剂形状分类

（1）解体型　粒剂在水中能较快地崩解分散，释放出有效成分。例如挤出造粒粒剂、流化床造粒粒剂、喷雾造粒粒剂和转动造粒粒剂等。

（2）不解体型　粒剂在水中，不崩解分散，缓慢释放有效成分。例如包衣造粒粒剂、吸附造粒粒剂（人造载体除外）等。

2. 以造粒工艺分类

（1）包衣法　以砂或矿渣为载体，将农药有效成分黏结于载体表面。

（2）挤出成型造粒法　将农药原药与黏土、水一起捏合，再挤压造粒。

（3）吸附（浸渍）造粒法　将液体原药吸附于多孔颗粒载体上。

（4）流化床造粒法　使粉体保持流动状态，再用含黏结剂的溶液喷雾使之凝聚成粒。

（5）喷雾造粒法　将液体物料向喷雾干燥器热气流中喷雾，干燥成粒。

（6）转动造粒法　向转动的圆盘中边加入干粉，边喷洒液体，打到凝集造粒。

（7）破碎造粒法　将块状载体破碎造粒。

（8）熔融造粒法　把熔融态物料分散成液滴，冷凝使之凝固成粒。

（9）压缩造粒法　在一定形状的模孔中或在两片轧辊中，将粉体压缩成型并成粒。

（10）组合型造粒法　将两种或两种以上的造粒法组合成一条工艺流程进行造粒。如先用挤出造粒法，造出素颗粒，然后再吸附农药原油制成粒剂。

3. 以农药原药类别分类

①杀虫粒剂；②除草粒剂；③杀菌粒剂；④复合粒剂：杀虫剂–杀虫剂、除草剂–除草剂、杀虫剂–杀菌剂、除草剂–杀菌剂、化肥–杀虫剂、化肥–除草剂复配等。

4. 造粒类型选择的依据

一种农药原药制成何种类型的粒剂，主要依据以下几个因素：

（1）使用的目的　为杀灭有害生物，产品是施于土壤表面还是混入土壤内；用于旱田还是水田。对水田用除草剂宜采用解体型粒剂，而施于土壤内则用不解体型粒剂更为有利。

（2）有关的有害生物　通常不同类型的同一品种的农药粒剂，均可用来防治同一种害虫危害。但某一种类型的粒剂可能优于另一种类型的粒剂。例如包衣法、吸附法和挤出成型法的粒剂均可混入土壤，防治土壤害虫，但它们在土壤中有效成分的释放速率有很大差异，包衣法的释放速率最慢，持效期也最长。

（3）原药的性状　如液体原油多制成吸附法粒剂，粉状原药适合做成包衣法粒剂。

（4）产品的要求　粒剂产品中有效成分的含量直接影响粒剂加工的类型。如挤出成型法适于生产较高含量的产品，而包衣法能生产的产品含量则较低。

5. 粒剂有效含量选择的因素

当粒剂产品的有效含量低于5%时，对使用大量载体的经济性必须加以考虑。而当产品有效含量高于20%时，在施药过程中农药有效成分可能难以均匀分布。因而选择适宜的有效成分含量是至关重要的。

粒剂有效成分含量的选择主要取决于下列因素：①被防治生物的性质；②单位面积所需有效成分的量；③能准确施用粒剂产品的药械能力；④产品价格。

二、粒剂制备的主原料

1. 农药原药

国内外现已开发或生产的杀虫剂中的近一半品种和部分除草剂、杀菌剂和杀线虫剂品种，均适于制成粒剂使用。这些原药品种的名称、化学结构、毒性、制剂等性状可参阅有关文献。

农药原药主要可分为固体原药和液体原油。应按其理化性质来选择配方和造粒方法。

农药粒剂中有效成分含量一般为1%~5%或10%左右，少数也有超过20%的。

2. 载体

载体即稀释农药用的惰性物质。但它并非惰性，曾发现某些载体与吸附的农药有化学反应，使农药分解并使其失去活性。

农药粒剂用的载体，因原药性状和选用的造粒方法的不同而异。

（1）载体的种类

① 植物类　大豆、烟草、橡实、玉米棒芯、稻壳。

② 元素类　硫黄。

③ 氧化物类　硅藻土、生石灰、镁石灰。

④ 磷酸盐类　磷灰石。

⑤ 碳酸盐类　方解石、白云石。

⑥ 硫酸盐类　石膏。

⑦ 硅酸盐类　云母、滑石、叶蜡石、黏土。

⑧ 高岭石系　高岭石（kaolin）、珍珠陶土（nakrite）、地开石（dickite）、富硅高岭石（anauxite）。

⑨ 蒙脱石系　皂石（saponite）、硅铁石（canbyite）、贝得石（beidellite）、蒙脱石（montmorillonite）。

⑩ 凹凸棒土　凹凸棒（attapulgita）、海泡石（sepiolite）。

⑪ 其他　浮石（pumice）。

（2）常用载体的简要特性

① 黏土、高岭石、云母　常用作农药粒剂载体的品种。狭义地讲为叶蜡石、蜡石系；广义地讲为高岭石、云母系。其含铁量少，二氧化硅含量高，水分含量低，pH为中性或微酸性，对农药的稳定性好。这类载体在我国各地均能找到，矿藏丰富。

② 滑石　为软质黏土矿物，二氧化硅含量高，对农药的稳定性好。在我国辽宁、山东、山西、湖南、浙江等省贮量丰富，其中辽宁海域的滑石最为出名。

③ 膨润土　是组分复杂细微的蒙脱石系黏土矿物，水膨胀度4~8倍，有黏性、可塑性。用挤出成型法造粒堆积密度0.6~0.65g/mL，造粒产品在水中的崩解分散性好。有较高的平衡水分（8%~9%），呈碱性（pH值为9~10），使用时应考虑对原药的稳定性问题。膨润土在我国贮量较丰富，辽宁建平、黑山是主要产地。

④ 酸性白土　与膨润土类似的蒙脱石系黏土矿物，呈酸性，膨润性较小，表面活性强，具有较强的吸附、接触氧化的能力。

⑤ 硅砂、硅石　主要成分为SiO_2，杂质非常少，没有吸油性，pH接近中性，含水分少，对农药的稳定性好，可用作包衣法粒剂的载体。砂贮藏量在我国非常丰富。

⑥ 凹凸棒土　是一种层链式结构的黏土矿，外表轻质、坚韧无光泽，纤维状。含有大量镁离子（Mg^{2+}）、取代铝离子（Al^{3+}），在电子显微镜下有醒目的棒状结构。也可称为录坡缕石或坡缕缟石（palygorskite）。这种载体有较高的吸油性，对农药原药的稳定性好。我国江苏盱眙和安徽嘉山（明光）为主要产地。

⑦ 浮石　是火山玻璃质矿物。可将天然产的原石经水洗得到各种粒度的颗粒。其吸油性很强，pH接近中性，适于作吸附法粒剂的载体。

⑧ 碳酸钙　天然出产的石灰石、方解石、大理石和珊瑚礁等，pH（9~10）呈碱性，含杂质少，在多数情况下对农药稳定，可用作包衣法和吸附法粒剂的载体。

⑨ 沸石、珍珠岩、蛭石　为多孔型粒状载体，有很高的吸油性，后两种用来作水面漂浮颗粒剂。

⑩ 人造粒状载体（素颗粒）　用挤出成型法、转动造粒法或其他造粒法形成不含药的颗粒。它有良好的物理化学性质，可适用于吸附法造粒。

采用上述物质的微粉末或粒状品，可选最适宜的造粒方法制备粒剂。部分载体的物性和最大吸油量列于表5-1。

表5-1　部分载体的物性和最大吸油量

载体名称	真密度 /（g/mL）	堆积密度 /（g/mL）	平均粒径 /μm	比表面积 /（cm²/g）	水分 /%	吸油量	
						亚麻仁油	杀螟硫磷
黏土 A	2.62	0.53	2.9	7836	0.31	34	35
黏土 B	2.66	0.41	2.9	77780.25	0.25	36	37
滑石 A	2.76	0.48	3.2	6229	0.42	36	36
滑石 B	2.71	0.45	2.8	7907	0.07	42	43
硅藻土	2.31	0.13	—	—	2.22	149	141
膨润土 A	2.32	0.56	4.7	5503	11.0	45	46
膨润土 B	2.14	0.35	2.6	10784	10.1	49	64
活性白土	2.33	0.48	2.8	9197	15.0	72	80
白炭黑	2.10	0.09	—	—	7.23	208	205

三、辅助原料

辅助剂与杀虫剂、杀菌剂或除草剂配合使用，在发挥药剂的性能上有极为重要的作用。恰当地使用辅助剂，可以提高各类农药的药效，节省用量，减少植物产生药害的概率，还可使药效的时间延长，并扩大药剂的应用范围。

农药粒剂用的辅助剂根据造粒的目的、造粒方法、原药和载体种类的不同而有差别。一般按辅助剂的用途分为下列几种。

1. 黏结剂（黏合剂，胶黏剂）

凡有良好的黏结性能，能将两种相同或不同的固体材料连接在一起的物质都可以称为黏结剂。

用包衣造粒法、挤出造粒法、流化床造粒法、转动造粒法及压缩造粒法等制造粒剂时，都需要加入黏结剂，才能完成造粒操作。因而黏结剂对粒剂的制造是至关重要的。

在制造粒剂时，把黏结剂涂在载体表面，由于它很容易流动，能把载体表面凹凸不平的部分填充得较为平坦，从而使它们牢固地结合起来。因而，黏结剂必须具备下列三个基本条件：第一，容易流动的物质；第二，能充分浸润被黏物的表面，从而有利于填没凹凸不平的部分；第三，通过化学或物理作用发生固化，使被黏物牢固地结合起来。

在黏结剂的使用中，某些黏结剂的外观状态是粉末状、颗粒状或薄膜状等的固态物质。在使用时，需加水或用溶剂溶解成溶液（如聚乙烯醇），或者加热熔融成流动性液体（如石蜡），经过流动态才能达到黏结的目的。

根据黏结剂的特性，结合造粒研究、生产的实践，将黏结剂分为亲水性黏结剂（具有水溶性和水膨胀性物质）和疏水性黏结剂（用有机溶剂可溶解以及热熔性物质）两大类。

（1）亲水性黏结剂

① 天然黏结剂　天然黏结剂是人类应用最早的黏结剂，迄今已有几千年的历史。由于它价格便宜，大多为低度或无毒物质，因而至今仍在使用。

天然黏结剂按来源可分为动物胶、植物胶和矿物胶等。按化学结构可分为葡萄糖衍生物、氨基酸衍生物等。

a. 淀粉　分子式（$C_6H_{10}O_5$）$_n$。精制的淀粉为纯白色颗粒，经显微镜观察，可发现随植物品种不同而有不同形态和大小。

淀粉是不溶于水的，在水中随温度上升而膨胀，然后即破裂而糊化，含有淀粉的水溶液，在加热初期仅混浊，只有达到糊化温度，才会变成非常黏稠的半透明液体。

各种淀粉的组成和糊化温度是不完全相同的。淀粉糊在热的时候黏度较低，冷却时硬度和凝胶强度都增大。

淀粉糊的黏度，除上述外界条件外，浓度的影响最大，但与品种也有很大的关系，在一定浓度下，各种淀粉有明显的黏度差异。

b. 糊精　糊精是淀粉的不完全水解物，分子式为（$C_6H_{10}O_5$）$_n$·H_2O。是黄色或白色的无定形粉末，是能溶于冷水而形成黏糊的具有高黏结力的液体。糊精实际上是淀粉向葡萄糖转化的中间体，即淀粉→可溶性淀粉→糊精→葡萄糖。

c. 阿拉伯树胶　系由阿拉伯、非洲和澳大利亚等地生长的胶树所得树胶的总称。呈白色至深红色硬脆固体，相对密度1.3~1.4，溶解于甘油及水，不溶于有机溶剂。阿拉伯树胶的水溶性很好，配制黏结剂十分简便，既不需加热也不需加促进剂。

d. 大豆蛋白　在植物种子中都含有一定比例的蛋白质。大豆脱脂后占45%~55%，而其中氢氧化钠可溶蛋白质为82%~90%，将大豆蛋白与水一起配制溶液，即可应用。

e. 酪朊　酪朊又称酪素，是动物乳汁中的含磷蛋白，以胶性悬浮的酪朊钙形式存在，在牛乳中约占3%，无臭无味；白色至黄色的透明固体或粉末，相对密度1.25~1.31。

使用时可将细度在40目以下的酪朊粉末以适量的水直接溶解配制。通常完全溶解需10~20min，水量必须适当，当水为酪朊的1.8倍时达到最佳的效果。

胶液制成后，黏度随时间增加而升高，最后形成凝胶，因此有一定的使用期限，期限长短与水量、温度、空气湿度等有关。

f. 骨胶及明胶　骨胶是骨胶衍生的蛋白质的总称，属于硬蛋白。加水分解转变为明胶，明胶除纯度高、品质好以外，与骨胶没有明显区别。

干燥的骨胶朊应在冷水中浸渍24h，待充分膨胀后，再间接加热60℃以下进行溶解，水量约为骨胶的1.5倍。粉末胶可直接加温水溶解。

② 无机黏结剂　按化学组成可分为硅酸盐、磷酸盐、硫酸盐等。适于在粒剂中应用的有以下两种。

a. 硅酸钠（水玻璃）　硅酸钠系由硅石与烧碱（或纯碱）加热熔融制得的无色、无臭、呈碱性的黏稠溶液，它可以任何比例与水溶解，黏结效果好。

硅酸钠溶液为碱性，在使用时应注意其对农药稳定性的影响。

b. 石膏　天然石膏又称生石膏，分子式为$CaSO_4 \cdot 2H_2O$，是白色或灰色晶体，加热至110~115℃能变为熟石膏（烧石膏），分子式为$CaSO_4 \cdot \frac{1}{2}H_2O$。

熟石膏粉末加水再还原成生石膏时会固化，因而可用它作为黏结剂，其固化速率快，使用方便。

在熟石膏粉末中的水量必须恰当，过多的水分会延迟凝结时间，因而影响黏结强度。

③ 合成树脂黏结剂　合成树脂黏结剂是当今产量大、品种最多、应用最广的黏结剂。现将作为农药粒剂黏合剂使用较多者介绍如下。

a. 聚乙酸乙烯酯　是乙酸的聚合物，是一种具有广泛黏结范围的黏结剂，按其聚合方式不同，又分为溶液型和乳液两种。乳液胶又称乳白胶，简称PVAC乳液。

聚乙酸乙烯乳液胶为水性乳液（分散剂为水），略带乙酸味，无毒，无火灾爆炸危险，没有腐蚀性，对人的呼吸道及皮肤无刺激作用。在使用时固化速率较快。

b. 聚乙烯醇（PVA）　系乙酸乙烯在甲醇溶液中的聚合物，经碱水解制得。根据聚合度的不同，聚乙烯醇可溶于水或仅能溶胀。作为黏结剂用的产品，其平均聚合度为900~1700，平均醇解度为85%~99%。这是一种黏结性能好、价格较便宜的黏结剂，在农药粒剂生产中使用较多。

将聚乙烯醇和水加入溶解釜中，搅拌10min，升温至90℃，溶解4h，制成PVA溶液使用，使用过程保温并不断搅拌，以免产生胶凝作用，影响使用。也有冷溶型PVA，常温时即可溶解。

此外，也可采用聚丙烯酸、聚丙烯酰胺、聚乙烯缩醛和聚乙烯吡咯烷酮、羧甲基纤维素等作黏结剂。

（2）疏水性黏结剂

① 松香　系由松树分泌的黏性物经干燥制得的透明的玻璃状脆性物质，由浅黄色至深

棕色，有特殊气味，不溶于水，而溶于乙醇、乙醚、丙酮、苯、二硫化碳、油类和碱溶液。通常含松香酸80%~90%。松香可直接用有机溶剂溶解制成黏结剂，或通过碱化后制成水溶性黏结剂。

② 虫胶　又称紫草茸，由虫胶树上的紫胶虫吸食和消化树汁后的分泌液，在树枝上凝结干燥而成。原系紫红色，因此也叫紫胶，经精制后成黄色或棕色的虫胶片。主要成分为光桐酸酯，它溶于乙醇和碱性溶液，微溶于酯类和烃类。

虫胶作为黏结剂时，通常与乙醇、杂酚油等混合溶解，并加热得黏稠的液体。

③ 石蜡　系固体石蜡烃的混合物，由天然石油、人造石油或页岩油的含蜡馏分经冷榨或溶剂脱蜡等过程制得。几乎无臭无味，有晶体结构，分白蜡和黄蜡两类，按熔点高低，分为48、50、52、54、56、60、68等品级，含油量在1.5%以下。

采用石蜡作农药粒剂黏结剂为我国首创。选用50~58号石蜡，其中以黄蜡较经济。

我国石油储藏量丰富，油中含蜡量较高，因而石蜡含量较多，宜于作粒剂黏结剂。

石蜡为热熔性物质，熔化后流动性良好，凝固速率适宜，宜于作黏结剂使用。用石蜡作黏结剂制得的粒剂，较用聚乙烯醇等亲水性黏结剂制得的同品种农药粒剂的持效期长，可作为缓释性粒剂。

④ 沥青　作为黏结剂的主要是石油沥青，系棕色至黑色的有光泽的树脂状物质。在温度足够低时呈脆性，断面平整呈介壳纹。可分为纯地沥青及吹制地沥青两大类。

吹制地沥青比纯地沥青的黏度高，后者易形成乳胶，而从黏结膜的性能来看，各项性能都是前者较好。

将沥青在高温下加热，熔融时进行黏结，冷却后即凝固。

沥青价廉易得，黏结性能好。但其作为一种复杂的化合物的混合体，其中含有致癌的可疑成分，在生产过程中因受热释放出来，会污染操作环境，影响操作人员身体健康；制成粒剂施入土壤中会造成何种影响，虽无定论，但也十分可疑。因此，沥青作黏结剂不宜使用。

⑤ 乙烯-乙酸乙烯共聚树脂（EVA）　是乙烯和乙酸乙烯经共聚反应而得到的产物。它有良好的胶着性、热熔流动性，是无味、无臭、无毒的低熔点聚合物。在合成的热熔黏合剂中，EVA占80%左右。

⑥ 低熔点农药　利用低熔点农药遇热熔融、冷却后凝固的特性作黏结剂。可单独用低熔点农药，也可混合部分其他热熔性黏结剂。

如用这种黏结剂制粒剂，兼具有农药的作用，可成为混合制剂。在国内已形成商品的有对硫磷-滴滴涕粒剂和克百威（呋喃丹）-敌百虫粒剂等。

此外，一些载体如膨润土有自体黏结性和可塑性，在以它为主体载体时，加水混炼就能成型，一般不需再加黏结剂。

2. 助崩解剂

助崩解剂即为加快粒剂在水中的崩解速率而添加的物质。多种无机电解质都具有这一效果，例如，硫酸铵、氯化钙、氯化钠、氯化镁、氯化铝等，还有尿素和表面活性剂，特别是阴离子型表面活性剂。用膨润土做粒剂时，加1%左右的助崩解剂即有明显效果。

3. 分散剂

分散剂是能降低分散体系中固体或液体粒子聚集的物质。为使粒剂在水中很好地崩解分散，可加入少量的分散剂。

分散剂品种主要分天然类和合成类。

（1）天然分散剂　由酸法纸浆废液中提取的木质素经磺化加工成的各种分子量的木质素磺酸钠、茶籽饼、皂荚、无患子等。这些物质都具有一定的分散性，而且价格低廉。

（2）合成分散剂　主要为表面活性剂类，以阴离子、非离子分散剂应用最广：烷基萘磺酸盐，如拉开粉BX等；双萘磺酸盐甲醛缩合物，如分散剂NNO等；蓖麻油环氧乙烷加成物及衍生物。

4. 吸附剂

在用液体原油制造粒剂时，为使粒剂流动性好，就需要添加吸附性高的矿物、植物性物质或合成品的微粉末以吸附液体。这些粉末应是多孔性、吸油率高的物质。如用液体原油以包衣法造粒时，就需要包覆吸附剂。

吸附剂的代表品种为白炭黑，它是含水无晶型硅酸（$SiO_2 \cdot nH_2O$），理化性质见表5-2。

表5-2　白炭黑理化性质

项目	80#	67#	1120#
外观	白色微粉末	白色微粉末	白色微粉末
水分 /%	4.0~9.0	4.0~9.0	4.0~9.0
pH 值（5% 悬浊液）	5.5~6.3	7.0~8.0	10.4~10.9
堆积密度 /（g/mL）	0.15~0.20	0.16~0.19	0.19~0.23
真密度 /（g/mL）	1.95	1.95	1.95
SiO_2/%	92.0~98.0	90.0~96.0	86.0~92.0
Fe_2O_3、Al_2O_3/%	0.4 以下	0.5 以下	0.4 以下

此外硅藻土、凹凸棒土、碳酸钙、无水芒硝、微结晶纤维素、其他矿物质和植物性物质的微粉末等也可作吸附剂用。

5. 润滑剂

在挤出造粒时，为降低阻力可添加0.2%左右的润滑油起润滑的作用。加表面活性剂也有同样效果。

6. 溶剂、稀释剂

在造粒时，为将原药溶解、低黏度化，改善农药原药的物性，或进行增量以达到均匀吸附的目的，需加入溶剂或稀释剂。

在粒剂的配方中一般选用重油（相对密度0.8～1.0）、煤油（沸程175～325℃，现对密度0.8）和石脑油（甲基萘，沸程210～270℃，相对密度1.0）等廉价易得的高沸点溶剂。

7. 稳定剂

农药稳定剂及防分解剂，是具有延缓和阻止农药及其制剂性能自发劣化的辅助剂。

农药稳定性问题十分复杂，筛选出的稳定剂品种很多，大多具有一定的针对性，据统计，表面活性剂、酯类、醇类、有机酸类、有机碱类、糠醛及其废渣等都对农药有效成分（主要为有机磷酸酯类）有一定的抑制分解作用。

8. 着色剂（警戒色）

为方便与一般物质区别起警戒作用，同时起到产品分类作用，在粒剂配方中加着色剂。

对不同类别的农药粒剂，国内目前大多遵循约定俗成的惯例：杀虫剂——红色，除草剂——绿色，杀菌剂——黑色等，但尚未规范化。

红色，可用大红粉、铁红、酸性大红等。

绿色，可用铅铬绿、酞菁绿、碱性绿（孔雀绿）等。

黑色，可用炭黑、油溶黑等。

此外，如某些农药粒剂用紫色，可用碱性紫5BN（甲基紫）等。

第三节 粒剂的加工工艺

农药粒剂的造粒操作，根据所采用的原药、载体等原料的不同，为达到不同的造粒目的，需确定相应的造粒工艺。

这些造粒工艺操作的基本原理，可分为两类：

（1）自足式造粒 利用转动、流化床和搅拌混合等操作，使装置内物料自身进行自由的凝集、披覆、造粒，造粒时需保持一定的时间。

（2）强制式造粒 利用基础、压缩、碎解和喷射等操作，由孔板、模头、编织网和喷嘴等机械因素使物料强制流动、压缩、细分化和分散冷却固化等，其机械因素是主要影响因素。

在生产时间中，造粒工艺通常由造粒操作、前处理操作和后处理操作等部分组成。

造粒工艺的前处理，包括输送、筛分剂量、混合、捏合、溶解、熔融等操作过程。

造粒工艺的后处理，包括干燥、破碎、筛分、除尘、除毒、包装等操作过程。

可见造粒工艺是由较复杂的综合工艺操作所构成的。各个造粒工艺的构成及其特征，详见下述造粒方法。

一、包衣造粒

包衣造粒法简称包衣法又名包覆法，是以颗粒载体为核心，外边包覆黏结剂，再将有毒物质黏附于颗粒的表面，使黏结剂层与毒物层相互浸润、胶结而得到松散的粒状产品的操作过程。

包衣法的应用范围十分广泛，它能使用于不同形态的农药原药，包括固体原药和液体原油等。

包衣法原料易得，工艺过程较简单，适用于大规模生产，产品成本低廉。所以在国内外发展十分迅速，为农药粒剂造粒的主要办法之一。目前在国内，用包衣法制造的农药粒剂，在产品品种和产量上均居粒剂产品的首位。

包衣法造粒对粒度要求很严格，所以必须认真筛选载体。本法还要求包覆层尽量牢固不脱落，因而在黏结剂的选择和包衣工艺条件的选择上都十分严格。

由于包衣过程的影响因素较多，所以必须进行必要的实验，以找到适宜的操作条件和选择合理的包衣工艺过程。

1. 包衣造粒法的分类

包衣造粒法的分类方法有，原药性状、黏结剂种类、载体种类和包衣装置分类四种。

（1）按原药性状分类 这主要指包衣操作时的原药状态。为适应包衣加工工艺的需要，可将原药进行前处理，前处理的方式因原药状态是粉末状或液态而有所不同。前处理方式按其操作可分为：①用液态黏结剂直接包覆粉末状原药；②用水或有机溶剂将固体黏结剂溶解成溶液；③将黏结剂熔融后，黏附于载体上，再包覆粉末状原药；④液态原药和黏结剂液浸润载体表面后，再包覆粉末状物；⑤使液态原药浸润载体表面，将黏结剂熔融包涂于载体上，再包覆粉末状物；⑥与上述操作不同的情况。

可根据不同条件，选择最适宜的加工方法。

（2）按黏结剂种类分类　黏结剂可分为亲水性黏结剂和疏水性黏结剂两大类。

亲水性黏结剂为水溶性，其造粒工艺特征为先进行包衣操作，后进行干燥而得到粒剂成品。用亲水性黏结剂可黏附固体原药也可黏附液体原油。

疏水性黏结剂多为热熔型，其造粒工艺特征为先将载体预热，后进行包衣操作而得到粒剂产品。可见与亲水性黏结剂的工艺程序相反。疏水性黏结剂同样可以黏附固体原药和液体原油。

（3）按载体种类分类　包衣法造粒采用的载体有惰性（无吸油性）载体和吸油性载体两大类。

① 惰性载体　例如硅砂、大理石等。这种载体无吸油性，只作为粒剂的核心，在外面包覆黏结剂和有毒物质。这类载体pH值一般为6~7，对原药稳定，但不宜制作含量过高的粒剂。

② 吸油性载体　例如煤矸石、碳酸钙等。这种载体有不同程度的吸油性，不但可作为粒剂的核心，而且还可将原药吸附到载体颗粒内，外面再包覆黏结剂和粉末状物。这类载体对原药稳定性的影响，需要加以考察。用这类载体可生产高含量的粒剂，扩大了包衣法造粒的应用范围。

（4）按包衣装置分类

① 转动包衣法　用液筒混合机、鼓形混合机（Mnoson型）、盘形混合机或螺旋锥形混合机等进行包衣造粒。用本法操作稳定，包衣均匀，产品质量好；但设备造价高，维修量大。

② 流化床包衣法　用流化床进行包衣造粒，设备结构较简单，包衣操作周期短；但对操作条件要求严格。

目前，在国内外包衣造粒生产中，大多采用转动包衣法。

2. 包衣造粒工艺及影响因素

（1）包衣造粒工艺　包衣造粒工艺主要分为载体处理、黏结剂处理、包衣、干燥、包装等几个部分。

① 载体处理

a. 粒度　对硅砂通过筛分来达到所需的粒度范围，天然砂最好在砂场经过初步筛分，使粒度接近使用范围，以减少硅砂筛分与运输的工作量。对其他载体应先经破碎造粒，再经筛分达到所需的粒度范围。

b. 水分　为保证包衣效果和载体对农药的稳定性，必须保持载体所含的水分在较低的范围，硅砂的水分一般为0.5%以下；其他载体可根据情况，控制水分在1.0% ~ 1.5%。

c. 预热　当采用疏水性黏结剂时，为保证热熔性黏结剂的流动性，完成正常包衣操作，必须对载体进行预热处理，其预热温度根据原药和黏结剂品种的不同而适当改变，其值应通过试验确定。

如采用亲水性黏结剂时，无载体预热工序。

② 黏结剂处理

a. 液体黏结剂可直接使用，或加水稀释后使用。

b. 亲水性固体黏结剂可用水溶解成水溶液后使用。某些品种在溶解时需适当加热，并加以搅拌，以促进溶解和保持溶液的稳定性，避免凝结和沉淀。

c. 疏水性黏结剂，多具有热熔性，可加热使其成熔融状态使用。或加溶剂或乳化剂使其溶解成溶液或乳状液使用。

③ 包衣过程

a. 采用亲水性黏结剂包衣　用经筛分处理的常温载体加入黏结剂，黏结剂包覆于载体表面，外面再包上粉末状药剂。在这个操作过程中必须保证黏结剂液层和粉末药剂层包裹均匀，两层相互胶结，包裹牢固。要注意载体、黏结剂与粉末药剂的配比关系，使包衣过程良好，无粉末脱落，又不过于发黏，确保操作过程正常。

b. 采用疏水性黏结剂包衣　经筛分处理的载体通过预热达到一定的温度，将黏结剂熔融后包涂于载体表面，外面再包上粉末状药剂，随着物料温度的逐步下降，熔融态黏结剂将逐渐凝固而将药剂黏结牢固。在操作过程应注意载体预热温度，严格掌握包衣过程的温度变化，保证包衣操作稳定、产品质量良好。

上述两类包衣过程均是用粉末状包衣药剂包衣，如包衣用农药为液体时，可将液态原药经粉状载体吸附制成粉末状毒物再包衣；或先将液体药剂包覆于载体上，最后包覆粉末状吸附剂，其余过程与上述两包衣过程相同。

④ 干燥过程　在采用亲水性黏结剂进行包衣造粒时，包衣后需将颗粒干燥以脱去黏结剂中所含水分，干燥温度必须严格掌握，避免原药在干燥过程中分解。

⑤ 尾气处理　包衣法造粒工艺中的尾气分为无毒及有毒两类。无毒尾气，经除尘处理后排出；有毒尾气经二次干法除尘（旋风除尘器、袋滤器）或一次干法除尘后，再经湿法用碱液分解有毒成分后排空。碱液可采用10% NaOH水溶液或50%的乙醇溶液。

碱液对降解部分农药的毒性有良好效果。该处理工艺也可用于其他造粒法。

（2）包衣造粒的影响因素

① 原药性状的影响　包衣造粒中添加的原药形态主要有两种，即固体农药（经预处理成粉末状）和液体原药（原油、溶液、悬浊液）。用粉末状物料和液态物料的包衣过程有很大不同，液体物料流动性好，易于包覆均匀，所需操作周期短；而粉末原料流动性差，难于包覆均匀，所需操作时间较长。

② 黏结剂的影响

a. 黏结剂的种类　包衣造粒法用的黏结剂分为亲水性和疏水性两大类。不同种类黏结剂的包衣效果及包衣过程的特征如表5-3所示。

表5-3　黏结剂品种对包衣造粒效果的影响

配方	原药	原药 A	原药 A	原药 A
	黏结剂	石蜡	皂荚仁	聚乙烯醇
	载体	硅砂	硅砂	硅砂
	着色剂	着色剂	着色剂	着色剂
成品状态		松散颗粒	松散颗粒	松散颗粒
操作特征		包衣前预热	包衣后颗粒干燥	包衣后颗粒干燥

由此可见，采用疏水性黏结剂石蜡和亲水性黏结剂聚乙烯醇、皂荚仁均能进行正常操作，其成品均为松散颗粒。其操作特征不一样，用疏水性黏结剂包衣前载体需预热，而用亲水性黏结剂包衣后颗粒需再进行干燥，但均能得到良好的包衣效果。

b. 黏结剂的用量　黏结剂的用量是否适宜会直接影响包衣造粒的工艺操作和产品质量，黏结剂用量过少会包衣不牢固，造成包覆物脱落；用量过多颗粒发黏，影响工艺操作，其适宜用量，应通过试验加以选择。

③ 工艺操作条件的影响

a. 包衣过程的温度　包衣过程的温度是影响包衣操作的主要因素，特别是在采用疏水性黏结剂时，其影响更加明显。

当载体温度过高时，造成某些热敏性农药的分解和黏结剂的挥发，包衣后黏结剂未及时凝固，包衣后物料发黏，难于出料。当载体预热温度过低时，熔融态黏结剂流动性不良，包衣效果不佳，部分固体粉末没包上，黏结剂即接近凝固，影响产品质量。而当温度适宜时，熔融态黏结剂流动性良好，能均匀包覆载体表面，得到质量好的粒剂。

b. 包衣时间　在包衣过程中，包衣时间是影响工艺操作、保证产品质量稳定及缩短操作周期的重要因素。

c. 包衣装置筒体充填度　当采用滚筒混合机或鼓形混合机时，筒体内加入物料的多少会影响到物体的流动搅拌，影响粒剂产品的包衣效果。当筒体充填度为1/3以下时，操作正常，成品合格率高；而当筒体填充度达到1/2时，成品合格率下降，但尚可进行操作。

用螺旋锥形混合机进行包衣操作时，其装载系数最佳为0.6。包衣法粒剂生产流程见图5-1。

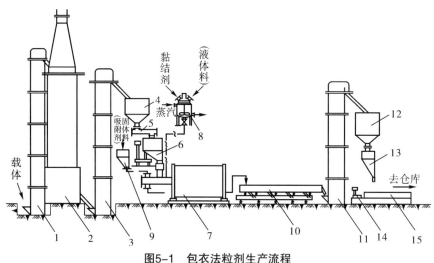

图5-1　包衣法粒剂生产流程

1, 3, 11—提升机；2—预热器；4—沙贮仓；5—螺旋输送机；6—斗式秤；7—混合机；
8—贮料釜；9—加料斗；10—输送机；12—待验斗；13—包装机；14—台秤；15—带式输送机

3. 应用

以0.5%苯噻酰草胺·苄嘧磺隆药肥颗粒剂为例。先制备10%母粉，配方如下：

固体原药　10%	K_2HPO_4　10%
分散剂　15%	轻$CaCO_3$　65%

采用尿素作为载体，先将黏结剂与尿素混匀，然后再按配方比例加入10%母粉，充分混匀，晾干，即得。

4. 包衣造粒法的特点和适用范围

包衣法粒剂是目前国内外发展较快、吨位较大、使用范围较广的农药粒剂类型，究其原因主要有以下几个：①原材料易得，制造包衣法粒剂的主要原材料为载体和黏结剂。其载体主要为硅砂或者其他矿渣，在世界各地蕴藏量充足，我国是砂源极为丰富的国家，便于就地取材，减少运输环节。黏结剂可采用的种类较多，如常用的聚乙烯醇、聚乙酸乙烯酯、石蜡、植物种子仁等都量大易得，为包衣法造粒提供了丰富的资源。②工艺过程较简单，操作稳定，适于大规模生产。③成本低廉，包衣法造粒由于原料易得，制造工艺程序较简单，设备投资少，能量消耗较低，所以在各类粒剂中其成本较低廉。④适用范围较广泛，对液态、固态和低熔点原药均可适用，所得粒剂流动性较好，便于适用。⑤包衣法粒剂的相对密度在几类粒剂中最大（指以硅砂为载体时）。因而，它适用于对粒子要求有一定质量的使用场合，如在防治玉米螟时，可将粒剂撒于玉米植株的"喇叭口"处，随着植株的生长，粒剂也不断移动，使其始终处于"喇叭口"处，以防治玉米螟的危害。在要求粒剂必须具有一定的质量时，就需要采用包衣法粒剂。⑥包衣法粒剂由于药剂被黏结剂、吸附剂等包覆于内部，药剂扩散较缓慢，所以包衣法粒剂比用挤出成型法、吸附法、喷雾造粒法等制造的同品种农药粒剂的持效期长。其配方见表5-4~表5-6。

表5-4 包衣造粒法典型配方（一）

配方	液体原油 /%		（固体原药 + 液体原油）/%	
	① 液体原油	7.0	① 固体原药（经预处理）	7.0
	② 黏结剂液	0.5	② 液体原油	3.5
	③ 白炭黑	4	③ 黏结剂液	1.0
	④ 粒状碳酸钙	88.5	④ 白炭黑	1.8
			⑤ 粒状碳酸钙	86.7
制造方法	④投入→①＋②投入，搅拌包衣→③投入，搅拌包衣 60min		⑤投入→②＋③投入，搅拌包衣→①＋④投入，搅拌包衣 60min	

载体与成品		目	载体 /%	成品 /%	载体 /%	成品 /%
	粒度	约 16	3.0	6.1	4.0	19.0
		16 ~ 20	17.4	22.8	95.4	87.5
		20 ~ 32	70.2	64.8		
		32 ~ 42	8.7	4.7	0.6	0.3
		约 48	0.7	1.6		
	物性	流动性	1min 28s	1min 40s	1min 26s	1min 43s
		松密度 /（g/mL）	1.61	1.64	1.64	1.49
		休止角	38°40′	39°48′	37°31′	37°30′
		脱落率 /%	—	0.15	—	8.9

表5-5　包衣造粒法典型配方（二）

配方	液体原油/%		(固体原药＋液体原油)/%	
	① 液体原油	1.0	① 液体原油	0.5
	② 黏结剂液	1.5	② 固体原药（经预处理）	2.5
	③ 着色剂	0.5	③ 陶土	3.0
	④ 陶土	4.0	④ 着色剂	0.5
	⑤ 分散剂	0.5	⑤ 分散剂	0.5
	⑥ 硅砂	92.5	⑥ 硅砂	93.0
制造方法	⑥投入→①＋②投入，搅拌包衣→④＋⑤投入，搅拌包衣50min		⑥投入→①＋②＋④投入，搅拌包衣→③＋⑤投入，搅拌包衣50min	

载体与成品		目	载体/%	成品/%	载体/%	成品/%
	粒度	约30	62	70.1	62	67.5
		30～40	4.8	8.9	4.8	5.3
		40～60	23.6	21	23.6	27.2
		约60	9.6	0	7.6	0
	物性	松密度/（g/mL）	1.6	1.31	1.6	1.34
		休止角	35°	39°	35°	35°
		热压分散性	—	良	—	良
		脱落率/%	—	1.2	—	2.8

表5-6　包衣造粒法典型配方（三）

配方	固体原药/%			
	① 固体原药（经预处理）	3.0	① 固体原药（经预处理）	0.5
	② 黏结剂（经预处理）	2.5	② 黏结剂液	1.5
	③ 着色剂	0.5	③ 着色剂	0.5
	④ 硅砂	94.0	④ 硅砂	97.5
制造方法	④投入→①＋②投入，搅拌包衣→①投入，搅拌包衣50min		④投入→②＋③投入，搅拌包衣→①投入，搅拌包衣50min	

载体与成品	物性	载体	成品	载体	成品
	外观	淡黄色颗粒	红褐色颗粒	淡黄色颗粒	红褐色颗粒
	松密度/（g/mL）	1.5	1.35	1.5	1.34
	休止角	35°	36°	35°	36°
	热压分散性	—	良	—	良
	脱落率/%	—	1.0	—	1.0

二、吸附造粒

吸附造粒法（浸渍造粒）是把液体原药或固体原药溶解于溶剂中吸附具有一定吸附能力的颗粒载体的一种生产方法。吸附造粒工艺流程本身（不包括颗粒载体制备部分）比较简单。

一般吸附造粒法的载体，都是由特定生产工艺来完成的。要求载体具有良好的吸附性能和一定的强度。产品性能及形状主要取决于所选用的载体及生产工艺。

1. 吸附造粒法的分类

吸附造粒法的主要分类有按原药性状、载体的形态、载体的制备方法等进行的分类。

（1）按原药的性状分　在吸附造粒中，为了适应吸附造粒工艺的需要，要求对原药进行必要的前处理，前处理的方式因原药性状不同而有所不同。

① 固体原药　用溶剂把固体原药溶解后进行吸附造粒。或是把固体原药熔融后再进行热吸附造粒。

② 液体原油　可直接进行吸附造粒。

（2）按载体形态分

① 遇水解体型载体　这种载体遇水后很快崩解，并不能保持原形，从而使吸附颗粒载体内部的原药释放出来。

② 遇水不解体型载体　这种载体遇水后保持原状，吸附于颗粒载体内部的原药和助剂靠其水溶性逐渐地释放出来。

（3）按载体制造方法分

① 破碎造粒法　是以天然沸石、工业废渣或者其他有吸附能力的材料，经破碎、筛分等制取颗粒载体，然后进行吸附造粒。这种载体性状多是不规则的。

② 挤出造粒法　是以陶土、黏土等为主的粉体物料作填料，经过水捏合、挤出造粒、干燥、整粒、筛分等制取颗粒载体，然后进行吸附造粒。

2. 吸附造粒工艺及影响因素

（1）吸附造粒工艺　吸附造粒工艺，一般是由两部分组成，即载体制备过程和吸附造粒过程。

① 载体制备　破碎造粒工艺，可选用天然矿石、工业废渣等作载体。经过破碎、筛分就可得到所需要的粒度范围的颗粒。若选用天然矿石，如紫砂岩、沸石等较大的块料，一次破碎得不到要求粒度范围的颗粒，要经粗碎、中碎、细碎几次破碎。破碎一次，过筛一次；也可几次破碎后一次过筛，对总的成粒率影响不大。中碎设备以对辊破碎机成粒率最高。但不管哪种载体物料和采用哪种破碎设备，载体的总成粒率不会超过70%。因此载体的利用率不高。工业化生产时必须对未被利用的载体加以利用，小于60目的可作微粒剂或粗粉剂的载体。

挤出成型造粒工艺，颗粒载体的成粒过程与前面介绍的挤出成型造粒工艺相同，只是造粒时不加原药。以提供颗粒载体（素颗粒）为目的，最后吸附原药。

② 吸附造粒　颗粒载体、原药等分别计量后放入吸附混合机中进行吸附混合，可选用双螺旋锥形混合机，或转鼓形混合机分批间断地混合。原药含量低的产品，可采用喷嘴雾化，以提高产品均匀度。原药含量高的产品可直接加入，不必雾化也能保证产品的均匀度。若原药为油状，吸附工艺最为合理。只要把原药喷洒在颗粒载体上，进行吸附混合就可得到产品，无需干燥。原药为水溶液时，选用吸附工艺同样简单、经济。但选用的载体一定要不解体的。解体的载体遇到水溶性原药时，强度会大大降低，不是破损就是黏结成团，影响产品质量。用水剂生产的颗粒产品，吸附混合后要干燥，使颗粒产品水分控制在要求的范围内。原药为固体时，应将原药熔融后再进行吸附混合，混合吸附后产品不必进行干燥。若原药是溶剂溶解的，应在吸附混合后进行溶剂回收处理。

（2）吸附造粒对原材料的要求及影响因素

① 对载体的要求　具有一定的强度，颗粒载体强度的好坏直接关系到产品的质量。颗

粒载体强度不好，在加工过程中，特别是吸附混合时，会受到机械的破损。由于颗粒强度与颗粒含水量成反比，吸附混合时一边向载体喷洒液体原油，一边使载体上下翻动，这样使载体强度受到液体原油而削弱，同时又受机械冲击而遭破坏，载体强度不好就难以保证产品质量。此外，产品在贮存、运输过程中也会受到撞击、振动、挤压等而遭到破损。因此，同样要求产品具有一定的强度。

载体的强度可通过不同的配方，选择不同的黏结剂和填料加以调节；也可选用不同的造粒机械得到不同强度的颗粒载体。同一载体由于选用不同的配方、不同造粒方法得到的产品强度也不一样。

载体应具有一定的吸附性能（吸油率），颗粒吸油能力的大小同颗粒的孔隙率有关，孔隙率越大，吸油率越高。颗粒的孔隙率与载体的结构（指天然矿石颗粒载体）有关，与所选用的造粒机械形式有关（指人工造粒载体）。同一载体物料用不同造粒机械造粒，所得产品的吸油率有很大差别。例如用螺旋挤出造粒机就比用摇摆造粒机得到的颗粒载体吸油率小。同一造粒机选用的载体不同，其强度和吸油率也会有很大差异。应通过试验进行配方和工艺的选择。一般来说，载体强度越大时，颗粒的孔隙率越小，吸油率也越小。相反，吸油性能好的载体，强度往往差。选择载体时要调整配方，兼顾两个方面。

颗粒载体的pH值一般以6～7为宜。多数农药与碱性载体相遇易分解，而化学稳定性差。为使产品化学稳定性好，载体应为中性或偏酸性。具体每种原药应如何选择载体的pH值，则视原药的物理化学性质而定。不管选用哪种载体和哪种成粒方法，要求成粒率越高越好。成粒率的高低，直接关系到产品的成本和能源的消耗。

② 对原药的要求 液体原油、油剂或水剂采用吸附造粒法最适宜。固态原药可熔融成液态或溶于某种溶剂中，也可采用吸附造粒法，见图5-2和图5-3。

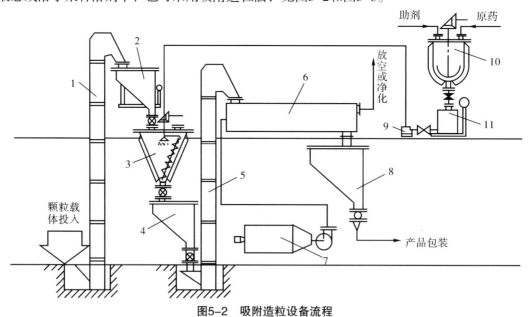

图5-2 吸附造粒设备流程

1—载体提升机；2—载体称量料仓；3—吸附混合机；4—成品中间料仓；5—提升机；6—干燥器；
7—加热器；8—包装料仓；9—加压泵；10—熔融混合锅；11—计量槽

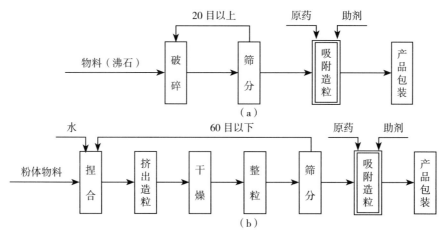

图5-3 吸附造粒工艺流程

3. 应用

10%毒死蜱颗粒剂：先将毒死蜱原药、乳化剂加热溶解至溶剂中，再将毒死蜱溶液加入至载体（凹凸棒土）中，边加边搅拌，进行吸附，晾干，即得。

4. 吸附造粒法的特点和适用范围

① 工艺流程短，设备简单，所用设备多为通用的定形设备，便于选择、使用和维修。

② 全流程各工序（除吸附混合以后工序外）都在无药的情况下操作。改善了劳动条件，减少了药剂对设备的污染，便于设备维修，也减少了原药的损耗。

③ 这一工艺的缺点在于可供选用的载体不多，选材困难。天然矿石载体既有高吸油率又有高强度的不多。一般只能选用强度较好而吸油率低的载体，这种载体只适合生产低含量的产品。

按照上述特点，这一工艺适用于油状或水溶液原药，生产低含量产品，生产规模以中、小型为宜，就地生产，就近使用，避免往返运输。

吸附造粒法典型配方如表5-7所示。

表5-7 吸附造粒法典型配方

		配方 I /%		配方 II /%	
配方	① 液体原油	16.0		① 液体原药	10.0
	② 分散剂	0.2		② 分散剂	0.2
	③ 石煤渣	83.8		③ 煤矸石	89.8
制造方法	③投入→①＋②投入搅拌吸附			③投入→①＋②投入搅拌吸附	
造粒品物性	粒度 / 目	20 ~ 60		20 ~ 60	
	沉降性	良		良	
	水中溶出率 /%	108		80	
	强度 /%	99		95.2	
	休止角	45°		44°	
	堆积密度 / (g/mL)	0.9		0.9	

三、挤压造粒

挤压造粒是将混合好的原料粉体放在一定形状的封闭压膜中，通过外部施加压力使粉体团聚成型。这是较为普遍和容易的制粒方法，具有颗粒形状规则、均一、致密度高、所需黏结剂用量少和造粒水分低等优点。其缺点是生产能力低，磨具磨损大，所制备的颗粒粒径有一定的下限。该造粒方法多被制药压片、食品制粒、催化剂成型和陶瓷行业等压制微粒磨球等工艺采用。

1. 挤压造粒机理

当粉体放在一定形状的封闭亚膜中后，随着外部压力的增大，粉体中颗粒间的空隙逐渐减少。在增加压力的过程中，首先粉体填满模具有限空间，颗粒在原来微粒尺度上重新排列和密实化，这一过程通常伴随着原始粉末微粒的弹性变形和因相对位移而造成的表面破坏。在外部压力进一步增大后，由应力产生的塑形变形使孔隙率进一步降低，相邻微粒界面上产生原子扩散或化学键结合，在黏结剂的作用下微粒间形成牢固的结合，至此完成了压缩造粒的过程。当制成的颗粒脱膜后，可能会因压力解除而产生微量的弹性膨胀，膨胀的大小依原料粉体的特性而有所差异，严重的可能导致制品颗粒的破裂。

2. 影响挤压造粒的因素

影响挤压造粒的因素很多，主要有原粉的粒度和粒度分布、挤压造粒的助剂、湿度作业的湿度等。其中粒度和粒度分布以及助剂对挤压造粒的影响最为显著。

（1）粒度和粒度分布　原料粉末的粒度分布决定着粉末微粒的理论填充状态和孔隙率，压缩制粒需要原粉微粒间有较大的结合界面，因此原粉粒度越细制品强度就越高，原料粒度的上限决定产品粒度的大小。但是，粉末越细，体积质量越小，原粉的压缩度限制了原粉不能太细，因为原粉太细则夹带空气较多，势必要减小压缩过程的速率，导致产量降低。在实际生产中，可以把要造粒的原粉在贮料罐里减压脱气，经过这样预处理后可以降低原料粉体的压缩度。

如上所述，挤压造粒是原粉中微粒间界面的结合，因此原粉颗粒的表面特性对压缩制粒有着重要影响。用粉碎法制备的粉体表面存在着大量的不饱和键及晶格缺陷，这种新生表面的化学活性特别强，容易与相邻颗粒形成界面上的化学键结合和原子扩散。但是，如果原粉放置较长时间，这些颗粒表面被蒸汽、水分和更微细的颗粒吸附，原粉的表面活性就会逐渐"钝化"，因此应尽可能用刚刚粉碎后的原料粉体进行压缩制粒。

（2）助剂　有些粉料在挤压造粒过程中，除加一些必要的分散剂、崩解剂外，常需采用润滑剂来帮助压力均匀传递并减少不必要的摩擦。根据添加方式的不同，可以分为内润滑剂和外润滑剂两类。内润滑剂是与粉体原料混合在一起的，它可以提高给料时粉体的流动性和压缩过程中原始微粒的相对滑移，也有助于制品颗粒的脱模。内润滑剂的添加量一般为0.5%~2%，滑石粉、硬脂酸盐、二氧化硅等是常用的润滑剂。过量使用可能会影响微粒表面的结合，从而降低制品强度。外润滑剂涂抹在模具的内表面，可以起到减小模具磨损的作用，即使微量添加也有显著的效果。若没有添加外润滑剂，颗粒与模具表面的摩擦力阻碍了压应力在这一区域的均匀传递，导致内部受力不均，造成产品颗粒内部密度和强度的不均匀分布。因此，从这一点考虑，添加外润滑剂减少外部摩擦不仅仅是保护模具的问题，也是提高造粒质量和产量的手段。

黏结剂与润滑剂对颗粒制品强度的影响最大。黏结剂强化了原始微颗粒间的结合力。通过润滑剂降低原始微颗粒间的摩擦，促进颗粒群密实填充，从而在整体上提高颗粒的强度。黏结剂的作用形式可以分为三类：第一类是以石蜡、淀粉、水泥、黏土等黏结剂为基体，将原始微颗粒均匀地混合在其中制成复合颗粒；第二类是用黏结剂将原始颗粒黏结在一起，水分蒸发或黏结剂固化后在微颗粒界面上形成一层吸附牢固的固化膜，制成以原料粉体为基体的颗粒，这类黏结剂主要有水、水玻璃、树脂、膨润土、胶水等；第三类是选择合适的黏结剂,使其在原始颗粒表面上发生化学反应而固化,从而提高微颗粒间界面的强度。

黏结剂的选择主要靠经验,不同行业各自有不同的特点和习惯,选择黏结剂一般考虑如下问题;黏结剂与原料粉体的适应性及制品颗粒的潮解问题;黏结剂是否能润湿原始微颗粒的表面;黏结剂本身的强度和制品颗粒强度要求是否匹配;黏结剂的成本。在选择了几种可行的黏结剂后,须通过试验来确定最好的种类、添加量和添加方式。

3. 挤压造粒设备简介

（1）活塞压机或模压机　用来生产均匀的及有时是复杂的压块,特别用在粉末冶金和塑料成型中,此设备包括机械或水力操作的压机。在压机的压板上附有分成两部分的模子,即顶部(阳模)和底部(阴模)。装入的物料在压力和热的作用下发生流动并压制成模子空腔的形状。金属粉末的压块进行烧结以增进金属特性,而塑料压块机卸下后实质上已成为最终制品。

（2）压片机　用于对团聚制品的重量、厚度、硬度、密度和外观有严格规定的场合。压片机生产简单形状的制品,其生产效率比模压机高。单冲头压片机有一个工位,它包括一个上冲头、一个下冲头和一个模子。旋转压片机具有一个旋转的模子台,它由冲头和模子组成多个工位。新式压片机是单面的,即有一个装填工位和一个压缩工位。当旋转头转一圈时为一工位生产一粒片剂。高速旋转压片机都是双面的,有两个加料工位和压缩工位。当旋转头转一圈时,每一工位生产两粒片剂。

（3）对辊挤压造粒机　此造粒机将进入两轧辊间隙中的物料压实,两轧辊以相同的速率相向旋转。团块的大小和形状由轧辊表面的几何形状决定,轧辊表面的窝坑(即凹穴)形成蛋形、枕形、橄榄形或类似球形的压块以便脱模,其质量从几克到2kg或更重,它们在通常的破碎设备中制成所需颗粒。

对辊挤压造粒机可以低费用加工大量物料,但是与模压机和压片机相比制品不够均匀。在压块操作中最难的问题是将适量的物料加入轧辊上每一个快速旋转的凹坑中,各种形式的加料器在很大程度上克服了此困难。

由于机械设计的原因,允许的轧辊宽度与所需的压力成正比关系。当轧辊速率一定时,辊压机的生产能力随着压力的增加而减少(因为允许的轧辊宽度减少),见图5-4。

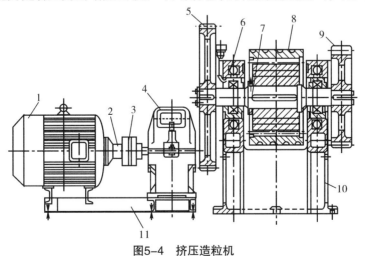

图5-4　挤压造粒机

1—电机；2—电机输出轴；3—联轴器；4—减速机；5—大齿轮；6—轴承；
7—主轴；8—压辊；9—传动齿轮；10—机架；11—电机架

四、挤出造粒

挤出造粒是将配方原粉用适当黏合剂制备软材后，投入多孔模具（通常是具有筛孔的孔板或筛网），用强制挤压的方式使其从多孔模具的另一边排出，再经过适当的切粒或整形的制粒方法。这是较为普遍和容易的制粒方法，它要求原料粉体能与黏合剂混合成较好的塑性体，适合于黏性物料的加工。所制得的颗粒的粒度由筛网的孔径大小调节，粒子形状为圆柱状，粒度分布窄，但长度和端面形状不能精确控制。挤压压力不大，致密度比压缩造粒低，可制成松软颗粒。挤出造粒的缺点是：黏结剂、润滑剂用量大，水分高，模具磨损严重，造粒过程经过混合、制软材等，程序多、劳动强度大。挤出造粒因其生产能力很大，目前被广泛应用。

1. 影响挤出造粒的因素

一般来说，挤出造粒的工艺过程依次为：混合、制软材、压缩、挤出和切粒、干燥等工序。制软材（捏合）是关键步骤，在这一工序中，将水和黏合剂加入粉料内，用捏合机充分捏合。黏合剂的选择与压缩制粒过程相同，黏合剂用量多时软材被挤压成条状，并会重新黏合在一起，黏合剂用量少时不能制成完整的颗粒而成粉状，因此在制软材的过程中选择适宜的黏合剂及适宜的用量是非常重要的。但是，软材质量往往靠熟练技术人员或熟练工人的经验来控制，可靠性与重现性较差。捏合效果的好坏将直接影响挤出过程的稳定性和产品质量，一般来说，捏合时间越长，泥料的流动性越好，产品强度也越高。与挤压造粒相同，原料粉体适度偏细将使捏合后泥团的塑性提高，有利于挤出过程的进行，同时细颗粒使粒间界面增大，也能提高产品的强度。

2. 挤出造粒设备

挤出造粒法是目前粉体湿法造粒的主要方法，挤出造粒设备根据工作原理和结构可分为真空压杆造粒机、单（双）螺旋挤出造粒机、柱塞挤出机、滚筒挤出机、对辊齿轮造粒机、螺旋挤出式、摇摆挤出式等几种形式，见图5-5。

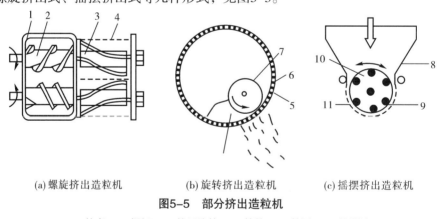

(a) 螺旋挤出造粒机　　　(b) 旋转挤出造粒机　　　(c) 摇摆挤出造粒机

图5-5　部分挤出造粒机

1—外壳；2—螺杆；3—挤压滚筒；4—筛筒；5—筛圈；6—补强圈；
7—挤压辊子；8—料斗；9—柱状辊；10—转子；11—筛网

挤出造粒产量大，但所生产的颗粒为短柱体，通过整形机处理后可以获得球状颗粒，用这种方法生产的球形颗粒比滚动成型的密度要高。

由于挤出造粒产品水分较高，后续干燥工艺不可缺少，而且也非常重要。为了防止刚挤出的颗粒堆积在一起发生粘连，大多颗粒采用高温热风式干燥，使颗粒表面迅速脱水而固结。

螺旋挤出机比较常见,螺旋在旋转过程中产生的挤压作用,将物料推向设在挤出筒端部或侧壁的模孔,从而达到挤出造粒的目的。模孔的孔径和模板开孔率对产量和质量有很大的影响。

对齿挤出造粒机由两个相对转动的辊子所组成,在辊子的压力下,物料被挤入辊子上开设的模孔,经挤出和切割形成所需要的颗粒。

根据挤出造粒机构造,大体上可分四种形式。

(1)螺旋挤出型造粒　向螺旋圆筒内供给湿润粉体,经过加压、压缩而强制前进,再由螺旋的端部或侧面的孔板将物料连续挤出成型的造粒。

(2)刮板挤出型造粒　把物料加到圆筒形孔板(或筛网)和其中运动的刮板之间,由于刮板的挤出压力,物料由孔板(或筛网)的孔中连续挤出造粒。

(3)活塞挤出型造粒　把物料投入圆筒内,由油压或水压使活塞往复运动产生挤出压力,使物料通过孔板,间断或连续地挤出造粒。

(4)压膜挤出型造粒　把物料加到圆筒形孔板和在其中的回转滚轮之间,由于滚动轮的回转产生的挤出压力,使物料从压膜的孔中连续地挤出造粒。

挤出造粒操作常常是造粒工程的中间环节,采用不同的造粒设备,其工程的配套设备也不相同。

五、团聚造粒

团聚造粒是造粒过程中粉料微粒在液桥和毛细管力的作用下团聚在一起形成微核,团聚的微核在容器低速转动所产生的摩擦和滚动冲击作用下不断地在粉料层中回转、长大,最后成为一定大小的球形颗粒的过程。团聚造粒的优点是处理量大、设备投资少、运转率高。缺点是颗粒密度不高,难以制备粒径较小的颗粒。在希望颗粒形状为球形、颗粒致密度不高的情况下,大多采用滚动制粒。该方法多用于立窑水泥成球、粒状混合肥料及食品的生产中,也可用于颗粒多层包覆工艺制备功能性颗粒。

1. 团聚造粒机理

如上所述,在团聚造粒中粉料在液桥的作用下团聚在一起形成微核,进而生长成颗粒,因此液桥的作用在团聚造粒中是很重要的。团聚造粒首先是黏结剂中的液体将粉料表面湿润,使粉料间产生黏着力,然后在液体架桥和外加机械力作用下形成颗粒,再经干燥后以固体桥的形式固结。

在造粒过程中,当液体的加入量很少时,颗粒内空气成为连续相,液体成为分散相,粉粒间的作用来自于架桥液体的气–液界面张力,此时液体在颗粒内呈悬摆状;适当增加液体量时,空隙变小,空气成为分散相,液体成为连续相,颗粒内液体呈索带状,粉粒的作用力取决于架桥液体的界面张力与毛细管力;当液体量增加到刚好充满全部颗粒内部空隙而颗粒表面没有润湿液体时,毛细管负压和界面张力产生强大的粉粒间结合力,此时液体呈毛细管状;当液体充满颗粒内部和表面时,粉粒间结合力消失,靠液体的表面张力保持形态,此时为泥浆状。一般来说,在颗粒内的液体以悬摆状存在时颗粒松散,以毛细管状存在时颗粒发黏,以索带状存在时可得到较好的颗粒。以上通过液体架桥形成的湿颗粒经干燥可以向固体架桥过渡,形成具有一定机械强度的固体颗粒。这种过度主要有3种形式:①将亲水性粉料进行制粒时,粉料之间架桥的液体将接触的表面部分溶解,在干燥过程中部分溶解的物料析出而形成固体架桥；②将水不溶性物料进行制粒时，加入的黏合剂溶液作架桥，靠黏性使粉末聚结成粒，干燥时黏合剂中的溶剂蒸发，残留的黏合剂固结成为固体架桥；③为使含量小的粉料混合均匀，将配方中的某些粉料溶解于适宜的液体架桥剂中制粒，在干燥过程中溶质析出结晶而形成固体架桥。

在团聚造粒中，粉料在液桥和毛细管力的作用下团聚形成许多微核是滚动制粒的基本条件，微核的聚并和包层是颗粒进一步增大的主要机制，微核的增大究竟是聚并还是包层以及其表现程度取决于操作方式（间歇或连续）、原料粒度分布液体表面张力和黏度等因素。在间歇操作中，结合力较弱的小颗粒在滚动中常常发生破裂现象，大颗粒的形成多是通过这些破裂物质进一步包层来完成的。与此相反，当原料平均粒径小、粒度分布也较宽时，颗粒的聚并则成为颗粒变大的主要原因。这类颗粒不仅强度高，不易破碎，而且经过一定时间的滚动后，过多的水分渗出到颗粒表面，更容易在颗粒间形成液桥和使表面塑化，这些因素都促进了聚并过程的进行。随着颗粒变大，聚并在一起的小颗粒之间分离力增加，从而降低了聚并过程的效率，因此难以聚并机制来提高形成较大颗粒的速率。在连续操作中，从筛分系统返回的小颗粒和破裂的团聚体常成为造粒的核心，由于原料细粉中的微粒在水分的作用下易与核心颗粒产生较强的结合力，因此原料粉体在核颗粒上的包层机制在颗粒增大过程中起主导作用。聚并形成的颗粒外表呈不规则的球形，断面是多心圆；包层形成的颗粒是表面光滑的球形体，断面呈树干截面样"年轮"。

2. 影响团聚造粒的因素

（1）原料粉体的影响　原料粉体的比表面积越大，孔隙率越小，作为介质的液体表面张力越大，一次颗粒越小，所得团聚颗粒的强度越高。因此，为了获得较高强度的颗粒，对原料粉体有两点要求：第一，一次颗粒尽可能小，粉粒比表面积越大越好；第二，要获得较小的空隙率，所用粉料的一次颗粒最好为无规则形状，这有利于团聚体的密度填充，具有一定粒度分布的原料也能达到降低孔隙率的目的。由机械粉碎方式得到的粉体恰恰能满足这一要求。

（2）黏结剂的影响　黏结剂是为了提高成粒率和颗粒强度而加入配方中的，如果是粉末黏结剂，可事先加入混合机中；如果是液体黏结剂，可在造粒时直接加入。

黏结剂可起三种作用：其一是填充物料粒子间孔隙的接缝材料；其二把粉料粒子的表面包覆成膜，由于黏着性而强化了粒子间接触点的附着力；其三，在黏结剂彼此间或黏结剂与其他粉体间成为固体桥和由于化学反应而形成第三类物质。

黏结剂的加入量，在上述第一种情况，一般是颗粒孔隙率的25%~35%；第二种情况时，是由构成颗粒粒子的比表面和黏结剂的稀释浓度来决定的。从经济方面考虑，一般控制幅度应尽量小。

常用的黏结剂及其选用与挤出造粒类似。其中水是常用的廉价黏结剂。黏结剂通过充填一次颗粒间的孔隙，形成表面张力较强的液膜而发挥作用。有些黏结剂还可以与一次颗粒表面反应，形成牢固的化学结合。黏结剂的选用除了要选择适宜品种外，还应注意量的问题，过少不起作用，过多则可能影响应用性能。对于某些适宜的茶品，有时为了促进微粒的形成，在原料粉体中加入一些膨润土细粉，利用其遇水后膨胀和表面润湿好的特点改善造粒强度。

（3）物料粒子构成的凝集状态　构成颗粒的粉体物料粒子表面多是凹凸不规则的，颗粒空隙多属粗糙的充填结构。空隙间由于充满水分而使自由水分增多，由于粒子表面水膜引起的毛细管作用而使效果变小。因此，需形成平均水分高、堆积密度小、强度小的颗粒。

在粉体物料造粒前，选择粉体的形态，改善粉体的集合状态，为造粒提供适宜的条件。为此，作为方法之一，可将粉体物料预先适当加湿，用混合机给物料以适当的机械压缩力和摩擦作用，使粒子凹凸不平的表面形成近似球形，减少无用空隙。粒子表面几乎包覆均一的水膜，使粒子间的接触面积增大。由于介质粒子间的水分毛细管作用促进了粒子间相互紧密收缩，因此，采用这种预处理物料的圆盘造粒时，核生成得快，颗粒成长速率和强度都得到了提高。

（4）原料中水分的影响　原料中的水分是形成原始颗粒间液桥的关键因素。团聚成型前粉料的预润湿有助于微核的形成，并能提高制粒质量。但不同粉料、不同的造粒方法加水量也不同，一般应由实验确定。

3. 团聚造粒的方法及设备

团聚造粒设备可以分为两类：转动制粒机和搅拌混合制粒机。

（1）转动制粒机　在原料粉末中加入一定量的黏合剂，在转动、摇动、搅拌等作用下使粉末聚结成球形粒子的方法叫转动制粒。这类制粒设备有圆筒旋转制粒机、倾斜锅以及近年来出现的离心制粒机。

在转动制粒过程中，首先在少量粉末中喷入少量液体使其润湿，在滚动和搓动作用下使粉末聚集在一起形成大量的微核，这一阶段称为微核形成阶段；微核在滚动时进一步压实，并在转动过程中向微核表面均匀喷入液体和撒入粉料，使其继续长大，如此多次反复，就得到一定大小的丸状颗粒，此过程称为微核长大阶段；最后，停止加入液体和粉料，再继续转动，滚动过程中多余的液体被挤出吸收到未被充分润湿的包层中，从而使颗粒被压实，形成具有一定机械强度的微丸。

转动制粒机所得的微丸外表光滑且粒度大小均匀，便于操作观察，多用于药丸的生产。生产能力大，多为间歇操作。但作业时粉尘飞散严重，工作环境不良，由于各种随机因素的影响，操作的经验性较强。

近年来新出现的转动制粒机又叫离心制粒机。容器底部旋转的圆盘带动物料做离心旋转运动，从圆盘的周边吹出的空气使物料向上运动的同时在重力作用下使物料层上部的粒子往下滑动落入圆盘中心，落下的粒子重新受到圆盘的离心旋转作用，从而使物料不停地做旋转运动，有利于形成球形颗粒。黏合剂向物料层斜面下部的表面定量喷雾，靠颗粒的激烈运动使颗粒表面均匀润湿，并使散布的粉末均匀附着在颗粒表面，层层包裹，如此反复操作可以得到所需大小的球形颗粒。调整在圆盘周边上升的气流温度可对颗粒进行干燥。

（2）搅拌混合制粒机　将粉料和黏合剂放入一个容器内，利用高速旋转的搅拌器的搅拌作用迅速完成混合并制成颗粒的方法叫搅拌混合制粒。从广义上说，搅拌混合制粒也属于转动制粒的范畴，它是在搅拌桨的作用下使物料混合、翻动、分散甩向器壁后向上运动，并在切割刀的作用下将大块颗粒绞碎、切割，并和搅拌桨的作用相呼应，使颗粒得到强大的挤压、滚动而形成致密而均匀的颗粒。由此可见，其微核生成和长大的机理与转动制粒相同，只是颗粒长大的过程不是在重力或离心力作用下自由滚动，而是通过搅拌器驱使微颗粒在无规则的翻滚中完成聚并和包层。在搅拌混合制粒机中，部分结合力弱的大颗粒被搅拌器或切割刀打碎，碎片又作为核心颗粒经过包层进一步增大，随着物料从给料端向排料端的移动，颗粒增大与破碎的动态平衡逐渐趋于稳定。

常用的搅拌混合制粒机主要由容器、搅拌桨、切割刀组成。

操作时先将粉料倒入容器中，盖上盖，把物料搅拌混合均匀后加入黏合剂，搅拌制粒，完成制粒后倾出湿颗粒或从安装于容器底部的出料口自动放出湿颗粒，然后进行干燥。

搅拌混合制粒是在一个容器内进行混合、捏合和制粒，与传统的挤出制粒相比有省工序、操作简单、快速等优点。该方法处理量大，制粒又是在密闭容器中进行，工作环境好，所以多应用于矿粉和复合肥料的造粒过程。另外，改变搅拌桨的结构、调节黏合剂的用量及操作时间可制备致密、强度高的颗粒，也可以制备松软的颗粒。但所制备颗粒的粒度均匀性、球形度等不及前述的转动制粒。该设备的另一个缺点是不能进行干燥，为了克服这个弱点，最近研制了带干燥功能的搅拌混合制粒机，即在搅拌混合制粒机的底部开孔，物料完成制粒后通热风进行干燥，可节省人力、物力，减少人与物料接触的机会，常用团聚造粒设备的分类见图5-6。

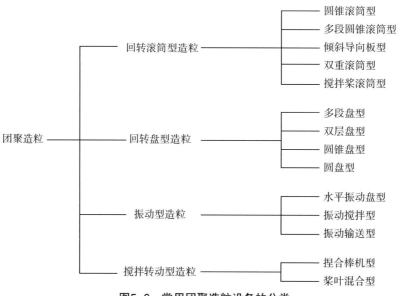

图5-6　常用团聚造粒设备的分类

六、喷雾造粒

喷雾造粒是将溶液、浆体或混悬液用雾化器喷雾于干燥室内的热气流中，使溶剂（水分）迅速蒸发制备细小干燥颗粒的方法。它包括喷雾和干燥两个过程。该法在数秒内即完成料液的浓缩、干燥、制粒过程，原料液含水量可达70%~80%。以干燥为目的的过程称为喷雾干燥，以造粒为目的的过程称为喷雾造粒。料浆首先被喷洒成雾状微液滴，水分被热空气蒸发带走后，液滴内的固相物就聚集成了干燥的微粒。对于用微米和亚微米级的超细粉体制备平均粒径为几十微米至数百微米的细小颗粒来说，喷雾造粒几乎是唯一的方法。该方法多被食品、医药、燃料、非金属加工、催化剂和洗衣粉等行业采用。

1. 喷雾造粒机理

在喷雾造粒过程中，雾滴经过受热蒸发，水分逐渐消失，而包含在其中的固相微粒逐渐浓缩，最后在液桥力的作用下团聚成所需要的微粒。在雾滴向微粒变化的过程中也会发生相互碰撞，聚并成较大一点的微核，微核间的聚并和微粒在核子上的吸附包层是形成较大颗粒的主要机制。上述过程必须在微粒中的水分完全脱掉之前完成，否则颗粒就难再增大。经过干燥后，液体架桥向固定架桥过渡，干燥颗粒以固桥力结合，但由于没有外力的作用，喷雾造粒所制备的颗粒强度不是太高，并且呈多孔状。

喷浆成雾后初始液滴的大小和浆体浓度决定着一次颗粒的大小。浓度越低，雾化效果越好，所形成的一次微粒也就越小，但受水分蒸发量限制，喷浆的浓度不能太低。改变干燥室内的热气流运动规律可控制微粒聚并与包层过程，从而调整制品颗粒的大小。热风的吹入量和温度可直接影响干燥强度和物料在干燥器内的滞留时间，这也是调整制品颗粒大小的手段。但喷雾造粒中制品粒径调节范围十分有限。

2. 喷雾造粒的工艺与设备

喷雾造粒流程见图5-7。料液由贮槽进入雾化器，喷成液滴分散于热气流中，空气经蒸汽加热器及电加热器加热后，沿切线方向进入干燥室，与液滴接触，液滴中的水分迅速蒸发，液滴经干燥后形成固体粉末落于器底，干品可连续或间歇出料，废气由干燥室下方的出口流入旋风分离器，进一步分离固体粉末，然后经风机和袋滤器后放空。在喷浆制粒工艺中，雾化器和干燥器是最关键的两个部件。

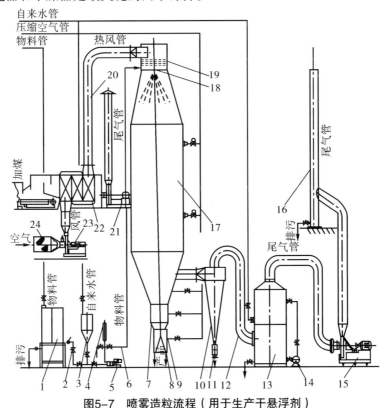

图5-7 喷雾造粒流程（用于生产干悬浮剂）

1—贮槽；2—过滤器；3—水槽；4—稳压管；5—高压泵；6—料管；7—内置旋风分离器；8—出料口；
9—振击器；10—旋风分离器；11—出料阀；12—排风口；13—湿式除尘器；14—耐酸泵；15—引风机；
16—放空管；17—干燥器；18—雾化器；19—热风分布器；20—热风管；21—热风炉引风机；
22—热风机；23—鼓风机；24—空气过滤器

（1）雾化器　将料液在干燥室内喷雾成微小液滴是靠雾化器来完成的，因此雾化器是喷雾干燥制粒机的关键部件。常用的雾化器有3种形式，即加压自喷式、高速离心抛散式和压缩空气喷吹式。

加压自喷式雾化器利用高压泵将料液以十几兆帕的压力加压送入雾化器，经喷嘴导流槽沿切线进入旋转室，变为高速旋转的液膜射出喷孔，这样料液的静压能转变为动能而高速旋转，自喷嘴喷出时形成锥状雾化层。要获得微小液滴，除提高压力外，喷孔直径不能过大。料液的黏度高低也对成雾效果有影响，有些料液需升温降黏后再进行雾化。加压自喷式雾化器雾化喷嘴结构简单，可在干燥器内的不同位置上多个设置，以使雾滴在其中均匀分布。缺点是喷嘴磨损较快，料液的喷射量和压力也随着喷嘴的磨损而变化，操作不稳定，制备的颗粒比其他雾化方式偏粗。

高速离心抛散式雾化器将料液注于高速旋转的散料盘上，利用散料盘高速旋转的离心力把料液抛散成非常薄的液膜后，在散料盘的边缘与空气做高速相对运动，在摩擦中雾化散出。因散料盘高速旋转，故对机械加工和精度要求较高，为了能获得均匀的雾滴，散料盘表面要光洁平滑、运转平稳，在高速下不会造成振动。由于料液以径向喷出，塔径相应较大。

压缩空气喷吹式雾化是利用压缩空气（表压$0.2\sim0.5$MPa），以$200\sim300$m/s的高速射流对料浆进行冲击粉碎，经喷嘴内部的通道喷出，使料液在喷嘴出口处产生液膜并分裂成雾滴喷出。雾化效果主要受空气喷射速率和料浆浓度影响，气速越高，料液黏度越低，其雾滴越细、越均匀。按空气与料液在喷嘴内的混合方式不同有多种喷嘴形式。该方法可处理黏度较高的物料，并可制备较细的产品，但因为动力消耗大，仅适合小型设备。

（2）干燥器 如前所述，喷雾造粒包括喷雾和干燥两个过程，在工业化生产中是由热风源、干燥器、雾化装置和产品捕集设备组成的。系统的前后两设备可分别选用定型化的热风炉和除尘器，对喷浆制粒过程影响较大的非标准设备是干燥器。干燥器的结构比较简单，一般根据雾化方式的特点设计成一个普通容器，但作为一个有传热、传质过程的流体设备，其内部流型的合理设计是一个关键，在干燥器内必须能对已雾化的液体浆滴进行分散，能使雾滴迅速与热空气混合干燥以及能及时将颗粒产品和潮湿气体分离。干燥器要蒸发掉料液中的大量水分，追求尽可能高的热效率是干燥器设计的主要目的，因此大多采用塔状结构。雾滴的干燥情况与热气流及雾滴的流向安排有关，流向的选择主要从物料的热敏性及所要求的粒度、粒度密度等来考虑。典型的流向安排有并流型、逆流型、混合流型。

并流型使热气流与喷液并流进入干燥室。干燥颗粒与较低温的气流接触，因此适用于热敏性物料的干燥与制粒。

逆流型使热气流与喷液逆流进入干燥室。由于干燥颗粒与温度较高的热风接触，物料在干燥室内的悬浮时间较长，不适于热敏性物料的干燥与制粒。

混合流型使热气流从塔顶进入，料液从塔底向上喷入，与下降的逆流热气接触，而后雾滴在下降的过程中再与下降的热气流接触，完成最后的干燥。这种流向在干燥器内的停留时间较长，具有较高的体积蒸发率，但不适用于热敏性物料的干燥和制粒。

喷雾造粒法可以由液状料液直接得到固体颗粒；热风温度高，雾滴比表面积大，干燥速率非常快，物料的受热时间短，干燥物料的温度相对较低，适合于热敏性物料的处理；所制备的颗粒近似球形，有一定的粒度分布，粒度范围为$30\mu m$至数百微米，堆密度在$200\sim600$t/m^{3}的空球状粒子较多，具有良好的溶解性、分散性和流动性；整个造粒过程全部在封闭系统中进行，无粉尘和杂质污染。不足之处是设备高大、水分蒸发量大、喷嘴磨损严重，因此设备费用高、能量消耗大、操作费用高；黏性较大的料液易黏壁而使应用受到限制，需用特殊喷雾干燥设备。

七、流化造粒

流化造粒是利用流化床床层底部气流的吹动使粉料保持悬浮的流化状态，再把水或其他黏合剂雾化后喷入床层中，粉料经过流化翻滚逐渐聚结形成较大颗粒的方法。由于在一台设备内可完成混合、制粒、干燥过程，又叫一步造粒。这是一种较新的造粒技术，目前在食品、医药、化工、种子处理等行业中得到了较好的应用。

1. 流化造粒机理与影响因素

流化造粒过程与滚动造粒机理相似，物料粉末靠黏合剂的架桥作用相互聚结成粒。当黏合剂液体均匀喷洒于悬浮松散的粉体层时，首先，液滴使接触到的粉末润湿，粉体颗粒以气-液-固三相的界面能作为原动力团聚成微核，同时继续喷入的液滴落在微核的表面上，在气流的搅拌、混合作用下，微核通过聚并、包层逐渐长大成为较大的颗粒。在带有筛分设备的闭路循环系统中，返回床内的细碎颗粒也常作为种核的来源，这对于提高处理能力和产品质量是一项重要措施。干燥后，粉末间的液体架桥变成固体架桥，形成多孔性、表面积较大的柔性颗粒。

流化床造粒的影响因素较多，除了黏合剂的种类、原料粒度的影响外，操作条件的影响也较大。空气的空塔速率影响物料的流态化状态、粉粒的分散性、干燥的快慢；空气温度影响物料表面的湿润与干燥；黏合剂的喷雾量影响粒径的大小，喷雾量增加则粒径变大；调节气流速率和黏合剂喷入状态可控制产品颗粒的大小并对产品进行分级处理。

2. 流化造粒设备

流化床造粒装置主要由容器、气体分布装置（如筛板等）、喷嘴、气固分离装置（如袋滤器）、空气进口和出口、物料排出口组成。操作时，把物料粉末与各种辅料装入容器中，从床层下部通过筛板吹入适宜温度的气流，使物料在流化状态下混合均匀，然后开始均匀喷入黏合剂液体，粉末开始聚结成粒，经过反复的喷雾和干燥，当颗粒的大小符合要求时停止喷雾，形成的颗粒继续在床层内送热风干燥，出料送至下一步工序，造粒装置见图5-8。

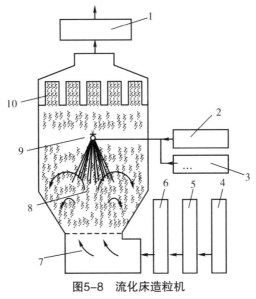

图5-8 流化床造粒机

1—引风机；2—压缩空气；3—加料装置；4—鼓风机；5—过滤器；
6—换热器；7—进气室；8—循环流化床；9—喷嘴；10—内置滤袋

（1）间歇式喷雾流化造粒设备　国外在间歇式流化造粒中，采用的立式流化床有三种：普通流化床、强制循环流化床、喷动床。

第一种目前用得最多，其结构简单，流化状态一般能满足要求。在操作上，为防止沟流以保证稳定流化，采用高表观气速，即流化数较大。通常，表观气速在1.5m/s左右或更高。德国WSG-15型间歇式流化造粒机所配风机，在全风量时的最大表观气速可达5.8m/s。

（2）连续流化床造粒机　连续式流化床造粒机有矩形喷雾流化造粒机、搅拌圆形流化床造粒机、单喷嘴流化床连续造粒机、双喷嘴流化床连续造粒机、涡轮流化床造粒机。连续式流化造粒机虽有各种形式，但都有一个共同性的问题，就是由于变化因素多，在操作上较间歇式更复杂，不易使各个因素取得合理的动态平衡，易受干扰，操作波动大，致使成品质量难以保证。故有人认为，目前连续流化造粒的一个迫需要解决的问题是能够求得最佳操作条件和控制状态的辅助控制装置。

（3）导向筒流化床造粒　导向筒流化床（喷动床）造粒中颗粒的成长方式主要有两种：①当液体物料喷涂到颗粒表面，热空气和颗粒本身的显热足以使涂层物料迅速结晶或使物料中的溶剂迅速蒸发干燥，物料固化在颗粒表面，从而使颗粒以"层式"方式成长；②当热空气和物料本身的显热不足以使涂层物料迅速干燥或结晶，则被润湿的颗粒与周围颗粒之间发生碰撞，通过"液桥"黏在一起，溶剂蒸发形成"固桥"，进而形成大颗粒，以"团聚"方式成长。

使用带导流筒的喷动床作为造粒器具有以下优点：雾化区和喷动区中空隙率大，可以有效减少颗粒团聚；在喷动床内，颗粒进行有规律的循环运动，有利于实现颗粒及涂层的均匀生长；造粒过程中的传质和传热过程集中在喷动区内完成，有利于操作控制和调节产量。

八、球晶造粒

球晶造粒法是球形晶析造粒法的简称，又叫液相中晶析造粒法。它是使原料在液相中析出结晶的同时借液体架桥和搅拌作用聚结成球形颗粒的方法，因为颗粒的形状为球状，所以叫球晶造粒法。球晶造粒法是纯原料结晶聚集在一起形成球形颗粒，其流动性、充填性、压缩成型性好，因此可少用或不用辅料进行直接压片制成片剂。球晶造粒法是根据液相中悬浮的粒子在液体架桥剂的作用下相互聚结的性能发展起来的，原则上需要三种基本溶剂，即，使原料溶解的良溶剂、使原料析出结晶的不良溶剂和使原料结晶聚结的液体架桥剂。液体架桥剂在溶剂系统中以游离状态存在，即不混溶于不良溶剂中，并优先润湿析出的结晶，使之结聚成粒。下面简单介绍球晶造粒的制备方法和机理。

1.球晶造粒方法

球晶造粒法常用的方法是将液体架桥剂与原料同时加入到良溶剂中溶解，然后在搅拌下再注入不良溶剂中，良溶剂立即扩散于不良溶剂中而使原料析出微细结晶，同时在液体架桥剂的作用下使析出的微晶润湿、聚结成粒，并在搅拌的剪切作用下使颗粒变成球状。液体架桥剂的加入方法也可根据需要，或预先加至不良溶剂中，或析出结晶后加入。

2.球晶造粒机理

球晶造粒过程大体有两种方式。一种是湿式球形造粒法，当把原料溶液加至不良溶剂中时，先析出结晶，然后被架桥剂润湿、聚结成粒；另一种是乳化溶剂扩散法，当把原料溶液加入到不良溶剂中时，先形成亚稳态的乳滴，然后逐渐固化成球形颗粒。在乳化溶剂扩散法中先形成乳滴，是因为原料与良性溶剂及液体架桥剂的亲和力较强，良溶剂来不及扩散到不良溶剂中的结果，而后乳滴中的良溶剂不断扩散到不良溶剂中，乳滴中的原料不断析出，被残留的液体架桥剂架桥而形成球形颗粒。乳化溶剂扩散法广泛应用于功能性颗粒的粒子设计上。

球形造粒法是在一个过程中同时进行结晶、聚结、球形化过程，结晶与球形颗粒的粉体性质可通过改变溶剂、搅拌速率及温度等条件来控制；制备的球形颗粒具有很好的流动性，接近于自由流动的粉体性质；利用原料与高分子的共沉淀法可以制备功能性球形颗粒，方便、重现性好。随着球晶造粒技术的发展，如能在合成的重结晶过程中直接利用该技术制粒，不仅省工、省料、节能，而且可以大大改善颗粒的各种粉体性质。另外，功能性颗粒研制也有广阔的发展前景。

九、水面漂浮性颗粒剂

1. 粉末载体的选择

载体作为必不可少的条件，应水溶性高，能在水中迅速溶解，并在造粒加工时无问题，生产方便经济，不易受空气中水分影响等。漂浮性颗粒剂载体的性质如表5-8所示。

表5-8　漂浮性颗粒剂载体的性质

载体（工业级）	成粒性	水溶性	吸湿性
氯化钠	高	高	中
氯化钾	高	高	低
氯化钙	低	高	高
硫酸钠	低	中	低
硫化钾	中	中	低
硫酸铵	低	高	高

2. 黏结剂的选择

用于水面漂浮性颗粒剂的黏结剂，必须具有能使载体粉末之间很好结合，并能使存于颗粒内的空气在水中不外逸这两个功能。而且在加水混拌时，溶于水中的混合物能具有可塑性，以易于造粒；当颗粒成型干燥后，必须充分发挥其黏结作用，防止在产品贮存、运输和施用时粉化。作为颗粒必不可少的条件，应在水中沉降后具有上浮性。总之，能在水中保持黏稠性，而不是立即溶解。聚丙烯酸钠（高聚品）与黄原胶组合能完全满足这些项目，最宜用作水面漂浮性颗粒剂。

3. 水面展开性的赋予

在颗粒制剂中所保持的有效成分，为使其在水面展开，必须为油状液体。当有效成分为固体或高黏性液体时，则需加入适当的溶剂进行混合，以使其黏度下降。另外，可通过加入表面活性剂以使其能有良好的水面展开性。作为溶剂的油状物，除能溶解有效成分外，其相对密度必须小于1。另外，还应该是不易燃的低挥发性物，这是十分重要的。同时对作物的药害也必须进行充分的调查。至于表面活性剂则以环氧乙烷或环氧丙烷的共聚物为宜。

4.制法

将原材料加水捏合，再经造粒机过筛、挤出造粒。有效成分若是能容易地在水面展开的液体，则可在最初混合时事先加入，或者由干燥后的颗粒吸着宜可。对于在干燥时易因热而受影响的有效成分，由于其在造粒时会损失，就往往采用吸附的方法。另外，在加入时由于所用的无机盐原料易使金属装置生锈，故而对于有问题的部分应用不锈钢等材料。所用的原材料应尽量选择吸湿性小的无机盐，不然会因含水量高，贮存时会增加负重，加压时间一长就会结块。故而在生产时对水分的管理十分重要，必须注意的是所用的包装材料应是不透水的。另外，在使用氯化钾时，颗粒中的水分应控制在0.5%以下为宜。

5.喷洒器械适应性的探讨

由于本剂所用原材料与以前的颗粒剂不同，故对用常用的喷撒器械能否无故障地喷撒水面漂浮性颗粒剂进行了试验。用与通常颗粒剂相当的3.0kg/10公亩（1公亩=100m²）的喷洒量，以1.5~2.0kg/10公亩的剂量施用该药，并以同样调速器进行测试，结果发现由喷药器到各种距离落下的粒子量的分布与对照颗粒剂相似。由此可见，用通常颗粒剂以3.0kg/10公亩为控制范围，而水面漂浮性颗粒剂以1.5~2.0kg/10公亩的剂量却能顺利进行。

第四节　粒剂加工实例

一、阿维菌素颗粒剂的配制

1.原材料及要求

阿维菌素（棕褐色至黑色油状液体，无可见悬浮物，在甲醇、混苯中溶解性良好，B_{1a}/B_{1b} 应大于4），噻唑磷（黄色透明黏稠液体，与二甲苯、甲醇有良好的互溶性），稳定剂（工业级），二甲苯（工业级），活化沸石（浅红色不规则颗粒，粒径为0.6~1.2mm，水分含量≤1.5%，pH值控制在5~7）。

2.加工工艺

① 先在塑料桶中用二甲苯将阿维菌素和噻唑磷原药充分溶解至无可见悬浮物和未溶解物，加入稳定剂，搅拌均匀。

② 然后再将溶解液喷到混合机中，搅拌15～25min后鼓风，让活化沸石充分吸收药液干燥后得半成品。

③ 待各项指标检测合格后，进行分装，得成品。

3.加工工艺流程

加工工艺流程见图5-9。

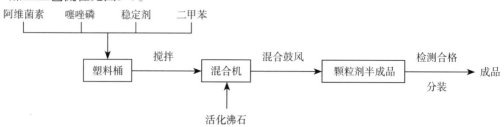

图5-9　阿维菌素颗粒剂加工工艺流程

4. 工艺关键控制点和工艺说明

严格按照工艺操作要求，由于生产中有少量溶剂挥发，操作时须戴好防护用品，车间采取通风设施。

二、二嗪磷颗粒剂的加工工艺

1. 原材料及要求

二嗪磷（白色略带黄褐色的结晶状固体，易溶于二甲苯），噻虫胺（白色晶体状粉末，无可见大的团块及杂质），NNO（灰色粉末状固体，无可见大的团块及杂质），土球（灰白色球形颗粒，水分含量≤2.0%，pH值控制在4.5~7.0），泥土粉（灰色粉末状固体，无可见大的团块及杂质），溶剂（工业级），稳定剂（工业级），松香、白炭黑（工业级）。

2. 加工工艺

① 气流粉碎制备噻虫胺母粉，备用。

② 将松香溶于溶剂中，备用；然后把松香乙醇溶液、稳定剂和二嗪磷原油混合，搅拌均匀，得到二嗪磷母液，备用。

③ 将土球和噻虫胺母粉加入搅拌机中，搅拌2min后开始喷洒二嗪磷母液。

④ 二嗪磷母液在15~20min喷完，使噻虫胺母粉完全黏结在载体土颗粒上，喷完后继续转动5~10min（此时将听到物料在搅拌机内滚动的沙沙声较大）即可出料。

⑤ 用风机对颗粒进行鼓风5~10min，去除溶剂；或将半成品晾置2天，确定溶剂挥发完全，颗粒变硬。防止颗粒表皮剥落或涨袋现象的发生。

⑥ 待各项指标检测合格后，进行分装，得成品，入库。

3. 加工工艺流程

加工工艺流程见图5-10。

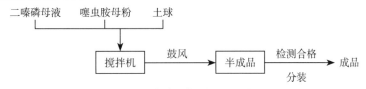

图5-10　二嗪磷颗粒剂加工工艺流程

三、辛硫磷颗粒剂的加工工艺

1. 原材料及要求

辛硫磷（棕黄色液体，在甲醇、混苯中溶解性良好），甲醇（工业一级），玫瑰精（HG/T 3676—2010），果绿（食品级），土球（工业级）。

2. 加工工艺

① 用玫瑰精配制5%的红色甲醇液，用果绿配制5%的绿色甲醇液，备用。

② 将白色土球倒入搅拌机内，然后往滚动的物料上喷洒红色甲醇液（使用量为2%），喷完搅拌10min，再喷洒辛硫磷原油，经风干后装袋，备用。

③ 将白色土球倒入搅拌机内，然后往滚动的物料上喷洒绿色甲醇液（使用量为2%），喷完搅拌10min，再喷洒辛硫磷原油，经风干后装袋，备用。

④ 将白色土球倒入搅拌机内，然后往滚动的物料上喷洒辛硫磷原油，经风干后装袋，备用。

⑤ 按1:1:1的比例将②、③和④制得的颗粒倒入搅拌机混匀备用。

⑥ 半成品待各项指标检测合格后，进行分装，得成品。

3. 加工工艺流程

加工工艺流程见图5-11。

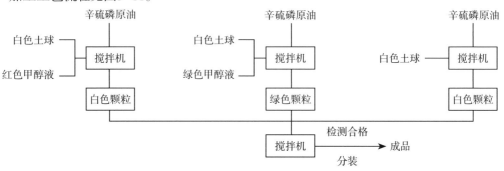

图5-11　辛硫磷颗粒剂加工工艺流程

四、二嗪磷药肥颗粒剂的加工工艺

1. 原材料及要求

二嗪磷（无色或淡褐棕色液体，密度1.116~1.118g/cm³，水分含量≤0.5%，酸度≤0.5%），噻虫胺（白色晶体状粉末，无可见大的团块及杂质），聚乙二醇400（无色或几乎无色的黏稠液体，略有特臭；平均分子量应为380~420，pH 4~7），尿素（N含量≥46.4%，d为0.85~2.80mm，流动性好无结块），白炭黑（白色粉末状固体，水分含量≤3%，细度≤325目），泥土粉（白色或略带黄色粉末，pH 5~7，水分含量≤2%，细度≤325目，并且干燥、无团块及外来杂质），复合肥（pH=5~7，水分含量≤1%，粒径为2~4mm，大小均匀）。

2. 加工工艺

① 按二嗪磷粉剂配方将聚乙二醇400、二嗪磷原油充分混匀后用白炭黑进行吸附，并混拌均匀，无结块。

② 将上步物料、噻虫胺原药、尿素和泥土粉投入搅拌机混合30min，然后进行气流粉碎。粉碎结束，搅拌30min；取不同包装袋中的样品进行检测，待各项指标检测合格后，得二嗪磷粉剂半成品，备用。

③ 将上述粉剂加入覆膜机中，使其均匀覆膜于复合肥颗粒上，然后灌装得半成品。

④ 对半成品进行抽重并取样分析，待各项检测指标合格后，方可作为成品入库。

3. 加工工艺流程

二嗪磷药肥颗粒剂加工工艺流程见图5-12所示。

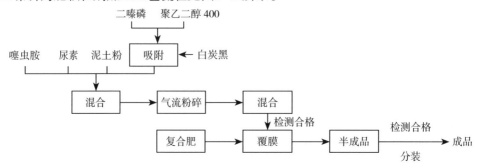

图5-12　二嗪磷药肥颗粒剂加工工艺流程

4. 工艺关键控制点和工艺说明

① 控制足够的搅拌时间，确保物料混合均匀；并且混合机中物料不能超过混合机容积的3/4，否则，会影响混合效果，混合不均匀。

② 进行覆膜时，注意喷粉速率要与复合肥流量相吻合，确保有效成分分布均匀，确保粉剂充分黏附于复合肥颗粒上。

③ 加工过程应保证在空气湿度较低的条件下进行，否则由于样品吸潮，会在后期的贮存过程中出现结块或粉化的现象。

第五节 微粒剂加工

微粒剂F解决了因粉剂飘流飞散所引起的各种问题。对各种剂型的飘流飞散问题的试验中，第一代二化螟的防治测定（即离试验区5m处测定其空中浮游量），结果是：微粒剂约为粉剂的1/10，粗粉剂为粉剂的1/7，微粒剂F属100~200目部分约为粉剂的1/8。防治水稻椿象类时，在试验区外，用地面下落量进行生物测定的结果，粉剂飞散到下风200m，微粒剂为50m，粗粉剂75m，微粒剂F所属剂型为不到50m。喷撒微粒剂F在适宜风速3m/s以下的条件下用黏着纸测定落下量在10m左右；经精确检查飞散距离不到50m，由此看来，这种微粒剂F是很值得重视的新剂型。

一、微粒剂的特点

① 飞扬飘流很少。对人畜、作物（如茶、桑等）比较安全。

② 空中喷撒时不受风力影响。

③ 密度比粉剂大，因此在水稻栽培后期，药剂能到达稻株的中下部附着，以致能完全防治植株上的叶蝉、飞虱。

④ 防治效果优于粉剂和水施药剂，有速效。

⑤ 和微量喷撒比较，适用农药种类多，使用方便。

⑥ 地下使用时，除用手工喷射器外，还可用管式喷射器，1~2min可撒10公亩（1000m²）。

⑦ 稻株上微粒剂附着15%~40%，粉剂仅附着5%~30%。

⑧ 当空中喷撒时，又有如下优点：

a. 由于飘流少，很少受上升气流的影响，因此可以随时喷撒。

b. 提高喷撒高度至10~15m。

c. 不会附着在飞机防风玻璃上，粉剂则有此现象。微粒剂和粉剂的物理性能比较见表5-9。

表5-9 微粒剂和粉剂的物理性能比较

项　目 \ 剂　型	微粒剂	粉　剂
假密度 / (g/cm³)	1.2~1.3	0.55~0.65
真密度 / (g/cm³)	2.4	2.3

项　目 ＼ 剂　型	微　粒　剂	粉　剂
静止角	40°	60°
粒度分布：粒径	105~297μm	10~44μm
筛目	48~150	300

二、微粒剂F的标准规格

微粒剂F的标准规格如下：

① 粒度0.02~0.214mm（250~65目）占90%以上。0.062mm（250目）以下粒子占5%以下。0.044mm（300目）以下粒子希望为0。

防稻瘟病的单剂和混合剂要以0.062~0.149mm（250~100目）为主体。

② 假密度0.8~1.4g/cm³；

③ 静止角50°以下；

④ 有效含量的脱落在10%以下；

⑤ 硬度：损坏率在10%以下；

⑥ 有效成分的分布：粒度在0.062~0.210mm部分都含有效成分。

上述规格中，除粒度外，其他基本上和微粒剂相同。因此微粒剂F的散布条件和微粒剂大致相同。为了防止粗粉剂的飘流飞散，使药剂易于附着在作物上，将粒度取在微粒和粗粉剂之间，即所谓微粒剂F。如图5-13所示。

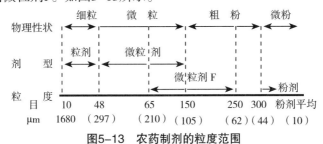

图5-13　农药制剂的粒度范围

对杀虫剂来说，微粒剂以下的微小颗粒都有实际杀虫力。若是内吸水溶性杀虫剂则效果更高。如果制成颗粒剂则效果更好，如杀虫脒、迷死威、杀螟丹（巴丹）、地亚农、乐果、甲基1059、西维因、乙拌磷、蔬果磷等颗粒剂。其中乐果、乙拌磷在蔬菜园中已普遍应用。

三、微粒剂加工方法

1.浸渍法（吸附法）

将药液吸附在载体内或其表面。该法有两套工艺流程，见图5-14。

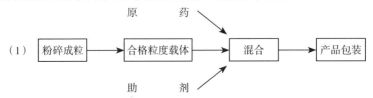

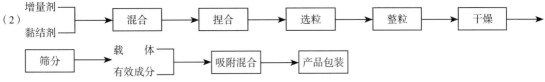

（2）

图5-14　浸渍法（吸附法）造粒生产工艺流程

流程（1）工艺简单，而且只要选择适宜的、成粒率较高的填料。流程（2）用硅藻土、膨润土、黏土等天然载体加工成粒，干燥，然后用药液吸附，在水中可崩解和悬浮分散溶解。也可利用现成的载体如发电厂的烟道灰。总之，此法主要是选择适宜的填料破碎成粒，所以它适合于中小型加工厂，产品成本低。但用此法制成的产品在运输、贮藏过程中易碎，产品残效期要比捏合法短。用此法制成了异稻瘟净和杀草丹粒剂。

2. 包衣法（被覆法）

药液包裹在载体表面。

工艺流程见图5-15。

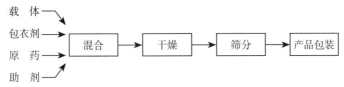

图5-15　包衣法（被覆法）造粒生产工艺流程

此法选用的载体为硅砂、$CaCO_3$、黏土等非吸油性粒状载体，以其为核，喷上药剂，然后将助剂、黏着剂均匀地喷在载体表面上。该法工艺比捏合法简单，比吸附法多一道干燥工序，制造收率高于捏合法。此法适用于中小型加工厂。包衣遇水逐渐脱落，药剂迅速发挥药效，残效期短。采用此法已生产出地亚农粒剂。用包衣法制造1000kg地亚农粒剂、微粒剂的消耗定额对比见表5-10。

表5-10　地亚农粒剂、微粒剂的消耗定额

组分	3% 粒剂 /kg	5% 微粒剂 /kg
地亚农原药	35.0	57.0
合成含水硅胶	18.0	30.0
包衣剂[①]	6.0	10.0
着色剂	0.1	0.3
甲醇	—	15.0
粒状石灰石	949.0	913.0

①包衣剂为50%甲醇溶液。

最近研制的杀草丹S和异稻瘟净粒剂就是采用包衣法（被覆法）生产的，其工艺流程见图5-16。

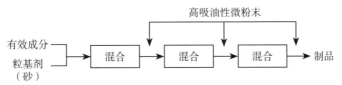

图5-16　异稻瘟净粒剂包衣法（被覆法）生产工艺流程

包衣法的特点是：有效成分不加水，故无水解问题；因不加热也没有热解和挥发问题；不发生公害；经济、生产效率高；原料易得，设备少；可就地制造，价格低，农业上应用它能增产增收。高吸油性微粉末有白炭黑和硅藻土，其物理性能见表5-11。

表5-11　常用包衣法微粒剂基粒材料物理性能

项　目 　　　　　　　　微粉末	硅藻土	白炭黑
外观	淡黄褐色（平均粒径3μm）	白色（平均粒径1μm）
假密度 /（g/cm³）	0.1~0.2	0.05~0.10
吸油率 /%	> 100	> 200
水分 /%	< 5	< 10
pH	5~7	5~7

包衣法所用的基粒（砂）的规格：

粒度　24~35目（0.71~0.42mm）　　　　水分　0%

假密度　1.45~1.55g/cm³　　　　pH值　5~10

静止角　35°~39°　　　　吸油率　0%

配方：

（1）杀草丹S粒剂（杀草丹7.0%，西草净1.5%）

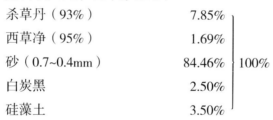

杀草丹（93%）　　　7.85%

西草净（95%）　　　1.69%

砂（0.7~0.4mm）　84.46% ⎫100%

白炭黑　　　　　　2.50%

硅藻土　　　　　　3.50%

（2）10%异稻瘟净粒剂

异稻瘟净92%　10.9%　　　　白炭黑　5.7%

砂（0.8~0.3mm）　83.4%

3. 捏合法

捏合法为一般方法。加水不易分解、对热稳定的药剂，和遇水容易膨润并有黏结力、在水中易分散成悬浊液的填料，如膨润土、高岭土等，按图5-17工艺流程造粒。

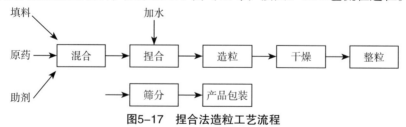

图5-17　捏合法造粒工艺流程

采用此法生产乐果粒剂，其配方如下：

乐果　5.3%　　　　PVA　2.0%

硅石粉　92.2%　　　　PAP　0.5%

捏合法工艺比较复杂，工艺设备较多，比粉剂多几道工序，产品成本高。如果大吨位生产，产品成本会显著下降。一般情况下，比粉剂成本高些。残效期长的高毒农药采用此法加工时颇为安全。产品在运输和贮藏过程中药液没有脱落现象。

此外还有融熔造粒法、转盘造粒法、喷雾干燥法以及化学反应法造粒，但这些方法在生产中应用较少，故在这里不做太多介绍。

附件： 登记的部分农药颗粒剂品种（表5-12）

表5-12　登记的部分农药颗粒剂品种简介

生产企业	登记证号	农药名称	总含量	有效成分及含量	登记作物与防治对象	用量/（g/hm²）	施用方法	毒性
江苏嘉隆化工有限公司	PD20093611	杀单·克百威	3%	杀虫单1.5%，克百威1.5%	水稻－蓟马	90~135	撒施	中等毒
浙江新安化工集团股份有限公司	PD20085912	毒死蜱	10%	毒死蜱10%	甘蔗－蔗龟花生－地老虎、金针虫蝼蛄、蛴螬	1800~2250	拌细沙撒施；撒施	中等毒
沈阳科创化学品有限公司	LS20110091	苄嘧·苯噻酰	0.5%	苄嘧磺隆0.03%，苯噻酰草胺0.47%	水稻移栽田－一年生杂草	562.5~750	撒施法	低毒
广东省湛江市春江生物化学实业有限公司	PD20101254	苄·丁	0.21%	苄嘧磺隆0.01%，丁草胺0.2%	水稻移栽田－一年生及部分多年生杂草	630~945	毒土法	低毒
吉林市吉九农科农药有限公司	PD20095137	丁·扑	4.7%	丁草胺3.4%，扑草净1.3%	水稻秧田－一年生杂草	1500~2000	毒土法	低毒
江苏丰山集团有限公司	PD20083211	灭线磷	10%	灭线磷10%	花生－根结线虫水稻－稻瘿蚊甘薯－茎线虫病	4500~52501500~18001500~2250	沟施撒施穴施	高毒
浙江省绍兴天诺农化有限公司	PD20091514	丁硫·毒死蜱	5%	丁硫克百威1%，毒死蜱4%	花生－根结线虫	2250~3750	沟施或穴施	低毒
山东济宁弘发化工有限公司	PD20084187	辛硫磷	3%	辛硫磷3%	玉米－玉米螟	90~157.5	心叶撒施	低毒
江苏常隆化工有限公司	PD20081984	克百威	3%	克百威3%	棉花－蚜虫	900~1575	沟施	高毒
广西安泰化工有限责任公司	PD20095183	毒·辛	5%	毒死蜱2.5%，辛硫磷2.5%	韭菜－韭蛆	1500~1800	撒施	低毒
广东省湛江市甘丰农药厂	PD20091133	甲·克	3%	甲拌磷1.8%，克百威1.2%	甘蔗－蔗龟蔗螟	2250~2700	沟施	高毒

生产企业	登记证号	农药名称	总含量	有效成分及含量	登记作物与防治对象	用量/（g/hm²）	施用方法	毒性
南通新华农药有限公司	PD20091504	苄嘧·丙草胺	0.1%	苄嘧磺隆0.016%，丙草胺0.084%	水稻移栽田－一年生及部分多年生杂草	300~450	直接撒施	低毒
浙江石原金牛农药有限公司	PD20097986	噻唑磷	10%	噻唑磷10%	黄瓜、番茄－根结线虫	2250~3000	土壤撒施	中等毒
湖北沙隆达农药化工有限公司	PD20085274	克百·敌百虫	3%	克百威1.5%	棉花－蚜虫水稻－二化螟、三化螟	1125~1350 1350~1800	沟施或穴施撒施	低毒（原药高毒）
山东省淄博市周村穗丰农药化工有限公司	PD20110726	辛硫·甲拌磷	5%	甲拌磷4%，辛硫磷1%	花生－蛴螬	1375~2250	播种时沟施	中等毒（原药高毒）

注：$1 \ hm^2 = 10^4 m^2$。

参考文献

［1］宁守俭，提淑华，等. 5%涕灭威颗粒剂的研制. 农药，1997，36（8）：13-14.

［2］沈阳化工研究院农药三室. 用包衣法制农药颗粒剂加工工艺研究. 辽宁化工，1976（3）：42-46.

［3］邵心怡. 国外农药颗粒剂加工技术简介. 浙江化工，1979（6）：19-22.

［4］陆经武. 日本农药加工制剂技术趋势. 浙江化工，1992（1）：16-28.

［5］关口载夫，张惠林. 水面漂浮性颗粒剂技术的开发. 农药译丛，1992，14（1）：35-41.

［6］尹玉英. 5%杀虫双颗粒剂的研制. 福建化工，1997（1）：21-23.

［7］刘广文. 现代农药剂型加工技术. 北京：化学工业出版社，2013.

［8］凌世海.固体制剂. 第3版. 北京：化学工业出版社，2003.

第六章

水分散粒剂

第一节　概　述

一、水分散粒剂的发展简述

水分散粒剂（water dispersible granual，剂型代码WG）是目前农药行业开发的热点剂型之一。由于该剂型具有无粉尘、贮存运输不产生偏析、水基化的特点，已被市场所接受，目前有许多商品制剂已成功开发出来，并实现了工业化。

水分散粒剂是20世纪80年代初在欧美发展起来的一种农药新剂型，国际农药工业协会联合会（GIFAR）将其定义为：在水中崩解和分散后使用的颗粒剂。水分散粒剂主要由农药有效成分、分散剂、润湿剂、黏结剂、崩解剂和填料组成，粒径200μm~5mm，入水后能迅速崩解分散，形成高悬浮分散体系。随着剂型工业的发展，传统剂型的缺点越来越受到重视。乳油是到目前仍然大量使用的一种剂型，主要原因在于乳油配制相对较容易，制剂性能优良，使用方便，但乳油中含有大量的甲苯、二甲苯等有机溶剂，据报道年使用约30万吨，不仅对环境造成了较严重的污染，而且对石化资源造成了浪费，引起了人们的广泛关注。可湿性粉剂在整个剂型总量中约占1/4，与乳油相比，可湿性粉剂少用有机溶剂，但由于其粒度很细，生产和使用中往往出现粉尘飞扬现象，不仅危害人的健康，而且造成环境污染，尤其一些高活性除草剂，少量粉尘飞扬很容易使作物产生药害。粉剂主要问题是粉尘飘移、体积大、不易计量，现在仅用于干旱地区和一些特定场所。颗粒剂特点是高毒农药低毒化，延长残效期，但使用范围窄，多为根部施药，主要用于防治地下害虫。水分散粒剂有效地避开了这些传统剂型的不足之处，吸取和利用了其优点，发展极为迅速。目前，在一些发达国家，水分散粒剂的配方和工艺已较成熟，自1979年瑞士汽巴嘉基公司开发出90%莠去津WG以来，杜邦和英国ICI公司等相继开发出75%氯磺隆、75%苯磺隆、20%醚磺隆、90%敌草隆、20%扑灭津、80%敌菌丹、80%灭菌丹等水分散粒剂产品。2002年国外公司在我国登记的水分散粒剂品种已达32种之多。国内水分散粒剂近些年来发展也非常迅速，多个产品已申请专利，包括阿菊复配WG、印楝素WG、甲维盐WG等。与其他农药剂型比较，水分散粒剂主要有以下优点：①解决了乳油的经皮毒性，对作业者安全；②有效成分含量高，水分散粒剂大多数品种含量为60%~90%，易计量，运输，贮存方便；③无粉尘，减少了对环境的污染；④入水易崩解，分散性好，悬浮率高；⑤再悬浮性好，配好的药液当天没用完，第二天经搅拌能重新悬浮起来，不影响应用；⑥对一些在水中不稳定的原药，制成水分散粒剂效果较悬浮剂好。

　　水分散粒剂从某种意义上说，是在可湿性粉剂基础上的精加工。配方工艺要求高，加工工序较为复杂。尽管如此，由于它与传统剂型相比有非常鲜明的特性，因此受到青睐。主要有以下几个特性：第一，水分散粒剂具有广泛的适应性。这种适应性表现在两个方面，首先是对农药品种的适应，几乎所有的可湿性粉剂和水悬浮剂产品都可以转换成该种剂型，对于一些熔点低、粉碎较困难、不便于制成可湿性粉剂以及在水中稳定性较差而无法制成水悬浮剂的农药品种，选择水分散粒剂剂型则有独特的适用价值；其次，是对制剂含量的适应，该剂型克服了传统剂型对制剂含量的制约因素，可以加工成许多高含量的水分散粒剂品种，如90%莠去津水分散粒剂，像这样高的含量对可湿性粉剂及水悬浮剂来说是不可想象的。第二，水分散粒剂对超高效农药具有良好的匹配性。随着人们对活性化合物筛选技术的不断进步，涌现出一批具有超强活性的农药新品种，由于它们大都分子链较长、活性官能团较大，将它们制成乳油已变得越发困难，因此必须走固体农药加工的新路，如何充分合理地发挥这些品种的药效呢？这就需要有与之相适应的剂型以及剂型加工技术，而水分散粒剂正适应这种需要。

　　目前的许多超高效农药，每亩（1亩=666.67m²）用量（有效成分）只有几克甚至不超过1g，如此少的用量，倘若再把它们加工成低浓度可湿性粉剂或水悬浮剂产品很不经济，我们举一个实验例子：苯磺隆系磺酰脲类小麦田超高效除草剂，每亩有效成分用量0.8~1.2g，按目前国内企业登记的10%可湿性粉剂计算，每亩商品量需要10g以上，而75%干悬浮剂商品用量只需1g左右，节省了大量的包装、运输费用。通过试验，还发现由于可湿性粉剂中的有效成分含量较低，并且加有大量助剂填料，对有效成分的悬浮率及化学稳定性都有不同程度的副作用，无法最大限度地发挥药效，造成资源的浪费，而高浓度的水分散粒剂就克服了以上的不足，因此，就超高效农药而言，制成高浓度的水分散粒剂是一种较理想的选择。第三，水分散粒剂生产工艺具有多样性。水分散粒剂是在传统剂型基础上发展起来的，但与传统剂型不同的是其加工工艺的多样化，目前通常采用的有冷冻干燥法、喷雾流化造粒法、捏合挤出造粒法等。工艺选择完全根据所加工农药的物化性能，确定最佳的加工工艺路线。第四，水分散粒剂对环境具有友好性。当今化学农药的污染已成为一个严重的社会问题，在生物农药还无法完全取代化学农药的今天，如何最大限度地减少化学农药对环境的污染，已变得刻不容缓。欧美等一些发达国家正是处于这种考虑，研制开发出具有环保性能的水分散粒剂。由于它的粒状化，大大减少了粉尘飘移对环境造成的危害，走出了一条化学农药环保型的新路，它一出现就受到了各国的高度重视。令人欣慰的是近几年国家已加大对此方面的投入及宣传力度，农药剂型结构的严重不合理状况将会有所改变，研制出了多个水分散粒剂品种产品的各项性能指标均已接近或达到国外同类产品水平。

　　助剂发展过程中分散剂的分子量和水分散粒剂理化性质间的关系显得尤为引人注意。Joseph.等认为组成水分散粒剂配方的各组分即使微小的变化都会对水分散粒剂的理化性质产生影响，他们着重研究了分散剂对水分散粒剂悬浮率的影响，在配方中各组分含量一定的情况下，改用不同分子量的分散剂，对有效成分分别为2.5%和5%的制剂研究结果表明：在一定范围内，随着分散剂分子量的增大，悬浮率逐渐提高。

Colli.H 等在分散剂分子量和水分散粒剂颗粒空隙度及表面活性剂的包裹率之间构建了函数关系式。他们认为水分散粒剂崩解的速率和完全性取决于很多因素，但其中最重要的两个因素是水分散粒剂 颗粒的空隙率和表面活性剂的包裹率，依据分散剂分子量与这两个因素的函数关系，可在配方设计过程中优选配方组成。

二、水分散粒剂的种类

水分散粒剂配制通常是将农药有效成分、分散剂、润湿剂、崩解剂、黏结剂等助剂以及填料通过湿法或干法粉碎，使之微细化，再通过造粒机造粒。自水分散粒剂在我国投入工业化生产以来，由于该剂型在使用上有许多优点，极大地激发了剂型工作者的研发热情。近几年来，水分散粒剂配制方法向着复配、微囊化、分层等方向发展，增加了此剂型的多样性，也拓宽了其应用领域。

1. 水分散软颗粒

采用熔融造粒工艺，制备了一种新型水分散粒剂——水分散软颗粒剂。报道中以难溶于水的固体农药阿维菌素和除虫脲为模型农药，以尿素为填充剂，以泊洛沙姆188为黏结剂，以十二烷基硫酸钠为润湿剂，在加热温度为80℃的条件下，采用熔融造粒法制备。通过在容器中搅拌成粒，固化后成为有弹性的水分散软颗粒。由于这种剂型可在水中快速分散，外观类似石蜡，质地较软，故称为农药水分散软颗粒剂。农药水分散软颗粒剂是采用熔融法制成的复合型颗粒剂。

2. 水溶性和水不溶性农药复配的水分散粒剂

将不溶于水的有效成分先制成悬浮剂，然后加入水溶性有效成分制成黏稠物，再经过摇摆造粒或挤出造粒制成水分散粒剂。如代森锰锌先预制成40%悬浮剂，然后将水溶性杀菌剂乙膦铝加入制成黏稠物，再进行挤出或摇摆造粒。

3. 微囊型水分散粒剂

微囊型水分散粒剂是把一种或多种不溶于水的农药封入微囊中，再将多个微囊集结在一起而形成的水分散粒剂。突出特点有：①降低有效成分分解率；②缓释、降低药害，延长残效期；③可使不能混用或不能制成混剂的农药混用或制成混剂。

4. 分层型水分散粒剂

利用水溶性聚乙二醇类作为结合剂，将水溶性农药或预配制的水分散性农药包覆于本身具有水溶性或水分散性的颗粒基质上。这种水分散粒剂，生产方法简单，它主要适用于物理性质和化学性质上不相同的农药混合制剂。

5. 用热活化黏结剂配制的水分散粒剂

用热活化黏结剂配制的水分散粒剂是由热活化黏结剂（HAB）的固体桥，把快速水分散性或水溶性农药颗粒组合物与一种或多种添加剂连在一起的固体农药颗粒组成团粒，其粒度在150~4000μm，并具有至少10%的空隙度。而农药颗粒混合物粒度在1~50μm，以防止过早出现沉淀，甚至造成喷嘴或塞孔堵塞。

HAB是指含有一种或多种可迅速溶于水的表面活性剂。HAB 必须符合五项条件：①熔点范围在40~120℃；②可溶于水且HLB值为14~19；③可在50min内溶于轻度搅拌的水；

④具有至少200mP·s的溶化黏度；⑤软化点和凝固点之间温差不大于5℃。

三、水分散粒剂的特点

　　水分散粒剂这种剂型，主要为应用提供了方便。对活性成分的使用效果并不起积极作用。不论是采用哪种造粒方法，造粒前都需将活性成分粉碎至微米级。在造粒过程中，受粒子之间的相互作用，黏结剂的作用以及机械力的挤出作用，使基本粒子团聚在一起。但在应用过程中，颗粒入水后应迅速恢复到基本粒子状态，以最大限度地发挥其药效，是加工技术中最终追求的目标。因此颗粒入水后，要经过润湿、崩解、悬浮等几个过程。造粒的过程对上述几个阶段均起到副作用。若想达到上述目的就必须通过各种助剂的作用。这也是剂型工作者需要解决的首要问题，这就构成了加工配方研制的基本内容。当达到此目的后，生产成本，更是生产过程中应考虑的问题，以较低的生产成本达到最终的应用效果是剂型开发的终极目标。

四、水分散粒剂的开发内容

1. 加工助剂性能的研究

　　在水分散粒剂的配方中，需要加入许多助剂，以改善加工、贮藏、运输以及应用方面的性能。当然，满足应用性能是第一位的。助剂的品种非常复杂，有一些是农药的专用助剂，还有一部分是非专用助剂。在配方中每一种助剂的性能以及起到的作用（甚至副作用）是不同的。掌握各种助剂的性能是正确选用助剂的前提。

2. 加工配方

　　加工配方就是依据农药具体应用的需要，确定各种助剂的品种及用量，以求达到新要求的目的。一般水分散粒剂的配方中，分散剂、润湿剂、渗透剂、黏结剂、崩解剂、填料（载体）等是不可缺少的。在这些种类的助剂中，选用哪种最合适应由实验确定。农药一般在开放环境中施药，靶标作物（害虫）的用药方式及用药机理各不相同。在剂型配方设计前，应首先了解这些具体情况，才能有针对性地开发剂型。

3. 工艺条件

　　工艺条件是指在造粒过程中的操作方法及操作条件，如助剂的加入顺序及混合方式，液体（一般较小）的加入量及加入方式，造粒设备的结构、几何尺寸、操作条件、干燥温度及时间等。虽然配方很合适，但是加工条件不正确也会导致最后的结果不佳。水分散粒剂的加工过程对操作者的技能要求较高，往往有些最佳操作方式及工艺条件是长期生产后总结出来的，产品的质量与操作者的技能有关。

4. 加工设备

　　加工设备是完成制剂加工的手段，加工设备的型式及性能对产品有直接影响。设备可以调整颗粒形状、粒度、硬度等。受不同设备的压力作用，产品的悬浮率、崩解性、破碎率、收率均有所不同，所以剂型开发工作者如果不了解设备的性能就不可能设计出完美的工艺路线。

5. 工艺路线的确定

　　在生产流程设计中，应注意生产成本。不论是配方的设计、设备的设计、选用还是工艺条件的确定，应力求生产成本低、消耗低、不产生公害、有利于操作。应对完整工艺内容进行综合技术经济评价，设计出合理的工艺路线及生产条件。

水分散粒剂的开发是交叉专业，边缘技术的综合运用，主要涉及农药、植保、表面化学、粉体科学、单元设备等多种技术，因此剂型工作者的技术贮备要求很高。

五、水分散粒剂造粒方法

水分散粒剂采用的造粒工艺有湿法造粒和干法造粒。前者包括流化床造粒、喷雾干燥造粒、冷冻干燥造粒；后者包括转盘造粒、挤出造粒、高速混合造粒等。转盘造粒和喷雾造粒是以前常用的方法，近年来用得较多的是流化床造粒和挤出造粒。这些造粒方法尤其是湿法造粒存在的主要问题是干燥费用高、耗时、粉尘量大。因此，无水造粒引起人们的重视。Sandell 等研究了前人的无水造粒工艺，即热敏原辅料与泡腾崩解剂混合后，利用热挤出法进行造粒，该法节约能量，缩短工时，且无粉尘污染，缺点是含有的泡腾剂会降低料产品的有效期。为此，他将配方中的泡腾崩解剂改为碱金属、碱土金属磷酸盐和尿素等辅料，预混后粉碎，再用电加热或蒸汽加热，同时经过双螺旋挤出造粒，通过模具或筛网成粒。

随着社会的发展和科技的进步，农药制剂的环保性和安全性要求日益严格。乳油、可湿性粉剂等老剂型的发展受到限制，取而代之的是安全、高效、环境相容性好的新剂型。水分散粒剂具有很多优点，如有效成分含量高、无粉尘飞扬、对生产和使用者安全、化学稳定性高、便于贮存运输等，是取代可湿性粉剂的理想固体剂型。水分散粒剂的推出受到各国农药公司的关注，市场竞争愈加激烈。我国水分散粒剂研究起步较晚，技术还不够成熟，随着高活性农药的出现以及市场竞争和环境保护的需要，深入研究和开发水分散粒剂将成为农药加工行业的迫切任务。

水分散粒剂采用的造粒方法对水分散粒剂物理性质有一定的影响。Gordon 分别采用挤出造粒、苏吉机造粒、高强度混合造粒对同一配方造粒后，对比分析研究后认为，颗粒的排列结构对水分散粒剂物理性质有很大的影响，尤其相邻颗粒之间的黏结力和颗粒的孔隙度对其影响很大。实验经过电镜和水银孔度计分析后得出结论：颗粒的结构和相互间的黏结力决定了水分散粒剂的破碎率和分散性。

水分散粒剂的优点在于：①不用有机溶剂，大大降低了环境污染；喷撒时没有粉尘飞扬，对作业者安全，减少了对环境的污染。②有效成分含量高，添加的助剂少，产品相对密度大，体积小、易包装、易贮存与运输，具有很强的经济效益和社会效益。③物理化学稳定性好，特别是在水中不稳定的农药，制成水分散粒剂后，更稳定。④入水易崩解，分散性好，悬浮率高，药效高。⑤流动性好，不黏壁，包装易处理。⑥安全性好、与环境相容、附加值高，市场潜力大，被认为是21世纪最具发展前景的剂型之一，近几年来，我国在农药水分散粒剂领域的研究方面趋于活跃。

六、当前水分散粒剂研究的几个热点问题

① 低熔点（60~70℃）活性物质制成水分散粒剂，如，10%的功夫菊酯WG、10%苯醚甲环唑WG、甲霜灵（精甲霜灵）加第二组分的WG等。

② 高活性物含量的水分散粒剂，如：90%的环嗪酮WG、含量95%以上的乙酰甲胺磷WG、90%草甘膦胺盐WG、80%四螨嗪WG、80%氟虫腈WG等。

③ 具有无机物特性的农药活性物制成水分散粒剂，如，80%代森锰锌WG、80%二氯吡啶酸WG等。

④ 由微囊剂、改性的水乳剂，制备水分散粒剂的问题，如，75%毒死蜱WG等。

针对上述热点，必须开展近熔点温度时晶体表面"烧结"现象的抑制研究，以保持产品的热贮性能。对个别药物还要开展多晶和单晶相互转化规律的研究，以防止水分散粒剂成型后的晶体长大问题。针对上述热点②、③，必须开展活性物结构与相关助剂关系的研究，以便定向地筛选出相配备的分散剂、润湿剂等，获得超高效水分散粒剂的高崩解性和悬浮率。针对上述热点④，必须开展对特殊造粒工艺和干燥工艺的研究开发等。

七、水分散粒剂生产技术现状及展望

水分散粒剂虽然在我国工业化的时间不长，但作为一种新剂型深受用药者的欢迎。为此，也有力地推动了该剂型的发展。现在许多生产厂商均已掌握了该剂型的生产技术。品种的覆盖面也越来越多，由于使用时不产生粉尘，被认为是环保剂型。然而，由于生产技术及设备的局限，在生产中会产生大量的粉尘，生产环境非常恶劣，给生产人员、车间和厂区均带来环保压力。同时在更换品种时冲洗设备会产生大量的废水，从社会大环境的角度看，并没有达到品种的清洁生产目的，只是粉尘的转移而已，这不能不说是个遗憾。

水分散粒剂在生产过程中，物料要经过气流粉碎、混合、物料输送、加水捏合、造粒、干燥、筛分、包装等多道工序，物料的形态也有细粉–湿粉–湿颗粒–干颗粒几种形态的变化，其中的几个工序间物料的输送比较困难，所以多采用间歇操作的生产方法。物料的输送以人工搬运为主，属于劳动密集型的生产方式。随着国家对农药产业政策的调整，将来的趋势是单品种生产量会增大，所以急需连续化、自动化的水分散粒剂生产线。如果能实现，可以降低厂房高度、节省建筑投资，这就需要农药制剂研发人员、单元设备设计、制造企业相互配合，完成这项具有重大意义的工作。只有这时，才能称其为真正的环保剂型。

另外，众所周知，水分散粒剂是在可湿性粉剂（WP）形态的基础上再经过成型工艺而制得的，经过气流粉碎时，活性成分大多在10~15μm，过度地依赖助剂的作用以提高悬浮率，其实对提高药效的作用微小，生产水分散粒剂，应该特别重视气流粉碎过程，将活性成分降至10μm以下，可以大大提高药效。农药的良性发展方向是提高药效，减少农药残留，提高附加值，使这一剂型有真正的生命力。

第二节　助剂及作用机理

一、助剂在水分散粒剂中的作用

水分散粒剂需经水稀释后再使用，稀释后的体系内包括的分散相（原药粒子、填料粒子等，粒径小于10μm）与分散介质（水）之间存在相当大的相界面和界面能，是一种介于胶体和粗分散体系之间的热力学不稳定体系。粒子会自动聚集，从而使界面积减小、界面能降低，以至于使整个体系不能达到稳定悬浮状态。因此，需要加入有润湿、分散作用的助剂来保持药粒的悬浮稳定性。

1. 润湿作用

一般农作物叶茎表面、害虫体表面有一层疏水性很强的蜡质层，水很难直接润湿，而

且大多数化学农药本身难溶或不溶于水，不能直接使用，因此需要加入具有润湿、渗透、展布作用的助剂来降低原药和水界面张力接触角，赋予药粒在水中的可润湿性，以更好地发挥药效。

助剂在水分散粒剂应用中所体现的润湿作用主要有两种：一是降低固体颗粒与水的界面张力；二是降低水的表面张力。加入上述作用的助剂后，还可以间接提高颗粒的崩解性，增强颗粒的粉化及在水中分散的自发性，快速促进分散剂更有效地起作用，缩短农药水分散粒剂产品在喷雾桶中与水混合时药粒的润湿时间，使药物分散度增大，还可以改善药液的渗透性，提高药效。

润湿剂主要是阴离子、非离子助剂，而阳离子助剂与原药表面及阴离子助剂的强烈电性作用使它很少用作润湿剂。润湿剂的种类和用量不仅会直接影响药粒和水界面接触角的大小，进而影响水分散粒剂润湿性的优劣，还间接影响水分散粒剂的崩解性。

2. 分散作用

水分散粒剂兑水使用时，欲使有农药活性成分的固体颗粒在水介质中分散成具有一定相对稳定性的悬浮分散体系，需加入助剂以降低分散体系的热力学不稳定性和聚结不稳定性。助剂在分散过程中的作用体现在分散过程中的各个阶段，使颗粒润湿，将附着于颗粒表面上的空气以液体介质取代；使固体粒子团簇破碎和分散；阻止已分散开的粒子再聚集；助剂对固体颗粒的分散、悬浮稳定作用可通过以下3种机理解释。

（1）降低分散相界面能　助剂分子具有特殊的两亲分子结构，即由亲水基和亲油基（疏水基）两部分组成。水分散粒剂加入水中后，配方中加入的助剂的疏水基在原药颗粒界面上吸附，亲水基朝向分散介质水中，使分散的颗粒界面的界面能减少，农药颗粒间合并的趋势减弱，从而使农药水悬浮的分散趋于稳定。

（2）静电稳定理论　离子型助剂的加入可以增加药粒吸附表面的电荷，能形成Zeta电位的双电层，并在其周围形成水化层，因同性电荷的排斥作用和水化层的屏蔽作用，阻止了分散粒子间的重新凝聚，使农药等固体颗粒均匀地分散在水中。

（3）空间位阻稳定理论　使用水溶性高分子助剂作为分散剂时，其分散作用体现为两个方面：一是长链助剂和聚合物大分子被原药颗粒吸附后形成水化膜（厚吸附层），类似于胶体保护剂的功能，阻止药粒间的凝结；二是原药颗粒表面覆盖高分子聚合物时，其有位阻稳定性质，原药粒子与分散剂（高分子支链和水）之间的强烈作用可以阻止原药粒子相互过分接近，避免了絮凝和团聚沉降。

二、水分散粒剂用助剂种类及应用

水分散粒剂是由农药活性成分、分散剂、润湿剂、崩解剂、黏结剂、消泡剂等助剂及填料，经混合、粉碎和造粒工艺制成的一种粒状制剂。用水稀释时，能迅速崩解分散形成稳定的悬浮液，供喷雾施用。水分散粒剂用助剂要求的基本性能如下：具有良好的润湿性和分散性；长期贮存稳定性和化学稳定性；制剂有良好的稀释性，确保制剂在水中快速分散；适应加工工艺性能。具有良好的分散性、润湿性的助剂是制剂配方中至关重要的助剂。助剂是一种两亲分子，一般依据亲水基团的特点，可分为阴离子型、非离子型、阳离子型和两性型等，据此概述水分散粒剂用助剂。

三、水分散粒剂配方的组成

水分散粒剂是颗粒剂中的一种，且有粒剂的性能，但也区别于一般的粒剂（水中不崩解），就是它能溶解在水中，或均匀分散在水中。在配制水分散粒剂时，根据活性物的物化性质、作用机理及使用范围等要素，选用不同的方法和加工工艺。总之，水分散粒剂是在可湿性粉剂和悬浮剂的基础上发展起来的，所以配制水分散粒剂的前期工作类似于可湿性粉剂和悬浮剂的加工。

一般来说，水分散粒剂由活性成分、润湿剂、分散剂、崩解剂、稳定剂、黏结剂及载体等组成。润湿分散性是水分散粒剂的重要指标，常用的润湿剂有木质素磺酸钠、十二烷基硫酸钠、拉开粉BX等。常用的分散剂有阴离子型表面活性剂，如烷基萘磺酸盐、烷基萘磺酸盐甲醛缩合物（NNO）、木质素磺酸盐等，另外还有一些非离子型表面活性剂，如芳基酚聚氧乙烯醚、十二烷基聚氧乙烯醚磷酸酯或硫酸酯。常用的崩解剂有多种无机电解质，如氯化钙、无水硫酸钠、食盐等，还有羧甲基纤维素钠、可溶性淀粉、膨润土、聚丙烯酸乙酯等。常用的黏结剂有明胶、聚乙烯醇、聚乙烯吡咯烷酮、聚乙二醇、糊精等。常用的稳定剂有磷酸氢二钠、丁二酸、草酸、硼砂等，用于调节pH值，保证有效成分在贮存期的稳定性。

研究水分散粒剂需要解决的关键点有两个：一个是崩解问题，另一个是悬浮问题。而能解决这两个问题起关键作用的是分散剂，目前在水分散粒剂中使用较多的分散剂有两大类：磺酸盐系列和羧酸盐系列。两类分散剂各有所长：磺酸盐耐高温、稳定性较好，有较好的价格优势；羧酸盐分散剂适应性强，制成产品的品相更为出众。从真正意义上说，产品良好的崩解性和较高的悬浮率主要还是由分散剂优良的性能决定的。

多数化学农药本身难溶或不溶于水，所以农药加工和使用时必须使用表面活性剂作润湿剂、分散剂、渗透剂的展着剂等。用它们来减小被处理对象与液体间的界面张力，加强农药液滴的润湿、渗透和展布作用，增加农药在植物表面的滞留量，延长滞留时间，提高对植物表皮的渗透力，从而提高农药的生物活性，减少用药量，降低生产成本和对环境的污染。了解表面活性在水分散粒剂中的核心作用，选择适宜的表面活性剂对提高水分散粒剂的产品质量和生产效率具有至关重要的作用。

四、配方助剂的筛选

1. 分散剂

挤出法制水分散粒剂所需的分散剂以阴离子型表面活性剂为主，且为亲油基团很大的阴离子型表面活性剂。尽管也用到非离子型表面活性剂，但一般只作第一分散剂的辅助组分，且分子量较大，称为隔离剂也许更准确些：如聚乙烯基吡咯烷酮（PVA）等，它们在制备过程中还兼有黏结功能。挤出法制水分散粒剂配方中的分散剂之所以以大"油头"阴离子型表面活性剂为主，是因为"油头"大才能与活性物微粒表面"锚"得牢。也是为了适应水分散粒剂的多道物理加工和干湿交替及温度变化，没有很强的附着力，尤其在干燥过程中很容易脱附而发生聚结，甚至导致不崩解、不悬浮。水分散粒剂的粉体微粒通过挤出成型而紧密聚集。阴离子分散剂在水分散粒剂遇水时，能帮助相邻的粒子产生排斥力而迅速分散。可供挑选的分散剂有萘磺酸盐甲醛缩合物类、木质素磺酸盐类、聚羧酸盐类等。近年来聚羧酸盐类高分子分散剂发展很快，目前推广使用的聚丙烯酸盐类分散剂加速了水分散粒剂的发展。此类分散剂品种较多，如丙烯酸与顺酐、苯乙烯、异丁烯等的共聚物盐类分散剂等，能适应更多品种的水分散粒剂生产。

2. 润湿剂

润湿剂的选择很活跃，主要有烷基苯磺酸盐（如十二烷基苯磺酸钠）、烷基萘磺酸盐（二正丁基萘磺酸盐、二异丁基萘磺酸盐、异丙基萘磺酸盐等）、脂肪酰胺-N-甲基牛磺酸盐、烷基酚聚氧乙烯醚硫酸盐、苯乙基酚聚氧乙烯醚硫酸酯盐和磷酸酯盐、长链和支链的脂肪醇聚氧乙烯醚等。润湿剂选择的一个基本原则是服从于分散剂和原药成分，例如烷基苯磺酸盐常与萘磺酸盐甲醛缩合物类分散剂配合使用，十二烷基苯磺酸盐常与木质素磺酸盐匹配等。但是往往原药品种和其他辅助成分的变化会破坏这种匹配，尤其是一个配方选用两种分散剂的时候，润湿剂需要进入筛选程序。

3. 填料（载体）和其他辅助成分

填料在挤出法制水分散粒剂的配方中显得很重要，常用的填料有高岭土、碳酸钙、滑石粉、膨润土、云母粉、黏土、硅藻土、活性白土等。可供挑选的还有水溶性的填料，如硫酸铵、硫酸钠、碳酸铵、尿素、蔗糖、葡萄糖、果糖、淀粉等。填料在水分散粒剂中起隔离作用，与WP配方不同的是吸附力过强的材料一般不宜作挤出法的填料。例如，多孔硅胶在水分散粒剂中一般只作辅助材料，用的比例过大，导致物料体积庞大，在捏合过程中会吸收很多水分，并给干燥带来麻烦。挤出法制水分散粒剂的配方中一般不配备专门的崩解剂，而靠各组分的调整显示出很好的崩解性能。仅有少数药物，如中低熔点的药物水分散粒剂，加一些遇水膨胀的材料如膨润土、玉米淀粉等。

4. 协调和平衡

挤出法生产水分散粒剂的配方技术有其独特性。它不同于悬浮剂，因为在水系统中，各组分可以按规律涌动，按设计者的愿望在空间定位。它也不同于WP，因为挤出法生产水分散粒剂的过程中，有一个与水缔合、挤出、加热干燥的过程。尽管在捏合、挤出造粒的过程中，已按设计者的愿望以农药活性物的表面为中心，完成了各组分的空间定位。麻烦的是在后来的干燥工段，水分子受热蒸发的过程中，原有的吸附平衡被破坏了。水分子原来所占据的那些吸附点空余了，给其他组分的热运动带来空间。其中最活跃的是熔点较低的组分（表面活性剂和农药），因此，按同一配方所制得的WG，在干燥前后，悬浮率和分散性都会有变差的趋势。水分散粒剂配方技术研究者的主要任务就是要把受热干燥中吸附平衡被破坏的程度控制得最小。主要注意以下几点：

一是各组分的综合协调。尽量避免熔点差距过大的活性物和表面活性剂在一个配方中同时使用，尽量避免全体组分的工艺吸水量＞25%，尽量避免空隙率过大的填料在配方中占较大比例。

二是崩解与悬浮的协调。在某个产品水分散粒剂配方研究的后期，崩解和悬浮之间矛盾凸现，调和折衷地在配方上调整润湿和分散的相关组分，往往会走向成功。

三是配方与工艺的同步。优秀的配方，满意的样品，不一定做出好的产品，这一现象在挤出法生产水分散粒剂过程中屡见不鲜。农药超微固体粉料的复杂性对许多企业而言，经验和规律的掌握凸现不足是主要原因之一。粉碎、混料、捏合、造粒、干燥中的每一步的疏忽都有可能影响最终产品的悬浮率和崩解性能。必须保证配方与工艺的同步。例如，混料不均、捏合不到位、干燥过程中的局部过热等，都会影响产品的质量。长时间的挤出所引起的机械发热，对高分子分散剂十分敏感，极有可能引起悬浮率和分散性的降低。

五、水分散粒剂用助剂的选择原则

制备良好的水分散粒剂，选择适当的助剂至关重要。首先要确定水分散粒剂的生产工艺，并充分了解常见助剂的润湿、分散机理，还要对助剂的理化性质、来源、价格等详细了解，经综合评价后选出适于水分散粒剂工业生产的助剂。通常根据以下原则选用水分散粒剂用助剂。

① 从加工工艺来看，宜首先选用便于气流粉碎的固体粉末状助剂。

② 根据吸附作用原理，对非极性农药选用非离子型或弱极性助剂，反之宜选用极性亲和力吸附型阴离子高分子分散剂。

③ 根据化学结构相似原理，如有机磷酸酯类农药宜选用有机磷酸酯类助剂等。

④ 根据协同作用原理，一般选取用两种或两种以上复配性的助剂往往比单一助剂效果好，如离子型助剂与非离子型助剂复配可以提高分散稳定性，并确保加入的助剂不会降低原药的有效含量。

⑤ 根据配伍性原理，分散剂与润湿剂等助剂要有相对好的相溶性。

⑥ 经济性好，量少，价廉，一般分散剂用量低于10%，润湿剂用量多数在2%~5%。

另外，水分散粒剂田间稀释和施用时，多数情况下低泡沫更为方便，所以有必要加入适量的消泡剂。消泡剂的加入量一般为0.5%~3%，抑泡或消泡效果有效而迅速，最好外观为粉末状，容易流动不易结块，耐潮湿不易分解，还必须与水分散粒剂配方中的其他各组分有良好相容性且优质廉价。

六、助剂的性能及常用品种

（一）分散剂

分散剂的结构特征是选择分散剂的重要参考依据，对农药颗粒表面具有较强吸附能力的分散剂，其分散能力也较强。从分散机理来讲，因其吸附在原药表面，改变了原药微粒所带的电荷，带有相同电荷的原药微粉间作用着静电斥力以及增黏作用来共同阻止药粒凝聚，促使分散状态稳定，从而提高分散体系的稳定性。它的主要作用在于改变农药颗粒与水界面的性质，促使农药颗粒在水中分散，使农药悬浮体系具有良好的稳定性。其主要作用机理有双电层排斥理论、空间位阻稳定机理、静电位阻稳定机理等。在选择分散剂时应考虑农药分子与分散剂的相互作用力大小，对非极性固体农药选用阴离子分散剂，尤其是高分子阴离子分散剂，如木质素磺酸钙、萘磺酸盐、聚羧酸盐、萘磺酸钠甲醛缩合物、脂肪酰胺–N–甲基牛磺酸盐、烷基磺基琥珀酸钠盐等；对强极性的固体农药常选用阴离子分散剂，尤其是高分子阴离子分散剂，如脂肪醇聚醚、烷基酚聚醚等非离子型表面活性剂等。其中水溶性高分子物质作为水分散粒剂的分散剂可提高制剂悬浮稳定性。

随着我国经济水平的提高和人们环保意识的增强，环保型剂型会逐步替代原来污染性大的老剂型，水分散粒剂作为一种环保型剂型会越来越受到用户的欢迎，目前国内高分子分散剂有了一定的发展，但开发的力度远远跟不上农药剂型的发展需要，在一定的阶段仍会形成国内助剂和国外助剂并存的局面。聚羧酸盐分散剂应加大研发，不断提高性能和通用性，萘磺酸盐分散剂的工艺仍需大力提高。一方面，萘磺酸盐缩合物分散剂不应停留在小分子，应改变工艺，尽量提高缩合物萘环的核数；另一方面，尽量精细化操作，降低萘磺酸盐缩合物分散剂中杂质含量，发展浅颜色的萘磺酸盐缩合物的分散剂品种，提高产品的质量。木质素磺酸盐分散剂发展更为滞后，目前国内许多造纸厂的含有木质素的废液直接排到江河湖海中去，这不仅对环境造成很大的污染，还极大地浪费自然资源。变废为宝，提高木质素磺酸盐分散剂的分散效能，丰富木质素磺酸盐的产品种类，是亟待解决的一个课题。

另外，随着水分散粒剂剂型的发展，一些含有金属离子的原药要做成环保型剂型，这些品种诸如代森锰锌、乙膦铝等原药，由于原药自身带有很多金属离子，而聚羧酸盐分散剂、萘磺酸盐缩合物分散剂、木质素磺酸盐分散剂均为阴离子分散剂，这些分散剂在遇到大量的金属阳离子时，由于自身带的负电荷和阳离子带的正电荷的效用而使分散效力大大下降，解决这些原药做成水分散粒剂悬浮率不高的问题需要非离子分散剂。但大多数非离子分散剂熔点较低，不容易加工成固体粉末。所以怎样将非离子分散剂加工成固体粉末成为能否在水分散粒剂中成功应用的一个关键。

1. 聚羧酸盐分散剂

聚羧酸盐类分散剂一般为高分子分散剂，该类分散剂由一种或两种以上的单体聚合而成。好的聚羧酸盐分散剂一般具有合适比例的亲油基团和亲水基团，亲水和亲油基团的存在使该分散剂能牢固地吸附于被分散固体颗粒表面，借助高分子自身的空间位阻作用和带羧基电离产生的电势而使被分散粒子稳定地悬浮于水相介质中，另外由于该类分散剂大都为白色固体粉末，用于制剂中不会对制剂外观造成颜色遮盖，因而受到制剂生产厂商的欢迎。

Morwet D-425是分散剂中的典范，在全球市场拥有良好的口碑，产品的通用性好，耐高温、耐酸碱，抗硬水，多数的WG、WP、SC等剂型都能使用或者配合其他分散剂使用，在WP中添加量建议最小起调量为2%~3%，WG中的添加量为4%~15%，SC中一般为2%~3%，根据品种不一需进行调整。

Morwet D-450是一种含有润湿剂成分的分散剂，做配方时，如感觉润湿性足够，则可单独用其完成配方，而不需要添加润湿剂，在部分磺酰脲类、氟虫腈、甲托等产品上使用效果要优于D-425，另外，在SC上单独或者配合D-500（1:1）或者配合IP使用，也有较好的效果。

Morwet D-500，这个产品中混有嵌段共聚物，能够提供更好的悬浮稳定性，对磺酰脲类、苯噻酰草胺、烟嘧磺隆等固体剂型产品有较好的效果，另外在SC中也有很好的分散、稳定体系的效果。

2. 萘磺酸盐类分散剂

萘磺酸盐类分散剂一般由萘经磺化后和甲醛缩合而成，由于聚合物中萘环的聚合数量不同产品有很大的差别，该类分散剂由于颜色较深，主要应用于可湿性粉剂和对制剂外观没有颜色要求的品种中，目前该类高端产品主要为国外农化公司如阿克苏诺贝尔和巴斯夫公司所垄断，国内萘磺酸盐分散剂虽然开发较早，品种也较多，但受合成工艺的限制，目前主要是一些低萘核数的NNO，和国外产品及北京汉莫克化学技术有限公司的D1002相比，具有抗硬水能力差和热贮不稳定等缺点，在应用方面受到很大的限制，一般在水分散粒剂研发过程中作为助分散剂来用。

3. 木质素类分散剂

木质素是木材（包括竹、麦草、稻草等）的主要组成。由于原料不同，木质素的结构也不同，由它们可衍生出木质素磺酸盐的系列产品。通过工艺条件的选择，对木质素磺酸盐的分子量和磺化度的变更，可以选择性地提高某些性能，使木质素磺酸盐产品和许多农药品种都有很好的相容性，广泛用作农药可湿性粉剂、悬浮剂、干悬浮剂、水分散粒剂、水乳剂的分散剂。加之这类阴离子型表面活性剂在自然界可自然降解、价格低，到目前为止，国外可湿性粉剂中所用的分散剂，木质素磺酸盐及其改性产品仍占据首位。我国木质素磺酸盐生产厂家少，品种单一，产量小，平均分子量一般在4000左右，很少超过10000，分散性能和国外同类产品有很大差距。木质素磺酸盐分子量大，在3000~50000，分子量愈大，分散作用愈强。目前国内生产的木质素磺酸盐很难在水分散粒剂中应用，在一些对外观和品质要求不是很高的农药水分散粒剂品种中配合其他分散剂使用。

几种木质素类的分散剂是各有特点，其中Borresperse ca-sa是钙盐，价格最便宜，pH在中性左右，适合做WP，而且不易吸潮，使用贮存都很方便，不会在气流粉碎的过程中堵塞管道。在WP配方中能以较少的用量取代国内目前配方中使用的木质素类分散剂，而且性能更为稳定、优异，目前已有国内大型制剂企业用这个产品将国产的木质素全部替代，用量很大，这个产品在代森锰锌和福美双等产品上有优异的表现。

Borresperse NA，价格适中，在WG、WP中均有优异的表现，当然在SC中应用也可以，特别是做一些相对好做的水分散粒剂（如吡虫啉、百菌清等产品）和绝大多数的WP，它都可以单独承担分散剂的重任，而且添加量也不大，做出来的产品颜色不深。

Ufoxane 3A，这个产品的分子量更大，磺化度更低，在水分散粒剂中应用更为合适，当然WP、SC等剂型也能用，特别是一些疏水性较强的产品，如硫黄，它可以有效地提高悬浮率，并且和Borresperse NA配合使用会有一些特别的效果，如50%吡蚜酮WP，用这两种木质素组合能做到很好的效果，但单用一种都不是非常理想，而且以上木质素产品和K12一起混用，能很好地克服K12泡沫量大的缺点。

Ultrazine NA，这个产品在WP、WG上都有应用，但最大的特点是在SC上，对一些高含量、黏度大或者易膏化、固化的SC能起到很好的降低黏度、防止膏化、提高热贮稳定性的作用。

Ethylan NS-500LQ，该产品是一种嵌段共聚物，能提供独特的空间位阻效应，能在各种液体剂型中起到很好的稳定作用。由于其分子量较低，在SC中使用不会增加体系黏度，能显著提高体系的物理稳定性。特别是在一些易产生晶体长大的产品上，因为这一类的产品不适合用CMC（临界胶束浓度）较高的产品，所以一般选用分子量较低的分散剂来解决，如萘磺酸盐类和木质素类，但某些情况下，可能这些阴离子的助剂对体系的稳定性保持能力不够，就需要添加一些非离子乳化剂来加强其稳定性，但一般的非离子乳化剂可能会加剧晶体长大，这种情况下，嵌段共聚物就是一种不错的选择，当然这个产品还有很多应用。

（二）润湿剂

润湿剂在可湿性粉剂中主要使粉体与水接触时有良好的亲和性，而在水分散粒剂中则具有更为重要的作用：由于水分散粒剂多以高含量产品为主，而加入的分散剂又十分有限，为了使分散剂能与农药充分接触，在加水造粒时，润湿剂就能起到一个很好的润湿分散剂与原药的作用。所以，通常状况下，水分散粒剂中的润湿剂用量要比在可湿性粉剂中用量大一些。润湿剂多为磺酸盐系列，但与分散剂相比，它的分子量较小，亲水基团更多一些。

一般厂家分散剂都搭配一种润湿剂，如T-2700搭配T-1004；D-425搭配Morwet EFW，国产的分散剂也搭配相应的润湿剂效果都比较不错。也可以自己选择一些润湿剂，如十二烷基硫酸钠、十二烷基苯磺酸钠、二丁基萘磺酸钠等，甚至有些非离子型表面活性剂也可以用在水分散粒剂中作润湿剂。

Morwet EFW是一种优秀的润湿剂，通用性好，只需很少的用量即可达到较好的润湿效果，助崩解效果好。

润湿剂Petro AA和EFW类似，同属萘磺酸盐类润湿剂，不同点在于EFW是萘磺酸盐和一些阴离子润湿剂的混合物，而Petro AA是萘磺酸盐单体，颜色更浅，比起EFW来不易吸潮（在潮湿的地区更适合些），润湿性能也较出色，价格低廉。

Morwet IP是另一种结构的萘磺酸盐，该产品泡沫量极低，而且对一些容易絮凝的产品，如乙膦铝、杀螺胺，有一定的抗絮凝效果。

Berol 790A是阿克苏诺贝尔新推出的一款白色润湿剂，价格较便宜，性能还要优于同类润湿剂，特别是在水分散粒剂生产过程中，能起到很好的润滑效果，让造粒过程顺畅，所得的粒子光滑饱满。

（三）崩解剂

从某种意义上讲，分散剂本身就是崩解剂，只不过因为价格因素不可能加入过大的量。因此，在不需要进一步提高产品性能的情况下（如悬浮率已经很高），加入一些廉价的助剂帮助崩解也是比较理想的选择。

顾名思义，这种成分主要是为了提高水分散粒剂产品崩解速率而加入的，水分散粒剂产品的崩解速率影响因素较多，分散剂、润湿剂、载体、造粒方式等都会对产品崩解性能造成影响。这里只对崩解剂进行阐述，一般情况下崩解剂采用无机盐较多，如硫酸钠、硫酸铵，也有采用尿素、葡萄糖作为崩解剂的。

崩解剂的作用是加快水分散粒剂的颗粒在水中崩解，其作用机制是机械性的而非化学性的。其过程一般是颗粒中的崩解剂及药粉被水润湿后，崩解剂吸水膨胀而使活性成分崩裂成细小的颗料；或吸水溶解产生局部凹穴，这些凹穴被水取代后使其完全分散成造粒前粉剂的粒度大小。水分散粒剂产品入水后，崩解剂能够很快溶解，使得颗粒出现大量凹陷，相当于增大了固液接触的表面积，因为润湿剂的作用使得水能够快速的浸入到水分散粒剂颗粒内部，这样分散剂起到作用，使得颗粒快速崩解。选用崩解剂的原则是：①性质稳定不易分解；②有较高的熔点；③水中溶解度大；④不与有效成分发生反应。

常用的崩解剂有用氯化钠、硫酸钠、羧甲基淀粉钠、硫酸铵、碳酸钠、尿素、聚乙烯吡咯烷酮、海藻酸钠、wgwin323。衡量崩解剂崩解性能的重要指标是崩解时间，不同崩解剂品种，其崩解性能不同。一般来讲，随着崩解剂用量的增加，崩解时间缩短。崩解剂加到一定量后，崩解时间变化不大，悬浮率变化也不大。因此，崩解剂的选用要用大量的实验来确定合适的崩解剂。

（四）黏结剂

所谓黏结剂是具有黏性的物质，因此靠黏结剂本身的胶黏性将粉末聚结成颗粒。在造粒过程中，黏结剂的加入方式有3种：①先将黏结剂溶解于溶剂后加入物料中进行造粒；②先将可溶性的黏结剂粉末与物料混合均匀后，再加入溶剂，使黏结剂被溶剂润湿或溶解而产生黏性；③将干黏结剂加入物料中混合均匀后，压制而产生黏性。

湿法造粒是在湿黏结剂（或水）的作用下，使粉末聚结成颗粒的方法。用湿法制成的颗粒经历过表面润湿，因此具有表面改性较好、外形美观、耐磨性较强、压缩成型性好等优点。湿法造粒时常用的黏结剂分为两大类，即润湿剂和黏结剂。

在一般情况下，溶液状态的黏结剂在造粒时能均匀分布，用量较少，干燥后的颗粒强度较其他方法大。黏结剂的种类与用量，对于造粒后颗粒的大小、均匀性、硬度、崩解性以及压缩成型性将产生重要影响。黏结剂的黏性较大，或黏结剂的浓度较高时，颗粒的硬度较大，粒度分布不均匀，崩解较慢；反过来，黏结剂用量不足时，颗粒松散，强度不足。

淀粉浆是物美价廉的最常用的黏结剂，主要缺点是黏度过高，对均匀混合带来一定困难；明胶的黏性较大，属于强黏结剂，造粒时明胶溶液应保持较高温度，以防止胶凝，缺点是造粒物随时间变硬；聚维酮的最大优点是在水或乙醇中都可溶，可用于水溶性物料的造粒，对水敏感的物料可用聚维酮的乙醇溶液进行造粒；甲基纤维素应用于水溶性及水不溶性物料的造粒，颗粒的压缩成型性好，且不随时间变硬；羧甲基纤维素钠也可应用于水溶性与水不溶性的造粒，但随时间变硬；乙基纤维的乙醇溶液常用于水敏感物料的造粒，颗粒的压缩成型性好，但物料的溶出速率较慢；聚乙二醇溶于水和乙醇中，制得的颗粒压缩成型性好，适用于水溶性与水不溶性物料的造粒。在湿法造粒中最常用的黏结剂列于表6-1。

表6-1　在湿法造粒中最常用的黏结剂

黏结剂	溶剂中浓度（质量浓度）/%	造粒用溶剂
淀粉浆	5~10	水
预胶化淀粉	2~10	水
明胶	2~10	水
蔗糖，葡萄糖	50	水
聚维酮（PVP）	2~20	水或乙醇
甲基纤维素（MC）	2~10	水
羟丙甲纤维素（HPMC）	2~10	水
羧甲基纤维素钠（CMC-Na）	2~10	水
乙基纤维素（EC）	2~10	乙醇
聚乙二醇（PEG 4000，PEG 6000）	10~50	水或乙醇
聚乙烯醇（PVA）	5~20	水

黏结剂的选择主要靠经验，不同行业有各自不同的特点和习惯，选择黏结剂一般考虑如下问题：黏结剂与原料粉体的适应性及制品颗粒的潮解问题；黏结剂是否能湿润原始微粒的表面；黏结剂本身的强度和制品颗粒强度要求是否匹配；黏结剂的成本。在选择了几种可行的黏结剂后，须通过试验来确定最好的种类、添加量和添加方式。表6-2列出了在挤出造粒过程中常使用的几种黏结剂用量和适应性。

表6-2　挤出造粒中常使用的助剂

名称	添加量/%	化工	制药	农药
海藻胶	0.5~3	良~中	良	中

名称	添加量 /%	化工	制药	农药
糊精	1~4	良	优	良
明胶	1~3	优~良	优	良
骨胶	1~5	优	—	—
天燃树胶	1~5	优	优	良
水	0.5~25	—	中	优
膨润土	1~4	差	差	良

总之，造粒中黏结剂的选择是造粒的关键，可根据物料和黏结剂的性质决定，多数是根据试验结果选择适宜黏结剂及其浓度、用量等，以保证颗粒的质量。

（五）抗硬水剂

由于水中钙、镁离子对阴离子型表面活性剂的影响，降低了阴离子型表面活性剂对水分散粒剂的分散作用，导致产品悬浮率下降甚至出现絮状物。所以说抗硬水剂一般在水分散粒剂配方构成里不可或缺，现在常用的抗硬水剂一般有EDTA、EDTA二钠盐、三聚磷酸钠、五聚磷酸钠、层状结晶二硅酸钠等等。考虑性价比，最常用的是EDTA二钠和三聚磷酸钠。

（六）填料（载体）

填料在水分散粒剂的配制中，也是值得注意的一个环节，通常使用一些与水较亲和的无机土，当然也可使用水溶性填料，这要视农药性质而定。

针对高含量的水分散粒剂产品，载体选择的余地不大，因而载体是很好选择的。这里想重点阐述的是对于低含量的水分散粒剂产品，其中50%以上的组分为载体，所以载体的选择就尤为关键了。通常选用的载体一般为高岭土、硅藻土、轻质碳酸钙、滑石粉、膨润土、玉米淀粉等。

高岭土做载体时对产品悬浮率有益处，但是如果加入量太大，容易造成物料黏，造粒时容易黏到一起，使崩解性能下降。在流化造粒的时候可以考虑加入高岭土，能够对水分散粒剂产品的成型及收率有较好的作用；硅藻土用于水分散粒剂中可以使颗粒的整体密度降低，对于产品的崩解性能有较好得提高，对于自身密度较大的水分散粒剂产品颗粒，可以考虑加入部分硅藻土，避免颗粒入水直接沉到底部难以崩解的情况。但是硅藻土加入的量太多，会对水分散粒剂产品的悬浮率造成一定的影响。轻质碳酸钙是一种性价比较高的载体，但是其pH偏高，所以在做水分散粒剂产品时候一定要考虑有效成分的性质。同样做低含量的水分散粒剂产品时轻质碳酸钙的加入量不能太多，否则造成产品的崩解性能下降；滑石粉本身密度大，容易沉底。对造粒成型较好。同样也只能少量加入。膨润土由于其本身吸水膨胀的性质，所以对水分散粒剂产品的崩解改善明显，但是加多会致使产品悬浮率降低；玉米淀粉是一种很好的载体，对于产品的崩解性能和悬浮率都有较好改善，并且对产品的造粒顺滑和成型有较好的提高。但是玉米淀粉亲水性较强，所以在用玉米淀粉做载体时，水分指标很难控制，对于对水分比较敏感的有效成分要特别注意。

对于低含量的水分散粒剂产品，一般只用一种载体不可能做出很好的产品。大多要两种或两种以上的载体进行搭配，只有熟悉物料的性能才能快速筛选出优秀的配方。

第三节 造粒基础

造粒是生产水分散粒剂的重要步骤，因此，掌握造粒技术有助于此剂型的开发与生产。

一、粉粒体的空间性质

不论待造粒的粉体组分多么复杂，它所表现出的仍然具有粉体的一般性质和规律，具有粉体的特性，所以，了解粉体的物料特性和静力学性质对造粒设备的设计、选型和操作均有益处。

1. 空隙率

空隙率是填充层中未被颗粒占据的空间体积与包含空间在内的整个填充层表观体积之比。这里应当指出的是，空隙率与孔隙率不同，众所周知，在颗粒形成过程中，有可能产生内部封闭孔和与表面相通的外孔，一般空隙率中的颗粒体积是指不包括颗粒的外孔，而孔隙率中的颗粒体积则是内外孔均不包括，空隙率是粉体流动性的标志之一。

2. 堆密度

粉体的堆密度是与之相关粉体处理设备的重要数据，其数值的大小和颗粒堆积状态及填充的紧密程度有关。堆密度是固体自然形成的料堆，其单位体积具有的质量或按一定的方法将粉体物料充填到已知的容器中。容器中颗粒的质量除以容器的体积即为颗粒的堆密度，单位为 kg/cm^3 或 kg/m^3。堆密度一共有以下四种：含气堆密度、填充堆密度、平均堆密度和工作堆密度。

3. 压缩性

粉体的压缩性是指压缩系数乘100%即为压缩性的百分数，即：

$$\xi = \frac{\rho_b - \rho_a}{\rho_b} \times 100\% \tag{6-1}$$

式中　ρ_b——填充堆密度，kg/cm^3；
　　　ρ_a——含气堆密度，kg/cm^3。

压缩性和固体物料分类及流动状况见表6-3。

表6-3　压缩性和固体物料分类及流动状况

压缩性/%	固体物料分类	流动状况
5 ~ 15	自由流动颗粒	极好
12 ~ 18	自由流动粉状颗粒	好
18 ~ 22	能流动粉状颗粒	仍可以流动
22 ~ 28	非常流体化的粉末	不好，不稳定
28 ~ 33	流体化有黏性粉末	不好
33 ~ 38	黏性粉末	非常不好
38	非常黏的粉末	极端不好

二、粉粒体的静力学性质

1. 休止角

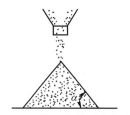

图6-1　休止角的测量方法

休止角是衡量粉体物料流动性的重要指标，休止角的定义是物料自然堆积成的圆锥状料堆表面与水平面的夹角，图6-1中的α。休止角的大小既与粉体粒度有关，又与粒度形状及物料性质有关，物料流动性与休止角的关系见表6-4。

表6-4　物料流动性和休止角的关系

休止角 / (°)	物料的特征
25 ~ 35	粒状物料，非常易于自由流动，不黏着
25 ~ 35	流体化粉状物料，易于喷流
35 ~ 45	粒状物料，能自由流动，稍有黏着性
35 ~ 45	可流体化的粉状物料，稍有黏着性，具有中等的流动性
45 ~ 55	不能自由流动，会黏着的物料
55 ~ 65	非常不能自由流动，十分黏着的物料
65 ~ 75	极端不能自由流动，极其黏着的难以输送的物料

2. 内摩擦角

内摩擦角是颗粒物料在料堆上移动形成的与水平面的夹角，它反映了物料内部颗粒层间的摩擦特性。内摩擦角显示物料在料斗中的流动以及在斗壁上的存留情况，在干燥系统设计时，是确定料斗锥角的基础。

3. 滑动角

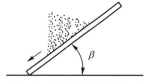

图6-2　滑动角的测量方法

滑动角是衡量固体物料对钢板原始表面的相对附着性，钢板表面的光洁度是影响该角度数值的关键因素，见图6-2。把物料自然堆放在钢板上，抬起一端向上移动，当物料刚好向下移动时钢板与水平方向的夹角β即为滑动角。

三、造粒理论基础

（一）粒子间的结合力

有人提出多个粒子聚结形成颗粒时，粒子间的结合力有5种方式。

1. 固体粒子间引力

固体粒子间发生的引力来自范德华力（分子间引力）、静电力和磁力。这些作用力在多数情况下虽然很小，但粒径小于50μm时，粉粒间的聚集现象非常显著。这些作用随着粒径的增大或颗粒间距离的增大而明显下降。在干法造粒中，范德华力的作用非常显著。

在一定的温度条件下，在粉粒的相互接触点上，由于分子的相互扩散而形成连接两个颗粒的固桥。在造粒的过程中，由于摩擦和能量的转换所产生的热，也能促使固桥的形成。在化学反应、溶解的物质再结晶、熔化的物质的固化和硬化的过程中，颗粒与颗粒之间也能产生连接颗粒的固桥。

十分细小的颗粒可由分子间力和静电力结合，而无需固桥。直径约小于1μm的颗粒在搅动下有自发地形成颗粒的倾向，就是由于这种结合。但对较大颗粒，这两类短距离的力不足以与颗粒重力相平衡，因而不能发生附着作用。

2. 可自由流动液体产生的界面张力和毛细管力

流动性液体黏结是通过界面张力和毛细管力来进行连接的。用流动性液体将颗粒连接在一起时有三种不同的状态。少量的液体在颗粒的接触点上形成离散的透镜形环，这是悬垂状态。当液体含量增加时，环连接起来形成（其间散布空气的）液体连接网状结构，这是索带状态。当颗粒中所有的空隙都充满液体时，就达到毛细管状态。当液体桥（简称液桥）破坏时它收缩和分开，而桥接处附着力和内聚力不充分发挥作用。

以可流动液体作为架桥剂进行造粒时，粒子间的结合力由液体的表面张力和毛细管力产生，因此液体的加入量对造粒产生较大影响。液体的加入量可用饱和度 S 表示，即在颗粒的空隙中，液体架桥剂所占体积（ V_L ）与总空隙体积（ V_T ）之比，$S=V_L/V_T$。

3. 不可流动液体产生的黏结力

不可流动的液体包括：①高黏度液体；②吸附于颗粒表面的少量液体层。高黏度液体的表面张力很小，易涂布于固体表面，靠黏附性产生强大的结合力；吸附于颗粒表面的少量液体层能消除颗粒表面粗糙度，增加颗粒间接触面积或减小颗粒间距，从而增加颗粒间引力等，如图6-3（a）所示。淀粉糊造粒就可以产生这种结合力。

高黏度的结合介质，如沥青和其他高分子有机液体能够形成很类似固桥的连接。在一定条件下，形成均匀的、类似固体的薄膜层对细颗粒的结合起着相当大的作用。

4. 粒子间固体桥

固体桥（简称固桥）如图6-3（b）所示，其形成机理可由以下几方面论述：①架桥剂溶液中的溶剂蒸发后，析出的结晶起架桥作用；②液体状态的黏结剂干燥固化而形成的固体架桥；③由加热熔融液形成的架桥，经冷却固结成固桥；④烧结和化学反应产生固桥。造粒中常见的固体架桥发生在黏结剂固化或结晶析出后，而熔融-冷却固化架桥发生在压片、挤出造粒或喷雾冷却造粒等操作中。

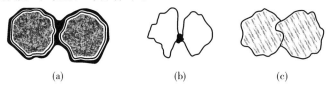

(a)　　　　　　　(b)　　　　　　　(c)

图6-3　粒子间的架桥方式

（a）粒子表面附着液层的架桥；（b）粒子间固桥；（c）粒子间机械镶嵌

由液体架桥产生的结合力，主要影响粒子的成长过程和粒度分布等，而固桥的结合力，直接影响颗粒的强度及颗粒的溶解速率或分散能力。

5. 粒子间机械镶嵌

机械镶嵌发生在块状颗粒的搅拌和压缩操作中。结合强度较大，见图6-3（c）。但在普通造粒过程中所占比例不大。

（二）液体的架桥机理

自由液体在两个粒子间附着形成液桥时（图6-4），由于液体内部的毛细管负压和界面张力作用，使颗粒结合在一起。

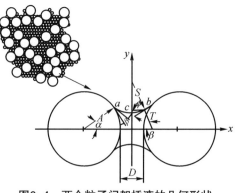

图6-4　两个粒子间架桥液的几何形状

水是湿法造粒过程中最常用的液体，常以此形成液桥。造粒时，液体首先将粉粒表面润湿，然后聚结成粒。研究结果表明，物料的润湿程度对颗粒的成长非常敏感，相应地影响颗粒的粒度分布。在一般情况下，含水率超过60%时，粒度分布均匀，含水率在45%~55%时，粒度分布较宽。如采用转动造粒法造粒，液体在一级粒子间以毛细管状存在时，可以得到均匀的球形颗粒。

（三）液桥与固桥的形成

人们知道，在干燥多尘的地面上洒些水，扬尘状况即可改善。这是因为水润湿润了粉粒使粉粒黏结在一起的结果。从物理化学角度分析，它是一种表面现象：当液体与粉体接触后，液体的自由焓降低，液体便沿着粉粒表面向粉粒间的毛细管扩张、渗透。其扩张、渗透的程度取决于液体（与空气之间）的表面张力、固体粉粒（与空气之间）的表面张力以及固体粉粒与液体之间的界面张力状况如何。液体与固体接触界面上的界面张力越小于固体的表面张力，则液体就越能润湿固体。在水与干燥的粉粒接触中，水与粉粒的界面张力小于粉粒的表面张力，因此水能够在粉粒间扩张、渗透；在粉粒与粉粒的接触部分形成"液相桥梁"，从而把粉粒黏附在一起。

在湿法造粒时产生的液桥经干燥后，最终以固桥的形式存在，以保证颗粒的强度，保持颗粒的形状与大小。从液桥到固体架桥的过渡，主要有3种形式：

① 架桥液中被溶解（包括可溶性黏结剂）的物质经干燥后，析出结晶而形成固体架桥。如HPMC、PVP、HPC等高分子溶液作为黏结剂造粒。

② 高黏度架桥剂在干燥时，其中溶剂蒸发，残留的固体成分固结成为架桥。如淀粉浆作为黏结剂造粒。

③ 溶液作黏结剂时，冷却凝固形成固桥。

通过以上所述可以定性地知道，当球体间由液桥产生的黏结力和黏附力大于球体的斥力时，球体就被黏在一起。由于影响粉末的黏结力和黏附力的因素极为复杂，很难从理论上求得。因此，以液体作为黏结剂造粒时，所用液体量一般由实验来决定。当所有粉粒之间都有液桥产生，并且黏结力和黏附力足够大（大于风动或震动、翻动产生的斥力）时，细粉团聚成粒。

（四）桥接的强度理论

造粒的各种特性中最重要的特性是它们的强度。为了求得球粒的真正强度，往往采用模拟试验的方法。而实际上，通常采用简单的方法，如压碎、跌落等试验来确定抗压、抗弯和抗张强度。现在分析一下各种桥接的抗张强度。

首先定义抗张强度为：球粒所受的极限张力除以受力的截面积。从理论上进行抗张强度的近似计算之前，先假设前述所有的桥接作用均可用下述三种模型描述：①造粒的物料中的孔隙全部由能传递力和能产生强度的物质所充满；②球粒中的孔隙全部由液体填满；③结合力能够在形成颗粒的原始粉粒的结合点上传递。

1. 孔隙中充满传递强度物质的球粒物质

如果球粒的孔隙中完全充填于能传递强度的物质，黏结剂或水溶性物质干燥后结晶形成固体桥，那么它的强度取决于成桥物质的强度，或是成桥物质与颗粒体之间的黏结所产生的强度，或是制成造粒料粉体本身的强度。即必须区分三个部分强度：

① i_{te}（孔隙的体积强度）=成桥物质的强度；

② i_{ta}（颗粒的边界强度）=成桥物质和固体颗粒之间的黏结所产生的强度；

③ $i_{t(1-\varepsilon)}$=制成粒的粉体（一次粒子）本身的强度。

以上三个强度中最低的一个就决定了颗粒强度。如果颗粒孔隙中的成桥物质强度或形成颗粒的固体颗粒的强度是主要因素，而且它们是各处均匀的，再分别考虑材料的截面积，这样就会得到颗粒的强度。应用相同的方法就可以从理论上近似计算颗粒间固桥的强度。

2. 颗粒的孔隙中充满液体的极限抗张强度

如果颗粒的孔隙中充满了液体，并在球粒内部的毛细管中形成毛细管压力 p_c，同时液体的表面张力对于毛细管压力来说可以忽略不计，这样充满液体的颗粒抗张强度 i_{tc} 可以用毛细管压来近似计算，即：$i_{tc}=p_c$。

假如孔隙的直径用孔隙的水力学半径的一半来表示，进一步假设粉体颗粒完全被润湿和颗粒是单一粒度球形颗粒。

3. 由固桥连接颗粒的极限抗张强度

如果颗粒物料的极限抗张强度是决定于固桥，那么用于造粒的模型可以假设为：所有的固桥连接材料是均匀地分布在所有接触点上或对应点上，并以强度 i_B 形成了固桥，再根据相应的截面积求得颗粒的抗张强度。如某一个组分的随机容积截面积孔隙率近似等于该组分体积孔隙率。

四、颗粒的形成过程

在造粒过程中，当液体的加入量很少时，颗粒内空气成为连续相，液体成为分散相，粉粒间的作用来自于架桥液体的气–液界面张力，此时称液体在颗粒内呈悬摆状；适当增加液体量时，空隙变小，空气成为分散相，液体成为连续相，颗粒内液体呈索带状，粉粒的作用力取决于架桥液体的界面张力与毛细管力；当液体量增加到刚好充满全部颗粒内部空隙而颗粒表面没有润湿液体时，毛细管负压和界面张力产生强大的粉粒间结合力，此时液体呈毛细管状；当液体充满颗粒内部和表面时，粉粒间结合力消失，靠液体的表面张力保持形态，此时为泥浆状。一般来说，在颗粒内的液体以悬摆状存在时颗粒松散，以毛细管状存在时颗粒发黏，以索带状存在时可得到较好的颗粒。以上通过液体架桥形成的湿颗粒经干燥可以向固体架桥过渡，形成具有一定机械强度的固体颗粒。这种过渡主要有3种形式：①将亲水性粉料进行造粒时，粉粒之间架桥的液体将接触的表面部分溶解，在干燥过程中部分溶解的物料析出而形成固体架桥；②将非水溶性粉料进行造粒时，加入黏结剂溶液作架桥，靠黏性使粉末聚结成粒，干燥时黏结剂中的溶剂蒸发，残留的黏结剂固结成为固体架桥；③为使含量小的粉料混合均匀，将配方中的某些粉料溶解于适宜的液体架桥剂中造粒，在干燥过程中溶质析出结晶而形成固体架桥。

在造粒过程中，往往都要加入一定量的黏结剂，而最常采用的黏结剂是水。其实水本身并无黏性，但有些物料加入水后物料被溶解产生黏性，因此也就起到黏结剂的作用。显然，水分是造粒过程的先决条件，所以研究水分在造粒过程中的形态与作用具有一定意义。粉料被水分润湿而造粒的过程，主要以下面的四种形态出现并起作用。

1. 吸附水

许多物料在造粒前要进行超微细粉碎，粒度一般可达微米级。粉体不仅比表面积较大，且其颗粒表面具有过剩的能量，带有一定的电荷，在颗粒表面的空间形成电场，在电场范围内的极化水分子和水化阳离子被吸附于颗粒表面。水分子由于具有偶极性而中和了上述电荷，颗粒表面的过剩表面能因放出润湿热而减小，结果在颗粒表面形成一吸附水层。吸附水的形成，不一定是颗粒浸入水中，或在颗粒层中加入液态水，即使干燥颗粒也会吸收大气中的气态水分子。这种为粉状颗粒表面强大电分子引力所吸引的分子水就称为吸附水。

吸附水层厚度并不恒定，它与物料成分、亲水能力、颗粒的大小与形状、吸附离子的成分及外界条件（物料中水蒸气的相对压力及温度）等有关。当粉料孔隙中相对湿度为100%时的吸附水含量，称为最大吸附水含量（或最大吸湿性）。

电分子力的作用半径虽然极小，但其作用非常大。在受到范德华力作用之处，其作用半径至少为数个水分子直径。虽然其作用力与距离的6次方成反比而递减，但被吸附的水偶极分子仍呈定向排列，保持着静电引力。故吸附水的主要性质和自由水的性质完全不同，具有非常大的黏滞度、弹性和抗剪强度，它不能在粉粒间自由移动。因而当物料呈颗粒状时（粒度为0.1~1.0mm），若仅有吸附水，则仍是分散状态。所以，一般认为，物料中仅存在吸附水时，造粒过程尚未开始。

2. 薄膜水

粉粒进一步被润湿时，在吸附水周围形成薄膜水，这是由于颗粒表面吸附水后还有剩余的未被平衡掉的范德华分子力（主要是表面引力，其次是吸附水内层的分子引力）。因为水的偶极分子围绕水层呈定向排列，以及多少受到些扩散层离子的水化作用，所以薄膜水和颗粒表面的结合力要比吸附水弱得多，其分子的活动自由度较大。据研究，薄膜水分子仅由超过重力7万倍的力吸附着。薄膜水的主要特征是在分子力的作用下，具有在颗粒间迁移的能力，而与重力无关。如图6-5所示，有两个极其相邻的等径颗粒A和B，若

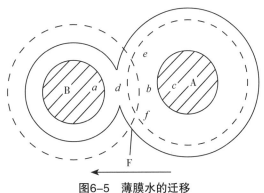

图6-5　薄膜水的迁移

颗粒A的水膜较厚，位于F处的薄膜水距颗粒B的中心较距颗粒A的中心为近，因此薄膜水F开始向颗粒B移动，即颗粒A周围较厚的水膜开始向颗粒B移动，直至两者水膜厚度相等为止。

当两颗粒间的距离（图6-5中的ac）小于两颗粒的电分子引力半径ab，cd之和时，两颗粒间引力相互影响范围（$ebfd$）内的薄膜水，就同时受到两个颗粒的电分子引力作用，具有较大的黏性。颗粒间距离越小，薄膜水的黏性就越大，颗粒就越不易发生相对移动；因此，薄膜水厚度不仅影响粉料的物理力学性质（如成粒性、压缩性、可塑性等），还决定了颗粒的机械强度。

吸附水和薄膜水合起来即组成分子结合水，在粉体力学上可视作为颗粒的外壳，在外力的作用下，它和颗粒一起变形，并且分子水膜使颗粒彼此黏结，这种情况就是粉状物料造粒后会具有强度的原因之一。

一般来讲，质地疏松、亲水性好、粒度小的物料，其最大分子结合水较大。当达到最大的分子结合水以后，物料就能在外力的作用下，表现出塑性，这时的造粒过程会较顺利。

3. 毛细管水

当粉料继续被润湿到超过最大分子结合水分时，就形成了毛细管水。它是颗粒的电分子引力作用范围以外的水分。毛细管水分能够将颗粒拉紧靠拢，是因为毛细管内呈负压。如图6-6所示，在两个半径为r的颗粒间存在液柱的场合下，两粒间的毛细管吸引力为式（6-2）：

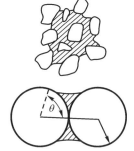

$$F = \frac{2\pi r \sigma_L}{1 + \tan(\theta/2)} \qquad (6-2)$$

图6-6　粒子间的毛细管吸引力

由此式可以看出，液体的表面张力σ_L愈大，则毛细管的吸引力也愈大，而单位截面积内的结合力则随着粒径缩小而增加。

在均一粒径的粒子群内存在大毛细管液柱的场合下，所构成的聚集体的抗张力为式（6-3）：

$$F_k = \frac{9}{8}(2.5\sigma_L)\frac{(1-\varepsilon)}{\varepsilon} \times \frac{1}{d_p} \qquad (6-3)$$

由此可见，造粒凝集体的抗张力与所用结合剂液体的表面张力σ_L成正比，与粒度d_p成反比，而与凝集体的空隙率ε有关。这些结果与两个球粒间的毛细管吸引力关系有着相同的倾向。

毛细管水能在毛细管负压的作用下和在引起毛细管形状和尺寸改变的外力作用下发生较快的迁移，造粒速率就取决于毛细管水的迁移速率。显然，亲水物料的毛细管水的迁移速率比较大。在造粒过程中，以毛细管水作用为主。当物料润湿到毛细管水阶段时，造粒过程最强烈，因为毛细管力还将水滴周围的颗粒拉向水滴中心，大大促进了造粒过程。

4. 重力水

当粉料完全被水浸透时，还可能存在重力水。它与上述的几种力无关，是在重力和压力差的作用下发生移动的自由水，具有总是向下运动的性能。由于重力水对颗粒具有浮力，不利于造粒过程。换言之，只有当水分不超过毛细管含水量的范围内时，造粒过程才具有现实意义。

造粒时黏结剂中水的用量对颗粒的形状、大小、硬度等都有一定的影响。水的用量不仅影响造粒过程，而且直接影响颗粒的崩解性。水量太少，则粉体不易成粒，即使成粒，颗粒的强度也不够，颗粒细小，近圆球状，虽崩解性好，但易破碎；水量过多，挤出后易黏结，且颗粒强度大，崩解性相对较差。因此，应严格控制水量在适宜范围内。不同的造粒方法用水量也不同，如挤出造粒的用水量一般在10%~20%。

五、粉体的固、液、气系的充填结构

关于在空气中空气和粉体及液体的充填结构，与粉体的成型操作相关。表6-5中表示它与造粒方法的关系。这种充填结构不但表示粉体的液体量的增减，而且成为分析物料的干燥特性、流变学特性、微粒的凝集特性等性质的基本依据，同时与造粒方法的关系很密切。

表6-5　湿润粉体的充填式样和造粒方法的关系

含液量			水分 0 ○○○ ○○○ ○●○ ○○○ → 100%				
充填式样	固体	粉体	连续	连续	连续	不连续	不连续
	液体	水	不连续	连续	连续	连续	连续
	气体	空气	连续	连续	不连续	零	零
	充填区域		悬垂状区域	绳股状区域		毛细管状区域	泥浆状区域
与造粒方法的关系	挤出成型法		好	良好	良好	差	差
	挤出成型法		良好	好	好	良好	差
	转动造粒法		良好	好	好	良好	差
	喷雾造粒法		差	差	差	差	好
	搅拌造粒法		良好	好	好	良好	差

一般来讲，在固体粒子表面上，有化学反应、吸附现象、润湿性、催化作用、潮解性、机械化学效应等物理化学性质，这些性质与使用粉体和外加物质的关系，成为粉体的一次物性。对由造粒操作生成的造粒制品，作为使用上所要求的条件，如制品的分散性、流动性、压缩性、崩解性、保形性等为造粒制品的二次物性。在一次物性与二次物性间有如下关系：

粉体的一次物性↔粉体的力学特性↔造粒装置（操作条件↔造粒物的二次物性）

六、凝集因素和操作的关系

多数造粒操作，是由各种造粒方法把粉体集合致密化，使之成为符合使用条件的造粒制品。为此，需要适当控制构成造粒制品的粉体固体粒子间的凝集（附着）现象，这些固体粒子间的凝集力，如表6-6所示的种类。

表6-6　粉粒体结合力的种类

固体粒子间的结合力	由于分子间力（范德华力）的各种量子效应引起的结合力 由于静电力、磁力引起的结合力
液体自由流动引起的附着及凝集	由于粒子间液体架桥引起的表面及毛细管负压 由于充满液体引起的毛细管负压
非流动物质引起的附着及凝集	由于黏结剂引起的结合力 由于吸附层引起的引力
固体架桥引起的结合力	烧结、烧固、溶解、化学反应、熔融物质的再结晶

由于造粒操作不同，粉体粒子间的凝集状态，如图6-7所示，有如下几种情况。

(a)

(b)

(c)

(d)

图6-7　粉体的凝集状态

① 对通常的干燥粉体，由于范德华力及其他量子效应而引起的结合力、静电力、吸附层力等，进行强力压缩构成的凝集造粒物［图6-7（c）］。

② 通常的湿润粉体，对在悬垂状区域或纤维状区域由于含有液体表面张力及负压力，在毛细管状区域由于负压吸引力，再使其受到转动、振动、混合、压缩等作用构成的凝集造粒物［图6-7（a）］。

③ 对含有特殊黏结剂的粉体，由于受到表面化学黏结力的影响，当给予和上述②同样作用力时，可构成坚硬的凝集造粒物［图6-7（a），（b）］。

④ 粉体由于烧结、烧固、结晶析出、化学反应及其他原因形成的固体架桥现象，成为固结的凝集造粒物［图6-7（a），（b），（d）］。

七、颗粒的成长机理

粉状粒子在黏结剂的作用下聚结成颗粒时，其成长机理有下列不同方式：

（1）粒子核的形成　一级粒子（粉末）在液体架桥剂的作用下，聚结在一起形成粒子核［图6-8（a）］，此时液体以钟摆状存在。这一阶段的特征是粒子核的质量和数量随时间变化。

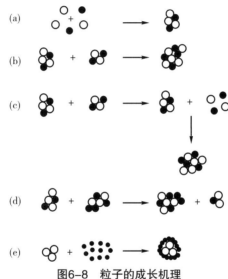

图6-8　粒子的成长机理

（a）成核；（b）聚并；（c）破碎；（d）磨蚀；（e）层积

（2）聚并　如果粒子核表面具有微量多余的湿分，粒子核在随意碰撞时，发生塑性变形并黏结在一起，形成较大颗粒［图6-8（b）］。聚并作用发生时，粒子核的数量明显下降，而总量不变。

（3）破碎　有些颗粒在磨损、破碎、振裂等作用下变成粉末或小碎块。这些粉末或碎块重新分布于残存颗粒表面，重新聚结在一起形成大颗粒［图6-8（c）］。造粒过程中，经常伴随粉末和碎块的产生和再聚结。

（4）磨蚀传递　由于摩擦和相互作用，某颗粒的一部分掉下后黏附于另一颗粒的表面上［图6-8（d）］，这一过程的发生是随意的，没有选择性。虽然在此过程中，颗粒大小不断地发生变化，但颗粒的数量和质量不发生变化。

（5）层积　粉末层黏附于已形成的芯粒子表面，从而形成颗粒成长的过程［图6-8

（e）］。加入的粉末干、湿均可，但粉末的粒径必须远小于芯粒子的大小，以使粉末有效地黏附于芯粒子表面。在这过程中，虽然颗粒的数量不变，但颗粒逐渐长大，因此造粒系统的总量发生变化。

任何一种造粒过程都伴随着多种成长机理，但造粒方法不同时，主导的造粒机理有所不同，如流化造粒过程中，粒子的成长以粒子核产生、聚并、破碎为主；在离心造粒过程中，先制备芯粒子的基础上，以层积、磨蚀传递为主进行造粒。

八、湿颗粒形成的途径

造粒时，粉料加入黏结剂（必要时）混合后，在外力作用下使多个粒子黏结而形成颗粒。粉末之间的结合有黏附和内聚之分，前者指的是异种物料颗粒的结合，或将颗粒黏合到固体的表面。后者指的是同种物料颗粒的结合。湿法造粒时向固体粉末原料中加入液体黏结剂，通过黏结剂中的液体将物料粉末表面润湿，使粉粒之间产生黏着力，形成架桥，以制备均匀的塑性物料"软材"。然后在液体架桥与外加机械力的作用下形成一定形状和大小的颗粒。湿颗粒形成的途径以及液体在粒子间的填充特性和结合力有以下几种不同方式。

1. 通过自由可流动液体作为架桥剂进行造粒

粉粒与液体的混合，随液体加入量不同，固体、液体和空气的填充状态存在差异。即随着液体添加量的增加而成为悬垂态、缆索态、毛细管态、液滴态等。悬垂态、缆索态是固体、液体和空气共存的状态；毛细管态、液滴态是只有固体和液体共存的状态。一般在颗粒内液体以悬垂态存在时，颗粒松散；以毛细管态存在时，颗粒较黏；以缆索态存在时，颗粒松紧度适宜。可见液体的加入量对湿法造粒起着决定性作用。因此，在湿法造粒时，造粒物软材多呈缆索态。

湿法造粒首先是液体将粉粒表面润湿，水是造粒过程中最常用的液体，造粒时含湿量对颗粒的长大非常敏感。有研究表明，含湿量与粒度分布有关。

2. 不可流动液体产生的附着力与黏着力

在造粒时，水是黏结剂，但当不能达到预期目的时，常加入某些物质作为黏结剂。黏结剂喷洒于粉体表面，颗粒黏结长大成粒，干燥后排出干燥器。

不可流动液体包括高黏度液体和吸附于颗粒表面的少量液体层（不能流动）。高黏度液体的表面张力很小，易涂布于固体表面，靠黏附性产生强大的结合力。吸附于颗粒表面的少量液体层能改善颗粒表面粗糙度，增加颗粒间接触面积或减小颗粒间距，从而增加颗粒间的引力。糊状黏结剂造粒即产生了这种结合力。

3. 粒子间形成固桥

液体状态的黏结剂干燥固化后，形成固体架桥。如在挤出造粒等操作中，常见的固体架桥发生在黏结剂固化后。由液体架桥产生的结合力影响粒子的成长过程和制得颗粒的粒度分布。而固桥的结合力直接影响颗粒的强度和其他性质，如分散性、崩解性等。

4. 从液体架桥到固体架桥的过渡

在湿法造粒时使用的架桥液经干燥后固化，形成一定强度的颗粒。从液体架桥到固体架桥的过渡主要有以下两种形式：①架桥液中被溶解的物质（包括可溶性黏结剂和助剂），经干燥后析出结晶而形成固体架桥。②高黏度架桥剂靠黏性使粉末聚结成粒，干燥时黏结剂溶液中的水分蒸发除去，残留的黏结剂固结成为固体架桥。

固桥主要由以下情况形成：①可溶性成分因溶剂蒸发而发生在相邻粒子间的结晶，将相邻的粒子结合起来；②黏结剂在粒子间固化；③可能有某些成分在粒子间熔融，随后凝固。

九、粉体可造粒性能

物料成粒的难易程度称为物料的造粒性能。如果物料中加入水时，由于毛细管力能将颗粒拉向水滴，而范德华力能使颗粒黏附在一起，所以起决定性影响的是毛细管水分和分子结合水分。毛细管在促使造粒过程中起到重要作用，而粒子结合则决定着造粒的机械强度。造粒指数可由经验公式表示：

$$P = w_m / (w_t - w_m) \tag{6-4}$$

式中　w_m——粉状物料最大含水率，%；

w_t——粉状物料的毛细管含水率，%。

造粒指数表示了粉料在自然状态下造粒性能及其在机械力作用下的凝集能力。由此可以合理地评价粉状物料的造粒能力，并选取适宜的造粒工艺。式中，w_m 综合了粉状物料的表面性质（比表面和粒度的变化）和动力学状态（主要是黏结力的变化）；w_t 反映了粉状物料的结构状态（主要是孔隙率变化）。按造粒指数，粉料的造粒性能可分为下列类别：

① $P < 0.2$　无造粒性。

② $P = 0.2 \sim 0.35$　弱造粒性。

③ $P = 0.35 \sim 0.6$　中等造粒性。

④ $P = 0.6 \sim 0.8$　良好造粒性。

⑤ $P > 0.8$　优良造粒性。

十、产品特性与造粒方法的关系

采用不同的造粒方法对颗粒理化性质有一定的影响。有人分别采用挤出造粒、连续团聚造粒、高强度混合造粒对同一配方进行造粒，对比分析研究后认为，颗粒的排列结构对颗粒理化性质有很大的影响，尤其相邻颗粒之间的黏结力和颗粒的孔隙率对其影响很大。实验经过电镜分析后得出结论：颗粒的结构和相互间的黏结力决定了颗粒的破碎率和分散性。颗粒配方及实验结果数据表明：为了使颗粒有好的分散性和较低的破碎率，应使颗粒孔隙率增大，黏结力增强。各种造粒方法的性能比较见表6-7。

表6-7　造粒方法的性能比较

性　能	造粒方法
流动性	间歇造粒>挤出造粒>连续造粒>流化造粒
黏着性	间歇造粒>挤出造粒>连续造粒>流化造粒
飞散性	挤出造粒>间歇造粒>连续造粒>流化造粒
溶解性	流化造粒>连续造粒>间歇造粒>挤出造粒
成型性	连续造粒>流化造粒>间歇造粒>挤出造粒
颗粒强度	间歇造粒>挤出造粒>连续造粒>流化造粒
颗粒密度	挤出造粒>间歇造粒>连续造粒>流化造粒
粒度分布	挤出造粒>间歇造粒>连续造粒>流化造粒

各种常用造粒设备的工作原理见表6-8。

表6-8 造粒设备的工作原理

造粒设备	造粒形式	造粒原理	产品形状	原料状态
圆筒造粒机、圆盘造粒机	转动造粒	附着、凝聚力	球	粉末
混合造粒	混合造粒	附着、凝聚力、剪切应力	不规则	粉末
流化床	流动层	附着、凝聚力	球形	粉末
螺旋挤出机	挤出造粒	压缩应力、附着、凝聚力	圆柱	粉末
对辊压团机	压缩成型	压缩应力、附着、凝聚力	团块	粉末

每类方法中又有许多结构形式，这些方法各有其优、缺点，见表6-9。

表6-9 典型造粒法的比较

类目	喷雾干燥法	盘式造粒法	喷雾流化造粒法	挤出法	团聚法
概要	浆液在喷雾干燥器中喷雾而得	在盘式造粒器上通过喷雾少量水于活性物质上进行团聚而制得	将黏结剂水溶液喷雾在悬浮于流化床中的细粉上来制取	将细粉和水混合成糊状物通过挤出制得	将水滴喷雾在粉料上制得
颗粒形状	球形	不规则	近球形	小圆柱形	不规则球形
粒径 /mm	0.2 ~ 0.5	0.5 ~ 2	2 ~ 4	0.2 ~ 2	0.2 ~ 2
优点	无成粉趋向；能很自由地流动	密度合适；耐压性好	密度合适	耐压性好；密度高	分散性好
缺点	密度低；耐压性差；需坚硬的容器包装	粉尘多；流动性差	耐压差，也不好处理粉尘相当多	断面不规整	颗粒强度较低

十一、各种造粒方法的产品特征

造粒方法目前主要有挤出造粒、转动造粒、喷雾造粒、流化床造粒、挤出造粒。国内较常用的造粒方法有挤出造粒、喷雾造粒和流化床造粒法，挤出造粒又可分为螺旋挤出型造粒、转动挤出型造粒、刮板挤出型造粒、活塞挤出型造粒等。转动造粒可分为回转滚筒型造粒、回转盘型造粒、振动型造粒、搅拌转动型造粒。因造粒方法不同，致使产品具有不同的性能。在世界上最为成熟和使用最多的为挤出造粒法和喷雾干燥造粒法。挤出造粒法在一段时间内认为是最经济的。工厂规模较小和动力费用低，性能适中；而喷雾干燥造粒法的产品除去经济性外，其他各项技术指标（分散性、崩解性、流动性和均匀性等）均胜于挤出造粒法。

用不同的造粒设备及造粒方法所得产品性能及外形也不同。表6-10列出了部分造粒设备所得产品的性能特点，使用者可根据物料状态及产品要求选用合适的造粒设备。

表6-10 各种造粒机的产品特征

机种	处理量	形状	粒径 /mm	粒度分布	流动性	溶解性	硬度	空隙率	粒度
旋转造粒机	大	球	2~20	宽	好	小	大	小	小
混合造粒机	大	不规则	0.5~10	宽	中	大	中	中	小
前挤出造粒机	中	圆筒	0.5~10	狭	中	中	中	中	中
侧挤出造粒机	大	圆筒	1~40	狭	中	中	中	中	中
流化造粒机	中	球颗粒	0.1~2	宽	好	大	小	大	小
混合造粒机	中	不规则	0.1~2	宽	好	大	小	大	小
破碎造粒机	中	球颗粒	0.1~1	宽	好	大	小	大	小
喷雾干燥机	大	球颗粒	0.05~1	宽	好	大	小	大	中

由于造粒方法不同，其制造条件及产品的性能、特征也有一定的差别，如表6-11所示。

表6-11　几种典型造粒法及其特征

造粒方式	制造条件		产品的物理性能			
	干燥水分/%	干燥温度/℃	形状	粒度	水中崩解性	制造费用
喷雾干燥法	40 ~ 50	> 100	球形	0.1 ~ 0.5	快	高
盘式造粒法	10 ~ 15	50 ~ 80	大致球形	0.2 ~ 3.0	中	低
喷雾流化造粒法	20 ~ 30	50 ~ 80	大致球形	0.1 ~ 1.0	中	中高
挤出法	10 ~ 15	50 ~ 80	圆柱形	0.7 ~ 1.0	慢	中高
团聚法	10 ~ 15	50 ~ 80	不定形	0.1 ~ 2.0	中	中高

十二、造粒方案的确定因素

以上介绍了几类造粒设备，但这些造粒方法不是对什么物料都适宜，在介绍每一种造粒方法时也都介绍了其特点。造粒是受多种因素影响的工艺过程，选择合适的造粒方式最好的方法是比较现有的各类实例，然后进行分析，比较其优缺点。初步确定造粒方法后，再进行小型试验，找出不足之处进行改进。当然，最佳方式的选择还应有一定的理论指导和遵循一定的原则，首先是要明确所要解决的问题和希望产品达到的指标，然后比较各类造粒过程的能力和特点，所需要考虑的因素主要从以下几方面入手。

1. 原料因素

根据不同原料的特性需选用不同的造粒方法。如考虑滚动造粒，需要考察粉料是否有足够的细度，若原料颗粒太大则不宜用滚动造粒；若选用挤出造粒，则需考虑原粉料与水或其他液体捏合后是否具有一定塑性；若是湿法粉碎的悬浮液，需考虑是否容易雾化，若容易雾化则可考虑用喷雾造粒，但选用喷雾造粒则又需考虑原料的热敏性。

2. 产品要求

不同的造粒方式所得产品的粒度差别很大，如喷雾造粒的粒度小，但复水性能好。而挤出造粒的产品粒径一般都较大，甚至可以制备小丸。搅拌混合造粒、流化造粒等方法得到的产品是形状不十分规则的球形颗粒。而滚动成粒可获得较光滑的圆球体。对于特殊形状的规则颗粒制备则需要借助挤出造粒方式。对于产品颗粒形状的选择应考虑工艺的要求和使用是否方便。对颗粒强度要求不高或不希望其强度太高时可选用喷雾造粒方式。若要求颗粒强度很高则需要考虑用挤出造粒并添加适当黏结剂。颗粒的孔隙率和密度这两项指标也直接影响到产品的强度，孔隙率和强度的同时提高是一对矛盾，孔隙率和密度的大小可通过工艺操作参数来调整到所需要的指标。

3. 其他因素

不同的造粒方法处理量差别很大，设备占用空间差别也很大，因此必须考虑设备、土建的投资和加工成本。干法造粒不可避免地导致粉尘产生。但湿法造粒需要造粒后干燥，消耗能源，所有这些都是造粒工工艺设计中需考虑的内容。

4. 干燥方法

许多湿法造粒的颗粒需要干燥。颗粒的干燥方法有很多种，干燥设备可以分为两类，按干燥过程中颗粒的运动状态可分为动态（例如流化床干燥）和静态（例如带式干燥、箱式干燥）两种；按出料方式来分，可分为连续（例如连续流化床干燥、带式干燥）和间歇式（箱式干燥）两种。挤出造粒得到的颗粒，含液量偏高时，动态干燥容易结团，适宜选用静态干燥法。当含液量较低、制出的颗粒较硬时可采用动态干燥。流化床干燥受热均匀，兼有整粒效果，但成品率较箱式低。连续干燥设备主要适用于大吨位的单一品种。对于中小吨位、多品种的生产，选用间歇式干燥设备比较合适。

十三、造粒物的特性评价

造粒物的特性很多，在生产过程中，造粒后用简单方法可测的性质有：

（1）颗粒形状　常见的有球状、棒状、柱状、块状等。

（2）平均粒径与粒度分布　粒径反映颗粒的大小，粒度分布反映粒度大小的均匀性。

（3）颗粒的密度或粉体堆密度　颗粒密度或粉体堆密度反映颗粒的轻重或致密程度。根据对颗粒的要求不同，可制备轻重不同的颗粒。

（4）流动性和充填性　流动性是使粉体操作顺利进行的保证，反映粉体流动性的参数有休止角、流出速率、压缩度等。

（5）特定质量　上面谈到的均是颗粒的一般性的质量评价指标，而不同行业的产品还有特定的内在质量评价体系，在这里不能一并列出。

水分散粒剂的造粒方法主要以所用的造粒设备分类，大体分为两类，一类是各种挤出式造粒设备为主的挤出造粒；另一类是喷雾流化造粒，其他方法如团聚造粒等由于采用得不多，在这里不作详述。

第四节　挤出造粒

由于水分散粒剂在生产中要经过造粒工序，而加工配方与造粒方法、造粒设备和操作技术都有密切关系，在生产中常出现由于这一工段所造成的产品质量（如分散性、崩解性、悬浮率、润湿性）问题或生产效率低、劳动强度大、生产环境差等问题。

应该说，到目前为止，许多企业已经掌握了水分散粒剂配方的开发等技术问题，生产方法也基本掌握。但水分散粒剂的生产过程中影响产品质量的因素很多，除配方因素外，对造粒设备、操作者的操作技能有很强的依赖性，经常发现生产中存在各种问题，导致产品质量不稳定或质量不佳，出现问题后原因又很难查清楚。

在水分散粒剂生产过程中，除了对配方的开发外，生产过程主要包括气流粉碎、混合、捏合、造粒、筛分、计量包装等多道工序，而且各工序间物料的转运是间歇的，生产过程比较烦琐。在所涉及的设备中，配方与造粒设备的匹配、造粒设备的选择和造粒过程的操作是关键。目前常用的造粒设备主要有螺旋挤出造粒机、旋转造粒机、摇摆式造粒机和流化床造粒机等。水分散粒剂在开发过程中经常出现下列情况：①小试确定的配方在大生产中不理想；②配方的组成与造粒方法不协调；③选择造粒方法不恰当；④选择造粒设备时不知道控制哪些关键结构和尺寸；⑤出现生产异常情况不知如何分析和处理。

目前能满足挤出法生产水分散粒剂配方工艺要求的造粒设备有两类：一类为筐式挤出造粒，另一类是螺旋挤出造粒。前者能适应较多农药品种的造粒，缺点在于目前国产单机规格过小，很难实现生产全流程的单机联动。另一缺点是物料裸露空间，尤其在高温季节，会引起水分的过度蒸发，无论现场是否喷水补充，均为影响产品质量的一大隐患。建议相对隔离，减少空间裸露。

另一造粒工艺为螺旋挤出造粒法。此法单机产量较大，产能规格也较多，可实现生产流水线的单机联动和连续化生产。存在的问题是国产的机械大多是为塑料加工配套设计的，与农药水分散粒剂的物料性能的多样化不匹配。因此使用得较多的为软性材料的挤出造粒，例如草甘膦铵盐WSG的挤出造粒。将硬度较大的物料选择螺旋挤出造粒，产品的分散性和崩解性能会显著下降。欲得强度适中、崩解优秀的水分散粒剂，挤出过程中的挤出压力匹配至关重要。目前，国产设备压力不可调配，也不显示，亟待创新。在这里提醒农药企业，造粒工艺的选择和设备的选型，与崩解性能密切相关。

一、螺旋挤出造粒

螺旋挤出造粒机是利用螺旋杆的转动推力，将软材压缩后输送至一定孔径的孔板前部，通过小孔强迫挤出而造粒。该机械分成三个功能区，即加料区、压缩区和挤出区。螺旋挤出造粒机有前挤出型和侧挤出型两种型式。两种挤出造粒机的螺旋轴及叶片型式有一定区别，前挤出型螺旋角较小，而侧挤出型的螺旋角较大。一般前挤出型制成的颗粒直径较大，而硬度也较高。侧挤出型可制得较小直径的颗粒，但硬度较前挤出型低一些。值得注意的是前挤出型物料易升温，如果粉体物料中有热敏性成分或受热易黏稠的物料应特别注意。

加料区由加料斗等部件组成，主要功能是将软材引入螺旋槽中。软材进入螺旋槽中后，由螺旋轴把软材送至压缩区。螺旋轴分单旋轴和双旋轴，单旋轴型制得的颗粒有较高的密度。双旋轴型能较好地避免加料口物料的架桥现象，保证造粒的连续化且产量较大。

1. 侧挤出螺旋造粒机

（1）单螺旋侧挤出造粒机　以单螺旋侧挤出型造粒机为例，介绍其工作原理。如图6-9所示，捏合好的物料由加料口加入，再由输送螺旋输送到挤出部分，输送螺旋只起输送物料的作用，螺旋是单头等螺距结构。当物料在挤出螺旋绞刀槽中充满整个空间时，由于螺旋绞刀槽是不等深的，物料经过压缩后通过孔板被挤成圆柱条。挤出螺旋绞刀是三头等

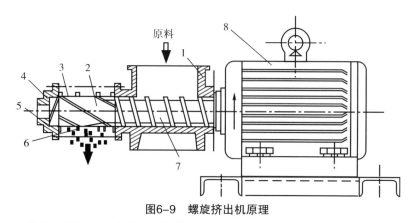

图6-9　螺旋挤出机原理

1—箱体；2—挤出螺旋绞刀；3—孔板；4—返料螺旋；5—端压盖；6—孔板支承架；7—输送螺旋；8—电机

螺距不等深的结构。颗粒的大小和长短及产量与孔板的孔径和厚度有关。一般孔板孔径为0.8~1.2mm，孔板厚度为0.8~2.5mm。在挤出螺旋绞刀的端部设有返料螺旋，其作用是增加挤出压力，通过更换孔板可以得到不同直径的颗粒。

（2）双螺旋侧挤出造粒机　图6-10是双螺旋侧挤出型造粒机的工作示意图，两个螺旋轴等速相向旋转，将物料刮到外缘的孔板上，通过旋转产生的挤出力将物料经孔板强制挤出，形成相同直径的颗粒。

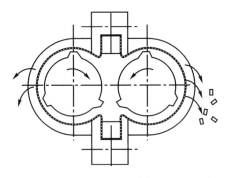

图6-10　双螺旋侧挤型出造粒机工作示意图　　图6-11　侧挤出型造粒机筛筒

图6-11是侧挤出型造粒机的孔板结构图，一般侧挤出型造粒机的孔板为两片180°瓦型弧板，两块孔板可通过边缘的法兰连接。两孔板紧固后形成一个带孔的筒体，再通过端面的法兰固定在造粒机上，这样的结构使装拆及清洗非常方便，又能满足造粒时的强度要求。

2. 前挤出螺旋造粒机

图6-12（a）为单螺旋前挤出型螺旋造粒机外形图。图6-12（b）为单螺旋前挤出型螺旋造粒机的造粒效果图。

（a）外形图　　　　　　　　　　　（b）造粒效果

图6-12　单螺旋前挤出型螺旋造粒机的外形图及造粒效果

前挤出型螺旋造粒机是通过螺旋的旋转将软材推向端部孔板，软材从孔板中强行挤出，即可制得强度更高、表面更光滑的料条。颗粒直径在0.8~1.2mm可选，机头压力超过1 MN。

前挤出型螺旋造粒机也有单螺旋和双螺旋之分，双螺旋前挤出型造粒机见图6-13。图6-14为双螺旋前挤出型造粒机造粒效果图。

图6-13　双螺旋前挤出型造粒机外形图　　　　图6-14　双螺旋前挤出型造粒机造粒效果

3. 螺旋挤出造粒中配方的组成及设备的关键尺寸

两种型式螺旋挤出造粒机在水分散粒剂造粒中均有应用，产品为短柱状。该机单机生产能力大，适用于大品种生产，例如90%莠去津等多采用此机造粒。其中侧挤出式生产能力大于前挤出式。由于螺旋的挤出力较大，产生的颗粒致密性很高，对于崩解性能较差的物料使用应慎重。从机械强度和使用角度平衡考虑，孔板厚度以2~3mm为宜，孔径为0.8~1.2mm较合适。由于物料在造粒时受到挤出后会升温，升温会带来物料变黏稠而出现生产能力下降，颗粒崩解速率下降，润湿性、悬浮性变差等副作用。配方中应注意以下几点：①加水量应严格控制，以少水量为佳，一般制软材加水量为12%~15%；②配方中水溶性助剂的量也要有一定控制，以防止软材受热变黏稠；③应加入一定量的润湿剂和分散剂，但尽可能少加木质素分散剂；④为了控制物料升温，螺旋轴应有变频控制功能；⑤一般不需要加入黏结剂；⑥在孔板保证机械强度的同时，应加大开孔率；⑦可加入一定量的无机填料作为骨架材料以防止物料黏稠。操作的关键是控制物料升温，否则产品性能会有一定下降。

侧挤出型螺旋叶片的螺旋角很大，承担输送物料及挤出物料的作用。侧挤出型造粒机圆筒下部和上部产生颗粒的性能会有区别，一般上面出料的性能优于下面，但上面不及下面的出料量多，使用时应特别注意。由于摇摆造粒产品水分较高，后续干燥工艺是不可缺少的，而且也是非常重要的。为了防止刚摇摆的颗粒堆积在一起发生粘连，多对这些颗粒采用大风量、低风温，使颗粒表面迅速脱水而干燥。

前挤出型造粒机的端部孔板有两种，一种为平板式，孔板的内侧有与轴同步旋转的刮刀，清除孔板上的物料以降低造粒压力。由于孔板靠中心部位有轴头和刮刀，一般中心部位不出料，孔板为环形出料。另一种为半球形孔板，在半球形孔板上全方位出料，这种结构颗粒受力更均匀。

4. 操作实例

90%莠去津WG配方如下：

莠去津原药　90.0%　　　　　　　　　崩解剂（尿素）　2.0%

润湿剂（壬基酚聚氧乙烯醚）1.0%　　悬浮剂（丙烯酸铵和丙烯酸酯的共

分散剂（木质素磺酸钠）0.5%　　　聚物）　1.0%

分散剂（烷基萘磺酸钠）0.5%　　　填料（膨润土）　补足100%

采用挤出造粒制造工艺，其工艺流程见图6-15。

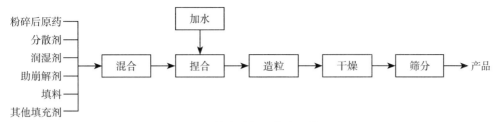

图6-15　挤出造粒工艺流程简图

首先将原药、助剂及填料混合后制成超细可湿性粉剂，然后将此可湿性粉剂与水以一定的比例同时加入捏合机中捏合，制成可塑性的软材。再将此料送进挤出造粒机中进行造粒，干燥后通过筛分得到产品。高浓度90%莠去津WG热贮稳定性好，热贮分散率<5%，在热贮后仍然悬浮率≥90.0%。

5. 双螺旋挤出造粒影响因素

以60%烯酰吗啉水分散粒剂为例，介绍其影响因素。

（1）润湿剂对润湿等性能的影响　试验在控制分散剂等其他组分用量相同的同时，着重考察了不同润湿剂种类及用量对润湿性等性能的影响，试验结果见表6-12。

表6-12　不同润湿剂种类及用量对60%烯酰吗啉WG的主要性能影响

润湿剂	用量/%	润湿时间/s	崩解时间/s	悬浮率/%
拉开粉BX	0.75	33	80	87.5
拉开粉BX	0.9	22	67	89.3
K12	0.75	38	86	88.1
K12	0.9	21	75	90.5
SP-2845W	0.75	26	58	92.4
SP-2845W	0.9	15	33	93.7

从表6-12的结果可知，在润湿剂用量相同时，SP-2845W相比拉开粉BX和K12制成的WG的润湿时间要短，这表明SP-2845W作为润湿剂对烯酰吗啉在水中有较好的润湿效果。就崩解效果而言，SP-2845W、拉开粉BX、K12三种润湿剂的用量增加到0.9%时，制剂的崩解时间分别减少到67s、75s和33s。说明润湿剂的用量对制剂的崩解时间影响较大，其中SP-2845W对制剂崩解时间影响最大。

（2）分散剂对悬浮性能的影响　在控制其他助剂相同的情况下，着重考察了按不同的分散剂及用量配制样品，采用双螺旋挤出造粒，得到的样品测试结果见表6-13。

表6-13　不同分散剂及用量对60%烯酰吗啉WG悬浮率的影响

分散剂品种	用量/%	悬浮率/%
SP2836	3.5	38.8
GY-D900	3.5	41.5
GY-D10	3.5	39.9
Morwet D-425	3.5	35.1

分散剂品种	用量 /%	悬浮率 /%
NNO	3.5	26.9
SP2836	5.0	49.9
GY-D900	5.0	53.2
GY-D10	5.0	50.9
Morwet D-425	5.0	42.5
NNO	5.0	34.3

从表6-13中试验结果来看，分散剂用量为5%时，采用GY系列高分子羧酸盐分散剂的样品，悬浮率仍相对最高，达到50%左右，其中GY-D900效果较GY D10和Morwet D-425稍好，NNO效果最差，所制样品悬浮率只有34.3%。而分散剂用量在3.5%时，以上各种分散剂所制样品悬浮率都大幅降低。

（3）不同分散剂组合对悬浮液表面张力的影响　不同分散剂对悬浮液表面张力的影响是由烯酰吗啉WG（其他助剂成分相同）稀释1000倍后的悬浮液测得的。表6-14是由SP-2845W作为润湿剂而采用不同分散剂所配制的表面张力数据。

表6-14　分散剂组合对烯酰吗啉WG悬浮液表面张力的影响（20℃）

制剂	分散剂	用量	表面张力 / （mN/m）				显著性差异	
			1	2	3	平均值	5%	1%
60% 烯酰吗啉 WG	GY-D900+SP2836	4.5	72.46	72.44	72.45	72.45	a	A
	DY-D900	4.5	69.64	69.39	69.46	69.50	b	B
	GY-D900+GY-D10	4.5	67.85	67.76	67.63	67.75	c	C
	GY-D900+Morwet D425	4.5	58.84	59.32	59.28	59.03	e	E

图6-16　烯酰吗啉WG干燥后的入水效果

从表6-14中结果来看，SP2836、GY-D900、GY- D10、Morwet D-425、NNO几种分散剂在减小表面张力方面效果并不理想，其制剂水悬浮液的稀释液表面张力与相同条件下纯水的表面张力相比相差不大。在4.5%的用量下，以GY-D900作为分散剂所制样品1000倍稀释液的表面张力为69.50mN/m，这表明在减小表面张力方面，四者中以Morwet D-425效果最佳，GY-D10次之，再其次为GY-D900，而SP2836最差。图6-16是烯酰吗啉WG干燥后的入水效果。

（4）分散剂对制剂悬浮液在叶面最大持留量的影响　制剂配方优良与否，不仅只是能迅速在有害生物表面润湿铺展，还应有一段持留时间，使药效得到充分发挥。表6-15考察了不同分散剂在相同用量下对WG制剂在甘蓝叶面的最大持留量的影响。

表6-15　分散剂对药液在甘蓝叶面最大持留量的影响

分散剂	W_1-W_0/ mg			R /（mg / cm²）				显著性差异	
	1	2	3	1	2	3	平均	5%	1%
GY–D900	65	102	109	3.262	5.147	5.504	4.739	ab	A
GY–D900+SP2836	104	106	56	5.350	5.605	2.650	4.535	ab	A
GY–D900+GY–D10	114	93	110	5.649	4.679	5.545	5.324	a	A
GY–D900+Morwet D–425	105	94	136	5.290	4.730	6.881	5.630	a	A
自来水	55	62	69	2.743	3.109	3.456	3.109	b	A

从表6-15中可以看出，各配方制剂的1000倍稀释悬浮液在甘蓝叶面的持留量没有显著差异。而以GY–D900和GY –D900+SP2836作为分散剂的配方，其制剂1000倍稀释悬浮液在甘蓝叶面的持留量没有显著高于自来水，而以GY –D900+GY –D10和GY–D900+Morwet D–425分别作为分散剂的配方则要显著高于自来水。配方中采用了GY高分子羧酸盐分散剂的配方，其制剂稀释悬浮液在甘蓝叶面的最大持留量相对较大，其原因可能在于该分散剂具有一定的增加黏度的作用。

（5）黏结剂对制剂崩解和悬浮性能的影响　在造粒前，粉料需要加水捏合，黏结剂的作用是使粉料易于捏合，增加粉料的可塑性，从而易于造粒。另外，对水分散粒剂制剂在水中的崩解悬浮而言，黏结剂的作用是增大Zeta电位，增加水悬浮液的黏度，有利于形成保护膜，从而降低粒子在水中沉降速率，使其悬浮液更加稳定。表6-16以上述配方制剂为基础，考察了黏结剂糊精不同用量下水分散粒剂的主要性能情况（制剂其他成分相同）。

表6-16　不同糊精用量对制剂悬浮率和崩解时间的影响

糊精用量 /%	悬浮率 /%	崩解时间 /s				显著性差异	
		1	2	3	平均	5%	1%
0.5	93.2	36	37	33	36.5	b	B
0.6	93.9	40	45	42	42.5	b	B
0.7	94.5	70	63	68	66.5	a	A

从表6-16中可以看出，当糊精用量从0.5%开始增加到0.7%时，水分散粒剂制剂的悬浮率稍有增加，表明黏结剂对提高水分散粒剂制剂稀释液的悬浮率也有一定作用，但是并不是最主要的影响因素。随着糊精的用量从0.5%增加到0.6%，水分散粒剂崩解性在变差，崩解时间从36.5s延长到66.5s，但是从检验的结果来看，糊精在烯酰吗啉WG中0.5%的添加量与0.6%的添加量对水分散粒剂的崩解性影响并没有显著差异，但是当糊精用量增加到0.7%时，对崩解性的影响较0.5%和0.6%的用量的影响差异均是极为显著的。糊精用量的增加导致所制样品崩解性下降，其原因可能在于崩解剂促崩解的机制在于利用崩解力打破粉料捏合体的结合力而崩开，而黏结剂用量的增加可能在一定程度上增加了粉料捏合体的结合力，从使粒子崩解性变差。

二、旋转造粒

旋转造粒是通过旋转造粒机完成的。旋转造粒机（也有人称为刮板造粒机）的结构主要由带小孔的圆形筒体（或称筛筒）和旋转的刮刀组成。造粒机的工作室由垂直固定在机体上的带孔的圆形筒体形成，其中心有一个垂直的空心主轴。主轴上安装有"风车"状的转轮刮刀，空心轴的中心还有一个副轴，穿过转轮刮刀中心，副轴上部安装有一组桨式压料螺旋叶片。此压料螺旋的旋转方向与旋转刮刀相反。

旋转造粒机是目前生产水分散粒剂的主要设备，主要有250、300、500三种规格，该造粒机的筛筒直径为250mm、300mm、500mm几种规格，孔径为0.8~1.2mm，产量为100~500kg/h。所得产品以光滑、均匀的短柱状颗粒为主，经继续加工可制成球状或其他形状的颗粒。

1. 旋转造粒机的结构及工作原理

如图6-17所示，该机主要由料斗、冷却管、筛筒、接料盘、传动箱、控制面板、底座、冷却水管等组成。料斗由不锈钢板制成，中间由压料桨叶、转轮刮刀组成。筛筒上、下端圆周上有两种规格的筛孔能选择使用，因此，一只筛筒能制造两种规格的颗粒。压料桨叶为逆时针旋转，并成一定的角度，能使物料向下压入转轮刮刀间隙中。转轮刮刀为顺时针旋转，十字螺旋叶上装有刀片，一端紧贴在筛筒上。当转轮刮刀旋转时，十字螺旋叶便将物料推向筛筒壁，再通过刀片将物料从筛孔挤出而成颗粒。

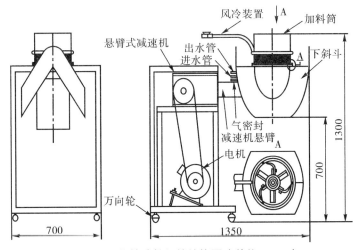

图6-17 旋转造粒机的结构图（单位：mm）

图6-18 造粒效果图

工作时，将混合好的可塑性物料投入到造粒室，压料螺旋将物料向下压至旋转叶片的空隙中。旋转刮刀的形状呈渐开线形，因此将中心的物料推向带孔的圆筒附近，转轮刮刀旋转产生的压力将其从小孔压出形成圆形条状颗粒，见图6-18。图6-19为水分散粒剂生产流程图。图6-20是旋转造粒干燥后的水分散粒剂。旋转造粒机的结构也有立式和卧式之分，图6-21是卧式旋转造粒机结构图。

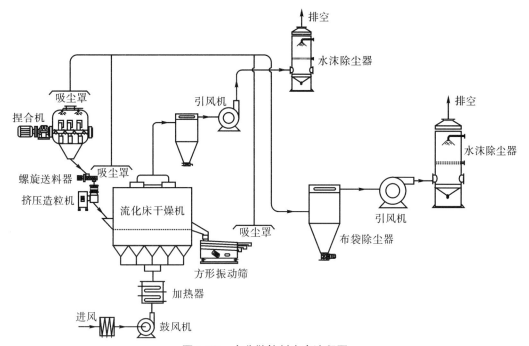

图6-19　水分散粒剂生产流程图

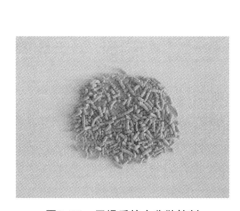

图6-20　干燥后的水分散粒剂

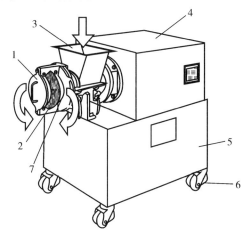

图6-21　卧式旋转造粒机

1—造粒室；2—筛筒；3—加料斗；4—传动部件；
5—机座；6—脚轮；7—加强筋

工作时，先将物料粉末加水和适当的胶黏剂（如果需要）制备软材，使物料具有塑性，在旋转刮刀的强制作用下，通过具有一定大小筛孔的孔板造粒。制得颗粒的粒径范围在0.8~1.2mm的短圆柱状颗粒。

2.旋转造粒机结构控制及配方的要求

旋转造粒机的生产能力适中，大量生产也可以多台同时生产。选择这种造粒方法应注意以下几点：① 筛筒的孔径一般为0.8~1.2mm。孔板的厚度为：孔径为0.8mm时孔板厚度为0.8mm；孔径1.2mm时孔板为厚度为1.2mm。孔板超过一定厚度时物料经过孔板受到的压力大而影响产品分散性、崩解性和悬浮率。②筛筒的椭圆度不应超过1mm，否则会造成周向出料不均。为保证筛筒不变形，筛筒不应太宽，最好不超过100mm，并用加强圈

图6-22　筛筒外形图

加强（图6-22）；转轮刮刀一般为4个叶片，直径（300mm以上）较大的筒体为5~6个叶片，叶片过多会影响造粒效果。③转轮刮刀应有变频装置，可根据造粒效果调节转速。④由于转轮刮刀对物料的频繁挤出会使物料升温，所有水分散粒剂软材均有升温变稠的倾向，为了控制软材升温，最好选用带水冷却腔的结构和筛筒外面装有冷风环管的结构，以降低湿颗粒的温度防止湿颗粒黏结。⑤转轮刮刀旋转外缘与筛筒内壁间隙在2~4mm较合适，转轮刮刀旋转正面曲面与筛筒的夹角为30°~45°；这种造粒机如果设备匹配合理，可以设计成半连续生产线。

采用本设备时，配方中一般少加或不加木质素类分散剂，也不需要加入黏结剂（低含量除外），需加入无机盐类崩解剂，但最多不应超过6%。加水量一般为固体重量的12%~16%，如配方中有白炭黑或轻质碳酸钙成分时，加水量会有所增加。但轻质碳酸钙和白炭黑有使成粒率下降的趋势，必要时通过加入黏结剂改善成粒性。

例如，20%氟啶脲WG的优化配方为：原药（氟啶脲）20%，润湿剂（二丁基萘磺酸盐）5%，分散剂（DT-80）5%，崩解剂（尿素）3%，黏结剂（可溶性淀粉）3%，填料（轻质碳酸钙）补足100%。造出的颗粒符合标准（0.2~2.0mm）。在本配方中，由于加入了白炭黑，就需要加入少量黏结剂以提高成粒性。

3. 应用实例（70%甲基硫菌灵WG）

① 70%甲基硫菌灵WG的配方确定　根据分散剂、润湿剂、崩解剂及它们用量的筛选结果，结合原料来源等综合考虑，最终确定下列配方：甲基硫菌灵70%；润湿剂（拉开粉BX）5%；分散剂（聚羧酸盐）5%；崩解剂（硫酸铵）6%；填料（高岭土）补至100%。

② 造粒过程及结果　按照一定量的配比，首先将原药、助剂、填料等经过气流粉碎制成超细可湿性粉剂。然后将可湿性粉剂与定量水同时放入捏合机中捏合，制成可塑性的物料，其中水的质量分数为15%~20%。最后将此料送进挤出造粒机进行造粒。通过干燥、筛分得到水分散粒剂产品。

按所选配方制备的样品具有良好的物理和化学稳定性。加速贮藏试验表明，产品的各项技术指标均能达到要求：润湿时间8~10s；悬浮率达到90%以上；崩解时间<1min；热贮〔（54±2）℃，2周〕分解率<4%（国家标准为<5%）。

4. 常出现的问题及原因

常出现的问题是生产产品的质标低于小试样品的质标。这主要是生产时软材因连续长时间受更多的机械力而升温，造成软材黏稠，造粒过程中挤出了大量本应存在于软材内部的空气，成粒后内部孔隙减少，润湿剂起作用较弱了。另外，受热后水溶性助剂和崩解剂溶解度增加而加快溶解，崩解剂固化后晶体远小于原来的粒径，使其遇水后产生的溶解空穴也比原体积小，所以分散性和崩解性能下降。一般出现这种情况需要通过适当增加填料改善造粒状态来改善，根据许多品种原药制备水分散粒剂的结果，填料以高岭土为首选。

三、摇摆式造粒

摇摆式造粒是在摇摆式造粒机中完成的。摇摆式造粒机加料斗的底部装有一个钝六角形棱柱状的框轮，框轮主轴一端连接于一个半月形齿轮带动的转轴上，另一端则用一圆形帽盖将其支住。借机械动力作摇摆式往复转动，使加料斗内的软材压过装于框轮下的弧形筛网而形成颗粒，颗粒落于盘内。经摇摆式造粒机造出的颗粒为实心颗粒，一般粒度为1~2mm。

摇摆式造粒是将配方原粉用适当黏结剂制备软材后，投入带有多孔的模具（通常是具有筛孔的孔板或筛网），用强制挤出的方式使其从多孔模具的另一面排出，再经过适当的整形造粒方法。这是较为普遍和容易的造粒方法，它要求粉体农药能与黏结剂混合成较好的塑性材料，适合于黏性物料的加工。所制得的颗粒的粒度由筛网的孔径大小调节，粒子形状为近似球状，粒度分布窄，但长度和端面形状不能精确控制。挤出压力不大，致密度比挤出造粒低，可制成松软颗粒，在水分散粒剂中也有应用。摇摆式造粒的缺点是：黏结剂、润滑剂用量大，水分高，网板磨损严重，造粒过程经过混合、制软材等，程序多、劳动强度大。

1. 摇摆式造粒机的结构

摇摆式造粒机结构如图6-23所示，主要由加料斗、框轮、置盘架、半月形齿轮、小齿轮、转轴、偏心轮、皮带轮等组成。通过机械传动，使框轮做往复转动，加在料斗中的湿物料在框轮的反复刮压下从筛网挤出而成粒。这种造粒机的成粒近似于球形，一般制成的颗粒粒度为筛网孔径的0.8倍。缺点是粒度分布较宽，成粒率不高，约为70%。造粒产品见图6-24。

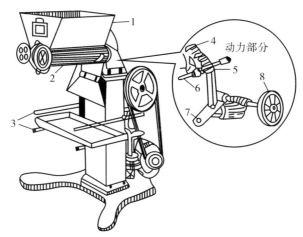

图6-23 摇摆式造粒机结构图

1—加料斗；2—框轮；3—置盘架；4—半月形齿轮；5—小齿轮；6—转轴；7—偏心轮；8—皮带轮

图6-24 摇摆式造粒机生产的产品

2. 摇摆式造粒配方的组成及设备结构控制

摇摆式造粒机在生产水分散粒剂中也有使用，但因产量不大，使用受到一定的限制。

图6-25 双筒摇摆式造粒机外形图

这种造粒方法适用于小批量间歇式生产，产品为近似球形，如果造粒后在水分存在下快速抛丸，可以制成球形度很高的直径为0.8~1.2mm的球形颗粒。摇摆式造粒机目前规格不多，有框轮刮刀直径为100mm和160mm等几种机型。摇摆式造粒机有单筒和双筒之分，图6-25为双筒摇摆式造粒机的外形图。

选用这种造粒方法应注意以下几点：①配方中应控制加水量，宁少勿多，视其效果酌定；②控制水溶性助剂的加入量，特别注意软材受热后变软的程度，一旦有这种倾向，要通过增加填料的方法加以控制；③框轮主轴要增加变频控制装置，根据生产效果调节框轮转速；④筛网的结构有编织网和冲孔网两种，一般采用冲孔网，以提高其使用寿命，所制得的颗粒为孔径的0.6~0.8倍；⑤配方中不需加黏结剂，其他常用助剂均需加入，通过填料量改变成粒性；⑥由于是敞开式操作，生产现场粉尘飞扬较严重，应有相应的防尘设施。

3. 应用实例

原药（折百） 53%	分散剂（木质素分散剂） 22%
润湿剂（拉开粉BX） 1.2%	渗透剂（OP-10） 4%
崩解剂（硫酸铵） 4%	其他（高岭土） 补齐100%

将原料和助剂混合后经气流粉碎机粉碎，细度控制在5~15μm并混合均匀，将水及润湿剂加入粉体中投入到捏合机中捏合制成软材，加水效果以紧握成团为准。摇摆式造粒机筛网孔径为20目，将软材投入到造粒机中进行造粒，造粒后得成品，干燥温度控制在70℃左右。

4. 摇摆式造粒常见问题及处理方法

一般说来，摇摆式造粒的工艺过程依次为：混合、制软材、造粒、干燥等工序。混合、制软材（捏合）是关键步骤，在这一工序中，将水加入粉料内，用捏合机充分捏合。制软材要有一定的经验以把握捏合程度，否则还会影响产品的崩解、分散等性能。黏结剂用量少时不能制成完整的颗粒而成粉状，因此在制软材的过程中选择适宜的黏结剂及用量是非常重要的。但是，软材质量往往靠技术人员或熟练工人的经验来控制，可靠性与重现性较差。捏合效果的好坏将直接影响摇摆过程的稳定性和产品质量，一般来说，捏合时间越长，产品性能越稳定。

从摇摆式造粒的机理上讲，摇摆式造粒是挤出造粒的一种形式，其过程都是在外力作用下原始微粒间重新排列而使其密实化，所不同的是摇摆式造粒需先将原始物料塑性化处理，摇摆过程中随着模具通道截面变小，内部压应力逐渐增大，相邻微粒界面在黏结剂的作用下形成牢固的结合。常出现以下现象：

① 成粒率低　成粒率主要与软材的水分及配方中的黏结剂的加入量有关，制软材时水分量很敏感。适当调整配方中黏结剂的加入量也能提高成粒率。另外与制软材时捏合的均匀度有关，应制成水分分布均匀的软材。

② 造粒时黏网　摇摆式造粒使物料交变受力，可能有一部分物料反复受力后内部水分被挤到表面而成表面水，使物料变黏稠而通过网孔困难，有时通过网孔后也黏附在其后面

不能自行脱落。还有一个原因就是配方中有较多的水溶性成分，受力并受热后溶解变黏稠。解决方法是控制造粒机转轴的转速，尽可能避免物料升温，另外配方中应多加矿物填料以改善软材的成粒性。

③ 产品崩解性和悬浮率下降　产品崩解性和悬浮率下降主要是造粒时软材温度过高、硬化引起的，在使用冲孔孔板时易出现这种情况。另外，黏结剂过量，崩解剂溶解也会出现此类情况，应注意调整润湿剂和崩解剂的加入量。

第五节　喷雾流化造粒

一、喷雾流化造粒简述

喷雾流化造粒是使药物粉末在自下而上的气流作用下保持悬浮的流化状态，黏结剂液体由上部或下部向流化室内喷入，使粉末聚结成颗粒的方法。可在一台设备内完成流化混合、喷雾造粒、气流干燥的过程（也可包衣），又称喷雾流化造粒或一步造粒等。1959年，美国威斯康星州的Wurster博士首先提出喷雾流化造粒技术，随后该技术迅速发展，并广泛用于制药、食品及化工工业。我国于20世纪80年代相继从德国Aeromatic公司、德国Glatt公司、日本友谊株式会社引进喷雾流化造粒设备，应用于造粒、包衣的生产，推动了国内制剂技术的发展。喷雾流化造粒技术与传统的造粒工艺相比具有更多的优势，目前正得到越来越广泛的应用，其技术日趋成熟。

（一）喷雾流化造粒特性

1. 喷雾流化造粒的优点

尽管喷雾流化造粒受到诸多因素影响，但与其他造粒方式相比，该技术仍具有很多优点。

① 集混合、造粒、干燥于一体，工艺简单，一机完成多项操作，减少了大量的操作环节，减轻劳动强度。

② 设备结构简单，易于维修，安全性好；内表面光洁，无死角，利于清洗。

③ 混合、造粒、干燥过程均在全封闭负压状态下，防止粉尘污染和飞扬，受外界污染低。

④ 造粒成品颗粒较松、密度较小，粒度20～80目，且成品外观近似球形，流动性好，具有优异的分散性。

⑤ 与喷雾干燥造粒相比，研发周期短、难度小、投资成本低，适用于中等规模的生产，通用性强。

此外，流化床还能制得多层和多相的功能性粒子，展示出其独特的性能。

2. 喷雾流化造粒的缺点

① 颗粒流动性略差于喷雾造粒，与中空的喷雾粒子相比，颗粒密度大，分散性略差；与挤出法生产的颗粒相比，硬度小，容易脱落。

② 设备热效率一般在40%～60%，从节能的角度来看，还需提高热效率。

③ 不适用于密度相差较大的几种物料的流化造粒。

④ 国内设备自动化程度不高，不能连续化生产，农药制剂生产的经验不多，对人员的操作要求较高。

（二）喷雾流化造粒分类

1. 按生产方式分类

喷雾流化造粒按照生产方式可分为间歇式、连续式两种类型。

（1）间歇式喷雾流化造粒　间歇式喷雾流化造粒是将定量物料一次性投入设备，经过混合—造粒—干燥后一次性转入下一工序的生产方式，目前药厂广泛选用的造粒设备为流化造粒机（又称一步造粒机），其工艺亦日趋成熟，目前国内有很多厂家生产此类设备。

（2）连续式喷雾流化造粒　连续式喷雾流化造粒是用给料机将物料连续送入设备，经过喷雾造粒达到一定要求后，通过分级，合格的粒子排出设备，不合格的继续返回设备进行造粒。连续式造粒设备在传统流化干燥技术中融入喷雾和气流分级的技术，它是流化床设备的衍生产品，由于采用连续式造粒作业，生产效率高。

2. 按喷雾方法分类

喷雾流化造粒按喷雾方法的不同可分顶端式喷雾、底端式喷雾和切线式喷雾，见图6-26。

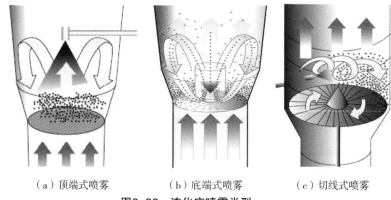

（a）顶端式喷雾　　　　　　（b）底端式喷雾　　　　　　（c）切线式喷雾

图6-26　流化床喷雾类型

（1）顶端式喷雾　喷枪在流化界面上最低位，流化气流通过底部筛网进入物料容器，随气流量的增加，原静止物料受到气流推动而流化。通常物料容器是圆锥形，颗粒受气流推动加速运动经过喷嘴，喷嘴喷出液体包裹到不规则运动物料表面，其方向与颗粒运动方向相反。大多数在流化床中凝聚形成的产品都用本法，生产的颗粒以多孔性表面和间隙性空洞为其特点，堆密度较小，因为颗粒易吸收液体，崩解较快。

（2）底端式喷雾　底喷式流化床是威斯康星州大学Dale Wurster博士于1959年创立，喷动流态化与喷雾相结合，雾化器设置在物料床中心圆形导向筒内，即Wurster系统，流化颗粒在导流筒内接受黏结剂或包衣溶液。底喷工艺具有较好的工艺重复性，是目前最常用的包衣方式，国内厂家已研发出导流筒内外风量可在线调节、喷雾装置可在线清理的改进流化床，大大提高流化床包衣的可控性。

（3）切线式喷雾　切线喷雾流化床利用转盘旋转产生的离心力，获得高强度的混合作用，雾化器设置在物料容器侧面壁上，物料容器底部带有一个可变速转盘，转盘可上下移动，以调节进气，黏结剂通过雾化喷嘴加入，喷嘴喷射方向与颗粒流化的方向一致，将黏结剂切向喷入物料容器内。颗粒的运动呈旋状，均匀且有序，这是由于三个力共同作用所至，即颗粒自身重力、通过间隙的向上的气流作用力及转盘转动产生的离心力，这三个力使得颗粒呈螺旋状运动。

侧喷式流化床生产出的产品堆密度较高，有少量间隙和空洞，颗粒硬度较大，不易破碎，最接近球形。

（4）顶喷、底喷及侧喷形式的比较　对顶喷、底喷及侧喷这三种喷雾方式来说，各有其特点，比较列表如表6-17所示。

表6-17　顶喷、底喷、侧喷3种喷雾方式比较

床型	风量	物料分散性	流态化	物料脆碎度	干燥速率	成粒孔隙率	用途
顶喷	大	中	随机	高	快	大	造粒
底喷	中	高	规则	低	中	中	包衣、造粒
侧喷	小	低	规则	低	低	低	包衣、造粒

以上三种喷雾方法均可用于喷雾流化造粒。在顶端式喷雾造粒中，颗粒的流动最为杂乱无章，且黏结剂喷洒方向对着蒸发介质，液滴的自身干燥也最为严重，损耗亦大，造粒效果较差，产品质量不够稳定，尽管如此，相当数量的造粒过程仍然以顶端喷雾方式进行，这是由于其具备两大优点，其一是生产规模远大于其他方法，其二是结构比较简单，操作方便。在喷雾流化造粒过程中，应根据物料的性能和计划中产品质量来选择喷雾方法。

（三）喷雾流化造粒发展趋势

农药剂型正朝着水性、粒状、缓释、功能化、省力化的环保剂型方向发展。水分散粒剂是环保剂型的代表类型，符合农药制剂的发展趋势，而喷雾流化造粒因其投资中等、性能好、适合多品种生产等特点，同样具有良好的发展前景。喷雾流化造粒生产中存在的问题也会随着应用及设备水平的提高得到解决，促进该技术的进一步发展。

1. 制造、应用专业化

被造粒物料的粒子直径、密度及增重比等特性差异较大，要真正可靠应用于相应要求的造粒生产上，必须具备供试验的小机型，目前国内仅有部分科研机构及少数企业具备此条件；目前，以Glatt、Aeromatic、Disonia等公司为主的代表厂商均具备齐全的实验装备、检测方法及与之相适应的工艺技术人员，并广泛地在全球与药厂进行售前服务及项目合作，值得设备生产企业学习和借鉴。随着造粒技术的发展，实验设备会在更多的设备生产企业、制药企业中得到应用。

国内大多数设备制造商基本上可以进行电气控制部分、筒体部分、空气处理单元全部的生产组装，从技术角度上来讲是广而不精，工作效率高，成本低，多为仿制别人的设备，缺少新产品研发投入。国外先进的设备供应商将设备分成几个部分，进行分工合作，流化床设备筒体加工及组装由不锈钢制作厂家完成，空气处理单元由专业的空调厂商供应，电气自控由专业的人员来做，相互之间做好技术协调工作，值得国内的制造商学习。国外喷雾流化造粒机供应商制造一套流化床干燥设备，前期与客户进行长期的技术沟通，需要客户提供详细的需求等相关资料，根据客户的实际情况及提出的需求进行设计，严格执行设计方案、设计确认、验收试验等。GMP（优良生产质量管理规范）要求工艺生产过程的重

复性和可追溯性，流化床每个部件都要有详尽的要求，确保将产品质量风险降到最低。国内部分制药企业已经逐步向FDA要求靠拢，购置设备时要求设备供应商提供机械设计、电气设计、操作手册、备件资料、质量控制、质量管理、验证方案等一系列的技术文件资料，这是国内制造商的软肋。随着应用水平的提高，会有越来越多的制药企业参与到造粒设备的设计制造中，推动国内造粒设备制造规范化、专业化，质量水平得到进一步的提高。

2. 操作自动化

自动化生产，无论从节省人工成本、提高生产效率的角度来看，还是从减少人为因素导致的粉尘污染来看，都是未来喷雾流化造粒发展的必然方向。传统的设备只有简单的温度自动调节控制，一般采用温度控制器，通过调节蒸汽供给量或者控制电加热器的开启功率达到调节流化床进风温度的目的。整个过程主要依靠操作工的经验进行操作，因而会产生一定的误差。操作人员对每次生产的设备工艺参数都要重新进行设定和修改，不能保证同样的产品采用同样的设备工艺参数进行生产，也就谈不上工艺重复性与追溯性。从提高自动控制水平和精度的角度，可以将计算机技术、自动控制理论和实时动态检测技术结合起来，通过配置触摸屏和PLC（可编程逻辑控制器），采用人机界面和编程控制技术，对不同的物料造粒干燥进行研究，设置不同的参数曲线，对温度、雾化压力、喷液流速、压差、风速、操作时间、粉尘浓度等状态参数进行控制，制定一个合适的工艺路线，实现从开机到工作结束的全过程自动控制。

3. 流程无尘化

目前应用于农药生产的喷雾流化造粒设备多是单台设备，物料的传输一般是靠人工，劳动强度大，又有粉尘的飞扬，对环境造成一定的影响，部分医药企业已经采用全密闭的生产线，国外公司如德国的Glatt等有多种形式的生产辅助设备供选择，环保、健康、人力成本等多方面要求，必然促进密闭生产线的推广应用，其配套设备的应用也会越来越普及，如采用已比较成熟的真空传送系统，可实现物料的封闭传输。达到减轻劳动强度，提高工作效率，改善生产环境的目的。现在国内厂家仅有少数在这方面做了一些工作，与国外进口设备尚有较大的差距。喷雾流化造粒涉及的工艺技术、辅料选择等均是制剂研发人员的研究领域，必须是制剂企业与药机企业有机结合，两者工艺设备以及技术共享，这样才能建立更完善的工艺，营造出流化床应用的新天地。

二、喷雾流化造粒原理

1. 流化原理

在一台设备中，将固体颗粒物料堆放在分布板上，当气体由设备下部通入床层，随气流速率加大到某种程度，固体颗粒在床层上呈流化状态，这状态称流态化，而这床层也称流化床。采用这样方法辅于其他技术可完成物料的干燥、造粒、混合、包衣和粉碎等功能。

由于固体颗粒物料的不同特性，以及床层和气流速率等因素不同，床层可存在不同的形态。

（1）固定床阶段　当气体通过床层的空截面流速较低时，床层空隙中流体的实际流速u小于颗粒的沉降速率u_t，则颗粒静止不动，床层高度（L_0）亦基本维持不变（床层不膨胀），这时床层称为固定床，见图6-27（a）。

（2）流化床阶段

① 临界流化床　当u增大到一定程度时，颗粒开始松动，床层开始膨胀，u继续升高，

床层开始继续膨胀，直到刚好全部颗粒都悬浮在向上流动的气体中。此时，颗粒所受重力与气体和颗粒之间的摩擦力相平衡，称初始或临界流化床（床层高度L_{mf}），见图6-27（b）。

② 流化床　当流速继续增加，颗粒均匀地分布在整个流化床内且随着流速增加床层均匀膨胀，床层L不断升高，床内孔隙率均匀增加，床层压降稳定、波动很小，此即为流化床，见图6-27（c）；气速达到起始鼓泡速率，则出现鼓泡和气体沟流现象，固体颗粒运动活跃，床层波动频繁。颗粒在床层的分布不均匀，床层呈现两相结构：一相是颗粒浓度与空隙率分布较为均匀且接近初始流态化状态的连续相，称为颗粒相或密相；另一相则是以气泡形式夹带少量颗粒穿过床层向上运动的不连续的气泡相或称稀相，此形态的流化床称作聚式流化床，又称为鼓泡床，见图6-27（d）。

（3）颗粒输送阶段　当流体在床层中的实际流速超过颗粒的沉降速率u_t时，流化床上界面消失，颗粒将随流体被带出容器外，此为输送床，见图6-27（e）。

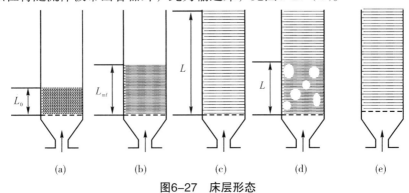

图6-27　床层形态

干燥、造粒、混合、包衣等都是利用第二阶段运行的。

2. 喷雾流化造粒原理

喷雾流化造粒是用气流将粉末悬浮，即，使粉末流态化，再将压缩空气和黏结剂溶液按一定比例由喷嘴雾化喷入，使粉末黏结成颗粒。首先液滴使接触到的粉末润湿并聚结在其周围形成粒子核，同时再由继续喷入的液滴落在粒子核表面产生黏合架桥作用，使粒子核与粒子核之间、粒子核与粒子之间相互结合，逐渐形成较大的颗粒。干燥后，溶剂从黏合液中逐步被蒸发，粉末间的液体交连架桥逐渐凝聚为固态骨架，即得外形圆整的多孔颗粒。

（1）颗粒形成机制　造粒时多个粒子黏结而形成颗粒，颗粒形成机制有以下几种方式：

① 自由可流动液体产生的界面张力和毛细管力　以可流动液体作为架桥剂进行造粒时，粒子间产生的结合力由液体的表面张力和毛细管力产生，因此液体的加入量对造粒产生较大影响。液体的加入量可用饱和度S表示：饱和度是在颗粒的空隙中液体架桥剂所占体积（V_L）与总空隙体积（V_T）之比。

液体在粒子间的充填方式由液体的加入量决定，$S \leq 0.3$时，液体在粒子空隙间充填量很少，液体以分散的液桥连接颗粒，空气成连续相，称钟摆状［图6-28（a）］；$0.3 < S < 0.8$时，液体桥相连，液体成连续相，空隙变小，空气成分散相，称索带状［图6-28（b）］；（c）液体量增加到充满颗粒内部空隙，颗粒表面还没有被液体润湿，$S \geq 0.8$时，称毛细管状［图6-28（c）］；（d）当液体充满颗粒内部与表面$S \geq 1$时，形成的状态叫液滴状［图6-28（d）］。粉粒表面完全为液体包围，其结合力完全为液体的表面张力，毛细管的凹面变成液滴的凸面。

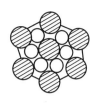
（a）钟摆状

（b）索带状

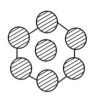
（c）毛细管状

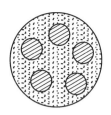
（d）液滴状

图6-28　液体在粒子间的充填方式

一般在颗粒内液体以钟摆状存在时，颗粒松散；以毛细管状存在时，颗粒发黏；以索带状存在时，颗粒松紧度适宜，得到较好的颗粒。

② 不可流动液体（immobile liquid）产生的附着力与黏着力　不可流动液体包括高黏度液体和吸附于颗粒表面的少量液体层（不能流动）。因为高黏度液体的表面张力很小，易涂布于固体表面，靠黏附性产生强大的结合力；吸附于颗粒表面的少量液体层能消除颗粒表面粗糙度，增加颗粒间接触面积或减小颗粒间距，从而增加颗粒间引力等。

③ 粒子间固体桥（solid bridges）　喷雾流化造粒过程固体桥形成机理主要有以下两种形式：①结晶析出，架桥剂溶液中的溶剂蒸发后析出的结晶起架桥作用；②黏结剂固化，液体状态的黏结剂干燥固化而形成的固体架桥。

（2）颗粒聚合方式

对颗粒微观结构分析发现，颗粒存在两种不同的聚合方式，即凝聚造粒以及包衣造粒，见图6-29。

① 凝聚造粒　利用气流作用，使加入容器的药物粉末（一次粒子）产生流化，黏结剂采用气流式喷雾定量喷洒在粉体上，使其凝集，逐渐长大成所需的颗粒（二次凝聚粒子），这种粒子松软、不规则。选择适当的搅拌、转动、循环、喷雾、流化等条件，可以制备由轻质不定形轻质颗粒到重质球形颗粒的任意粒子。

② 包衣造粒　以粉体的一次粒子作为核心粒子，其表面被喷雾黏合液润湿后与其他粉末接触，粉末黏附于颗粒表面形成粉末包衣颗粒，包衣颗粒的表面再次与喷雾液及粉末接触，层层包粉逐渐长大为球形颗粒。

（a）聚合轻质粒子

（b）聚合重质粒子

（c）包衣粒子

图6-29　不同形式的颗粒聚合方式

三、喷雾流化造粒的配方及加工工艺

（一）喷雾流化造粒的实验室配制

喷雾流化造粒的配方组成主要有农药有效成分、分散剂、润湿剂、辅助剂、填料等。一般来说，为保持一定的机械强度，与挤出造粒工艺相比，需要加入赋形剂或黏结剂。目前助剂应用品种主要有聚羧酸盐、萘磺酸盐、木质素磺酸盐三类。主要供应厂家以阿克苏诺贝尔公司、索尔维-罗地亚公司、竹本油脂株式会社、亨斯曼国际化工有限公司、托纳化学荷兰公司、鲍利葛工业有限公司、美德维实伟克公司、禾大公司、科莱恩化工有限公司、巴斯夫股份公司等国外助剂公司为主，国内已有北京广源益农化学有限责任公司、北京汉莫克化学技术有限公司、南京擎宇化工研究所等多家公司进行水分散粒剂助剂的开发与生产，产品质量与性能接近国外水平，但尚不能完全替代国外助剂。

流化床喷雾造粒过程中的工艺变量范围较大，可能对产品的质量产生显著的影响，必须在实验室中进行小试，筛选合适的配方与工艺，以保证产品在放大生产时的质量具有重现性。实验室配制主要设备为小型气流粉碎机、喷雾流化造粒机，其中气流粉碎机多数厂家有配置，而喷雾流化床造粒实验设备因价格相对较高，目前多数厂家没有配备该类设备，可根据实际情况选购，也可自制小型转动造粒机进行配方研究。当然由于在实验室设备上优化的配方与工程化生产会有所差异，在研发和生产中采用同厂家同类型的设备还是非常有必要的。

1. 喷雾流化造粒机

在实验室的研究中，具有大生产设备功能的小试设备是必要的，通过实验室设备，能够更好地与工程化生产相结合。实验室设备要求工艺流程简单、设备紧凑、体积小、能耗低、环保性能好。图6-30、图6-31为适合实验室用的不同规格的小试设备，可以直接放在实验台或地面上，只需要30～50g的样品即可获得需要的结果，当然也有批次处理量更大的实验设备。

图6-30　Glatt公司的Mini-Glatt　　　图6-31　Diosna公司的MinLab

2. 圆盘造粒机

圆盘转动造粒在早期的农药加工研究中有过应用，采用圆盘转动造粒时，若圆盘倾斜角小，盘边高，转速低，而加水量又大时，形成的颗粒就大，颗粒软，物料难滚动，且在已有颗粒外形成小突起，类似草莓状。加水过少不成粒，即使成粒也易破碎。另外，圆盘中粉体物料多，形成的颗粒粒径小，且粒度分布幅度大。反之粒径偏大，但粒度分布比较集中。

（二）喷雾流化造粒的加工工艺

1. 工艺流程

喷雾流化造粒加工工艺如图6-32所示。

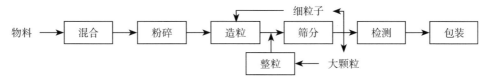

图6-32　喷雾流化造粒加工工艺流程

2. 造粒过程

喷雾流化造粒的工艺关键是粉碎和造粒，气流粉碎工艺已经比较成熟，这里不再讲述。造粒过程主要分为物料预热、造粒、干燥、筛分、整粒几个工序，简述如下：

（1）物料预热 由于开始物料细粉率极高、静电也比较大，物料预热阶段在保证物料流化状态下采用较低的进风风量，流化床的抖袋频率尽可能高一点，否则物料容易"冲顶"，造成喷枪堵塞，布袋通透性变差；进风温度因产品性质而定，一般是在40~60℃，一些对湿、热稳定的药物，干燥温度可适当升高，熔点较低的原药一般控制在较低的温度。

为了减少物料预热时间，可以加料前进行空机预热，特别是部分流动性差的物料随着物料的流化在加入黏结剂之前会形成很多疏松球形颗粒，这些颗粒会随着造粒的过程破碎一部分，也有很多会形成外面包覆一层硬壳、里面是干粉的大颗粒，严重影响产品的收率，这种类型的产品不适宜保持长时间的不加黏结剂的流化状态。

（2）造粒 物料保持较好的流化状态后进行喷液，新的设备投产或首次使用新的黏结剂时，先进行喷液测试，记录喷液曲线，即蠕动泵上的标示数对应的喷液速率；观察不同雾化压力下黏结剂的雾化状态，选择合适的喷嘴口径。

造粒的开始阶段，起始风量不宜过大，过大会造成粉末流化过高，物料黏附于滤袋表面，造成气流堵塞。过滤袋的抖袋频率在开始喷液时可以设置相对较高，等物料逐渐成颗粒时可以降低抖袋频率和缩短时间；喷液速率随着颗粒的形成可以适当进行变小。造粒过程中，要随时通过视镜观察物料的流化状态，定时从流化床取样口取样，观察颗粒状态，特别要防止颗粒过湿。

（3）干燥 喷液结束后，对物料进行干燥，流化床干燥过程中温度通常经过三个阶段的变化：①物料预热阶段，物料温度由室温逐步被加热到热空气的湿球温度，物料含水量随时间变化不大；②恒速干燥阶段，由于物料表面存在自由水分，物料表面温度等于空气的湿球温度，传入的热量只用来蒸发物料表面的水分，物料含水量随时间成比例减少，干燥速率恒定且最大，直至物料水分含量降至临界湿度，此时物料中不再含有游离水分；③降速干燥阶段，物料含水量减少到某一临界含水量，由于物料内部水分的扩散慢于物料表面的蒸发，不足以使物料表面保持湿润，而形成干区，干燥速率开始降低，物料温度逐渐上升。物料含水量越小，干燥速率越慢，直至达到平衡含水量而终止。

干燥过程进风温度不宜过高，温度应逐渐升高，否则颗粒表面的溶剂过快蒸发，阻挡内层溶剂向外扩散，结果会产生大量外干内湿的颗粒，同时容易造成过干燥。干燥程度通过测定产品含水量进行控制，在工艺摸索阶段一般需要在达到一定物料温度时取样，测定颗粒的水分，当水分达到控制指标要求时干燥结束。温度过低，干燥时间过长，会产生很多细粉。根据每一个具体品种的不同而保留适当的水分，一般含水量不得超过3%。当工艺成熟后可以干燥时间为过程跳转点，造粒结束干燥一定时间转到下一工序。

（4）筛分 颗粒干燥后，根据需求用筛网将不同粒度的物料进行分离，一般采用20目和60目筛网进行分级，获取20~60目的颗粒。过筛后的细粒子进行重复造粒，加入部分细粒子的物料其流动性较好，更容易达到需要的流化状态。

（5）整粒 颗粒过筛后，将结成块的粒子用整粒机进行适当破碎，以达到颗粒剂的粒度要求。目前摇摆式造粒机、快速整粒机应用较多，不易整粒处理的颗粒可以气流粉碎后重新造粒。

（三）喷雾流化造粒设备

喷雾流化造粒设备主要由进风处理系统、主机系统、雾化系统、排风系统、控制系统等组成，进风风源一般为室外空气，空气经过过滤器和加热器，从流化床下部通过气体分布板进入盛装固体物料的容器部分，使床层内的固体物料呈流化状态，然后蠕动泵将黏结剂溶液送入喷枪管，由压缩空气将黏结剂溶液均匀喷成雾状，散布在流化态粉体表面，使粉体相互接触凝集成粒。经过反复地喷雾和干燥，当颗粒大小符合要求时停止喷雾，形成的颗粒继续在床层内干燥，达到指标要求后出料。过滤室设有袋式过滤器以及反冲装置或振动装置，以防袋式过滤器堵塞，随气流上升到顶部的颗粒被捕尘袋阻挡下来，穿过捕尘袋的气流被外置的排风机吸走。一般在排风管出口处安装水幕或其他除尘装置，解决造粒过程中粉尘污染问题。造粒设备系统构成见图6-33。

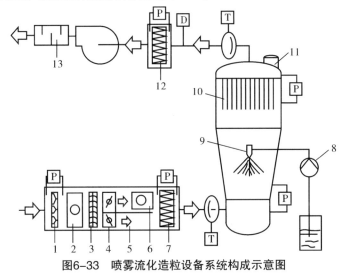

图6-33　喷雾流化造粒设备系统构成示意图

1—预过滤；2—除湿器；3—气水分离器；4—旁路冷风混合装置；5—冷风道；
6—加热器；7—精过滤器；8—蠕动泵；9—喷枪；10—过滤器；11—泄爆口；12—尾气除尘器；13—消声器
P—压差计；D—粉末泄漏传感器；T—快速截止阀

喷雾流化造粒设备最常用的是流化造粒机，随着造粒技术的发展，为了进一步发挥喷雾流化造粒的优势，出现了以流化床为母体的连续喷雾流化造粒机、（底喷）流化床包衣机、旋流流化造粒包衣机、多功能造粒包衣机。

1.一步造粒机

一步造粒机是集混合-造粒-干燥于一体的设备。流化造粒机是目前制药企业广泛选用的造粒设备，其工艺亦日趋成熟。国际上此类设备以Glatt及Aeromatic公司相应产品为代表，其产品在全球占据绝对的份额。国内顶喷式喷雾流化造粒机与国际同类厂家产品相比，大部分厂商尚处于形状模仿状态，技术上有很大差距。欧美公司所生产的品种单一、生产量大、品种互不交叉，其应用的设备可以根据工厂的实际情况、生产品种进行定制，这是我们无法相比的。国外公司虽然产品先进，但应用范围窄，机型偏重单品种，而国内企业普遍存在品种繁多、更换频繁的问题，并且进口设备采购周期长、投入成本较大，尤其动辄几百万甚至上千万元，并且设备的维护成本也很高，对于国内农药企业来说，可行性不高。

2. 连续喷雾流化造粒机

德国Glatt公司的Continuous Fluid-bed的AT、AG两种机型的连续式造粒设备，均已是成熟的连续流态化设备，并广泛运用于制药等行业。连续喷雾流化造粒机在传统流化干燥技术中溶入喷雾和气流分级的技术，它是流化床设备的衍生产品。主要用于粉末物料混合、干燥、造粒、颗粒"喷涂"、熔融液冷却造粒等作业。

3.（底喷）流化床包衣机

喷雾流化造粒包衣机是运用底喷流态化机理，控制物料在床内呈有序运动，实现精确的造粒、包衣的功能。其可应用：≥50μm的粉末包衣、粒、丸（≤6mm）掩味，着色，热熔，防潮，抗氧化包衣，缓释包衣，控释包衣，悬浮液、溶液涂层放大等。

4. 旋流流化造粒包衣机

旋流流化造粒包衣技术起源为德国Huttlin公司率先推出的Kugelcoater多功能造粒包衣机，运用"涡轮驱动底盘"，将三种喷雾流化床有机结合，粉末或颗粒在的流化床内，受到环隙空气浮力、旋转离心力及自身重力的作用，物料处于悬浮状态，呈环周绳股状，形成"涡轮"驱动流态化。

5. 多功能造粒机

多功能造粒机是集喷雾干燥造粒、搅拌造粒、转动造粒、喷雾流化造粒于一体的多功能设备，使混合、捏合、造粒、干燥、包衣等多个单元操作在一个机器内进行，兼容多种工艺操作，综合了各种设备的机能特点，通过互换流化床可以一机多用。

在造粒时，应按照所制颗粒的具体要求选择合适的造粒机，复合型造粒机适用于大部分颗粒的生产，由于这类设备的技术还未成熟，具有很大的发展空间，未来的开发将进一步完善这一技术，降低生产成本，在制药工业中的应用前景会更广。

（四）喷雾流化造粒的影响因素

喷雾流化造粒是一个复杂的过程，受到很多因素的影响，可归纳为配方因素、设备因素、工艺因素等。配方因素与造粒材料和黏结剂的种类与浓度有关，设备因素与造粒机的构造有关，工艺因素与实际的操作条件密切相关。

1. 配方因素

（1）物料的性质　在喷雾流化造粒中，物料的黏着性、静电、粒子大小、粒径分布、晶型、润湿性等性质对所形成的粒子类型均有影响。粒子的黏着性和静电使流化过程变得困难。同样地，如果配方中含有疏水性物料，也会影响物料流化，产品的平均粒径与它们的润湿性直接相关。在有疏水性、亲水性的混合物料中，亲水性物料有单独成粒现象，导致含量不均匀。

物料粉末的粒径越小，表面积越大，所需黏结剂的量越大。在黏结剂流速不变的情况下，物料粉末的粒径越小，制得的颗粒越小。但物料粉末的粒径不宜太小，否则粒子间容易产生粘连，不适合喷雾流化造粒。物料的粒径分布宽，制得的颗粒牢固、孔隙率低；反之，制得的颗粒疏松、孔隙率高。

当物料为吸水性物质（如淀粉）时，由于物料的吸水性会使粉末表面不能完全润湿，应加大黏结剂的流速。即使同一物料，由于含水量不同，黏结剂的流速也不应相同，在黏结剂流速相同的条件下，物料的含水量越大，制得的颗粒越大。物料疏水不易润湿时，不容易造粒，制得颗粒较小，可以尝试用其他的溶剂或向黏结剂溶液中加入表面活性剂来改进。

物料的量对造粒也有很大的影响，当投料量增加时，料层阻力显著增加，为了使物料流化，需要增加进风量，同时物料接受润湿的概率减少，喷液速率要相应调整。但是物料量过大，物料粉末不易达到流化状态，而且容易阻塞喷嘴和过滤袋，造成流化风量的降低，影响造粒。

（2）黏结剂的选择　黏结剂的作用是在粉末之间形成固体桥，黏结剂的种类、浓度及加入方法均对造粒有很大影响。理想的黏结剂应与物料粉末表面有较好的亲和性，以便于润湿相互黏合成粒。用不同的黏结剂喷雾流化造粒，得到的颗粒在流动性、堆密度、粒径分布上有很大不同。如原料粉末细、质地疏松、在水中溶解度小、原料本身黏性差，黏结剂的用量要多些。反之，用量少些。常用的黏结剂主要有聚维酮（PVP）、羧甲基纤维素（CMC）、甲基纤维素（MC）、羟丙基纤维素（HPC）、羧甲基淀粉钠（CMS-Na）、阿拉伯胶、淀粉等，也可以将其配合使用以获取最佳的效果。

当黏合液黏度较高时，形成的雾滴大，所形成液体桥的结合力相对较强，从而制得的颗粒也较大。但浓度过高易使物料结块、阻塞喷嘴，甚至在喷嘴处会有黏结剂的液滴滴入物料中，而且易造成塌床。黏度较低时，则形成的雾滴小，粒子之间的黏合力不够，制得的颗粒小，而且在干燥过程中产生很多细粉，且较松散。

（3）黏结剂的加入方法有外加法、内加法、内外结合法。大部分情况需采用前两种加入方法。同一种黏结剂采用内加法时，因溶剂挥发较快，不易引发黏结剂的黏性，不容易制得颗粒或制得的颗粒较小。黏结剂的用量较小时，不宜采用内加法。

（4）黏结剂溶剂　大多数情况下，用水作溶剂。选择水还是有机溶剂或两者的混合液作为黏结剂的溶剂，取决于黏结剂的溶解性以及与原料的相容性。一般来说，由于有机溶剂在造粒过程中蒸发很快，所以比水作溶剂制得的粒子粒径更小。对热敏感、易分解的原药品种，可选用一定浓度的乙醇作黏结剂的溶剂，以减少颗粒干燥的时间和降低干燥温度。

2.设备因素

（1）容器及空气分流板　在喷雾流化造粒机中，容器及空气分流板均对粒子的运动产生影响。其中容器的材料和形状对粒子运动的影响更大。不但要保证物料粉末能达到很好的流化状态，也要使物料不与容器的器壁发生黏附，否则造粒过程中会产生大量细粉。容器材质主要为不锈钢，多数厂家对容器内部进行抛光处理。

（2）空气分流板　开孔率非常重要，它决定了物料流化时的压差，开孔率一般为12%，底盘的孔径一般为100μm。采用鱼鳞状出风口，使得颗粒在筒内呈螺旋状升高，能有效地增加流线的长度和与空气热交换的时间，充分利用能源。

（3）喷嘴位置　使用顶喷流化床时，喷嘴的位置会影响喷雾均匀性和物料的润湿程度，为使粒径分布尽可能窄，应尽量调整喷雾面积与湿床表面积一样大。如果位置太高，液滴从喷嘴到达物料的距离较长，增加了液相介质的挥发，造成物料不能润湿完全，使颗粒中细粉增多，呈现喷雾干燥现象。喷嘴位置太低，黏结剂雾化后不能与物料充分接触，所得颗粒粒度不均匀，而且喷嘴前缘容易出现喷射障碍。

（4）喷枪　液体在经过雾化后溶液体积扩散1000倍左右，喷嘴的口径大小一般对造粒效果没有太大的影响。喷嘴的类型常见的有单喷嘴型、三喷嘴型和六喷嘴型三种。喷枪的种类（单气流、双气流、高速飞轮和高压无气喷枪等）对颗粒质量也有一定影响。单气流喷枪价廉但雾化效果欠佳；双气流喷枪价格合理，效果较佳。使用时应选择雾化压力低、雾粒粒径分布窄、雾锥对称的喷枪。

（5）过滤袋　过滤袋材质常采用聚酯材料，光滑、通透性好，一般为20μm的透过率，最小可达到3~5μm，目前也有金属过滤器，在造粒时通过压缩空气反冲除去上面的物料粉末，每个过滤器都配有冲洗喷头，可实现在线清洗。

（6）静床深度　静床深度是指物料装入床内流化前的高度，其大小取决于机械设计的生产量和物料性质、投料量。一般情况下，物料占物料槽总体积的35%~90%，静床深度≥150mm，若太浅就难以取得适当的流化状态，或者气流直接穿透物料层，不能形成较好的流化状态，影响成粒效果。

3. 工艺参数

（1）进风温度　进风温度要控制在适当范围。进风温度高，溶剂蒸发快，降低了黏结剂对粉末的润湿和渗透能力，所得颗粒粒径小、脆性大、松密度和流动性小；若温度过高，有些黏结剂雾滴在接触粉料前就已挥发干燥不能有效造粒，造成颗粒中细粉较多。温度过低，溶剂不能及时挥发而使粉末过度润湿，部分物料粉末会黏附在器壁上不能流化，容易造成粒子间粘连而起团，湿颗粒不能及时干燥，相互聚结成大的团块，也会造成塌床。

（2）进风湿度　空气的湿度对流化床的造粒效果会有显著的影响，进风湿度大，则湿颗粒不能及时干燥，易黏结粉料。当以易吸湿的物料为底料时，若进风湿度大，往往可能在物料预热时就产生大量结块，造成塌床。

（3）进风风量　进风风量是指进入容器的空气量，其大小直接影响物料的流化状态。进风风量过大，物料流化高度过于接近喷枪，物料粉末被吹起，尤其是物料量较少和较轻的物料，黏结剂无法与足够的药物细粉接触，从而延长造粒时间，同时底部物料成为大颗粒，而被吹起的粉末未制成颗粒；进风风量过低时，黏结剂中的溶剂不能及时挥发，物料细粉之间过分粘连，若不及时加大风量，湿颗粒干燥不及时，会出现粒径很大的大颗粒，进而形成一个大团块，造成塌床。实际生产中应根据物料的流化状态和物料的温度来调节进风风量大小。

（4）雾化空气压力　雾化空气的作用是使黏结剂溶液形成雾滴，雾滴的粒径和制得颗粒的粒径有直接关系。雾化空气压力增大，黏结剂雾滴变小，制得颗粒的粒径就越小。压力过高会改变流化状态，使气流紊乱，粉粒在局部结块。喷雾压力过低时，一方面，雾化液滴增大；另一方面，雾化液滴喷雾锥角减小，润湿粉粒的范围缩小，造成雾化液滴分布不均，容易在局部范围内产生大的湿块。

（5）黏结剂的流速　黏结剂的流速与进口空气的温度决定着造粒机内的湿度，进风温度不变的情况下，增大黏结剂的流速，黏结剂的雾滴粒径和造粒机内的湿度均增大，则黏结剂的润湿和渗透能力大，所得颗粒粒径大，脆性小。在雾化压力确定的条件下，黏结剂流速增加，颗粒的堆密度大。流速过大时，湿颗粒不能及时干燥会聚结成团，易造成塌床。同样的条件下，黏结剂的流速过低时，颗粒粒径较小、细粉较多，不但操作时间延长，而且容易阻塞喷嘴。必要时，应根据黏结剂溶液的黏度控制流速，若黏结剂的黏度过大，可适当降低黏结剂的流速，但是应提高进口温度，否则容易造成喷嘴阻塞和塌床。黏结剂的黏度低时，流速应大些。

（五）喷雾流化造粒工艺流程设计

水分散粒剂生产最大难题是粉尘的处理及所延伸出的问题，粉碎、筛分、定量、物料转移等过程中，粉体物料很容易发生溢出，处理不当易造成粉尘飞扬和交叉污染，对空气净化、环境卫生、人员健康极为不利。粉体物料真正意义上的自动输送与控制也是全球制药工业粉体生产所面临的难题，解决此难题的两个基本点：一是物料输送自动化；二是在密闭条件下工作。从目前国内制药装备水平来看，固体制剂生产还不可能全部达到全封闭、全机械化、全管道化输送，还离不开人工操作。粉尘的产生主要来源于物料转移等敞口操作过程，因此工艺设计以此为出发点，通过合理的流程设计、设备衔接，减少粉尘的产生。

制药工业在生产工艺流程的不断优化中发展，农药固体制剂的流程总结起来，按布置形式可分为平面辅助输送布置与垂直分层布置两大类。

平面辅助输送布置，是以流程的平面布置为基础，开发一系列专用的物料转移设备，使固体制剂生产流程中各工序有机地联系起来，达到流程通畅的目的。在图6-34的流程方案中，进料采用真空进料或通过设备自带的引风机形成的负压进料，真空出料。一步造粒机完成造粒干燥作业后，物料由真空输送机转移到中转料斗中，用提升机将中转料斗置于振动筛上过筛。整粒工序选用封闭式的高速整粒机，单体设备之间采用透气滤尘的快开式软连接，整个过程在密闭的条件下进行，减少粉尘逸出。

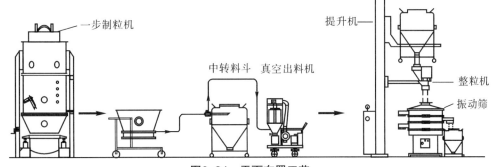

图6-34　平面布置工艺

垂直分层布置采用高位物料输送技术，将物料送上最高层，随流程工序依次往下层进行，利用物料的重力，完成物料的转移。在图6-35的流程方案中，进料采用由上向下高位进料，选用自动出料造粒设备，物料容器底部采用蝶阀，阀芯采用相应的筛网板作为阀芯板，工作时，蝶阀关闭，结束出料时打开蝶阀直接放入中转料斗，中转料斗直接通过管道与振动筛、整粒机连接，可以避免粉尘产生。

垂直分层布置是建立在多层式厂房设计基础上，受到物料、过程连接、建筑物等多种因素所制约，这种模式的应用受非多层厂房结构所限，相比而言，平面辅助输送布置的优势比较明显。加上一系列与之配套的物料转移设备经长期实践证明方便可靠，一些与此流程相适应的工艺设备开发成功，平面

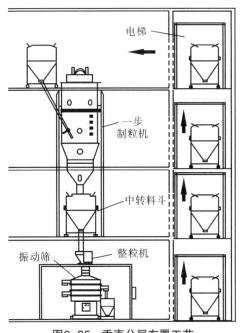

图6-35　垂直分层布置工艺

辅助输送布置已为众多制药企业所采用。制药企业要立足于已有或在建建筑物的结构，根据不同的工艺要求，遵循布局合理、严格划分区域、防止交叉污染、方便操作生产的特点，开发出适合实际情况的物料自动输送与控制设备的方案。

四、喷雾流化造粒生产常见问题的解决方法

喷雾流化造粒在一个密闭的单元内进行，造粒过程中各个因素的变化不易直观地观察到，生产中由于环境变化、操作不当、设备异常等因素，容易出现塌床、风沟床等问题，生产中需要研发与生产操作紧密结合，保证生产的顺利进行。常见问题如下：

1. 造粒过程中的静电

喷雾流化造粒过程中，物料预热阶段是产生静电最严重的阶段，颗粒在流化床内不停运动、相互摩擦，有静电产生，导致颗粒相互吸引，也被筒壁吸附，颗粒不能正常流化。静电的出现反映颗粒已经比较干燥，在北方干燥季节包衣更容易产生静电。如果静电严重很容易导致物料损失严重。流化床设备本身必须有接地导线减少静电，除此之外，提高进风相对湿度对于静电消除非常有效，降低进风温度，适当增大黏结剂的流量，都能增加相对湿度，或者启动增湿装置，直接增加空气湿度。

2. 喷雾流化造粒时的分层

在喷雾流化造粒时出现分层的物料一般不建议用喷雾流化造粒，但是如果一定需要采用该法造粒，可以先在流化床外混合均匀后转入流化床，运行后开始阶段采用较大的喷液速率进行造粒。

3. 造粒过程中物料的结块

喷雾流化造粒最容易出现且比较严重的问题是物料结块，使制得的颗粒粒径偏大，流动性差，严重时流化状态停止，甚至整批料报废，因此必须及时判断是否出现结块现象，可通过以下方式判断：

（1）视镜观察　透过视镜观察物料流化状态，出现结块现象，一般可以发现。

（2）观察温度变化　喷雾流化造粒正常进行时，进风温度一般在一恒定值上下浮动，偏差不会很大；物料温度和出风温度一开始下降，到一定的时候也趋于稳定，若发现物料温度和出风温度持续下降，且和进风温度相差很大，或者出风温度与物料温度相差较大时，极有可能是物料结块。

（3）触摸料车外壁　正常生产时，料车外壁温度均匀一致，当手摸料车外壁不同部位感觉有明显的冷热差别时，极有可能是产生了结块，结块黏附在料车壁上，手摸会感觉明显温度偏低。

4. 热敏性原药的喷雾流化造粒

① 尽可能降低进风温度，保证物料温度不高于限定值。

② 使物料保持较好的流化状态，避免底部局部高温对物料可能造成的影响。

5. 喷雾流化造粒的粒子形状

流化床制得的颗粒堆密度一般都比较小，不可能做得非常硬，可以从下面两个方面试验：

① 辅料选用水溶性的填充剂，同时采用高黏度的黏结剂。

② 采用顶喷式工艺喷雾造粒，在保证流化状态的前提下采用较小的进风风量和雾化压力，另外可考虑采用侧喷式喷雾造粒。

6. 颗粒均匀度的控制

颗粒大小与喷液的流量成正比，与雾化压力成反比。当雾化压力设定不变时，随着喷液的流量增加，颗粒变大；随着喷液的流量减小，颗粒变小。当喷液的流量设定不变时，随着雾化压力增加，颗粒变小；随着雾化压力减小，颗粒变大。

一般颗粒粒径偏大时，可采用降低黏结剂流速、在其中加入水或乙醇、加热以降低黏度，以及提高进风温度或加大风门的方法解决；粒径偏小时则反之。但有时加大黏结剂流速会使大颗粒的粒径进一步增大，同时细粉量反而更多。其原因是粉粒量过大，或黏结剂总量偏低、流速偏大，使黏结剂不能均匀分布，使一部分粉粒无法接触黏结剂。此时要降低固体物料投料量，或降低黏结剂流速并增加其总量，以改善其均匀性，提高颗粒质量。

因目前造粒设备的自动化程度不高，该项操作与操作人员的经验和熟练程度有很大关系，国内部分厂家喷雾系统已经有自动调节流量及稳定压力的装置，可以最大限度地减少人为因素调节产生的偏差。

7. 温度、风量对造粒的影响

热风加热控制方式常用简单的"开""关"模式，当温度达到设定值时停止通汽或加热，但换热器仍然有余热使空气温度继续上升，反之亦然，这样会造成温度波动过大，影响造粒质量。选用具有PID参数自整定功能的智能调节器来控制温度。

风量控制设备宜采用变频调速控制，采用人工控制，在生产过程中只能根据物料的流化状态随时调节风量的大小，不能保证风量的稳定和风量的相对恒定，而物料的变化、过滤袋阻力的变化等因素都会对风量的稳定造成影响，风量的变化又可影响干燥速率。可以在进出风管道安装风量测量元件，实现自动控制，保持生产过程中风量的基本恒定。

8. 捕集布袋、筛网的清洗

当连续使用喷雾流化造粒机时，筛板的网眼易被细粉堵塞，捕集袋上也会黏附较多的细粉，造成风量降低，颗粒不易干燥而结块；有时干燥时间延长数倍，颗粒均匀性差。因此，连续使用一段时间后，应清洗容器和筛板，当捕集袋黏附有较多细粉时，通透性会变差，捕集袋内外压差会变大，必要时更换捕集袋。静电是引起细粉黏附捕集袋的又一主要原因，可在捕集袋支架上连接导线，将静电导走。

9. 喷雾流化造粒对捕集袋的要求

捕集袋一方面让水分可以随空气透过而挥发，同时过滤粉尘防止物料逸出，主要有两方面的要求：

（1）通透性　布袋既要有良好的通透性，又要足够致密保证物料不会穿过捕集袋而飞扬出去。

（2）黏附性　黏附性越小越好，造粒振打时，黏附在上面的细粉容易振摇下来，提高收率；否则黏附细粉过多，颗粒不均匀，同时会影响通透性，从而影响造粒。

10. 解决喷雾流化造粒过程中的喷枪堵塞的方法

在喷雾流化造粒过程中，若发现出风温度和物料温度不降反升；输液泵工作正常，流量却非常小；手捏输液软管很难捏动，甚至进液管接头爆开，则此时极有可能产生了喷枪堵塞，应及时查找和分析产生原因，尽快解决。如：

① 黏结剂中有不溶性杂质，易堵在喷嘴的细小管道中，因此，在使用黏结剂前应滤过黏结剂中的杂质。

② 喷嘴位置偏低或风门过大，物料长时间冲击喷嘴面堵塞喷枪，可适当降低风门大小

或生产一定时间后，清洗喷枪嘴。

③ 顶针压力偏低，不能将堵在枪嘴的钢针顶起。可调高喷枪顶针压力。

④ 喷枪内部后端的弹簧弹性过大，将枪针紧紧地顶在喷嘴上。应换用弹性较小的弹簧。

11. 颗粒流动不畅的原因

造粒过程中，有时会出现正常流动的颗粒一会儿变得流动不畅的情况。这可能是颗粒太干，有静电产生，也可能是颗粒整体太湿，以致颗粒表面黏滞，可根据实际情况增加或减少喷液速率。

12. 物料流化状态的控制

物料流化状态不好是生产中最常遇到的问题之一，产生的原因：

① 捕集袋长时间没有抖动，布袋上吸附的粉末太多。

② 床层负压高，流化高度过高，大量粉末吸附到捕集袋造成通透性变差。

③ 风道发生阻塞，风路不畅通。

④ 容器底部筛网清洗不干净，筛孔堵塞。

⑤ 流化床密封不好。

13. 防止干燥过程中的沟流

颗粒含水量太高、湿颗粒在容器中放置过久都有可能出现沟流现象，生产操作时要避免这两种问题，出现沟流后可以通过鼓造将颗粒抖散。

14. 防止干燥颗粒时出现结块

干燥过程中有时出现结块，其可能的原因是装料太多，或者颗粒过湿导致部分湿颗粒在原料容器中压实。生产中要控制黏结剂加入量来预防出现这种现象，一旦出现可以通过鼓造将颗粒抖散，严重的可将料车拉出后翻动物料继续干燥。

15. 防止喷雾造粒排出较多细粉

细粉排出较多的原因是滤布密度不够或捕集袋破裂，要选用足够细密的防静电滤布制作捕集袋，生产过程中出现漏粉较多需要检查捕集袋，如有破口、接缝破裂，清洗后补好再用。

如果滤布密度不够，可调节压力，避免负压过大，可控制粉尘被吸出。

16. 防止分布板上有物料黏结的方法

造粒操作时分布板上有时有物料黏结在上面，严重影响流化状态，产生原因：①雾化压力太小；②喷嘴有块状物堵塞；③喷嘴雾化角度不合适；④物料量过少，未形成有效的流化床层，雾滴直接喷到分布板上。

17. 喷雾造粒过程出现黏壁的原因及处理方法

黏壁是指物料黏附于干燥室内壁的现象，出现黏壁会使产品出料困难，严重时不得不停产清理，其原因如下：

（1）半湿物料黏壁　液滴雾化后未被干燥直接甩至壁面，防止这种黏壁主要是调节雾化器。

（2）干粉表面黏附　这种黏壁不可避免，稍震动即可脱落，尽量使干燥室内壁光滑，可减少这种黏壁。

18. 造粒干燥塌床的处理方法

造粒干燥塌床：造粒后的粒子看起来挺好，但是一烘就软，严重的完全黏结成一片，根本就没有粒子。实验室烘箱干燥有时会遇见，原因可能是原料里面含有多糖及胶脂类。

解决方法：①乙醇溶液造粒，乙醇浓度要高，用量使物料润湿即可，不用管是否成粒，一般情况是成粒效果不好，但是干燥后整粒效果还可以。②低温干燥，颗粒铺开时要薄，否则粒子就容易僵，温度的控制尤其重要，可以先用少量药粉逐步加热，观察其软化点，控制干燥温度低于软化点温度。③已经黏成一片的粒子继续干燥，重新粉碎造粒。

19. 喷雾流化造粒时，干燥时间过长的原因及解决方法

喷雾流化造粒的颗粒成型后，一般湿颗粒干燥20～30min即可，有时长时间干燥颗粒仍然偏湿，可能的原因有：①造粒过程出现结块，不能形成良好的流化状态，甚至大的结块附在料车壁上使其不能流化而影响结块；②长时间使用设备，捕集袋黏附大量细粉，通透性变差，颗粒水分不能及时蒸发；③风门过小或风机出现故障，风量偏低，颗粒水分蒸发慢；④进风温度偏低，颗粒水分蒸发慢。

20. 造粒车间的环境要求

环境因素对造粒影响很大，要设计合理，符合基本的生产要求，另外要特别注意的是温度、湿度，这两者是影响成粒的主要因素。

（1）温度 温度偏高，黏结剂易挥发，车间温度宜控制在18～26℃。

（2）湿度 环境湿度不稳定，易造成生产重现性差，相对湿度控制在45%～65%比较合适，吸湿性强的产品控制在25%左右。

五、喷雾流化造粒生产实例

1. 70%甲基硫菌灵WG（FL200造粒机）

甲基硫菌灵（折百） 70%　　　　黏结剂（羧甲基淀粉钠） 1%

分散剂（YUS-WG4） 8%　　　　崩解剂（硫酸铵） 补足100%

润湿剂（YUS-SXC） 2%

制备工艺：

① 将原料混合均匀经过气流粉碎，达到要求的细度，称量180kg投入流化床中，开启风机，使物料处于初始流化状态，混合5min。

② 采用顶喷装置，调节进风风量使物料流化高度处于容器的1/2～2/3处，操作条件为：进风风量4200m³/h，进气温度55℃，喷雾压力20kPa，喷雾速率为400mL/min。喷液完毕后关闭蠕动泵，继续通热风干燥约25min，出风温度约40℃，关闭进风，出料后用振动筛进行过筛，大颗粒通过整粒机整粒后过筛。检测合格后包装。

2. 50%嘧菌脂WG（FL200造粒机）

嘧菌脂（折百） 50%　　　　润湿剂（Berol 790A） 2%

分散剂（Agrilan 700） 3%　　　　黏结剂（淀粉） 补足100%

分散剂（Morwet D-425） 6%

制备工艺：

① 将原料混合均匀经过气流粉碎，达到要求的细度，称量200kg投入流化床中，开启风机，使物料处于初始流化状态，混合5min。

② 采用顶喷装置，调节进风风量使物料流化高度处于容器的1/2～2/3处，操作条件为：进风风量4600m³/h，进气温度60℃，喷雾压力20kPa，喷雾速率为400mL/min。喷液完毕后关闭蠕动泵，继续通热风干燥约25min，出风温度约40℃，关闭进风，出料后用振动筛进行

过筛，大颗粒通过整粒机整粒后过筛。检测合格后包装。

3. 50%吡蚜酮WG（FL200造粒机）

吡蚜酮（折百）　50%　　　　　　　崩解剂（硫酸胺）　10%

分散剂（Tanemul DA 351）　4%　　　崩解剂（元明粉）　6%

分散剂（Tanemul DA 352）　8%　　　黏结剂（淀粉）　补足100%

润湿剂（K12）　3%

制备工艺：

① 将原料混合均匀经过气流粉碎，达到要求的细度，称量200kg投入流化床中，开启风机，使物料处于初始流化状态，混合5min。

② 采用顶喷装置，调节进风风量使物料流化高度处于容器的1/2～2/3处，操作条件为：进风风量4600m³/h，进气温度55℃，喷雾压力20kPa，喷雾速率为350mL/min。喷液完毕后关闭蠕动泵，继续通热风干燥约35min，出风温度约40℃，关闭进风，出料后用振动筛进行过筛，大颗粒通过整粒机整粒后过筛。检测合格后包装。

4. 70%丙森锌WG（FL200造粒机）

丙森锌（折百）　70%　　　　　　　黏结剂（羧甲基淀粉钠）　1%

分散剂（Reax 910）　12%　　　　　填料（高岭土）　补足100%

润湿剂（Wetting Agent WL）　1%

制备工艺：

① 将原料混合均匀经过气流粉碎，达到要求的细度，称量180kg投入流化床中，开启风机，使物料处于初始流化状态，混合5min。

② 采用顶喷装置，调节进风风量使物料流化高度处于容器的1/2～2/3处，操作条件为：进风风量4000m³/h，进气温度50℃，喷雾压力20kPa，喷雾速率为600mL/min。喷液完毕后关闭蠕动泵，继续通热风干燥约30min，出风温度约38℃，关闭进风，出料后用振动筛进行过筛，大颗粒通过整粒机整粒后过筛。检测合格后包装。

5. 80%百菌清WG（FL200造粒机）

百菌清（折百）　80%　　　　　　　黏结剂（羧甲基淀粉钠）　1%

分散剂（Morwet D-425）　8%　　　　填料（高岭土）　补足100%

润湿剂（Morwet EFW）　2%

制备工艺：

① 将原料混合均匀经过气流粉碎，达到要求的细度，称量200kg投入流化床中，开启风机，使物料处于初始流化状态，混合5min。

② 采用顶喷装置，操作条件为：进风风量4600m³/h，进气温度60℃，喷雾压力20kPa，喷雾速率为500mL/min。喷液完毕后关闭蠕动泵，继续通热风干燥约25min，出风温度约30℃，关闭进风，出料后用振动筛进行过筛，大颗粒通过整粒机整粒后过筛。检测合格后包装。

6. 60%吡蚜酮·噻虫嗪WG（FL200造粒机）

吡蚜酮（折百）　50%　　　　　　　润湿剂（YUS-NW1）　4%

噻虫嗪（折百）　10%　　　　　　　崩解剂（元明粉）　8%

分散剂（YUS-WG4）　8%　　　　　黏结剂（玉米淀粉）　8%

分散剂（YUS-CH7000）　4%　　　　填料（高岭土）　补足100%

制备工艺：

① 将原料混合均匀经过气流粉碎，达到要求的细度，称量200kg投入流化床中，开启风机，使物料处于初始流化状态，混合5min。

② 采用顶喷装置，调节进风风量使物料流化高度处于容器的1/2～2/3处，操作条件为：进风风量4600m³/h，进气温度55℃，喷雾压力20kPa，喷雾速率为350mL/min。喷液完毕后关闭蠕动泵，继续通热风干燥约35min，出风温度约40℃，关闭进风，出料后用振动筛进行过筛，大颗粒通过整粒机整粒后过筛。检测合格后包装。

第六节　水分散粒剂生产技术

一、配方的影响因素

1. 分散剂对制剂悬浮性能的影响

分散剂是水分散粒剂配方中重要的组分之一，是影响水分散粒剂重要技术指标——悬浮性和分散性的重要因素。分散剂的作用是吸附于农药粒子表面，在水分散粒剂崩解后的粒子表面形成强有力的吸附层和保护屏障，在粒子周围形成电荷或空间阻势垒，有效地防止农药粒子在调剂和贮藏期间再度聚集，使其在较长时间内保持均匀分散。由于水分散粒剂具有高含量、高悬浮特性，这对于在水分散粒剂中使用的分散剂比可湿性粉剂有更高的要求，要求其具有更强的分散性、更稳定的分散作用。分散剂用量增加，制剂悬浮率提高，达到一定量时，悬浮率变化不明显，但添加量过大则直接影响造粒过程。因此，其品种和用量对水分散粒剂在水中的悬浮稳定性有较大的影响。

2. 润湿剂对崩解等性能的影响

水分散粒剂的崩解过程首先需要粒子被水润湿，而润湿是一个固液界面现象，是水分散粒剂颗粒表面气体被水取代并覆盖的过程，润湿剂的作用是降低水的表面张力，增加液体在固体上的扩展性和渗透力，解决固-液表面的润湿问题，这有利于农药有效成分的释放和吸收，使其在作物表面具有良好的附着性，最大限度地发挥生物活性。

润湿剂的品种和用量不仅决定颗粒与水界面的接触角大小，而且还会对水分散粒剂的崩解快慢产生较大的影响。由于大多数有机合成原药是疏水性的，必须借助于润湿剂的作用，才能使其分散悬浮于水中，进而进行喷雾使用，由此可见，水分散粒剂对润湿剂的要求比可湿性粉剂高，这也从一个侧面表明，不能仅仅从单一层面来考虑制剂性能的改善，而应该综合考虑水分散粒剂在水中润湿、崩解、分散、悬浮等整个过程来考虑助剂的品种和用量，才能达到事半功倍的效果。润湿剂并非用量越多越好，过小，润湿时间长；过大，则对制剂的悬浮率产生影响。

3. 黏结剂对制剂性能的影响

黏结剂的作用是使水分散粒剂的颗粒在制造成产品后，不仅使水分散粒剂的颗粒具有一定强度，在包装、运输等过程中不易松散成粉，而且确保崩解时间较短。黏结剂加入量少，颗粒的强度不够，易破碎，加入量越大，颗粒的强度就越大，但颗粒的崩解性随之变差，这就需要找出一个平衡点，在满足制剂崩解性的同时，尽量使得颗粒保持较大的强度。

通常用的黏结剂品种主要有羟乙基纤维素、可溶性淀粉、聚乙二醇、甲基纤维素、糊精、聚乙烯醇、果糖。其中，羟乙基纤维素、聚乙二醇随着含量的增加粒子的强度增大，但对崩解时间的影响较大，可溶性淀粉在用量3%时不但强度好，而且崩解时间也较短。

4. 崩解剂对制剂性能的影响

为了使水分散粒剂的颗粒在水中快速崩解变为粉末，促进有效成分溶出，使得制剂有较好的悬浮性和分散性，在制剂中须加入崩解剂。崩解剂的作用是加快水分散粒剂的颗粒在水中的崩解，其作用机制是机械性的而非化学性的，其过程一般是颗粒中的崩解剂及药粉被水润湿后，吸水膨胀而崩裂成细小的颗粒，使其完全分散成造粒前粉剂的粒度大小。衡量崩解剂崩解性能的重要指标是崩解时间，不同崩解剂品种，其崩解性能不同，一般来讲，随着崩解剂用量的增加，崩解时间缩短。崩解剂加到一定量后，崩解时间变化不大，悬浮率变化也不大。

常用崩解剂品种主要有硫酸铵、尿素、聚乙烯吡咯烷酮、硫酸钠、淀粉及其衍生物、纤维素、碳酸氢钠、月桂醇硫酸钠、海藻酸钠、膨润土、氯化钠等。

5. 填料对制剂性能的影响

通常在不影响活性成分稳定性的前提下，尽量选用在水中易崩解的填料。对于大多数高浓度的水分散粒剂，几乎不含填料，或仅含很少量的填料来调整有效成分的含量，在低浓度的水分散粒剂中，填料所占比例较大，其对制剂的性能有较大的影响，这也就是所开发的水分散粒剂的含量一般都较高的原因。有时在有些制剂中加入一些无机盐，会使制剂有更好的润湿性和崩解性。

常用的填料种类有高岭土、轻质碳酸钙、膨润土等。

6. 造粒时水量的控制

造粒时黏结剂中水的用量对颗粒的形状、大小、硬度等都有一定的影响。水的用量不仅影响造粒过程，而且直接影响水分散粒剂的崩解性。水量太少，则粉体不易成粒，即使成粒，颗粒的强度也不够，颗粒细小、近圆球状，虽崩解性好，但易碎；水量过多，挤出后易黏结，且颗粒强度大，崩解性相对较差，因此，应严格控制水量在适宜范围内。

二、生产过程的影响因素

水分散粒剂的加工过程相对复杂，工艺对制剂的性能影响也较大。粉碎方式不同，物料的细度和均匀度大不相同。单一机械粉碎方式，物料粗，粒谱宽，悬浮率低。机械粉碎和气流粉碎结合后物料大部分（90%）细度可以达到0.26~15.78μm，其中50%的粒子可以达到5μm，悬浮率可达90%以上，因此经气流粉碎后生产出的水分散粒剂较容易得到稳定的悬浮液。

相同的物料，相同的粉碎方式，不同的造粒方式，制剂的外观、粒子的强度或者破碎率、崩解性都存在一定程度的不同，相比双螺旋挤出造粒，旋转刮片挤出造粒造出的粒子强度较低，且具有较多微孔，因此具有易崩解、润湿分散性较好等优点，而双螺旋挤出法造出的粒子外观较为整齐圆润，粒子强度较好，但两者造粒法造出的粒子悬浮液稳定性无较大差异，因此，两种造粒方式各有所长，可视情况选择。因此，应综合考虑性能和成本因素，优化粉碎方式，才能得到性能与成本兼顾的优良制剂配方及工艺。

1. 粉碎过程

粒度是决定水分散粒剂悬浮率的重要前提。挤出法生产水分散粒剂对物料细度的要求应控制在1200目左右。没有这一细度，悬浮率无法提高。挤出法制水分散粒剂的物料粉碎一般采用干法。目前粉碎的手段有：机械粉碎、气流粉碎和流化床粉碎。前者细度达不到要求。气流粉碎对中低熔点的原药往往会使其发热而黏盘。流化床粉碎效果最佳但耗能亦高。建议采用机械粉碎与流化床相结合的方法，以求最佳。

一般将有效成分、填料和助剂一并混合粉碎。对生产低含量的水分散粒剂而言，由于耗能太大，也可只粉碎原药或加部分辅料和助剂，并外购细度达标的填料。但须保证质量，否则，有喷雾施药堵喷头之忧。

2. 捏合过程

该过程作用有两个作用：一是有效成分与表面活性剂等均衡展布；二是物料与水充分润湿，使材料具有充分的可塑性，因此，这一过程又称为物料的塑化过程。

表面活性剂的展布是否均匀很重要，否则，会影响产品的悬浮率。水分的控制是这一过程的重点和难点，达不到应加的水量，塑性过差，影响成品率和最终产品的强度。加水过量，除会导致产品粘连外，更坏的结果是影响产品的分散和崩解性能。加水量的多少还与环境的湿度和原物料的湿度有关，目前未见对这一过程的电脑控制。挤出法生产水分散粒剂的捏合过程中，物料的性能在加水临界点附近表现敏感，必须配备熟练的操作人员以适应工艺要求。

3. 干燥过程

适合水分散粒剂干燥的装备有两类，分别是物料静止的各种热风箱式干燥和物料运动的流化床干燥，但产品强度设计得较低的水分散粒剂不宜采用流化干燥。流化床干燥受热均匀，兼有整粒效果，对产品的悬浮率、分散崩解性能等可靠度高，但成品率较箱式干燥低。无论哪种方式，干燥过程的关键是温度控制和受热均匀。除低熔点农药外，挤出法生产水分散粒剂的干燥温度以70~90℃为宜，不宜过高。加热过程对水分散粒剂物料的内部结构而言，是一个很复杂的物理化学过程。例如，过热或局部过热，会引起某些活性物的晶体长大，对许多组分会诱发结聚等，宏观表现集中在分散性变差、悬浮率下降等。

主要影响因素及解决方法列于表6–18中。

表6–18　水分散粒剂主要影响因素及解决方法

现象	原因	解决方法
崩解性差	①润湿剂用量不当；②分散剂用量不当；③挤出压力过大；④造粒加入水量过大；⑤黏结剂用量过大；⑥干燥温度过高；⑦填料搭配不当	①调整润湿剂用量；②调整分散剂用量；③减小挤出压力；④减小造粒用水量；⑤减小黏结剂用量；⑥降低干燥温度；⑦调整填料比例
硬度大	①挤出压力过大；②造粒加入水量过大；③黏结剂用量过大；④干燥温度过高；⑤颗粒太干	①减小挤出压力；②减小造粒用水量；③减小黏结剂用量；④降低干燥温度
易碎	①造粒加水量太少；②颗粒太干；③填料搭配不当	①增加造粒加水量；②减小干燥时间；③调整填料
分散性差	①选错分散剂；②分散剂用量太少；③选错润湿剂；④润湿剂用量少；⑤载体搭配不当	①增加分散剂用量；②改用其他分散剂；③增加润湿剂用量；④改用其他润湿剂；⑤调整填料比例
润湿性差	①选错润湿剂；②润湿剂用量少；③药粒粒径小；④载体搭配不当	①增加润湿剂用量；②改用其他润湿剂；③调整填料比例

现象	原因	解决方法
湿筛量大	①选错分散剂；②分散剂用量太少；③选错润湿剂；④润湿剂用量少；⑤载体搭配不当	①增加分散剂用量；②改用其他分散剂；③增加润湿剂用量；④改用其他润湿剂；⑤增加水溶性填料
悬浮率低	①药粒粒径太大；②药粒粒径分布范围太宽；③分散剂用量少；④分散剂选择不对；⑤载体选择不当；⑥水质的硬度大；⑦水质的温度高	①减小药粒粒径；②减小药粒粒径分布范围；③提高分散剂用量；④改用其他分散剂；⑤改用其他载体
分解率高	原药降解	①加入稳定剂；②调整助剂；③调整载体；④调整 pH 值
凝集	①选错分散剂；②分散剂用量太少；③选错润湿剂；④润湿剂用量少；⑤载体搭配不当	①增加分散剂用量；②改用其他分散剂；③增加润湿剂用量；④改用其他润湿剂；⑤调整填料比例
变色	①干燥温度太高；②干燥温度不均匀；③水溶性填料过多；④颗粒太干	①降低干燥温度；②调整干燥温度；③降低水溶性填料；④减少干燥温度
泡沫多	①润湿剂加入太大；②润湿剂、分散剂问题	①减少润湿剂；②更改润湿剂、分散剂；③加入消泡剂

三、需要注意的问题

1. 不能过分注重崩解速率

在水分散粒剂的研究中，崩解速率的快慢当然是必须关注的，但并不是崩解越快的产品就一定是好的。不同的原药与助剂的配伍协同性是不同的，不可能要求所有的产品都是一个崩解速率，要用科学的态度去看待问题，在合理的崩解时间内，悬浮率的高低才是最值得重视的指标，因为它是直接影响产品最终质量的因素。

2. 不同的加工工艺配方具有差异性

流化床喷雾造粒、挤出造粒、转盘造粒是目前国内生产水分散粒剂较为普遍采用的方法。但采取不同的加工方式，即使是同一个产品，其配方也需有一定的调整，在质量要求相同的情况下，喷雾流化造粒法、转盘造粒法的助剂用量通常比挤出法相对少一些。

四、试验中的现象

1. 不能用判断可湿性粉剂的经验去判断水分散粒剂

一般在配方筛选中，都是先将造粒前的粉体放入水中观察一下分散润湿情况，可这往往会筛掉很多正确的配方，一定不能用粉体分散的好坏判断最终结果。因为在没有造粒前，原药与助剂的接触是不够充分的，只有造粒后，才能做最终判断。

2. 为何湿颗粒性能与干燥后有差异

试验中，有一些原药品种，为什么在造粒未干燥之前放入水中状态很好，可干燥后却大相径庭呢？研究发现这与原药的亲水性有较大关系。因此，在筛选配方时，要特别注意对原药性能的分析研究，这样才能少走弯路。

附件： 部分水分散粒剂生产配方

80% 克菌丹 WG
原药（克菌丹）　89.00%
分散剂（Morwet D-425）9.00%
润湿剂（Morwet EFW）0.50%
填料（高岭土）　补足 100%

80% 西维因 WG
原药（西维因）　81.20%
分散剂（Morwet D-425）　10.20%
乳化剂（Witconol NP-100）　1.80%
填料（高岭土）　补足 100%

80% 百菌清 WG
原药（百菌清）　80.00%
分散剂（Morwet D-425）　8.00%
润湿剂（Morwet EFW）　2.00%
填料（高岭土）　补足 100%

63% 代森锰锌 WG
原药（代森锰锌）　74.00%
分散剂（Morwet D-425）　9.00%
润湿剂（Morwet EFW）　3.00%
Attaclay　补足 100%

90% 福美锌 WG
原药（福美锌）　91.00%
分散剂（Morwet D-425）　7.00%
润湿剂（Morwet EFW）　2.00%

75% 西玛津 WG
原药［西玛津（有效物）］　75%
分散剂［丙烯酸与顺丁烯二酸共聚物胺盐（$\overline{M}$=1000）］　5%
分散剂（木质素磺酸钠）　3%
崩解剂（淀粉）　3%
崩解剂（果糖）　11%
填料（硅藻土）　补足 100%

50% 阿特拉津 WG
原药（阿特拉津）　51.00%
分散剂（Morwet D-425）　7.00%
润湿剂（Morwet EFW）　2.00%
填料（高岭土）　补足 100%

70% 苏云金杆菌 WG
原药（苏云金杆菌）　70.00%
分散剂（Morwet D-425）　6.00%
润湿剂（Morwet EFW）　6.00%
填料（高岭土）　补足 100%

90% 甲萘威 WG
原药（甲萘威）　91.0%
分散剂（Morwet D-425）　6.90%
润湿剂（Morwet EFW）　2.10%

90% 阿特拉津 WG
原药（阿特拉津）　91.00%
分散剂（Morwet D-425）　7.00%
润湿剂（Morwet EFW）　2.00%

85% 硫黄 WG
原药（硫黄）　85.00%
分散剂（Morwet D-425）　8.00%
润湿剂（Morwet EFW）　2.00%
填料（高岭土）　补足 100%

50% 西玛津 WG
原药（西玛津）　50%
分散剂（萘磺酸钠甲醛缩合物）　43%
分散剂（木质素磺酸钙）　1.5%
聚乙烯吡咯烷酮（PVP）　5%
高温分解的硅酸　0.5%

80% 三环唑 WG

原药［三环唑（有效物）］ 80%

分散剂［丁烯二酸与苯乙烯共聚物钠盐（$\overline{M}$=15000）］ 3%

填料（硅藻土） 3%

乳糖 11%

分散剂（烷基苯磺酸钠） 2%

填料（硅砂）填料（硅砂） 3%

80% 多菌灵 WG

原药［多菌灵（工业品）］ 80.8%

HOE S 3475 2.0%

分散剂（分散剂 SS） 3.0%

聚乙二醇 6000 1.0%

填料（高岭土） 补足 100%

90% 灭多虫 WG

原药［灭多虫（工业品）］ 91.0%

淀粉（并加入表面活性剂） 7.0%

填料（白炭黑）（气相燃烧法产品） 补足 100%

40% 杀螟硫磷 WG

原药［杀螟硫磷（活性物）］ 40%

填料（白炭黑） 40%

分散剂［丁烯二酸与苯乙烯共聚物钠盐（$\overline{M}$=5000）］ 3%

黏土 补足 100%

80% 敌草隆 WG

原药［敌草隆原药（折百）］ 80%

分散剂（Metasperse 550S） 4.5%

润湿剂（Morwet EFW） 3.0%

填料（高岭土） 补足 100%

用 4mm 挤出机挤成条状颗粒，在 50℃下干燥 24h

70% 三环唑 WG

原药［三环唑（工业品）］ 75%

无水乳精 3%

分散剂萘磺酸钠甲醛缩合物 2%

分散剂（木质素磺酸钠） 2%

三聚磷酸钠 2%

（烷基苯磺酸钠） 1%

填料（膨润土、硅砂） 3%

80% 多菌清 WG

原药［百菌清（有效物）］ 80%

分散剂［丁烯二酸与二异丁烯共聚物钠盐（$\overline{M}$=12000）］ 3%

淀粉 2%

葡萄糖 12%

分散剂（木质素磺酸钠） 3%

填料（硅藻土） 补足 100%

40% 仲丁威 WG

原药（仲丁威） 40%

月桂醇聚氧乙烯聚氧丙烯醚硫酸铵 5%

壬基酚聚氧乙烯醚硫酸铵 5%

填料（白炭黑） 补足 100%

70% 甲基毒虫畏 WG

原药［甲基毒虫畏（活性物）］ 70%

分散剂［丙烯酸与顺丁烯二酸二酸共聚物钠盐（$\overline{M}$=8000）］ 5%

填料（白炭黑） 10%

淀粉 4%

填料（黏土） 补足 100%

80% 噁虫威 WG

原药（噁虫威） 82.00%

分散剂（Morwet D-425） 6.00%

润湿剂（Morwet EFW） 2.00%

填料（高岭土） 补足 100%

90% 敌草隆 WG
原药［敌草隆原药 （折百）］　91.0%
分散剂 （Morwet D-425）　7.0%
润湿剂（Morwet EFW）　1.5%
填料（高岭土）　补足 100%
用 4mm 挤出机挤成条状颗粒，在 50℃下干燥 24h

80% 敌草隆 WG
原药［敌草隆原药 （折百）］　84.5%
分散剂 （Morwet D-425）　8.0%
润湿剂（Morwet EFW）　2.0%
填料（高岭土）　补足 100%
用 4mm 挤出机挤成条状颗粒，在 50℃下干燥 24h

66% 菜草通 WG
原药［菜草通原药（折百）］　66%
分散润湿剂（LS）　10%
黏结剂（可溶淀粉）　1%
助崩解剂（硫酸铵）　6%
载体（轻质碳酸钙）　补足 100%
将原药及助剂混合后进行气流粉碎机粉碎，再进入流化床用 15%~20% 的含黏结剂水溶液在 20~40℃下进行造粒和干燥，产品粒度为 0.5~2.0mm
润湿性　小于 1min
崩解性　小于 3min
悬浮率　大于 90%

80% 烟嘧黄隆 WG
原药［烟嘧黄隆原药（折百）］　80%
分散润湿剂（HY）　5%
黏结剂（聚乙二醇）　1.0%
崩解剂（尿素）　3%
填料（白炭黑）　补足 100%
原药及助剂混合均匀，经气流粉碎后，用 15%~18% 的黏结剂水溶液在 60~70℃的流化床中进行喷雾造粒同时干燥。产品粒度为 0.5~2.0mm
润湿性　小于 1min
崩解性　小于 3min
悬浮率　大于 90%

70% 吡虫啉 WG
原药（吡虫啉 TC）　70%
润湿剂（DT-886）　4%
润湿分散剂（DT-53）　2%
润湿分散剂（DT-51）　4%
填料　补足 100%

75% 三环唑 WG
原药（三环唑 TC）　75%
润湿剂（DT-886）　2%
润湿分散剂（DT-53）　3%
润湿分散剂（DT-51）　4%
填料　补足 100%

5% 甲维盐 WG
原药（甲维盐）　5.0%
分散剂（TERSPERSE 2700）　6.0%
层状结晶硅酸钠　5.0%
填料（滑石粉）　补足 100%

80% 多菌灵 WG
原药（多菌灵）　80.0%
分散剂（TERSPERSE 2425）　8.0%
润湿剂（Terwet 1004）　2.0%
填料　补足 100%

80% 克菌丹 WG

原药（克菌丹）　80.0%

分散剂（TERSPERSE 2700）　4.4%

分散剂（TERSPERSE 2425）　0.8%

润湿剂（Terwet 1004）　1.6%

填料　补足 100%

75% 百菌清 WG

原药（百菌清）　75.0%

分散剂（TERSPERSE 2700）　4.5%

润湿剂（Terwet 1004）　1.4%

分散剂（TERSPERSE 2425）　0.5%

填料（滑石粉）　2.0%

填料（硅藻土）　补足 100%

70% 吡虫啉 WG（浅黄色）

原药（吡虫啉）　70.0%

分散剂（TERSPERSE 2425）　8.0%

润湿剂（Terwet 1004）　3.0%

分散剂（木质素磺酸钠）　补足 100%

80% 敌草隆 WG

原药（敌草隆）　80%

分散剂（TERSPERSE 2425）　8.0%

润湿剂（Terwet 1004）　2.0%

填料　补足 100%

75% 嗪草酮 WG

原药（嗪草酮）　75.0%

分散剂（TERSPERSE 2700）　6.0%

润湿剂（Terwet 1004）　3.0%

分散剂（TERSPERSE 2425）　2.0%

金属络合剂（EDTA）　1.5%

填料（滑石粉）　补足 100%

70% 吡虫啉 WG（白色）

原药（吡虫啉）　70.0%

分散剂（TERSPERSE 2700）　5.0%

润湿剂（Terwet 1004）　2.0%

分散剂（TERSPERSE 2425）　1.0%

金属络合剂（EDTA）　1.0%

填料　补足 100%

75% 醚苯磺隆 WG

原药（醚苯磺隆）　75.0%

分散剂（TERSPERSE 2700）　5.0%

润湿剂（Terwet 1004）　1.8%

填料　补足 100%

60% 甲磺隆 WG

原药（甲磺隆）　60.0%

分散剂（TERSPERSE 2700）　5.0%

分散剂（TERSPERSE 2425）　1.0%

润湿剂（Terwet 1004）　1.8%

填料　补足 100%

60% 甲磺隆 WG

原药［甲磺隆原药（折百）］　60%

分散剂（Morwet D-450）　5%

润湿剂（Morwet EFW）　3.75%

黏结剂（聚乙二醇）　1.0%

填料　（白炭黑）　补足 100%

50% 烯酰吗啉 WG

原药［烯酰吗啉原药（折百）］　50%

分散剂（烷基萘磺酸缩聚物的钠盐）　4%

润湿剂（烷基萘磺酸盐和阴离子润湿剂的混合物）　2%

分散剂（NNO）　15%

黏结剂（聚乙二醇）　1%

载体　高岭土　补足 100%

50% 毒草胺 WG
原药［毒草胺原药（折百）］　50%
分散剂（Morwet D-425）　5%
润湿剂（烷基芳基磺酸钠混合物）　1.5%
分散剂（NNO）　15%
分散剂（MF）　5%
填料（高岭土）　补足 100%

90% 阿特拉津 WG
原药［阿特拉津原药（折百）］　90%
分散剂（Morwet D-425）　7%
润湿剂（Morwet EFW）　3%

90% 西玛津 WG
原药［西玛津原药（折百）］　90%
分散剂（TERSPERSE 2700）　4.5%
润湿剂（Terwet 1004）　1.8%
填料　（白炭黑）　补足 100%

70% 甲基硫菌灵 WG
原药［甲基硫菌灵（折百）］　70%
分散剂（聚羧酸盐）　5%
润湿剂（MF-3）　5%
崩解剂（硫酸铵）　6%
填料（高岭土）　补足 100%

85% 百菌清 WG
原药［百菌清原药（折百）］　85%
分散剂（TERSPERSE 2700）　5%
润湿分散剂（TERSPERSE 2100）　2.0%
填料（白炭黑）　补足 100%

60% 甲磺隆 WG
原药［甲磺隆原药（折百）］　60%
分散剂（TERSPERSE 2700）　5.0%
润湿剂（Terwet 1004）　1.8
填料（高岭土）　补足 100%

80% 草甘膦水性颗粒 WG
原药［草甘膦铵盐（折百）］　80%
增效剂（Terwet 1221）　10%
助崩解剂（硫酸铵）　补足 100%

75% 嗪草酮 WG
原药［嗪草酮原药（折百）］　75%
分散剂（TERSPERSE 2700）　4.5%
润湿剂（TERSPERSE 1004）　2.0%
助崩解剂（硫酸铵）　5%
分散剂（MF）　5%
载体　补足 100%

90% 特丁津 WG
原药［特丁津原药（折百）］　90%
润湿剂（Morwet EFW）　1.5%
分散剂（Morwet D-425）　4.5%
消泡剂（有机硅消泡剂）　0.2%
助崩解剂　（硫酸铵）　补足 100%

80% 烟嘧磺隆 WG
原药（烟嘧磺隆原药）　80.0%
润湿分散剂［脂肪醇硫酸醋盐（复合型表面活性剂，HY）］　6.0%
黏结剂（聚乙二醇）　2.0%
崩解剂（硫酸铵）　3.0%
载体　补足 100%

50% 阿维菌素 WG

原药［阿维菌素原药（折百）］　50%

分散剂(烷基萘磺酸盐及其甲醛缩合物)　5%

润湿剂（K12）　8%

助崩解剂（尿素）　3%

助崩解剂（碳酸钠）　10%

黏结剂（聚乙烯醇）　1.5%

填料（轻质碳酸钙）　补足100%

90% 莠去津 WG

原药［莠去津原药（折百）］　90%

润湿剂（Rhodapon LS/90-wp）　10%

分散剂（Geropon　SC/213）　5%

填料　补足100%

5% 阿维菌素 WG

原药（阿维菌素原药）　5%

分散剂（NNO 和月桂醇聚氧乙烯醚）　6%

润湿剂（K12 和 DBS-Na）　5%

崩解剂（膨润土）　5%

黏结剂（聚乙二醇）　1.5%

填料（高岭土和白炭黑）　补足100%

100g/kg 苯醚甲环唑 WG

原药（苯醚甲环唑、恶醚唑）　10%

分散剂（聚丙烯酸衍生物、Geropon TA/72）　3%

润湿剂（Westvaco EFW）　2%

崩解剂（交联状的吡咯烷酮）　1%

pH 调节剂（甘露醇）　5%

黏结剂（天然高分子纤维素）　3%

消泡剂（有机硅消泡剂）　1%

稳定剂（无水氯化钙）　2%

填料（高岭土）　40%

填料（白炭黑）　补足100%

25% 苯噻草胺吡嘧磺隆水分散性抛掷型粒剂

原药（苯噻草胺）　23.5%

原药（吡嘧磺隆）　1.5%

发泡剂　15%

扩散剂（聚羧酸类聚合物 H-1）　2%

黏结剂（羧甲基纤维素钠）　0.3%

填料（高岭土或膨润土）　补足100%

75% 烟嘧磺隆 WG

原药［烟嘧磺隆原药（折百）］　75%

分散剂（Morwet D-425）　5%

润湿剂（Morwet EFW）　3%

崩解剂（尿素）　4%

黏结剂（聚乙二醇）　1%

填料（高岭土）　补足100%

50% 烯酰吗啉 WG

原药［烯酰吗啉原药（折百）］50%

分散剂（MOTAS712）　13.5%

分散剂（木质素磺酸钠）4.5%

润湿剂（AONAS1001）　4.0%

填料（玉米淀粉）　补足100%

25% 苯氧威 WG

原药（苯氧威）　25%

乳酸丁酯　12%

聚氧乙烯聚氧丙烯嵌段共聚物　2.7%

无水十二烷基苯磺酸钙　2.3%

N- 甲基 - 脂肪酰基 - 牛磺酸　3.2%

2- 乙基己基丁二酸酯磺酸盐　1.9%

淀粉乙醇酸钠和碳酸氢钠　3.4%

填料（白炭黑）　补足100%

80% 多菌灵 WG
原药［多菌灵原药（折百）］ 80%
分散剂（MOTAS7121） 3.5%
分散剂（NEWDISOL7111） 4.5%
润湿剂（AONAS1001） 3.0%
填料（高岭土） 补足 100%

75% 氟磺胺草醚 WG
原药［氟磺胺草醚原药（折百）］ 75%
分散剂（MOTAS7121） 3.5%
润湿剂（AONAS2001） 2.0%
填料（高岭土） 补足 100%

5% 甲维盐 WG
原药（甲维盐） 5.0%
润湿分散剂（茶皂素） 15.0%
黏结剂（无水葡萄糖） 6.0%
消泡剂（有机硅消泡剂） 0.3%
填料（硅藻土） 48%
填料（硫酸铵） 补足 100%

20% 印楝素 WG
原药（40% 的印楝素干粉） 50.0%
润湿剂（拉开粉） 3.0%
分散剂（NNO） 5.0%
崩解剂（硫酸铵） 4.0%
乳化剂（0201B） 5.0%
黏结剂（聚乙烯醇） 0.1%
填料（白炭黑） 补足 100%

20% 氟啶脲 WG
原药（氟啶脲） 20.0%
二丁基萘磺酸盐 5.0%
分散剂（A） 5.0%
崩解剂（尿素） 3.0%
可溶性淀粉 3.0%
填料（轻质碳酸钙） 补足 100%

50% 烯酰吗啉 WG
原药［烯酰吗啉原药（折百）］ 50%
分散剂（MOTAS7122） 3.5%
分散剂（木质素磺酸钠） 4.5%
润湿剂（AONAS1001） 4.0%
填料（高岭土） 补足 100%

90% 莠去津 WG
原药（莠去津原药） 90.0%
润湿剂（壬基酚聚氧乙烯醚） 1.0%
分散剂（木质素磺酸钠） 0.5%
分散剂（烷基萘磺酸钠） 0.5%
崩解剂（尿素） 2.0%
悬浮剂（丙烯酸铵和丙烯酸酯的共聚物） 1.0%
填料（膨润土） 补足 100%

10% 苯醚甲环唑 WG
原药（苯醚甲环唑原药） 10.0%
分散剂（分散剂 F） 4.0%
润湿剂（Rf） 1.0%
崩解剂（M） 5.0%
填料 补足 100%

20% 丁烯氟虫腈 WG
原药（丁烯氟虫腈） 20.0%
润湿剂（十二烷基苯磺酸钠） 6.0%
分散剂（NNO） 5.0%
崩解剂（氯化钠） 6.0%
黏结剂（可溶性淀粉） 2.0%
填料（高岭土） 补足 100%

36% 噻虫啉 WG
原药（噻虫啉） 36.0%
润湿剂（CBZ） 10.0%
分散剂（萘磺酸盐） 10.0%
崩解剂（硫酸铵） 20.0%
填料（轻质钙） 补足 100%

40% 苯醚甲环唑 WG
原药（苯醚甲环唑原药）　40.0%
烷基苯磺酸钙　4.0%
PO-EO 嵌段聚醚　6.0%
崩解剂（尿素）　10.0%
填料（膨润土）　补足 100%

50% 阿维菌素 WG
原药（阿维菌素原药）　50.0%
润湿剂（K12）　8.0%
分散剂（烷基萘磺酸盐及其甲醛缩合物）　5.0%
崩解剂（尿素）　3.0%
稳定剂（碳酸钠）　10.0%
黏结剂（聚乙烯醇）　1.5%
填料（轻质碳酸钙）　补足 100%

50% 蚜酮 WG
原药（吡蚜酮原药）　50.0%
润湿剂（K12）　2.0%
DBS-Na　6.0%
分散剂（NNO）　6.0%
GYDO4　6.0%
崩解剂（硫酸铵）　3.0%
黏结剂（聚乙烯醇）　2.0%
填料　补足 100%

50% 乙酰甲胺磷 WG
原药（乙酰甲胺磷）　50.0%
（十二烷基苯磺酸钠）　5.0%
（木质素磺酸钠）　6.0%
崩解剂（尿素）　4.0%
填料（硅藻土）　补足 100%

70% 烯啶虫胺 WG
原药（烯啶虫胺原药）　70%
润湿剂（K12）　8.0%
崩解剂（硫酸铵）　3.0%
黏结剂（聚乙二醇）　2.0%
填料（高岭土）　补足 100%

40% 烯酰吗啉 WG
原药（烯酰吗啉）　40.0%
分散剂（萘磺酸盐分散剂）　6.0%
丁基萘磺酸钠　2.0%
崩解剂（尿素）　5.0%
崩解剂（果糖）　0.3%
填料（高岭土）　补足 100%

50% 醚菌酯 WG
原药（醚菌酯）　50.0%
分散剂（木质素磺酸钙 +Morwet 450）　20.0%
润湿剂（Witconol NP-100）　0.4%
崩解剂（羧甲基淀粉钠）　5.0%
黏结剂（NJ）　1.0%
填料（陶土）　补足 100%

50% 烯酰吗啉 WG
原药（烯酰吗啉）　50.0%
润湿剂（K12）　1.0%
FLA-1　6.0%
分散剂（FLB-1）　4.0%
崩解剂（尿素）　5.0%
崩解剂（硫酸钠）　补足 100%

69% 烯酰吗啉·代森锰锌 WG
原药（烯酰吗啉）　9.0%
原药（代森锰锌）　60.0%
润湿分散剂（RNF066）　3.5%
BNY088　1.5%
分散剂（木质素磺酸盐）　3.0%
崩解剂（果糖）　补足 100%

70% 苯菌灵 WG
原药（苯菌灵原药）　70.0%
润湿分散剂（脂肪醇硫酸酯盐 AS）　6.0%
崩解剂（硫酸铵）　3.0%
黏结剂（聚乙二醇）　2.0%
填料（高岭土）　补足 100%

70% 代森锰锌 WG

原药（代森锰锌）　70.0%

十二烷基硫酸钠润湿剂　2.0%

木质素磺酸钠　3.0%

CEXY　5.0%

崩解剂　8.0%

柠檬酸　3.0%

填料（白炭黑）　补足100%

70% 烯啶虫胺·噻嗪酮 WG

原药（烯啶虫胺·噻嗪酮）　70.0%

聚羧酸盐　3.0%

脂肪醇磺酸盐　13%

助崩解剂（尿素）　5.0%

黏结剂（聚乙烯醇、聚乙二醇）　1.5%~2.5%

填料（绢云母粉）　补足100%

75% 苯磺隆 WG

原药（苯磺隆）　75.0%

润湿剂（LH-14）　4.0%

分散剂（LH-AS）　5.0%

乳化剂（LH-R）　2.5%

崩解剂（LH-11）　3.0%

稳定剂（LH-WG）　3.0%

填料（膨润土）　补足100%

75% 使它隆·麦草畏 WG

原药（使它隆）　40.0%

原药（麦草畏）　35.0%

润湿剂（烷基萘磺酸盐）　10.0%

分散剂（烷基萘磺酸甲醛缩合物）　3.0%

崩解剂（元明粉）　2.0%

填料（白炭黑）　补足100%

80% 莠灭净 WG

原药（莠灭净原药）　83.3%

分散剂（烷基萘磺酸钠）　2.0%

马来酸-丙烯酸共聚物钠盐　4.0%

聚乙烯吡咯烷酮　3.0%

可溶淀粉　2.5%

填料（膨润土）　补足100%

70% 甲基硫菌灵 WG

原药（甲基硫菌灵）　70.0%

润湿剂（MF-3）　5.0%

分散剂（聚羧酸盐）　5.0%

崩解剂（硫酸铵）　6.0%

填料（高岭土）　补足100%

72% 吡蚜·异丙威 WG

原药（有效成分）　72.0%

润湿分散剂（聚羧酸盐+脂肪醇磺酸盐）　18.0%

崩解剂（硫酸钠）　5.0%

填料（绢云母粉）　补足100%

75% 噻吩磺隆 WG

原药（噻吩磺隆）　75.0%

润湿剂（十二烷基苯磺酸钠）　3.0%

分散剂　5.0%

拉开粉　5.0%

崩解剂（硫酸铵）　5.0%

黏结剂　0.6%~3.0%

填料（钠基膨润土）　补足100%

80% 多菌灵 WG

原药（多菌灵原药）　80.0%

润湿分散剂［脂肪醇硫酸酯盐（复合型表面活性剂），HY］　6.0%

黏结剂（聚乙二醇）　2.0%

崩解剂（硫酸铵）　3.0%

填料　补足100%

800g/kg 丁噻隆 WG

原药（丁噻隆原药）　83.5%

润湿剂（Morwet EFW）　1.5%

分散剂（Tamol 8906）　2.5%

分散剂（CA-SA）　4.5%

助悬浮剂（HTZJ-10）　1.7%

崩解剂（硫酸铵）　3.8%

固体消泡剂　0.5%

填料（陶土）　补足100%

参考文献

［1］刘步林. 农药剂型加工技术. 第2版. 北京：化学工业出版社，1998.

［2］李范珠. 药物造粒技术. 北京：化学工业出版社，2007.

［3］莱文（Lenin，M）. 制剂工艺放大. 第2版. 唐星，等译. 北京：化学工业出版社，2009.

［4］凌世海. 农药剂型加工丛书. 第3版：固体制剂. 北京：化学工业出版社，2003.

［5］刘广文. 现代农药剂型加工技术. 北京：化学工业出版社，2013.

［6］刘广文. 农药水分散粒剂. 北京：化学工业出版社，2009.

［7］郭宜祜，王喜忠. 流化床基本原理及其工业应用. 北京：化学工业出版社，1980.

第七章

片　剂

第一节 概　述

一、简述

所谓片剂（tablet for direct），就是指原药与助剂等经过混合、粉碎等预处理工艺，再用压片机压制而成的片状制剂。从广义上说，就形状为片状的剂型而言，它可以包括直接使用片剂（DT）、烟片（FT）、饵片（PB）、可分散片剂（WDT）、泡腾片剂（EB）、可溶片剂（ST）、电热蚊香片剂（MV）、防蛀片剂（MPT）、驱虫片（RM）及片状的大粒剂（GG）。日常所说的片剂，一般指直接使用片剂、可分散片剂、烟片、泡腾片剂、可溶片剂这几种。

片剂是具有统一形状和尺寸的成型的固体，有一定机械强度，无可见的外来杂质。片剂通常是压成圆形的，有两个平面或凸面，两个面的距离要小于圆片的直径，也可以根据需要压成方形或者三角形。它的大小和质量由制造商或使用要求规定。

片剂，作为活性成分剂型已有悠久的历史，在医药上是常见的基本剂型，而在农药上，片剂的应用并不普遍。片剂早期发展相对迟缓的主要原因是早期制片设备简陋，产量低，质量也不稳定。除了某些特定场合的使用，它的使用和水分散粒剂等剂型相比，没有明显的优势，加工使用成本偏高。随着机械工业的发展，制片设备不断改善，压片机的设计日趋合理，自动化程度日益提高。现在已拥有高度自动化、有良好除尘设备、可自动剔除不合格药品的高速压片机。目前，生产的片剂一般具有如下优点：密度高、体积小，产品的性状稳定，剂量准确，其运输、贮存、携带和应用都比较安全、方便。同时，随着片剂研究的日趋深入，逐步确立了片重差异、崩解时间等系列质量标准，对保证片剂的质量也起到了很大的作用。随着对农药使用要求越来越高，农药的制剂研发向环保、安全、省工等方向发展。这样，片剂等的发展就有了良好的基础和新的机会。

国外农药大公司对农药片剂的研究要远远早于我国，FMC公司的费城分部是开发农药片剂的先驱者之一，该公司成功配制加工了莠去津、拟除虫菊酯和其他农药片剂。1999年10月27日RUSSIAN AGEN-CY登记注册的有30%～40%农药水分散片剂选择性除草剂莠去津、拟除虫菊酯类杀虫剂溴氰菊酯和内吸性杀菌剂甲基硫菌灵。《农药快讯》报道，美国氰胺公司1999年已将杀虫剂氯氰菊酯片剂投放市场，每片含10mg活性成分，与水溶性基质混合，在3min内形成完全均质的混合物，用于喷雾。法国安万特作物科学公司于2001年5月23日至2002年5月23日在我国登记了25%溴氰菊酯水分散片剂（敌杀死），用于喷雾。而我国在20世纪以前基本没有研究可分散片剂的报道，基本处于空白。沈阳化工研究院于2003年下半年开始，开展了具有自主知识产权的杀菌剂氟吗啉WDT加工配方、加工工艺研究，并在压片工艺上取得了技术突破。目前研制的25%～50%杀菌剂氟吗啉WDT，1片在1L水中，室温（5℃～25℃）开始分散，崩解时间不超过3min，悬浮率不小于65%。2005年，吉林邦农生物农药有限公司10%吡嘧磺隆水分散片剂获得生产批准证书。最近，对相关产品的应用研究也活跃起来，如：10%吡嘧磺隆水分散片剂用于水稻移栽田防除杂草。2%乙草胺·西草净水分散片剂（稻得利），用于防除单子叶杂草和阔叶杂草。随着加工技术的发展，农药应用的要求日益提高，片剂的研究会越来越被重视，发展会越来越快。

二、片剂的优点

借鉴和采用制药工业中片剂加工技术制备农药片剂，由于它具有简便、安全等优点，成为农药新剂型发展的潮流。尽管片剂加工比其他剂型昂贵，但它的使用价值、方便和省时等优点将使其在将来于农场化学品的需求上则更为广泛。其主要优点有：

（1）使用安全　使用者不会暴露于溶剂和农药的气雾或蒸气中，飘散和粉尘问题亦减少了。另外，能便于单独预测系统中使用，从而减少使用不当。片剂可用水溶性薄膜包衣，从而避免与容器接触，同时也不需要特殊的管理。

（2）运输安全　由于不存在溶剂，则毋须担心运输中片剂易燃和泄漏等问题。同时，由于其为固体，也不存在对空气和水源的污染。

（3）利于贮存　与液剂不一样，片剂在贮存或运输过程中不会发热，并且对极端的温度亦不十分敏感。不存在低温或冷冻会导致结晶形成、相态分离或变成固体而破坏乳状液的问题。当活性成分留在容器中时，将会形成具有流动性的悬浮液，最终导致使用不匀。

（4）容器的配置　固体剂型能有助于对农药容器的考虑，并且由于产品的体积减小，从而使所需容器量、运费和仓贮面积也相应减少。

（5）特殊剂型　对于一些化学不共容活性成分可加工成多层片剂，并且产品经袋混可使不同溶解度的活性成分加工在同一片剂中。

三、片剂的生产方法

片剂可经直接压制、干法造粒或湿法造粒进行生产。生产方法通常是将混合组分（有效成分和赋形剂）经搅拌后，置入轧片剂的空模中进行压制后吐出片剂。

干法造粒或"制成圆片"是将粉末制剂压成圆形片剂，或在滚压机中制成紧实的薄片，经筛分后再将这些颗粒经压制后即为片剂。

湿法造粒是将粉末状组分装入转动选淘式造粒剂中，同时用水喷淋，湿的粉末在滚动的选淘机中翻腾时，黏结成块并形成粗糙圆球。再将其进行干燥，及与其他组分混合再进行轧片。能否迅速分散是农药片剂的关键所在。为促进分散，片剂必须极易吸水。可将黏结剂、分散剂、润湿剂及崩解剂压入片剂内，以帮助分散。

为了使农药片剂化成为现实，必须做到：①在喷雾器中能迅速分散并适当悬浮；②有效成分具有相同的重量和配比；③不会堵塞喷雾器的喷嘴；④有合适的硬度及外观；⑤具有竞争力的价格。

第二节　片剂常用助剂

片剂的组成，除了活性成分以外通常还有其他几种物料，这些物料统称助剂。它们大都属于非活性物质。加入助剂主要是为了满足片剂的制备工艺和产品质量的特殊要求，以便制成优良的产品。故制备优良片剂，所用的活性成分必须具备：①有一定的流动性，能顺利流进模孔；②有一定的黏着性，以便加压成型；③不粘贴冲模和冲头；④遇水能迅速崩解、溶解而产生应有的药效。实际上很少有活性成分完全具备这些性能，因此，必须添加物料或适当处理使之达到上述要求。

每种片剂均有自己的特定助剂，同时也有通用助剂。这里所介绍的助剂均为通用助剂。

一、助剂的分类

片剂所用的助剂应理化性质稳定，不与活性成分发生反应，不影响活性成分的释放以及含量测定，即应为一种"惰性"助剂。

根据助剂在片剂中的主要功能的不同，助剂可以分为填充剂、润湿剂、黏结剂、崩解剂、润滑剂（抗黏剂、助流剂）、分散剂这几种基本类型。另外，有时活性成分中还加入警示剂等附加剂。事实上一种助剂往往兼具数种功能。例如，淀粉即可作填充剂，又是极好的崩解剂；微晶纤维素因兼具黏合、崩解作用，往往用作填充、黏合、崩解三合剂，是直接压片工艺中广泛使用的助剂。因此，必须掌握各种助剂的特点，在设计处方时灵活运用。

二、助剂的作用

1. 填充剂

填充剂的主要用途是增加片剂的重量和体积。片剂系机械化生产的剂型，为了应用和生产的方便，片剂最小的冲模直径一般不少于6mm。

填充剂大致可分为：①水不溶性填充剂。如淀粉、微晶纤维素、硫酸钙、磷酸氢钙等。②直接压片用填充剂。如改良淀粉等。发展的趋势是将崩解剂、润滑剂加入，一并制成颗粒状填充剂供用，压片时不再加这些助剂。

2. 黏结剂

有不少活性成分本身缺乏黏性或黏性较小，在制备软材时需加入黏性的助剂，这种助剂称为黏结剂。黏结剂本身有一定的黏性，能增加各组分粒子间的结合力，以利于造粒和压片。黏结剂有液体的和固体的，在湿法造粒中常用液体黏结剂，在干法造粒、压片中，也使用固体黏结剂。

黏结剂按用法可分为：①制成水溶液或胶浆才具黏性的黏结剂。如淀粉、明胶、羧甲基纤维素钠等。②干燥状态下也具黏性的干燥黏结剂。本类黏结剂在溶液状态下的黏性一般更强（约为干燥状态的2倍），如高纯度糊精、改良淀粉等。③经非水溶剂溶解或润湿后具黏性的黏结剂。如乙基纤维素、聚乙烯吡咯烷酮、羟丙基甲基纤维素等，此类黏结剂适用于遇水不稳定的活性成分。

3. 崩解剂

为了使药片立即崩解，以便活性成分释放、溶解、吸收、迅速发挥药效，而加入的助剂称为崩解剂。在压制片中，除希望活性成分缓慢释放的长效片剂外，一般均需加入崩解剂。崩解剂大都是亲水性物质，有较好的吸水性和膨胀性，以促使片剂崩裂。

（1）崩解剂的作用机制　崩解剂的作用机制尚不完全明确，一般认为是受以下三方面的作用使片剂崩解：①膨胀作用。崩解剂多为高分子亲水性物质，压制成片后，遇水易被水润湿并通过自身膨胀使片剂崩解。这种膨胀作用还包括润湿热所致的片剂中残存空气的膨胀。②毛细管作用。一些崩解剂和填充剂，特别是直接压片助剂，多为圆球形亲水性聚集体，在加压下形成了无数孔隙和毛细管，具有强烈的吸水性，使水迅速进入片剂中，将整个片剂润湿而崩解。③产气作用。在泡腾制剂中加入泡腾崩解剂，遇水即产生气体，借气体的膨胀使片剂崩解。由此可见，除产气作用是借助崩解剂的特殊性能外，崩解剂使片剂崩解是借助上述①，②的综合作用实现的。这些作用的速率都受片剂润湿难易的限制，与多种因素有关，在片剂中加入表面活性剂以促进片剂的崩解，其机制与此有密切关系。

（2）崩解剂的加入方法　崩解剂加入的方法是否恰当，将影响崩解和活性成分释放的效果，应根据具体对象和要求分别对待，加入的方法有三种：①内加法。崩解剂在造粒前加入，与黏结剂共存于颗粒中，一经崩解，便成粉粒，有利于活性成分的释放。②外加法。崩解剂加到经整粒后的干颗粒中，此种情况崩解存在于颗粒之外、各种颗粒之间，因而水易于透过，崩解迅速。但颗粒内无崩解剂，不易崩解成粉粒，故活性成分的释放稍差。③内外加法。一般将崩解剂分成两份，一份按内加法加入，另一份按外加法加入。就崩解速率而言，外加法＞内外加法＞内加法，就活性成分的释放率而言，内外加法＞内加法＞外加法。

表面活性剂作为辅助崩解剂的加入方法也有三种：①溶于黏结剂内；②与崩解剂混合加入干颗粒中；③制成醇溶液，喷于干颗粒中。以第三种方式加入崩解时限最短。

（3）崩解剂的种类　崩解剂按其结构和性质大概可分为以下几种：①淀粉及其衍生物。本类系经过专门改良变性后的淀粉类物质，其自身遇水具有较大的膨胀特性，如羧甲基淀粉、改良淀粉等。②纤维素衍生物类。此类崩解剂吸水性强，易于膨胀，甲基纤维素与羧甲基纤维素也曾用作崩解剂，但效果欠佳。常用的此类崩解剂有微晶纤维素、低取代羟丙基纤维素等。③表面活性剂。表面活性剂作为辅助崩解剂主要是增加片剂的润湿性，使水分借片剂的毛细管作用，能迅速渗透到片芯引起崩解。但实践表明，单独使用效果欠佳，常与其他崩解剂合用，起辅助崩解作用。如吐温-80等。④泡腾混合物，即泡腾崩解剂。它是借遇水能产生CO_2气体的酸碱中和反应系统达到崩解作用的。所以，此类崩解剂一般由碳酸盐和有机酸组成。常见的酸-碱系统有：枸橼酸、酒石酸混合物，加碳酸氢钠或碳酸钠等。⑤其他的还有胶类。如黄原胶、琼脂等，海藻酸盐类（海藻酸、海藻酸钠等），黏土类（皂土等）。

4. 润滑剂（助流剂和抗黏着剂）

润滑剂按作用机制可分为润滑剂、助流剂和抗黏着剂三类。

润滑剂、助流剂与抗黏着剂是压制片制备中常用的助剂，在实践中一般将它们统称为润滑剂。

（1）润滑剂　是指压片前加入的，用以降低颗粒或片剂与冲模间摩擦力的助剂。因其减少了与冲模的摩擦，可增加颗粒的滑动性，使填充良好，片剂的密度分布均匀，也保证了推出片剂的完整性。硬脂酸镁、硬脂酸等是常见的润滑剂。

（2）助流剂　是指压片前加入，以降低颗粒间摩擦力的助剂，助流剂的主要作用是增加颗粒的流动性，使之顺利地通过加料斗，进入模孔，便于均匀压片，以满足高速转动的压片机所需的迅速、均匀填充的要求，也能保证片剂符合要求。

（3）抗黏着剂　是指压片前加入，用以防止压片物料黏着于冲模表面的助剂。当出现冲面的光洁度不够、颗粒太湿、颗粒中含有较多油类等情况时，常发生黏冲现象，受"黏冲"影响的片子表面光洁度差，或者表层脱落贴于冲面上。解决"黏冲"的问题，除了改进设备和工艺外，还可选择适宜的抗黏着剂。

润滑剂、助流剂与抗黏着剂的作用机制综合起来有以下三种：①液体润滑作用。如某些矿物油，它们介于移动的粉粒之间，在粗糙颗粒表面包裹上液体润滑剂的连续层，起减少摩擦的作用，使颗粒自身的滑动性也随之增加。②边界润滑作用。固体润滑剂，特别是一些长链的脂肪酸及其盐类润滑剂，既能定向排列，覆盖在颗粒表面形成一个薄层，降低了颗粒间摩擦力，其极性端又能吸附于金属冲模表面使呈脂性，起到润滑、助流、抗黏结作用。

三、常用助剂

（一）硬脂酸（盐）类

硬脂酸盐在片剂加工中常用作润滑剂。将润滑剂按其作用不同，分为润滑剂、助流剂和抗黏剂三类。但在应用中，很难将这三种作用分开，况且一种润滑剂又常有多种作用。因此，在选择时应根据情况灵活掌握。影响这三种作用的因素是相互关联的，多由摩擦力决定，只是摩擦力作用部位或表现形式不同而已。由于挤出造粒时物料将受到模孔的挤压，因此，可以用压片时力的传递与分布的变化来区分和评价润滑剂的性能。通过测定上冲力（F_a）、下冲力（F_b）、径向力（F_r）、推片力（F_e）等参数可以衡量摩擦力的大小。一般来说，若冲力比（$E = F_b/F_a$）愈接近1，表明上冲力通过物料传递到下冲的力愈多，颗粒间摩擦力引起的损失愈少。这种润滑剂是以助流作用为主，兼有良好的润滑作用。表7-1是一些常用非水溶性润滑剂的压片力参数。

表7-1　常用非水溶性润滑剂的压片力参数

润滑剂	推片力/kgf	冲力比	溶点/℃	剪切力/（kgf/cm²）
硬脂酸	22	0.94	54	13.7
硬脂酸钠	38	0.93	240～243	33.9
硬脂酸锂	41	0.95	215～218	6.0
硬脂酸钾	43	0.94	252～255	31.3
硬脂酸锌	45	0.94	120	9.3

润滑剂	推片力 /kgf	冲力比	溶点 /℃	剪切力 / （kgf/cm²）
硬脂酸钙	48	0.93	140	15
硬脂酸镁	50	0.93	186	20
不加润滑剂	371	0.55	—	—

注：1kgf=9.80665N。

选择润滑剂时，应考虑其对颗粒硬度、崩解速率及悬浮率的影响。通常情况下，润滑性与硬度、崩解时间是相互矛盾的。润滑剂降低了粒间摩擦力，也就削弱了粒间的结合力，使硬度下降，润滑效果越好，影响越大；多数润滑剂是疏水的，能明显影响颗粒的润湿性，阻碍水分浸入，使崩解时间延长，因此，在能满足要求的前提下，尽可能少用润滑剂，一般用量在1%~2%，必要时可增加到5%。见表7-2。

表7-2　水溶性润滑剂

品名	常用量 /%	品名	常用量 /%
硼酸	1	油酸钠	5
苯甲酸钠 + 醋酸钠	1~5	苯甲酸钠	5
氯化钠	5	醋酸钠	5
聚乙二醇 4000	1~5	硫酸月桂酯钠	1~5
聚乙二醇 6000	1~5	硫酸月桂酯镁	1~2

助流剂可在摇摆造粒前加入，以降低颗粒间的摩擦力。助流剂的主要作用是增加颗粒的流动性，使之顺利通过加料斗进入模孔，便于均匀造粒，以满足造粒时的填充速率。一般多以气相微粉硅胶为主。

（二）淀粉类

1. 淀粉

淀粉为片剂最常用的助剂，主要用玉米淀粉。本品为白色细微的粉末，不溶于水与乙醇，在空气中很稳定，与大多数活性成分不起作用，能吸水而不潮解，但遇水膨胀，遇酸或碱在潮湿状态及加热情况下逐渐被水解而失去膨胀作用，其水解产物有还原糖，如用氢化还原法测定主药含量时可能影响测定。在水中加热至68~72℃则糊化成胶体溶液，但在非水介质中或干燥淀粉在高温时也不会膨胀、糊化。淀粉由于其具有上述性质，且其产量高、价格低，而广泛应用于片剂中作填充剂、吸收剂、崩解剂和黏结剂（淀粉浆）。

（1）用作填充剂　淀粉在干燥、常温下十分稳定，与大多数活性成分不起作用，因而片剂中常用填充剂。用量一般在干颗粒重的20%以上，若用较多，制成的颗粒难以干燥，特别是用流化床干燥时较为明显，压制的片剂硬度较差，且有膨胀倾向。故一般较少单独采用，常与适量糖粉、糊精混合作填充剂，以增加黏合性，亦能使片剂的硬度增加。某些酸性较强的活性成分，不适宜用淀粉作填充剂，因为湿颗粒在干燥过程中，能使淀粉部分水解，影响片剂的质量。

（2）用作崩解剂　淀粉颗粒的形状，在显微镜下观察可大致分为圆形、卵形（椭圆形）和多角形三种。玉米淀粉有圆形和多角形两种颗粒，大小为5~26μm。在片剂成型后留下许多毛细孔，因毛细管作用力使水渗入片内。淀粉由直链淀粉（又称糖淀粉）和支链淀粉（又称胶淀粉）组成。它们的含量因品种不同而异。支链淀粉遇水能吸水膨胀使片剂崩裂。因此，淀粉在片剂中形成许多毛细孔而引起的毛细管吸水作用和本身有吸水膨胀作用，故又可作为崩解剂，用量一般为干颗粒重的5%~20%。若淀粉加于干颗粒外作崩解剂，则淀粉在用前应先行干燥。本品作崩解剂较适用于不溶性或微溶性活性成分的片剂，对易溶性活性成分的崩解作用较差，这是由于可溶性活性成分遇水溶解产生浓度差，使片剂外面的水不易通过溶液层而透入片剂内部，阻碍了片剂内部淀粉的吸水膨胀。因此，对可溶性活性成分应增加淀粉的用量。

（3）淀粉浆用作黏结剂　淀粉浆为片剂造粒过程中应用最为广泛的一种黏结剂，浓度一般为5%~15%，亦有个别品种需要用20%左右的淀粉浆。

2. 羧甲基淀粉钠

羧甲基淀粉钠称淀粉乙醇酸钠，简称CMS-Na。用作片剂优良的崩解剂，它是淀粉的衍生物，其基本骨架是由葡萄糖聚合而成的，羧甲基的引入使淀粉粒具有较差的吸湿性和吸水膨胀性。本品为淀粉状白色粉末，无臭、无味，在常温下溶于水，形成透明的黏稠胶体溶液。它的吸水性极强，吸水后体积可膨胀200~300倍；较一般的淀粉难水解，不溶于甲醇、乙醇和其他有机溶剂。其1%水溶液的pH值为6.7 ~ 7.0，水溶液呈酸性时，稳定性较差；呈碱性时，较稳定。羧甲基淀粉钠水溶液有较高的黏度，还可用作增稠剂。

羧甲基淀粉钠具有良好的可压性，可改善片剂的成型性，增加片剂的硬度而不影响其崩解性，一般用量为5% ~ 8%，用量过多将会延长崩解时间。还可用干粉末直接压片，羧甲基淀粉钠作为崩解剂的使用方法一般分为内加、外加和内外加法。

3. 预胶化淀粉（可压性淀粉）

预胶化淀粉主要用作干片剂的黏结剂。预胶化淀粉是淀粉经物理或化学改性，有水的存在下淀粉粒全部或部分破坏的产物，我国目前供药用的产品是部分预胶化淀粉。预胶化淀粉有不同等级，外观粗细不一，颜色从白至类白色不等，其外部形状依据制法不同有片状，或边缘不光滑的凝聚体粒状。其不溶于有机溶剂，微溶于冷水。冷水中可溶物为10% ~ 20%，它的20%水混悬液pH为4.5 ~ 7。

预胶化淀粉是新型药用助剂。预胶化淀粉具有极好的促进崩解和活性成分释放性能，目前主要用作片剂的黏结剂（湿法造粒应用浓度5% ~ 10%，直接压片应用浓度5% ~ 20%）。预胶化淀粉替代淀粉制备淀粉浆用，其黏性略强于一般淀粉浆。预胶化淀粉可与其他干燥粉末混合后，直接用水湿润造粒。

（三）纤维素类

纤维素为天然高分子碳水化合物，物理化学性质十分稳定，经处理成微晶纤维素或纤维素的衍生物后用作片剂的助剂，各有其特色。目前常用的有以下几种：

1. 微晶纤维素

微晶纤维素系纤维素部分水解而制成的聚合度较小的结晶性纤维素，为片剂良好的填充剂和干燥黏结剂，并具有良好的流动性和崩解作用。目前多用于粉末直接压片的助剂。微晶纤维素为高度多孔性颗粒或粉末，极易变形，可被压成非常坚硬的片剂。微晶纤维素有多种规格，它们的区别主要在于粒度的大小和含水量的高低，微晶纤维素可吸收2~3倍量的水。它们可压性好，并兼具黏合、助流、崩解作用，尤其适用于直接压片工艺。压制的片剂硬度很好，但又极易崩解。微晶纤维素的摩擦系数很小，故压片时一般不需要加润滑剂，但当活性成分或其他助剂的含量超过20%时，就必须加润滑剂。另外，当微晶纤维素的含水量超过3%时，在混合及压片过程中，有产生静电的倾向，从而出现分离和条痕现象，此种现象可用干燥方法除去其中部分水分来克服。

2. 甲基纤维素（MC）

甲基纤维素为白色或微黄色无定形粉末或颗粒，无臭，有良好的亲水性，在冷水中膨胀生成澄明及乳白色的黏稠胶体溶液，不溶于热水、饱和盐溶液、醚和氯仿，溶于等量混合的醇和氯仿中。甲基纤维素在水中的溶解度与取代度有关，取代度为2时最易溶于水。甲基纤维素的水溶液与其他非纤维素衍生物胶质溶液相反，温度上升，初始黏度下降，再加热反易胶化，取代度高，胶化温度低。本品5%的溶液的黏合力相当于10%的淀粉浆，制得的颗粒硬度基本相同。

3. 羧甲基纤维素钠（MC-Na）

羧甲基纤维素钠为白色纤维状或颗粒状粉末，无臭、无味，有吸湿性，易分散于水中成胶体溶液，不溶于乙醇、乙醚、丙酮等有机溶剂。水溶液对热不稳定，黏度随温度的升高而降低。其1%~2%的水溶液常在片剂中作湿法造粒的黏结剂，但压制的片剂有逐渐变硬倾向，相应地延长了崩解时间，CMC-Na的粒度对它的分散和溶解的难易有相当大的影响，粗粒产品分散性较好，但溶解时间较长，细粒产品溶胀及溶解速率较快。

4. 羟丙基甲基纤维素（HPMC）

羟丙基甲基纤维素是纤维素的部分甲基和部分聚羟丙基醚。本品为白色至乳白色，无臭、无味，纤维状或颗粒状粉末，HPMC溶于冷水成为黏性溶液，在热水中的溶解性由于型号而略有不同，一般不溶于85℃以上的热水。HPMC不溶于乙醇、乙醚及氯仿，它们的水溶液加热时，最初黏度下降，然后随加热时间增加，黏度上升，胶化温度升高。HPMC有一定的吸湿性，在25℃及相对湿度80%时，平衡吸湿量约为13%；HPMC在干燥环境非常稳定，溶液在pH值为3.0~11时也很稳定。用作片剂黏合时，用量2%~5%。

5. 低取代羟丙基纤维素（L-HPC）

低取代羟丙基纤维素是以碱纤维素为原料与环氧丙烷醚化而成的。多用作崩解剂并且有黏合作用，是一种新型助剂。L-HPC是含羟丙基取代基较低的HPC、L-HPC的取代基含量为7.0%~12.9%。本品为白色或类白色结晶性粉末，其在水和有机溶剂中不溶，但在水中可溶胀，这是它的突出特点。由于它的粉末有很大的表面积和孔隙率，故加速了吸湿速率，增加了溶胀性。用于片剂时，使片剂易于崩解，同时，它的粗糙结构与活性成分和颗粒之间有较大的镶嵌作用，使黏结强度增加，从而提高片剂的硬度和光泽度。L-HPC的溶胀性随取代基的增加而提高，取代为1%时，溶胀度为500%；取代为15%时，溶胀度为720%，而淀粉的溶胀度只有180%，L-HPC具有黏结、崩解双重作用，对不易成型的活性成分可促进其成型和提高药片的硬度，对崩解差的片剂可加速其崩解和崩解后分散的细度，从而加快活性成分的释放速率，提高生物利用度。本品的用量一般为2%~5%，在片剂中可用于湿法造粒，也可加入干颗粒中，还可加入淀粉浆中作黏结剂用，均能收到提高片剂硬度和改善片剂崩解度的效果。

（四）其他助剂

1. 聚乙二醇（PEG）

聚乙二醇4000或6000用作片剂水溶性润滑剂，分子量为3000~3700及6000~7500。两者均为乳白色结晶性粉片，本品适用于能完全溶解的片剂。

2. 滑石粉

滑石粉为白至灰白色结晶粉，不溶于水、冷酸和碱液。成分为水合硅酸镁，有较好滑动性，但附着力差，且密度大，在压片过程中能因机械性震动而颗粒相分离。故较少单独使用，常与硬脂酸镁合用，兼具助溶抗黏作用。

3. 微粉硅胶

微粉硅胶用作粉末直接压片的助流剂和吸附剂。本品为轻质白色、无水粉末，无臭、无味，不溶于酸而溶于热碱溶液。本品比表面积大，有很好的流动性，对活性成分有较大的吸附力，其亲水性能强，用量在1%以上时可加速片剂的崩解，且崩解得极细，有利于活性成分的释放。本品作助流剂的用量一般仅为0.15%~3%。

4. 聚乙烯吡咯烷酮（PVP）

聚乙烯吡咯烷酮为白色或乳白色粉末，微有臭气味，化学性质稳定，略有吸湿性，既能溶于水成为黏稠胶状液，也能溶于乙醇、丙三醇等有机溶剂，由于这种溶解特性，使PVP成为一种多功能的黏结剂。

5. 二氧化硅

二氧化硅为白色或乳白色的均匀粉末，比表面积大，具有极强的吸附作用。本品比表面积大，有很好的流动性，对农药有较大的吸附力，其亲水性强，可加速片剂的崩解，且崩解的极细，有利于活性成分的吸收。本品用作助流剂一般浓度为0.15%~3%，具有很好的流动性和可压性，不易出现流动不畅和黏冲现象。

6. 十二烷基硫酸钠

十二烷基硫酸钠为白色至淡黄色结晶或粉末。本品与大多数活性成分不起作用，是一种优良的润湿剂。在压片过程中即使压力稍有变化，也不至于明显影响片剂的硬度，片重差异变化小，较少出现黏冲、脱片等现象。成品光洁美观，有良好的活性成分释放速率。

第三节　片剂加工工艺

片剂的制备一般是将活性成分与助剂混合后，将其填充于一定形状的模孔内，经加压而制成片状的过程。为了能顺利地压出合格的片剂，原料一般都需要经过预处理或加工，使其具有良好的流动性和可压性。片剂压制时是按容积分剂量，即调节下冲的位置以调节模孔的容积，使原料由饲粉器流入并装满模孔而分剂量。由于模孔的直径一般不大，而每一个药片的分剂量时间又很短促，所以要求原料必须有良好的流动性，良好的流动性是为了使原料顺利而足量地流入模孔，达到正确分剂量的目的。而良好的可压性则使原料受压时易于成型，即在适度的压力下，压成硬度符合要求的片剂。可压性越好，则压成一定硬度的片剂所需的压力越小。

有些结晶活性成分晶型适宜，流动性和可压性好，可直接选粒压片，称结晶直接压片。

有些活性成分粉末流动性虽差，但可压性好，加助流剂后可直接压片；可压性差者，加干黏结剂后也可直接压片，即使流动性、可压性均差，但含量较小的活性成分，可用流动性、可压性较好的助剂进行掩盖，均能采用直接压片，称粉末直接压片。也可加入干黏结剂，通过压成大片，再粉碎成颗粒，然后进行压片，称干法造粒压片。上述三种制片方法均属于干法，统称干法制片。活性成分遇水、湿热变质而又剂量小者可将助剂制成空白颗粒，然后与活性成分混合后压片者，称空白颗粒法。干法制片和空白颗粒制片受到活性成分性质，特别是流动性和可压性的限制，不易制片，而能以干法制片者为数较少，许多活性成分都是湿法造粒后进行压片的。因此，这里主要介绍湿法造粒压片。

一、造粒工艺

（一）湿法造粒

湿法造粒压片工艺，适用于受湿和受热不起变化的活性成分。目前除普通的制软材后造粒压片的方法外，还有流化喷雾造粒，即一步造粒压片和转动造粒压片等。造粒的目的，除上述改善活性成分原料、助剂流动性外，还可增大物料的松密度，使空气易逸出，减少片剂的松裂现象，避免粉末分层，使产品中活性成分含量准确，避免细粉飞扬或黏附于冲头表面或模壁而造成黏冲、拉模现象等。湿法造粒的方法主要有以下几个步骤：

1. 制软材

制软材是将原料、助剂细粉置于混合机中，加适量的分散剂或润湿剂或黏结剂，混匀。润湿剂或黏结剂的用量以能制成适宜软材的最少量为原则。其用量和种类的选择与下列因素有关：①原料、助剂本身的性质。如当粉末细、质地轻松、干燥、在水中溶解度小以及黏性较差时黏结剂的用量要多些。反之，用量应少些。②黏结剂本身的温度和混合时间。黏结剂（如淀粉浆）温度高时用量可酌情减少，温度低时用量可适当增加。对热不稳定的活性成分，应用较冷的淀粉浆。制软材混合时间越长黏性越大，制成的颗粒亦较硬，由于影响黏结剂用量的因素较多，所以，在生产时须灵活掌握。软材的质量，由于原料、助剂性质的不同很难订出统一规格，一般软材的干湿程度，生产中多凭经验而掌握，以用手紧握能成团而不黏手，用手指轻压能裂开为度。

2. 制湿颗粒

制湿颗粒是使软材通过筛网而成颗粒。大量生产时多用机器进行，视情况不同分一次造粒和多次造粒。用较细筛网（14~20目），造粒时一般只要通过筛网一次即得。

3. 造粒机械

造粒机常用的有摇摆式和旋转式造粒机，目前生产上多用摇摆式造粒机，如图7-1所示。摇摆式造粒机的主要构造是在一个加料斗的底部用一个由六个钝角形棱柱组成的滚轴，滚轴一端连接于一个半月形齿轮带动的转轴上，另一端则用一圆形帽盖将其支住，借机械动力作摇摆式往复转动，使加料斗内的软材压过装于滚轴下的筛网而形成颗粒。滚轴摆动的频率，每分钟约为45次，形成的颗粒落于接收盘内。凡与筛网接触部分，均应用不锈钢制成。筛网应具有弹性，其与滚轴接触的松紧程度应适当掌握，软材加入加料斗中的量与筛网装置的松紧与所制成湿粒的松紧、粗细有关。如加料斗中软材的存量多而筛网装得比较松，滚筒往复转动搅拌揉动时可增加软材的黏性，制得的湿粒粗而紧；反之，制得的颗粒细而松。若调节筛网松紧或增减加料斗内软材的存量仍不能制得适宜湿粒时，可调节黏结剂浓度或用量，或增加通过筛网的次数来解决。一般过筛次数愈多则所制的湿粒愈紧而坚硬。摇摆式造粒机由于产量较高，造粒时黏结剂或润湿剂稍多并不严重影响操作及颗粒质量。此种机械装拆和清理也方便，在大量生产中多采用。

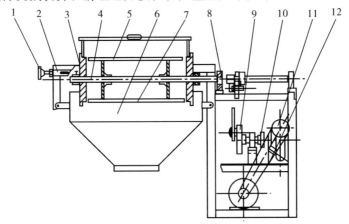

图7-1　摇摆式造粒机结构图

1—手轮；2—卷筒；3—密封挡；4—产轴；5—摆齿；6—下料斗；7—筛网；
8—轴瓦；9—偏心轮；10—联轴节；11—减速机；12—电机

在用摇摆式造粒机造粒时，影响颗粒性状的因素很多，制湿颗粒时应根据品种特点，结合试制与实践经验灵活掌握。

旋转式造粒机，如图7-2所示。此机主要有一不锈钢圆筒，圆筒两端各备有一种小孔作为不同筛号的筛孔，一端孔的孔径比较大。另一端孔的孔径比较小，借以适应粗细不同颗粒的选用。将此钢筒的一端装在固定的底盘上，底盘中心有一个可以随电动机旋动的轴心，轴心上固定有十字形四翼刮板和挡板，两者的旋转方向不同。

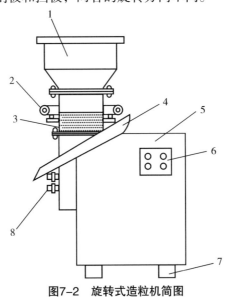

图7-2　旋转式造粒机简图

1—料斗；2—冷却管；3—孔板；4—接料盘；5—传动箱；6—控制面板；7—底座；8—冷却水管

造粒时先开动电动机，使刮板旋转，将软材放在圆筒内，当刮板旋转时软材被挡板挡至刮板与圆筒壁之间，并被压出筛孔而成为颗粒，落于接料盘，由出料口收集。由于刮板

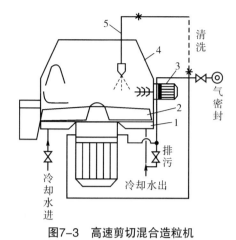

图7-3 高速剪切混合造粒机
1—夹套；2—搅拌桨；3—整粒架；4—锥形料斗；
5—喷液系统

与圆筒间没有弹性，其松紧难以掌握到恰当程度。软材中黏结剂用量稍多时，所成颗粒则过于坚硬或压成条状，用量稍少则成粉末，故该机仅适用于含黏性活性成分较少的软材。

另外，还有一种快速搅拌造粒器，是近年来发展的一种新型造粒设备。一般在十几分钟之内可完成混合、造粒操作，高速剪切混合造粒机如图7-3所示。

操作时，将原料、助剂和黏结剂加入容器内，将容器上升，开动搅拌桨和切割刀，搅拌桨可将物料翻动混合，同时高速旋转的切割刀将物料绞碎切割成颗粒，造粒完成后，将容器下降，由气动阀打开容器底部的出料阀，湿颗粒自动放出，再进入干燥器进行干燥。搅拌桨及切割刀的转速视容器大小而定。中等规模容器的搅拌桨叶转速一般为200r/min左右，切割刀为1450r/min左右。快速搅拌造粒器操作时间短，又是在密闭容器内操作，可避免粉尘飞扬，防止交叉污染。如在容器外壁增加加热装置和真空排气装置，则造粒操作的混合、造粒和干燥可在一个设备内进行。

4. 湿颗粒干燥

湿粒制成后，应尽可能迅速干燥，放置过久湿粒也易结块或变形。干燥温度一般以50~60℃为宜。颗粒干燥时，所用的器具一般用流化床干燥机。

在实践中颗粒干燥程度的检查一般凭经验掌握，即用手掌握干粒，在手放松后颗粒不应黏结成团，手掌也不应有细粉黏附；或以手指取干粒捻搓时应粉碎，无潮湿感觉即可。

干颗粒的质量要求与原料、助剂的物理性状，配方组成或压片设备等有关。制得的颗粒应符合以下几点要求：

① 药含量 干颗粒在压片前应进行含量测定。测定方法按各品种成品的检验方法测定，主药含量应符合要求。

② 含水量 干颗粒的含水量对片剂成型及质量有很大影响，颗粒中含水分应均匀且有适宜的含量。通常干颗粒中所含水分为1%~3%，过多或过少均不利于压片。

③ 松紧度 干颗粒的松紧度与压片时片重差异和片剂外观有关系。由于黏结剂和润湿剂的浓度和用量不同，制成颗粒松紧度也不同。硬颗粒在压片时易生斑点，松颗粒易成细粉，压片时易发生顶裂现象。干粒的松紧度以手用力一捻就能粉碎成细粒者为宜。

④ 细度 干颗粒应由各层次粗细不同者相组成，但各种粗细颗粒的正确比例及细粉含量限度与各种制剂性状、片形大小及机器设备的性能有关。一般干粒中以含有20~30目者占20%~40%为宜，若粗粒过多，压成片剂重量差异大，片剂厚薄不匀，表面粗糙，色泽不匀，硬度也不合要求。若用细粒或细粉过多，则易产生裂片、松片、边角毛缺及黏冲等情况。

（二）喷雾流化造粒法

用气流将固体粉末流化，再喷入黏结剂溶液，使粉末凝结成颗粒，这种方法称为喷雾流化造粒，简称流化造粒。采用此法可将混合、造粒、干燥等工序合并在一台设备中完成，故又称一步造粒。

图7-4为间歇式流化造粒机。空气由风机吸入，经过空气换热器加热至所需温度后通过分布板进入干燥室。空气的流量由风门调节。在干燥室上方设有防止粉尘逸出的过滤袋，干燥室内有喷雾器，可向下喷洒黏结剂。本机系间歇操作，干燥室可以移出以备加料和卸料。国产流化造粒机的生产能力有60kg/批和120kg/批等规格。每批操作时间40~60min。

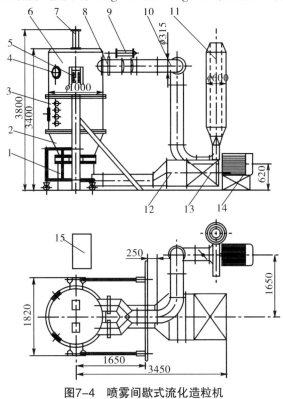

图7-4　喷雾间歇式流化造粒机

1—下风室；2—料车；3—中室；4—视镜；5—支座；6—上室；7—抖灰气缸；8—风门蝶阀；
9—风门气缸；10—排风管；11—消音器；12—圆方管；13—换热器；14—风机；15—控制柜

操作时，首先将粉料流化混合，后喷入黏结剂溶液，此时粉末被湿润，发生凝聚，形成颗粒。然后提高空气进气温度进行颗粒的干燥。再加入润滑剂，继续流化混合，即得成品。

在造粒中，被流化的固相系由密度、粒度各异的数种物料组成的，故流化室下部宜为锥形，可防止重粉不能流化的现象。

气体分布器多采用孔板式，为防止漏粉，在孔板上宜衬一层60~100目不锈钢筛网。孔板开孔率为5%~10%，孔径在0.5~1.5mm。

流化室中料层的静止高度，一般为50~300mm，因为传热主要在分布板附近进行。另外，被湿润的物料颗粒容易产生沟流，使空气走短路，对流化不利，故流化室中料层的高度不宜太高。

黏结剂可采用明胶、聚乙烯吡咯烷酮（PVP）、羟丙基纤维素（HPC）、阿拉伯胶等水溶液，如物料自有黏性，也可以喷入清水进行造粒。

流化造粒与湿法造粒相比，具有简化工艺、设备简单、减少原料消耗、节约人力、减轻劳动强度、避免环境和活性交叉污染、并可实现自动化等特点，此外，颗粒粒度均匀，松实适宜，压出的片子含量均匀，片重差异稳定，崩解迅速，释放度好，故可提高产品质量。流化造粒法能量消耗较大，此外，对密度相差悬殊的物料的造粒不太理想。

（三）整粒

① 过筛　干燥后的颗粒，一般多有片、块，应过16~22目筛，硬块可以适当粉碎。过筛后颗粒中粒与粉的比例大约为1:1为宜。一般较硬颗粒、较小的片子或机器压力较小时，含粉量可适当多一些；若颗粒较疏松或片形较大时，则含粉量应低些。

② 配粒　又称混合，是将配方中的各组分及崩解剂、润滑剂等加入颗粒中混合的操作。混合还包括压片前必须将规定量的润滑剂过筛后加入干颗粒中混匀，然后即可压片。

在生产实践中，还有一种采用将原料进行喷雾包衣制成微胶囊，用微胶囊压片，可用单冲或旋转式多冲压片机压片。其操作过程和制品有如下一些优点：①操作过程无粉尘，使环境得到改善；②这种方法，可从多工序操作减少到两步操作；③增加产量，降低费用。压片法的工艺比较见表7-3。

表7-3　各种压片法比较

工艺路线	湿粒法	预压法	直接压片法	微胶囊压片
操作步骤	磨粉	磨粉	磨粉	混合
	混合	混合	混合	压片
	湿润	预压	压片	
	过筛	磨粉		
	干燥	混合		
	混合	压片		
	压片			

二、压片

（一）压片设备

压片是片剂成型的主要过程，也是片剂生产的关键部分。压片操作由压片机完成。压片机有单冲压片机、旋转式多冲压片机和高速压片机。下面分别予以介绍。

1. 单冲压片机

单冲压片机只有一副冲模，利用偏心轮及凸轮机构等的作用，在其旋转一周即完成充填、压片和出片三个工序。单冲压片机如图7-5所示。推片调节器用以调节下冲抬起的高度，使其恰好与模圈的上缘相平；片重调节器用以调节下冲下降的深度，借以调节模孔的容积而调节片重；压力调节器则是调节上冲下降的距离，上冲下降多，上下冲间的距离近，压力大；反之则小。

单冲压片机的压片过程如图7-6所示。首先上冲抬起来，饲粉器移动到模孔之上，下冲下降到适

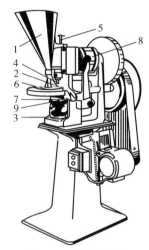

图7-5　单冲压片机

1—加料斗；2—饲料靴；3—片重调节轮；4—上冲；
5—压力调节器节器；6—模圈台；7—出料槽；
8—传动轴凸轮；9—出片调节器

宜的深度，饲粉器在模孔上面移动。颗粒填满模孔后，饲粉器由模孔上移开，使模孔中的颗粒与模孔的上缘相平。然后上冲下降并将颗粒压缩成片，上冲再抬起，下冲随之上升到与模孔上缘相平时，饲粉器再移到模孔上，将压成的片子推开，并进行第二次饲粉，如此反复进行。

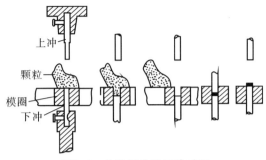

图7-6　单冲压片机压片过程

这种压片机是小型台式压片机，产量为100片/min，适用于小批量、多品种生产。该机的压片由于采用上冲头冲压制成，压片受力不均匀。上面的压力大于下面的压力，压片中心的压力较小。使片子内部的密度和硬度不一致，片子表面易出现裂纹。

2. 旋转式多冲压片机

旋转式多冲压片机是目前工业中片剂生产最主要的压片设备。主要由动力部分、传动部分及工作部分组成，工作部分中有绕轴而旋转的机台。机台分为三层，机台的上层装着上冲，中层装模圈，下层装着下冲。另有固定不动的上下压轮、片重调节器、压力调节器、饲粉器、刮粉器、推片调节器以及吸粉器和防护装置等。机台装于机器的中轴上并绕轴转动，机台上层的上冲随机台转动并沿固定的上冲轨道有规律地上下运动，下冲也随机台转动并沿下冲轨道做上下运动。在上冲上面及下冲下面的适当位置装着上压轮和下压轮，在上冲和下冲转动并经过各自的压轮时，被压轮推动使上冲向下、下冲向上运动并加压。机台中层之上有一固定位置不动的刮粉器，固定位置的饲粉器的出口对准刮粉器，颗粒可源源不断地流入刮粉器中，由此流入模孔。压力调节器用于调节下压轮的高度，下压轮的位置高，则压缩时下冲抬得高。上下冲间的距离近，压力增大；反之则压力小。片重调节器装于下冲轨道上，调节下冲经过刮板时的高度以调节模孔的容积。

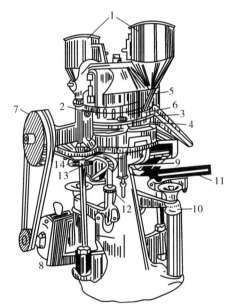

旋转式多冲压片机的压片机下冲转到饲粉器之下时，其位置较低，颗粒流满模孔。下冲转动到片重调节器时，再上升到适宜高度，经刮粉器将多余的颗粒刮去。当上冲和下冲转动到两个压轮之间时，上下冲之间的距离最小，将颗粒压制成片。当下冲继续转动到推片调节器时，下冲抬起并与机台中层的上缘相平，片子被刮粉器推开。设备外形见图7-7。

图7-7　旋转式多冲压片机

1—加料斗；2—上冲；3—中横盘；4—下冲；
5—饲料管；6—刮料器；7—皮带轮；
8—电动机；9—片重调节器；10—安全装置；
11—置盘架；12—压力调节器；13—开关；
14—下滚轮

旋转式压片机的压片过程可分为三个阶段：

（1）加料　下冲在加料斗下面时，颗粒填入模孔中，当下冲行至片重调节器的上面时略有上升，被刮粉器的最后一格刮平，将多余的颗粒推出。

（2）压片　下冲行至下压力轮的上面，同时上冲行至上压力轮的下面时，二者距离最小，此时模圈内颗粒受压成型。

（3）推片　压片后上下冲分别沿轨道上升，当下冲行至出片调节器上方时，将片子推出模孔，经刮粉器推出导入盛器中，如此反复进行。

旋转式多冲压片机有多种型号，按冲数（转盘上模孔数目）分，有16冲、19冲、27冲、33冲、55冲等。按流程分有单流程和双流程。单流程的压片机仅有一套压轮（上下压轮各一个）；双流程的有两套压轮，每一副冲（上下冲各一个）旋转一圈可压两个片子。双流程压片机的能量利用更合理，生产力较高。国内使用较多的是ZP-33型压片机。该机结构为双流程，有两套加料装置和两套压轮。转盘上可装33副冲模，机台旋转一周即可压制66片。压片时转盘的速率、物料的充填深度、压片厚度均可调节。机上装有机械缓动装置，可避免因过载而引起的机件损坏。机器内配有吸风箱，通过吸嘴可吸取机器运转时所产生的粉尘，避免黏结堵塞，并可回收原料重新使用。ZP-33型压片机主要技术参数见表7-4。

表7-4　ZP-33型压片机主要技术参数

参数	数据	参数	数据
冲模数/副	33	转台转速/（r/min）	11~28
最大压片压力/kN	40	生产能力/（片/h）	43000~110000
最大压片直径/mm	12	电动机	2.2kW，960r/min，380V/50Hz
最大充填深度/mm	15	外形尺寸/mm	930×900×1600
15mm 最大片厚度/mm	6	主机重量/kg	850

3. 高速压片机

高速压片机是一种先进的旋转式压片设备，通常每台压片机有两个旋转圆盘和两个给料器，为适应高速压片的需要，采用自动给料装置，而且片子重量、压轮的压力和转盘的转速均可预先调节。压力过载时能够自动卸压。片重误差控制在2%以内。

高速旋转压片机的突出优点是产量高、片剂质量优，其性能参数如表7-5所示。

表7-5　高速Manesly型旋转压片机性能

规格型号	冲头数目/个	最大操作压力/MPa	最大充填深度/mm	最大药直径/mm	产量/（片/min）
37	37	98.1	20.63	25.40	888~3552
45	45	63.8	17.46	15.88	2050~8200
55	55	63.8	17.46	11.11	2500~10000
61	61	63.8	17.46	11.11	2775~11100

（二）压片机的冲和模

冲和模是压片机的基本部件，如图7-8所示，由上冲、模圈、下冲构成。冲模加工尺寸全为统一标准尺寸，具有互换性。冲模的规格以冲头直径或中模孔径来表示，一般为5.5~12mm。每0.5mm为一种规格，共有十四种规格。冲头和冲模在压片过程中受到的压力很大，常用轴承钢（如Cr15等）制作，并经热处理以提高其硬度。

冲头的类型很多，冲头的形状决定于片子所需的形状。常用冲头的形状见图7-9。主要有凹形（圆形）、深凹形（糖衣片）、平面形、圆柱形等。还有压制异形片的冲和模，如椭圆形和三角形等。

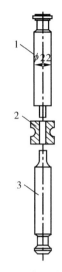

图7-8　压片机的冲和模
1—上冲；2—模圈；3—下冲

（三）片剂试制过程应注意的问题

1. 填充剂的选择

（1）应首先考虑填充剂吸湿性对制剂的影响　若较大量的填充剂易于吸湿，则既影响剂型的成型，又影响其分剂量，贮存期质量也难得到保证。通常可用临界相对湿度（CRH）来衡量水溶性物质吸湿性强弱，CRH愈大愈不易吸湿，几种水溶性物质混合后其CRH不是像水不溶性混合物那样具有加合性，而是遵从Elder假说："混合物的临界相对湿度大约等于各物质的临界相对湿度的乘积，而与各组分的比例无关。"显然，混合物的CRH一定比其中任何一个组分的CRH为低。可见，选用水溶性填充剂时，对易吸湿的水溶性活性成分，应在查阅或测定其CRH后，

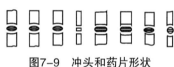

图7-9　冲头和药片形状

选用CRH值尽可能大的填充剂；选用水不溶性填充剂，则应是吸湿量愈低愈好，以保证在通常湿度条件下不易吸湿。

（2）选择填充剂应根据不同剂型特点分别对待　一般主药含量较小，助剂占比例较大，因此，选用的填充剂除应注意其吸湿性外，还应特别注意其相对密度是否与稀释的主药相近，否则会因密度差异大而致分层，影响片剂的用药安全。在全粉末直接压片中，一般宜选用流动性好、可压性高、"容纳量"大的填充剂。片剂的填充剂宜选用塑性变形体，而不是完全弹性体。

2. 黏结剂与润湿剂的选择

黏结剂与润湿剂选用是否恰当，不仅影响制剂成型和外观质量，也影响成品的内在质量，即可能使片剂不能成型，或在运输贮存中易松散、碎裂；也可能长时间不溶散、崩解，或有效成分不能释放，药效低。因此，正确选用关系到制剂的整体质量。

黏结剂与润湿剂的用量对制剂的硬度或粒度、崩解或分散以及活性成分释放影响较大，即使黏性较弱的黏结剂，用量增多其黏合力也很强，因此，通常情况下，用量增加硬度增加，崩解和活性成分释放时间延长，活性成分释放量减少。最佳的用量要通过实验筛选，也要注意其他因素的影响，一般以尽可能少的黏结剂，既满足制剂硬度，又能满足崩解度和活性成分释放度要求为原则。不少资料中提供了常用黏结剂的用量和浓度，在使用这些参考数据时，要分清是制软材时黏结剂的浓度，还是干颗粒中的用量（或浓度）。表7-6所列黏结剂用量可供参考。

表7-6　一些黏结剂的用量

名称	用量 /%
阿拉伯胶	1 ~ 5
甲基纤维素	0.5 ~ 3
明胶	1 ~ 3
乙基纤维素	0.5 ~ 3
聚乙烯吡咯烷酮	0.5 ~ 3
羧甲基纤维素	0.5 ~ 3
淀粉	1 ~ 3

3. 崩解剂与润湿剂

崩解剂的选择关系到片剂的崩解时限是否符合要求，其实质是影响片剂的生物利用度，是片剂处方设计的关键之一。在考虑影响片剂崩解度诸多因素的情况下，选用适合的崩解剂对保证片剂质量尤为重要。

① 崩解剂的品种不同，同一活性成分的片剂的崩解时限差异较大，如用同一浓度（5%）的不同崩解剂制成的片剂海藻酸钠需11.5min，而羧甲基淀粉钠不足1min。可见，羧甲基淀粉钠具良好的崩解效能，其原因可能是崩解剂有高的松密度，遇水后体积膨胀200 ~ 300倍的缘故。若崩解剂是水溶液具有较大黏性的物质，可因其黏度影响扩散，使片剂崩解时限延长，活性成分释放度降低。

② 润滑剂三种作用的因素是相互关联的，多由摩擦力决定，只是摩擦力作用部位或表现形式不同而已。因此，可以用压片时力的传递与分布的变化来区分和定量评价润滑剂的性能。片剂压制过程中可以测得上冲力（F_a）、下冲力（F_e）、径向力（F_r）、推片力（F_e）等压片力参数，通过这些参数可衡量摩擦力的大小。

③ 片剂的润滑性与硬度、崩解和活性成分释放是相矛盾的，润滑剂降低了粒间摩擦力，也就削弱了粒间结合力，使硬度降低，润滑效果愈好，影响愈大；多数润滑剂是疏水性的，能明显影响片剂的润湿性，阻碍水分透入，使片剂崩解时限延长。相应地，也影响了片剂的活性成分释放，疏水性润滑剂覆盖在颗粒周围，即使片剂崩解，也会延缓颗粒中活性成分的释放。因此，选用润滑剂时，除用上述压片力这一量化指标外，还应满足硬度、崩解与释放速率的要求，采取综合评价方法，才能筛选出适宜的润滑剂。

④ 上述润滑剂的作用机制表明，无论是润滑、助流或抗黏，润滑剂越好地覆盖在物料表面，其效果越佳。因此，在应用中应注意：

a. 粉末的粒度　因为润滑作用与润滑剂的比表面有关，所以固体润滑剂应为愈细愈好，最好能通过200目筛。

b. 加入方式　加入的方式一般有三种，一是直接加到待压的干燥颗粒中，此法不能保证分散混合均匀。二是用60目筛筛出颗粒中细粉，用配比法与之混合，再加到颗粒中混合均匀。三是将润滑剂溶于适宜溶剂中或制成混悬液或乳浊液，喷入颗粒混匀后挥去溶剂，液体润滑剂常用此法。但也有在湿法造粒前加入，认为这样可使润滑剂在颗粒内分布得比较均匀，可省去干燥颗粒中加入润滑剂后的混合步骤；可防止颗粒中细粉增多。其作用与加入干颗粒中相似。但尚待进一步研究。

c. 混合方式和时间　在一定范围内，混合作用力愈强，混合时间愈长，其润湿效果愈好。但应注意对硬度、崩解、活性成分释放的影响也就愈大。

d. 用量　在达到润滑目的的前提下，原则上是愈少愈好，一般在1%~2%。

第四节　片剂的组成

一、可分散片剂

（一）特点

可分散片剂（water dispersible tablet，WDT），又名为水分散片剂，是指放入水中能迅速崩解并分散形成悬浮液的片状制剂。它是先经过粉碎、造粒等工艺，再通过压片机压制而成的。

可分散片剂是20世纪末在水分散粒剂、直接使用片剂以及泡腾片剂的基础上研发出来的农药固体新剂型，可分散片剂将这三种制剂的优点集于一身。首先，它保持了泡腾片剂崩解速率快的优势，崩解后与水分散粒剂一样，有效成分可均匀分散，形成稳定的悬浮液，有利于喷雾使用。高质量的可分散片剂，可直接施用于水田，药片能迅速分散崩解，有效成分均匀分散于水田之中，达到防除杂草和害虫的目的。其次，可分散片剂拥有片剂的外形特点，且生产工艺和普通片剂相同，一般就加一道粉碎工序，生产无特殊化要求，而且还有产品易包装等优势。最后，可分散片剂有效成分单位计量一定，十分准确，施药者更省工，干净、安全。

（二）可分散片剂的制备

1. 可分散片剂的组成

可分散片剂主要由农药有效成分、润湿剂、分散剂、崩解剂、黏结剂、吸附剂、流动调节剂、稳定剂等助剂及部分填料组成。

（1）有效成分　也就是通常说的农药原药，杀虫剂、除草剂和杀菌剂均可用作可分散片剂的有效成分。喷雾使用以杀虫剂和杀菌剂为主，直接投放水田施用以除草剂为多。对于普通用量农药的可分散片剂，有效成分含量应该尽量高一些，以减少每次用药片数，降低成本；对于直接投放水田施用，超高效农药的可分散片剂，应当按实际使用量来确定有效成分含量，以利于片剂在实际使用时，其中有效成分能以实际使用浓度来均匀分布，节约有效成分的使用量，避免过量使用。一般来说，适合加工成水分散粒剂的原药，均可加工成可分散片剂。但是，可分散片剂比水分散粒剂的加工成本要高，含量的规格要低一些，更加适合价值比较高的原药。

（2）润湿剂和分散剂　可分散片剂的润湿剂和分散剂基本与水分散粒剂的润湿剂和分散剂相同。拉开粉、十二烷基硫酸钠、十二烷基苯磺酸钙、亚甲基二萘磺酸钠（NNO）、甲基萘磺酸钠的甲醛缩合物（MF）、烷基萘磺酸钠的甲醛缩合物（D-425）、丙烯酸马来酸共聚物、木质素磺酸盐等阴离子型表面活性剂，及目前市场上出现的一些羧酸盐分散剂及复配的水分散粒剂的助剂，均可作可分散片剂的润湿剂和分散剂。润湿剂和分散剂的使用量需看具体产品，在加工可分散片剂时，润湿剂可以少加，关键是所加的润湿剂和分散剂配伍性要好，能提高产品的分散性和悬浮率。分散剂用量基本和水分散粒剂相当。

（3）崩解剂　常用的崩解剂有硫酸铵、无水硫酸钠、氯化钙等无机盐类，也可以使用干淀粉、羧甲基淀粉钠、交联聚乙烯吡咯烷酮等有机物。部分有机物（如聚乙烯吡咯烷酮），根据加水量不同，体现的性能不同，既可以作崩解剂，也可以作黏结剂。这些有机物在少量水甚至无水存在的状态下，呈现的是一定黏性，而在大量水存在时，体积迅速膨胀，起崩解剂的作用。

崩解性是可分散片剂的一项关键的技术指标，它直接影响到实际使用效果。如果崩解不好，制剂产品在水中有效成分不能良好分散使活性成分释放，易造成有效成分分布不均匀。崩解剂可使可分散片剂在施用时迅速崩解，有效成分在水中分散。有机物崩解剂具有很强的吸水膨胀性，能够瓦解片剂的结合力，使片剂从一个整体的片状碎裂成许多碎小的颗粒，实现片剂的崩解，所以十分有利于原药的分散起效。一般的可分散片剂都应加入崩解剂，加入量一般为5%～20%。

崩解剂的作用机制，一般认为是通过以下几方面的作用使片剂崩解。

① 溶解作用　加在制剂里面的无机盐都是易溶于水的，在大量水的存在下，快速溶解，使水侵入片剂内部，使其崩解。水分散粒剂的崩解剂使用这类崩解剂比较多。

② 膨胀作用　有机崩解剂多为高分子亲水性物质，压制成片后，遇水易于被润湿并通过自身膨胀使片剂崩解。这种膨胀作用还包括润湿热所致的片剂中残存空气的膨胀。

③ 毛细管作用　一些崩解剂和填充剂，特别是直接压片的助剂，多为圆球形水性聚集体，在加压下形成了无数空隙和毛细管，具有强烈的吸水性，使水迅速进入产生气体，因气体的膨胀使片剂崩解。

④ 产气作用　在泡腾制剂中加入泡腾崩解剂，遇水即产生气体，借气体的膨胀使片剂崩解。此类崩解剂一般都是有机酸和碳酸盐加在一起，遇水发生化学反应，释放二氧化碳气体，必须在无水的情况下压片。

崩解剂加入的方法是否恰当，将影响崩解和有效成分分散的效果，应根据具体对象和要求分别对待，其加入的方法有三种。

① 内加法　崩解剂在粉碎造粒等预加工时加入，与其他成分共存于压片前的颗粒中，一经崩解，变成粉粒，有利于有效成分的迅速分散。

② 外加法　崩解剂加到经整粒后的干颗粒中，再进行压片工序。此种情况崩解剂存在于颗粒之外、各种颗粒之间，因而水容易透过，崩解迅速，但颗粒内无崩解剂，不易崩解成粉粒，有效成分的分散效果要差一点。

③ 内外加法　一般将崩解分成两份，一份按内加法加入，另一份按外加法加入。内外加法集中了前两种方法的优点。一般来说，内加的量要大一些。就崩解速率而言，外加法＞内外加法＞内加法，就有效成分的分散效果看，内外加法＞内加法＞外加法。不同类型的崩解剂，适合不同的加法，为了取得更好的崩解效果，可以考虑不同的崩解剂复配加入。

（4）黏结剂　常用的黏结剂有活性白土、有机膨润土、明胶、聚乙烯醇、聚乙烯吡咯烷酮、淀粉、糊精、羧甲基纤维素钠（CMC）、羟丙基纤维素、乳糖等。

有些黏结剂，成为水溶液或胶浆才具黏性，如淀粉、明胶、羧甲基纤维素钠等，此类黏结剂只能用于湿法压片。还有些黏结剂，在固体干燥状态下也具黏性，在溶液状态下的黏性比一般更强，如聚乙烯吡咯烷酮，此类黏结剂可适合各种压片工艺，应用范围更加广。

黏结剂的用量一般比较少，在2%~10%即可，主要是在造粒、压片过程中能使物料有一定黏性，最后的片剂有一定的强度。在实际制备时，黏性和崩解性是一对矛盾的技术要求，要同时兼顾，取得一个平衡点。

（5）流动调节剂　又可称润滑剂，是助流剂、抗黏着剂和（狭义）润滑剂的总称。为了使压制成的可分散片剂易于从压片机中脱模，要加入流动调节剂。狭义润滑剂是指压片前加入的，用以降低颗粒或片剂与冲模间摩擦力的助剂。因其减少了与冲模的摩擦，可增加颗粒的滑动性，使其填充良好，片剂的密度分布均匀，也保证了推出片剂的完整性。硬脂酸镁、硬脂酸等是常见的润滑剂。助流剂是指压片前加入，以降低颗粒间摩擦力的助剂。助流剂的主要作用是增加颗粒的流动性，使之顺利通过加料斗，进入模孔，便于均匀压片，以满足高速转动的压片机所需的迅速、均匀填充的要求，也能保证片重差异符合要求。如微粉硅胶、玉米淀粉是良好的助流剂。抗黏着剂是指压片前加入，用以防止压片物料黏着于冲模表面的助剂。当冲面的光洁度不够、颗粒太湿、颗粒中含有较多油类时，常发生黏结冲头现象，受黏结冲头影响的片剂表面光洁度差，重者表层脱落贴于冲面上。解决黏冲的问题，除了改进设备和工艺外，还可选择适宜的抗黏着剂。某些润滑剂和助流剂兼有抗黏着作用。

常用的润滑剂有硬脂酸镁、滑石粉、硬脂酸、高熔点蜡、玉米淀粉、微粉硅胶、聚乙二醇类等。硬脂酸镁为疏水性润滑剂，易与颗粒混匀，压片后片面光滑美观，应用最广。用量一般为0.1%~1%，用量过大时，由于其疏水性，会造成片剂的崩解（或活性成分释放）迟缓。滑石粉主要作为助流剂使用，它可将颗粒表面的凹陷处填满补平，减低颗粒表面的粗糙性，从而达到降低颗粒间的摩擦力、改善颗粒流动性的目的（但应注意：由于压片过程中的机械震动，会使之与颗粒相分离）。常用量一般为0.1%~3%，最多不超过5%。

（6）吸附剂　用于吸附液体农药，使其流动性好，一般同时起着填充料的作用，调节有效成分的含量，常用的有白炭黑、硅藻土、凹凸棒土等载体。一般液体原药含量较高时，选用吸附容量大的载体。在液体含量低时，选用吸附容量小的载体。

（7）填料　主要用于调节片剂中有效成分含量，常用的有高岭土、轻质碳酸钙、膨润土、无水硫酸钠等。

其他的助剂还有稳定剂、警戒色等，这些助剂要看实际需要来添加。稳定剂很多是用来调节pH值的，保证有效成分在贮存期的稳定，常用的有磷酸氢二钠、柠檬酸、草酸等。也有针对某些有效成分所加的特定稳定剂。

上述可分散片剂的组成成分应视具体品种而定。有些成分具有双重性质，如膨润土既可以作助崩剂，又可以作填料使用；滑石粉既可作流动调节剂，又可以作填料使用；聚乙烯吡咯烷酮既可作黏结剂，又可以作崩解剂。

2. 可分散片剂的制备

可分散片剂压片制备时，需要注意三个基本要点，即流动性、压缩成型性和润滑性。良好的流动性可使物料顺利地流入压片机的模孔，避免片剂重量差异过大；良好的压缩成型性可使物料压缩成具有一定形状的片剂；而润滑性可使片剂从压片机冲模中顺利推出。所以，可分散片剂在压片前，需要进行混合、粉碎、造粒等预处理工序。基本流程见图7-10。

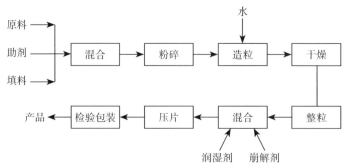

图7-10 可分散片剂的生产基本流程

物料粉碎的目的是使可分散片剂在水里崩解分散以后，具有良好的悬浮性，如同水分散粒剂。粉碎的工艺有气流粉碎和机械粉碎。气流粉碎是最常用的方法，一般粉碎以后的物料细度可以达700目以上，粉碎过程中不会摩擦生热，对物料安全。气流粉碎设备包括流化床气流粉碎机、扁平式气流粉碎机、循环式气流粉碎机等，可以根据物料的实际情况选择合适的设备。机械粉碎一般又称超微粉碎，适用范围比气流粉碎要小，但是相比气流粉碎，机械粉碎的能耗低，产量大。对部分熔点高、易粉碎的物料，或者其他不适合气流粉碎的物料，可以考虑采用机械粉碎，粉碎以后的物料细度也可以达到400~500目。

造粒以后再压片的目的主要有以下几点：

① 改善流动性，一般颗粒状比粉末状粒径大，每个粒子周围可接触的粒子数目少，因而黏附性、凝集性大为减弱，从而大大改善物料的流动性，物料虽然是固体，但可使其具备与液体一样定量处理的可能。

② 有利于压片，可以提高片剂的强度，制成片剂后不易开裂、表面脱落。

③ 防止粉尘飞扬及器壁上的黏附。粉末的粉尘飞扬及黏附性严重，造粒后可防止环境污染与原料的损失。

④ 改善片剂生产中压力的均匀传递，使片剂的片重均匀稳定。

片剂的造粒要求其粒度分布适当宽一点，而不是如其他剂型中的粒度分布越窄越好，这是由于制成的颗粒需要相互牢固地结合在一起。当粒度大小有所差别时，颗粒之间的空隙才能较小，才可使其填充较均匀，同时具备良好的流动性和可压性，压成的片剂会较牢固。但是，造粒以后还是需要适当的整粒，把粉尘和粒径过大的颗粒分离出来。

3. 可分散片剂压片过程中常见问题和处理方法

（1）松片　松片指片剂压成后，硬度不够，表面有麻孔，用手指轻轻加压即碎裂，原因分析及解决方法有以下几种情况：

① 黏结剂或润湿剂用量不足或选择不当，使颗粒质地疏松或颗粒粗细分布不匀，粗粒与细粒分层。可用选用适当黏结剂或增加用量、改进造粒工艺、多搅拌软材、混匀颗粒等方法加以克服。

② 颗粒含水量太少，过分干燥的颗粒具有较大的弹性，使颗粒松脆，易造成松裂片。故在造粒干燥时，按不同品种应控制颗粒的含水量。如制成的颗粒太干时，可喷入适量水，混匀后压片。

③ 物料本身的性质，密度大压出的片剂虽有一定的硬度，但经不起碰撞和震摇，往往

易产生松片现象。物料含有油状物比例高而混合不均匀也容易出现松片现象，可选用更加合适的填充料，或者改进造粒工艺。

④ 颗粒的流动性差，填入模孔的颗粒不均匀。

⑤ 有较大块或颗粒、碎片堵塞刮粒器及下料口，影响填充量。

⑥ 压片机械的因素，压力过小、多冲压片机冲头长短不齐、车速过快或加料斗中颗粒时多时少。可采用调节压力、检查冲模是否配套完整、调整车速、勤加颗粒使料斗内保持一定的存量等方法克服。

（2）裂片　片剂受到震动或经放置时，有从腰间裂开的称为腰裂，从顶部裂开的称为顶裂，腰裂和顶裂总称为裂片，原因分析及解决方法如下：

① 物料本身弹性较强或因含油类成分较多。可加入糖粉以减少纤维弹性，加强黏合作用或增加油类活性成分的吸收剂，充分混匀后压片。

② 黏结剂或润湿剂不当或用量不够，颗粒在压片时黏着力差，可改善配方。

③ 颗粒太干，压片易造成裂片，解决方法与松片相同。

④ 细粉过多、润滑剂过量引起的裂片，粉末中部分空气不能及时逸出而被压在片剂内，当解除压力后，片剂内部空气膨胀造成裂片，可筛去部分细粉或适当减少润滑剂用量。

⑤ 压片机压力过大，反弹力大而裂片；车速过快或冲模不符合要求，冲头有长短，中部磨损，其中部大于上下部或冲头向内卷边，均可使片剂顶出时裂片。可调节压力与车速，改进冲模配套，及时检查调换。

（3）黏冲与吊冲　压片时片剂表面细粉被冲头和冲模黏附，致使片面不光、不平有凹痕，吊冲边的边缘粗糙有纹路，原因及解决方法：

① 颗粒含水量过多、含有引湿性易受潮的物料、操作环境湿度过高易产生黏冲头。应注重适当干燥、降低操作室湿度、避免受潮等。

② 润滑剂用量过少或混合不匀、细粉过多。应适当增加润滑剂用量或充分混合。

③ 冲头表面不干净，有防锈油或润滑油等杂质。可将冲头擦净，调换不合规格的冲模。此外，如机械发热而造成黏结冲头时应检查原因，检修设备。

④ 冲头与冲模配合过紧造成吊冲。应加强冲模配套检查，防止吊冲。

（4）片重差异超限　片重差异超限指片重差异超过规定或者要求的限度，造成的原因及解决方法如下：

① 颗粒粗细分布不匀，压片时颗粒流速不同，致使填入模孔内的颗粒粗细不均匀，如粗颗粒量多则片轻，细颗粒多则片重。应将颗粒混匀或筛去过多细粉。如不能解决时，则应重新改进造粒工艺。

② 如有细粉黏附冲头而造成吊冲时，可使片重差异幅度较大，此时下冲转动不灵活，应及时检查，拆下冲模，擦净下冲与模孔即可解决。

③ 颗粒流动性不好，流入模孔的颗粒量时多时少，引起片重差异过大而超限，应重新改进造粒工艺或加入适宜的助流剂如微粉硅胶等，改善颗粒流动性。

④ 加料斗被堵塞，此种现象常发生于黏性或引湿性较强的物料。应疏通加料斗，保持压片环境干燥，并适当加入助流剂解决。

⑤ 冲头与模孔吻合性不好，例如下冲外周与模孔壁之间漏下较多药粉，致使下冲发生"涩冲"现象，造成物料填充不足，对此应更换冲头、模圈。

⑥ 车速过快，填充量不足。

⑦ 上下冲长短不一、分配器未安装到位等机械原因，造成填料量不统一。

（5）崩解延缓和强度的协调　崩解延缓指片剂不能在规定时限内完成崩解，影响有效成分的分散和发挥药效。产生原因和解决方法如下：

① 片剂孔隙状态的影响。水分的透入是片剂崩解的首要条件，而水分透入得快慢与片剂内部具有很多孔隙的状态有关。尽管片剂的外观为一压实的片状物，但实际上它却是一个多孔体，在其内部具有很多孔隙并互相连接而构成一种毛细管的网络。水分正是通过这些孔隙而进入到片剂内部的，影响崩解介质（水分）透入片剂的四个主要因素是毛细管数量（孔隙率）、毛细管孔径、介质液体的表面张力、介质液体和毛细管的接触角。影响这四个因素的情况有：a. 原料、助剂的可压性。可压性强的原料、助剂被压缩时易发生塑性变形，片剂的孔隙率及孔隙径皆较小，因而水分透入的数量和距离都比较小，片剂的崩解较慢。实验证实，在某些片剂中加入适当量的淀粉，往往可增大其孔隙率，使片剂的吸水性显著增强，有利于片剂的快速崩解。但不能由此推断出淀粉越多越好的结论，因为淀粉过多，则可压性差，片剂成型不好。b. 颗粒的硬度。颗粒（或物料）的硬度较小时，易因受压而破碎，所以压成的片剂孔隙率和孔隙径皆较小，因而水分透入的数量和距离也都比较小，片剂崩解亦慢；反之则崩解较快。c. 压片力。在一般情况下，压力愈大，片剂的孔隙率及孔隙径愈小，透入水的数量和距离均较小，片剂崩解亦慢。因此，压片时的压力应适中，否则片剂过硬，难以崩解。d. 选用合适的润滑剂与润湿剂。使片剂和介质液体接触，容易被润湿，表面张力和接触角小，这个主要是在配方筛选上需要注意的。

② 其他助剂的影响。主要是黏结剂和崩解剂的选择，选用合适的加入方法。黏合力越大，片剂崩解时间越长。但是黏合力越小，则压成的片剂强度越小，或者不容易成型。在具体的实际生产中，必须把片剂的成型与片剂的崩解综合加以考虑，选用适当的黏结剂以及适当的用量。

片剂的强度不但会影响药效的发挥，而且如果片剂的强度过小给其生产、运输和贮存都会带来诸多不便。对片剂强度进行检查，也是片剂质量的重要保证。强度指标的测定，需要专门的强度测定仪。另外应注意在检测时，由于压片时压力的分布不均匀，使片剂各部位受压不同，因而各部位的密度和硬度也不相同，所以不能用一个部位的硬度代表整个片剂表面的硬度。影响片剂强度的因素主要有以下几点：a. 原料及助剂的性质；b. 压片时的加压条件，其中包括压力的大小、加压的时间等；c. 原料或颗粒的粒度与片剂的强度也有密切的关系；d. 润滑剂的影响，压片时润滑剂的加入既有利于压片，又能对片剂的性质产生一系列的不良影响，颗粒的表面黏附一些润滑剂，可削弱颗粒间的结合力，使片剂的强度降低；e. 黏结剂的影响，黏结剂的品种不同，结合力不同，所以用不同的黏结剂制成的片剂强度也不相同；f. 含水量的影响，颗粒压片时，必须含有适量的水分，完全干燥的颗粒或结晶压不成好的片剂。片剂的强度与其含水量有一定的关系，在某一含水量时，片剂的强度最大，超过此含水量，片剂的强度又会降低，因此在压片时要掌握好片剂中的含水量。

近年来，片剂的均匀度问题也引起了重视。对于有效成分含量较高的片剂来说，一般比较容易混合均匀。通过控制片剂的重量差异及有效成分的含量测定，就可以保证每片的有效成分含量都能符合规定标准。但对于有效成分含量较低的片剂，仅通过片重差异及含量测定并不能保证每片的有效成分含量都符合规定。有效成分含量少，易因混合不当或其他原因而致有效成分与其他成分不处于均匀混合的状态。因此，为了保证片剂成分含量均匀，首先应将各成分混合均匀；其次还应在整个生产过程中保持均匀的状态。另外，可溶性成分的迁移也是破坏均匀状态的重要原因。

（三）水分散片剂的优缺点

水分散片剂：是在水分散性粒剂、片剂以及泡腾片剂基础上研发出来的农药固体新剂型。将三种制剂的优点集于一身。优点如下：

① 它吸收了片剂的外形特点，使得水分散片剂较水分散粒剂更加对环境友好。

② 它保持了泡腾片剂的崩解速率高、水分散粒剂悬浮率高的优点，使其在保证药效不降低的前提下对环境和施药者更安全，没有粉尘，减少了对环境的污染。

③ 由于分散片有效成分单位剂量一定，以片/亩或片/公顷计数，因而计量准确。

④ 可直接投入盛水的喷雾器中使用，使用起来非常方便。

缺点：一般来说，能加工成水分散片剂的活性成分大多能加工成水分散粒剂。两者主要加工工艺和配方（除崩解剂外）基本相同，只不过前者最终剂型形式是压成片剂。市面上加工品种很少，使用不很普遍。

（四）水分散片剂的释放特点

水分散片剂又称分散片，系指投入水中能较快地崩解、分散，形成高悬浮的分散体系。这是国外近年研究较热门的一种新型制剂。

（五）水分散片剂的配方

水分散片剂的组成除有效成分外还包括以下几种助剂。

润湿剂和分散剂：拉开粉、十二烷基硫酸钠、NNO、木质素磺酸盐、十二烷基苯磺酸钙等阴离子型表面活性剂；烷基聚氧乙烯醚OP系列等非离子型表面活性剂，以及阴离子型和非离子型复配物。

助崩解剂硫酸铵、无水硫酸钠、氯化钙、表面活性剂、膨润土、聚丙烯酸乙酯等。

吸附剂用于吸附液体农药，使其流动性好，常用的有硅藻土、凹凸棒土、白炭黑等。

黏结剂明胶、聚乙烯醇、聚乙烯吡咯烷酮、聚乙二醇、淀粉、糊精、CMC、乳糖等。

为了使压制的水分散剂易于从压片机上脱模，要加入流动调节剂。主要品种有滑石粉、硬脂酸、硬脂酸镁等。

稳定剂，如磷酸氢二钠、丁二酸、己二酸、草酸、硼砂等用来调节片剂的pH值，保证有效成分在贮藏期的稳定。

填料主要用来调节片剂中有效成分含量，常用的有高岭土、轻质碳酸钙、膨润土、无水硫酸钠、锯末等。

（六）水分散片剂的注意事项

杀虫剂、除草剂和杀菌剂均可用作水分散片剂的有效成分。喷雾使用以杀虫剂和杀菌剂为主，直接投放水田施用以除草剂水分散片剂为多。对于常用农药加工的片剂，有效成分含量应尽可能高一些，以减少每亩用药片数，降低成本，利于推广；对于超高效农药加工的片剂，应适当降低有效成分含量，以利于片剂中有效成分的均匀分布。

（七）可分散片剂的质量控制指标及检测方法

（1）外观　片剂外观通常呈扁平状或中间突出的、干的、无破碎的圆片，无可见的外来物。片重均匀，有一定的机械强度（立面强度的测定按GB/T 5452—2001中4.5进行），片重误差不超过一定范围。

（2）有效成分质量分数（%）　有效成分的含量检测一般参考原药的含量检测方法，检测平均值与标明值之差不应超出规定的允许波动范围。

（3）相关杂质质量分数（%）　在生产或贮存过程中产生的副产品如有要求，最大不超过X_1（%）。这个指标要求更多是体现在医药片剂上。

（4）水分（%）（CIPAC MT30）　用共沸法测定，水分要求应该根据产品的性质来定，比水分散粒剂要适当放宽，最大不超过5%比较合理（在不影响有效成分稳定性的前提下）。因为在制剂压片前，颗粒软材的水分含量是和压片工艺密切相关，而压片以后除了特殊要求，一般不合适再进行干燥。

（5）酸碱度或pH值范围　酸度或碱度的测定参照CIPAC MT31进行，pH值的测定参照CIPAC MT75进行。

（6）崩解时间　此项检测目前还没有统一标准，一般可以参考水分散粒剂的检测方法，根据产品的要求，在具塞量筒或者培养皿中充满水，放入一片试样，记录完全崩解的时间。一般要求比水分散粒剂适当放宽，在5min内崩解为合格。

（7）湿筛试验　参照CIPAC MT185进行。

（8）悬浮率　参照CIPAC MT184进行。

（9）持久起泡性　参照CIPAC MT47进行。

（10）粉末和碎片（片剂完整性）　将抽样时一个完整内包装的粉末和碎片收集起来，置于天平上称量，记录其重量，片剂完整性X（%）按下式计算：

$$X= \frac{m_1}{m} \times 100\% \qquad (7-1)$$

式中　m_1——粉末和碎片质量，g；

m——取样总质量，g。

一般要求不超过5%为合格。

（11）热贮稳定性　在（54±2）℃下贮存14d后，测得的平均有效成分含量应不低于贮存前检测值的百分数X（一般制剂要求在5%）。同时产品的生产和贮存过程中产生的杂质、酸碱度或者pH值范围、崩解时间、湿筛试验、悬浮率和片剂的完整性仍符合热贮前的要求。

（八）工程实例

以实验室制备25%敌草隆为例，水分散片剂的制备工程如下：

基本配方组成：

原药（折百） 25%　　　　　　　　分散剂D-425　8%

润湿剂BX　2%　　　　　　　　　羧甲基淀粉钠　5%

乳糖　8%　　　　　　　　　　　滑石粉　2%

硬脂酸镁　0.3%　　　　　　　　　　　　　高岭土　补足100%

把所有物料混合均匀，经过气流粉碎，得到类似与可湿性粉剂的粉状物料，加入20%左右的水进行捏合，用挤压造粒得到颗粒剂，进行干燥。干燥至含水量4%左右，把颗粒经过整粒至大小基本均匀的颗粒，用单冲压片机压至成片，得到成品。

（九）展望

开发对环境友好、施用方便、高效、低成本的农药新剂型是当前世界农药制剂加工行业的发展趋势。可分散片剂作为一种新剂型，具有独特的优越性，它的开发符合农药剂型环保性、功能性、高含量、精细化的发展趋势。因此，可分散片剂是值得重视和具有发展前景的农药剂型之一。

二、直接使用片剂

1. 直接使用片剂特点

直接使用片剂是指制剂产品不用在水中分散成悬浮液使用，而是直接在应用场合使用的片剂。熏蒸片（VP）、饵片（PB）、防蛀片（MPT）等，广义上都属于直接使用片剂。

直接使用片剂由原药与填料和其他必要的助剂组成，助剂包括润湿剂、分散剂、崩解剂、黏结剂、吸附剂、流动调节剂等，与可分散片剂相似。因为使用的原理不同，在质量技术指标上的要求也不同，制剂的配方侧重点有区别。可分散片剂和水分散粒剂相似，崩解时间和悬浮率是十分关键的技术指标。而直接使用片剂没有悬浮率的要求，可能更注重缓释作用的体现，对崩解的要求可能与可分散片剂相反。部分在水稻田里直接使用的片剂（如10%吡嘧磺隆水分散片剂），虽然是直接使用，不是先在水里分散成悬浮液喷雾使用，但是其作用的机理还是有效成分在水中迅速崩解分散成悬浮液，对崩解时间和悬浮率的要求和其他可分散片剂一样，所以还是归类可分散片剂。在实际加工时，直接使用片剂不需要添加提高悬浮率的分散剂，崩解剂视情况而加或者不加。

在加工工艺上，直接使用片剂的物料一般事先不需要进行气流粉碎，只根据要求达到一定细度就可以。可以先制成颗粒再压片（也有部分片剂用粉末直接压制成片）。如溴氯海因片剂的制备：溴氯海因是水中的杀菌剂，主要用于泳池、鱼塘等杀菌。其经化学合成后过滤、干燥得到粉状物料，经造粒形成粒度分布较宽的颗粒，再按照需要压制成片剂。制备成片剂主要作用有两点，一是使用方便，可以抛入池塘的任意角落；二是压片后起到缓释作用，可延长有效成分的释放周期。

个别农药要制成片剂，还有基于片剂对农药品种的特殊要求以及片剂自身的特点和优点。有些农药蒸气压较高，在常温下容易挥发、汽化或者与空气中的水分等反应，生成具有杀虫、杀菌、杀鼠或驱避、诱杀等生物活性的物质，这种农药适合制备成直接使用片剂，制成的片剂我们称之为熏蒸片剂，最典型的产品就是磷化铝。磷化铝与空气中或者仓贮谷物中的水分发生化学反应生成具有生物活性的磷化氢，其是毒力很强的气体，在密闭的环境中有强烈的杀虫、灭螨、杀鼠作用。自磷化铝被发现以来，国内外均用其来防治贮粮害虫，而且它还可以用来灭鼠和防治柑橘天牛。磷化铝被制成片剂后的应用，就充分显示了片剂的独特优点，这是其他剂型无法替代的。

饵片（PB）是饵剂类农药的一种，为引诱靶标害物取食或者行为控制的片状制剂，主要针对爬行类害虫和部分杂食性飞行类害虫，如蟑螂、老鼠、苍蝇、白蚁等。饵片的有效成分一般毒性不能太高，含量也不会太高，主要通过胃毒作用起效。饵片的气味也不能太浓，诱杀速率要适中，添加的助剂考虑口食性等因素。

防蛀片（MPT）是一类可直接使用防蛀虫的片状制剂。国内市场上的防蛀防霉产品主要以樟脑、萘、对二氯苯为主。萘因为其毒性和致癌作用，已经被禁止使用。樟脑片是常用的家庭卫生用药，将樟脑制成片剂是为了使用方便，关键是可控制有效成分的释放速率，延长使用的周期。

2. 质量技术要求

一般片剂的质量技术指标要求主要有以下几个方面：

（1）外观　片剂外观通常呈扁平状或中间突出的、干的、无破碎的圆片，无可见的外来物。片重均匀，有一定的机械强度，片重误差不超过一定范围。

（2）有效成分含量（%）　应当标明有效成分含量为Y_1（g/kg），或X_1（%），有效成分的含量检测一般参考原药的含量检测方法，检测平均值与标明值之差不应超出规定的允许波动范围。

（3）相关杂质质量分数（%）　在生产或贮存过程中产生的副产品，如有要求，最大不超过X_2（%）。

（4）水分（%）（CIPAC MT30.5）　最大水分含量为X_3（%）。

（5）酸碱度或pH值范围　酸度或碱度的测定参照CIPAC MT31进行，pH值的测定参照CIPAC MT75进行。

（6）粉末和碎片（片剂完整性）　最大破损度为X_4（%）（松散包装片剂）。

最大破损度为X_5（%）（紧密包装片剂）。

（7）热贮稳定性（CIPAC MT46.3）　在（54±2）℃下贮存14d后，测得平均有效成分含量，应不低于贮存前检测值的X_7（%）。同时，生产和贮存过程中产生的杂质、酸碱度或者pH值范围、片剂的完整性仍符合热贮前的要求。

直接使用片剂的质量技术指标要求要视产品的应用场合而定，不同的使用场合有不同要求。

三、烟雾片剂

1. 烟片

烟片（FT）是一类可点燃发烟而释放有效成分的片状固体制剂。它是由原药与助燃剂、燃剂、填料等加工制成的外观为圆片状的制剂。国内有百菌清烟雾片用于大棚消毒杀菌。

在行业标准中对烟片剂有明确的控制指标，具体如下所述。

（1）有效成分　≥规定含量，%。

（2）相关杂质名称　≤规定量，%。

（3）干燥减量　≤规定量，%。

（4）酸碱度　≤规定量，%或pH值在规定范围内。

（5）自燃温度　≥规定数值，℃。

（6）成烟率　≥规定数值，%。

（7）跌落破碎率　≤规定数值，%。

（8）粉末和碎片　≤规定数值，%。

（9）燃烧发烟时间　min。

（10）点燃试验　合格。

（11）热贮稳定性　合格。

2. 烟雾片剂

（1）烟雾片剂的优缺点

① 烟雾片剂的优点　成本低，发烟率高，"自燃点"160℃以下，点燃时不用特别的引燃剂及引线，保证了烟雾片剂的安全使用、运输和贮藏。使用者不用与药剂接触。

② 烟雾片剂的缺点　一般要在密闭环境下进行，多用于温室保护地，如果棚内温度或湿度不当易发生药害。

（2）烟雾片剂的释放特点　烟雾片剂将有效成分形成高度分散的体系，它有着巨大的表面积和表面能，药剂的活性得到增强，这样既增加了与防治对象接触机会，又改善了附着、渗透、溶解能力，充分发挥其触杀、抑制呼吸等综合生物效能，而且消失较快，残留量低。最突出的特点是，它处于气体状态，可无孔不入地覆盖、穿透、渗入和充满一定空间，它对密闭体系（保护地）中防治病虫害十分有利。另外对于一些不利于喷洒药剂的环境和场所也有它独特的优势，因为使用烟剂无需任何设备和器械，所以使用极为方便。

（3）烟雾片剂的配方

① 主剂　是指具有杀虫、杀菌等生物活性的一种或几种农药的原药。

② 氧化剂　凡能帮助和支持燃料燃烧的物质，常用的有氯酸钾、硝酸钾、硝酸铵。

③ 燃料　能借助空气中的氧或氧化剂分解放出的氧燃烧的一切可燃物，常用的有木粉、木炭。

④ 助剂的选择

a. 发烟剂　氯化铵、萘。

b. 导燃剂　硫脲、二氧化硫脲、白糖、硫氰酸铵等。

c. 阻火剂　陶土、滑石、石灰石、硫酸钙等。

d. 降温剂　氯化铵、硅藻土、膨润土、滑石等。

e. 加重剂　水杨酸、硫黄、硫化汞和金属卤化物如氯化铁、氯化锌和氯化锡等。

f. 黏结剂　羟甲基纤维素、酚醛树脂、虫胶、树脂酸钙以及石蜡、沥青、糊精和石膏。

g. 防潮剂　矿物油如柴油、润滑油、锭子油和各种高沸点芳烃以及蜡类等。

h. 稳定剂　氯化铵、高岭土以及多种惰性无机物等。

四、可溶片剂

可溶片剂（ST）是指有效成分能溶于水中形成真溶液，可含一定量的非水溶性惰性物质的片状制剂。它由原药、载体和助剂制成，应为干燥、无破损、自由流动的圆片，无可见的外来物。可溶片剂用水溶解后，以传统的喷雾器械施药。可溶性片剂所含的有效成分，在使用适宜浓度的条件下，应能完全溶于水。

根据FAO与WHO农药标准制订和使用手册规定，可溶片剂具体的检测方法及数值指标如下。

（1）含量　应当标明含量为Y_1（g/kg）。当测定时，检测平均值与标明值之差不应超出规定的允许波动范围。

（2）在生产或贮存过程中产生的副产品　如有要求，最大不超过测得含量的X_1（%）。

（3）水分（CIPAC MT30.5），最大：Y_2（g/kg）。

（4）酸碱度（CIPAC MT31）或pH值范围（MT75.3），如有要求（不适合泡腾片剂）应为如下范围。

最大酸度（以H_2SO_4计）：Y_3（g/kg）。

最大碱度（以NaOH计）：Y_4（g/kg）。

pH值范围：$x_1 \sim x_2$。

（5）崩解时间　完全崩解最大值：z（min）（指能泡腾的片剂）。

（6）溶解程度和溶液稳定性（CIPAC MT179）

① 75μm筛上残留量最大（5min后）：X_2（%）；

② 75μm筛上残留量最大（18h后）：X_3（%）。

（7）湿筛试验（CIPAC MT185）留在75μm试验筛上的残留物最大值为：X_4（%）。

（8）持久起泡性（CIPAC MT47.2）1min后，泡沫量不应超过x_3（mL）。

（9）片剂完整性　无破损的药片。

最大破损度：X_5（%）（松散包装片剂）。

最大破损度：X_6（%）（紧密包装片剂）。

（10）热贮稳定性（CIPAC MT46.3）

在（54±2）℃下贮存14d后，无压力，测得的平均有效成分含量应不低于贮存前检测值的X_3（%），同时产品的生产和贮存过程中产生的杂质、酸碱度或者pH值、崩解时间、溶解度和溶液稳定性、湿筛试验、片剂完整性仍要符合热贮前的要求。

五、电热蚊香片

电热蚊香片（MV）是一类与驱蚊器配套使用，驱杀蚊虫的片状制剂。它是由一个浸入杀虫剂的纸浆片或由其他适宜的惰性材料做成的片剂，也可能加入稳定性、增效剂、缓释剂、香料及着色剂。本片剂置于一个缓慢产生有效成分挥发物的加热装置中使用，目前已经由纸片型发展到内燃式电热驱虫片。

根据FAO与WHO农药标准制订和使用手册规定，电热蚊香片的检测方法及数值指标如下。

（1）含量　应当标明含量为Y_1（g/kg）。当测定时，检测平均值与标明值之差不应超出规定的范围。

（2）在生产或贮存过程中产生的副产品　如有要求，最大不超过测得含量的X_1（%）。

（3）片的大小　应匹配于所用的加热器。

（4）挥发速率　将片放入适宜的加热器中加热4h，残余的有效成分含量最低应为有效含量标明值的20%。

（5）热贮稳定性　在（54±2）℃下贮存14d后，测得的平均有效成分含量，应不低于贮存前检测值的X_2（%），同时产品的生产和贮存过程中产生的杂质仍要符合热贮前的要求。

六、大粒剂

大粒剂（Jumbo tables）是水田除草专用新剂型。所谓大粒剂是指每个包装重量在10g和几十克的颗粒状或片状剂型。主要分为发泡片状大粒剂和水溶性袋装大粒剂两大类。其中发泡片状大粒剂又分为漂浮型和非漂浮型；而水溶性袋装大粒剂包括片剂型、粉剂型、液剂型和粒剂型，目前开发的大粒剂大多数属于粒剂型大粒剂。该制剂施用到水田中时，颗粒在水面上随机地沿各个方向漂动，制剂颗粒迅速均匀地分散到整个水面，生物活性成分从颗粒中释放出来，均匀分散到水中，发挥药效。大粒剂综合了乳油优良的分散性、可湿性粉剂贮运方便和干悬剂使用方便的优点，而且该剂型对环境污染小，施用量易掌控，受气候因子影响小，具有很明显的应用价值。片剂型的大粒剂，在实际使用上类似与可分散片剂，它的质量技术指标要求和分析方法参考可分散片剂。

七、熏蒸片剂

1. 熏蒸片剂的优缺点

熏蒸片剂的优点：剂量准确，使用时无需称量，操作方便，有效成分及产品的理化性质容易保持稳定。制成片剂可以避免生产和使用中的粉尘飞扬，减少药剂对人体危害，减少有效成分与空气直接接触的面积，从而控制活性成分的释放速率，延长有效期。

熏蒸片剂的缺点，对药剂的要求高，详细介绍如下：

① 常温下蒸气压高，或与空气中的水、二氧化碳发生反应生成具有生物活性物质。

② 对保护对象无腐蚀、变质、药害和残毒，不留气味，对人畜有警戒气味，毒性不宜过高，不易燃烧、爆炸，药剂本身渗透性强。

③ 空气湿度相对低，导致磷化铝靠自然吸收空气水汽速率低，甚至达半月时间药剂分解不完全，放出磷化氢毒气量小，在较长时间内达不到害虫的致死浓度。

④ 磷化物如磷化铝遇水释放磷化氢。磷化氢有自燃现象，使用不安全，可加入阻燃剂或制成缓释颗粒解决此类问题。

2. 熏蒸片剂的释放特点

熏蒸片剂的农药蒸气压较高，在常温下易挥发、气化（升华）或与空气中的水、二氧化碳反应，在密闭的环境中生成具有强烈的杀虫、杀菌、杀鼠或驱避、诱杀等生物活性的物质，起到防治作用。

3. 熏蒸片剂的配方

片剂的组成除有效成分以外，为了成型等原因，还需要以下助剂：

黏结剂：有亲水性和疏水性两类，亲水性黏结剂如植物性淀粉、纸浆废液干粉、羟甲基纤维素、聚乙烯醇、明胶、阿拉伯胶等；疏水性黏结剂如石蜡、硬脂酸、松香等。

润滑剂：为了保证片剂制造过程中的流动性，避免对模具的黏附和顺利出片，必须加入润滑剂，常用的润滑剂有硬脂酸镁、滑石粉、硬脂酸等。

填料和吸附剂：陶土、皂土、滑石粉、石膏、硅藻土、白炭黑、磷酸盐等。

参考文献

［1］王以燕，刘绍仁，宗伏霖，等. 国家标准《农药剂型名称与代码》释义：上. 世界农药，2004，26（6）：23–26.
［2］王以燕，刘绍仁，宗伏霖，等. 国家标准《农药剂型名称与代码》释义：下. 世界农药，2005，27（1）：27–31.

［3］《农药化学品》编辑部. 新颖的农药片剂. 农药译丛, 1993, 15（6）: 43.

［4］齐凌峰. 不同磷化铝施药量的熏蒸效果研究. 安徽农业科学, 2009, 37（35）: 17559-17561.

［5］崔福德. 药剂学. 北京: 中国医药科技出版社, 2006: 101-122.

［6］FAO和WHO农药标准联席会议（JMPS）. FAO和WHO农药标准制定和使用手册. 罗马: FAO和WHO, 2004: 64-65.

［7］王勇, 孔宪滨, 张文革, 等. 农药新剂型——水分散片剂. 农药, 2004, 43（6）: 254-256.

［8］卢智玲, 刘华栋, 汪国华. 分散片的处方设计和工艺特点. 综述报告, 2003, 12（7）: 70-71.

［9］FAO和WHO农药标准联席会议（JMPS）. FAO和WHO农药标准制定和使用手册. 罗马: FAO和WHO, 2004: 77-79.

［10］叶贵标, 顾宝根, 朱天纵. 水田除草剂新剂型——大粒剂（JUMBO）种类和特点. 农药科学与管理, 1999, 20（2）: 37-38.

［11］刘广文, 路福绥, 蒋国民. 现代农药剂型加工技术. 北京: 化学工业出版社, 2012.

第八章

除草地膜

第一节 除草地膜简述

一、引言

农业在各国国民经济中占有重要地位，提高农作物产量一直是人类需要解决的重要课题。地膜覆盖技术可使作物增产增收，因而在国内外已广泛应用。近年来地膜品种不断开发，向着功能化的方向发展。

地膜覆盖技术能有效地控制土壤的温度和湿度，减少水分和营养物流失，发挥土壤肥力，促使作物早熟、增产。还能使作物的适作区北移2~5个纬度或向海拔高度延伸500~1000m。20世纪70年代末期我国开始应用该项技术，由于效益显著，获得迅猛发展，给我国农业带来一场"白色革命"，成为温饱工程的一项有效措施。据有关专家保守估计，全国至少有两亿亩耕地适宜使用地膜覆盖技术，可见该项技术在我国还有很大的发展前景。

塑料地膜覆盖栽培具有保温、保墒、保湿，促进微生物活动，改善土壤物化性能等作用，可提高作物产量、增加经济效益。但覆盖地膜后，也给耕地除草带来了极大不便。杂草丛生将覆膜撑起，导致膜内透风漏气，降低地温和带走水分。同时杂草与作物争夺水分、营养，影响作物的正常生长。为解决这些问题，国内外均在进行地膜的开发、研究工作。

二、地膜简介

地膜作为现代农业生产中重要的生产资料已经广泛用于农作物的栽培中，不论是大田粮食作物、果蔬种植，还是大棚的果蔬栽培，地膜均有广阔的用武之地，多年来，科研人员根据农业生产的特点，已经开发出下列品种：

1. 广谱地膜

广谱地膜又叫无色透明膜，是当前生产中应用最普遍的地膜。多用高压膜乙烯树脂吹制而成。厚度为（0.014±0.002）mm，透光好、增温快、保墒性能强，适合番茄、茄子、辣椒、瓜类等喜湿作物使用。缺点是容易长草，尤其畦面不平或地膜与畦面结合不紧密时更严重。

2. 银灰色地膜

银灰色地膜有镀铝、三层结构和掺铅型三种，银色膜能反光，对紫外线反射作用强，可驱除有翅蚜，故又叫驱蚜膜。还可减轻病毒病、黄条跳蚤、黄守瓜等病虫的危害。适于番茄、辣椒、甜瓜、萝卜、白菜、葛苣等作物。另外，银色膜不透光，地温低，促成栽培时不宜用。其反光作用，对果实着色有利，已用于苹果、桃、樱桃的栽培，并作为日光温室内镜面反光幕，提高室内光照强度。

3. 绿色地膜

绿色地膜是在聚乙烯树脂中加入绿色原料制成，厚度为0.015~0.02mm，每亩地用量为7.4~9.1kg，覆盖后能阻止对光合作用有促进作用的蓝、红光通过，使不利于光合作用的绿色光线增加，降低膜下植物的光合作用，抑制杂草生长。绿膜增温效果差，加之绿色颜料昂贵，尚未进入生产应用阶段，仅在草莓瓜类等经济作物上试用过。

4. 有孔地膜

有孔地膜加工成型后，再根据作物对株行距的要求，在膜上打上大小、形状不同的孔，铺膜后不用再打孔，即可播种或定植，既省工，又标准。当前，打孔的形式有切孔膜，即在膜上按一定幅度作断续条状切口，将适宜撒播或条播的作物，如胡萝卜、白菜等播种后，幼苗可自然地从切口处生长，不会发生烤苗现象。但增温、保墒效果差。另一种是适宜点播用的，播种孔的直径为3.5~4.5cm，还有专供移栽定植大苗用的，孔径为10~15cm。至于其他形式，生产厂可根据用户需要加工。

5. 水枕膜

水枕膜是为了充分利用太阳能而使用的一种贮热薄膜，即在半径为30cm的聚乙烯圆筒形膜袋内装入水，铺在棚室行间地面上，白天吸热，晚上散热，可以稳定提供棚室的温度，有黑、白两种颜色，常用的为黑色，很有发展前途。

6. 超薄地膜

超薄地膜多用高压聚乙烯与线型或高密度聚乙烯共混吹制，也可用线型聚乙烯与高密度聚乙烯共混吹制。厚（0.008±0.002）mm，半透明、强度低、透光性差。

7. 黑色地膜

黑色地膜是在聚乙烯树脂中加入一定比例的炭黑制成的，厚度为0.015~0.025mm，不透光，可防除杂草，地温比透明膜低，而保墒性能比透明膜好，适合高温条件下栽培喜低温的作物，如白菜、萝卜、葛苣等。黑色膜本身能吸收大量热量，而又很少向土壤中传递，表面温度可达50℃~60℃。因此耐久性差，聚乙烯熔化、破碎现象严重，为此，除增加薄膜厚度外，正在改用线型聚乙烯作原料，并加入适量的定安剂。

8. 双色薄膜

双色薄膜的膜中间透明，两侧黑色，于透明处栽苗，能透光，可提高地温，促进作物生长；两侧黑色处不透光，增温效果差，但离根较远，基本不影响早熟，且有除草保墒作用，进入高温强光季节后，黑膜下温度低，可引导根系向行间生长。还有一种黑白双重膜，表面乳白色，背面黑色，覆盖时乳白色一面向上，可反光降温；黑色向下，可防止热传导，并抑制杂草，适合高温季节和杂草多的田块使用。

9. 除草地膜

除草地膜灭草是利用聚乙烯高分子聚合物与小分子除草剂不相容的特性，在聚乙烯基础树脂中加入适量除草剂制成除草地膜。使用中除草剂逐渐析出，与土壤蒸发水分形成的水滴融合在一起进入土壤，达到除草的目的。

除草地膜将除草剂混入聚乙烯原料中吹塑成型，或将除草剂涂附在地膜一面，覆盖时将有除草剂的一面贴地。由于二者不亲和，除草剂从聚乙烯分子中析出，与膜下水滴一起渗入土壤表层，形成除草药土层。杂草刚一出土，即被杀死。除草膜有增温、保墒、杀草三种作用，用除草地膜时要注意选择。

其中黑色地膜、银灰色地膜和除草地膜具有除草功能，特别是加入不同农药除草剂制成的除草地膜具有高效的除草作用，本章做重点介绍。

三、除草地膜的概念

除草地膜，顾名思义，这种地膜除了具备普通地膜的保温、保墒，促进作物增产、早熟的作用外，还必须有除草功能。这类膜以聚乙烯树脂为原料，用不同形式的助剂将化学除草剂共挤或涂于地膜中，这种地膜中的除草剂被地表层土壤中的水溶出落回地表，在地表土层形成一含除草剂薄土层，称为处理层。这层处理层中的除草剂被杂草的芽鞘、茎叶、根等吸收，通过传导作用进入杂草体内，使植物细胞发生生理变化或形态的变化，最后达到抑制生长、导致死亡的目的。

还有一类是黑色地膜，也具备除草的功能。世界上一些发达国家广泛使用有色地膜。据研究表明，不同农作物需要不同颜色的光谱，选用合适的色膜，对作物进行覆盖，得到需要的光谱，获得增产效果。同时还有"虫忌""增色"等作用。在有色膜中，黑色膜用量最多，在日本有色膜占地膜用量的1/3，其中黑色膜占有色膜的90%。黑色膜的染色剂为炭黑，这种膜除具有普通地膜的功能外，由于几乎不透光，用它来覆盖作物，覆盖面下的杂草因光照不足而不能生长，直至枯死，有明显的除草作用。

由此，除草地膜可分为以上两种。即含除草剂的除草膜、含阳光屏蔽剂（炭黑）的除草地膜（黑色地膜）。

四、除草地膜的种类

1. 含除草剂的除草地膜

这种地膜有单层有药、双层单面有药和单层一面涂药的区别，但共同的特点是均以不同型号的聚乙烯树脂为成膜料，均含有不同种类的除草剂和助剂。其除草机理也相同。这种地膜覆盖地面后，受阳光的照射，盖在膜下地表层的土壤中的水分受热蒸发变成蒸汽，这些蒸汽在膜下遇冷又凝结成水，附于除草地膜表面。这部分水再将混于或涂于膜表层的除草剂溶解萃取出来，和水滴一起落回地表土层，并在地表层形成一层带有除草剂的薄土处理层，发芽的杂草种子通过芽鞘、茎叶、根部等吸收了除草剂进入体内，在杂草体内抑制蛋白酶而被杀死。

（1）双面含药的单层除草地膜 这种地膜是把除草剂、助剂和树脂预混合好，或做成母粒，再在普通地膜挤出机上经吹塑成膜。这种地膜生产工艺简单，设备投资少，生产普通地膜的设备均可以生产。这种地膜分为（0.014±0.003）mm的普通地膜和（0.006±0.002）mm

的微膜两种规格，国内主要生产该种除草地膜。

（2）单面含药的双层除草地膜　这种地膜是含有除草剂的A树脂层和防止除草剂扩散的B树脂保护层的双层复合除草地膜。这种除草地膜单面有药，应用时药面贴地，国外这种地膜较多。该地膜每层厚为0.1mm，双层总厚为0.2mm，膜厚便于回收，药效能充分发挥，但成本高，国内难以推广。

（3）单面涂刷除草剂的除草地膜　这种膜是在普通地膜的一面，用涂刷、干燥工艺，将除草剂涂于膜上，膜单面有药，但部分也能扩散到外层。国内有少量生产，工艺较为复杂。使用这类除草地膜一般要求整地要细、平、整，膜覆盖要严。除草率平均在80%以上。

2.含阳光屏蔽剂（炭黑）的除草地膜

农膜用于户外引起老化而失去使用价值的主要原因是日光照射，尤其是光能与高分子聚合物键能相当的紫外线的照射。炭黑是至今所发现的最好的紫外线屏蔽剂，它具有很强的吸收连续光波的特性，当炭黑粒在10~30nm时，几乎能将阳光中的紫外线全部吸收。它还是一种良好的过氧化物分解剂和自由基链终止剂，能有效地抑制高分子材料的老化过程。因此在塑料制品中加入适量的炭黑，可以有效地防止由紫外线照射而引起的老化，例如在电缆护套中加入2%~3%的炭黑，可在户外使用20年，而未加入炭黑者寿命仅为1年。因此在普通地膜的生产中，加入适量的炭黑生产的黑色地膜有很多特性：①具有普通地膜相当的保温、保墒，促进作物生长增收早熟作用，同时还具有防止地表土壤板结的作用。②由于它最大的特点是几乎不透光，用它来覆盖在地面上，杂草因光照不足而不能生长，直至枯死，有着抑制杂草生长的除草作用，称为黑色除草膜。③黑色地膜的染色剂为炭黑。炭黑能够有效地防止紫外光对树脂的光降解作用，使黑色地膜具有优良的防老化性能，使地膜不易老化、变脆。这种膜以低密度聚乙烯树脂、线型低密度聚乙烯树脂为基料，加入黑色母料和助剂，经吹塑成膜，其厚度国内控制在0.002~0.008mm，国外也较大量生产，但这种地膜会使地温升高。

五、除草地膜应用前景

我国是世界上地膜用量最大的国家。随着我国农业现代化进程的逐步加快，目前我国农膜市场正呈现出加速发展态势，应用范围正在逐步扩大，高档功能膜的推广使用已成趋势。目前，一些常见的功能性地膜主要有银灰黑色配色除草地膜、物理除草地膜、无滴地膜、绿色环保地膜、黑白间隔配色地膜、聚乙烯杀菌增温地膜等。

农田杂草常给农业生产造成巨大损失，目前解决膜下除草问题主要有三种方法：一是喷施除草剂后覆地膜，这不但费力、耗财而且喷施除草剂过程中给人体带来一定药害；二是将农药有效成分添入塑料薄膜母粒中采用吹塑法制成含药地膜，这需解决活性组分受高温分解及其与树脂之间的相溶性、均一性问题，同时农药渗入土壤性能差，因而推广应用有许多困难；三是采用喷涂或涂布、黏合等方式制成双层或多层薄层，这虽然解决了涂层均一性问题，但多由于涂层吸水溶解性差导致农药有效成分渗入土壤性能差，从而造成灭草功能发挥欠佳。除草地膜的使用解决了许多传统除草方法的不足，它独特的功能使其用量在不断增大。

除草地膜包括含化学除草剂的和含黑色阳光屏蔽剂的两类。就其发展，对于前者，日本米可多化工株式会社于1968年在市场上就开始销售含除草剂扑草净的除草地膜，年耗量达3000t。德国也有含除草剂的除草地膜应用于白球甘蓝种植的报道。近年来实际上在西欧、北美及前苏联都有大量的应用。20世纪70年代中期，在日本也是由米可多化工株式会社首先在市场上开始黑白双层除草地膜的销售。根据有关研究表明，不同作物需要不同的光谱，国外还发展了银色反光地膜、反光地膜及黑色地膜等，但在一些发达国家中使用的有色地膜当中，以黑色除草地膜量最多。因为黑色地膜具有普通透明地膜的提高地温、保温、保肥、防止土壤板结的优点，由于它几乎不透光，用它来覆盖地面，覆盖面下的杂草因光照不足而不能生长，有着明显的除草作用。

除草地膜不仅具有普通地膜的优点，由于控制了杂草，比普通地膜还要增产10%~20%，因此有着广阔的应用前景。但其应用技术也必须相应发展，这主要包括田间管理，要做到土地平整、细、齐。地膜覆盖紧贴地面、少透风，封好苗根。除草地膜将取代大部分普通地膜。使用除草地膜后有如下效果：

（1）防除农田杂草的效果好　据对棉田使用除草地膜（除草剂为异丙甲草胺）的定点观察，发现使用除草地膜的防效高、持效期长，覆膜后88d对杂草株数和鲜重的平均防效分别为89.96%和95.33%，其中对禾本科杂草株数和鲜重防效分别为92.22%和97.04%。而普通地膜下喷相同剂量的异丙甲草胺，88d后对杂草株数和鲜重的防效只有66.0%和71.4%。在玉米地也使用了除草地膜（除草剂为阿特拉津），揭膜时的防效为95.05%，比普通地膜下喷相同剂量除草剂的防效高9.89%。

（2）对农作物安全　除草地膜因除草剂分布均匀，所以对农作物出苗安全。据定点观察，发现使用除草地膜的棉苗出苗率为89.17%，与普通地膜的出苗率88.15%基本一致。3年平均出苗时间为9.7d，与普通地膜无差异。据揭膜时调查，使用除草地膜的棉苗株高比普通地膜下喷药和不喷药的分别高1.5cm和1.19cm，茎粗分别增加0.04cm和0.2cm，果枝分别多0.4台和1.4台，单株蕾数分别增加1.5个和9.3个。由于除草地膜不仅保持了普通地膜的增温保墒效应，而且还有效地防除了膜下杂草，因此增产更为显著。据定点考察，棉花使用除草地膜的平均亩产皮棉87.4kg，比普通地膜亩增皮棉1.89kg，亩省工0.5个。玉米田使用除草地膜的亩产为440.7kg，比普通地膜下喷除草剂的亩增11kg，比普通地膜下未喷除草剂的亩增籽粒47.2kg。说明了除草地膜有显著的增产效应。

六、除草地膜的加工方法

目前农用除草地膜加工方法有四种：第一种是将除草剂活性成分与聚乙烯醇水溶液和助剂配成涂敷药液。采用喷涂或涂布的方法制成单层有药的双层地膜，这种膜厚度为0.012~0.4mm。第二种是用除草剂的50%溶液和助剂配成母液后，再与塑料树脂共混吹塑而成，采有低溶度溶液影响药膜单位面积除草剂有效成分的含量。第三种是母液和塑料树脂采用人工搅拌混合吹塑。第四种方法是选择高沸点低挥发性的除草剂原油。通过自动定量配成母液，再与塑料树脂经高速搅拌机搅拌，自动进入吹塑机料斗，经熔融、挤出、吹塑而成。

采用什么工艺视具体情况而定，许多技术仍在探索之中。

第二节　除草地膜的研制

一、双面含药的单层除草地膜

（一）甘蔗除草地膜

此地膜主要由聚乙烯（PE）、除草剂（阿特拉津）、加工助剂和分散剂等组成，工艺上采取了共混吹塑的方法，通过特殊的加入方法和必要的助剂，使生产出的除草膜双面含药，在使用过程中除草剂能较好地释放出来以达到良好的除草效果。主要用于甘蔗田间除草。

1. 工艺过程

生产工艺流程见图8-1。

聚乙烯（PE）　除草剂（阿特拉津）　→捏合机混炼脱水→　加入助剂　→搅拌均匀→　出料　→　吹膜

图8-1　双面含药单层甘蔗除草地膜生产工艺流程

2. 配方筛选要点

配方的筛选主要依据田间试验结果而定，此地膜开发的技术关键是对除草剂种类的选择及用量的选定。筛选的除草剂至少要有以下特性：

① 对甘蔗无害，而对杂草有较好的防除效果。

② 在加工温度等条件下不分解、不变质。

③ 能存放较长时间。

④ 生产安全。

其用量根据生产出的除草地膜能较好控制杂草的生长（一般要求除草效果达到90%以上）而定。要考虑的问题有除草效果、成本、废气污染等。

3. 分散剂筛选

使用合适的分散剂是提高与聚乙烯相容性欠佳的物质在膜上分布的均匀度的重要手段，合适的分散剂至少要具备下列性质：

① 与聚乙烯（PE）有良好的相容性，这样不致引起加工上的麻烦，否则加工时会有困难甚至难以加工。

② 与除草剂（阿特拉津）不起化学反应，它们之间的结合力大小适中，既不能大量喷雾，又不能影响水对阿特拉津的抽提，以免影响除草性能。

③ 有一定黏性。可使阿特拉津在捏合时被助剂粘在聚乙烯表面，从而达到分布均匀的效果，并可降低阿特拉津的表面活性，使之易与聚乙烯相容。

④ 在加工温度下，黏度的变化不大，其他性质也不会有太大的变化，以免引起不可预见的化学或物理变化。

4. 除草效果

用此配方设计了几个变量制成地膜，结果表明，在盖膜后1~2个月内，各种配方地膜均比空白对照和盖普通地膜处理杂草株数减少达显著水平。除草膜89A在盖膜后1~2个月的除草效果未达90%外，其余三个配方，除草膜89B、89C、89D除草效果均达90%以上，与喷药和喷药盖膜的效果相当。此地膜经田间试验，达到了预期目的，见表8-1。

表8-1 几种不同配方除草膜比较试验

调查日期处理	10月24日				11月24日			
	杂草株数 /（株/m²）	除草效果 /%	差异显著性		杂草株数 /（株/m²）	除草效果 /%	差异显著性	
			5%	1%			5%	1%
空白对照	633	0	a	A	663	0	a	A
普通地膜	207	67.3	b	B	233	64.9	b	B
药膜89A	70	88.9	c	C	159	76.0	c	C
药膜89B	19	97.0	d	D	15	97.7	d	D
药膜89D	19	97.0	d	D	11	98.3	d	D
药膜89C	11	98.3	d	D	4	99.4	d	D
喷药不盖膜	7	98.9	d	D	4	99.4	d	D
喷药盖普通膜	4	99.4	d	D	4	99.4	d	D

（二）玉米地膜

1.原料及前处理

（1）原材料树脂　低密度聚乙烯（LDPE），线型低密度聚乙烯（LLDPE）；国产成核剂（HS）；国产分散剂（LP）；国产除草剂（CM）。

（2）原料树脂的优化　从国内外农地膜原料应用情况来看，LDPE、LLDPE树脂是首选原料。LLDPE主链为线型结构，主链上支链较短，支链频度较高；LDPE具有几乎与主链长度相等的支链，而且频度较低。LLDPE分子量分布较窄，而LDPE较宽。LDPE结晶度较低，一般为45%~50%；LLDPE的结晶度高，通常为50%~55%。由于上述结构上的原因，LLDPE与LDPE相比，具有更优良的性能。

但是L LDPE分子结构决定了它的熔体流动行为：剪切变"硬"，挤出变"软"。由此造成在螺杆挤出机中，熔体剪切黏度高，使电机负荷加大。树脂离开机头后，由于其分子互相滑移不产生过大的内应力，在吹膜的牵引速率下，应变硬化程度较小，熔体强度远远低于LDPE树脂，造成吹膜时型坯难以控制，膜泡不稳，挤出量下降。

从设备方面解决LLDPE吹膜问题的途径是对电机、螺杆、口模和风环进行改造。由此必然增加投资，而目前比较通行的方法是采用LLDPE和LDPE共混以提高生产率、薄膜透明度和耐穿刺能力，达到最佳效果。

（3）母料载体树脂的选择　母料载体树脂必须满足下列性能：①不与除草剂及其他助剂发生化学反应；②使除草剂均匀分布；③加工性能优良。基于上述原则，专用料体系采用LLDPE/LDPE共混体系，选择LLDPE作为母料载体树脂。

（4）除草剂的选择　首先考察除草剂的物理化学性能，选择那些不易燃、不爆炸、无毒或毒性低、无刺激性气味、对农作物无药害、高效、杀草面广的除草剂，除草剂既能迁移到薄膜表面上来，又能均匀分散，在加工中有很好的化学稳定性，并对环境及操作人员无不良影响。所选除草剂为粉末状，在常温下稳定，无腐蚀性。适用于多种作物，相对于其他除草剂价格较低。

（5）除草地膜专用料加工工艺　目前，国内除草膜加工工艺主要有两种：一是制成彩色膜；二是地膜外表面涂覆除草母液。第一种工艺通过添加颜料赋予地膜黑、红等颜色。

这种彩色膜可以吸收光线，抑制杂草生长。

采用下述工艺：用除草剂有机小分子与树脂大分子的不相容性，将除草剂加入到树脂内，并添加成核剂，促进结晶，控制除草剂析出，制成除草膜专用料。用这种除草膜专用料吹制的除草膜，在使用过程中除草剂会逐渐析出，杀灭杂草。该工艺具有工艺流程短、设备投资少、操作简便、基本无污染、易于实现工业化等优点。

2. 工艺路线

双螺杆挤出机温度为165~175℃；螺杆转速为850~900r/min，工艺流程见图8-2。

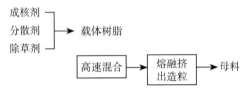

图8-2 除草地膜专用料及加工工艺流程

专用料配制流程见图8-3，专用料配方见表8-2。

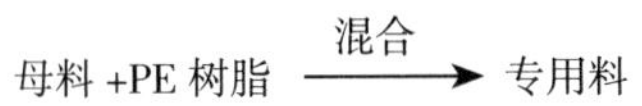

母料+PE树脂 —混合→ 专用料

图8-3 专用料配制流程

表8-2 除草地膜专用料配方
单位：%

项目	S-1	S-2	S-3	S-4
LLDPE	65	60	55	50
LDPE	30	30	30	30
母料 ML	5	10	15	20

3. 测试标准

① 拉伸性能测试按ASTM D638进行。

② 熔体指数测试按ASTM D1238进行。

③ 光学性能测试按ASTM D1003进行。

除草专用料力学性能测定结果见表8-3。

表8-3 除草专用料的力学性能

项目	S-1	S-2	S-3	S-4
拉伸强度/MPa	16.93	16.71	15.97	14.74
断裂伸长率/%	752	600	583	561

从表8-3可以看出，除草剂含量对专用料性能有一定影响，即随着除草剂含量的增加，拉伸强度、断裂伸长率略呈下降趋势，其中S-1、S-2性能较好。原因是小分子有机物的除草剂与高分子PE树脂相容性差。除草剂掺混分布在呈缠结状的大分子链之间，削弱了大分子间的相互作用力，使强度降低。

4. 除草地膜的物性测试

用除草专用料制成的地膜物性测试见表8-4。

表8-4　除草地膜物性测试

项目		S-1	S-2	S-3	S-4
拉伸负荷 /N	纵 横	3.42 2.10	2.73 2.03	2.31 1.90	2.25 1.86
断裂伸长率 /%	纵 横	336 234	390 237	242 164	247 228
直角撕裂负荷 /N	纵 横	2.68 1.09	2.90 1.15	1.29 1.02	*1.59* *1.05*
浊度 /%		25.0	29.6	30.4	*31.5*
透光率 /%		96.5	93.2	92.1	*91.8*

从表8-4可以看出，随着母料加入配比的提高，也即除草剂加入量的增加，除草地膜的力学性能降低，浊度上升，透光率下降。除草地膜的综合物理性能以S-1和S-2为佳。

5. 除草地膜的应用效果

在我国农作物中，玉米种植面积居前列，是我国主要的粮食品种。本除草地膜适用于玉米等作物，故对种植玉米进行覆膜试验。

从试验中得知，该地膜能有效地防除多种一年生和多年生恶性杂草：稗草、狗尾草、眼子菜、牛毛草、四叶萍、鸭舌草、野慈菇、马唐、莎草科等。除草地膜杀草效果见表8-5。

表8-5　除草地膜杀草效果

项目	S-1	S-2	S-3	S-4	普通膜
剩余杂草株数 /m²	11	6	5	3	47
杀草率 /%	76	87	89	94	0
对作物安全性	安全	安全	安全	作物变黄	安全

由表8-5可以看出，S-1杀草效果较差，S-2、S-3、S-4配方杀草率高，S-4产生药害，使作物变黄。S-2、S-3不但杀草率高，且对作物安全，作物长势明显好于普通膜。综上所述，S-2、S-3为安全配方，二者除草率相差较小，考虑到综合物理性能及成本因素，以S-2配方为宜。其主要性能见表8-6。

表8-6　玉米地膜主要性能

配方		力学性能		除草地膜物理性能			杀草效果	
LLDPE/%	60	拉伸强度 /MPa	16.71	拉伸负荷 /N	纵	2.73	剩余杂草株数 /m²	6
					横	2.03		
LDPE/%	30	断裂伸长率 /%	600	断裂伸长率 /%	纵	390	杀草率 /%	87
					横	237		
母料 /%	10			直角撕裂负荷 /N	纵	2.90	对作物安全性	安全
					横	1.15		
				浊度 /%		29.6		
				透光率 /%		93.2		

（三）玉米、甘蔗两用地膜

1. 除草剂母粒的制备

按配方先将树脂E、LDPE、50%乙草胺乳油、助剂混合，然后在SK-1608双辊塑炼机上进行塑炼，辊筒温度约160℃，塑炼时间约10min，然后拉片切粒。

2. 乙草胺的热稳定性

在不同温度、不同受热时间下，乙草胺含量测定结果见表8-7。

表8-7 乙草胺含量在各温度下随时间变化结果   单位：%

温度/℃	时间/min							
	0	5.0	10.0	15.0	20.0	30.0	40.0	60.0
100	80.40	79.83	80.48	79.34	79.75	79.54	80.74	81.51
120	80.40	81.68	80.54	80.12		80.33	79.54	79.54
140	80.40		80.54	78.61	78.09	80.54	79.52	78.70
160	80.40	79.43	80.27		80.09	80.44	79.98	80.15
180	80.40	78.32	80.32	79.24	78.88		76.78	80.01
200	80.40		67.42					

从表8-7可见在100~180℃，乙草胺分解很少，比较稳定。实验发现，160℃以上随受热时间增长，乙草胺原油逐渐由棕黄色变成深黑色，并随时间增长而加深。由于乙草胺含量变化不大，只能是其中的副产物受热发生了变化。

在200℃，乙草胺分解显著加快，10min分解率为12.98%。由于乙草胺受热分解释放HCl，HCl的存在又加速其分解，并且会腐蚀加工设备。故选用环氧大豆油作稳定剂，它可以吸收HCl，防止了活性成分的进一步分解，同时也防止了对加工设备的腐蚀。对环氧大豆油的添加量进行了测定，见图8-4。

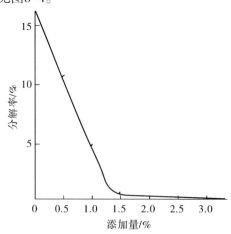

图8-4 乙草胺分解率与环氧大豆油添加量关系

可见添加1.5%左右的环氧大豆油可使乙草胺在200℃、10min内的热分解率接近于零。

3. 除草剂母粒的制备

由于除草剂是极性物质，而地膜材料LDPE是非极性的，二者不能混熔。即使二者能少量熔为一体，乙草胺也极易从LDPE中迁移到表面。为了解决这问题，选用经改性的烯烃树脂E来作为二者的中介。树脂E具有极性和非极性双重性质，对乙草胺和LDPE都有较好的亲和作用。树脂E对乙草胺吸附较强，且熔融指数较低，为了使母粒易与LDPE混熔，并控制乙草胺在地膜中的释放速率适当，对母粒配方进行了研究，结果列于表8-8。由于乙草胺商品主要是乳油，所以在制备母粒时选用50%乙草胺乳油，并直接利用乳油中的乳化剂而不再另外添加。

表8-8　除草母粒配方及性状

序号	母粒配方（重量份）				加工难易	乙草胺表面迁移	乙草胺释放	熔融指数 / (g/10min)
	树脂E	LDPE	乙草胺乳油	环氧大豆油				
1	60	10	60	2	难	略有	慢	10.3
2	40	30	70	4	难	有	较快	12.4
3	60	10	70	4	易	无	很慢	11.3
4	50	20	70	4	易	基本无	适中	10.8
5	53	17	70	4	易	无	适中	10.3

第5号配方各项性能满足要求，确定用此配方制备母粒，测得乙草胺含量为30.45%。

4. 除草地膜吹制

按添加母粒1.5%、3%、5%配比制出三个不同除草剂含量的玉米地膜和甘蔗地膜，玉米膜规格为900mm×0.006mm，甘蔗膜的规格为450mm×0.006mm，所得地膜与普通地膜物理性质无差异。吹膜中发现，当母粒的添加量为5%时，吹膜时膜易破、断头，即添加量不宜过高，过高则影响膜的机械强度。如必须添加较高量母粒，则须添加部分LLDPE来提高机械强度。

5. 除草效果

各种膜的乙草胺含量分别是：93-A 0.42%、93-B 0.85%、93-C 1.37%。三种膜在甘蔗、玉米上进行了除草效果测定，结果列于表8-9、表8-10。

表8-9　甘蔗地膜除草效果

处理膜	单子叶草				双子叶草				合计防效		综合防效 /%
	株数	效果 /%	鲜重 /g	效果 /%	株数	效果 /%	鲜重 /g	效果 /%	株数 /%	鲜重 /%	
93-A	7	87.0	14.5	88.5	8	91.6	5.5	95.1	89.3	91.8	90.6
93-B	2	96.3	2.6	97.9	5	94.7	3.5	96.9	95.5	97.4	96.5
93-C	2	96.3	1.5	98.8	3	96.8	1.0	99.1	96.6	99.0	97.8
普通膜	54		126		95		111.5				

注：盖膜76d。

表8-10　玉米地膜除草效果

处理膜	单子叶草				双子叶草				合计防效		综合防效 /%
	株数	效果 /%	鲜重 /g	效果 /%	株数	效果 /%	鲜重 /g	效果 /%	株数 /%	鲜重 /%	
93-A	7	87.0	14.5	88.5	8	91.6	5.5	95.1	89.3	91.8	90.6

处理膜	单子叶草				双子叶草				合计防效		综合防效 /%
	株数	效果 /%	鲜重 /g	效果 /%	株数	效果 /%	鲜重 /g	效果 /%	株数 /%	鲜重 /%	
93-B	2	96.3	2.6	97.9	5	94.7	3.5	96.9	95.5	97.4	96.5
93-C	2	96.3	1.5	98.8	3	96.8	1.0	99.1	96.6	99.0	97.8
普通膜	54		126		95		111.5				

注：盖膜52d。

由于盖膜形成的小气候湿度大，在膜上形成水膜，地膜中除草剂在浓度梯度及其他相关因素影响下向水膜面迁移，除草剂中含有乳化剂可以使它易与水形成乳液，乳液与土壤水汽的交换使除草剂逐渐被带至土壤，从而起到除草作用。若杂草萌发碰到地膜，也会被膜上除草剂杀死。由于除草剂的迁移是渐进的，所以除草地膜的除草作用时间比较长。从表8-9、表8-10可以看到，甘蔗盖膜76d，除草效果在75%以上，且对甘蔗萌芽无不良影响。玉米盖膜除草效果在90%以上，收获测定比盖普通膜增产5.2%~8%。三种浓度除草膜的除草效果基本随浓度增大而递增。

二、单面含药的双层除草地膜

含酰胺类除草剂的除草地膜。这种地膜除草活性高，残效期长，制膜工艺简单。使用这种地膜不但能使作物增产、早熟，而且在使用剂量范围内对作物安全。为节约用药，配方做成单层有药的双层膜。生产方法为：将一定量的酰胺类除草剂（如甲草胺、乙草胺、丁草胺、异丙甲草胺等）加到树脂（高压聚乙烯、低压聚乙烯、线型聚乙烯）中，加入除草剂0.5%~3%的农乳500#或600#作增效剂，加0.5%~3%的环氧大豆油或环氧大豆油酸辛酯、环氧脂肪酸丁酯作稳定剂。然后放入高速捏合机中，充分混合，加热熔融，通过挤出吹塑机吹塑成膜，吹塑成膜温度控制在130~210℃，制得除草地膜。该地膜对单子叶杂草效果达90%以上，对双子叶杂草的除草效果在80%以上。

三、单面涂刷除草剂的除草地膜

1. 材料

材料与材料聚乙烯（PE）；水溶胶A（液体）、水溶胶B（固体）和吸水剂（固体）；除草剂禾宝药液。

2. 制备方法

（1）除草地膜加工工艺　用水溶胶A、水溶胶B、吸水剂、蒸馏水、禾宝药液配制药膜药液，将药膜药液涂布到样膜（聚乙烯）上，烘烤干燥样膜，即为除草地膜。

（2）药膜药液的配制　称取一定量水溶胶B，用少量水溶解，再加入一定量水溶胶A混合均匀，得溶液Ⅰ；称取一定量吸水剂，用少量水溶解，得溶液Ⅱ；将Ⅰ和Ⅱ 2种溶液混合，再加入除草剂禾宝药液2mL，用水定容，即为药膜药液。将配制好的药膜药液涂布在膜（聚乙烯）上，室温晾干后即得。

最佳的生产条件是水溶胶A和水溶胶B的最佳重量配比确定为6：2。当吸水剂用量为1g时，药膜的粘连最好。涂布药液后平均干燥时间为75min左右。

3. 除草效果

结果表明，覆盖土壤之前的地膜中，药膜和样膜之间不起层，粘连很好；而覆盖土壤14d后的地膜，药膜绝大部分脱落，说明药膜的吸水溶解性较好，这在一定程度上解决了目前除草地膜专用涂层胶因为黏结性、吸水性和水解性能失调导致农药有效成分渗入土壤性能差的问题。结果显示，覆盖除草地膜的花生田内杂草株数明显低于覆盖普通地膜的花生田，表明除草地膜对1年生禾本科和阔叶类杂草具有较好的除草效果。

四、混合熔融吹塑除草地膜

该除草地膜以塑料树脂、乙草胺原油、农用乳化剂为主要原料生产，其含量为塑料树脂的97.0% ~ 99.25%，80%乙草胺原油与农用乳化剂经自动计量配制成母液，再与塑料树脂经高速搅拌机搅拌3 ~ 5min，混合均匀后熔融、挤出、吹塑而成。成品除草地膜中除草活性成分乙草胺的含量为47 ~ 188mg/m²。

具体实施步骤是：首先选择高沸点低挥发性的80%乙草胺原油1.4525kg（含有效成分1.162kg），与农用乳化剂0.0726kg，经自动计量配制成母液，再与100kg塑料树脂在2000~4000r/min的高速搅拌机搅拌4min混合均匀后，自动进入吹塑机料斗，熔融、挤出、吹塑而成。成品除草地膜中除草活性成分乙草胺含量为94mg/m²（有效成分为75.2mg/m²），厚度为0.007mm，或者选择高沸点低挥发性的80%乙草胺原油1.275kg与农用乳化剂0.06375kg，经自动计量配制成母液，再与100kg塑料树脂经高速搅拌机搅拌4min混合均匀后自动进入吹塑机料斗，熔融、挤出、吹塑而成。成品除草地膜中除草活性成分乙草胺含量为94mg/m²（有效成分为75.2mg/m²）。

除草地膜可以用于玉米、马铃薯、棉花、籽瓜、露地移栽蔬菜作物，室内存放两年仍有很高的除草效果，地膜无正反之分，按常规农事操作即可，其含量均为自动定量配制。

五、单渗透除草地膜

单面渗透除草地膜可以较多地减少母料中除草剂的用量，一定程度地解决了加工问题；同时单面渗透除草膜节省了除草剂，除草效果好、药害又少。通过在原料中加入成核剂，改变膜两面不同结晶结构的方法，达到改变两面渗透性能不同的目的，减少母料中除草剂的用量，改善母料的加工条件。

1. 原料及工艺流程

（1）主要材料 低密度聚乙烯（N150）；除草剂乙草胺；乳化剂（复配）；山梨醇类成核剂（复配）；无机成核剂；石油醚（90~120℃）；邻苯二甲酸二丁酯；甲苯。

（2）仪器与设备 用双螺杆挤出机（T-35型，螺杆直径35mm，长径比42：1）和单螺杆吹膜机（螺杆直径30mm，长径比25：1）进行制备。

（3）工艺流程 双螺杆混炼造粒流程见图8-5，挤出吹膜流程见图8-6。

图8-5 双螺杆混炼造粒流程图　　图8-6 挤出吹膜流程图

2. 除草剂的优选

酰胺类除草剂中的乙草胺具有活性高、安全性好、用量低的特点，用量仅为甲草胺的一半；适用于玉米、花生、大豆、棉花、甘薯、蔬菜等作物，除防牛筋草、马唐、狗尾草、稗草、看麦粮等一年生禾本科杂草外，对野苋、藜、鸭跖草、马齿苋也有一定效果；具有沸点高、挥发性低的特点，符合聚乙烯挤出吹膜加工工艺的要求，综上所述乙草胺性能较全面，可以作为首选除草剂。有关研究表明，乙草胺在膜中含量为74mg /m^{2}时除草效果较好，膜中的实际用量一般在0.85%~1.25%。

3. 成核剂的优选与复配

在聚合物材料中加入某些物质来提高树脂的结晶速率使球晶尺寸变小，从而改善树脂的某些性能称为成核剂。一般需具有以下特征：①可以被树脂润湿或吸附；②在所应用的树脂中不溶或熔点高于树脂；③应能够以细微的方式（1~10μm）均匀分散于聚合物溶体中。

成核剂按化学组成可分为无机和有机成核剂，有机成核剂比无机成核剂的成核活性高得多。有机磷酸盐类成核剂热稳定性好，但其价格昂贵且分散性差，因此在实际应用中有一定的局限性。山梨醇苄基衍生物类对烯烃（PO）的透明性优于有机磷酸盐类，相容性好且无毒，并可改善其表面光泽度及其他物理力学性能。二亚苄基山梨醇（DBS）是由苯甲醛与山梨醇1、3位，2、4位羟基缩合而成，但DBS热稳定性较差，加工温度超过150℃会分解。当苯甲醛的苯环上加入不同取代基（如烷基、卤素、烷氧基等）时，可提高化合物的热稳定性和树脂的光学性能。

采用复配的热稳定和透光性良好的山梨醇类成核剂，除草地膜中山梨醇类成核剂的最佳含量为0.1%~0.3%，无机成核剂的最佳含量为0.1%~0.5%。

4. 成核剂及用量对膜渗透性能的影响

不同种类成核剂对除草地膜渗透性能的影响很大。从图8-7、图8-8中可以看出，未含成核剂的地膜中外壁渗透量为51.7%，加无机成核剂的地膜中含量为0.3%时渗透量最大为56.7%，而加山梨醇类成核剂地膜中含量为0.2%时，渗透量由空白的53.7%增加到75.4%，最佳含量时膜外壁渗透量高出空白地膜21.7%。

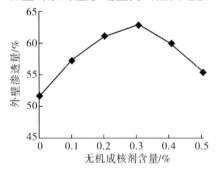

图8-7　无机成核剂不同用量对
外壁渗透量的影响

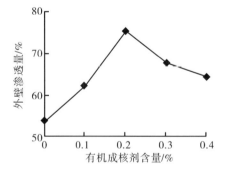

图8-8　山梨醇类有机成核剂不同用
量对外壁渗透量的影响

六、单面渗透除草地膜

1. 聚合物渗透机理

（1）聚合物的渗透性　聚合物的渗透性，一般指低分子物透过聚合物薄膜的扩散现象。

低分子物的渗透过程是先溶解于聚合物薄膜中，然后向膜的低浓度方向扩散，从膜表面析出后蒸发，从而达到杀草的目的。整个渗透过程中，溶解和蒸发的速率大于扩散速率，渗透物才能有渗透的可能。

（2）影响聚合物渗透性的因素　聚合物薄膜中，低分子物的渗透、扩散、溶解对温度均有依赖关系，随着温度的变化而增减。当低分子物透过聚合物时，低分子将充满由于高分子链的热运动所形成的空间，运动愈剧烈，愈有利于暂时空间的形成及低分子物的渗入。

高分子链的运动除了与温度有关外，与分子链的柔韧性也有直接关系，凡能降低分子链柔韧性的因素，均能导致低分子物渗透性的减少。由此可知，聚合物的结晶和取向、极性基的增加都能限制分子链节旋转，从而减小低分子的渗透性。而支链长度的增长、极性基活性的降低、增塑剂的加入，则能使聚合物的渗透性增大。

另外，低分子物的渗透，仅发生在聚合物的非晶区，因此结晶度愈高，渗透性愈小。以不完全非晶态聚合物为例，可以说，球晶结构对渗透速率的影响很大，低分子渗透物系沿球晶界面透过的。位于表面成核部分的球晶（球晶小，结晶度低）界面笔直，透过快，而球晶大或进入无规则成核结构后，透过的行程长，透过速率慢（或不渗透）。

上面阐述了影响聚合物渗透性的因素，利用这些因素可以研制出对低分子渗透物起单面封闭作用的薄膜。

（3）影响LDPE薄膜晶体结构因素　LDPE是结晶性高聚物，为了制取具有对低分子渗透物单面封闭作用的薄膜，可以在吹膜过程中，使LDPE薄膜两面的结晶度和球晶大小产生差异，薄膜的一面有利于低分子物的渗透，另一面不利于低分子物的渗透，从而达到除草剂单面渗透的目的。

在注射制品时，曾发现制品内部和表面的结晶是不均匀的，因为制品表面先冷却，内部后冷却；制品内部温度高，表面温度低，出现了制品内部球晶偏大，结晶度高，表面球晶偏小，结晶度低的现象。从而说明温度是影响聚合物晶体结构的重要外界条件之一。

当聚合物从熔点（T_m）降温时，结晶速率先逐渐增加，达到一定高峰后下降。对于LDPE而言，高峰位置（即最大结晶速率）大约在$0.85T_m$处（按热力学温度）。当温度较高时，体系中晶核生成速率很慢，虽然结晶的成长速率很快，但终因前者提供的结晶中心少而使总的结晶速率不快；当温度较低时，晶核的生长速率很快，而结晶成长速率不快（因体系黏度大，阻碍分子链运动），总的结晶速率也不快。因此当某个适当温度，两者速率都合适时，总的结晶速率才达到最大值。由此可知，晶核形成速率及数量，亦是影响聚合物结晶的重要因素。

2. 单面渗透特性薄膜

（1）特性薄膜的吹塑制取　除草地膜中的除草剂，在薄膜吹制时混入薄膜中，使用时除草剂从地膜中析出。若除草剂从地膜的双面析出，将对作物生长及充分发挥除草剂的除草作用不利，因此要求除草剂从地膜的单面渗透。

根据聚合物的渗透机理及影响渗透的因素可知，要使除草剂单面渗透，必须控制薄膜本身的结构，使地膜的一面对除草剂起封闭作用，而另一面有利于除草剂的渗透。

吹塑薄膜冷却时，薄膜泡管内外壁有一定的温差。从微观分析，泡管外壁冷却速率快，泡管内壁冷却速率慢，可造成薄膜两面的结晶度高低和球晶大小的差异。薄膜泡管内壁温度高则结晶度高于外壁，球晶大于外壁。因此内外壁相比较，薄膜内壁对除草剂应有一定的封闭作用而薄膜外壁有利于除草剂的析出。

生产中，采取对外壁的有效冷却形式，加大薄膜泡管壁的内外温差，吹制的薄膜经过定量分析证明，薄膜外壁的除草剂析出量大于薄膜内壁的析出量，但未达到单面渗透的要求。

（2）成核剂的引入　要达到除草剂单面渗透，还必须再加大薄膜内外壁结构的差异。在分析影响LDPE薄膜结晶度大小及球晶大小中曾指出，晶核形成的速率和数量的多少对高聚物结晶的影响很大。据资料介绍，近年来发现在结晶性高聚物中引入微量的无机物细粉以及有机酸、有机盐的细粉，对高聚物结晶可起到晶种的作用，对高聚物的结晶速率和形成的晶体大小有很大影响。

为了加大薄膜泡管内外壁结晶度及球晶大小的差异，选用了不同成核剂进行了吹塑除草膜的实验，分别得到了比较好的单面渗透效果。这是因为，当吹塑薄膜冷却时，由于成核剂的引入，高聚物结晶度及球晶大小对温度变化的反应更加敏感，温度高的膜管内壁由于成核剂的引入，既有利于晶核的生成，也有利于球晶的生长，因此结晶度高、球晶大。对于膜管外壁而言，由于温度比膜管内壁低，则不利于晶核生长、生成键晶结构，结晶度不高、球晶小。从高聚物渗透的机理及影响因素分析，膜管外壁有利于低分子（除草剂）的渗透，而膜管内壁不利于低分子（除草剂）的渗透，起封闭作用，收到了除草剂单面渗透的预期效果。

3. 实验效果

不同薄膜除草剂渗透情况的对比见表8-11。

表8-11　不同薄膜除草剂渗透情况的对比

试验编号	膜内壁析出量 /（mg/g）	膜内壁析出占全量百分数 /%	膜外壁析出量 /（mg/g）	膜外壁析出占全量百分数 /%	成核剂
001	2.13	47.0	2.40	53.0	未加
002	0.39	25.0	1.16	75.0	加成核剂
日本　除草膜	0.55	30.3	1.21	69.7	

七、光降解除草地膜

光降解除草地膜是在地膜中加入光敏剂，在阳光的照射下产生降解，避免产生白色污染，降解时间控制在该除草地膜的除草周期结束后，主要通过光敏剂和光降解促进剂的加入量进行控制。

1. 光降解除草地膜配方

成膜材料　LDP+LLDPE　　　　　　有机小分子材料　0～1%

光敏剂　0.01%～1%　　　　　　　　除草剂　0～4%

光降解促进剂　0.01%～1%　　　　　其他助剂　0.5%～2%

热稳定剂　0.1%～2%

抗氧剂等稳定剂　0.0.01%～0.1%

2. 加工成型方法

按配方组分在捏合机中搅拌均匀，干燥，预热，吹塑成膜。工艺流程见图8-9。

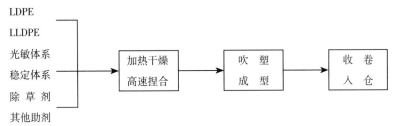

图8-9　工艺流程图

3. 产品指标

地膜厚为（0.008±0.003）mm，宽度可以是35~80cm，其他物理机械性能指标符合国家标准GB 13735—1992。光降解膜在湛江地区冬春季节使用60d内10m长度不超过10个自然裂口，在甘蔗培土前露光部分地膜破碎成不大于4cm×4cm的碎片。

八、缓释除草地膜

先将除草剂用高分子材料进行包衣，制成具有可控制释放的细小微粒，然后再将含除草剂微粒融合到塑膜母料中，再吹塑成膜。这样除草剂能均匀分布在薄膜中，使用时，除草剂能从膜中缓慢释放出来，抑制田间杂草生长而对作物又不产生药害，现已投入商品化生产。

1. 除草地膜的制备

先将除草剂制备成可控制释放的微粒，然后按一定配比加入聚乙烯树脂中，进行混炼、造粒，制成含有除草剂的母料。然后再将母料与一定比例的聚乙烯树脂混合，通过吹塑机，吹塑成除草地膜。工艺过程可用图8-10说明。

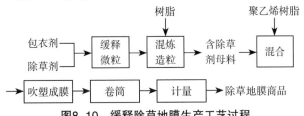

图8-10　缓释除草地膜生产工艺过程

2. 除草地膜的物理机械性能

除草地膜物理机械性能检验结果见表8-12。

表8-12　缓释除草地膜性能指标

检验项目	标准值	检验结果
拉伸强度（横）/MPa	≥10	12.5
拉伸强度（纵）/MPa	≥10	16.7
断裂伸长率（横）/%	≥100	146
断裂伸长率（纵）/%	≥100	117
直角撕裂强度（横）/（N/mm）	≥30	120.7
直角撕裂强度（纵）/（N/mm）	≥30	82.7

注：测试温度：21℃。

九、超薄型除草地膜

超薄型除草地膜是将除草剂液体，直接注入塑料原料中，一次吹膜而成的。除草剂呈微斑状均匀分布于膜的两面，$1mm^2$ 中药斑数量达 40~50 滴，均匀程度比涂膜工艺高数十倍，且能生产各种规格的超薄型地膜。

该除草地膜厚度为 0.6μm（普通地膜 1.4μm），每千克地膜面积 200m²，其用量仅为普通地膜用量的一半，超薄型除草膜的各项质量指标接近普通地膜。地膜宽度为 60~200cm，每卷重 5~10kg。

1. 除草原理及效果

除草地膜表面含有适量的除草剂及助剂，盖在地面后，上坡中的水蒸气附着在膜面上，将膜面的除草剂逐渐溶解出来，然后慢慢渗附于土壤表面，在地表形成封闭药层，杀死刚萌动的各类杂草幼芽，起到除草作用。除草剂的释放量及速率和膜下杂草的萌发是同步的，一般药膜盖后 5~7d 除草剂释放量即达到高峰，10d 后基本上全部释放到土壤表面，除草剂在表土的吸附时间一般可达 40~60d。除草效果的高低决定于地膜与地表的紧贴程度，地平土细、水分适度，才能提高盖膜除草效果。除草总有效率在 92% 以上，即使有少量存活的杂草，其生长也受到严重抑制，个体小，生长慢。

2. 适用作物和防除对象

适用于玉米、棉花、花生、马铃薯、甘蔗、蔬菜（番茄、茄子、辣椒、白菜、四季豆、虹豆、豌豆）、移栽瓜类（西瓜、黄瓜）。防除对象有稗草、看麦娘、马唐、狗尾草、牛筋草、早熟禾、画眉草、野黍、马齿苋、萝、苋等种子繁殖的一年生杂草，对多年生杂草无效。

十、黑色除草地膜

1. 原料及前处理

（1）成膜原料　树脂填充炭黑后，不同树脂吹膜的结果会有所不同。为此在众多的树脂中，选择了与炭黑相容性好、容易加工的低密度聚乙烯（LDPE）和线型低密度聚乙烯（LLDPE）。

（2）黑母粒的研制

① 炭黑的预处理　国内厂家提供的炭黑颗粒较粗，直接加入树脂中会出现明显的分散不均匀现象，但仅把已有的国产炭黑磨细时，细到一定程度的炭黑又会自然凝聚形成二次颗粒。因此必须使炭黑磨细又要防止形成二次颗粒，就要对炭黑进行预处理。其流程见图 8-11。

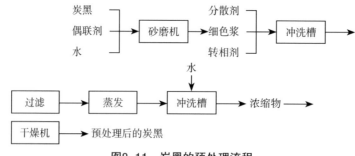

图 8-11　炭黑的预处理流程

在炭黑预处理过程中，注意以下几点：a. 常温研磨；b. 控制研磨时的泡沫；c. 炭黑颗粒细度在0.4～1μm；d. 干燥温度不宜太高。

② 黑母粒的研制　此例以二辊混炼、单螺杆挤出为主要生产手段。生产流程见图8-12。

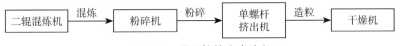

图8-12　黑母粒的生产流程

2. 黑色母粒生产过程中的主要工艺条件

（1）二辊混炼　混炼温度为120℃；混炼时间为40min；混炼组分有LDPE，炭黑；组分比例是LDPE/炭黑为3/1。

（2）挤出造粒　挤出温度：加料处为120℃，熔融段为150～160℃，出口处为150℃。螺杆型号，混合型；水冷却。

（3）干燥　风干或烘箱干燥。烘箱干操温度，70～80℃；干燥时间，2～3h。

（4）成膜　黑色母粒和LDPE树脂以不同的配比进行吹膜。膜厚为0.014mm，吹膜温度比一般吹膜温度要有所调整。

3. 载体树脂对黑母粒的影响

不同载体树脂，炭黑与其相容性不同。从表8-13看出，选用LDPE和LLDPE树脂共混料作为载体，其黑母粒成膜效果最好。这是由于熔体流动速率高的和熔体流动速率低的树脂共混物明显改善了炭黑的流动性，使炭黑达到良好的分散状态。

表8-13　不同载体树脂对膜的影响

树脂种类、牌号、配比	二辊混炼情况	吹膜情况
1140A	加工温度不易控制，粘辊，混合性不好	膜表面粗糙，有细黑点
1140A/LLDPE（50：50）	加工温度区域大，较易加工，混合性较好	膜面光滑，有细黑点
LLDPE	加工难度大，混合效果较好	膜面光滑，有细黑点，吹膜温度有变化
1F7B/1140A（50：50）	易于加工，但混合效果一般	膜面光滑，细黑点较少
1F7B/LLDPE（50：50）	易于加工，混合性好	膜面光滑，分散均匀
1F7B	易于加工，混合效果较好	膜面光滑，分散性较好

4. 工艺调整对膜性能的影响

在黑色除草地膜的研制过程中，为了寻求较为合理的黑母粒配方和加工流程，对相同组成和工艺条件下的黑母粒，一份增加适量的分散剂含量，并在挤出造粒工艺中加了过滤，这一样品称之为样-1；对未做分散剂调整和挤出工艺改进的样品称样-2。测定样-1、样-2及本体树脂LDPE（牌号为1F7B）的熔体流动速率，分别为18.12g/10min、11.39g/10min、6.32g/10min，由此可知，改善工艺条件提高了黑母粒流动性，使炭黑在膜中分散均匀，吹膜后其膜的性能良好。

5. 黑母粒与树脂配比对地膜性能的影响

样-1或样-2和本体树脂LDPE按不同配比所成的膜，其性能测试见表8-14。从表8-14看到，除样-1本身流动性好外，样-1或样-2在与本体树脂LDPE配比为10%时，地膜的性能最好，达到并超过了部颁标准。黑色除草地膜的透光率越小，对杂草抑制性能越好。当黑色母粒与LDPE配比在10：100以上时，其透光率并没有明显的变化，而膜的物性却有所下降，因此黑色母粒添加量以10%较为合适。

表8-14　黑母粒配比与地膜性能的关系

黑母粒种类	膜厚 /mm	黑母粒份数（树脂为100份）	拉伸强度/MPa（纵／横）	断裂伸长率/%（纵／横）	直角撕裂强度/（kN/m）（纵／横）	透光率 /%
样-1	0.012	10	13.3/9.6	97/287	58/53	4.9
样-2	0.013	5	15.5/13.8	73/207	99/92	42.3
样-2	0.012	10	17.1/10.6	105/247	68/68	18.1
样-2	0.013	15	26.3/8.8	69/253	76/64	17.6
LDPE 透明膜	0.014	0	＞10.0	＞100	＞30	100

注：测试方法：拉伸强度，GB/T 1442—2004；断裂伸长率，GB 1040—92；直角撕裂强度，HG 2167—1991；透光率，GB/T 2410—2008；LDPE透明膜是以LDPE树脂翻得透明地膜的轻工业部准。

第三节　地膜的使用

除草地膜是除草剂和普通地膜的二合体，其除草剂药效的发挥是借助于土壤墒情逐步溶解膜中除草剂，在地表形成药层，从而达到杀死杂草种子或幼苗的目的。根据这个原理，在使用时要做到播种后地面尽可能平整，使地膜与地面充分接触；还要及时破膜，以防高温伤苗，且要用泥封口；破膜时洞口要小，以防风从口入，播种时播种沟内浇足粪水，这不仅利于作物一播全苗，而且利于杂草的"一轰头"。同时，在播种前要根据作物的种类和田间杂草群落来选择适宜的除草地膜。

使用除草地膜时要注意以下几点：

一、畦面的处理

注意整地做畦的质量，务必做到畦面平整，土细如面。这样盖膜时才能使膜面紧贴在畦面上与表土密接，可直接提高除草效果。如果畦面不平整，从膜面上离析出来的除草剂会随着较大的水滴流到畦面低洼处，造成局部除草剂浓度过高，不但对作物产生药害，而且还会因局部无除草剂存在而使杂草活下来，影响除草效果。

二、地膜的选择

地膜种类有聚乙烯薄膜、高压低密度聚乙烯薄膜、低压高密度聚乙烯薄膜和线型共混薄膜等，其规格亦不相同。栽培马铃薯要求透明度高、耐拉伸的高压聚乙烯地膜，膜宽90cm；花生要求线型共混地膜，厚度在0.007mm左右，膜宽80～90cm。农作物栽培一般选用厚度为0.005～0.009mm的农膜，亩用量3～5kg。当厚度小于0.005mm时，破损率高，增温保湿效果差；当厚度大于0.009mm时，用量大，成本高。此外，还有含除草剂微胶囊的除草地膜、光降解和生物降解两种功能的光解生物地膜、草纤维地膜可供选用。

由于不同作物和土壤对除草剂都具有严格的选择性，一种除草剂只适用于某一种或几种作物。有些除草剂在黏质土使用时，效果比在沙土或沙壤土上好。因此应用前必须先了解所用的除草膜含有哪种除草剂和它本身的化学性质，适用于什么作物，如生产厂家没有附带使用说明书，可查找有关资料或事先进行小规模的对比试验，看是否对作物安全，而后决定采用与否。

三、地膜的覆盖

覆膜前，先施足底肥、精细整地，因为覆膜后不易施肥和灌水，也无法整地。地膜即便有抑制杂草生长的作用，但由于覆膜不是紧贴地面，苗期杂草生长快，易与作物争肥争水。覆膜后又不便除草，可在播种后及膜前施用除草剂。铺膜时，先将地膜卷在一根细棍上，膜的一端固定在垄子的一头，然后沿垄子展开膜卷，平铺在垄面上，要求膜要拉紧、膜的两侧要盖到垄子基部上，用土压紧。垄沟留20cm不盖地膜。多风地区应做到垂直覆膜，并每隔3～4m在垄面地膜上横压一道土坝，防风护膜。注意垄面上压土不宜过多，否则不利光照，降低了地膜的作用，地膜周围的覆土应控制在5cm左右。

四、地膜的保护和破膜

栽植孔四周必须用土盖严，如因封土不严或透气出现杂草时，应及时拔除杂草并封好膜孔及其周围。

对压膜不严实和膜破损处，要立即用土压严压实，以备降温保墒。田间出苗率达50%以上即可分批破膜接苗，以防膜内温度过高而灼伤嫩苗。破膜孔洞大小以能放出苗或能方便移栽幼苗为宜。孔洞过大则不利保温且易滋生杂草，费工也多。破膜最好用锋利刀片轻轻在苗（穴）上面的地膜上划个"V"形小口子，让苗伸出膜外生长。注意不要用手撕地膜。破膜后用细土封住破口处，使堆在幼苗根部周围的细土呈圈环状（凹形）。压严压实膜口边，既可防风吹起地膜，又可使膜内温度不散失，抑制杂草生长。

参考文献

［1］李锦嘉. 除草地膜的研究与应用. 浙江农业科学, 1996（4）: 186-187.

［2］黄颂禹. 除草地膜的应用效果与展望. 杂草科学, 1992（1）: 31.

［3］沙鸿飞. 除草地膜的研制和应用试验. 农药, 1994, 33（5）: 14-16.

［4］曾练强. 甘蔗除草地膜配方研究. 甘蔗糖业, 1997（2）: 12-18.

［5］王宝地. 新型高效除草地膜研究. 安徽农业科学, 2012（8）: 4553-4555.

［6］刘东亮. 单渗透除草地膜的研究. 塑料, 2006, 35（1）: 61-67.

［7］王奇坤. 功能性除草地膜专用料的研制. 黑龙江石油化工, 1997（4）: 21-23.

［8］邝乐生. 光降解甘蔗除草地膜研究报告（Ⅰ）. 甘蔗糖业, 1999（1）: 11-16.

［9］周建新. 黑色除草地膜的研制. 合成树脂及塑料, 1993（10）: 12-14.

［10］张飞跃. 具有除草效果地膜的研究. 广西化工, 1995, 24（3）: 26-29.

［11］刘贯山. 烟田除草地膜的研制及防除杂草的效果. 中国烟草科学, 1999（3）: 23-26.

［12］凌世海. 固体制剂. 第3版. 北京: 化学工业出版社, 2003.

第九章

烟（雾）剂

第一节 概 述

烟（雾）剂是由适当热源供给能量，使易于挥发或升华的药剂迅速气化，可同时形成烟或雾，弥漫空际，并可维持相当长时间的剂型。

一、烟（雾）剂的特点

烟（雾）剂将有效成分形成高度分散的体系，它有着巨大的比表面积和表面能，药剂的活性得到增强，这样既增加了与防治对象接触机会，又改善了附着、渗透、溶解能力，充分发挥其触杀、抑制呼吸等综合生物效能，而且消失较快，残留量低。最突出的特点是它处于气体状态，可无孔不入地覆盖、穿透、渗入和充满一定空间，它对密闭体系（保护地）中防治病虫害十分有利。另外，对于野外一些不利于喷洒药剂的环境和场所也有它独特的优势，因为使用烟剂施药无需任何设备与器械，所以有"无人防治技术"之称，因而在森林、灌木丛、果树、草丛、甘蔗等高秆作物及保护地、花房、库房、货物车船、家庭、帐篷、山洞、峡谷、洼地及特殊建筑物等处广泛被采用，对山高路远、缺水的果林区更有特殊的现实意义。

烟（雾）剂虽然有许多优点，但是并非所有的农药都能够和有必要配制成烟（雾）剂。只有那些在发烟（雾）温度下易挥发、蒸发或升华而又不易分解，同时又能与通常使用的发烟剂组分在化学和物理上相容的原药才有可能配制成烟剂。另外，烟剂的使用对环境因素（特别是风速）的要求较高，某些气流相对运动特别大的环境和场所，不适合使用烟剂，所以也就不需要配制成烟剂。

二、烟剂的分类

在国内，烟剂的分类和命名有的按用途分类和命名，如杀虫、灭菌、杀鼠、除臭、林果业、农业、库房、家用烟剂等；有的按有效成分的名称和含量，再加某些标明特色的说明命名，如45%百菌清烟剂（安全型）、15%速克灵烟剂（安全型）、15%敌百虫烟剂等。一般来说按后者命名较为科学、准确。因为以发烟的方式施药，仅是一种剂型的改变，并不代表其他含义。关于蚊香，由于它的用途已经明确，可按外形和供热方式命名，如线香、盘香、电热蚊香和化学蚊香等。另外，值得指出的是，如果有效成分是固体，工作时依靠配方中的供热成分，它自身蒸发或挥发形成工作介质，此时称为烟剂；如果有效成分是液体，工作时依靠配方中的供热成分，它本身蒸发或挥发形成工作介质，此时可称为烟雾剂。

① 烟剂按防治对象的不同。可分为杀虫烟剂、杀菌烟剂、杀鼠烟剂、家庭卫生杀虫烟剂（蚊香）等。

② 按其性状，可分为烟雾罐、烟雾烛、烟雾筒、烟雾片、烟雾棒和烟雾丸等。

③ 按供热源，可分为加热型、自燃型和化学加热型。

④ 蚊香，是人们最早将烟剂加工成便于包装、保管和携带的制品，用于家庭院落、温室、库房、医院、车船及食品酿造厂的杀虫，灭菌消毒，驱臭生香，除虫灭蚊，所以称为"蚊香"，之后虽然它的用途扩大了，但仍保持原来的习惯叫法。蚊香和烟剂的配制原理及组成基本相同，但蚊香放出的烟量较烟剂少，持续时间较长，对人体的呼吸无影响。

三、烟剂的发展方向

从目前国内厂家正式登记的上百个烟剂品种分析，产品总体上趋于老化，杀菌剂主要以百菌清、腐霉利等几个老品种为主，而杀虫剂多是一些毒性较高的有机磷产品。为适应市场需求，当前农用烟剂的产品开发方向应立足于以下四个方面：

（1）绿色农药的发展之路　随着我国建设绿色农业力度的加大，人们越来越注重所吃食品的品质，如无公害食品、绿色食品等，而加工这些食品的农副产品的农药残留量的大小就变得尤为重要了。这就首先要求农药产品向高效、低毒、低残留的方向发展，由于保护地提供的多是反季节且经济价值较高的瓜果蔬菜，因此消费者对产品的安全性要求更高，而烟剂又是作为保护地的主要施药剂型，因此它的农药品种定位尤为重要，但一个突出的矛盾在于并非所有高效、低毒、低残留农药品种都可制成烟剂，有些农药从本质上来说是不能做成烟剂使用的，这也是当今制约烟剂发展的一个主要原因。通过研究发现，许多农药品种虽然从理化性质上分析，按照以往的观点是很难制成烟剂的，但只要配制合理，将其制成烟剂后仍具有较强的生物活性，这就大大拓宽了筛选的范围，为扩大烟剂产品种类开辟了一条新路。比如杀菌剂霜脲氰作为防治瓜果蔬菜霜霉病、疫病的较新一代产品，目前登记制成烟剂的只有两个品种，其使用效果显示其防效远远优于百菌清，并且使用更安全；保护地瓜类作物后期的白粉病严重，一旦发生采用常规喷雾法很难根除，但小试表明，将醚菌酯加工成烟剂对其防效非常理想；许多高效低毒的杂环类杀虫剂也同样可以制成烟剂使用。

（2）走复合型多功能烟剂之路　作为保护地施药的主要手段，烟剂在减少对人体的毒害、降低劳动强度方面的作用是十分突出的。但目前国内的产品功能过于单一，不能很有效地发挥烟剂的优势，不仅时常耽误了施药的最佳时间，而且造成不必要的资源浪费。大棚中许多病害是通过昆虫传播的。在发病初期人们只是注重使用一些杀菌剂，而很少对虫害进行预防，由于昆虫的运动性，其个体上携带的病菌随着它们的运动而迅速扩散至整个大棚，所以在防治病害的同时，应注重对虫害的防治，即使虫害很轻，也必须要有足够的重视。因此，在烟剂品种的开发上应以病虫害同时防治的产品为佳。据调查使用杀虫杀菌复合型烟剂比单一使用杀菌剂防效要高，虫害发生率也较低，这不仅降低了施药成本，而且具有较好的兼防兼治作用。因此发展杀菌杀虫复合型多功能烟剂将是今后发展的方向。

（3）走速效性烟剂之路　烟剂在品种的选择上还应该注重其防治的速效性，这与烟剂对生物体的作用机理及施药的环境有很大的关系。以往在开放的自然状态下施药，多是要求药剂的持效性，但是由于大棚中湿度过大，需要在较短的时间间隔（一般1~2d）内进行通风去湿，而烟剂的防治机理较为特殊，它的药剂无法长时间附着在生物体上，一旦空气流通，空气中药量浓度将会显著下降，倘若没有良好的速效性，很容易造成防效低下，尤其对杀虫剂更是如此。从目前保护地虫害结构看，多为蚜虫、粉虱等较易防治的害虫，如选择拟除虫菊酯类以及低毒的氨基甲酸酯类农药即可很有效地取代速效性好但被禁止使用的高毒有机磷品种。

（4）走改良载体之路　"好马还需配好鞍"，要想烟剂最大限度地发挥效能，其载体作用不容忽略。很多优良药剂不能加工成烟剂主要原因是受药剂本身热稳定性的制约，但换个角度思考这个问题，降低烟剂发烟时的温度、缩短发烟的时间、避免在发烟过程中有明火产生，这个问题就迎刃而解了。

第二节　烟剂的组成及配制技术

一、烟剂的组成

烟剂一般由主剂和供热剂两部分组成。供热剂由氧化剂、燃料和助剂组成。

1. 主剂

主剂是指具有杀虫、杀菌等生物活性的一种或几种农药的原药。烟剂的施放是借供热剂燃烧释放出的热量将主剂升华或汽化到大气中，冷凝后迅速变为烟或烟雾，以达到防治病虫害的目的。

2. 供热剂

供热剂为主剂挥发成烟提供热量，故称烟剂的热源体。能进行无焰燃烧和发烟。是由氧化剂、燃料和助剂按一定比例构成的机械混合物。分离或分层烟剂需要单独配制它们的供热剂。改变供热剂组成或配比可改善其燃烧和发烟性能，以满足主剂挥发成烟所需要的热量和最佳温度。

（1）氧化剂　凡能帮助和支持燃料燃烧的物质统称氧化剂或叫助燃剂。能供给燃料燃烧所需要的氧。

（2）燃料　能借助空气中的氧或氧化剂分解放出的氧燃烧的一切可燃物。

（3）助剂　能改善烟剂燃烧和发烟性能的一切添加剂统称助剂。根据在烟剂中所起的作用不同，如降低烟剂的燃点、改变烟剂的燃烧速率、控制燃烧温度、增大烟云浓度、消除燃烧焰火和残渣余烬等，烟剂的助剂可分为如下几类。

① 发烟剂　是指在高温下能挥发（升华或汽化），冷却后迅速变成烟的一类物质。在

烟剂配方中适量加入，能增大烟剂燃烧发烟过程中的烟量和烟云浓度。发烟剂受热挥发形成的烟云粒子是主剂农药有效成分在大气中的载体，以帮助农药的飘移与沉降。

② 导燃剂　是燃点较低或还原能力较强的一类燃料。在燃点较高、一般引线不易引燃或引燃后燃烧速率缓慢的烟剂配方中加入适量导燃剂，能降低烟剂的燃点使之易于引燃并能加快燃烧速率。

③ 阻火剂　是指能消除烟剂燃烧过程中产生的火焰或燃烧后残渣中的余烬的一类不可燃物质。能消焰的阻火剂在受热时可分解放出大量的碳酸气（CO_2）或其他不可燃气体以稀释烟剂燃烧释放出的可燃物质（一氧化碳和炭）以及空气中氧的浓度。这类氧化剂也称消焰剂。消焰的目的除了防止火灾的发生同时也阻止明火对主剂在成烟过程中的燃烧分解。能消除残渣中余烬的阻火剂是一类惰性物质。在残渣易产生余烬的烟剂配方中加入适量阻火剂能降低烟剂残渣的温度以阻止残渣中可燃物的继续燃烧而灭火。消除残渣余烬的目的是保证烟剂安全使用，不致引起火灾。

④ 降温剂　是指能大量吸收或带走烟剂燃烧时放出的热量，以减缓烟剂燃烧速率、降低燃烧温度的一类助剂。

⑤ 加重剂　是指在烟剂的燃烧温度下能升华成烟的一类相对密度较大的物质。在配方中加入了加重剂的烟剂称为重烟剂。重烟剂燃烧发烟时农药的烟粒附着在加重剂的烟粒上增大了烟云粒子的重量。加重了的烟称为重烟。重烟只能在地面低层处飘移沉降，这种烟具有多种特殊的用途。

⑥ 防潮剂　是指能在烟剂的界面或烟剂粉粒的表面形成蜡膜或油膜，防止空气中的水分与烟剂接触以保护烟剂免受潮解的一类非水溶性物质。在一些吸湿性较强的烟剂配方（如用硝酸铵配制的烟剂）中，需要加入适量的防潮剂以提高烟剂的防潮性能。

⑦ 黏结剂　是指能起黏合烟剂粉粒并能增强成型烟剂的机械强度的一类胶状物质。配制锭状、片状烟剂成盘状烟剂时需要在烟剂配方中加入适量的黏结剂。

⑧ 稳定剂　是指在常温下能增强烟剂化学稳定性的物质，能对烟剂中的某一成分或几种成分起稳定作用。如阻止烟剂中某种成分的分解或两种组分间的相互作用，以降低它们的敏感度。

二、烟剂的配制技术

一个理想烟剂应具备以下几个条件：

① 主剂有效成分成烟率高，药效好。

② 易点燃，点燃后燃烧发烟持续不断，在燃烧过程中不产生火焰，烟浓、有冲力，燃烧后残渣疏松无余烬。

③ 不易自燃，生产、贮存、运输较安全。

④ 对人畜毒性较低。

⑤ 产品吸潮性较小。

⑥ 价格便宜。

⑦ 贮存有效期在2年以上。

从上述条件可以看出，与配制其他农药剂型相比较，配制烟剂的难度较大，配制技术要求也不同。这是由烟剂的易自燃性和特殊施药方式决定的，应用烟剂防治作物、林木病虫害要通过放烟的方式来实现。因此在配制烟剂时不仅要考虑烟剂在常温下各组分间的化学稳定性，以确保烟剂生产、贮存和运输的安全，同时还应满足烟剂燃烧发烟所需的特定条件，以最大限度地发挥主剂农药的生物效果。

烟剂的易燃性与安全性、氧化性与还原性、燃烧速率与燃烧温度、供热剂的燃烧性能与主剂的挥发成烟等，这些共存于烟剂中的既相互联系又相互排斥的矛盾，在设计烟剂配方时应予充分考虑，综合平衡。因此烟剂原料的选择与匹配对配制烟剂是至关重要的。

1. 主剂的选择

烟剂具有燃烧发烟的使用特点，施放烟剂时主剂有效成分通过受热升华或汽化；在空气中冷却变成烟或烟雾。这种施药方式决定了不是所有农药都能作烟剂的主剂，能作烟剂主剂的农药必须具备某些特定的条件。

烟剂用主剂应具备的条件：①常温下或燃烧发烟过程中，不易与烟剂的其他组分相互作用；②在600℃以下的短时高温下，有效成分不易燃烧，热分解较少；③在烟剂燃烧温度下易迅速升华或汽化，有效成分成烟率高；④毒性较低。目前国内外的农药品种很多，但完全符合上述条件的农药则较少，要找到一个比较理想的主剂需要从大量的农药品种中进行筛选。为减少筛选工作的盲目性和提高筛选工作的效率，下面介绍两种主剂的筛选方法。

（1）化学测定法——成烟率测定

测定步骤：①从有关资料中查出或测出在常压下农药迅速升华或汽化（即流化）的温度；②选择燃烧温度与农药升华或汽化温度相近的供热剂；③测定农药与选定供热剂组成烟剂的有效成分的成烟率；④选择有效成分成烟率高的农药作烟剂的主剂。

（2）生物测定法——毒力测定

测定步骤：①从有关资料中查出或测出在常压下农药迅速升华或汽化（即流化）的温度；②选择燃烧温度与农药迅速升华或汽化温度相近的供热剂；③测定农药与选定供热剂组成的烟剂对某种或某些生物（害虫或病菌）的毒力；④在测定方法相同的情况下，选择毒力高的农药作烟剂的主剂。

（3）主剂的用量　主剂在烟剂中所占的份量（即配比）一方面要视其农药对有害生物（害虫或病菌等）的活性，更重要的是看它在烟剂燃烧过程中是否影响主剂有效成分的成烟率。主剂在烟剂中的配比过大势必要过多地影响供热剂的燃烧性能，降低烟剂的燃烧温度和速率，甚至造成烟剂不易点燃，使主剂升华或汽化不完全而降低有效成分成烟率。

主剂在烟剂中的用量有两种不同的设计方法。其一是在配制烟剂前预先确定好主剂的用量。我国用烟剂防治林木病虫害习惯于每亩使用1kg。根据这种用药量，主剂有效成分在烟剂中的配比一般应为5%～15%。其二是在某些燃烧温度较高或燃烧反应热效应较大的供热剂中尽可能地多加入主剂（以不影响成烟率为准），有的可占到烟剂配比的30%～40%。然后通过田间药效试验来确定每千克烟剂的防治面积，这种配制方法可以达到合理使用农药，节省供热剂、包装材料和运输费用以降低烟剂的防治成本的目的。

2. 供热剂组成的选择

（1）氧化剂的选择　配制烟剂用的氧化剂一般采用含氧并在受热时能放出氧的固体化合物。常用的有硝酸盐、氯酸盐和多硝基化合物等。

烟剂用氧化剂应具备的条件：①含氧量较高，在烟剂燃烧温度下分解放氧量较大；②150℃以下保持稳定，150～600℃易分解放氧，分解时吸热量较小；③不易吸潮，遇水不分解；④对一般摩擦和撞击的敏感度较低，不易爆炸；⑤来源广，价格便宜。

若选用分解放氧温度太低（150℃以下），分解时放热量较大、放氧速率太快、氧化力极强的氧化剂，在烟剂生产、贮存和运输中不安全，易引起自燃。反之，选用分解放氧温度太高（600℃以上）、分解时吸热量较大、氧化力极弱的氧化剂，配制成的烟剂不易点燃或点燃后燃烧速率缓慢。

配制烟剂常用的几种氧化剂如下。

① 氯酸钾（$KClO_3$）　分子量为123，外观为白色粒状晶体或粉末状，味咸、有毒，相对密度2.32，熔点368℃。在400℃时分解放出氧气，放氧量为39%，分解时放热量为41.8kJ/mol。不易吸湿，在相对湿度达97%时才开始吸收空气中的水分。可溶于水，在水中溶解度分别为7g（20℃）和17g（50℃），不溶于大多数有机溶剂。氧化力强，与可燃杂质共存时对摩擦、撞击敏感，粉碎时如不采取严格的防火防爆措施，易发生失火或爆炸。

② 硝酸钾（KNO_3）　分子量为101，外观为无色透明棱柱体或粉末状，相对密度2.1，熔点336℃。易溶于水，在水中溶解度分别为24g（20℃）和46g（50℃）。不溶于大多数有机溶剂。吸湿性较小，在相对湿度达92.5%时才开始吸潮。在400℃时分解并放出氧气，最大放氧量为40%，分解时吸热量为317.68kJ/mol。氧化力较强，但对摩擦、撞击不甚敏感，用于生产烟剂较安全。

③ 硝酸铵（NH_4NO_3）　分子量为80，外观为无色斜方或单斜晶体，相对密度1.73，熔点169℃，极易溶于水，溶解时能从水中吸收大量热而使水温降低，水溶液呈酸性，在水中的溶解度分别为54g（0℃）、64g（20℃）、78g（50℃）和91g（100℃）。极易吸湿，在相对湿度为67%时就开始吸收空气中的水分而潮解，但如低于67%时则能自发地释放出潮气而逐渐变干。遇碱放出氨。在210℃时分解为水和一氧化氮，270℃时分解为水、氮气和氧气，放氧量为20%，分解时放热量为107kJ/mol。在引爆作用下爆炸分解为氢气、氮气和氧气，放氧量为60%，爆炸分解时吸热量为367.8kJ/mol。氧化力较弱，水分含量在2%以上时，对摩擦、撞击不敏感，用于生产烟剂较安全，如不采取防潮措施不易保证烟剂产品的质量。

还有其他氧化剂，如硝酸钠、亚硝酸钠、氯酸钠、高氯酸钾和高锰酸钾等。

（2）燃料的选择　配制烟剂用的燃料一般采用碳水化合物、无机还原剂或其他有机化合物。

烟剂用燃料应具备的条件如下：①在200～500℃温度下易与氧化剂的氧或空气中的氧发生燃烧反应。②燃烧时需要的氧气量较少，发热量较大。③150℃以下不与氧化剂发生作用，受弱酸作用能保持化学和物理安定性。④不易吸潮，吸潮后不易与水发生作用。⑤易磨成细粉。⑥来源广，价格便宜。若选用燃点太低（150℃）或还原力极强易被氧化的燃料，在烟剂生产、贮存和运输中极不安全，易引起自燃。反之，若选用燃点太高（500℃以上）或还原能力极弱（不易被氧化）的燃料，致使烟剂点燃困难或点燃后燃烧速率缓慢。

配制烟剂常用的几种燃料如下。

① 木粉　是用锯末经干燥后磨成一定细度的粉状物。其主要成分是纤维素（$C_6H_{10}O_5$）$_n$和木质素，纤维素约占2/3。纤维素是由许多个失去水的β-葡萄糖组成的多糖物质。木粉为一多孔性物质，孔内充满空气，假密度一般比水轻，真密度1.55g/mL，不溶于水，完全燃烧的发热量125.4～146.3kJ/g。含水纤维素在酸或微生物的作用下易水解，水解最终产物为葡萄糖。纤维素与氧化剂共热到150℃以上易被氧化，完全燃烧后的氧化产物为二氧化碳和水，部分氧化的产物有多种氧化纤维素。在隔绝空气条件下纤维素遇高温（275℃以上）可发生裂解，完全裂解的最终产物为碳、一氧化碳、二氧化碳和水等。木粉作为烟剂中的

燃料，燃烧时可同时进行氧化、裂解和水解等降解反应。木粉的还原能力较差，在烟剂中不易燃烧完全。在残渣中留存的碳或氧化纤维素等在高温下易产生余烬，但它仍是我国目前生产烟剂常用的燃料。

② 木炭（$C_6 \cdot H_2O$）　木炭是木材在隔绝空气的条件下经高温裂解后的最终固体产品，主要成分是碳，质松多孔，有吸收气体的特性，假密度一般比水轻，常用作气体吸收剂、液体脱色剂和燃料。木炭和氧完全燃烧的发热量为 $27.1 \sim 33.4$ kJ/g。属无机还原剂，还原能力较强，作烟剂的燃料，燃烧较完全，在残渣中不易产生余烬。在原料来源充足的地区可用作烟剂的燃料。

其他燃料如白糖、淀粉、硫黄、硫脲、硫氰酸铵和乌洛托品等多种无机及有机化合物都可用作烟剂的燃料。如在以木粉为燃料的烟剂配方中加入适量这些燃料可弥补木粉之不足。

3. 氧化剂和燃料的正确选择与合理匹配

氧化剂和燃料是组成供热剂的基础。在选择烟剂的氧化剂和燃料时，应主要着眼于氧化剂的氧化力和燃料的还原力，不同氧化剂的氧化力是不同的，而不同燃料的还原力也不一样，前面讲过，选用氧化力强的氧化剂或还原力强的燃料的烟剂生产、贮存和运输中易引起自燃。反之，选用氧化力弱的氧化剂或还原力弱的燃料，配制的烟剂则不易引燃或引燃后燃料燃烧很不完全，放热量小、燃烧温度低、速率缓慢。根据以上推论，氧化力强与弱的氧化剂以及还原力强与弱的燃料都不适宜作烟剂的原料而只能选择中等氧化力的氧化剂和中等还原力的燃料，然而事实并非如此。氧化剂和燃料的正确选择与合理匹配可以用以下实例来说明。

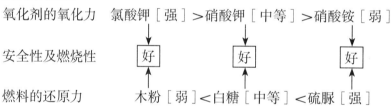

以上选用的三种氧化力不同的氧化剂和三种还原力不同的燃料进行组合匹配并按化学计算比例配制，可获得三对安全性能和燃料效果同样好的供热剂配方，其余的组合匹配方式不是安全性能差就是燃烧性能不好。因此正确选择与合理匹配的原则应当是氧化力强的氧化剂与还原力弱的燃料、氧化力弱的氧化剂与还原力强的燃料或具有中等氧化力的氧化剂与具有中等还原力的燃料进行组合。

当然氧化剂氧化力的强弱和燃料还原力的强弱都是相对而言的，它们的强与弱只局限在一定范围内。若选用极强或极弱的氧化剂和燃料要配制出一个较理想的烟剂是比较困难的。

4. 氧化剂和燃料的配比计算

要配制出一个好的供热剂除了要对氧化剂和燃料进行正确的选择与合理匹配外，还要解决氧化剂和燃料的恰当配比，使供热剂燃烧时获得较大的热效应。

为确定氧化剂与燃料的恰当配比，必须首先给出燃料反应方程式，根据方程式计算出氧化剂与燃料的重量比例。如木粉（纤维素）与氯酸钾、硝酸钾和硝酸铵的燃烧反应可用下列方程式表示。

（1）第一种　A. $4KClO_3 + C_6H_{10}O_5 \Longrightarrow 4KCl + 6CO_2 + 5H_2O$

B. $2KClO_3+C_6H_{10}O_5 =\!=\!= 2KCl+6CO+5 H_2O$

根据以上两式计算出纤维素与氯酸钾的配比分别为：

A. 162g纤维素应配492g（123×4=492）氯酸钾

$$纤维素含量=\frac{162}{492+162}\times100\%\approx25\%$$

$$氯酸钾含量=\frac{492}{492+162}\times100\%\approx75\%$$

B. 162g纤维素应配246g（123×2=246）氯酸钾

$$纤维素含量=\frac{162}{246+162}\times100\%\approx40\%$$

$$氯酸钾含量=\frac{246}{246+162}\times100\%\approx60\%$$

（2）第二种　A. $24KNO_3+5C_6H_{10}O_5 =\!=\!= 30CO_2+12K_2O+12N_2+25H_2O$

　　　　　　B. $12KNO_3+5C_6H_{10}O_5 =\!=\!= 30CO+6K_2O+6N_2+25H_2O$

根据以上两式计算出纤维素与硝酸钾的配比分别为：

A. 810g（162×5=810）纤维素应配2424g（101×24=2424）硝酸钾

$$纤维素含量=\frac{810}{2424+810}\times100\%\approx25\%$$

$$硝酸钾含量=\frac{2424}{2424+810}\times100\%\approx75\%$$

B. 810g（162×5=810）纤维素应配1212g（101×12=1212）硝酸钾

$$纤维素含量=\frac{810}{1212+810}\times100\%\approx40\%$$

$$硝酸铵含量=\frac{1212}{1212+810}\times100\%\approx60\%$$

（3）第三种　A. $12NH_4NO_3+C_6H_{10}O_5 =\!=\!= 6CO_2+12N_2+29H_2O$

　　　　　　B. $6NH_4NO_3+C_6H_{10}O_5 =\!=\!= 6CO+6N_2+17H_2O$

根据以上两式计算出纤维素与硝酸铵的配比分别为：

A. 162g 纤维素应配960g（80×12=960）硝酸铵

$$纤维素含量=\frac{162}{960+162}\times100\%\approx14\%$$

$$硝酸铵含量=\frac{960}{960+162}\times100\%\approx86\%$$

B. 162g纤维素应配480g（80×6=480）硝酸铵

$$纤维素含量=\frac{162}{480+162}\times100\%\approx25\%$$

$$硝酸铵含量=\frac{480}{480+162}\times100\%\approx75\%$$

以上氧化剂和燃料的二元混合物按化学计算比例配制在一起，引燃后的燃烧反应一般可按A方程式完成。若把这种二元混合物仍按化学计算比例配在烟剂中，由于主剂和发烟剂等组分的影响，燃烧情况就截然不同了，燃烧速率明显减慢，燃烧温度也大大降低。一方面由于燃烧温度的降低，导致燃料的还原力减弱，容易形成燃料不完全燃烧；另一方面由于燃烧温度的降低，氧化剂容易发生副分解反应，如硝酸钾可部分地分解为亚硝酸钾和过氧化钾而降低了放氧量，硝酸铵可部分地分解成水和一氧化二氮而不放氧。这些副分解反应的发生，减少了氧化剂的放氧量，形成燃料相对过剩。在烟剂中如减少燃料的用量势必造成烟剂引燃困难。在配制烟剂时燃料通常需要适当过量。因此烟剂的燃烧反应主要是按B方程式进行。按B方程式进行化学计算得到燃料与氧化剂的理论配比，木粉：氯酸钾=1：1.5，木粉：硝酸钾=1：1.5，木粉：硝酸铵=1：3。理论计算配比与实际配比比较接近。

5. 助剂的选择

氧化剂和燃料的二元混合物按化学计算比例配制在一起，燃料反应将是十分激烈的，并伴有高热、火焰或光的发生而几乎无烟的生成，因此这种二元混合物一般不能作为烟剂的供热剂。为改善其燃烧性能以满足烟剂燃烧和发烟所要求的特定条件，在氧化剂和燃料的二元混合物中根据不同需要，常常加入一种或几种助剂。

① 烟剂用发烟剂应具备的条件：a. 发烟剂迅速升华或汽化的温度应略低于烟剂的燃烧温度，使烟剂在燃烧过程中发烟剂挥发较完全，残渣中留量最少；b. 在烟剂燃烧温度下，不易燃烧和分解，发烟量较大；c. 烟在大气中有足够的稳定性，烟粒间不易产生聚凝作用，扩散性强；d. 对被保护对象不易产生药害。

② 配制烟剂常用的发烟剂

a. 氯化铵（NH_4Cl）为一白色晶体，相对密度1.52，比热容0.39cal/（g·℃），250℃明显地开始升华，300℃以上迅速升华成烟。在密闭容器中的熔点为520℃。易溶于水和甘油，水溶液呈酸性。氯化铵在高温下除能升华外，它的蒸气可部分地离解成氨和氯化氢。氯化铵蒸气的离解度随温度升高而增大，温度由200℃增到400℃时离解度由57%增到79%。氯化铵的热离解反应是可逆的，冷却时氨和氯化氢又重新结合生成氯化铵。氯化铵遇碱易放出氨气。

b. 萘（$C_{10}H_8$）为一白色有光的片状晶体，具有特殊的气味，相对密度1.16，熔点80℃，沸点218℃，比热容：固态为0.3cal/（g·℃）、液态为0.4cal/（g·℃），熔化热为144.6J/g，汽化热315.6J/g，易挥发，在高温下除能升华外，部分地可燃烧生成碳，因此生成的烟是灰色的。

烟剂常用的其他发烟剂还有蒽、六氯乙烷、六氯代苯等多种易挥发的无机或有机化合物。

③ 常用的导燃剂有硫脲、二氧化硫脲、白糖、硫氰酸铵等。

④ 常用的阻火剂作消焰用的有碳酸盐如碳酸钠和碳酸氢钠以及氯化铵等。用于消除残渣余火的有陶土、滑石、石灰石、硫酸钙等。

⑤ 常用的降温剂有氯化铵、硅藻土、膨润土、滑石等。

⑥ 常用的加重剂有水杨酸、对硝基酚、碘仿、硫黄、硫化汞和金属卤化物如氯化铁、氯化锌和氯化锡等。

⑦ 常用的黏结剂有羧甲基纤维素（CMC）、酚醛树脂、虫胶、树脂酸钙以及石蜡、沥青、糊精和石膏等。

⑧ 常用的防潮剂有矿物油，如柴油、润滑油、锭子油和各种高沸点芳烃以及蜡类等。

⑨ 常用的稳定剂有氯化铵、高岭土以及多种惰性无机物等。

烟剂常用助剂的种类较多，不同用途的助剂在烟剂中所起的作用不同。但在多数情况下一种助剂常能起几种作用，如氯化铵在烟剂中既是发烟剂，又是降温剂、阻火剂和稳定剂。酚醛树脂既可作黏结剂，又是烟剂的燃料或导燃剂。蜡或矿物油既是烟剂的防潮剂又是发烟剂或燃料等。

6. 供热剂燃烧反应的热效应、燃烧温度和燃烧速率

（1）供热剂燃烧反应的热效应和燃烧温度　不同配方的供热剂燃烧反应的热效应和燃烧反应温度都不相同。测定供热剂燃烧反应的热效应和燃烧反应温度对于研究烟剂配方和选定有利于主剂挥发成烟的供热剂具有重要意义。

1g供热剂燃烧时产生的热量称为供热剂燃烧反应的热效应（表9-1～表9-3）。利用盖斯定律可计算出供热剂燃烧反应放出的热量，即燃烧反应热是供热剂燃烧生成物的生成热和供热剂各成分的生成热之差。

表9-1　供热剂成分及燃烧时某些生成物的生成热

化合物	分子量	生成热/（kJ/mol）/（kcal/mol）	化合物	分子量	生成热/（kJ/mol）/（kcal/mol）
$KClO_3$	123	401.3（96）	KCl	74.6	443.1（106）
$KClO_4$	139	451.4（108）	NaCl	58.5	409.6（98）
KNO_3	101	497.4（119）	K_2O	94.2	363.7（87）
$NaNO_3$	85	464（111）	Na_2O	62	422.2（101）
NH_4NO_3	80	367.8（88）	CO_2	44	392.9（94）
纤维素（木粉）（$C_6H_{10}O_5$）$_n$	162	1049.2（251）	CO	28	108.7（26）
淀粉（$C_6H_{10}O_5$）$_n$	162	948.9（227）	H_2O（液）	18	284.2（68）
酚醛树脂（$C_{48}H_{42}O_7$）	730	2273.9（544）	H_2O（汽）	18	238.3（57）

表9-2　某些物质的平均摩尔热容

物质名称	N_2，O_2，CO	CO_2	H_2O（汽）	KCl	NaCl	NH_4Cl	（硅藻土）SiO_2	（滑石）Al_2O_3
温度/℃	0～500	0～500	0～500	400	20～785	—	—	30～1100
摩尔比热容（C_p）/［J/（mol·K）］［cal/（mol·K）］	29.7（7.1）	43.1（10.3）	34.7（8.3）	55.6（13.3）	56.8（13.6）	150.5（36）	75.2（18）	114.1（27.3）

表9-3　某些化合物的熔点T_s、熔化热Q_s、沸点T_k和汽化热Q_k

化合物	熔点（T_s）/K	熔化热Q_s/（kJ/mol）/（kcal/mol）	沸点T_k/K	汽化热Q_k/（kJ/mol）/（kcal/mol）
KCl	1041	26.3（6.3）	1688	167.2（40）
NaCl	1073	5.9（7.2）	1712	183.9（44）
H_2O	273	25.6（1.4）	373	40.5（9.7）
KNO_3	509	20.1（4.8）	—	—
K_2O	1100	27.6（6.6）	—	—
Na_2O	1100	27.6（6.6）	—	—
NH_4Cl	—	—	608	163（39）

供热剂燃烧反应的最高温度除可直接用温度计或热电阻测量外，也可用燃烧反应温度等于供热剂燃烧反应所放出的热量除以供热剂燃烧生成物的总比热来计算。下面列举两个氧化剂和燃料是按化学计算比例配制的供热剂实例来说明燃烧反应的热效应和燃烧温度的计算方法。

配方A：氯酸钾45%，木粉30%，氯化铵25%。

配方B：氯酸钾42%，木粉28%，氯化铵30%。

木粉以纤维素的分子式代替，氯化铵不参与燃烧反应。以上两种供热剂100g的燃烧反应可用下列方程式表示。

A. $0.366KClO_3+0.183C_6H_{10}O_5+0.467NH_4Cl\!=\!=\!=0.366KCl+1.098CO+0.915H_2O+0.467NH_4Cl+Q_1$

B. $0.34KClO_3+0.17C_6H_{10}O_5+0.56NH_4Cl\!=\!=\!=0.34KCl+1.02CO+0.85H_2O+0.56NH_4Cl+Q_2$

① 供热剂燃烧反应热效应的计算如下：

供热剂燃烧反应的生成热=供热剂燃烧生成物的生成热−供热剂各成分的生成热

根据A方程式100g供热剂燃烧生成物的生成热为：

$106\times0.366+26\times1.098+68\times0.915=129.6$（kcal）$=0.54$（MJ）

100g供热剂各组分的生成热为：

$96\times0.366+251\times0.183=81.07$（kcal）$=338.9$（kJ）

100g供热剂燃烧反应的生成热Q_1为：

$Q_1=129.6-81.07=48.53$（kcal）$=202.9$（kJ）

供热剂配方A燃烧反应的热效应为：

$$\frac{48.53}{100}=0.4853（kcal/g）=2.03（kJ/g）$$

用相同方法计算出供热剂配方B燃烧反应的热效应为1.9kJ/g（0.45kcal/g）。

② 供热剂燃烧温度的计算如下：

燃烧反应的最高温度按下式计算：

$$t=\frac{Q_1-\sum（Q_s+Q_k）}{\sum C_p} \tag{9-1}$$

式中　　Q——燃烧反应放出的热量；

$\sum（Q_s+Q_k）$——燃烧反应生成物的熔化、汽化和升华总热；

$\sum C_p$——反应生成物的总比热容；

t——燃烧反应的最高温度。

烟剂的燃烧温度一般达不到氯化钾的熔点（768℃），因此不考虑氯化钾的熔化热。氯化铵的升华温度为335℃，升华热$Q_升=163kJ/mol$，水的汽化热$Q_k=40.55kJ/mol$（表9-3）。

前面已求出100g供热剂配方A燃烧放出的热量$Q_1=48.53$（kcal），即202.9kJ。

$\sum（Q_s+Q_k）=0.915\times9.7+0.467\times39=8.88+18.21=27.1$（kcal）$=113.3$（kJ）

$Q_1-\sum（Q_s+Q_k）=48.53-27.1=21.43$（kcal）$=89.6$（kJ）

燃烧反应生成物的摩尔比热容［J/（mol·K）］为：

KCl：$0.366\times55.6=20.3$

NH_4Cl：$0.467\times150.5=70.3$

H_2O（汽）：$0.915\times34.7=31.8$

CO：$1.098\times29.7=32.6$

总比热容 $\sum C_p$=155J/（mol·K）

供热剂配方A的燃烧反应温度：$t=\dfrac{21.43 \times 1000}{37.07}$=578（℃）

用相同方法计算出供热剂配方B的燃烧反应温度为383℃。

上面通过对供热剂燃烧反应热效应和燃烧温度的计算可知，组分相同、配比不同的供热剂燃烧反应的热效应和燃烧温度都不相同。热效应相同、组成不同的供热剂由于燃烧反应生成物的比热容以及它们的熔化、汽化和升华温度和潜热不同，燃烧反应的温度也不一样。因此燃烧反应热效应高的供热剂不一定燃烧温度也高。作为烟剂的供热剂需要选择热效应较高、燃烧温度适中的供热剂配方，以利于主剂的升华或汽化。

掌握了燃烧反应热效应和燃烧温度的计算方法，就可以对设计出来的一系列供热剂配方进行热效应和燃烧温度的计算，从中筛选出热效应较高、燃烧温度适宜主剂挥发成烟的供热剂。在此基础上去做配方试验必将收到事半功倍的效果。

应当提醒注意的是由计算所得供热剂的燃烧反应热效应和燃烧温度与实测值不可能完全吻合，这是由于部分热量通过传导、对流和辐射与周围介质进行热交换而损失以及某些燃烧反应生成物在高温下的比热数据不够准确造成的，因此计算值比实测值偏高。

（2）供热剂的燃烧速率　在烟剂施放过程中，供热剂燃烧反应的速率决定着主剂有效成分在空间某一位置的浓度。杀虫烟剂一般以熏杀为主，燃烧速率很慢（烟稀）的烟剂单位时间内有效成分挥发到空中的量达不到一定浓度将会直接影响杀虫效果。因此要求烟剂的供热剂具有一定的燃烧速率。供热剂燃烧反应速率一般以燃烧单位重量烟剂所用时间（min/kg）来表示。

供热剂的燃烧反应十分复杂。燃烧反应是由一系列的吸热、放热和传热的物理化学过程构成的，这些过程既相互联系又相互制约，因此供热剂的燃烧反应速率受很多因素的影响。

① 燃烧温度　前面已讲过组成不同或组成相同配比不同的供热剂燃烧反应的热效应和燃烧温度都不相同，它们的燃烧速率也不可能相同。燃烧温度较高的供热剂，由于燃烧区与非燃烧区的温差较大，温度梯度高有利于热量的传递，同时高温具有较大热冲能，可以加速氧化剂的热分解和提高燃料的氧化活性。因此加快了反应速率，燃烧速率也必然加快。

② 供热剂组分的物态变化　在供热剂中有无低熔点、低挥发的组分存在，这对燃烧反应速率将产生较大影响。本来可使燃烧区域中温度上升进而使一系列化学反应加快的热量将消耗到组分的物态由固变液或由固变气的潜热上，如在供热剂中有氯化铵存在就能大大降低供热剂的燃烧温度和速率。

供热剂为固体非均匀性燃烧体系，即使在高温下固体间的燃烧反应速率进行得也很缓慢。为加快燃烧反应速率，反应物之间应保持紧密接触，接触面越大越好或保持均相反应。为达此目的，在供热剂燃烧时使一种或两种反应物由固态变为液态或气态。这种情况可能要消耗一些热量到反应物变化物态需要的潜热上而降低燃烧温度，但反应仍可能进行得较快。

在供热剂燃烧反应过程中有无液态或气态生成物　固体反应物的传热速率极慢，在它们的燃烧反应过程中如能产生液态或气态生成物，这些高温液体或气体生成物通过供热剂粉粒间的空隙扩散，把高温燃烧区的热量迅速地传递到低温区，给低温区的供热剂创造了燃烧条件，从而加快了供热剂的燃烧速率。

③ 氧化剂分解反应速率　在供热剂燃烧反应过程中进行最困难、最慢的一步往往是吸热的化学反应。因此在许多情况下，供热剂的燃烧速率是取决于氧化剂热分解反应过程的速率，不同氧化剂的分解温度和分解吸热量不同。分解温度较低、分解时吸热量较少的氧化剂，热分解反应的速率较快。

④ 燃料的活化能　在供热剂中燃料还原能力的强弱与活化能的大小直接有关，燃料燃烧时需要的活化能少，燃料的还原力则强，燃烧速率就快，燃料燃烧反应的速率与活化能的关系可用下列公式来表示：

$$\overline{W}=Be^{-\frac{E}{RT}} \tag{9-2}$$

式中　$\overline{W}$——燃烧反应的速率；

　　　B——系数；

　　　E——活化能，kJ/mol。

⑤ 物理因素　当供热剂（或烟剂）配方不变时，一些物理因素同样影响供热剂（或烟剂）的燃烧速率。

a. 粉粒细度　供热剂粉粒愈细，组分间的非均匀性愈弱。假密度变小，粉粒间的空隙增多，含空气量较大，因此燃烧速率一般也较快。但在以木粉为燃料的供热剂（或烟剂）中，粉粒过细反而使供热剂的燃烧速率减慢，这可能是由于木粉愈细，假密度愈大，木粉间的空隙减小，含空气量少。

b. 密度　提高供热剂的密度，则减小粉粒间的空隙，降低了空气在供热剂中的含量，可明显地减慢供热剂的燃烧速率。

c. 包装　烟剂的包装形式和包装质量对烟剂燃烧速率的影响在于与周围介质的热交换。烟剂燃烧反应所释放出的热量损失到周围空间愈多，烟剂的燃烧速率愈慢。烟剂燃烧产生的热量只能在烟剂与包装物或大气接触的界面上通过传导、辐射和对流进行热交换而损失。烟剂的比表面（等于总表面积除以总体积）愈大，热量损失相对增多，燃烧速率愈慢。包装形状和单位包装重量不同，烟剂的比表面和燃烧速率也随之变化。烟剂的单位包装量愈大或在单位包装量相同的情况下缩小烟剂的表面积都有利于此表面的减小，从而提高烟剂的燃烧速率。烟剂包装的密封性如何，对烟剂的燃烧性能有很大影响，燃烧时能产生大量气体的烟剂在密闭或半密闭的包装中燃烧能产生较大的压力和较高的温度，燃烧速率也大大加快。包装材料的导热性也影响烟剂的燃烧速率。

此外烟剂燃烧速率还随外界压力和烟剂初始温度的增加而加快。

7. 烟剂的配制方法

烟剂的配制有许多方法，采用哪种方法，一般要根据烟剂所用原料的性质和配制条件而定。烟剂和供热剂的几种主要配制方法如下。

（1）烟剂的配制方法　按主剂与供热剂组合的方式不同，烟剂的配制方法主要可分为以下三种。

① 混合法　即将主剂农药与供热剂的各组分放在一起混合配制的方法。根据配制出来的产品性状，混合烟剂的配制又可分为以下两种：a. 粉状烟剂，即将主剂（固体）农药与供热剂的各组分经粉碎、混合配制成的粉粒状烟剂。粉状烟剂的配制方法最简单，用固体农药配制烟剂，一般都采用此方法。b. 成型烟剂，即将主剂（固体或蜡状固体）农药与供

热剂各组分经粉碎、混合并加入适量黏结剂后放入模具中加压成型而制得的烟剂，如锭状烟剂和盘状烟剂（蚊香）。此法配制烟剂需要模具，配制工艺较复杂。但此法有利于缩小烟剂的体积，节省包装材料。也便于使用时携带。

② 分离法　即将主剂（液体或溶于液体农药中的固体）农药与供热剂分别配制和包装的方法。主剂农药装在塑料软管中，供热剂装在塑料袋或纸筒中。使用时将装有主剂农药的塑料软管插入供热剂内。此法特别适用于易分解、易挥发或易与供热剂中的成分发生作用的液体农药。如敌敌畏插管烟剂。

③ 分层法　即将主剂（固体或蜡状固体）农药与供热剂分别配制。包装时将配制好的供热剂放在包装筒的下部，主剂农药置于包装筒的上部，必要时中间可用铝箔或塑料薄膜隔开。这种配制方法，有的主剂农药可以不经粉碎或只粉碎成较粗的颗粒，也可以将主剂农药加热熔化后倒入包装筒内供热剂的上部。此法适用于熔点较低的蜡状固体农药配制烟剂，如毒杀芬烟剂。此法的优点还在于可以防止农药有效成分在发烟过程中燃烧和分解。

（2）供热剂的配制方法　采用分离法和分层法配制烟剂，需要单独配制供热剂。供热剂的配制方法，按氧化剂的加工工艺不同，主要可分为干法、湿法和热熔法三种。配制供热剂选用哪种方法要从所选用的氧化剂的性质和设备条件来确定。

① 干法配制　将供热剂的各种原料按一定比例称量，经粉碎、混合而成为粉状固体供热剂。这种配制供热剂的方法最简单，几乎对用于配制供热剂的所有氧化剂都适用。因此，它是配制供热剂最常用的方法。

② 湿法配制　将氧化剂溶解在60~80℃的热水中，制成饱和溶液，在溶液中加入燃料和助剂并充分拌匀，经干燥后粉碎即为供热剂。此法适用于在热水中溶解度较大的氧化剂。如用硝酸钾、硝酸钠和硝酸铵等以及燃点较高的燃料（木粉）配制供热剂。其优点在于可将氧化剂均匀地渗透到木粉内部。因此，用此法配制的烟剂比较容易点燃，燃烧性能比干法配制的烟剂好。但此法比较麻烦，而且在供热剂加热干燥时容易着火。因而，此法不常用。

③ 热熔法配制　在铁锅中适量加入重量为氧化剂的2%~3%的水（少许水可降低氧化剂的熔点），将粗碎后的氧化剂倒入锅中，然后开始加热。氧化剂逐步出现熔融状，待温度升到100℃时，改为缓慢加热，直至氧化剂全部呈熔融状后停止加热，并立即将燃料加入锅中与熔融状氧化剂充分搅拌均匀，从锅中取出，稍冷却后再加入助剂拌匀，在冷却过程中，不断翻动和搓擦成粉状后即为供热剂。此法只适用于熔点较低的氧化剂（硝酸铵）和燃点较高的燃料（木粉）配制供热剂，它具有湿法配制的优点。由于此法配制的供热剂几乎不含有水分，因此其点燃和燃烧性能优于湿法配制的供热剂。用热熔法配制供热剂，其危险性比湿法更大，因此工厂一般不采用此法生产。

8.烟剂的引燃剂及引线

（1）烟剂的引燃剂　用火柴直接点燃烟剂，一般是点不燃的。烟剂的点燃需要使用专门配制的引燃剂。引燃剂的作用在于将一小部分烟剂加热到它的燃点，使烟剂燃烧发烟。引燃剂引燃烟剂的效果取决于它自身燃烧所产生的残渣供给烟剂的热量，供给的热量越多，引燃的效果越好。引燃剂燃烧的温度愈高，燃烧时产生的残渣愈多，供给烟剂的热量就愈大。此外，引燃的效果还和残渣与烟剂接触的面积、接触的紧密程度、接触的时间都有很大关系。为此，只有引燃剂燃烧时生成液态残渣能较好地解决这些问题。

烟剂的引燃剂应具备下列条件：①燃点低，易于用火柴点燃；②燃烧温度高，应比所引燃的烟剂的燃点高出200℃以上；③燃速较缓慢；④燃烧时产生的液态残渣较多，气体较少。

引燃剂常用的氧化剂有硝酸盐、氯酸盐和高锰酸盐。常用的燃料有麻刀纸、棉纸、木炭、木粉、硫黄、树脂、锑粉和铁粉等。

烟剂常用的引燃剂有纸硝引燃剂、黑药引燃剂、白药引燃剂、紫药引燃剂、拉火引燃剂和摩擦引燃剂等。

（2）烟剂的引线　烟剂的引线是点燃烟剂用的引火线，即将引燃剂制成具有一定形状的线绳。烟剂的引线按加工方法不同可分为纸捻引线、药捻引线、拉火引线和摩擦点火棒引线等。

纸捻引线的制作方法如下。

纸硝引燃剂配方

硝酸钾　　　55%～65%　　　　麻刀纸　　　45%～35%

将硝酸钾溶于热水中制成饱和溶液，然后再将麻刀纸放入溶液中浸泡2～3次，取出晾干，裁剪成一定规格的纸条，搓成纸捻。

药捻引线的制作方法如下。

① 黑药引燃剂配方　70%硝酸钾+14%木炭+16%硫黄。

② 白药引燃剂配方　70%氯酸钾+30%木粉。

③ 紫药引燃剂配方　50%锰酸钾+50%还原铁粉。

将棉纸裁剪成一定规格的纸条，然后将黑药、白药、紫药引燃剂的一种均匀地在棉纸上堆放成一条线，再将引燃剂卷包在棉纸条内，搓合成两股绳即成。

拉火引线的制作方法如下。

拉火引燃剂配方：58%氯酸钾+4%赤磷+38%雄黄。

先将赤磷用10%胶水调成浆状，再分别加入已粉碎好的氯酸钾和雄黄，拌匀后蘸在打有活结线绳的结上，晾干即成。这种引线下面应装白药引燃剂等作为传火药。

摩擦点火棒引线的制作方法如下。

① 摩擦引燃剂配方　60%氯酸钾+10%树脂+30%锑粉。

② 摩擦剂配方　56%赤磷+20%树脂+24%玻璃粉。

摩擦点火棒引线是将摩擦引燃剂涂在一定规格的细木棍上制成的。另取一定规格的木板，在它的一个面上涂摩擦剂制成摩擦板。摩擦板与摩擦点火棒摩擦发火。有时需要在摩擦点火棒下端装白药引燃剂等作为传火药。

第三节　烟剂的生产工艺

目前，我国林用烟剂的供应来源有工厂生产的产品和土法配制的产品两个渠道。

一、烟剂的生产工艺

在我国林用烟剂作为一种工厂产品，始于1956年。曾先后生产过烟剂的工厂有北京制药厂、镇江农药厂、白敬宇制药厂、晨光农药厂、湖南农药厂、张店农药厂、沈阳农药厂和天津农药实验厂等。这些工厂于1964年前已先后停产。林业部安阳林药厂自1964年开始生产林用烟剂，它是我国目前生产林用烟剂的专业工厂。此外，黑龙江省平山林药厂已于1977年生产林用烟剂。

工厂生产烟剂，配方比较成熟，原材料有一定的规格，产品有严格的质量控制指标和较完善的检测手段，同时还具有工艺、设备先进，生产技术熟练等优势，因此产品质量一般比较稳定。

我国先后生产过的林用烟剂已有十多个品种，其生产工艺各有不同，归纳起来，主要有以下几种工艺路线。其流程示意图见图9-1。

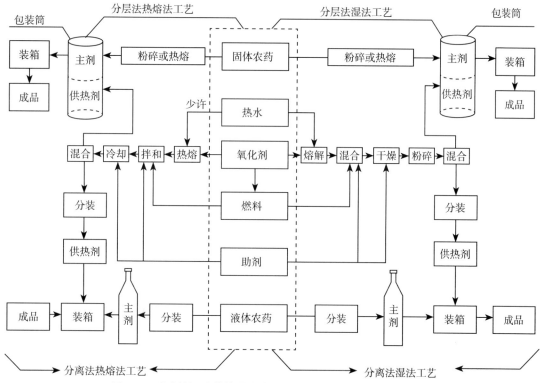

图9-1　硝酸盐湿法热熔法生产供热剂与主剂配合工艺流程示意

随着农林果蔬业的发展和耕作制度的改进，农药烟剂得到了广泛的应用。特别北方温室大棚迅速发展以后，烟剂的用量大幅度增加，生产烟剂的工厂也就越来越多。除了生产一般性的粉状剂外，柱状烟剂、片状烟剂也投放了市场，而且不用引燃剂和引线的安全型烟剂，逐渐代替"老型烟剂"。当然，它们的生产方法与"老型烟剂"比较，有些特殊性，如图9-2所示。

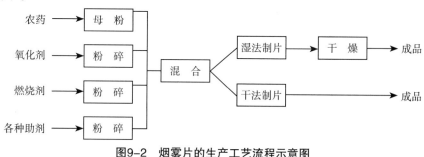

图9-2　烟雾片的生产工艺流程示意图

二、烟剂的组合形式

根据有效成分的性质不同，烟（雾）剂可分为三种组合形式。

1. 混合法

将有效成分与其他成分直接混合为一体，然后按照不同的用途，以一定的量分别装入塑料袋、硬纸筒、竹筒或其他瓦罐、素土罐等器具中，引发捻埋入烟剂中，喷口留在顶部或侧面，但接缝处和出烟孔用防潮材料密封，以防吸湿。此法适用于有效成分相对稳定，并在长时间内不与其他组分发生物化反应的固体原药。

为了提高防效，粉状烟剂通常加工成由筒体盒盖及引发捻等组装成的一个发烟筒。一般来说，在发烟筒的上部应留有4mm左右的空隙，以利于烟剂在引发后充分气化，不出现明火。

有时可根据需要，在烟剂中加入一定量的黏结剂，压制成块、片或其他形式的成品。总的来说，筒状形式较为有利。因为筒状装药，在发烟时内部形成一定的压力，可使烟雾喷射到较高和较远部位，有利于烟云飘移，可充分发挥药效。

2. 隔离法（或分离法）

所说的隔离法，就是把有效成分与其他成分分别配制和隔离包装存放，在使用时才合到一起的组装方式。该法适用于易挥发、分解，混合后易与其他组分发生反应的液体或易熔的固体原药。如敌敌畏插管烟剂就是把敌敌畏装入软塑料管中，其他成分的混合物装在塑料袋内，并放入木筒、塑料筒或硬纸筒中，使用时将塑料管插入筒中，再引发生烟，敌敌畏受热蒸发，发挥药效。

3. 分层法

定形包装（盒）筒，下部放置供热剂，上部放置有效成分，两者之间用塑料薄膜或铝箔相隔离，称为分层法。此法适用于易在发烟过程中燃烧或分解的低熔点蜡状或固体状有效成分。

通常烟剂产生的烟云易于上升，所以选择在空气气流下降和风力小的时刻放烟，容易收到理想的效果。为防止地面和水面的病虫害，因而将烟（雾）剂制成"熏烟剂"。通常是在烟（雾）配方中加相对密度大的成烟剂，即可达到此目的。一般的重型成烟剂大都选择水杨酸。但在配方中该物质的比例不宜太大，而且每亩的用量亦不可过多，否则，可能形成"酸雨"，造成药害。

4. 其他形式烟剂的制造

用可燃性的植物纤维、锯末粉或多孔性物质，吸收一定量的氧化剂（硝酸钾或硝酸铵），经风干或人工干燥后，再吸收用可挥发性溶剂溶解的有效成分——农药，通过加热或晾晒的方式，将挥发性溶剂驱赶，便可直接引燃发烟。如1kg上述可燃物，浸泡在2.5L、含5%～7%的硝酸钾溶液中，然后将其晾干，此时该可燃物，含有硝酸钾9%～12%。将含有氧化剂的可燃物，再用含有有效成分的丙酮或二氯乙烷溶液浸渍，待挥发性溶剂挥发后，即可应用。此法常用于家庭卫生害虫的防治。凡是适合配制烟剂的有效成分，都可用此法制造。

三、烟剂工厂生产的几点说明

（1）生产烟剂的设备　粉碎设备一般使用万能粉碎机或球磨机等。混合设备一般采用木制滚筒混合机。物料运输一般采用斗式提升机、螺旋输送机，在成品混合前也可采用负压气流输送。

（2）烟剂的氧化剂　一般采用氯酸盐和硝酸盐。氯酸盐只用于干法生产供热剂。热熔法生产供热剂，其氧化剂只能使用硝酸铵。

（3）烟剂的燃料　一般采用木粉或木炭等。

（4）烟剂的包装　烟剂的内包装为混合烟剂和分离烟剂时，内包装可用塑料袋，也可用硬纸筒；内包装为分层烟剂时，内包装必须使用具有固定形状的硬纸盒或铁盒；分离烟剂的主剂内包装一般为聚乙烯塑料软管。烟剂的外包装，一般用木箱或钙塑箱。

（5）烟剂的安全生产　生产烟剂是一项不太安全的工作。其危险性不仅在于它对操作人员有一定的毒害作用，尤其是在烟剂生产的过程中易发生燃烧和爆炸。据调查，我国生产过烟剂的工厂都先后发生过失火甚至爆炸事故。在烟剂生产的全过程中，特别是氯酸盐的粉碎和混合工序、热熔法加工供热剂中硝酸铵的热熔工序以及湿法加工供热剂的烘干工序极易发生失火或爆炸。在这些生产工序中，必须按一级防火防爆的要求制订防火措施、配备消防器材、实行隔离操作和工序周围设置防火防爆隔离墙。

氯酸盐（如氯酸钾）是强氧化剂，与可燃物接触易发生燃烧甚至爆炸，加工时必须单独粉碎，并要求场所干净、卫生、无异物混入。加工工具不能使用铁制品，特别是机器运动部件要求用铜制成。氯酸盐的粉碎设备一般采用振动筛，也可使用木滚内铸铝的电碾，电器部分应放在室外。

氯酸盐在粉碎过程中，粉粒易结团，粉碎后要立即掺入一种不可燃助剂，如氯化铵等，掺和后再过粗筛混匀。

第四节　烟剂的质量控制指标和检测方法

一、质量控制指标

（1）有效成分含量　应等于或大于标明的含量。

（2）有效成分成烟率　在80%以上。

（3）点燃现象　一次点燃，引燃后浓烟持续不断并具有一定冲力；发烟过程中不产生明火和星火；燃烧后，残渣结构疏松、无余烬。

（4）1kg包装发烟时间　一般杀虫烟剂7～15min；杀菌烟剂10～20min。

（5）1kg包装燃烧温度　实测的燃烧温度，$(t \pm 30)$℃。

（6）安全试验　80℃连续恒温72h不自燃。

（7）粉粒细度　40目、60目、80目或100目筛通过90%以上。

（8）水分含量　小于10%。

注：烟剂燃烧温度和发烟时间随烟剂的配方、重量和包装形式不同而不同。实测的燃烧温度是指1kg包装的燃烧温度。

二、检测方法

1.点燃现象及发烟时间测定

取1kg包装烟剂，在包装盒（袋）的上方中央处用一根引线从上至下垂直插入到底。轻轻拍动包装盒（袋），使药粉与引线贴紧，然后用火柴点燃引线，观察点燃现象。从烟剂发烟开始至浓烟结束用秒表计算发烟时间。

2. 燃烧温度测定

取1kg包装烟剂，按上述点燃方法插入引线，用500℃水银温度计一只，将温度计的水银球一端插到烟剂的重心位置（若使用热电阻温度计应将电表放平，校正零点，打开电表开关）后点燃引线，烟剂在燃烧过程中温度计读数逐渐上升，达到某一高度后又开始下降，温度计读数达到最高点的温度即为该烟剂的燃烧温度。

3. 残渣结构及余烬观察

将上述测定过燃烧温度的样品残渣收集起来，从发烟结束放置0.5h后破开观察其残渣结构，再放置暗处检查余烬。

4. 安全试验

称取烟剂试样100g各三份，分别放入三个盒中，旋转电热恒温箱上的温度调节器，将箱内温度控制在（80±2）℃内，再将三份试样放入恒温箱内部，相互间隔一定距离，从试样放入恒温箱算起，在72h内每隔2h观察一次，如发现其中一个试样自燃，即为安全试样不合格。

5. 细度测定

称取烟剂试样10g，置于标准筛中，摇动或震动过筛5min，待筛上试样不再下落时，将筛上残留物称量，样品细度（ x ）按下式计算：

$$x = \frac{G-a}{G} \times 100 \tag{9-3}$$

式中　a ——残留质量，g；

　　　G ——样品质量，g。

6. 水分含量测定

按GB/T 1600—2001中规定的水分测定方法进行。

7. 烟剂有效成分成烟率测定

准确称取含有效成分0.5g的样品（精确至0.0001g），放入20mL坩埚中，随后将坩埚置入成烟率测定装置中的玻璃罩内，检查整个系统，要求密闭良好，不泄漏，测定时首先打开水抽（或真空泵）使系统形成负压，然后用电炉缓缓加热，使烟剂发烟，待发烟完毕，整个系统不见烟迹，停止抽气。将三个吸收瓶中的吸收液移到500mL容量瓶中，再用干净的吸收液冲洗整个系统三次，冲洗液并入500mL容量瓶中，定容，分析溶液中的有效成分含量，按下式计算成烟率（ S ）。

$$S = \frac{BW}{AG} \times 100\% \tag{9-4}$$

式中　B ——吸收液的有效成分含量，%；

　　　A ——样品的有效成分含量，%；

　　　W ——吸收液的质量，g；

　　　G ——样品的质量，g。

第五节　烟剂的保管和运输

大部分林用烟剂由工厂生产，从工厂生产到用户使用，中间有一段较长的保管与运输过程，如保管不善、运输不安全，轻则降低产品质量，重则发生燃烧失火或中毒事故，甚至给国家和人民的财产带来严重损失。怎样才算做到妥善保管和安全运输呢?烟剂安全保管与运输的关键：一是防热防火；二是防止受潮；三是装卸时轻拿轻放；四是尽早发现事故隐患、及时处理。要做到上述四点，首先要弄明白烟剂燃烧条件和自燃的原因。

在正常室温条件下，烟剂一般不会燃烧发烟。使用时烟剂的燃烧发烟只有通过引线点火才能引燃。在烟剂内部由于有燃料和氧化剂同时存在，因此烟剂的安全性在易燃性这个前提下是具有相对性的，如遇高温物体或火种直接与烟剂接触使烟剂的温度达到了它的燃烧爆发点，就能立即引起燃烧发烟。不同的烟剂，它的燃烧爆发点是不相同的，烟剂的燃烧爆发点一般在200℃以上。

烟剂为什么有可能发生自燃呢?原因是多方面的。从外部环境条件看，主要是受热辐射的影响。由于外部热源的辐射和传导，将热能传递到烟剂上并不断积累，使烟剂表面的温度逐渐上升，达到了烟剂的自燃点，引起烟剂自燃。从烟剂内部组成分析，主要是化学热能的产生和积累导致烟剂内部升温引起烟剂自燃。化学能的产生主要有两方面原因。其一，是烟剂内部的燃料与氧化剂在不断地、缓慢地发生氧化还原反应，这种反应随着温度的增加，反应速率逐渐加快，热能不断积累。连锁反应造成烟剂内部产生局部高温。其二，烟剂的燃料一般为碳水化合物，如木粉等，在烟剂受潮的情况下，易被微生物水解，即发生发酵、发酶作用。这些燃料在发酵过程中，同样要放出热能，引起烟剂内部温升。由于热量的积累，温度升高，也能诱发烟剂内部的氧化还原反应并使之加快。还可能在外因（热源）的作用下，诱发了内因（氧化还原反应）而引起自燃。因此，烟剂易在夏季发生自燃。烟剂的自燃温度一般在100℃以上。

当然，引起烟剂自燃的因素很多，各因素间的相互作用又十分复杂，发生原因不能简单地做出回答。但上述因素是基本的、起主导作用的。烟剂发生自燃很可能是多因素综合作用的结果。

一、烟剂保管的注意事项

1. 设专库专人保管

烟剂不得与其他物品混放，更不能与易燃品、氧化剂、强酸、强碱、食品和粮食等物品放在一起。

2. 要有严格的防火措施和设施

①库房要与生产区、生活区和其他能产生热源的物体至少保持25～30m的距离。②仓库管理人员、搬运人员不得在库内吸烟，严禁将火柴、打火机带入库内。③库内的一切照明设施，都应安有防爆装置，切不可用蜡烛作库内照明。④某些易产生明火或电火花的运输工具，如拖拉机、电瓶车等，不得驶入库内。⑤配备必要的消防器材。在库房附近应设有消防栓、消防缸、消防桶、水龙带等。⑥加强库内通风。烟剂垛堆不宜太高，库内应留有通风道，特别在夏季晴天要将库房的门窗打开，每天通风两次，以降低库内温度。⑦如发现库内某处烟剂燃烧发烟，应立即隔离处理，将冒烟的烟剂搬出库外，以免蔓延，发生大的火灾。如发现较晚，火势已大，库内烟已弥漫，人无法进入库内时，可采用水淹或泼水，如有条件可使用高压喷水的方法进行灭火。抢救人员进入库内抢救，必须戴防毒面具，以免中毒。采用沙或二氧化碳灭火器灭火，效果不佳。

3. 要做好产品的防潮工作

库内采用水泥地面或用沥青进行处理，上铺木板。潮湿或阴雨、雪天要关闭门窗避免潮湿空气进入库内。保持包装完好，如有破损，要及时修复，以免裸露出来的烟剂受潮。

二、烟剂安全运输注意事项

① 搬运烟剂时，应轻拿轻放，不撞击，不乱扔，装在车上要放平稳，不歪斜，不倒置。

② 运输时，不得超过运输工具规定的载重量、体积和高度。

③ 除火车、轮船外，运输时要设押运人员，押运人员不得在车上抽烟和睡觉。

④ 任何运输烟剂的工具都要备有防雨设备，严防烟剂在运输途中日晒、雨淋。

⑤ 在运输工具上应配备必要的消防器材。

第六节　烟剂配方实例

（1）硫黄烟剂

硫黄粉　40.5g	锯末　18.4g
硝酸铵　36.6g	

（2）5%高效氯氰菊酯烟剂

5%高效氯氰菊酯WP　51g	水杨酸　8g
氯酸钾　25g	蔗糖　6g
硫酸铵　14g	

（3）A-402型

硫黄粉　57.14g	锯末　14.28g
硝酸铵　28.57g	

（4）A-408型

硫黄粉　53.33g	锯末　13.33g
硝酸铵　20.00g	

（5）百菌清烟剂

百菌清　12.5g	硝酸钾　43.2g
木炭　17.3g	氯化铵　5.0g
木粉　8.6g	滑石粉　2.6g
白糖　8.6g	硫粉　2.2g

（6）二氯异氰尿酸钠烟剂

二氯异氰尿酸钠　100g	淀粉　10~14g
高锰酸钾　11~13g	硬脂酸锌或钙　14~18g

（7）DDVP插管烟剂

DDVP　50mL	NH_4NO_3（%）　20
锯木屑（%）　25	砂土（%）　55

（8）甲敌粉烟剂（%，质量分数）

甲敌粉　35　　　　　　　　　　　　　　　　NH_4NO_3　35

锯木屑　30

（9）灭蟑烟片（%，质量分数）

高克螂　3　　　　　　　　　　　　　　　　硫酸铵　13

增效S2　6　　　　　　　　　　　　　　　　滑石粉　4

小麦面粉　6.2（制成浆糊）　　　　　　　木粉（100目）　11.8

氯酸钾　20　　　　　　　　　　　　　　　白陶土　36

（10）灭蚤熏烟片配方（%，质量分数）

高效氯氰菊酯可湿粉（5%）　51　　　　　硫脲　2

氯酸钾　25　　　　　　　　　　　　　　　水杨酸　8

硫酸铵　14

（11）敌百虫粉状烟剂配方（%，质量分数）

敌百虫　33　　　　　　　　　　　　　　　乌洛托品　8

氯酸钾　15　　　　　　　　　　　　　　　陶土　44

（12）敌敌畏块状烟剂配方（%，质量分数）

80%敌敌畏乳油　20　　　　　　　　　　　木粉　20

氯酸钾　20　　　　　　　　　　　　　　　陶土　25

硫酸铵　15

（13）氯杀虫酯灭蚊蝇烟片配方（%，质量分数）

三氯杀虫酯　20　　　　　　　　　　　　　乌洛托品　4

氯酸钾　20　　　　　　　　　　　　　　　白陶土　25

木粉（100目）　31

（14）硫黄烟剂配方（%，质量分数）

硫黄（过40目筛）、$S>95\%$　53.34　　　氯酸钾（过60目筛）　13.33

硝酸钾（过60目筛）　20　　　　　　　　　木炭粉（过100目筛）　13.33

（15）百菌清蔬菜大棚烟剂（%，质量分数）

百菌清　10　　　　　　　　　　　　　　　硫酸铵　14

氯酸钾　18　　　　　　　　　　　　　　　滑石粉　4

小麦面粉（制成浆糊）　14　　　　　　　　白陶土　40

（16）五氯酚钠杀菌剂（%，质量分数）

五氯酚钠（>97%）　72　　　　　　　　　白糖　12

氯酸钾　16

第七节　烟剂加工及使用实例

一、苦皮藤素烟剂

　　路强等配制了苦皮藤素烟剂，并测试了其对小菜蛾的室内药效，具体操作如下。

　　（1）原材料　6.20%苦皮藤素原药；化学纯硝酸铵；木屑及稳定剂等。

（2）烟剂基本组成　主剂为10%苦皮藤素原药+5%硝酸铵。

（3）烟剂质量　该烟剂的点燃时间、发烟时间分别为3.67s、4.12min，燃烧温度为（189.6±10）℃，有效成烟率为93.2%；自燃温度为162.5℃，适宜的燃烧温度为189.6℃，在此温度下燃烧有利于药剂的挥发且不分解；发烟过程中无明火，不熄灭，燃烧均匀，不留余烬；苦皮藤素烟剂于（80±2）℃恒温箱内烘烤，样品无自燃情况，其外观检查未有变化，发烟正常；苦皮藤素烟剂烟云的沉降时间分别为957s、960s、963s，平均为960s；烟粒半径为2.27μm；显微镜下直接观测，苦皮藤素烟粒为长片状，长宽为（2.2~11.0）μm×（0.44~2.20）μm；烟剂烟粒较细，在烟剂要求的适宜范围之内。

（4）室内药效测定结果　室内药效测定结果显示，当烟剂药量达到8g，用药7d后，供试小菜蛾死亡率达100%，见表9-4。

表9-4　苦皮藤素烟剂对小菜蛾的室内药效测定结果

用药量/g	处理1d		处理3d		处理5d		处理7d	
	死亡率/%	校正死亡率/%	死亡率/%	校正死亡率/%	死亡率/%	校正死亡率/%	死亡率/%	校正死亡率/%
2	12.00	12.00	16.33	15.48	26.00	23.71	36.33	32.27
4	19.00	19.00	20.33	19.53	39.00	37.11	53.67	50.71
6	51.00	51.00	68.00	67.68	76.33	75.60	87.00	86.17
8	79.33	79.33	91.00	90.91	97.67	97.60	100.00	100.00

二、百菌清烟剂

李贵明等研制了以10%百菌清+5%硫黄为主剂的百菌清烟剂，并测定了其对黄瓜霜霉病的药效，具体操作如下。

（1）原材料　75%百菌清粉剂、硫黄、木屑、氧化剂、稳定剂等。

（2）烟剂基本组成　主剂为10%百菌清+5%硫黄。

（3）烟剂质量　该烟剂的自燃温度为162.7℃、热贮存分解率为7.72%、吸潮率为2.53%（14d）、成烟率为82.03%；上述测定结果均符合烟剂生产的技术要求。

（4）田间试验效果　通过田间试验证明，每亩用药量在500~1000g时对黄瓜霜霉病的防治效果在90%以上，且对黄瓜的生长无不良影响；各处理防治后增加产量均在15%以上，见表9-5。

表9-5　百菌清烟剂防治黄瓜霜霉病的效果调查

处理	施药前		第一次施药后7d			第三次施药后7d			增产效果	
	发病率%	病指%	发病率%	病指%	防效%	发病率%	病指%	防效%	产量/（kg/hm²）	增产率/%
百菌清烟剂500g/亩	4.6	0.80	3.5	0.32	80.0	1.83	0.19	90.2	83 805	15.8
百菌清烟剂750g/亩	5.4	0.73	4.5	0.29	80.2	1.70	0.17	90.4	89 400	17.2
百菌清烟剂1000g/亩	4.5	0.80	3.2	0.27	93.2	1.63	0.15	92.2	91 950	20.6

处理	施药前		第一次施药后 7d			第三次施药后 7d			增产效果	
	发病率 %	病指 %	发病率 %	病指 %	防效 %	发病率 %	病指 %	防效 %	产量 / (kg / hm²)	增产率 /%
百菌清 可湿性粉剂	5.2	0.60	5.0	0.41	66.0	2.20	0.27	81.2	86 655	13.6
清水对照	5.3	0.60	8.0	1.20	—	26.00	1.45	—	76 260	—

参考文献

［1］刘广文. 现代农药剂型加工技术. 北京：化学工业出版社，2013.

［2］凌世海. 固体制剂. 第3版. 北京：化学工业出版社，2003.

［3］沈晋良. 农药加工与管理. 北京：中国农业出版社，2002.

［4］袁永昌，王朝江，高春燕. 二氯烟剂配方中供热剂的选用. 食用菌，2009，31（4）：63.

［5］董奇伟，吴俊清. 杀菌杀虫复合型多功能烟剂——农用烟剂发展方向. 中国农资，2005（10）：37-38.

［6］李贵明，王月杰，邓刚，等. 百菌清烟剂的研制及应用. 东北林业大学学报，2001，29（2）：64-66.

［7］路强，李生英，赵国虎. 苦皮藤素烟剂最佳配方的初步筛选. 甘肃农业大学学报，2011，46（1）：78-81.

第十章

固体蚊香

蚊香是一种家喻户晓的家庭卫生杀虫用品，它可使人们避免蚊虫叮咬，保证安宁舒适的休息，并预防蚊传疾病的发生。不管是近代蚊香还是现代蚊香，都是一种借助一定热源或助挥发剂等，在一定时间内不断地、均衡地将驱蚊成分释放于空中，从而达到驱杀蚊虫的作用。

蚊香之所以被广泛应用是因其有许多优点，主要包括：①均衡挥发，单位时间内有效成分基本恒定。②有效成分残留少，香体点燃后烟雾作为一种载体或通过电、化学加热或助挥发剂等将有效成分不间断均匀地挥发、悬浮于空间而起触杀的效果，达到驱（杀）蚊虫的目的。粒径非常细小，沉降速率缓慢，长久悬浮在空气中，可以达到其他杀虫剂所不能到达的空隙地方。③原料来源广泛，易于组织生产。④随着机械化程度提高，生产加工工艺趋于简单。⑤价格低廉，使用简便。

一、蚊香的分类

蚊香、电热蚊香及其他类蚊香，虽然被加工成了不同形式的剂型，但在本质上都是蚊香，都属于热烟剂这一类剂型。它们的工作方式尽管有所不同，如可以通过自燃方式（盘式蚊香），也可以通过电加热方式（电热蚊香），还可以通过化学作用产生的热或载体助挥发作用来使杀虫有效成分加热或常温挥发蒸发，但它们对蚊虫的作用机制和方式都是相同的。

蚊香作为一种特殊剂型，它可以有许多不同的配方，根据每一个配方可以制出一种制剂。但蚊香、电热蚊香及其他类蚊香这些剂型，又可以归属于热烟剂这一大剂型中。所以，不同剂型既具有各自特征的一面，相互独立的或相互排斥，又往往存在着一定的共性，互相间具有包容性。

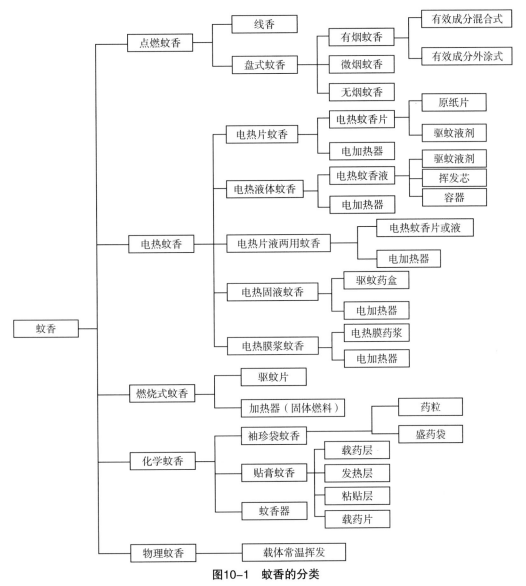

图10-1　蚊香的分类

按生产工艺、作用机理和产品特点的不同，蚊香可分为以下五大类（图10-1）：

（1）点燃蚊香　包括线香、盘式蚊香（分有烟蚊香、微烟蚊香、无烟蚊香）、纸蚊香等。

（2）电热蚊香　包括电热片蚊香、电热液体蚊香、电热片液两用蚊香、电热固液蚊香、电热膜浆蚊香等。

（3）燃烧式蚊香　包括驱蚊片、驱蚊纸等。

（4）化学蚊香　包括袖珍蚊香袋（药粒、袋）、蚊香贴膏（载药层、发热层、粘贴层、载药片）、蚊香器（发热剂）。

（5）物理蚊香　常温挥发蚊香。

二、蚊香的作用机制

在使用蚊香的场所只要能保持蚊虫尚不致死的击倒作用的有效药物成分浓度，使蚊虫不会飞近有药物存在的区域，就能防止蚊虫的骚扰。

蚊香所用药物，对蚊虫都具有良好的驱避作用，其制剂应用时，一是在近似密闭空间使用，二是在非密闭空间使用，但多用在敞开式条件下，如打开门窗的房间或室外凉台庭院内，有效成分在空间的浓度不断被稀释，所以这种尚不致死的驱避作用就更重要。当然，空间的杀虫剂有效成分的浓度达到一定值时，就可以使蚊虫致死。蚊香的作用方式：一是呼吸毒，如电热蚊香，药物挥发于空间，多是呈现极小的气溶胶粒子，主要是通过呼吸道而引起蚊虫中毒。二是接触毒，如盘式蚊香，特别是有烟蚊香，药物有效成分附着于烟尘粒子上，可以黏附于蚊虫体表，药物有效成分也可以气溶胶粒子由呼吸道吸收，可见蚊香作用方式是呼吸毒、接触毒的双重作用。

三、蚊香的发展趋势

1. 蚊香目前存在的问题

尽管电热片蚊香及电热液体蚊香近来相继问世，取得较快的发展与推广，但要真正全部取代盘式蚊香，这恐怕不是几年的事情。特别是作为一种量小面广的小商品，它在价格方面的优势是颇具吸引力的，因此，在今后相当长的时间内，蚊香还会在市场上及众多的家庭中出现并使用。

任何事物都不是十全十美的，优点和缺点或长处和短处总是相互并存、相互包容的，蚊香产品也不例外。在蚊香显示出其巨大优点的背面，它的缺点无遗也暴露出来了。它有明火，在使用中易燃会产生火灾危险；它有烟灰不干净，令人生厌；天天点燃，使用颇不方便。这些缺点是一目了然的。

问题更严重的可能就是在人们不易察觉时点燃，烟气呛人，有时对眼黏膜造成一定的刺激性，这也是表面现象。

近年来已有各方面的实验报告证实，蚊香中的有机填料在燃烧中产生有害气体，污染室内空气，其中苯并芘（Bap）具有潜在的致癌危险。据中国市场上抽测了十种蚊香，在实验室燃烧后，室内的苯并芘浓度为$38.7ng/m^3$，超过（前苏联）规定的室内苯并芘的浓度不得大于$1.07ng/m^3$的大气标准。这已逐渐引起研究者和使用者的重视。

2. 蚊香的发展趋势

从防治蚊虫用药及器具的发展来看，蚊香逐渐向电热蚊香片及电热液体蚊香过度发展，是历史的必然。这是因为随着国民经济的发展，特别是城市、集镇居住条件的改善，房间的密封度提高，蚊香的烟雾实在是不能适应的，唯有电热蚊香，既清洁又安全。但如前所述，蚊香向电热片蚊香及电热液体蚊香的过渡发展不是几年中的事，它将受经济条件、居住环境、地域习俗等诸多因素的制约影响，发展将是很不平衡的，这就给蚊香在今后较长一段时间内的生存发展提供了条件和市场。

蚊香从发明至今100多年中，无论在外观形状、使用时间，还是蚊香中使用的有效成分及填充料以及生产工艺、设备等方面都已经历了较大的演变。为了适应当今社会的发展，蚊香在今后的生产发展中，也必然会加快加大改良的范围与步伐。

蚊香的发展主要目的是进一步提高药效；降低有毒物质的含量及残留；改善使用性能和条件（如点燃时间、减少烟气）；改革工艺设备，提高生产效率，减低成本。

无烟蚊香是从改善使用性能上对蚊香的改良，本质上仍属蚊香，其配方、主要成分及生产工艺等方面与蚊香大同小异，唯一不同的是对作为蚊香燃料的植物性填充料木粉以木炭粉取而代之，将榆树皮粉等代之以新的黏结剂，这样就将木粉燃烧中的烟雾减少到几乎无烟的状态，不会刺激人的眼睛、鼻及咽喉。

但因炭粉呈碱性，这是与蚊香中的有效成分拟除虫菊酯不兼容的，因为拟除虫菊酯在碱性条件下会分解而降低药效。所以在配制无烟蚊香时，应先将炭粉用硝酸预先处理。通过酸处理后使炭粉的pH值调整到小于7，略呈酸性。经过酸处理后所得的副产物硝酸盐，如硝酸钾，具有助燃作用，这对提高无烟蚊香的燃烧性能有利。

关于无烟蚊香的效果问题，试验测定时KT_{50}（击倒时间）值比有烟蚊香好些，但实际使用场合，有烟蚊香的效果似乎比无烟蚊香的好一些。是否烟中有一些其他物质在起作用（蚊香本身就起源于烟熏剂），还是烟作为有效成分的载体改善或提高了有效成分向空间的扩散渗透效果，而这种扩散效果的影响在密闭圆筒中是不明显的，因为筒内气流稳定，与实际使用条件很不一致。所有这些，都有待于进一步研究。

第二节　固体蚊香的生产技术

现在使用的蚊香成螺旋状，因此称之为盘式蚊香，由冲压而成。它的全长达130cm，从一段点燃后缓慢燃烧，燃烧速率为1.7~2.0g/h，一般可以持续作用7~8h。它的密度为0.73~0.80g/cm³。它的挥发效率为60%~70%，其中约有30%的杀虫有效成分在蚊香生产的干燥过程及使用燃烧过程中损失。蚊香燃烧点的温度高达700~800℃，但在它前面6~8mm处的温度在170℃左右，正好是蚊香中杀虫有效成分所需的挥散温度。

一、盘式蚊香的组成及典型配方

1. 蚊香的组成骨架

蚊香一般由杀虫有效成分、可燃性材料、其他添加剂及水分混合而制成。目前世界各国生产的蚊香的常用配合比例如下：有效成分0.1%~0.3%，添加剂（颜料、防腐剂）0.1%~2.0%，黏合剂20%~40%，水分40%~50%，植物性粉末60%~80%。

但并不是只要加入一定的有效成分浓度就必定能够获得确定的生物效果。蚊香中的基料会影响到燃烧速率（与实际挥散杀虫剂含量成比例的挥散速率及浓度）。所以要获得优质的蚊香，配方是十分关键的。但单有好的配方还不够，还要辅之以科学合理的配制工艺和生产质量管理。其中如何选择好配方中所用的各种原辅材料，也是至关重要的。

2. 各组分的作用

（1）杀虫有效成分　杀虫有效成分是蚊香中的主体，有它蚊香才能对蚊虫产生驱杀作用。在早期的蚊香中，杀虫有效成分大都采用天然除虫菊花粉，但自20世纪50年代初拟除虫菊酯实现工业化以后，蚊香中的杀虫有效成分开始转为拟除虫菊酯，而且绝大多数用的是烯丙菊酯及其系列产品，近年来尤以右旋烯丙菊酯产品使用量为多，而其他品种使用量不多。

右旋烯丙菊酯之所以能在蚊香生产中获得大量应用，主要是因为：①对人的安全性高；②它有适宜的蒸气压，在蚊香中的挥散率好；③热稳定性好；④对蚊虫击倒效力优异；⑤对蚊虫忌避效果好；⑥具有适合在蚊香中使用的经济性。虽然其他几个拟除虫菊酯品种可用于制造蚊香，但有的价格太高，有的药效不理想，也有的蒸气压不合适。因为蚊香中的拟除虫菊酯杀虫有效成分在170℃附近就能成为蒸气会散至空间，如蒸气压太高，蒸发就要较高的温度，有效成分容易受高温分解，而导致药效减低，但如蒸气压过低，挥散度太大，有效成分在贮存放置期或燃烧区温度未到170℃时就会逸失，蚊香的药效保持时间不长。杀虫有效成分在蚊香中的使用量，右旋烯丙菊酯一般为0.1%~0.3%（质量分数）。

（2）黏合材料　黏合材料在蚊香当中的加入量约为10%，其作用主要是增加韧性、提高强度，因为植物性燃料如木粉等均疏松无黏性。黏合材料通常使用的有以下几种：榆树皮粉、胶木粉、α-淀粉，其他如高分子聚合物（羧甲基纤维素钠、CMC）。

对黏合材料的要求：①pH值应调节在6左右，略显偏酸性为宜，因为拟除虫菊酯有效成分在碱性条件下容易分解；②粉末粒度在80~150目；③与植物性粉末一起作为蚊香的基料，用量为基料总量的16%。

（3）可燃性物质　常用的可燃性物质主要是植物性粉末，作为蚊香的基料。主要有除虫菊花残粉、木粉、椰子壳粉、杉木粉。植物性粉末是蚊香的基料，作为杀虫有效成分的载体，通过木粉的燃烧将有效成分挥散至空间。植物性粉末作为填充料，使香条疏松，易于燃烧。对植物性粉末的要求：①植物性粉末的粒度应在80~150目，可以保持蚊香的表面细度及蚊香条内部的紧密度，从而保证蚊香有一定的强度，密度在0.73~0.8g/cm^3，燃烧速率达到1.7~2.0g/h，若粒度太粗，则蚊香表面粗糙、内部疏松、容易折断、燃烧时间太快，一盘蚊香维持不到一个晚上（8h）；②在蚊香中的用量适当，一般占蚊香总用量的60%~80%。用量过多，香条的燃烧速率太快，有效成分大量挥发，颇不经济。用量过少，燃烧不良，产生间熄。

（4）添加剂　添加剂是指蚊香中除有效成分、基料（黏合材料和植物性粉末）和水分以外的其他材料。在蚊香中常用的添加剂有以下几类：①颜料，如孔雀绿、品绿、淡黄；②防霉剂，如苯甲酸、环己胺亚硝酸盐类；③助燃剂，如对硝基苯酚、硝酸钾；④香料，如液体麝香。

添加剂在蚊香中虽然只作为辅料，不是主要成分，但它对保证蚊香的质量和效果仍有相当重要的影响。如质量好的蚊香，把它的香条从横剖面切开，在显微镜下就可以看到面上有极小微孔，能让空气透入以助燃烧，所以在一般情况下可以不加助燃剂。但当榆树皮粉质量差、香条黏合不良时，只好提高它的用量，减少木粉的用量，这时就要加入适量的对硝基苯酚作助燃剂，以防止蚊香在点燃过程中产生间熄。添加剂在蚊香中的加入量只占有很少的比例，总加入量不大于2.0%，其中颜料加入量为0.20%，防霉剂加入量在0.25%~1%，以品种不同而异，助燃剂的量也在0.5%~1.0%。另有数据报道，在蚊香中加入环己胺亚硝酸盐类0.07%，不仅对蚊香本身，同时对包装材料也有能防止霉菌生长的效果。

3. 典型配方（质量分数）

① 除虫菊蚊香　除虫菊花10%，品绿0.4%，黏木粉85.5%，淡黄0.3%，火硝3.5%，液体麝香0.3%。

② 除虫菊浸膏蚊香　除虫菊浸膏0.12%，基料61.00%，混合二醇4.00%，榆树皮粉10.00%，青蒿10.00%，香料0.88%，烟末5.00%。

③ 烯丙菊酯蚊香　烯丙菊酯0.24%，基料60.88%，混合二醇4.00%，榆树皮粉10.00%，青蒿10.00%，香料0.88%，烟末5.00%。

④ 右旋烯丙菊酯蚊香　右旋烯丙菊酯0.25%，木粉20.00%，除虫菊花残粉49.30%，颜

料0.20%，榆木粉30.00%，防霉剂0.25%。

4.生物效果

对蚊香的评价，应从所含杀虫有效成分的种类和浓度、驱灭蚊虫的效力以及点燃时间等各方面来综合判断，因此，不能单从其测试所得的生物效果来断定。例如，某种蚊香的拟除虫菊酯含量虽然低，但因它的点燃时间短，而单位时间内有效成分挥散量多，显然其生物效果显示也好。

蚊香的生物效果与点燃后烟气中的拟除虫菊酯的挥散含量有关。加入与拟除虫菊酯蒸气压相近的化合物，有助于提高拟除虫菊酯的挥散量，就有可能提高它的杀虫效果。表10-1和表10-2列出了不同厂家的药效测试及不同品种的生物效果。

表10-1 不同厂家对三种拟除虫菊酯蚊香的药效测试

拟除虫菊酯名称	浓度 /%	开始至全部击倒时间 /min	KT_{50}/min	测试厂家
右旋烯丙菊酯	0.18	4.18~21.52	7.11	厦门蚊香厂
	0.23	3.33~9.33	5.91	
益必添	0.10	5.26~15.76	6.79	
	0.13	3.33~9.33	6.34	
右旋烯丙菊酯	0.20	0.40~9.00	2.54	南京军事医学研究所
益必添	0.10	0.40~13.00	3.13	
	0.20	0.26~9.00	2.10	
甲醚菊酯	0.50	0.86~11.00	3.95	
右旋烯丙菊酯	0.24		3.83	江陵农药厂
益必添	0.13		3.84	
甲醚菊酯	0.24		5.70	

表10-2 不同拟除虫菊酯蚊香对成蚊的击倒及杀灭效果

拟除虫菊酯名称	浓度 /%	试验次数	KT_{50}/min	95% 置信区间 /min	24h 死亡率 /%
烯丙菊酯	0.20	4	2.54	0.4771~6.6180	100
益必添	0.10	4	3.13	1.3358~7.3370	100
	0.20	4	2.10	0.8616~5.8789	100
甲醚菊酯	0.50	4	3.95	1.6156~8.3412	100

在蚊香中杀虫有效成分还可以进行复配后使用。已有试验证实，将右旋烯丙菊酯与甲醚菊酯按适当的剂量比例复配，其药效得到相加，成本降低，可提高蚊香的效力。

二、盘式蚊香的配制工艺

1.蚊香的配制工艺

在配制蚊香时，现将杀虫有效成分（拟除虫菊酯）与植物性粉末混合，然后再加入榆木粉及淀粉等黏合料，一起由搅拌机混合后变成混合粉。此后将混合粉送入捏合机内，同时定量加入颜料、防霉剂及水分进行搅拌。然后由挤出机将蚊香混合料成带状蚊香料挤出，每隔一定长度进行切断后，再由冲压机冲出螺旋状蚊香坯，在干燥机上将水分烘干，使它的水分保持在7%~10%。采用传送带与隧道式烘炉来干燥蚊香，是目前较好的干燥设备和

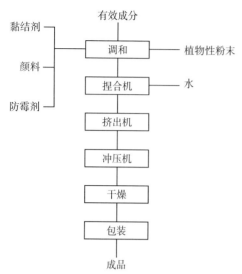

图10-2　盘式蚊香的生产工艺流程

方法。蚊香的生产工艺流程如图10-2所示。

在现在的蚊香生产中，从搅拌、挤出、冲压成型至送到烘干传送带上的各道工序已完全实现了自动化。盘式蚊香的生产技术初看起来似乎很简单，但因蚊香在使用时总是伴随着燃烧，所以具有与其他剂型所不同的特点。有许多技术难点要加以注意掌握和考虑，这样才能制造出优质的蚊香。特别注意以下三个方面。

（1）杀虫有效成分混合要均匀　这是使蚊香在点燃中保证有效成分得以均匀挥散的基础，这样才能维持均匀稳定的生物效果。因为一般从蚊香中挥散出的有效成分是极其微量的，1h仅保持在数毫克范围，所以在生产过程中必须非常注意有效成分的均匀混合，这是蚊香制造中首先必须认真考虑的质量要点。

（2）有效成分的挥散率提高　盘式蚊香杀虫效力并不一定与蚊香中所含的有效成分的量成正比，而是与它所含的有效成分及其在挥散烟气中的比例有关。蚊香质地的粗糙度与有效成分的挥散率有着密切的关系。质地疏松，有效成分挥散率就可以提高，点燃时间就短，所以在选择原材料基材时就应予以注意。而且有效成分越是从蚊香的内部向表面转移，有效成分的挥散率越快，以前曾因搅拌工艺及设备限制，先将蚊香制成不含杀虫有效成分的坯材，然后将有效成分涂在蚊香的表面。现在则可将有效成分混合在料内一起制出。

（3）减少蚊香在烘干过程中有效成分的损失　盘式蚊香中的杀虫有效成分（拟除虫菊酯）受热过度后，会产生热分解而降低活性，所以在烘干过程中，必须采用使有效成分不易受热而分解损失的设备和工艺条件。干燥温度越高或越是接近干燥时，有效成分的损失将越大。一般将干燥温度控制在70℃以下，有效成分的损失就很小。土法制造蚊香采用在烈日下暴晒干燥，有效成分损失很大。所以在蚊香生产中，从材料的选择、配方的确定以及配制技术各个环节，都应从力求保证使蚊香中所含的拟除虫菊酯能发挥出最好的效果上考虑。

2. 右旋烯丙菊酯蚊香配制示例

（1）右旋烯丙菊酯蚊香的标准配方　见表10-3。

表10-3　右旋烯丙菊酯蚊香标准配方

成分	含量 / %	最终产品为80kg时 / kg	最终产品为100kg时 / kg
右旋烯丙菊酯浓缩液（81%）	0.25	0.22	0.275
除虫菊花残粉	49.30	40.42	50.525
榆木粉	30.00	24.00	30.00
颜料	0.20	0.16	0.20

成分	含量 / %	最终产品为80kg时 / kg	最终产品为100kg时 / kg
防霉剂	0.25	0.20	0.25
木粉	20.00	补齐	补齐
总计	100	80.00	100.00

（2）生产工艺及要求　把三种粉混合均匀后，倒入捏合机中。称好一定量的右旋烯丙菊酯浓缩液、颜料和防霉剂，用5kg的温水（约50℃）稀释后倒入捏合机中；再加入45kg的温水（约50℃），同时开始搅拌。约搅拌12min，挤压，成型。抽查每盘蚊香的重量（以燃烧时间7h的蚊香为例，其重量应为49kg）。干燥。如进行30℃左右的热风干燥，则需要干燥16h左右。包装与成品检测。生产工艺流程如图10-3所示。

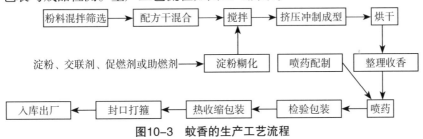

图10-3　蚊香的生产工艺流程

第三节　固体蚊香的质量

一、影响固体蚊香质量的因素

（1）粒度　基料粒度太粗，不但使蚊香的外观粗糙，而且使粉条内部疏松，降低蚊香的密度，使蚊香燃烧快，达不到规定的连续燃烧时间。如果基料粒度太细，蚊香的表面虽很细腻，但成型后内部过分紧密，在蚊香点燃过程中可能会使香条内部供氧不足而致中途熄灭，或者难以点燃。此时不得不在蚊香配料中加入适量的助燃剂（如1%硝酸钾）。根据长期的生产经验及使用实践，认为基料粉末的粒度控制在80~150目是适宜的。

（2）湿度　蚊香的燃烧速率与混料中加入的水量有关。稍微潮湿的蚊香比干燥的蚊香燃烧得好，因为在燃烧中蚊香中的水分会分解为氢和氧，其中氢可以自燃，等于增加一种燃料，而分解出来的氧气又是助燃剂。所以在配比中，应严格控制混料中的加入量，同时辅之以适宜的烘干条件。

蚊香中的湿度越大，越容易使蚊香发生黑霉。此外，大气相对湿度对蚊香的点燃时间也有影响。大气中的相对湿度大，蚊香的点燃时间长；反之，大气湿度低，点燃时间短。大气相对湿度每增加1%，其点燃时间延长1.3~1.4min。

（3）黏度　蚊香中的可燃性基料，如木粉，疏松而不易成型，强度及抗折能力差，因此在制作时要混入适量的黏合材料，使蚊香基料具有一定的黏度，成型后增加韧性及抗折能力，在运输及使用中不会断裂。

蚊香的湿料黏度随着放置时间（从成型到烘干止）的延长，黏度下降，下降的幅度大小与使用的黏合材料有关。黏度下降大，蚊香的抗折能力及点燃时间都下降，其相互之间的关系比较密切。所以不应使蚊香湿料在成型后搁置过长时间后再去烘干。还应指出，在相同的放置时间内退黏速率很快的蚊香湿料，不适于制造蚊香，它的质量（如蚊香点燃时间和抗折力）无法保证。但是，当蚊香湿料还未成型，尚处在浆状液时，在室温下其黏度的变化很少。一般情况下蚊香湿料的黏度应在40~60mPa·s。蚊香的抗折力在1~2N，点燃时间为7.5~8h。

（4）温度

① 烘干温度对蚊香的重量及有效成分含量的影响　烘干温度越高，所需时间越短。但并不呈线性比例关系。试验表明，在室温下进行烘干，蚊香内的有效成分几乎不受损失。而烘干温度为100℃时，在4h内可以没有变化，但4h后有效成分含量迅速开始下降。

② 环境温度对蚊香驱蚊效果的影响　室温越高，KT_{50}值越小，生物效果越好。26℃时测得的KT_{50}值分别比12℃、18℃及22℃时测得的KT_{50}值提高了14.1倍、0.45倍及0.30倍。

二、影响产品质量的因素及解决方法

（1）产品脆而易碎　增加黏合料的量（比例）就可以提高强度。

（2）产品太轻　把植物性粉末粒度粉碎细一点就可以克服此问题。粉末粒度必须在80~150目。

（3）产品的燃烧速率太快　减少水的添加量，或延长捏合时间，使多余水分挥散出。

（4）产品在使用中自然熄火　增加植物性粉末的量，提高产品的疏松度，改善其自燃性能。

（5）产品点火困难　加入一定的助燃剂，如加硝酸钾约1%。

（6）产品表面粗糙　把植物性粉末粒度粉碎细一点，在80~150目。

（7）产品发生龟裂　减少植物性粉末的混合量，或减慢干燥的速率。

（8）产品生白霉　充分干燥。

（9）产品生黑霉　在产品进入烘房前，不要过密存放。

三、蚊香的分级

关于蚊香的分级，尚有不同的看法。这里实际上关系到如何对蚊香做科学客观的评价问题，也涉及对蚊香作用的认识。在1986年曾凭蚊香对成蚊的药效，用统一规定的密闭圆筒法，以蚊香点燃后对标准试验规定蚊虫数50%的击倒时间KT_{50}值为标准作为评定蚊香的等级。如KT_{50}值少于2min为特级蚊香；KT_{50}值在2~3min为一级蚊香；KT_{50}值在3~5min为二级蚊香；KT_{50}值在5~8min为三级蚊香；KT_{50}值在8min以上为不合格蚊香。

市场蚊香的卫生监督就依此为依据。也有的人对市场上的蚊香按KT_{50}值划分为三级：优质蚊香（KT_{50}值为3~5min）；中级蚊香（KT_{50}值为6~7min）；一般蚊香（KT_{50}值为7~16min）。这种单以KT_{50}值作为评价分级的唯一依据，没有将蚊香使用的有效成分考虑进去，实际上这倒恰恰是一个十分重要的关键问题。对人毒性高的杀虫剂的KT_{50}值就可能比毒性低的杀虫剂的KT_{50}值小，难道就能说前者的蚊香等级比后者的好？这显然是不全面，也不公正的。

当然，如果在蚊香中使用的有效成分是单一的，那么上述分级方法是可以的。如在日本，蚊香中的有效成分都用右旋烯丙菊酯，对蚊香的分级就比较简单，见表10-4。

表10-4　日本右旋烯丙菊酯蚊香的分级

蚊香等级	右旋烯丙菊酯含量 /%	KT_{50}/min	24h 死亡率 /%
优质蚊香	0.30	< 5	100
标准蚊香	0.20	< 6	100
普通蚊香	0.10	≤ 7	100

英国威康基金会采用$25\,m^3$试验房测试法，将蚊香按KT_{50}值分为三级，即：KT_{50}值≤10min，为优质蚊香；KT_{50}值=10.1~14.9min，为标准蚊香；KT_{50}值≥15min，为普通蚊香。但它对每种药物都分别规定了到此KT_{50}值所需的大致剂量，所以也是比较全面的。

蚊香的分级应同时从生物效果（KT_{50}值）及有效成分（包括品种、浓度、毒性等）两方面综合评价，这是事物的两个方面，不可偏废任一方，是构成其整体性的充分与必要条件，如同证明一条几何定律一样，缺少其中之一，就不全面。这两个方面既有一定的内在联系，但又不是成简单的正比关系，例如对同一种的有效成分浓度高，KT_{50}值小。但不同种的有效成分，获得同样的KT_{50}值，所需浓度不同，显示的毒性大小也不一样。

从表10-4可见，日本蚊香因为采用单一杀虫有效成分，分级只要从有效成分浓度及KT_{50}值上划定。当然可以预见到。随着日本住友化学更高效的益多克（炔丙菊酯）开发成功及投入蚊香中使用，在蚊香的分级上会有新的变化或补充，但其合理的分级原则不会改变。表10-5显示英国威康基金会对蚊香的分级也是比较完整的，他全面地列出了不同效力等级蚊香所需的各种烯丙菊酯有效成分的大致浓度。

表10-5　蚊香效力等级

KT_{50}/min	效力等级	所需大致剂量（有效成分）/%	
		右旋烯丙菊酯	益必添
≤ 10	优	0.276	0.162
10.1~14.9	良	0.191	0.112
≥ 15	中	0.106	0.063

四、盘式蚊香的质量要求与管理

（1）蚊香的强度　重量承受试验（加重）：先取长约6cm的蚊香安装在试验装置上，把加重器调整到零。然后慢慢地向蚊香上加重，测定蚊香折断的最小重量限度。一般加重范围在90~120g。

（2）燃烧速率　根据行业标准GB/T 18416—2009的规定，整个蚊香的燃烧时间应大于8h，因为在睡觉时要防止蚊虫的叮咬。要求蚊香的燃烧速率在1.7~2g/h。

（3）可燃性　在这项试验中，常使用一根长5cm的火柴。如果用一根这样的火柴就可以简单地点燃的话，此蚊香就属于A级，如果用一根这样的火柴不能点燃的话，此蚊香就属于B级。

（4）外观　外观虽不会影响蚊香的性能，但会影响其商品价值。一般可以在正常光线下，距离被检查蚊香0.5m处，通过肉眼目测法和嗅觉法同标准蚊香加以比较来检查其外观。蚊香的外观应完整，色泽均匀，表面无霉斑，香条无断裂、变形及缺损，无刺激性异味。

（5）烟雾味　通过鼻闻来检查其烟雾气味的特点和刺激性。

（6）平整度　整盘蚊香的平整度应小于9mm。

（7）易脱圈　除连接点外，双盘蚊香中单盘之间的其余部分均不得粘连。检验时，扳开蚊香的连接点，从相反方向用手轻轻脱开蚊香中心的两端，然后用手捏牢两端，稍微松动，逐渐拉开为两个单圈，香圈不应有断裂。

（8）蚊香中杀虫剂有效成分含量　有效成分含量应达到设计值，其偏差应在±10%的范围内。测定时，可以采用气相色谱法。测定时，用两块尺寸为150mm×135mm的透明平板玻璃制成的间隔为9mm等距的卡板检验双圈蚊香，应能自然通过。

（9）蚊香的技术性能　技术性能与技术参数分别如表10-6、表10-7所示。

表10-6　蚊香的技术性能

外观	颜色一致，香面平整，无断裂及霉斑现象
燃点时间	≥8h
燃点气味	对人体皮肤及黏膜无刺激性异味，无过敏反应
易脱圈	除连接点外，其他部位应冲穿，易脱
有机氯DDT、六六六残留量	$\leq 50 \times 10^{-6}$
砷化物残留量	$\leq 5 \times 10^{-6}$

注：上述有害物质的含量根据全国爱卫会1986年第37号文件的规定。

表10-7　蚊香的技术参数

技术参数	彩色蚊香			黑蚊香			无烟蚊香		
模具直径 ϕ/mm	135	138	145	135	138	145	135	138	145
干香重量/g	18~24	20~27	25~32	28~35	30~38	38~45	30~38	33~42	40~49
抗折力/N　≥	1.5	1.5	1.5	1.5	1.5	1.5	1.5	1.5	1.5
连续燃点时间/h　≥	7	7	9	7	7	9	7	7	9
平整度8mm平幅长	自然通过			自然通过			自然通过		
水分含量/%	10			10			10		
pH值　≤	8			8.5			8.5		
烟尘量（需明示）				微烟蚊香≤30mg			≤5mg		
有效成分允许波动范围	$X \pm \dfrac{40\%}{20\%}$			$X \pm \dfrac{40\%}{20\%}$			$X \pm \dfrac{40\%}{20\%}$		

五、盘式蚊香的安全性

蚊香是以毒性很低的拟除虫菊酯类杀虫剂为有效成分，加上木粉及榆树粉等植物性粉末混合后制成的产品，作为一种外用的家庭卫生杀虫剂已经过了百年的实际使用，在使用安全性方面得到了较高的评价。

其中的有效成分，如右旋烯丙菊酯的毒性数据，大鼠的急性经口 LD_{50} 为440~730mg/kg，小鼠为310~1320mg/kg，显示其毒性很低。皮下及经皮等急性毒性及摄入慢性毒性（经历80周）显示吸入毒性较低。也无刺激性及三致突变。

（1）误食经口服下时　用蚊香对雌性大鼠及小鼠急性经口毒性试验结果，每千克体重最大经口投入量为4.8g时，无任何影响。这一数字相当于一盘蚊香（13g）的1/3的量。这就十足保证了蚊香的经口摄入安全性。当人大量异物经口摄入时，可直接洗胃，或以其他适当的方法进行治疗，不会出现什么危险。

（2）在使用中吸入　用蚊香对大鼠和小鼠在约9m²房间（相当于24m³空间）的密闭房间内进行吸入毒性试验，试验动物未见中毒症状，体重增加，尿、血液及其他生化检查均未有变化。对实验动物的内脏进行解剖及病理组织检查，均未发现因吸入蚊香烟气引起的变化。特别是受直接影响的眼睑及呼吸器官也全未发现异样。所以，蚊香的吸入影响极小，只要掌握并遵循科学的使用方法，蚊香安全性是很高的。

第四节　固体蚊香的测定

一、生物效果的测定

1. 通风式圆筒法

仪器设备有通风式圆筒法测试装置，电子秒表。

试验方法：按照国家标准GB/T 13917.4—2009 《农药登记用卫生杀虫剂室内药效试验及评价》第四部分的规定执行。

2. 玻璃小柜法

仪器设备：电子天平、秒表、玻璃柜、玩具小风扇。

试验材料：预测样品、固定蚊香用小铁夹、干净纱笼。

试验步骤：

① 蚊香　将蚊香取其中央一块，用剪刀一边剪一边称量直至剩0.5g，用小铁夹夹住其中央处，将蚊香两头点燃放入70cm×70cm×70cm的玻璃箱内，并在旁放入一个旋转的小风扇让其烟雾充分散匀，待蚊香烧尽后，将成蚊20只从放虫口放入玻璃箱内，同时计时，并在不同时间间隔观察试虫的击倒数，20min时放烟2min将试虫收集在纱笼观察其24h死亡率。此法又称定量熏烟法。

② 电热蚊香　先把20只成蚊放入玻璃箱内，再将已通电15min的电热驱蚊器放入箱内同时计时，观察试虫的击倒情况，20min时，将驱蚊器从箱内拿出并打开箱门放烟2min，将试虫收集观察其24h死亡率。此外，驱蚊器在通电后2h、4h、6h、8h、10h，按上述步骤测试。

3. 模拟现场药效评价方法

对蚊香的模拟现场药效评价包括击倒活性评价与驱避活性评价两部分。日本住友化学株式会社介绍了一种试验方法，其操作步骤如下。

（1）评价击倒活性　在4只蚊笼中，每只均放入25只雌蚊，悬挂于距笼底60cm处。4只蚊笼呈等距对称放置，每只距正方形中心点60cm。

（2）评价驱避活性　柜内一只蚊笼中放入50只雌蚊，与柜外另一只蚊笼通过连通管相联通，挂架在柜一侧的上方。柜底放一台小电扇，电扇上方放一只同样直径大小的托盘，将实验用蚊香放于托盘上。点燃蚊香，开启电扇，使烟雾向各个方向均匀扩散。

（3）实验结果观测与评价

实验条件：实验室温度（26±2）℃；实验室相对湿度60%±10%。

① 击倒活性评价　在80min内观察不同时间间隔中蚊虫击倒数。将被击倒蚊虫转至有食物和水的干净器皿饲养，计算24h死亡率。

② 驱避活性评价　观察从柜内蚊笼通过连通管飞至柜外蚊笼的蚊虫数，作出评价。

二、阻碍蚊虫吸血叮咬率的测定

（1）试验仪器　金属圆筒（直径20cm，高80cm），玻璃管两个（两端盖有16目尼龙网，直径4cm，高12cm），试验蚊香。

（2）试虫　5头未吸血雌蚊。

（3）操作方法

① 将试验蚊香放入金属筒底中央，并点燃。

② 将放入的试虫玻璃管置于金属筒上部，使其受蚊香烟熏适当时间（一般取30s）。

③ 用手掌心紧按住烟熏过后的玻璃管两端尼龙网，保持3min，检查蚊虫的叮刺情况。为防止被蚊虫直接叮刺，在人手掌心与玻璃管尼龙网之间衬以直径4cm、厚1cm的塑料圆片。

④ 观察蚊虫在受药后1~2h的叮刺情况，记录下蚊虫的叮刺数。

此法也可以用来观察蚊虫受蚊香烟熏后的击倒及致死情况。此实验也可以在28m³试验室内进行。试验前先使室内通风4~5min。试验时将蚊香放在室内中央地面上。点燃10min后，一名志愿者进入试验室内坐下，然后向室内释放一只雌蚊。对蚊虫的活动倾向观察3min，记录下它停落在志愿者身上的时间。对不能在3min之内停落在志愿者身上的蚊虫，被认为是无叮刺能力的。记录下能停落蚊虫的百分比及停落所需的平均时间。

随后调查叮咬情况。在此之前，将5只未吸血雌蚊放入玻璃容器笼内。观察叮刺情况，实验方法同上。然后将全部蚊虫移入直径为8cm、高为12cm的尼龙网笼中，放在试验室内受蚊香烟熏数分钟。熏后立即将蚊虫移入上述玻璃管，用同样的方法观察蚊虫的叮咬情况，并予记录。

也可用此法，将10头雌蚊放入尼龙网笼中挂在室内受蚊香烟熏，然后在一定时间段（60min内）分别记录蚊虫击倒数，计算KT_{50}值，记下死亡率。

三、盘式蚊香强度的测定

蚊香的强度在使用及运输中具有一定的商业价值，在日本一般可用加重法测定。测定时，取一段6cm长的蚊香，放在测试仪器上，然后逐渐对它加以负载，达到一定值时蚊香即折断。最小能承受负载不应低于800g。

四、蚊香燃烧速率测定

在正常使用条件下，一盘蚊香应可连续使用6~8h。试验时用2根棉纱线挂重约3g，悬挂在蚊香一端相距4cm处。点燃蚊香，然后燃至第一根棉纱线处。在第一根线点着，挂重掉下时，按下秒表。当蚊香继续燃烧使第二根棉纱线点燃，挂重掉下时，停住秒表。据此可以计算出蚊香燃烧速率。当然蚊香的总长度是很容易测量得到的。

五、蚊香密度的测定

蚊香的断面是不规则四边形或梯形。截取一段7~8cm长的蚊香，量出蚊香断面的上边长及下边长以及厚度，算出截面积，再乘以实际截取的长度，就得出该段蚊香的体积。将其称重，则它的密度就可由重量除以体积求出。蚊香的密度小，说明其内部空隙大，因而容易较快燃完。

六、蚊香易点燃性测定

用一根长为5cm的火柴，确定是否可以将蚊香点燃着。若此蚊香不容易点着，说明它往往点燃不完就会中间熄火。这是一个简易的测定方法，但却较具有商业价值。

第五节 固体蚊香的生产设备

数十年来，盘式蚊香一直是家庭卫生用药中的最主要品种。它在卫生杀虫剂这一概念形成之前，一直被归类在日用杂品之列。近年来，蚊香的产销量增长较快，显示了蚊香的生命力。加之我国的科研生产人员对蚊香品种、质量及生产工艺的改革，为蚊香的发展提供了活力。

在此，将盘式蚊香活性成分涂层法生产工艺流程及设备示意列出，便于蚊香生产厂参考。传统蚊香及盘式蚊香活性成分涂层法生产工艺流程如图10-4所示。

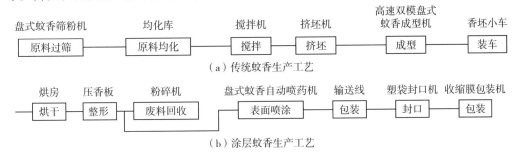

图10-4 传统蚊香及盘式蚊香活性成分涂层法生产工艺流程

一、盘式蚊香搅拌机

1. 用途及特点

盘式蚊香搅拌机主要用于盘式蚊香原料加工时的搅拌作业。以PJB-75型盘式蚊香机为例，该机采用尼龙销轴联轴器，ZQ型减速器作为减速传递力矩的方式，具有搅拌容量大、传递力矩大等特点，整机结构紧凑、工作效率高、工况稳定、故障少等优点。

2. 主要技术参数

生产容量为75kg/桶；电源电压为380V；转速为42r/min；整机重量为410kg；功率为5.5kW；外形尺寸为1900mm × 800mm × 1100mm。

二、盘式蚊香挤坯机

1. 用途及特点

PJY-280型盘式蚊香挤坯机，主要用于盘式蚊香生产时粗坯的挤出作业。该机采用尼龙销轴式联轴器，QZ型齿轮减速机作为减速传递力矩的方式，具有传递力矩大、操作调试简单易行、搅拌物料均匀、工作性能稳定可靠及结构紧凑合理等优点。

2. 主要技术参数

外形尺寸为1900mm×900mm×1000mm；电源电压为380V；整机重量为600kg；整机功耗为7.5kW；生产能力为280kg/h。

三、盘式蚊香成型机

1. 用途及特点

以PXC-02型高速双模盘式蚊香成型机为例，它主要用于盘式蚊香生产的压细坯和冲模成型，是盘式蚊香涂药式生产工艺中成型用生产设备。更换相关模具后也可用于其他杀虫片的成型，如电热蚊香片、灭蟑螂片等的生产。该机配套用模具由计算机程序控制切割加工，生产出的盘香美观平整、脱圈均匀完整。整机结构紧凑，工作效率高，传动平衡，噪声小。滚压成型部分采用多点检测集中控制电路，以确保机器运转时的安全性。

2. 主要技术参数

外形尺寸为7000mm×900mm×1500mm；压片厚度为4mm（可根据需要调节）；整机重量为1600kg；电源电压为380V（±10%），50Hz；冲程为50mm；功耗，成型的为2.2kW，细坯滚压的为2.2kW；工作主轴转速，成型机的为90r/min，细坯滚压的为28r/min。

四、盘式蚊香自动喷药机

1. 用途及特点

近年来，国内对蚊香需求量大幅增加，刺激了蚊香生产厂家重视生产效率和产品质量，寻求新技术、新工艺，如在蚊香生产工艺方面：传统盘香生产工艺是把杀虫剂、原料、黏合剂、燃料等按比例混合加水搅拌，然后压坯、冲压、成型、烘干而成的。这种工艺生产的盘香，由于杀虫剂是均匀分散在蚊香坯料中的，在使用点燃时，香条内部的杀虫剂未及蒸发就被燃烧高温所分解。据统计，被燃烧分解的杀虫剂约占盘香总药量的30%，大大降低了药效。采用"盘式蚊香表面药物喷涂法"新工艺生产的蚊香，显示其效力比传统工艺生产的蚊香要好，并可节省约20%的杀虫剂有效成分。喷涂法有如下几方面优点：

（1）提高蚊香正品率、降低生产成本　在蚊香生产过程中产生的熄火断条、燃点时间过短等不合格蚊香产品，在传统生产工艺是连坯带药全部报废破碎回炉，而新工艺报废的仅仅是无药坯料，此项节省成本约40%。

（2）降低盘香杀虫药剂在生产、烘干过程中的药物自然损耗　传统工艺在原料拌料、挤压、成型、烘干等工艺环节中不断使杀虫剂有效成分自然损耗挥发，造成浪费，而新工艺可以在香坯喷药后立即包装，消除生产过程中的药物损耗，而且还可以将香坯烘干温度提高到70℃左右，提高了烘干效率。

（3）机动灵活，降低成品贮库率，该成品库存为蚊香坯料贮存　机动灵活，可根据市场需要随时调整杀虫剂和香型配方；产品旺季时可外购蚊香坯料进行喷药包装，不会影响产品质量；贮存蚊香坯料和蚊香成品相比，可节省流动资金60%，有效解决蚊香淡旺季的矛盾。

（4）降低蚊香成本、节省能源　盘式蚊香改用表面喷涂药法后，可以充分利用太阳能来解决能源问题，在有充足的阳光和场地条件下，可将蚊香坯料直接进行露天自然晒干，从而节省了烘干成本。

新的工艺必须有新的机械设备来实施，PZP-02型盘式蚊香自动喷药机，专用于盘式蚊香生产过程中对无药蚊香坯表面喷洒药剂，也可用于其他类似需对表面喷药的产品。该机采用激光成型、扇形喷淋头、永磁不锈钢驱动泵、电子无级调速等新技术，具有工作效率高、喷药计量精确、耐腐蚀、不泄漏、耗电省、调试操作方便及外观新颖美观等特点。

2. 结构及工作原理

该机主要由电气控制、供药泵、喷嘴、传送带、机架和药箱等部分组成。工作时，磁力泵将药箱内的杀虫剂抽出以一定的压力压入喷嘴，由特殊结构的喷嘴喷出扇形药雾。当蚊香坯料由传送带匀速带入喷淋区时，蚊香坯料表面就被均匀地喷上按设计要求的药剂量。

3. 主要技术参数

生产能力，6000~7000盘/h；整机功耗，0.5kW；喷药量，0.6~3g；整机重量，200kg；电源电压，220V；外形尺寸，2300mm×650mm×1050mm。

第六节　电热片蚊香概述

20世纪60年代是电子工业开始兴旺发展的时期，电热蚊香逐渐兴起。最早的设想是将烯丙菊酯类蒸气压高的驱蚊药剂浸渍在纸片上，然后放在一定的电加热器上加热，加热器的温度比盘式蚊香的燃烧温度低，让杀虫药剂逐渐稳定地挥发。

在最初设计的加热器上，塑料外壳中的电加热体是用镍铬耐热合金丝绕制而成的电阻器，接入电源后它就发热，这种发热体的温度高低难以控制。在20世纪70年代也出现过这类加热器用于驱除蚊虫。后来随着PTCR元件的开发，利用PTCR元件的正温度系数，一旦居里温度点设定，具有能自动控制调节的特性，解决了加热器的温度稳定性问题，这样才使电热片蚊香得到了健全的发展，并随之实现了商品化。

自从发现$BaTiO_3$陶瓷材料的PTC效应后，20世纪60年代初开始实用化。由于PTCR元件具有温度自动调节功能，能保持在一定值，只与材料设定的居里温度有关，可以制成定温发热体，这样，将PTCR元件移入到电热蚊香加热器上替代金属电阻丝绕电阻发热器后，加热器的温度自动调节稳定化问题得到了解决，为电热蚊香的顺利迅速发展奠定了基础。后来随着PTCR元件的开发，也将它移植到电蚊香加热器上作为发热元件，利用PTCR元件的正温度系数，一旦居里温度点设定，具有能自动控制调节的特性，解决了加热器的温度稳定性问题。这样才使电热片蚊香得到了健全的发展，并随之实现了商品化。

与此同时，在杀虫有效成分及其他添加剂的配比及选择、作为药剂载体的原纸片等方面，都经过了不断摸索试验，逐步修整完善，才达到今天这样成熟的程度。

电热片蚊香最早实现商品化，其主要原因是电热片蚊香具有无烟、使用安全、无明火，并且可以散发出一股芳香味等显著优点。

一、电热片蚊香存在的问题

一个新事物，总有它的发生、成长和成熟过程，尽管电热片蚊香与盘式蚊香相比，具有无明火、无烟、无灰等显著优点，因而受到人们的青睐，而且在这近30年中，生产工艺不断完善，使用药物的效果不断提高，检测设备不断改进，结构造型日趋多样美观。但任何事物总有它不足的一面。电热片蚊香也有自身难以克服的缺点。这些缺点是：

① 天天要换一片，使用不甚方便。

② 药效不稳定，在使用2~4h后逐步下降，这对防治一夜中黎明前的第二个蚊虫叮咬高峰就显得不适用。使用者反映，驱蚊片在后半夜的驱蚊效果不如前半夜，就是例证。

③ 因为驱蚊片的结构及加热方式，决定了每片驱蚊片中有15%以上的有效成分挥发不出浪费掉。

电热驱蚊片使用面广量大，据1988年日本市场统计，蚊香和电热蚊香两者各占整个家庭用杀虫剂比例均约1/4，其中电热灭蚊器的品种达36种，说明电热蚊香的发展甚为迅速，上述这些缺点一直引起用户及研究者的关注，以探索早日能解决改进。

二、发展趋势

1. 工艺及结构改革

（1）提高热传导效率，降低能耗　如前所述，中国在导热板方面进行改良探索。日本则在非导热电极结构方面做文章，使非导热电极能最大限度地减少热传导损耗，又起到限流作用，与熔断丝合为一体，省却了一个元件，又减少了人工和成本。

（2）插头多用型　直插式加热器都由固定式向90°旋转型过渡，但这还不够，因为墙上的插座形式多样，有直排的、有水平设置的，这就要求有一种适合各种场合使用的立体旋转式插头，不久即将会有类似于万向节接头式的插头问世。

此外，为了方便使用，在这种直插式加热器上附加了一条接长用电源线，与家庭使用的录音机电源线相似，这样就方便了使用，在整机结构上又不繁复。

2. 改善驱蚊药剂配方，提高药效，延长使用时间

（1）不断研究采用更高效的杀虫有效成分　在近40多年来，蚊香及电热蚊香中用的杀虫有效成分一直为烯丙菊酯系列产品所占据。近年日本住友化学通过生物化学拆分技术开发出的炔丙菊酯，已被证实是当今适合于蚊香及电热蚊香用杀虫剂中最高效的品种，在电热驱蚊片上不要很久就会获得推广应用，大大提高了驱蚊片的效力。

（2）适当加大剂量，延长驱蚊片有效挥散时间　为了使驱蚊片能适合于防治晚间蚊虫两个叮咬高峰的需要，对它适当加多了注入剂量，以延长驱蚊片的有效挥散时间，试验已证明这是可能及可行的，取得了较好的效果，如使用右旋烯丙菊酯40mg/片，可以使用8h，当右旋烯丙菊酯剂量加大到50mg/片时，使用时间可以延长到12h，此时的KT_{50}（7min）与40mg/片8h的KT_{50}（7.3min）相一致。

3. 通过复配技术，在保证药效的同时，降低药剂的成本

试验表明在杀虫有效成分中加入一定量的增效剂，能够有效地降低成本，提高经济性。这一点对于中国向广大农村推广使用，具有不可估量的作用和意义。

4. 扩大加热器的功能

除了用于防止蚊虫外，在日本已有电热驱灭蝇器，其主要原理是调整注入原纸片上的药剂。在中国也有人在研究开发，并已初见报告。

在用右旋炔丙菊酯对蚊虫作现场生物效果试验中发现，也有五只家蝇被击倒致死在地。这与右旋炔丙菊酯本身的杀虫性是一致的。

为了扩大加热器的用途，使它在冬天也能物尽其用，笔者在前年就提出用于空气清新及消毒方面。北方严冬之际，门窗密闭，室内空气极端混浊。呼吸道疾病容易感染。此外，随着生活环境的变化，室内变得更与外界空气隔绝，为了节省能源的要求，通风条件也受

到限制，这样由室内尘螨引起的过敏性疾病也日趋突出与强迫。这些尘螨大都搭载在小于10μm尘粒中，一起被吸入人体支气管及肺部而使人得病。所以利用电热蚊香的原理来对空气进行清新及消毒，是大有开发前途的。

通过电热片蚊香与电热液体蚊香两用化，向电热液体蚊香过渡。近年来，几种蚊香的使用情况看，电热液蚊香显示出更多的优点。就目前的技术水平，大有电热片蚊香向电热液体蚊香过渡的趋势。电热液体蚊香已部分取代了电热片蚊香的市场，应当引起重视。

一、工作原理

在盘式蚊香燃烧中，燃烧处的温度达700℃。在离燃烧点后面8mm左右处蚊香上的温度均为160~170℃，正好适合于杀虫有效成分的挥发。随着蚊香的不断燃烧，温度点不断移动，这样保证了药物挥散温度及挥散量的稳定。

电热片蚊香就是利用了盘式蚊香的这一基本原理，把药物挥散温度设定在160~170℃，然后应用PTCR元件的温度自动调节性能，用电加热替代燃烧生热，来保证达到药物挥散温度及挥散量的稳定。

目前习惯上常说的电热片蚊香实际上是浸渍有驱蚊药液的纸片及使驱灭蚊药剂蒸发挥散的电子恒加热器两部分的总称。前者称驱灭蚊药片，简称驱蚊片；后者称驱灭蚊药片用电子恒温加热器，简称电加热器。电热片蚊香工作原理见图10-5。

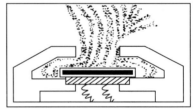

图10-5　电热片蚊香工作原理示意图

当对电加热器接入电源后，PTCR元件就开始发热升温。在电源接入初期有一较大的电流，使PTCR元件很快升温。随着温度的升高，PTCR元件的电阻值增大，当进入阻值跃变温区时，电流开始变小，温度下降，随之电阻值下降，电流又开始增大，温度上升。这样PTCR元件在其设定的居里温度点附近自动调节其体表面温度，保持在一定值。PTCR元件的温度自控过程方框图见图10-6。

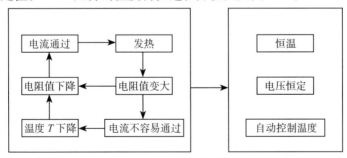

图10-6　PTCR元件的温度自控过程方框图

PTCR电阻体产生的热量，通过热传导将热量传到电加热器的导热板上。这样导热板的温度也就随着PTCR电阻的温度自动调节使其的发热温度保持在一个较小的变化范围，一般在160~170℃，正好能满足驱蚊片中药物挥散的要求。这样，当将驱蚊片水平贴放在导热板上后，驱蚊片中浸渍的药物就开始徐徐均匀地挥散。当空中的药物挥散量达到一定的浓度时，就对蚊子产生驱赶、拒避及击倒作用。

当然在设计时，驱蚊片上浸渍的药液量及挥散速率必须要充分考虑到8~12h对蚊虫的驱赶作用。

在此指出的是电热片蚊香的配方对生物效果的影响远比蚊香来得大。它的效果取决于挥散量的变化。如果杀虫有效成分在使用前期挥散多了，那么在后期就不足了。

有效成分的挥散通过加热器温度及配料中能降低有效成分挥散量的添加物之间的平衡来调节。不同厂家的驱蚊片采用不同的平衡方式，因此不同牌号的驱蚊片显示出的生物效果差异很大，即使其中有的牌号之间的有效成分浓度相同。总之，要做多方面的综合考虑设计。

以下分别对驱蚊片及电加热器的组成及结构作一叙述。

二、电热蚊香片的组成

驱蚊药片是指浸渍过一定量驱蚊药液的电热片蚊香专用纸片。

1. 驱蚊药液的组成

驱蚊药液是多种化合物的混合液，包括以下几点。

（1）杀虫有效成分　驱蚊片中的杀虫有效成分是药液的核心。所选用杀虫有效成分的品种及剂量是决定驱蚊片生物效果的关键，也是确定与之配套使用的电加热器工作温度的根本依据。当然它还是决定驱蚊片成本的主要因素之一，必须以它为中心来做出考虑。是选用驱蚊药液中其他所需成分时取舍与否的基础。

对杀虫有效成分有一定的基本要求。首先，要有一个适宜的蒸气压，对蚊虫具有熏蒸杀灭及驱赶作用。其次，要有良好的杀虫生物活性，这是保证良好杀虫效果的基础。再次，对哺乳类动物安全低毒，在8~12h的长时间吸入情况下，对人畜安全无刺激，无三致突变的潜在危险。另外，对热要有良好的稳定性，在加热过程中不会因分解而失效或降低效果。

根据上述要求，目前一般以丙烯类除虫菊酯为主。如烯丙菊酯、右旋烯丙菊酯、生物烯丙菊酯、SR-生物烯丙菊酯、S-生物烯丙菊酯及右旋炔丙菊酯。因为烯丙菊酯系列的化学结构与天然除虫菊花中八个主要活性分子中的除虫菊素 I 的结构相似，具有较好的生物活性，因而对蚊子有较好的驱赶、拒避、击倒及致死作用，同时具有适宜的蒸气压及热稳定性，因而适合使用在电热驱蚊片中。

（2）稳定剂　尽管有效成分对热具有一定的稳定性，但受热后仍有部分不同程度的分解。抗氧化剂，PBO（胡椒基丁醚）及某些表面活性剂可以作为稳定剂，以减少有效成分在加热过程中的热分解。同时也有利于保持药液在贮存过程中的稳定性。对不同的药物，稳定性的加入量是不同的。在右旋烯丙菊酯40电热驱蚊片滴注液中，稳定剂的加入量为10%（质量分数），而在DK-5液中的加入量为3.5%。为了保持药液在贮存过程中的稳定性，对不同的药物，稳定剂的加入量是不同的。

（3）挥散调整剂　它的作用是有效地降低杀虫剂的挥散率，延长它的有效挥散时间。通常采用PBO、高沸点的酯类化合物及某些表面活性剂，挥散调整剂对除虫菊酯的挥散量具有明显的影响。

（4）颜料　颜料在驱蚊片中主要起指示剂作用，它本身也无任何杀虫活性。因为颜料在驱蚊片加热过程中会逐渐褪色，所以它无论对于观察驱蚊片药液在浸渍过程中在原纸片中的扩散速率及均匀度，还是对于判断驱蚊片是否用过，或是在使用过程中纸片药液的残留量多少，起到了十分明显的指示作用。这对生产及使用带来了极大便利。

但对颜料的品种及其理化性能要选择得当，因为一般来说，当驱蚊片在使用中从蓝色变成白色时，纸片中的药液也基本用完。但有时杀虫活性成分与颜料并不一定呈严格的线性关系。真正要做到一致性是比较困难的。

所以在选用颜料时，必须要考虑它的褪色速率与活性成分的挥散率若一致或基本接近，那就应有合适的升华温度，同时在溶剂中要有较好的溶解度，能均匀地扩散相溶。在不同种类的溶剂中，颜料的变色速率是不同的。颜料的着色力强，色调鲜明。此外还要考虑成本低，对人畜无毒性危害副作用。

在电热驱蚊中常用的颜料，早期报道用铜叶绿素蒽醌，目前常用的品种有苏丹蓝、脂肪蓝及珍珠蓝等。只要配制工艺合适，一般都能获得满意的效果。

（5）香料　在驱蚊片中也不是主要成分，而且加的量是极少的，主要因为驱蚊片要在较高温度下工作较长一段时间，让人有一种清香舒适感。但香气不宜过浓，否则反而会给人以刺激感。能使用天然香料更好，但香料的挥散率应相应较低，所加入的剂量应在整个驱蚊片中能持续发出香气，让人有一种清香舒适感。

（6）溶剂　溶剂在整个驱蚊药液中占的重量百分比最大，其作用为：①充分溶解杀虫有效成分（杀虫剂）、稳定剂、释放控制剂、颜料、香料及增效剂等各种组成。②作为载体，使驱蚊药液中的各组分迅速均匀地扩散渗透到纸片中去。

溶剂要与杀虫活性成分及各组分具有良好的相溶性、稳定性，不允许有分解、沉淀现象。溶剂的蒸气压及挥散率应与杀虫有效成分及其他组分一致，在加热挥散中达到同步性。此外溶剂当然不应该有异臭味、刺激性及毒性。

目前国内外用于驱蚊片的溶剂主要有两类：一类为酯类，酯类溶剂的溶解能力强，对纸片的渗透扩散性好。另一类为烷烃类，这类溶剂的溶解能力及渗透性没有酯类溶剂好。

此外，还有用去臭煤油及酒精做溶剂的。前者异味较浓，后者生物效果有待研究，扩散性较差，所以都欠理想，在未取得确凿可靠数据，真正能达到使用要求前，尚需做大量的研究实验工作。

2. 驱蚊片用原纸片的规格及式样

原纸片的作用是作为驱蚊药液的载体。在实验及现场对各种用不同材料制成的原纸片进行了大量实验研究后得出的结果，认为在目前尚无更好的成本更低的材料可以取代用木浆和精制棉浆为原料制成的原纸片。

原纸片的规格及式样现在已标准化了，即长35mm，宽22mm，厚度为2.8mm，经过48h的存放扩散，药液能均匀分布在整个原纸片内。一块体积2.15cm³的纸片，能吸收120~140mg驱蚊药液而不会过剩渗出来。同时它又能承受165℃左右温度12h长期烘烤不会产生焦灼，更不会有起火危险。

3. 驱蚊片的包装

驱蚊片在滴浸驱蚊药液后，颜色由白色逐渐扩散变成靓蓝色，含液后纸质变得湿润。由于在生产、贮存、运输、销售直至使用者手中，要经历一段较长的时间过程。为了保持驱蚊片中的药量不因挥散而损失，必须对它进行严格的密封包装。驱蚊片的包装，除了要保证封口严格外（一般均采用高频黏合），对包装材料也有严格的要求，两者缺一不可。驱蚊片的包装材料，最初直接用聚乙烯或玻璃纸（赛璐粉纸）薄膜，现在大量采用铝膜包装，这样进一步确保了驱蚊片中药液的无挥散损失。

铝膜包装材料实际上是一种复合膜。总厚度在0.05mm左右。它共有四层组成（图10-7）。它的最内层为聚乙烯，第二层为赛璐珞璃纸，第三层为铝箔，厚度为9μm，最外层为聚乙烯。一般将商标及说明书之类文字印在铝箔上，即在最外层聚乙烯薄膜镀层之前，这样可以防止印刷脱落。

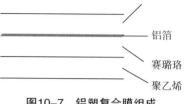

图10-7　铝塑复合膜组成

经过良好的铝膜包装后，驱蚊片的有效期可以保存3年（日本），而目前中国企业标准要求包装后，驱蚊片的有效期为2年。当然包装后保存期的长短，还与包装材料（如聚乙烯、赛璐珞等）本身的等级及性能有关。所以对材料的质量必须严格检查。

从表10-8中右旋烯丙菊酯驱蚊片在不同包装材料中的加速贮存试验结果明显可见，包装材料对驱蚊片的药物保存量有很大的影响。采用铝复合膜包装驱蚊片能很好地保护药物不受损失，而单用塑料薄膜封装就损失很大。

表10-8　不同包装材料中驱蚊片的加速贮存试验

包装材料	右旋烯丙菊酯的保存率/%			
	40℃（1个月）	40℃（3个月）	60℃（1个月）	60℃（3个月）
聚乙烯铝箔复合膜（热封口）	96.3	95.8	93.4	91.9
聚乙烯薄膜（热封口）	94.7	73.6	26.3	4.4

三、驱蚊片用电子恒温加热器

1. 基本结构

电加热器一般由电源线（包括插头）、熔断器、电阻与指示灯、开关、PTCR发热件及塑料外壳等组成。

（1）塑料外壳　塑料罩及座合在一起构成电加热器的外壳。罩与座之所以分开，主要是为着装配PTCR发热器件及其他电器件的方便，也因为它们的功能不同，可以分开选料，节省成本。塑料外壳的作用主要有四个方面：①作为一种艺术型的象征，以具美化装饰性；②作为PTCR发热器件及电器件的安装容器或座；③使电器及发热件不坦露确保使用中的电与热安全。通过合理设计形成一股适宜的进出气流量，帮助提高药物效果。除整体作用外，罩与座在外壳中处的位置也不同。各自还有不同的作用和要求。罩位在上部，作为加热器的面部，要求色泽鲜明，光亮平整。它又作为发热器件的热气流出口，有一定的耐热要求。所以在材料选择上要兼顾。但实际运用中又有点矛盾。如ABS塑料光洁度好，注塑成型加工后飞边少，但耐热性不如聚丙烯，而聚丙烯收缩率大。要解决这一矛盾，有三个途径：一是在设计上适当加大出口与发热体的间距，二是塑料中加入适量耐热阻燃添加剂，三是采用分体嵌件组合法。④塑料底座的作用是固定加热器的电热及电器零件，作为加热器的主体。罩与座的结合，在初期大多采用金属自攻螺钉连接，这种方法，在模具开制上比较简便，但装配中多了一道工序，还要增加螺钉。此外在电气绝缘方面，如设计或装配不当，可能会带来问题。随着模具及塑料成型技术的发展，已由螺钉改为在罩及座的适当位置相应设置凹凸搭扣连接，如图10-8所示，装配中只要轻轻用力一按就能装合，少了一套装配工序，省掉了金属螺钉，增加了加热器的电气安全性能。这种改进的连接结构目前已广泛得到了推广使用。

除罩及座外，对带卷线装置的加热器，在外壳中还有塑料电源线卷线体，一般也采用聚丙烯塑料。

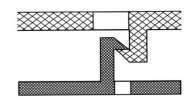

图10-8　塑料罩与座的搭扣式连接结构示意图

但带弹簧自动卷线机构的加热器中的定位凸轮，因为在使用中经常会受到冲击磨损，所以必须具有一定的强度和硬度，采用聚甲醛材料较适宜。聚甲醛不但强度及硬度较好，还具有一定的自润滑特性，可以提高产品使用性能。

对直插式结构加热器，其中固定金属插脚的塑料以中硬电缆级聚氯乙烯来注塑成型较好。

（2）PTCR发热器件　为电蚊香加热器中的核心部件。PTCR发热器件的结构设计及其中各零件的选用，直接影响到电加热器的稳定温度，也影响到电热片蚊香的挥散量及生物效果，而且关系到电加热器的电气安全性能。PTCR发热器件结构基本上都由金属导热板、云母绝缘层、导热电极、PTCR元件、下电极及陶瓷座六个部分组成。驱蚊片用电子恒温加热器的发热器件结构示意见图10-9。

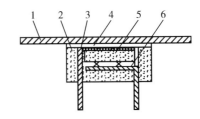

图10-9　加热器的发热器件结构示意图

1—金属导热板；2—陶瓷座；3—云母；
4—导热电极；5—PTCR元件；6—下电极

① 金属导热板　金属导热板成型后呈矩形，尺寸为38mm×25mm，厚度为0.3~0.5mm。一般采用不锈钢材料由模具冲压成型。

金属导热板的作用：一是起热传导作用，将PTCR元件产生的热量通过它向驱蚊片传递；二是放置驱蚊片；三是固定PTCR元件、电极及陶瓷座；四是将PTCR发热器件在加热器塑料座上牢固定位。早期金属导热板结构如图10-10所示，材料采用一般薄铁皮。这种结构式样在塑料中的定位欠牢靠，对使用安全性有影响。而且因为驱蚊片中浸渍的药液，略呈微酸性，其pH值为6~7，对金属板有锈蚀作用，很快就在表面形成锈斑，这不但影响美观，而且会对驱蚊片的挥发及效果产生不良影响。

目前较好的金属导热板结构如图10-11所示。在它的两端脚柱上各冲出一个凸台，使PTCR发热器件压装在塑料底座上后，起逆向阻止作用，保证它不会从塑料座上脱出而发生危险。材料也采用了不锈钢，不会产生锈斑，保证了表面光泽平整。

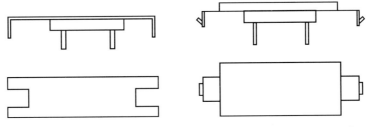

图10-10　早期金属导热板结构图　　　图10-11　不锈钢导热板结构

② 云母绝缘层　从图10-9结构可见，PTCR元件产生的热量既要传导给导热金属板，又因为PTCR圆片元件是两端面电极，与金属导热板之间还有一上电极相隔。但是金属导热板上丝毫不可有带电或漏电现象，这是绝对不允许的，因为每天给金属导热板上换放驱蚊片时，人手与金属导热板接触的机会是十分频繁的，在电气安全上必须做到万无

一失。为此，在上电极与金属导热板之间必须加衬一层绝缘层。

所加的这一绝缘层，既要有十分优异的电气绝缘性能，又要具有良好的导热性能，否则PTCR元件产生的热量传到金属导热板上的效率降低，浪费了电能的消耗。综合多方面的考虑，在PTCR发热器件上采用云母绝缘材料冲裁而成的绝缘层。一般云母材质的绝缘耐压在3000～5000V/mm，不会影响导热效果。天然云母及人造云母均可以采用，云母绝缘层的厚度一般取0.3mm是比较合适的。

但在实际使用中，特别是在使用人造云母片时，还常会出现电气击穿现象。这是为什么呢？因为在云母片中会有很小的气孔存在，一般用肉眼还观察不到，在放大倍数较大的放大镜或显微镜下观察，就显然可见。每片经过检查并作标记，在冲裁时避开，这固然可以，但给实际生产带来很多麻烦。

采用两片0.15mm厚的云母相叠成0.30mm厚的绝缘层，就能避免小孔击穿问题。因为在相叠的两块0.15mm厚云母片上，恰好在同一位置都有一个小孔，这种机会是极端罕见的。当然选用的云母材料质地首先要有相应的质量保证。

云母片的尺寸，从电气绝缘强度及爬电距离来看，应以32mm×25mm尺寸为合适，而且在两片重叠时以互相成90°交叉为更好。

③ 电极　电极分为上电极和下电极，紧贴在PTCR元件两圆端表面的镀银电极上构成欧姆接触，使电流形成回路，PTCR元件才能发热。在最初的设计中，上下电极是制成相同的。但随着研究的不断深入，及节能化的要求，目前的设计中，上下电极就制得不同了。

初看起来，上下两个电极都作为接通整个电路中的一端，似没有什么区别。但从传递热量的角度来看，热量的传递大小与接触面积有关，接触面积越大，热量传递得越多，所以如果上下两个电极制成相同，与PTCR元件的接触面积也一样大小，则PTCR元件发出的热量向上下两个方向传递相同的热量。但从图10-9发热器件的结构示意图上可看出，PTCR元件只有向上面的金属导热板传导的热量是有用的，用它来使驱蚊片加热挥发，而通过下电极向下传递给陶瓷座的热量是无用的，只是白白向空间散发浪费而已。所以，为了充分利用而不浪费PTCR元件将电能转化成的热量，提高PTCR元件对金属导热板的热传导效率，就需要增加上电极对PTCR元件的接触面，减少下电极对PTCR元件的接触面。

如图10-12所示，使上电极（图10-13）与PTCR元件形成面接触，下电极（图10-14）与PTCR元件形成梳状弹性接触。

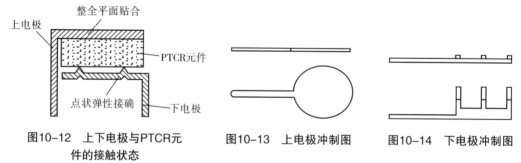

图10-12　上下电极与PTCR元件的接触状态　　　图10-13　上电极冲制图　　　图10-14　下电极冲制图

当然，对上下两电极都进行镀镍或做表面纯化处理，防止它表面形成氧化层而影响它们与PTCR元件的欧姆接触。

上、下两电极一般常用黄铜带制成，在导热及导电两方面都能达到使用性能。

④ PTCR元件　是一种在$BaTiO_3$陶瓷材料中掺入少量稀土元素后，使它的电阻率具有很

大的正温度系数，产生所谓的PTC效应（正温度电阻系数）后形成的元件。PTCR元件是核心中的核心。电加热器就是靠PTCR元件产生热量，并且也靠它自身具有调节功能达到温度稳定化的。

在电加热器中就是利用它的这种温度电阻特性，而所需的温度大小是通过调整对BaTiO₃中掺入的稀土元素的种类及量，调节它的居里温度点来获得的。

BaTio₃系PTCR材料的居里温度，是指它的铁电固溶体的介电系数 ε 出现峰值时的温度，这一温度正好与这种材料的电阻率的突变温度相对应，即在它的居里温度开始，这种材料的电阻值与温度成线性关系，而且此线性的斜率很大，这样随着温度的升高，电阻值迅速增大，电流开始变小，温度也下降，电阻值随之减小，电流又开始增大，温度上升，这样PTCR元件在它的居里温度点附近能自动调节其阻值、电流和温度，保持其恒温的功能。

电热蚊香加热器用PTCR元件作为恒温发热体，主要利用当对它两端施加一定电压后，PTCR元件即会自热升温进入阻值跃变温区，电阻体表面温度将保持一定值。此温度只与材料的居里温度及施加电压有关，与环境温度基本无关。

PTCR元件的定温发热作用原理可用下式简单说明：

$$P=\frac{U^2}{R}=\delta（T-T_a）\qquad（10-1）$$

式中 P ——耗散功率；

U ——施加电压；

R ——温度T下的电阻值；

δ ——耗散系数，W/℃；

T ——平衡温度；

T_a ——环境温度。

由上式可见，当U、δ及T一定时，电阻的温度T升高，电阻值R随之增大（$T>T_a$时），使耗散功率P下降，导致温度T下降。温度T降低时，电阻值R也下降，耗散功率上升，导致温度T上升。这样反复循环，就能达到自动定温的作用。

上式的耗散系数δ，在一般情况下可视为定值。在有空气流动的场合，按下式规律变化：

$$\delta=\delta_0（1+hu）\qquad（10-2）$$

式中 δ_0 ——风速u=0时的耗散系数；

u ——风速；

h ——形状参数。

h值与耗散系数δ_0及PTCR电阻的形状有关，有效散热面积越大，h值也越大。在实际应用中，还与加热器结构设计中进风量有关。

但是，在PTCR元件实际工作中，通入电源后在达到PTC效应之前，先呈NTC效应（负温度效应）。

从图10-15可见，R-T曲线上P点的电阻最低。在P点左边曲线的NP段，随着温度升高，电阻R下降，呈NTC现象。在P点右边，随着温度升高，电阻R上升。特别是C点以后，

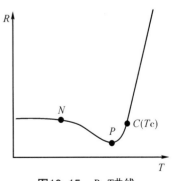

图10-15　R-T曲线

随着温度的升高电阻R几乎成线性急剧增加。

在电热蚊香加热器中应用的是$R-T$曲线上P点右边的PTC效应。

这种材料的电阻值与温度成线性关系，斜率很大，随着温度的升高，电阻值迅速增大，电流开始变小，温度也下降，电阻值随之减小，电流又开始增大，温度上升，这样PTCR元件在它的居里温度点附近能自动调节其阻值、电流和温度，保持其恒温的功能。

目前在驱蚊片用电子恒温加热器中的PTCR元件尺寸为直径13mm、厚度3mm。两端面要平整，且表面涂覆以银浆构成欧姆电极。

PTCR元件的主要技术参数为：

额定工作电压　220V±20%	耐压强度　　≥450V/3min（交流有效值）
常温下的电阻值（R_{25}）1~6kΩ	使用寿命　　>1500h
元件表面温度　（190±5）℃	外形尺寸　　直径13mm，厚度3mm

其中常温下的电阻值取在这一范围，因为当$R<500\Omega$时，会使冲击电流过大，耐压能力降低，而$R>6k\Omega$，电流偏小，升温速率慢，达到稳定工作温度所需的时间长，分散性也增大。

元件的表面温度是生产电加热器厂家所需的技术指标。但元件的表面温度并不就等于它的居里点温度。而PTCR元件生产厂则用的是居里点温度。在额定电压及常温阻值下，在一般情况下元件的表面温度比其居里点温度低20~30℃，这可以在原料配方时进行调整达到所需温度值。

元件的耐压强度一般取为额定工作电压的2倍。通过对元件短时间加以高压进行测试后，可以将元件内部有缺陷以及性能不合格的产品剔除，保证PTCR元件的耐压特性。

元件的厚度取为3mm，因为小于3mm，耐压性能下降；而大于4mm，又不利于元件发挥自我调节机能。

除上述技术指标外，还可用肉眼的方法初步判断元件的质量情况。一般来说，PTCR元件表面应平整，不能有凹凸不平现象。元件内部晶粒应生长得细密均匀，具有结晶光泽，无黄斑及杂质点，呈蓝黑色或略偏黄棕色，这样元件的发热及耐压性能都比较好。

⑤ 陶瓷座　陶瓷座一般为乳白色，采用氧化铝陶瓷。它的主要晶相是刚玉，又称刚玉瓷。主要化学成分中95%为氧化铝（Al_2O_3）及3%以下的氧化硅（SiO_2）。它应具有很好的电气性能及强度。

（3）熔断器　电加热器上设置熔断器，是确保电热蚊香安全使用的重要一环。

尽管PTCR元件具有自动调节温度功能，一旦按设计要求生产后，它就会在设定的居里点温度附近自动调整，一般不会出现温度剧升的现象。但从电使用安全的角度，往往不但要考虑一般情况，也要充分顾及万一的情况。因为PTCR元件材料具有较大的脆性，在运输、铆装过程中不可避免地会出现震动冲击而致PTCR元件散裂的情况。这样，一旦电路引成短路，温度急剧上升，会使塑料罩及座熔化变形，严重的失火烧起来，造成危险。加设熔断器后，当电流超过限定值，就会使电回路自动断开，加热熔化变形以至失火的情况就可以避免。

（4）指示灯及电阻　不论电加热器上设置开关与否，为了使用上的方便及安全，对加热器是否在工作上有个显示，一般在结构设计中考虑装设一个小型指示灯。在有的设计中，将指示灯工作显示与生产厂商显示结合在一起，则指示灯起了双重作用。

由于这类小型指示灯的端电压都不高。约在100V以下，为了使它能进入220V电源网中工作不会被击穿，就需要串联一只电阻来分压。所以在这类电器中，指示灯与分压电阻总是密不可分的。

分压电阻值的大小，可由欧姆定律计算确定。因为加热器的耗电功率仅在5W左右，所以选用1/8W功率的电阻就可以了。在加热器中目前常用的电阻规格为340～510kΩ，根据指示灯的耐压大小而异。

（5）开关　为了使用上的方便及安全，在一般电器上都设有开关。有的加热器上采用将指示灯及电阻嵌装成一体的开关，直接通过透明塑料跳板显示发光。没有装开关的加热器，在使用中要将电源插头频繁插拔，欠方便，也容易给插座、插头带来损坏。所选用或专门设计的各种小型开关，应严格符合小型单向开关的质量标准。

（6）电缆线及插脚　因为驱灭蚊药片用电子恒温加热器不带接地线，其电气绝缘安全性能由结构设计来保证，根据IEC335-1国际电工技术委员会关于"家用及类似用途的电器的安全的基本要求第一部分通用要求"中的规定，属于二类家用电器。

根据该标准对二类家用电器中采用电线要求的规定，因为电加热器的重量不超过3kg，可以采用轻聚氯乙烯软线。

2. 电加热器的电气参数、安全性能指标及标志

① 电加热器的电气参数：

额定电压及允许偏差　220V（±10%）　　　　额定功率及允许偏差　5W（±20%）

额定频率　50Hz

② 电热类蚊香所用的电加热器属于二类电器。这类电器在防止触电保护方面，不仅依靠基本绝缘，而且还具有附加的安全预防措施，其方法是采用双重绝缘或加强绝缘结构，但没有保护接地或依赖安装条件的措施。

3. 加热器设计及制造中的其他问题

（1）塑料外壳的对流气孔设计　在实践中证实，塑料外壳的设计原则除让使用者不会触及电热元件、保证用电安全外，还应考虑电热元件及驱灭蚊片上方的空气流向及对流量。这对于改善挥发状态及挥散物的扩散速率及量具有重要的影响，这一点往往被许多设计者及制造厂商疏忽。

（2）PTCR发热器件　在塑料座上应有定位结构，这样只要装配时按工艺要求执行操作，就能保证PTCR发热器件安装后牢固可靠。市售加热器产品中有的在结构设计中对此未予重视，往往因运输搬运中震动冲击，使PTCR发热器件离位，待到使用者手中，驱灭蚊片放不进，这种现象时有发生。PTCR发热器件中金属导热板矩形四端面不应与塑料外壳接触，应留有2mm左右的间隙。因为它的矩形表面是高温散热面，温度在150℃以上，塑料外壳长时间与它接触，会受热发生变形以致烧焦。PTCR发热器件上面的金属导热板在装配后应保持矩形面平整，这样它才能与发热元件紧贴，提高热传递效率，使37mm×23mm的矩形导热面上中心温度与四角温度差减小。若铆装后有拱起现象，这是应该通过工艺手段来排除的。关于爬电距离及保证措施　将两块0.15mm厚的云母片交叉成90°，即使一片贴平在金属导热板下表面，另一片交叉90°中心对称贴在前一片云母片上，再将放有电极及PTCR元件的陶瓷座放上，将导热板上的脚子弯下夹紧，如图10-16所示。

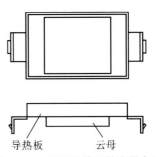

图10-16　云母绝缘层的安置方法

一、驱蚊片的药剂配方

驱蚊片中的有效成分一般以烯丙类拟除虫菊酯为主，它有合适的蒸气压，在升温挥散后对蚊虫具有较好的驱赶及熏蒸杀灭效果。

将这类拟除虫菊酯药物用于驱蚊片时，不能直接将它使用，因为每片中的实际用量很少，并且还要使它在整个纸片中渗透扩散均匀。所以，在用于驱蚊片时，与用作喷射剂及气雾杀虫剂中时一样，需要将它按一定的配方及工艺制成合适的制剂方能使用。目前在使用的驱蚊片制剂，大都为以右旋烯丙菊酯及右旋炔丙菊酯为有效成分配制成。

右旋烯丙菊酯40制剂的配方为：有效成分右旋烯丙菊酯 40%（质量分数）；稳定剂10%；颜料0.5%；溶剂加至100%。

由于每片驱蚊片上推荐使用量的有效成分（右旋烯丙菊酯）为40~50mg/片，故使用右旋烯丙菊酯40制剂时，每片上实际药剂（液态）分别为100~125mg（右旋烯丙菊酯40）/片。前者适合于8~10h的使用，后者则适用于10~12h较长时间的使用。

为了进一步提高杀虫有效成分的生物活性，化学家应用酶化学有效地合成了右旋炔丙菊酯的单个立体异构体，并详细研究了这些立体异构体的生物活性后，发现它们对蝇蚊及蟑螂具有很好的击倒及致死效果。在此基础上，用合成右旋炔丙菊酯配制了专用于电热驱蚊片的右旋炔丙菊酯10制剂。

右旋炔丙菊酯10驱蚊片制剂中有效成分（右旋炔丙菊酯）的含量为10%，其余分别为稳定剂、颜料及溶剂。

配方为：右旋炔丙菊酯10%（质量分数）；增效剂5%；稳定剂2%；颜料0.07%；香料0.5%；溶剂加至100%。

右旋炔丙菊酯10制剂在每片驱蚊片中的含量为100mg，而其中有效成分（右旋炔丙菊酯）为10mg/片。右旋烯丙菊酯40的配方（配方推荐剂量：100mg/片以上）

	配方 A	配方 B
右旋烯丙菊酯	40mg	40mg
稳定剂	10mg	10mg
增效剂	—	20mg
溶剂、颜料、香料	50mg	30mg

试验表明，在驱蚊片制剂中，还可以加入一定量的增效剂。增效剂加的量为有效成分（菊酯药物）量的2倍，就能具有增效作用。再提高增效剂的量，增效作用并不成线性加强。

二、电热驱蚊片用药量的计算方法

根据配方，知道了每片驱蚊片中有效成分含量后，就可以根据以下公式迅速计算出每公斤拟除虫菊酯所能生产出多少片驱蚊片来。

$$N = \frac{(1000 \times 有效成分含量) \times 100}{每片中有效成分含量（mg）} \tag{10-3}$$

式中 　*N*——每千克拟除虫菊酯可以生产出的驱蚊片数。

以右旋烯丙菊酯驱蚊片为例，每片驱蚊片中右旋丙菊酯含量为40mg，使用的右旋丙烯菊酯40中有效成分含量为40%，根据上式。

$$N=\frac{(1000\times40\%)\times1000}{40（mg）}=10000（片）$$

即1kg右旋烯丙菊酯40可以生产含40mg的驱蚊片10000片。

三、影响驱蚊片挥散量及生物效果的因素

电热片蚊香是靠加热使药物蒸发挥散的，不是一种单一的药剂，与触杀类的喷射剂及气雾杀虫剂不同，它是在空间形成一定浓度，使蚊虫熏蒸后产生驱赶、忌避、击倒及致死的。因此合适的挥散量是达到良好生物效果的必要条件，但在电热片蚊香中对药物的挥散量影响因素甚多。

它与蚊香的挥散情况不一样，在蚊香中，挥散量直接取决于燃烧速率。速率越高，挥散量越大，显示的生物效果越好，因此，在比较不同有效成分的效力时，在相同的燃烧速率下进行就可以。而在电热片蚊香中的情形就复杂多了，不仅取决于蚊香片的加热挥散，还与驱蚊片的受热温度、驱蚊片上方的气流状态以及驱蚊片中有效成分的品种及剂量等有关。而且这些因子不仅单独有影响，它们之间还有相互作用，使有效成分的挥散构成一个十分复杂的方式。所以在设计制造时，对这些因子必须予以十分仔细的考虑及权衡，目的是要保证驱蚊片在电加热器导热板上达到一定温度后，在规定工作时间内有效成分能稳定而均匀地挥散，才能获得预期的良好效力。

1. 有效成分及其浓度对挥散量的影响

用于蚊香及电热蚊香中的有效成分，必须要能够充分挥散，即要有合适的蒸气压。烯丙菊酯系列药物，它们都是菊酸和烯丙菊酯类的化合物。其中菊酸具有四种立体异构体，丙烯醇有两个异构体，两者组合，可以产生八个立体异构体。在异构体混合物中右旋丙烯醇酮基——右旋反式菊酸酯占的比例越大，其生物活性就越大。表10-9是根据右旋丙烯醇中的右旋反式菊酸来进行理论估算所得值。

表10-9　烯丙菊酯系列的相对理论药效

成分	右旋醇中反式右旋酸占百分比 /%	相对药效
烯丙菊酯	20	50
右旋烯丙菊酯	40	100
生物烯丙菊酯	50	125
SR-生物烯丙菊酯	77.4	186
S-生物烯丙菊酯	94.7	227

从表10-10明显可见，采用右旋炔丙菊酯10mg滴注的驱蚊片其效力远比SR-生物烯丙菊酯25mg及右旋烯丙菊酯40mg滴注的驱蚊片来得好。简言之，右旋炔丙菊酯对蚊虫的效力是SR-生物烯丙菊酯的2.5倍多，是右旋烯丙菊酯的4倍多。右旋炔丙菊酯能显示出更强的杀虫效力，因为它在右旋烯丙菊酯分子结构中的烯丙基由炔丙基取代了。

表10-10　右旋炔丙菊酯、SR-生物烯丙菊酯及右旋烯丙菊酯的药效

试验用电热驱蚊片	通电后不同时段击倒时间（KT_{50}）/min		
有效成分及含量 /mg	0.5h	4h	8h
右旋炔丙菊酯（ETOC）10	2.6	2.0	2.8
SR-生物烯丙菊酯（EBT）25	3.4	3.0	3.0
右旋烯丙菊酯（PYN.F）40	3.4	3.4	3.2

注：① 试验昆虫为淡色库蚊雌性成虫；
　　② 试验方法是0.34m³玻璃箱法，对蚊虫熏蒸20min。

2. 不同的加热器温度对挥散量的影响

加热温度的高低对药物的挥散是决定性因素之一。温度越高，挥散速率越快，药量挥散越多，杀蚊效力也就越快。加热器的温度过高或过低，都不是一个优良的设计。尽管是同一系列的药物，由于其分子结构或异构体不同，往往显示出它们的理化特性不同。药物的蒸气压是一个主要因素，不同的蒸气压，所需的蒸发温度是不一样的。对目前普及使用的右旋烯丙菊酯杀虫剂，加热器表面的温度为160℃是比较合适的。表10-11列出了加热器表面温度为150~160℃时对不同杀虫药物的适用范围。

表10-11　不同药物适用的加热器表面温度

有效成分	表面温度 /℃
拟除虫菊	130~170
EBT、BA、SBA（烯丙菊酯）	140~160
右旋烯丙菊酯，右旋炔丙菊酯	160~165
右旋呋喃菊酯	160~170
烯丙菊酯	110~130

3. 不同的驱蚊片尺寸及结构对挥散量的影响

（1）驱蚊片的厚度对有效成分的挥散量的影响　在一定的药量和加热器表面温度条件下，分别取厚度为1.14mm、2.14mm及2.8mm，长宽规格及滴注药量相同的驱蚊片，在相同表面温度的加热器上让其挥散。若驱蚊片的厚度过薄，如为1.14mm时，药物的挥散速率太快，在初期当然能显示出较好的生物效果，但随着有效成分的很快挥散完，也就失去了所需的持续作用性能。反之，若驱蚊片厚度太厚，药物挥散不易。驱蚊片厚度取2.8mm是比较合适的，它的挥散率均匀，挥散曲线斜率接近45°，在整个持续作用期间能保持效力均匀。

由于加热器件导热金属板中心点温度与四角温度存在较大的或一定的温度差，使得驱蚊片放在导热板上受热时，在整个驱蚊片平面上的受热温度也存在一定的温度差。这样造成驱蚊片的药物挥散不均匀。从使用中驱蚊片上蓝色变白程度不均匀就说明这一点。为了改善驱蚊片中的药物挥散状况，可对驱蚊片上对称设两个小孔的式样，以增加驱蚊片的挥散面积（图10-17）。经试验证明，有孔纸片不仅比无孔纸片的挥散率结果良好，而且使药物的损失率也减小。

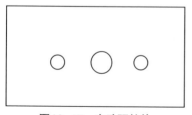

图10-17　有孔驱蚊片

（2）驱蚊片表面积对挥散量的影响　当驱蚊片表面积不变时，即使片中滴浸的右旋烯丙菊酯药量不同，其挥散量几乎还是相近的。药量的增加，只能延长挥散的时间，而不会增加其挥散量，尤其是在加热前期。但是，驱蚊片的表面积不同对有效成分的挥散量有较大的影响，见表10-12。

表10-12　不同表面积的驱蚊片右旋烯丙菊酯的挥散量及挥散率

加热时段	驱蚊片的尺寸（宽 × 长 × 厚）/cm			
	$3 \times 6 \times 2.8$		$2.2 \times 3.5 \times 2.8$	
含药量	120mg		120mg	
	挥散量 /mg	挥散率 /%	挥散量 /mg	挥散率 /%
0~2h	30.4	25.3	7.9	6.6
2~4h	30.5	25.4	7.7	6.4
4~6h	25.5	21.2	7.8	6.5
6~8h	15.8	13.1	7.4	6.2
8h 后的残留量	27.8	23.0	74.1	61.3

注：加热器表面温度160℃。

（3）驱蚊片密度的影响　驱蚊片的密度，既影响到它对驱蚊液的吸收量，又影响到它的挥散速率。驱蚊片越紧密，吸液量越小，挥散量越慢；驱蚊片越疏松，吸液量越大，挥散速率越快，但有效挥散时间越短，在所挥散的时间内，可能显示出较好的生物效果。

4. 加热器的结构对挥散量的影响

实践证明，尽管许多厂家都使用相同的杀虫药物和剂量，如右旋烯丙菊酯40，每片滴注100~125mg；尽管都使用相同规格（如35mm × 22mm × 2.8mm），甚至同一生产厂出品的原纸片，也尽管都采用同样规格和结构，所得表面温度相同的加热器件来对驱蚊片进行加热，但所产生的生物效果可以相差很大，意味着它们的药物挥散量的差异很悬殊。这就是加热器的结构对药物挥散率的影响。

加热器结构对药物挥散量的影响，主要表现在它是否能在驱蚊片上方形成或产生一股有利于正常均匀挥散所需的合理的空气流向及适宜的对流量。

优良的加热器设计，应该设置有进风口和出风口，进风口的总面积应大于出风口的面积，根据空气动力学的道理，热空气向上，形成对流。进风口在下方，进的是冷空气。出风口在加热器周围，输出的是热空气。这样，源源不断地由下方进风口输入的冷空气从上方变成热空气后，向空中扩散。进风口大于出风口的目的是使空气流动起增速作用，这样有利于药物的挥散。当然对进出风口的面积，两者的比例并不是一个固定的常数，不同的药物及与之匹配的不同的加热器温度，进出风口面积的比例并不一样，最好先通过设计确定一个初始值，然后通过实验测定其挥散量及相应的生活效果，再进行一次或数次适当的修整，直至达到最佳值。

表10-13列出了使用同一种药物及剂量，相同的牌子及加热器温度，因产品牌号形式及结构不同，因而显示出不同生物效果的实例。

表10-13　不同加热器形式及结构对生物效果的影响

厂名与牌号	测试蚊种	不同加热时段的 KT_{50} 值 /min				
		0.25h	2h	4h	6h	8h
日本住友化学	白纹伊蚊	2.70	2.87	3.21	4.06	4.49
	中华按蚊	2.80	3.54	3.73	3.96	4.83
	致乏库蚊	3.97	3.15	4.00	5.06	5.05
东莞长匙	致乏库蚊	7.12	5.98	6.50	5.58	7.59
中山祥力	致乏库蚊	6.89	5.90	6.88	5.26	6.15
中山松板	致乏库蚊	8.56	8.25	7.14	7.64	7.35
中山菊花	致乏库蚊	5.75	6.97	4.28	4.10	5.98

第九节　驱蚊片的生产工艺及设备

一、驱蚊片的生产工艺流程

以右旋烯丙菊酯40驱蚊片为例简述生产工艺流程，见图10-18。

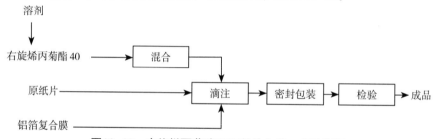

图10-18　右旋烯丙菊酯40驱蚊片生产工艺流程图

以上整个生产过程一般都是在自动滴注机上一次性完成的。驱蚊片上滴注的药量，可以在机器上根据需要调节。如前所述，因为右旋烯丙菊酯40滴加液中含杀虫有效成分右旋烯丙菊酯的比例为40%，所以滴注100mg右旋烯丙菊酯40滴加液，在驱蚊片中就能有40mg右旋烯丙菊酯杀虫剂。若需要将驱蚊片中的含药量增加到50mg，则右旋烯丙菊酯40滴注液的量为125mg。

因为右旋烯丙菊酯40滴加液的黏度在20℃时为24mPa·s，比较低，当生产车间内的温度在20℃以下时，以100mg右旋烯丙菊酯 40中加入20mg煤油的比例稀释成120mg溶液后再滴注到空白原纸片上，这样有利于药剂在原纸片中的均匀扩散渗透。

对于右旋炔丙菊酯10电热驱蚊片滴加液的滴注工艺，与右旋烯丙菊酯40的基本上相同。

二、驱蚊片的药剂滴注及封装设备

驱蚊片的生产过程为：自动进料、滴注药液、热合封装、定量剪切，一般都是在自动滴注封装机上一次性完成的。如图10-19所示为日本三和杀虫株式会社生产的LR240-6型驱蚊片自动滴注封装机。

这种自动滴注封装机的工作原理为：由电机通过齿轮驱动上下两根压辊，压辊分别带动上下两层复合包装膜做同步匀速运动。当一组（3片或6片）空白原纸片在滴注药液之后，同步送入已具备适当温度的压辊型腔位置的上下两层包装膜的中间，包装膜在适当的温度下已开始软化，在压辊压力的作用下，上下包装膜便在封口位置压印出一定花纹，并使之紧紧黏合在一起，这样就把驱蚊片密封在其中。然后按规定数量进行剪切。全部过程都自动进行，一次性完成全部生产过程。

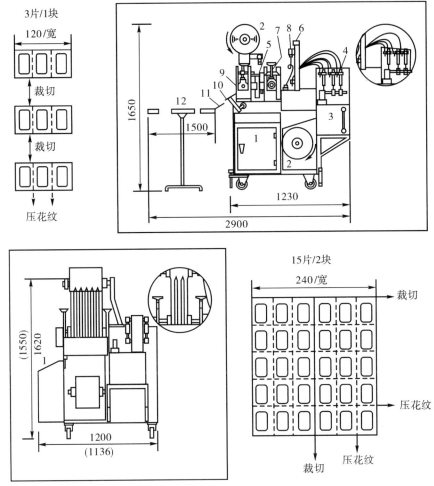

图10-19   LR240-6型驱蚊片自动滴注封装机

1—控制箱；2—薄膜；3—药剂混合箱；4—注射装置；5—原纸片；6—传感器；7—热封滚筒；
8—切刀；9—切刀滚轮；10—次品切刀；11—驱蚊片成品；12—传送带

这种电热驱蚊片自动注药封装机在中国的许多电热片蚊香厂家都已添置投入生产，说明该机的使用性能良好。

参考文献

［1］蒋国民. 电热蚊香技术. 上海：上海交通大学出版社，1993.
［2］朱成璞，蒋国民. 卫生杀虫药剂，器械及应用指南. 上海：上海交通大学出版社，1987.
［3］蒋国民. 卫生杀虫药剂，器械及应用手册. 上海：百家出版社，1997.
［4］蒋国民. 卫生杀虫剂剂型技术手册. 北京：化学工业出版社，2000.
［5］麻毅，辛正，秦孝明，等. 中国蚊香. 吉林：吉林科学技术出版社，2012.
［6］刘广文. 现代农药剂型加工技术. 北京：化学工业出版社，2013.

第十一章

饵　剂

　　饵剂又称毒饵，是一种农药剂型，但与其他常见农药剂型相比，又具有其明显的特点。

　　狭义的毒饵是指针对目标害物的取食习性而设计的，将胃毒剂与目标害物喜食的饵料混合经加工而成，通过引诱目标害物取食以杀灭目标害物的制剂，一般由饵料、胃毒剂和添加剂组成。毒饵的"毒"是指胃毒剂，但随着农药剂型及特异性新型农药的开发与应用，近年来出现了以不育剂、生长调节剂、细菌、病毒、微孢子虫等代替胃毒剂的毒饵，因此药剂也不一定是经口摄入后发挥药效。比如，病原微生物灭鼠法是将病原微生物以毒饵的形式投放到鼠类种群之中通过鼠类的活动或媒介昆虫及吸血节肢动物等在鼠类之间的传播，使鼠类发病死亡，以达到消灭和降低鼠类种群密度的目的。当然，毒饵的"饵"也不再仅指害物喜食的食物，而是泛指对害物具有引诱作用的所有诱饵，比如信息素。含性引诱剂的黏蝇板就是最好的例子。因此，毒饵还包括了对目标害物没有引诱作用、但经口发挥药效的毒水，毒粉等。毒水的设计是针对害物的饮水习性；毒粉的设计是针对害物的自净习性。

　　广义的毒饵是指针对目标害物的某种习性而设计的，通过引诱目标害物前来取食或发生其他行为而致死或干扰行为或抑制生长发育等，从而达到预防、消灭或控制目标害物的一种剂型，一般由载体、原药和添加剂组成。毒饵的"原药"与农药基本概念中原药的含义不同，这里的"原药"可能是原粉或原油，也可能是加工好的制剂。毒饵一般可以直接使用，若需经过稀释才能作为诱饵的固体或固体制剂称为浓诱饵。

一、毒饵的分类

　　由毒饵的定义可知，毒饵种类繁多，为了便于认识、研究和使用，通常可以根据毒饵的形态、形状、防治对象、作用方式、原料来源和加工配制方法等进行分类。

按毒饵的形态，可以将其分为固体毒饵、液体毒饵和混合体毒饵。

按毒饵的形状，固体毒饵又可以分为屑状毒饵、粒状毒饵、片状毒饵、块状毒饵、条状毒饵、丸状毒饵和粉状毒饵等；混合体毒饵又可以分为膏状毒饵和糊状毒饵。液体毒饵没有固定的形状。

按毒饵的防治对象，可以将其分为灭虫毒饵、灭鼠毒饵、灭软体动物毒饵和灭其他有害动物毒饵。灭虫毒饵主要是灭卫生害虫毒饵和灭地下害虫毒饵。

按毒饵作用机理，可以将其分为杀灭毒饵，生长调节毒饵和不育毒饵。

按毒饵原药的原料来源及成分，又可以分为无机毒饵和有机毒饵。有机毒饵通常又可以根据其来源及性质分为化学合成毒饵、植物源毒饵、动物源毒饵和微生物源毒饵。

按毒饵的加工配制方法，可以将其分为商品毒饵和现配现用毒饵。

二、毒饵的用途和发展前景

以毒饵进行诱杀有害生物的方法称为毒饵法。毒饵法适用于诱杀具有迁移活动能力的有害动物，常用于防治害鼠、卫生害虫（如蟑螂、家蝇、蚂蚁、蚊子）及地下害虫（如蝼蛄、蟋蟀、地老虎），也可以用来防治蝗虫、棉铃虫、金龟子、天牛、实蝇、蜻、蜗牛、蛞蝓、蝙蝠、害鸟、臭鼩等。由于这些有害生物的迁移活动能力较强，采用喷雾、喷粉等其他施药方法时防治效果不理想，以毒饵进行诱杀是最好的防治方法。

毒饵具有使用方便、效率高、成本低、用量少、对环境污染小和持效时间长等特点。多年来，国际上对毒饵的配制，尤其对引诱剂和增效剂，开展了大量的研究工作，并取得了进展。

第二节 毒饵的组成

毒饵由载体、"原药"和添加剂组成。载体主要是害物喜食的食物，在毒饵组分中一般都占据了最大的重量百分比。"原药"可能是通常所说的原粉或原油，也可能是加工好的制剂。添加剂主要包括引诱剂、黏合剂、增效剂、防腐剂、杀虫剂、脱模剂、缓释剂、稀释剂、警戒剂和安全添加剂等。毒饵的质量好坏与防治效果关系极大，一种优质的毒饵不应当有不愉快的味道，应该具有专一性，在各种环境下，毒饵中各种组分调拌要均匀。因此，毒饵配方的研究和选择适宜的加工工艺非常重要。

一、载体

载体主要是指目标害物喜食的饵料，饵料也被称为基饵，饵料应根据防治对象对食物的喜好而选定。饵料作为诱饵，大多数本身可以散发出一定的化学物质，从而引诱害物前来取食。但饵料应与引诱剂区分开来，不应被列为引诱剂的范畴。一般来说，凡是害物喜欢取食的食物均可以作为饵料，家鼠食性较杂，喜食粮食、油料等，田鼠喜食植物种子、茎叶、蔬菜、瓜果、新鲜杂草或干草等。家蝇喜食糖、果、饭菜、鱼、牛奶、奶粉、鱼粉、肉、肉松、淀粉、面粉等，绿蝇嗜食腐败的动物尸体、皮毛、骨、脓血、脏器及鱼、虾等。馊变和腐败的饵料气味难闻，不宜在室内使用。蟑螂喜食含糖和淀粉的食物，如米饭、米糖、面包、豆粉、土豆、红糖等食品和各种动植物油。在前苏联，毒杀蝗虫和螽斯亚目的毒饵采用油饼粉、麸子、棉油粕、参有麦秆的马粪或骆驼粪、谷壳、稻壳、锯末等作为饵料；毒杀棉铃虫幼虫和夜蛾的毒饵，是以油饼粉作为饵料；毒杀地老虎幼虫的毒饵，是以甜菜渣、甜菜、马铃薯等作为饵料；毒杀蝼蛄的毒饵是以玉米粒或小麦粒作为饵料。

载体还应考虑来源、价格、非靶标动物中毒的可能性、加工的复杂程度以及质量稳定性等。饵料载体一般采用投放场所不具有的食物。例如，在仓库应采用谷物以外的食物，在屠宰场应采用肉类以外的食物。

二、原药

作为毒饵组成部分的原药大多都是胃毒剂，原药要根据防治对象来选定。毒饵原药的品种复杂多样，但根据防治对象可以概括为杀虫剂、杀软体动物剂和杀鼠剂三大类。

1. 杀虫剂

杀虫剂因昆虫种类的多样性而差异较大，用于室内防治苍蝇、蚊子和蟑螂等卫生害虫，应选用高效低毒品种。例如，灭蝇毒饵常用的原药有敌百虫、溴氰菊酯、灭多威、残杀威、二溴磷、马拉硫磷、甲基吡啶磷、胺丙畏、乙酰甲胺磷；防治蝼蛄、地老虎等地下害虫，原药可以选用甲拌磷、甲基异柳磷、克百威等杀虫剂。目前，植物源卫生杀虫剂的研究越来越被重视，并取得了进展，如藜芦、百部、除虫菊、黄花蒿、烟草、蛇床子、乌头等均可用作杀虫原药。总之，可以作为毒饵原药的杀虫剂非常多，需要根据目标害虫来选择适合的杀虫剂。

（1）灭蝇药剂　优质的灭蝇毒饵不应有不愉快的味道，对防治对象应专一性强，并在通常环境能保持原药含量分布均匀、适当。选用的原药应毒杀作用明显、击倒快，无明显气味。国外市场先后采用过敌百虫、皮蝇磷、苯醚威、灭蝇威、烯虫酯、恶虫威、残杀威、溴氰菊酯、氯氰菊酯、灭多威、倍硫磷、甲基吡啶磷、乙酰甲胺磷等杀虫剂作为灭蝇毒饵的原药。近年来，灭多威由于毒效高和击倒快，已被许多国家采用。有的厂家为了追求灭蝇效果，将原使用1%浓度的灭多威提高到2%～3%，但过高的浓度反而产生了驱避效果。灭蝇商品毒饵主要是灭多威和甲基吡啶磷。

目前人们已经开始注意到生物杀蝇剂的研究和开发，Naqvi等（1994，1995）研究发现印楝油处理家蝇幼虫可导致蛹和成虫发生各种畸形。Rice等（1994）研究了一些单萜衍生物对家蝇的生物效果，在此基础上探讨了结构与毒力之间的关系，从而为杀虫剂的分子设计提供了参考。中国黄柏（*Chinese Phellodendron*）果实中提取的（2*E*，4*E*）-*N*-异丁基五十烯酰胺对家蝇有毒杀作用。这方面的研究近年来开展很多，不过离实际应用还有一定距离。但可以相信，生物杀蝇剂的前景是广阔的。

（2）灭蟑螂药剂　投放毒饵毒杀蟑螂，由于使用简便、对环境不造成污染，很适合在家庭、商店、办公室、病房等场所使用，更适用于那些不宜采用杀虫剂喷洒的场所，如电脑房、配电室、精密仪器室、厨房、食品加工厂房和生活区等，所以安全工作至关重要。为此，世界卫生组织（WHO）向各国推荐了一批安全使用的常用灭蟑螂杀虫剂（表11-1）及常用杀虫剂（表11-2）。

表11-1　常用灭蟑螂杀虫剂性能（WHO，1997）

名称	类别	浓度 /%	剂型	毒性
乙酰甲胺磷	有机磷类	1.0	毒饵	低
		1.0	喷洒	低
毒死蜱		0.2 ~ 0.4	毒饵	中
		0.5 ~ 1.0	喷洒	中
杀螟松		3.0	毒饵	中
		5.0	喷洒	中
虫威	氨基甲酸酯	0.24 ~ 0.48	喷洒	中
残杀威		1.0	喷洒	中
氯菊酯	拟除虫菊酯	0.5 ~ 1.0	喷洒	低
溴氰菊酯		0.03 ~ 0.05	喷洒	中
氯氰菊酯		0.05 ~ 0.2	喷洒	中
顺式氯氰菊酯		0.03 ~ 0.06	喷洒	中
高效氯氰菊酯		0.03	喷洒	低
苯氰菊酯		0.3	喷洒	低
氟氯氰菊酯		0.04	喷洒	低
三氟氯氰菊酯		0.02 ~ 0.03	喷洒	中
氢化保幼激素	昆虫生长调节剂	1 ~ 6	喷洒	无
苯醚威		0.12	喷洒	无
氟蚁腙	嘧啶胺	1.65		无
氟虫胺	磺酰胺	10		无

表11-2　常用杀虫剂

有机磷类	氨基甲酸酯类	拟除虫菊酯类	其他类
乙酰甲胺磷	残杀威	氰戊菊酯	利来多
二嗪农	恶虫威	胺菊酯	
马拉硫磷		苯醚菊酯	
甲基嘧啶磷		克敌菊酯	
毒死蜱		苄呋菊酯	
敌百虫		溴氰菊酯	
敌敌畏		氯氰菊酯	
杀螟松		高效氯氰菊酯	
		顺式氯氰菊酯	
		氯菊酯	
		百树菊酯	
		右旋苯氰菊酯	
		功夫菊酯	
		戊菊酯	

生物防蟑螂剂也取得了进展。一种含绿僵菌制剂的毒饵，商品名Biopath，防制蟑螂效果可达90d，Arert毒饵防制蟑螂可取得很好的效果。国内开发的"毒力岛"，是利用信息素引诱的病毒生物防制蟑螂新技术，伊维菌素灭蟑胶冻等制剂，防制蟑螂效果同样令人满意。

有人已从蟑螂体内和粪便中提取性外信息素，并生产出Victor蟑螂诱捕板，对几种蟑螂均有较好的诱捕效果。

获准投放市场的氢化保幼素，能使蟑螂翅膀变形，行为反常并失去繁殖能力，8个月内蟑螂密度下降95%，而在封闭的厨房使用，可达100%的有效率。Gentrol气雾剂，残效期长达90d，施药14d后，蟑螂密度可降到低水平。IGRs毒饵处理舰船，第3周杀灭率为89.18%；与单独使用常规杀虫剂相比，在中长期控制蟑螂侵害方面，效果显著，对黑胸大蠊也有极好的灭效；灭幼脲、抑太保、杀虫隆、盖虫散、氟虫脲、甲氧保幼激素、早熟素Ⅱ、苯醚威、灭幼宝等防制蟑螂也有较好效果。

（3）灭蚁药剂　以白蚁防治为例。白蚁治理一般采用2种策略，预防处理和为害后的补救控制。预防处理使用对白蚁驱避作用较强，且杀虫效果较快的药剂；补救控制则以对白蚁无明显的驱避作用、具有慢性作用的药剂，此类药剂在白蚁寻食通道中可通过白蚁自身的传播而影响整个群体，从而达到灭治的效果。

从药剂成分看，防治白蚁的药剂经历了从无机杀虫剂到有机杀虫剂的过渡。中国白蚁防治真正长期和大量使用的药剂种类并不多，主要为砒霜、亚砷酸钠水剂、氯丹、灭蚁灵、铜铬砷合剂和毒死蜱等，它们的使用总量占全国白蚁防治剂使用量的95%以上，并在中国白蚁危害的治理中发挥了重要作用，有效地控制了白蚁的危害。美国分别在1976年、1987年、2004年开始禁用氯丹、灭蚁灵、毒死蜱；日本自1986年起禁用氯丹；印度尼西亚也于1993年开始禁用氯丹。因此积极开发新型、环保的白蚁毒饵诱杀技术成为当前白蚁行业的迫切任务。长期以来科研工作者对不同的杀蚁剂，包括昆虫生长调节剂、合成杀虫剂、天然杀虫剂、病原菌等做了研究。具体如下：

氟虫胺：为有机氟杀虫剂，可用于白蚁、有害蚂蚁和蟑螂的杀灭。国内原药产品为98%粉剂，推荐使用浓度0.1%。

硫氟酰胺：为有机氟杀虫剂，低毒，85%粉剂，常州哗康化学制品有限公司生产，目前国内尚无白蚁灭治制剂登记，推荐使用浓度0.1%。

伏蚁腙：属脒腙类化合物，具有胃毒作用，在环境中无生物积累作用。有试验表明可用于火蚁、蜚蠊、白蚁的防治。国内尚无白蚁灭治制剂登记，可制作饵剂用于白蚁灭治，国外白蚁灭治制剂产品Subterfuge由BASF公司生产，2003年注册使用。

伏蚁灵：商品名称Bant，其他名称有EL-468、Lilly L-27、EL-968。大白鼠口服LD_{50}为48mg/kg。试用于火蚁和白蚁的防治。

钼、钨诱饵剂：含5%钼酸盐和3%钨酸盐。通过钼、钨盐在虫体内（尤其是脂肪体内）的沉积，干扰昆虫生理活动，造成昆虫死亡，施药后白蚁死亡缓慢。其制剂有8%金鸟白蚁饵剂，含钼酸钠和钨酸钠，由上海三星金鸡冠日用化学品有限公司生产，低毒。

福美双：硫代氨基甲酸盐，对黑翅土白蚁的活性和传毒速率与灭蚁灵相近。福美双与叶青双混配后也有类似的效果，可作为替代灭蚁灵的毒饵药剂品种进一步试验。

吡虫啉：又称咪蚜胺，是一种新型氯代烟碱类杀虫剂。现该药已被美国国家环境保护署公布为替代毒死蜱的主要防治白蚁制剂之一。此药无味、高效、广谱、强内吸、药效持久，对环境污染小，对人畜安全，可制作滞留喷洒剂或饵剂灭治白蚁。国内尚无防治白蚁制剂登记，国外产品有PREMIS 200SC、PREMIS Gel等，由德国拜尔公司生产。

氟虫腈：苯基吡唑类新型杀虫剂，产品含2.5%特密得（Termidor），由法国安万特环境科学公司生产，低毒，使用浓度0.06%。特密得被认为具有唯一的"传递效应（transfer effect™）"，未接触药剂的白蚁个体只需与接触药剂的个体发生接触，即会死亡。

保幼激素类似物：能诱导兵蚁、前兵蚁和中间品级的产生，破坏蚁群的品级比例，工蚁数量下降导致食料匮乏、饥饿和互残，进而造成种群的衰亡。灭幼宝（S-31183）对散白蚁有效果，但对家白蚁效果较差。双氧威到（fenoxycarb）、R016-1295对散白蚁和家白蚁也有较强诱导活性。保幼激素类似物一般有较强的生物活性，对人畜低毒或无毒，随着新品种的出现和试验的深入，作为毒饵药剂的潜力将进一步显现。

几丁质合成抑制剂：苯甲酰基苯基脲类杀虫剂。作用的主要靶标是几丁质代谢，对非甲壳类生物安全，对昆虫作用较为缓慢，主要为胃毒作用，杀虫效果一般在昆虫蜕皮变态时体现。氟虫脲（flufenoxumn）、氟啶脲（chlorfluazumn）、除虫脲（diflubenzumn）、灭幼脲3号、氟铃脲（hexaflumuron）等对白蚁都有不同程度的生物活性。氟铃脲是应用较成功的品种，对大白鼠口服$LD_{50}>5000mg/kg$。作为有效成分制成的毒饵是美国防治白蚁的重要药物，被认为是热带地区防治家白蚁最简单有效的方法。

2. 杀软体动物剂

杀软体动物剂主要有蜗牛散和贝螺杀等。

3. 杀鼠剂

毒饵更多的应用是防治害鼠。目前所使用的杀鼠剂原药品种很多，《农药大典》2006年10月第一版收录的杀鼠剂原药见表11-3。

表11-3　《农药大典》2006年10月第一版收录的杀鼠剂原药名称

序号	原药名称	序号	原药名称	序号	原药名称	序号	原药名称
1	噻鼠酮	12	碳酸钡	23	克灭鼠	34	毒鼠强
2	氟鼠定	13	二氧化硫	24	敌害鼠	35	氯鼠酮
3	灭鼠安	14	磷化锌	25	氯灭鼠灵	36	杀鼠醚
4	大隆	15	亚砷酸	26	灭鼠特	37	C型肉毒梭菌外毒素
5	溴鼠胺	16	鼠甘伏	27	安妥	38	溴代毒鼠磷
6	灭鼠腈	17	异杀鼠酮	28	捕灭鼠	39	氟乙酰胺
7	杀它仗	18	杀鼠酮	29	毒鼠磷	40	氟乙酸钠
8	鼠得克	19	敌鼠	30	鼠立死	41	α-氯代醇
9	溴敌隆	20	双鼠脲	31	鼠特灵	42	脱氢胆固醇
10	灭鼠优	21	杀鼠灵	32	红海葱	43	α-氯醛糖
11	毒鼠硅	22	维生素D_2	33	毒鼠碱		

国家明文禁止使用的杀鼠剂有氟乙酰胺（1081、敌蚜螨）、氟乙酸钠（1080）、毒鼠强（四二四、没鼠命）、毒鼠硅和甘氟。没有明文禁止但已经停止生产或停用的杀鼠剂有安妥、灭鼠优和灭鼠灵。限制使用的有毒鼠磷和溴代毒鼠磷。

三、添加剂

添加剂是毒饵制剂加工或使用过程中添加的辅助物质，主要用于改善毒饵的理化性质，增加毒饵的引诱力，提高毒饵的警戒作用和安全感。添加剂主要包括引诱剂、黏合剂、增效剂、防腐剂、杀虫剂、脱模剂、缓释剂、稀释剂、警戒剂和安全添加剂等。大多数添加剂本身基本不具有相同于有效成分的生物活性，但是能影响防治效果。也有的添加剂本身就具有生物活性，比如某些增效剂本身就具有杀灭效果，但又能作为其他药剂的增效剂。但是，必须注意的是，由于鼠类尤其是家鼠的嗅觉和味觉非常灵敏，毒饵中添加剂的含量即使极其微小也能察觉出来，对它不熟悉的物质更是敏感，因此灭鼠毒饵中添加剂种类和数量应该越少越好。

1. 引诱剂

引诱剂，是指赋予毒物对害物产生引诱力的物质。饵料作为诱饵，本身就具有引诱害物取食的作用，但不属于引诱剂的范畴。这里所指的引诱剂是指为了更有效地引诱有害生物进行取食含毒饵料而添加的除基饵以外的物质，有的起增加味道的作用，有的起装饰作用，有的起性引诱作用。因此，引诱剂最主要的应用是制作诱杀毒饵。

许多物质对鼠类都具有引诱作用，如巧克力、各种香料、香精和油类等。矿物油能增强含有抗凝血剂类杀鼠剂毒饵的香气。麦芽糖浓度为2%~3%时，能改进鼠类对各种毒饵的喜食性，正烷基乙二醇（如乙烯乙二醇）可作为鼠类的引诱剂。

顺-9-碳烯的混合物、三甲基胺、异戊醛、乙醇及其衍生物可用作家蝇的引诱剂。以后人们陆续发现一定浓度的其他化学产品对家蝇有不同程度的引诱作用。如1mg/kg的异戊醛、0.5%乙醇、10%麦芽糖浸膏、1%乙缩醛、8~10mg/kg的呋喃酮、0.05%粪臭素等水溶液对家蝇有引诱力，但总体来说引诱效果不够理想。三甲基胺、吲哚等尽管对家蝇引诱性较强，但气味难闻，不宜在室内使用。20世纪70年代初美国Garlson等人从雌家蝇体内分离、提取出性信息素——诱虫烯，20世纪80年代采用了化学合成使其商品化，从而使家蝇引诱剂的发展达到一个新阶段。诱虫烯是当代最高效的家蝇引诱剂。

Chow等（1981）首次提出，合成大蠊素-β（即蟑螂酮-B，Periplanone-B，一种人工合成的具有生物活性的性引诱剂）不仅对雄性蟑螂有性兴奋作用，还有强的引诱力。N,N-二甲基-3-氨-2-甲基-2-丙醇、呋喃酮、茴香醛、亚油酸、亚麻酸、松节油、樟脑油、萘、苯、甲醛等化合物对蟑螂有引诱作用。

制备毒饵时，应根据不同的防治对象选择不同的引诱剂。引诱剂在配方中的用量要适度，用量低时对害物的引诱作用不理想，过高时有时会出现驱避作用。嗅觉引诱剂的使用必须注意所用毒饵的适口性良好，这样，用引诱剂将害物引来后，才能提高消耗量。但在某些条件下，嗅觉引诱剂可以转化为强烈的拒食信号。反复使用同种诱饵，尤其是短期内连用，会加强拒食性，使灭效迅速下降。

2. 黏合剂

毒物在毒饵中应保持均匀分布，所以应加入"黏结物"，即黏合剂。黏合剂是指具有良好的黏结性能，能将两种相同或不同的固体材料连接在一起的物质，又称黏着剂。

黏合剂有亲水性和疏水性两种。亲水性黏合剂常见的有植物性淀粉、糖、胶、羧甲基纤维素（CMC）、硅酸钠（水玻璃）、聚乙烯醇（PVA）、明胶、阿拉伯胶等；疏水性黏合剂常见的有石蜡、硬脂酸、牛脂等。最常用的黏合剂是植物油、米汤和面糊。在黏合剂的使用中，虽然某些黏合剂的外观状态是粉末状、颗粒状或薄膜状的固态物质，但在使用时仍要加水或用溶剂溶解成溶液或加热熔融成流动性液体，经过流动态才能达到黏结的目的。

黏合剂的种类很多，配制毒饵时可以根据实际情况选择，含水的黏着剂配制完毒饵，如不及时投放必须晾干或烤干，否则容易发霉变质。在湿度大的场所或多雨季节投放毒饵时，毒饵投放后容易发霉、变质、适口性下降。为防止毒饵变质，可将制取的毒饵放在蜡中，将配好的毒饵倒入溶化的石蜡中（毒饵和石蜡的比例为2∶1），搅拌均匀，冷却后使毒饵成为块状即成，这样制成的毒饵又称为蜡块毒饵。高熔点的蜡，可使毒饵在热带使用，它能抗阳光和雨水。黏合剂的用量以刚能在每一粒饵料（或其他载体）表面黏上一薄层为度。过少时药物黏不完，不均匀；过多时浪费原料，而且容易使药物黏在容器上或使毒饵黏着成团，使用极不方便。

3. 增效剂

增效剂，狭义的含义是指本身无生物活性，但能抑制生物体内的解毒酶，与胃毒剂混用时，能大幅度提高毒饵的毒力和防效的化合物。对防治抗性害物、延缓抗药性以及提高防效等具有重要意义。某些化学物质本身就具有一定的杀灭生物活性，单独使用时活性不高，当与某药剂一起使用时能够显著提高该药剂的防治效果，起显著的增效作用，因此又能作为此药剂的增效剂，广义的增效剂包括了这类化合物。杀虫剂使用的增效剂有芝麻灵、胡椒碱、增效酯、增效醚、增效环、增效特、增效散、增效醛、增效胺、丁氧硫氰醚、羧酸硫氰酯、杀那特、二硫氰甲基烷、三苯磷、八氯二丙醚、三丁磷、增效磷、芝麻素、菸品二乙酸酯、蒎烯乙二醇醚、增效特、增效丁等。如常用的增效醚，能提高拟除虫菊酯类杀虫剂的防效，增效磷能提高有机磷类杀虫剂的防效，异稻瘟净能够提高杀螟松对家蝇的毒力。抗凝血类灭鼠剂的作用机制比较清楚，可以从各个环节入手添加增效剂，其毒饵的增效剂理论上讲种类比较多，如维生素K_1是抗凝血类灭鼠剂，对抗剂石蜡，它调配毒饵可以阻止维生素K_1的吸收；抑制肠道产生维生素K菌落的抑菌剂，如磺胺喹恶啉和5羟基–四环素；增加血管渗透性的药物如抗维生素C的D–葡萄糖抗坏血酸；使胃肠黏膜溃疡的药物如水杨酸和2–甲氧基–1,4萘醌，但在实际应用中与杀虫剂、杀菌剂相比，杀鼠剂的增效剂却很少。文献报道抗凝血类杀鼠剂的增效剂有显著协同抗凝血作用，可与杀鼠迷或敌鼠钠盐等进行复配，复配剂的适口性和安全性好，对农田鼠类黄毛鼠、板齿鼠和褐家鼠等害鼠的灭效高，并可显著降低抗凝血灭鼠剂的用量，对保护生态环境有重要作用，但增效剂的化学名称却没有报道。还有的复方灭鼠剂88-1以抗凝血灭鼠剂为基底，复配以多种增效、增诱等成分研制而成的新型灭鼠剂，兼具急性和慢性两类杀鼠药优点的新型杀鼠剂，对鼠类适口性好、耐药性低，毒力比国内常用第一代抗凝血灭鼠剂提高数倍，致死时间缩短1/3。含氟表面活性剂可增强杀鼠剂杀鼠灵、溴敌隆等的活性。丙烯聚合物可延长药物在啮齿类动物胃肠中的停留时间。例如，由0.15g灭鼠灵、300mL胡萝卜汁和10g Poly Sorb3005的混合物制备了杀鼠饵剂胶囊，添加该可膨化聚合物到饵剂中延长了药剂在啮齿类动物胃肠中的停留时间。乙酰水杨酸和维生素D可提高杀鼠剂的防效。配制毒饵时，应根据不同的毒物、不同的防治对象，选用不同的增效剂。

4. 防霉剂

有的害物栖息在下水道、阴沟或其他潮湿场所，毒饵投下后易发霉、变质，适口性下降，用于野外投放的毒饵在多雨季节也会遇到同样的问题，发霉往往是由饵料存在引起的。防霉剂也就是杀菌剂，作用就是防止毒饵由微生物引起的霉变。由于适口性的问题，作为毒饵防腐剂的种类很少，常用的防霉剂主要有硫酸钠、苯甲酸、山梨酸、硝基苯酚、三氯苯基乙酸盐、丙酸、尼泊金乙酯和丙酯、脱氢乙酸及某些食品防腐剂，经过大量筛选，脱氢乙酸和尼泊金丙酯防腐效果和对鼠的接受性较好。敌霉王是灭鼠毒饵的常用防腐剂，其主要有效成分为丙酸、乙酸和丙酯等。对一些特殊场所如下水道建议不投放原粮毒饵或颗粒毒饵，可投放蜡块毒饵。有研究表明，对硝基苯酚是燕麦毒饵的非常好的防腐剂，二乙酰基乙酰乙酸（即脱氢乙酸）及其钠盐可作为用于阴沟的毒饵的防腐剂。美国相关行业认为，硫酸钠在毒饵防腐作用上，是许多化合物中最好的一种。

5. 防虫剂

这里的防虫剂不是指作为毒饵有效成分的原药，而是指灭鼠毒饵为了防止生虫变质而加入的杀虫剂。饵料不但容易霉变，长期贮存和运输还会被贮藏害虫取食为害，造成毒饵变质，影响毒饵灭效，因此也常在毒饵中加入杀虫剂作防虫剂。防虫剂可根据饵料本身的贮藏害虫种类来进行选择，一般选择无怪味的广谱杀虫剂。

6. 脱模剂

脱模剂的作用是保证毒饵制作过程中毒饵不与模具黏在一起，并使产品外表光滑，比如滑石粉。

7. 缓释剂

缓释剂是指通过物理或化学方式将杀虫剂贮存于加工品中，使缓慢释放而发挥较长时间药效的一种剂型，现有的缓释剂分为物理型缓释剂和化学型缓释剂两大类别。物理型缓释剂常见的有微胶囊剂、包结化合物、多层制品、空心纤维、吸附体、发泡体、固溶体、凝胶体、膜剂等。化学型缓释剂常见的有甲基纤维素、乙基纤维素、淀粉及其衍生物、明胶、蜡类、聚乙烯醇、聚乙烯吡咯烷酮（PVP）、聚氯乙烯等。

8. 稀释剂

对于毒力大、浓度低的药物（如大龙等第二代抗凝血杀鼠剂），直接配制毒饵不易均匀。应先在原药内加适量鼠不拒食的稀释剂，如滑石粉、淀粉等，研细拌匀，再配制毒饵。若药物颗粒较粗，需要研磨，而研磨时又易结块的药剂，亦应加稀释剂后再研磨成细粉末。有些浓度低、用量少的药剂，如果耐热，又用面糊作黏着剂时，可将药物加到面粉中制成面糊，再加入诱饵配成毒饵。至于药粉的稀释倍数，应视药物的性质和黏着剂的种类而定，一般在稀释后的用量不超过诱饵重量的5%。对于亲脂性的药剂，若用植物油作黏着剂时，就不必稀释。

9. 警戒剂

许多国家规定，将毒饵染色以引起注意。为防止人、畜、家禽误食中毒，常在毒饵中加入有害生物不拒食而能引起人们特别注意的颜色物质，即警戒剂，以提高其警戒作用。警戒剂的选择标准以着色明显、能起警戒作用、不影响毒饵适口性和廉价易得为原则。警戒色可以把毒饵和其他无毒食物明显区分开，使用后剩余的毒饵可以统一收集进行处理。灭鼠毒饵中加红色或蓝色的染料，鼠类色盲，感觉不出来，对非靶动物却能起到警戒作用。有些鸟类讨厌红色而不去取食，因而加红色的毒饵对这些鸟类安全。毒饵的颜色尽量和食品的颜色区别开，常用作警戒色的染料有2%红蓝墨水，1%家用染料如煮蓝、曙红、普鲁士蓝等，也有用水绿、亚甲蓝、灯黑、单星绿等。染料的种类很多，最好选择适口性好、易溶于水、醒目、使用方便、对毒饵没有不利影响的染料。

10. 安全剂

为避免毒饵偶然被非靶标动物吃下，常常在毒饵里掺入能使害物不呕吐但又能使非靶标动物呕吐的催吐剂。鼠类没有呕吐中枢，食入没有反应，而非靶动物误食后呕吐，不至于中毒。吐酒石是通常使用的吐药。苦味剂也是安全添加剂的一种，为了减少人畜中毒的可能性，在杀鼠剂中加入人畜嗅觉和味觉不喜爱、鼠类却察觉不出来的某些化合物。当前国外普遍采用的苦味剂是Bitrex。

此外，还可在毒饵中添加除水剂和矫味剂等。国外还使用药物的微粒包埋技术，我国在C型肉毒素上还采用了微胶囊技术。

第三节　毒饵的加工工艺

毒饵的加工方法比较复杂，而且很不规范。目前大多为人工制造。毒饵配制加工的方法有两类，一类为经过工厂加工的定型商品，可以长期贮藏和远距离运输，需要严格按照产品的技术标准，通过专门的设备进行生产。另一类为根据需要现配现用，大都不需要专用设备，技术标准也不十分规范。选择新鲜的蔬菜、瓜果、茎叶、杂草和鱼肉等作为饵料时，需要现配现用，如果在使用前将原药和新鲜饵料加工成毒饵，则不利于长期保存，容易发霉变质。原药的制剂加工单独进行有利于长期贮存和运输，但这样的缺点是容易带来现配现用中出现使用浓度不科学和操作不安全等问题。

一、商品毒饵的加工工艺

需要加工成定型商品的毒饵的剂型加工又分为两个主要部分，首先将原药加工成易于配制的相应剂型，再以水或其他溶剂将原药制剂或粉剂等与饵料、引诱剂、警戒剂等混合成型，制成定型的商品毒饵。例如，将2%的敌百虫、10%硼砂（或硼酸）、20%麦芽糖、20%黄豆粉、48%面粉混合均匀，加适量水捏合成面团，然后经成粒机或压片机制成丸或片，干燥，即制成敌百虫灭障丸（片）。可装袋密封，出售。安妥面丸的加工方法是将1份杀鼠剂安妥与9份面粉先拌匀，再加90份面粉拌匀，加防腐剂适量（硼酸或硼酸钠），加水搅拌成较硬的面团，然后经成粒机，压制成1~2g重的面丸，干燥封存备用。

规范的毒饵加工，通常必须具备一定的加工设备，常见的加工设备有混合设备、粉碎机械、造粒机、压片机、干燥器、包装机械等。混合设备主要分为流体混合设备、均质混合器、固体混合设备。粉碎设备主要有万能粉碎机、雷蒙机、超细粉碎机、气流粉碎机。造粒机主要有摇摆式造粒机、螺杆式造粒机、叶片造粒机、干式圆盘造粒机、成球机、盘式造粒机、喷雾流化造粒机、苏吉混合造粒机及熔融法造粒机等。压片机有单冲压片机和旋转式压片机。干燥器主要有箱式干燥器、喷雾干燥器、气流干燥器、流化床干燥器、转筒干燥器、带式干燥器、耙式干燥器等。包装机可分为液体包装机、固体包装机，液体包装机有自动灌装机、转子灌装机、直线灌装机。固体包装机有粒剂包装机、粉剂包装机、可湿性粉剂全自动包装机。每一种加工设备都有许多型号，具有不同的功能特点，如何合理选择设备既是一个技术问题，又是一个经济问题。除必须了解加工设备的特性外，还要综合考虑生产过程要求、产品质量要求、生产费用选择等多种因素。

商品毒饵的加工工艺大体上分为浸泡吸附法、滚动包衣法和捏合成型法。

1. 浸泡吸附法

用水或有机溶剂将原药溶解，加入警戒剂，将具有一定几何尺寸的饵料与原药溶液混合，浸泡一定时间，晾干（或干燥）即成，此为浸泡吸附法生产工艺流程，见图11-1。

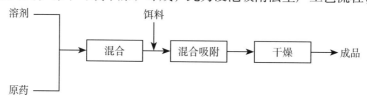

图11-1　浸泡吸附法生产工艺流程

2. 滚动包衣法

滚动包衣法是将原药（通常是原粉或粉剂）加适量淀粉或面粉混合均匀，将具有一定几何尺寸（通常是颗粒）的饵料与黏合剂混合均匀，而后将原药与淀粉混拌均匀，经干燥后得成品，此为滚动包衣法生产工艺流程，见图11-2。

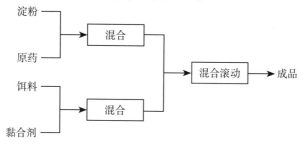

图11-2　滚动包衣法生产工艺流程

3. 捏合成型法

将原药研磨至一定细度，加入适量具有一定细度的毒饵（淀粉或面粉），混合均匀，加入适量水和少量黏结剂，捏合成型，经干燥后得成品，此为捏合成型法生产工艺流程，见图11-3。

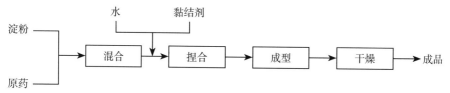

图11-3　捏合成型法生产工艺流程

当然，具体的原药及添加剂，不同的毒饵的加工工艺也略有区别，如0.005%溴敌隆块状灭鼠毒饵生产工艺流程见图11-4，溴敌隆蜡膜毒饵的生产工艺流程见图11-5。

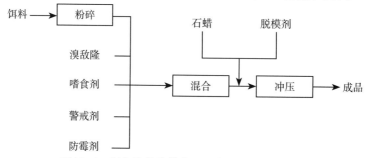

图11-4　制备溴敌隆块状灭鼠毒饵生产工艺流程

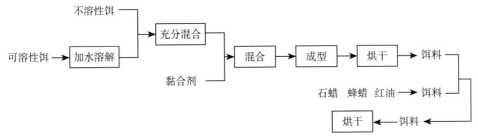

图11-5　制备溴敌隆蜡膜毒饵的生产工艺流程

二、现配现用毒饵的配制方法

现配现用的毒饵，药剂事先加工成相应母药，使用时再根据需要选择合适的饵料进行现场配制。对于不宜久存的饵料，一般采用现配现用的方法。这种方法大都不需要专用设备，技术标准也不十分规范，配制操作过程也比较粗糙，但防治效果不一定就不如商品毒饵。相反，由于现配毒饵的饵料新鲜，适口性往往比商品毒饵好，害物更喜爱取食，因而正确使用的情况下防治效果也可能会比商品毒饵更好。例如，将新鲜的红薯、土豆、瓜类等各种鼠类喜食的饵料切成碎片或用玉米粉、大豆粉、面粉等，加入少量动植物油，然后将杀鼠剂敌鼠均匀拌入，其含量为0.05%，即成良好的灭鼠毒饵。将含有敌百虫0.1%～0.5%、糖5%、水95%的毒液，与适量面包渣、米饭、麦效等家蝇饵料混拌在一起，即成灭蝇毒饵。放在家蝇活动处，对家蝇有良好的毒杀作用。用0.2%的敌敌畏水稀释液100mL与馒头渣或熟玉米面150g混合搅拌均匀成糊状，即成灭蜚蠊毒饵。将其涂于纸或塑料膜上，置于蜚蠊出没的地方，有良好的毒杀蜚蠊的作用。

毒饵的配制既要保持甚至提高其适口性，又要使鼠药分布均匀，不能使药物在配制过程中掉落和失效。同时，要保证工作人员和周围群众的安全，避免人畜中毒和污染环境。

毒饵的配制主要根据药剂的理化性质和诱饵的形状、大小来选择。常用的有黏附法、浸泡法、湿润法和混合法4种。

1. 黏附法

黏附法适用于药剂不溶于水、饵料为粮食或其他颗粒或块状物的毒饵配制。对于表面干燥的饵料，配制时需加黏着剂。例如用磷化锌拌小麦配制5%的灭鼠毒饵，以植物油为黏着剂，配方为：

磷化锌　100g　　　　　　　　　　　　植物油　80g

小麦　1900g

将小麦去掉浮土后，放在密闭的容器中（如拌种器，也可用盒子等），倒入植物油50～60g，转动容器搅拌几分钟，在小麦表面黏满植物油后，加入磷化锌，再转动容器，使磷化锌布满小麦，再加剩下的植物油，搅拌均匀后倒出，稍晾即可使用。

用黏附法配制毒饵，若以植物油为黏着剂，用量相当于诱饵的4%～5%，用淀粉糊或榆树皮糊时要加到8%～10%。诱饵表面光洁的可少用一些，诱饵颗粒小的要多用一些，杀鼠剂浓度高的也要多用一些。有的药毒性大，用量少，直接用黏附法配制毒饵不容易均匀，要先将药适当地稀释，磨细拌匀成一定浓度的母粉，再按以上方法配制。稀释剂应选用老鼠不拒食，粗细和密度同杀鼠剂又差不多的粉末。常用的有滑石粉、陶土、淀粉等。一般稀释后的杀鼠剂，用量相当于诱饵重量的3%～5%。例如，某种药在毒饵中应含0.5%，可稀释10倍，用含药1%的母粉配制毒饵，每19份诱饵加1份母粉就可以了。

2. 浸泡法

可溶于水的药剂用浸泡法较好。这种方法不用黏着剂，但一定要掌握好毒饵的浓度。例如，配制氟乙酸钠灭鼠毒饵，浓度为0.3%，其配方是：

玉米　1000g	水　1250mL
氟乙酸钠　13g	蓝黑墨水　50g

3. 湿润法

湿润法适用于水溶性的药剂剂。与浸泡法相比，湿润法更方便；但有的药如甘氟，只能用浸泡法，否则诱饵表面的药剂会很快挥发，失去毒性。敌鼠钠、大米配制毒饵，含药浓度为0.02%，配方如下：

敌鼠钠　0.2g	水　100mL
大米　1000g	

浸泡法和湿润法适用于水溶性药剂，耐热的药物可以冷浸，也可以热煮，不耐热的药物只能冷浸。常温下溶解度不大，但能溶于热水且热稳定的药剂可以先用热水或沸水溶解，再浸泡或热煮诱饵，制成毒饵。

4. 混合法

混合法配制时不需加黏着剂，本法配成的毒饵，杀鼠剂均匀分布在诱饵中，不会脱落，适合于接受性较差的药剂，尤其适用于粉末状诱饵与各种药剂。若用块状食物如甘薯、胡萝卜、瓜果等作饵料，也可以采用混合法，可直接均匀加入药剂，搅拌均匀即制成毒饵，以新鲜饵料配制的毒饵不能久存，应尽快用完。面粉与药剂充分混合制成颗粒即可使用，也可干燥后贮存备用，切勿发霉，以免影响防治效果。如配制0.025%杀鼠灵面丸毒饵，其配方为：

玉米粉　650g	杀鼠灵母粉（0.5%）　50g
面粉　290g	蓝黑墨水　50g
食盐　10g	水　550mL

此外，为提高毒饵的诱惑性，须添加引诱剂。如食油、糖、白酒等（抗凝血类最好加石蜡），但比例要适当。例如：

配方1：大米350份、菜油4份、面粉10份、白酒2份，加溴代毒鼠磷药。

配方2：大米300份、白糖3份、开水15份、猪油2份，加敌鼠钠盐。

第四节　毒饵的制备实例

一、杀鼠毒饵的制备

杀鼠毒饵多为固体制剂，一般以粮食、瓜果、蔬菜等为饵料，采用浸泡、吸附、黏附、捏合等方法成型。

1. 磷化锌毒饵

（1）磷化锌玉米颗粒毒饵

配方：

磷化锌　10份	玉米　50份
面糊　8份	

加工方法：玉米在除掉浮土后，全部放入密闭容器（如拌种器）中，加入面糊4份，转动容器，待玉米表面沾满面糊后，加入磷化锌5份，再转动容器，使磷化锌黏在玉米表面，然后再加面糊4份，转动容器，继而加磷化锌5份，再转动容器，至磷化锌黏附均匀为止，取出阴干。面糊和磷化锌分次加入有助于药物在诱饵表面黏附均匀。

（2）鲜胡萝卜磷化锌毒饵

配方：

磷化锌　10份　　　　　　　　　　　　鲜胡萝卜方块　100份

加工方法：将10份磷化锌和100份边长1.5cm的胡萝卜方块直接拌匀即可。新鲜瓜菜类毒饵不能久存，应现配现用，在食源丰富、水源缺乏的场合使用效果较好。

（3）2%磷化锌小麦毒饵

配方：

磷化锌　1份　　　　　　　　　　　　花油　适量

小麦（或大米等）　49份

加工方法：将小麦（或大米等）49份用水泡膨胀，稍晾干后拌适量的花油，加入磷化锌1份充分搅拌均匀，即得到2%磷化锌小麦毒饵。

（4）10%磷化锌毒糊

配方：

磷化锌　10份　　　　　　　　　　　　食用油　少许

白面　10份　　　　　　　　　　　　　葱花　少许

水　80份　　　　　　　　　　　　　　盐　少许

加工方法：油热后倒入葱花、盐爆炒至发香，倒入水、面，边烧边拌成糯糊，稍晾后加药物拌匀即成10%磷化锌毒糊。

（5）含催吐剂的磷化锌毒饵

配方：

磷化锌　40g　　　　　　　　　　　　食物　1000g

吐酒石　7g

加工方法：将上述原料混合均匀即可。

2. 溴敌隆毒饵

原药规格：0.5%粉剂，0.5%液剂

毒饵规格：0.005% ~ 0.01%毒饵

（1）0.005%溴敌隆毒饵

配方：

溴敌隆液剂（0.5%）　1份　　　　　　饵料　100份

溶剂　100份　　　　　　　　　　　　警戒色　微量

注：警戒色可直接加入溶剂中，并计入溶剂。

加工方法：将溴敌隆液剂用溶剂稀释，然后将小麦、大米、玉米等饵料投入稀释液中，拌匀，晾干即可。

（2）糖衣溴敌隆毒饵

配方：

溴敌隆液剂（0.5%）　1kg　　　　　　新鲜大米　100kg

食用糖　3kg

红色色素　50g

热水　5kg

加工方法：取3kg食用糖溶入5kg热水中，加入1kg溴敌隆母液，充分溶解后，放入50g红色色素待用。将100kg大米及配制好的药液均匀放入糖衣锅内，开动搅拌机，充分混合10～15min，待糖及药液完全黏附到大米表面，形成均匀的糖衣膜后，将其放到平整干净的水泥地面，均匀摊开，在日光及自然风的作用下，使水分自然挥发，直至完全干燥。放置阴凉干燥处保存，一般保质期为2～3年。

3. 杀鼠迷毒饵

配方1：

0.75%杀鼠迷　500g

稻谷　100kg

水　10kg

加工方法：取0.75%杀鼠迷500g，加冷水10kg在早上搅拌均匀后，泼浇装在桶里的100kg稻谷上，然后用铁铲搅拌均匀。等到傍晚第2次用铁铲再次搅拌均匀，第2天早上，药液基本被稻谷吸收，再一次搅拌均匀后晾晒，稻谷晾干后即制成毒饵。

配方2：

玉米（或小麦、大米等）　19份

0.75%杀鼠迷追踪粉　1份

食用油　0.5份

加工方法：采用黏附法，取颗粒状饵料玉米（或小麦、大米等）19份，拌入食用油0.5份，使颗粒饵料被一层油膜，最后加入1份0.75%杀鼠迷追踪粉搅拌均匀即可。

配方3：

面粉　19份

鱼骨粉　适量

0.75%杀鼠迷追踪粉　1份

食用油　适量

蔗糖　适量

曙红（或红墨水）　少量

加工方法：采用混合法，取面粉19份，0.75%杀鼠迷追踪粉1份，加蔗糖、鱼骨粉、食用油，加少量曙红（或红墨水）作警戒色，拌匀后用温水和成面团。加工成粒状，晾干即可使用。

4. 杀鼠灵毒饵

原药规格：95%粉剂，2.5%粉剂，25%液剂

毒饵规格：0.025%毒饵，0.005%毒饵

（1）0.025%杀鼠灵毒饵

配方：

杀鼠灵粉剂（2.5%）　1份

饵料　96份

植物油　3份

加工方法：先将饵料与植物油混拌均匀，而后将杀鼠灵粉剂加入，拌匀，即成0.025%毒饵，该毒饵可以直接投放。

（2）0.005%杀鼠灵毒饵

配方：

杀鼠灵粉剂（2.5%）　1份

饵料　496份

植物油　3份

加工方法：先将饵料与植物油混拌均匀，而后将杀鼠灵粉剂加入，拌匀，即

成0.005%毒饵。为保证均匀，饵料应分2～3次，逐渐加入。

5. 0.005%溴鼠隆毒饵

原药规格：0.1%溴鼠隆粉剂

毒饵规格：0.005%毒饵

配方：

0.1%溴鼠隆粉剂　1份

饵料　19份　　　　　　　　　　　　　食用油　少量

加工方法：采用黏附法，向19份饵料中加入少量食用油搅拌均匀使饵料外包一层油膜，再加入0.1%溴鼠隆粉剂1份，充分拌和即可使用。

6. 安妥毒饵

原药规格：95%原粉

毒饵规格：0.5%～2%毒饵

0.95%安妥毒饵的配方如下所示：

安妥原粉　1份　　　　　　　　　　　玉米面　97份

鱼骨粉　1份　　　　　　　　　　　　水　适量（含警戒色）

食用油　1份

加工方法：将安妥原粉、鱼骨粉、食用油与玉米面混匀，加水和成面团，制成黄豆粒大小的毒饵，备用。

7. 0.005%氟鼠酮毒饵

配方：

0.1%氟鼠酮粉剂　1份　　　　　　　　食用油　少量

饵料（玉米、谷粒等）　19份

加工方法：采用黏附法，将19份谷物饵料泡胀稍晾后，加入少量食用油搅拌均匀使粒谷物外包一层油膜，再加入0.1%氟鼠酮粉剂1份，充分拌和即可使用。

8. 氯敌鼠毒饵

配方1：

0.25%氯敌鼠油剂　1份　　　　　　　饵料　49份

加工方法：取1份0.25%氯敌鼠油剂，倒入49份饵料中搅拌均匀，堆闷数小时即成。

配方2：

0.5%氯敌鼠母粉　1份　　　　　　　　水　少量

面粉　99份

加工方法：采用混合法，取1份0.5%氯敌鼠母粉，加入99份面粉及适量的水和成面团，制作成颗粒状或块状毒饵。

9. 灭鼠优毒饵

原药规格：原粉

毒饵规格：1%～2%毒饵

（1）1%灭鼠优胡萝卜块（或红薯）毒饵

配方：

灭鼠优原粉　1份　　　　　　　　　　胡萝卜块（或红薯）　90份（边长5mm

淀粉　9份　　　　　　　　　　　　　为佳）

加工方法：将灭鼠优原粉与淀粉混合，充分搅拌研细，然后倒入胡萝卜块，拌匀，即成饵块。用胡萝卜丝亦可。

（2）1%灭鼠优颗粒毒饵

配方：

灭鼠优原粉　1份　　　　　　　　　　麦粒　90份（加少许植物油浸泡）

淀粉　9份

加工方法：将灭鼠优原粉与淀粉混合，充分搅拌研细，然后倒入已泡好的麦粒，拌匀即可。

（3）1%灭鼠优蜡块毒饵

配方：

灭鼠优原粉　1份　　　　　　　　　　石蜡　35份（54号）

植物油　4份　　　　　　　　　　　　莜麦　45份

鱼粉　15份

加工方法：将灭鼠优原粉、鱼粉、莜麦、植物油混合均匀，倒入熔融的石蜡中，快速混匀，立即制成所需剂型，冷却后即成1%蜡块毒饵。

（4）2%灭鼠优高粱毒饵

配方：

灭鼠优原粉　2份　　　　　　　　　　高粱米　95份

食用油　3份

加工方法：将95份高粱米润湿，加3份食用油拌匀，倒入2份灭鼠优原粉拌匀即可。

10. 1%甘氟灭鼠毒饵

配方：

甘氟原药　1kg　　　　　　　　　　　花生油　1kg

水　5kg　　　　　　　　　　　　　　白糖　2.5kg

警戒色　适量　　　　　　　　　　　　曲酒　1kg

大米　100kg

加工方法：取1kg甘氟原药置于桶内，加水5kg，掺入适量警戒色混匀，然后加入大米100kg，花生油1kg，白糖2.5kg，曲酒1kg，充分搅拌均匀制成1%的毒饵，再用塑料布密封2h后，打开晾干，分装待用。

11. 敌鼠钠盐毒饵

原药规格：80%粉剂、含量≥80%

毒饵规格：0.025%～0.05%毒饵

（1）0.025%～0.05%敌鼠钠盐毒饵

配方：

敌鼠钠盐粉剂　6.25g（含有效成分5g）　　　热水（80℃）　适量

大米　1000g

加工方法：将敌鼠钠盐粉剂用热水溶解后，与大米混合，拌匀，吸附晾干后备用。

（2）0.025%～0.05%敌鼠钠盐毒饵

配方：

敌鼠钠盐粉剂　6.25g（含有效成分5g）　　　面粉　1000g

热水（80℃） 适量

加工方法：将敌鼠钠盐粉剂用热水溶解后，与面粉混合均匀后，成型、烘烤后备用。

12. 0.3%毒鼠磷大米毒饵

配方：

毒鼠磷 3g　　　　　　　　　　　　大米 1kg

酒精 30mL　　　　　　　　　　　　植物油 少量

水 200mL　　　　　　　　　　　　食糖 少量

加工方法：取毒鼠磷3g，加30mL酒精使药溶化后，加冷水200mL，拌上大米1kg，让药液被大米吸干，再加少量植物油和食糖即成。

13. 鼠立死谷物毒饵

配方：

鼠立死 14g　　　　　　　　　　　　水 2.8L

乙醇 56.7g　　　　　　　　　　　　谷物 适量

加工方法：采用浸泡法，将14g鼠立死溶解于56.7g乙醇中，加水2.8L配成药液，用以浸泡适量谷物。

14. C型肉毒棱菌灭鼠毒饵

C型肉毒杀鼠素的有效成分是C型肉毒棱菌毒素，是一种神经麻痹毒素。产品为100×10^4毒价/mL C型肉毒杀鼠素水剂。

配方1：

C型肉毒棱菌生化杀鼠剂溶液 500mL　　　水 20L

红豆草草粉颗粒 375kg

加工方法：取500mL C型肉毒棱菌生化杀鼠剂溶液，以1∶40比例加水稀释，用手压喷雾器将稀释液分3次均匀喷洒于375kg红豆草草粉颗粒上，配成750∶1的红豆草草粉粒毒饵。

配方2：

C型肉毒棱菌生化杀鼠剂溶液 50mL　　　水 10L

燕麦 50kg

加工方法：先在拌饵容器内放入清水10L，再倒入C型肉毒棱菌生化杀鼠剂溶液50mL，轻轻摇动，使其充分溶解，最后倒入燕麦50kg，充分搅拌，使每粒饵料都吸有药液。由于药剂的适口性好，不必加引诱剂，最好现配现用。

二、防治卫生害虫用毒饵的制备

1. 敌百虫灭蝇毒饵

原药规格：90%晶体；80%可溶性粉剂

毒饵规格：0.1%～0.5%毒饵

（1）0.1%～0.5%敌百虫灭蝇毒饵

配方：

敌百虫原药 0.5份　　　　　　　　　　水 90份

糖 5份　　　　　　　　　　　　　　　面包渣 适量

加工方法：将敌百虫、糖、水混合成毒液，倒入装有面包渣（米饭粒、麸皮、玉米粒）的浅盘内，让固体物稍露出液面，毒液浸透诱饵，放在家蝇活动处以杀灭家蝇。

（2）0.1%~0.5%敌百虫毒液

配方：

敌百虫原药　0.5份　　　　　　　　　　水　55份

米汤　44.5份

加工方法：将敌百虫、米汤、水混合，制成敌百虫0.5%溶液，以每平方米50~100mL涂刷墙面，可毒杀大量家蝇。

2. 含引诱剂的灭蝇毒饵

（1）吲哚　吲哚商品名称为苯并吡咯，对体虱成虫高毒，并有杀卵作用。

配方：

吲哚　1份　　　　　　　　　　　　　硫酸铵　5份

亚油酸　1份　　　　　　　　　　　　鱼粉　88份

三甲胺盐酸盐　5份

（2）呋喃酮　呋喃酮可供食用，对人、畜安全无毒，不但对家蝇有较强的引诱力，对蟑螂和蚊类也有引诱作用。

配方：

敌百虫　800mg　　　　　　　　　　蔗糖　3.5g

呋喃酮　200μg　　　　　　　　　　水　20mL

加工方法：将敌百虫、呋喃酮、蔗糖和水混合，即制成灭蝇毒液。

（3）诱虫烯　诱虫烯的化学名称是顺9-二十三碳烯，是化学合成的引诱雄虫的雌家蝇信息素，对家蝇具有极大的引诱活性。

配方1：

蔗糖　40%　　　　　　　　　　　　灭蝇威　0.5%

诱虫烯　0.4%　　　　　　　　　　　玻璃粉　59.1%

配方2：

诱虫烯　0.003%　　　　　　　　　　蔗糖脂肪酸酯　3%

苯醚威　3%　　　　　　　　　　　　脱脂牛奶　10%

聚乙烯苯二甲酰亚胺　10%　　　　　　水　补齐100%

蔗糖　10%

（4）0.03%溴氰菊酯毒蝇液

配方：

溴氰菊酯　0.03%　　　　　　　　　　乙醇　0.5%

红糖　10%　　　　　　　　　　　　　淀粉　5%

酵母浸汁　1%　　　　　　　　　　　水　适量

粪臭素　0.02%

加工方法：将上述原料混合均匀即可。

3. 蚂蚁毒饵配方

配方1：

硼砂　50份　　　　　　　　　　　　淀粉　12.5份

糖　37.5份

加工方法：将上述原料混合均匀即可。

配方2：

敌百虫原药　5份　　　　　　　　　　　　糖　50份

硼砂　45份

加工方法：将上述原料混合均匀即可。

配方3：

氟化钠　50份　　　　　　　　　　　　　　糖　50份

加工方法：将上述原料混合均匀即可。将毒饵布放于蚁窝周围，可毒杀窝内大量成蚁和幼蚁。

4. 敌百虫灭蟑丸（片）

配方：

敌百虫原药　2份　　　　　　　　　　　黄豆粉　20份

硼砂（或硼酸）　10份　　　　　　　　　面粉　48份

麦芽糖　20份

加工方法：将上述物料混合，加适量水和成面团，捏制成粒径3～5mm的丸剂，或用压片机压制成片，密封包装备用。

5. 含引诱剂的防蟑螂毒饵

配方1：

稻草粉　6g　　　　　　　　　　　　　　面粉　13g

洋葱汁　15g　　　　　　　　　　　　　　糖　1g

硼酸　15g　　　　　　　　　　　　　　　牛奶　12g

加工方法：将洋葱约35g压榨后取15g汁液用作引诱剂，与研磨好的6g稻草粉混合，再与硼酸15g、面粉13g、糖1g、牛奶12g捏制成型，经干燥得杀蟑螂毒饵。

配方2：

酵母粉　21份　　　　　　　　　　　　　甘油　2份

麦芽糖　8份　　　　　　　　　　　　　　7-溴-5-氯-8-羟基喹啉　0.25份

燕麦　53.25份　　　　　　　　　　　　　水　12.5份

木质素磺酸钙　3份

加工方法：将上述原料混合后造粒得到一种杀蟑螂毒饵。

三、其他毒饵

1. 灭蜗牛毒饵

配方：

金属络合物　1.6g　　　　　　　　　　　巧克力　3g

玉米粉　5.4g　　　　　　　　　　　　　淀粉　2g

豆粉　8g　　　　　　　　　　　　　　　水　适量

加工方法：采用试验用小型包衣机加工成颗粒状毒饵。将有效成分与引诱剂混合均匀备用；适量淀粉加水煮沸调成糊状，加入混合均匀的豆粉、玉米粉，然后将两者混合均匀，加适当的水调成具有一定湿度的混合物。将调配均匀的混合物放入小型包衣机中，旋转进行包衣造粒。获得的产品经干燥、过筛，得粒径为0.45～0.90mm的成品。

2. 灭茶翅蝽毒饵

配方：

20%灭扫利　1份　　　　　　　　　水　20份

蜂蜜　20份

加工方法：将上述原料混合后充分搅拌均匀即可，涂抹在2~3年生树枝上，在幼果期使用防效最佳，在无雨情况下，药效10~15d。

第五节　毒饵的质量控制指标及检测方法

毒饵作为一种特殊剂型与其他农药剂型有很大区别。首先，其有效成分含量较低，进行含量分析时需取较大量样品；其次，由于加工方法的随意性较大，很难有统一规范的物理机械指标供检测使用，特别是由于载体（饵料）没有严格的规范，所以很难有统一的标准，如粒度、稳定性、水溶性、分散性等。因此，对毒饵进行质量控制时，需根据实际情况来掌握质量指标，并制定较为方便和科学的检测手段。

一、质量控制指标制订原则

根据毒饵的加工方法和防治对象，制订毒饵的质量控制指标和检测方法时应掌握以下原则：

① 取样量应适当加大，根据有效药物含量，毒饵的取样应在10~100g。

② 对于固体颗粒制剂，应保证一定的几何尺寸和外形，使制剂的几何分布有一定的合理性和规范性。如粒度应保证在某一范围内的样品量占总取样量的85%~95%。

③ 对于粉状毒饵，应保证细度均匀，不结块，85%~95%样品能通过一定目数筛网。

④ 对于液体毒饵，应保证无明显悬浮物，无机械杂质，一定时间内不分层。

⑤ 样品的酸碱度适当，以保证有效物在使用期间的含量。

⑥ 稳定性，样品中有效物含量应保证在一定时间内对防治对象有效。

⑦ 颜色，应保证与一般粮食等有明显区分。

二、质量指标的检测方法

有效成分含量是毒饵的主要指标，应严格控制，至于其他各项指标则根据毒饵的种类（固、液）和实际情况制订相应的指标和方法。

1. 有效成分含量分析

以敌敌畏饵剂为例说明。

分析方法：红外分光光度法。

实验原理：用氯仿从饵剂中萃取出敌敌畏，再用红外分光光度法分析。

分析步骤：制作一根萃取柱，加入足量的硅藻土，使其在装得较松时有5cm高。将容量瓶置于柱的下口。准确称取含有0.2~1.0g敌敌畏的足量样品，用氯仿转入柱中，并用氯仿淋洗盛样品的容器。

在通风橱内操作，加50mL氯仿到柱子中，开动搅拌器，剧烈搅拌样品，使上部的吸附剂与溶剂形成稀浆液。取出搅拌器，用洗瓶中的氯仿淋洗搅拌器及柱内壁，让溶剂通过柱渗滤，直到液面降到硅藻土层以上几毫米处。

用氯仿重复淋洗三次（3×50mL），当最后一次氯仿萃取的溶剂层降到2~3mm高时，用氯仿淋洗柱子（3×10mL），在加下一份氯仿前要让前一份氯仿进到硅藻土层中，让柱流干并用氯仿淋洗柱下口尖端，洗液全收集在容量瓶中。将氯仿洗出液转移到蒸发皿中，在蒸气浴上蒸发到40~50mL。取出蒸发皿，于室温下继续蒸发到10~15mL，用氯仿定量转移到一个容量瓶中，该瓶的容积在定容后应使敌敌畏的浓度正好为0.5~1.0g/100mL。而后用已知的方法分析。

2. 毒饵（颗粒状）粒度的测定

取一定量样品（200~400g）放置于一特定的筛网上，按常规方法振动、筛分，对筛上、下产品进行称量，求出产品粒度范围。注意：对于几何形状特殊的毒饵，应选用特制的筛网或其他装置。对于粉状毒饵细度测定可照此法。

3. 毒饵（液状）外观

取适量样品（100mL）于100mL量筒中，在自然散射光线下观察，样品应无明显悬浮物或不溶物，不分层。

4. 样品酸碱度的测定

称取1g样品，放入盛有50mL水的烧杯中，加水至100mL，强烈振摇1~3min。然后测定混合物的pH值。

① 仲裁或需准确测定时用pH计和玻璃电极测定液体的pH值。

② 车间生产中控是用pH广泛试纸测定pH值的。一般农药剂型要求其pH值为6~7。

以上产品质量控制指标及检测方法仅供生产厂家参考。如前所述，由于毒饵的多样性和复杂性，其质量控制指标很难严格统一。除了有效成分含分析方法之外，也很难有统一的检测方法，各生产厂家应根据实际生产情况掌握；同时，标准部门也应尽快制订相应的毒饵技术标准，以便参照执行。

第六节　毒饵的品种

毒饵的制作方法较为简单，所以国内有许多厂家生产，品种也较多。灭虫毒饵因防治对象和杀虫剂品种的复杂多样而存在很大的差异。用于防治软体动物、蝙蝠、害鸟、臭鼩等其他有害生物的毒饵不是很多。在毒饵的应用中，以灭鼠毒饵的应用最为广泛。

1. 磷化锌（zinc phosphide）

其他名称：耗鼠尽。

毒性：大鼠急性经口LD$_{50}$为47mg/kg（40.5~45.7mg/kg），对哺乳动物和鸟类剧毒，可引起二次中毒。

母药：90%磷化锌原粉。

毒饵规格：1%、3%磷化锌饵剂；1%、3%磷化锌糊剂。

作用方式与特点：为广谱杀鼠剂，属高毒、急性无机杀鼠剂。鼠吞食后即与胃液中的盐酸作用，放出剧毒的磷化氢，使鼠类中枢神经系统麻痹，血压下降，休克致死。用于杀灭家鼠、田鼠及其他啮齿类动物。应用时一般配成毒饵，连续投药，鼠会产生拒食现象，可与其他杀鼠剂配合使用。

使用方法：以配制毒饵为主，防治家栖鼠种，宜选用1%～2%的有效成分含量；防治野栖鼠种，毒饵中有些成分含量可提高至2%～3%。磷化锌不溶于水，溶于油类，配制时常用约3%植物油作为黏着剂。

毒饵的投放：防治家鼠，每个房间投2～3堆，每堆3～5g。注意毒饵应放在鼠类活动较频繁而家畜不常去的地方。防治野栖鼠类，可按洞投放毒饵，每个洞旁投5g，亦可以采用3m×3m投一堆，每堆5g的等距离投放方式。

毒糊的使用：用玉米穗轴（或草团、纸团等）一端黏毒糊，塞入鼠洞内，鼠出洞时被迫啃食毒糊中毒而死。

注意事项：

① 配制毒饵要在室外顺风操作，操作者要戴口罩和手套，要用棍棒搅拌，不可用手，工作后要立即用肥皂洗手洗脸。

② 磷化锌及配好的毒饵遇湿会放出有毒的磷化氢气体，必须密封并放在干燥且小孩不能接触的地方，避免高温或与酸类物质接触。

③ 投放后残余毒饵和鼠尸要集中处理。

中毒和急救：人体中毒后会有头疼、恶心、腹痛、腹泻、咽干、地热、气短、四肢无力、全身麻木症状，严重者抽搐、休克。中毒后应立即服催吐药剂、洗胃。可口服0.1%硫酸铜溶液，每隔5～10min服1汤匙，直至引起呕吐为止，呕吐后再轻服泻盐（内服硫酸钠25g）。禁忌服用蛋白水、牛奶、脂肪和油类物质。要采取对症治疗，注意保护肝、心、肾。

2. 溴敌隆（bromadiolone）

其他名称：溴敌鼠；Musal（乐万通）；扑灭鼠。

毒性：原药对雄性大鼠急性经口LD_{50}为1.75mg/kg，雌性1.125mg/kg，家兔1.0mg/kg；家兔急性经皮LD_{50}为9.4mg/kg；大鼠急性吸入LC_{50}为200mg/m³，对皮肤无明显刺激作用，对眼睛有刺激性。鲇鱼LD_{50}为3mg/kg（48h），水蚤LC_{50}为8.8mg/L。野鸭LD_{50}为1000mg/kg，鹌鹑LD_{50}为1690mg/kg。会引起二次中毒。

母药：0.25%溴敌隆乳油。

毒饵规格：0.005%溴敌隆毒饵。

作用方式与特点：属第二代抗凝血杀鼠剂，适口性好、毒力强、广谱，对第一代抗凝血剂产生抗性的害鼠有效。作用于肝脏，对抗维生素K_1，降低血液凝固能力，阻碍凝血酶原的产生，破坏正常的血凝功能，损害毛细血管，使管壁渗透性增强。中毒鼠死于大出血。

使用方法：溴敌隆饵剂可以直接使用，浓液剂需要配成低浓度的毒饵，现配现用。用于防治家栖鼠和野栖鼠类。可用0.25%乳油配制0.005%毒饵，饵料采用大米、小麦等。防治家鼠每房间5～15g毒饵，每堆2～3g；防治野栖鼠，按鼠洞投放，药量适当提高。中毒死鼠应深埋。

注意事项：

① 在第一代抗凝血性杀鼠剂未产生抗性之前不宜大面积推广，等发生抗性后再使用才能更好地发挥其作用。

② 避免药剂接触眼睛、鼻、口或皮肤，投放毒饵时不可饮食或抽烟。

③ 操作者施药完毕后应彻底清洗。

中毒和急救：轻微中毒症状为眼或鼻分泌物带血、皮下出血或大小便带血；严重中毒症状包括多处出血、腹背剧痛和神智昏迷等。如发生误服中毒，不要给中毒者服用任何东西，不要使中毒者呕吐，应立即求医救治。解药是维生素K_1，具体用法为：①静脉注射5mg/kg维生素K_1，于需要时重复2~3次，每次间隔8~12h。②口服5mg/kg维生素K_1，共10~15天。③输200mL的柠檬酸酸化血液。

3. 杀鼠迷（coumatetralyl）

其他名称：杀鼠醚；立克命；鼠毒死；克鼠立；毒鼠萘；杀鼠萘；追踪粉。

毒性：原药对雄性大鼠急性经口LD_{50}为5~25mg/kg；急性经皮LD_{50}为25~50mg/kg。狗、猫、鸟无二次中毒危险。虹鳟鱼LD_{50}为100mg/kg（96h）。对益虫无害。

母药：0.75%杀鼠迷母粉；3.75%杀鼠迷水剂；2%杀鼠迷油基浓缩剂；0.8%杀鼠迷液剂。

毒饵规格：0.0375%杀鼠迷毒饵。

作用方式与特点：属第一代抗凝血杀鼠剂，能破坏凝血机能，损害微血管引起内出血。具有慢性、高效、广谱、适口性好、有一定引诱作用等特点，潜伏期7~12天。可以有效杀灭对杀鼠灵产生抗性的鼠，这一特点又类似于第二代抗凝血杀鼠剂。

使用方法：使用时将0.75%杀鼠迷粉剂制成毒饵；取面粉19份，0.75%杀鼠迷粉剂，加鱼骨粉、蔗糖、食用油为引诱物质，加少量红或蓝墨水染色，拌匀后用温水和成面团。加工成粒状，晾干即可使用。投毒饵30~45g/100m²，分3~5堆安放，投药后4~5d达高峰期，防效85%以上。

注意事项：毒饵现配现用，投放时应尽量避免家禽、家畜接近。

中毒和急救：出现误食或中毒，可用维生素K_1，严重时可用维生素K_1剂做静脉注射。

4. 杀鼠灵（warfarin）

其他名称：灭鼠灵；华法林。

毒性：对家鼠急性LD_{50}为3mg/kg（14mg/kg），另有报道小鼠急性经口LD_{50}为374mg/kg，对狗的LD_{100}为20~50mg/kg（200~300mg/kg），对猫的LD_{100}为5mg/kg。对鸡、鸭、牛、羊毒力较小，对猪、狗、猫较敏感。

母药：2.5%杀鼠灵母粉。

毒饵规格：0.025%杀鼠灵毒饵。

作用方式与特点：属抗凝血性杀鼠剂。作用机制是抑制维生素K_1的合成，在动物肝脏内阻碍血液中的凝血酶原的合成，是使用最早的慢性灭鼠药。

使用方法：主要用于居住区、粮库、家禽饲养场杀灭家鼠。将配制的毒饵投放在鼠类经常活动的地方，每天检查，吃掉补投，全吃加倍，连续1周，供鼠食取。投药，3d后发现死鼠，1周内出现高峰。

注意事项：

① 必须多次投饵，使鼠每天都能吃到毒饵，间隔时间最多不超过48h，注意充分发挥其慢性毒力强的特点。

② 对禽类比较安全，适宜在养禽场使用。

③ 本品应贮存在阴凉、干燥的场所，注意防潮。

④ 死鼠应集中深埋。

中毒和急救：中毒症状为腹痛、背痛、恶心、呕吐、齿龈出血、皮下出血、关节周围出血、尿血、便血等全身广泛性出血，持续性出血可引起贫血，导致休克。在急救过程中要注意保持病人安静，用抗菌素预防合并感染，且需对症治疗。维生素K_1是有效的解毒剂。

5. 溴鼠隆（brodifacoum）

其他名称：大隆；溴联苯鼠隆；溴敌拿鼠；溴鼠灵；可灭鼠；杀鼠隆。

毒性：大鼠急性经口 LD_{50} 为0.26mg/kg，小鼠0.4mg/kg，兔0.29mg/kg，大鼠急性经皮 LD_{50} 为10～50mg/kg。另有报道原药对大鼠急性经口 LD_{50} ＜0.72mg/kg，褐家鼠急性经口 LD_{50} 为0.26～0.32mg/kg，大鼠急性吸入 LC_{50} 为0.5～5mg/m³，家兔急性经皮 LD_{50} 为50mg/kg。对眼睛有中度刺激性，对皮肤也有刺激作用，不致过敏。Ames试验阴性，未见胎仔致畸作用，无蓄积毒性。对鱼类和鸟类高毒。

毒饵规格：0.005%溴鼠隆毒饵。

作用方式与特点：属第二代抗凝血剂杀鼠剂，广谱，毒力强，居抗凝血剂之首，对抗性鼠种有效，适口性好，具有急性和慢性杀鼠作用。

使用方法：用于防治野栖鼠和家栖鼠类。如防治农田害鼠，在害鼠出入路线每50m²设一饵点，每点投药5～10g，必要时补投吃去的毒饵，4～8d见效。防治家鼠每隔5m设一饵点。每点20～30g，必要时1周左右补充毒饵。

注意事项：①在鼠没有对第一代抗凝血剂产生抗性前，不宜大面积推广使用大隆。②溴鼠隆高毒，有二次中毒现象，勿在可能污染食物和饲料的地方使用，死鼠应深埋。③原罐贮存，紧密封盖，远离儿童、家禽和家畜，避免阳光直射和冰冻。

中毒和急救：如果误服，几小时之内可用干净的手指插入喉咙引吐，并立即送往医院救治。解药为维生素K（phytomenadione）：成人每日40mg，分次服用；儿童每日20mg，分次服用。但应在医生指导下用药，口服、肌肉注射或者缓慢静脉注射均可。最好检测前凝血酶素倍数和红血素含量。病人应留院接受医生观察，直至前凝血酶素倍数恢复正常，或直至不再流血。

6. 安妥（antu）

毒性：挪威大鼠急性经口 LD_{50} 为6～8mg/kg，狗经口 LD_{50} 为380mg/kg，猴经口 LD_{50} 为4250mg/kg，人 LD_{50} 为588mg/kg，猫 LD_{50} 为100mg/kg，本药剂生产原料 α-萘胺为致癌物质，可能会潜在产品中，故一些国家已停止使用。

母药：95%、20%、50%、5%～10%安妥粉剂。

毒饵规格：0.5～3%毒饵。

作用方式与特点：属硫脲类急性杀鼠剂，鼠类吞食后肺肿组织遭到破坏，引起肺水肿，血糖增高，肝糖降低，体温下降，产生严重呼吸困难及口舌干燥，常到户外呼吸新空气，找水喝，最后窒息而死。选择性强，主要用于防治褐家鼠及黄毛鼠，对其他鼠种毒性较低。该药剂有强胃毒作用，也可损害鼠类呼吸系统。一般食后6～72h内死亡。安妥适口性好，初次使用效果理想，但摄入亚致死剂量后会产生很强的耐药性，药能力可提高7～50倍，并对其他硫脲衍生物产生交互抗性。

使用方法：安妥以配制毒饵来防治鼠类，毒饵有效成分为0.5%～3%，配制方法同磷化锌杀鼠剂。例1，0.5%安妥胡萝卜毒饵（或用水果、蔬菜代替），每房间放2～3堆，每堆毒饵量10～20g，3d后回收剩余毒饵。例2，安妥原粉1份、鱼骨粉1份、食用油1份、玉米面97份，混合均匀后加适量水和成面团，并制成黄豆粒大小毒饵丸，每房间放置2～3堆，每堆10～20g；防治褐家鼠效果甚好。也可制成2%安妥小麦毒饵应用。

注意事项：

① 毒杀鼠类时，必须把食品等物收藏起来，水缸、水壶应盖好。室外放些水，让中毒

老鼠外出喝水并死在室外。死鼠要集中深埋。

②鼠类一次取食未达致死剂量即会产生抗性，抗性可持续6个月之久。

③同一地区重复使用安妥要间隔6个月以上。

中毒和急救：中毒症状有恶心、呕吐、口渴、头晕、嗜睡等。严重中毒为呼吸困难、紫绀、肺水肿，部分病人可发生胸腔渗液、肺部出血、肝、肾坏死等。无特效解药，误毒者应及时催吐，用高锰酸钾溶液洗胃及导泻，忌用碱性溶液洗胃，尽快排除毒物。注意保持患者体温，用10%硫酸钠5mL静脉注射，或内服硫脲治疗。禁用二巯基丙醇（BAL）和食油。注意预防肺水肿，必要时应用正呼气终压换气法吸氧（PEEP）。需要补液时，只能给高渗葡萄糖慢滴。

7. 氟鼠酮（flocoumafen）

其他名称：杀它仗；伏灭鼠；氟鼠灵；氟羟香豆素。

毒性：原药对大鼠急性经口LD_{50}为0.25～0.4mg/kg，急性经皮LD_{50}为0.54mg/kg，对皮肤和眼睛无刺激作用。虹鳟鱼LD_{50}为0.0091mg/kg，野鸭经口LD_{50}为1.7mg/kg。

母药：0.1%氟鼠酮粉剂。

毒饵规格：0.005%氟鼠酮毒饵。

作用方式与特点：属第二代抗凝血剂，用于抑制维生素K_1的合成。具有毒力强、适口性好、灭鼠效果显著等优点。对非靶标动物比较安全，但狗对其比较敏感。

使用方法：可防治家栖鼠及野栖鼠和对其他类杀鼠剂产生抗性的鼠种，使用时可将0.1%粉剂配制成0.005%毒饵；用19份谷物饵料泡胀稍晾后，加入0.1%氟鼠酮粉剂，充分拌和即可使用。防治家鼠每房1～3个饵点，每点3～5g，必要时3～6d后补加；防治野栖鼠按50m^{2}设一个点，每点5～10g毒饵堆放。氟鼠酮高毒，使用时注意安全。

注意事项：

①使用时避免接触皮肤、眼睛、鼻子或嘴。操作结束后洗净手、脸和其他裸露皮肤。

②谨防儿童、家禽及鸟类误食，放在远离食物和饲料的地方。

中毒和急救：误食少量没有中毒症状，除非误食了大量毒饵。出血的症状可能要推迟几天才发作。较轻状为尿中带血、鼻出血或眼分泌物带血、皮下出血、大便带血。如果多处出血，则有生命危险。严重的中毒症状为腹部和背部疼痛、神志不清、脑溢血，最后由于内出血造成死亡。如药剂接触皮肤或眼睛，应用清水彻底冲洗干净，如误服中毒，不要引吐，应立即送往医院救治。抢救前应确定前凝血酶的倍数或做凝血酶的试验，应根据这两个化验结果进行治疗。静脉缓慢滴注维生素K_1，进药量每分钟不超过1mg，按此方法最初的给药量不超过10mg。

8. 氯鼠酮（chlorophacinone）

其他名称：鼠顿停；氯敌鼠；鼠可克；可伐鼠。

毒性：雄性大鼠急性经口一次染毒LD_{50}为9.6mg/kg，雌性LD_{50}为13mg/kg，5次染毒雄性LD_{50}为0.16mg/kg，雌性LD_{50}为0.18mg/kg，对家禽、牲畜较安全，但对狗敏感。

母药：0.25%氯鼠酮油剂；0.5%氯鼠酮母粉。

毒饵规格：0.005%、0.0075%、0.03%氯鼠酮毒饵。

作用方式与特点：属第一代抗凝血杀鼠剂，杀鼠机制类似敌鼠和杀鼠迷。有对鼠毒性大，适口性好、靶标广、对人畜安全、作用缓慢、灭鼠效果好等特点。氯鼠酮是唯一易溶于油的抗凝血杀鼠剂，因此易溶于饵料中，所以不会因淋雨而减弱毒性，适合野外灭鼠使用。对人、畜、家禽均较安全，狗比较敏感。

使用方法：用于防治家栖和野栖鼠类。使用时用0.5%母粉或0.25%油剂配成毒饵诱杀。如取1份0.5%母粉加到99份面粉及适量水中，和成面团，制成粒状或块状毒饵，家鼠每房间放1~3堆，每堆3~5g，野鼠按50m^{2}放1堆，每堆10g。注意预防误食或其他中毒事故，收集后死鼠必须深埋。

注意事项：

① 应将药剂放于阴凉干燥处，远离食品，不让儿童接触，包装不得再作他用。

② 死鼠应收集深埋。

中毒和急救：中毒者应口服维生素K$_1$或做静脉注射10~20mg。

9. 灭鼠优（pyrinuron）

其他名称：鼠必灭；抗鼠灵。

毒性：大鼠急性经口LD$_{50}$为18mg/kg，雌小鼠LD$_{50}$为84mg/kg，雄兔LD$_{50}$约为300mg/kg。急性经口褐家鼠LD$_{50}$为4.75mg/kg，黄胸鼠LD$_{50}$为32mg/kg，黄毛鼠LD$_{50}$为17.2mg/kg，小家鼠LD$_{50}$为45mg/kg。狗、猫、猪LD$_{50}$＞500mg/kg，鸡LD$_{50}$＞10mg/kg。无二次中毒危险。

母药：95%灭鼠优粉剂。

毒饵规格：0.5%~2.0%灭鼠优毒饵。

作用方式与特点：为高毒、速效杀鼠剂。不是抗凝血剂，而是干扰烟酰胺的代谢，使神经麻痹并肺部障碍而死。对鼠类具有极强的胃毒作用，只要吞食一次即可杀死。本品在目标动物与非目标动物之间有较宽的毒性范围，对灭鼠灵产生抗性的鼠类亦能歼除。老鼠只要食取0.5g就在4~8h死亡。

使用方法：灭鼠优为黄色粉状物，多以黏附法配制毒饵防治害鼠。毒饵中有效成分含量为0.5%~2%。

注意事项：

① 灭鼠优为高毒杀鼠剂，施药人员必须身体健康，配制毒饵时需穿戴防护服。

② 操作后要认真清洗工具，污水和剩余药剂要妥善处理与保管。

③ 死鼠要收集深埋。

中毒和急救：灭鼠优通过消化道引起中毒，可导致糖尿病、神经系统损害、周围神经炎。表现为丧失光反射、尿潴留等症状。急性中毒引起呕吐、惊厥，误中毒时应及时洗胃、催吐、注射菸酰胺和胰岛素等特效药。

10. 鼠甘伏（gliftor）

其他名称：伏鼠醇；甘氟；氟鼠醇；鼠甘氟。

毒性：对褐家兔急性经口LD$_{50}$为30.0mg/kg，（LD$_{100}$为35mg/kg），达乌里鼠兔LD$_{50}$为3.38mg/kg，草原黄鼠LD$_{50}$为4.5mg/kg，长爪沙土鼠LD$_{50}$为10.0mg/kg，中华鼢鼠LD$_{50}$为2.8mg/kg，豚鼠LD$_{50}$为4.0mg/kg，对家禽较安全，鸡LD$_{50}$为1500mg/kg、鸭LD$_{50}$为2000mg/kg。对家畜毒性高。Ames试验、小鼠骨髓细胞微核试验、小鼠睾丸原细胞染色体畸变试验均为阴性，无明显蓄积性。

毒饵规格：0.1%、1.5%鼠甘伏毒饵。

作用方式与特点：为高毒、速效氟醇类杀鼠剂，已禁用。

使用方法：主要用于野外灭鼠，尤其适用于草原牧区。能通过皮肤吸收，可经消化系统、呼吸系统或皮肤接触致鼠中毒死亡。使用含量0.6%，用于住宅、仓库、轮船等灭鼠时，将毒饵投放于鼠洞内（旁）或鼠经常活动的地方，每间房间投放4堆，每堆5~10g，田间灭鼠时每洞10g，投药后24h可见死鼠，2~4d出现高峰，4d后控制鼠患。

11. 敌鼠（diphacinone）

其他名称：敌鼠（钠），野鼠净；双苯杀鼠酮；得伐鼠；敌鼠钠盐。

毒性：敌鼠对大鼠急性经口LD_{50}约为3mg/kg，狗LD_{50}为3~7mg/kg，猫LD_{50}为14.7mg/kg，猪LD_{50}为150mg/kg，鱼LC_{50}为10mg/kg，鸟$LD_{50}>270$mg/kg。敌鼠钠盐对小鼠一次毒力LD_{50}为78.52mg/kg，4次给药LD_{50}为3mg/kg。

母药：80%敌鼠钠盐。

毒饵规格：0.005%毒饵（粒剂）。

作用方式与特点：为慢性杀鼠剂。是应用广泛的第一代抗凝血剂。靶谱广、适口性好、作用缓慢、效果明显。当服用达致死剂量后，破坏鼠血中凝血酶亢，使凝血时间延长，鼠内脏大量出血而缺氧，因此大部分鼠在死亡前会跑出洞外，精神不振，行动迟缓，直至死亡。

使用方法：用于住宅、粮库、车船码头等地杀灭家鼠。也可用于旱田、稻田、林区、草原杀死野鼠，使用含量为0.025%~0.05%，连续多次投毒，也可用0.01%的毒饵1次投放。毒饵配制大都用米或面，也可用地瓜丝、胡萝卜丝等饵料，及鼠喜欢吃的其他食物，加2%~5%食油效果更好。如0.05%米饵的配制，将0.5g敌鼠钠盐溶于适量热水（80℃以上），用其浸泡1000g米，使药剂均匀吸收，晾干即成米饵。或将0.5g敌鼠钠盐溶于适量热水，用1000g面粉和匀烤成面饼，即成面饵。

注意事项：

① 该药对人、畜虽比某些杀鼠剂安全，但仍会发生误食中毒，应加强保管，远离粮食、种子、饲料和儿童。

② 对鸡、猪、牛、羊较安全，但对猫、狗、兔较敏感，会发生二次中毒，死鼠应深埋。

中毒和急救：误食后临床表现因人而异，可分为两类。一类为急性型，当误食较小剂量（如10~60mg）时，立即感到不适、心慌、头晕、恶心、低烧（37℃以下）、食欲不振、全身皮疹，几日后不治自愈。重者（如800mg）则出现头晕、腹痛、不省人事、口鼻有血性分泌物、血尿、全身暗红色丘疹等现象。另一类为亚急性，有的人误食量在1g以上时，一般3~4天后才发病，表现为各脏器官及皮下广泛出血。出现头晕、面色苍白、腹痛、唇紫白、呕血、咯血、皮下大面积出血以及休克等症状，误食药量与发病轻重成正比。若出血发生于中枢神经系统、心包、心肌或咽喉等处，均可危及生命。急救措施：急性患者误食较大剂量时，应立即洗胃，加强排出，一般可用抗过敏药物，重者可用皮质素口服或静脉注射，必要时输血；亚急性患者出血严重时，应绝对卧床休息。治疗：急性或慢性失血过多者，应立即输血，并每日静脉滴注维生素K_1、维生素C与氢化可的松。一般少量出血者，可肌注维生素K_1，口服维生素C与肾上腺皮质素。若误食野鼠净粒剂，可喝1~2杯水，并引吐，可用干净手指触咽喉使其呕吐，然后送往医院治疗。若凝血时间超过正常人的两倍（15s）时，需口服维生素K_1。

12. 毒鼠磷（phosazetin）

其他名称：Gpphacide；Phosacetim；毒鼠灵。

毒性：小鼠急性经口LD_{50}为15mg/kg，皮肤吸收急性LD_{50}为60mg/kg。沙土鼠经口LD_{50}为

12mg/kg，黄土鼠LD$_{50}$为20mg/kg。

母药：90%、85%、80%毒鼠磷原粉。

毒饵规格：0.1%～1.0%毒饵。

作用方式与特点：为高效、高毒、广谱性有机磷杀鼠剂。毒理主要是能抑制血液中胆碱酯酶的活性，鼠中毒后表现流口水、出汗、尿多、血压升高、抽筋，最终死于呼吸道充血和心血管麻痹，服药后10h即死亡。对野鼠毒性大，但对黄鼠、鸡和肉食动物比较安全，二次中毒的危险较小。

使用方法：用于杀灭砂土鼠、鼹鼠、布氏田鼠、高原鼠兔、黑线姬鼠、田鼠和地鼠。对家鼠灭效不稳定。将毒鼠磷混入粉末粮食中，加警色，然后加少量水将其加工成条状、块状或片状，烘干后即可使用。亦可直接混入鼠类喜食的食物。毒饵中有效成分含量为0.5%～1%，鼠类食入致死剂量的毒饵后，一般在4～6h出现中毒症状，多在24h内死亡。

注意事项：毒鼠磷的口服和经皮毒性都很高，保管和使用都需按剧毒农药的有关规定处理。

中毒和急救：中毒数小时内可出现的症状为头疼、多汗、瞳孔缩小、呕吐、腹泻、肌肉颤搐、惊厥、呼吸困难和视力模糊等。中毒后的解毒方法与其他有机磷农药相似，中毒要立即催吐、洗胃和导泻，皮下注射或静脉注射硫酸阿托品，重症患者，注射阿托品总量可达20～65mg。此外，还可肌肉注射氯磷定0.5～1.5g。

13. 鼠立死（crimidine）

商品名称：杀鼠嘧啶；甲基鼠灭定。

毒性：大鼠急性经口LD$_{50}$为1.25mg/kg，兔LD$_{50}$为5mg/kg。无累积中毒，不引起非靶动物二次中毒。

毒饵规格：0.1%～0.4%鼠立死毒饵。

作用方式与特点：为高效、剧毒、急性杀鼠剂。中毒症状为典型的神经性毒剂症状，首先表现为兴奋不安，继而强制性痉挛、惊厥，其选择性毒力认为是进入机体后，被代谢产生维生素 B$_6$的拮抗剂，作为一种酶抑制剂，破坏了谷氨酸脱羧代谢所致。本品灭鼠靶谱广，作用迅速，对家栖鼠和野栖鼠均有良好灭效。

使用方法：0.1%谷物毒饵可用于大鼠和鼹鼠，本品最大的用处是防治小鼠。

注意事项：施药场地需防家畜进入，以免误食。

中毒和急救：戊巴比妥钠或维生素B$_6$都是本品有效的解药。戊巴比妥钠可以保护吞服了10倍LD$_{50}$剂量的鼠，以免于死亡。维生素B$_6$解毒能力上限为30LD$_{50}$，最适宜的治疗剂量为20mg/kg。

14. C型肉毒棱菌肉毒素（botulinum）

商品名称：肉毒杀鼠素；C型肉毒杀鼠素；C型肉毒素。

毒性：原药对高原鼠兔急性经口LD$_{50}$为0.0342～0.05mg/kg。对眼睛及皮肤无刺激性。狗喂食LD$_{50}$为500～840mg/kg未见死亡。绵羊经皮无作用剂量为每天LD$_{50}$为30～60mg/kg。Ames试验、微核试验均为阴性，无致突变作用，动物试验未见致畸作用。小鼠蓄积毒性系数为2.83，属中度蓄积性。

母药：100×10^{4}毒价/mL C型肉毒素杀鼠水剂；冻干毒素。

毒饵规格：0.1%～0.2%有效成分毒饵。

作用方式与特点：杀鼠机制为药剂中一种蛋白质神经毒素被害鼠机体吸收后，作用于中枢神经的颅神经核、神经肌肉连接处以及植物神经的终极，阻碍神经末梢乙酰胆碱的释放，同时引起胆碱性能神经（脑干）支配区肌肉和骨骼肌的麻痹，产生软瘫现象，最后出现呼吸麻痹，导致死亡。

使用方法：用于低温高寒地区防治高原鼠兔及鼢鼠。采用0.1% ～ 0.2%有效成分配制成毒饵灭鼠，用饵量1125g/hm^2，投放毒饵要均匀，通常采用洞口投饵或等距离投饵法。

注意事项：

① 配制好的毒素液，一般放在冰箱内冷冻（−15～−5℃）保存，毒素冻结成冰块，使用时要先将毒素瓶放在0℃的冰水中，使其慢慢融化，不能用热水或加热溶解，以防因温度变化降低其毒性。

② 拌制毒饵时，不要在高温、阳光下搅拌，随拌随用。适口性好，一般不用加引诱剂。

③ 包装、运输、配制、保存和投饵方法与化学药物毒饵基本相同。

中毒和急救：C型肉毒素对人、畜比较安全，但在大面积灭鼠时万一不慎误食，可用C型肉毒棱菌抗血清治疗。

15. 红海葱（scillaran）

其他名称：Red squill, Dethdiet；Rodene, Rodine；Silmurin；Topzol；Raxon；海葱；海葱素；海葱糖苷。

产品来源：存在于海葱中的一类糖苷，从海葱的球根粉或球根萃取出红海葱和白海葱，两者都含有强心苷，但只红海葱可用于杀鼠。新鲜的白海葱虽然对鼠类也有效，但干燥时就失去毒性。

毒性：对雄大鼠的急性口服LD$_{50}$为0.7 mg/kg，对雌大鼠0.43 g/kg；猪和猫的存活剂量为16 mg/kg；对鸡为400mg/kg；对鸟基本无毒。

母药：红海葱球根干燥后磨制的粉剂（dethdiet）；以80%酒精萃取浓缩后的液剂（如Rodine）。

毒饵规格：0.015%有效成分的毒饵。

作用方式与特点：为急性杀鼠剂，它的综合中毒症状包括胃肠炎和痉挛，对心脏科产生毛地黄样作用。海葱素还是一种催吐剂，当被人和家畜取食后立即呕吐，是一种较好的专用杀鼠剂，在规定使用剂量下使用时，只能杀鼠，对其他温血动物无害。也有报道称本品效果不理想，靶谱不广，在我国曾小范围试用过。

使用方法：主要以毒饵投放灭鼠，其毒饵中含有效成分0.015%。

中毒和急救：误服后可以按照心脏病患者服用了过量糖苷的治疗方法进行治疗。

16. 毒鼠碱（strychnine）

其他名称：Certox；Kwik-Kill；Mole Death；Mouse-Nots；Mouse-Rid；Mouse-Tox；Phoenix；Ro-Dex；Sanaseed；Strychnos；土的年；马钱子碱；番木鳖碱。

产品来源：从植物马钱子中提取而得。

毒性：急性毒性大鼠经口LD$_{50}$为16mg/kg，大鼠腹腔LD$_{50}$为2.5mg/kg。对人和哺乳动物有剧毒，其致死剂量为1~30mg/kg（大鼠），0.75 mg/kg（狗），0.5~1.0mg/kg（猪），5.0mg/kg（家禽），30～60g/kg（人）。作用迅速，鼠食后1~4 h发病死亡。

母药：毒鼠碱盐酸盐；毒鼠碱硫酸盐。

毒饵规格：0.5% ～ 1.0%毒饵。

作用方式及特点：毒鼠碱是致痉挛杀鼠剂，直接作用于神经系统细胞，主要通过对脊髓的直接兴奋作用而引起强烈的癫痫样惊厥；死亡是由于惊厥而引起的肺功能障碍或由于抑制了呼吸中枢的活动。

使用方法：主要以毒饵投放灭鼠，毒饵使用浓度为0.5%~1.0%。

注意事项：

① 使用时佩戴防毒面具。

② 工作现场禁止吸烟、进食和饮水。工作后，淋浴更衣。单独存放被毒物污染的衣服，洗后再用。

17. 莪术醇（curcumol）

产品来源：又名姜黄环奥醇，从姜科植物蓬莪术［*Curcuma zedoaria*（Berg）Rose］或温莪术（*Curcuma wenchowensis* sp. Nov.）根茎中提取的一种倍半萜衍生物。莪术通过水蒸气蒸馏获得莪术油，莪术油中含有68%~70%的莪术醇。

毒性：莪术醇原药和0.2%饵剂属于低毒杀鼠剂。莪术醇原药和0.2%莪术醇饵剂大鼠（雌、雄性）急性经口LD_{50}＞4640mg/kg，急性经皮LD_{50}＞2150mg/kg，对皮肤无刺激性，原药对眼睛无刺激性，制剂对眼睛有轻度刺激性，属于弱致敏物。小鼠骨髓嗜多染红细胞微核试验和Ames试验结果均为阴性，不具致突变性。

制剂：0.2%莪术醇饵剂。

作用方式与特点：莪术醇为鼠类抗生育杀鼠剂，通过抗生育作用机理，使子宫内膜不再发生脱膜化学反应，分泌期被抑制，脱膜和胚胎脱落于宫腔中，破坏了的脱膜及绒毛膜组织使之蜕变以至坏死，继而产生内源性前列腺素加强子宫收缩，最终导致流产和不孕。该药剂在防除森林害鼠中适口性较好，见效快。

使用方法：

（1）农田灭鼠　0.2%莪术醇成品饵粒采用一次性饱和投放法，在鼠类进入繁殖期之前，采用等距离投饵法，投放间距为10m×10m，每间隔10m投放一袋，每袋50g，有效成分用药量10g/hm²。

（2）室内灭鼠　用92%母粉配制成饵料，在老鼠繁殖期前开始投放，按1:9的比例配制，将母粉一份加入添加剂（燕麦等）9份中，搅拌均匀后，再制粒为饵料，放置方法同农田灭鼠。

注意事项：

① 药剂应严格管理，饵料投放后要防止畜、禽误食。

② 处理药剂后，必须立即清洗暴露部分，以免中毒。

18. 毒芹碱（coniine）

产品来源：有毒植物毒参。

毒性：毒芹碱对人中毒的致死量为60~120mg，不同动物对毒芹碱的敏感性有很大差别，如蛙、小鼠的最大耐受量分别为1200mg/kg和40mg/kg，因呼吸麻痹而死。对大仓鼠和布氏田鼠的IDS分别为每公斤体重7mg左右和9mg左右。毒芹碱对小鼠的急性中毒症状表现为骨骼肌的自发性收缩、四肢阵发性和强制性痉挛以及全身抽搐、呼吸先兴奋后抑制、发绀、麻痹，因呼吸衰竭而死亡，并常有尿频、眼球突出。

作用方式及特点：毒芹碱属于急性药物。毒芹碱对布氏田鼠具有驱避作用，驱避指数（*K*）87.511，高于85的临界值。毒芹碱具有复杂的中枢和外周作用，主要作用于脊髓，从而阻断脊髓反射；对植物性神经节先兴奋后抑制，大剂量刺激骨骼肌，导致神经肌肉接点的阻断。作用于布氏田鼠后表现出中枢神经系统兴奋、拒绝取食、体重下降、消化障碍、肝脏受损的症状。

使用注意事项：毒芹碱的毒力比现行市售的普通急性杀鼠剂更强。如果需要利用则必须在投放之前加以稀释。

19. 雷公藤多苷（tripterysium glycosides）

其他名称：雷公藤内酯醇。

毒性：属中等毒性农药。小鼠急性经口LD$_{50}$（雄性）190.9 mg/kg，（雌性）185.97 mg/kg，急性经皮LD$_{50}$＞5000mg/kg。

作用方式及特点：雷公藤多苷具有抑制生育的作用，通过抑制鼠类生育、降低鼠类密度，减少鼠害造成的各种危害。可通过投饵防治田鼠。

使用注意事项：用双层聚乙烯塑料袋密封包装，包装件应存放在通风、干燥的库房中，防潮避光，密封保存。贮运时严防潮湿和日晒，不得与食物、种子、饲料混放，避免与皮肤、眼睛接触，防止由口鼻吸入。

20. 敌百虫（trichlorfon）

毒性：雌、雄大鼠急性经口LD$_{50}$为250mg/kg，经皮LD$_{50}$＞5g/kg（24h）。

作用方式与特点：为广谱、低毒的有机磷杀虫剂，在弱碱中可变成敌敌畏，但不稳定，很快分解失效。对害虫有很强的胃毒作用。

使用方法：

（1）防治地下害虫　防治地老虎、蝼蛄用量750～1500g（a.i.）/hm^2，先以少量水将敌百虫溶解，然后与60～75kg炒香的棉仁饼或菜籽饼拌匀。亦可与300～450kg切碎鲜草拌匀成毒饵，在傍晚撒施于作物根部土表诱杀害虫。

（2）防治卫生害虫　防治马、牛圈内的苍蝇，可用80%可溶性粉剂1∶100制成毒饵进行诱杀。

注意事项：药剂稀释液不宜放置过久，应现配现用。

中毒和急救：敌百虫直接抑制胆碱酯酶活性，但被抑制的胆碱酯酶部分可以自行恢复，故中毒快，恢复也快。人中毒后全血胆碱酯酶活性下降，出汗、瞳孔缩小、血压升高、肺水肿、昏迷等，个别病人可引起迟发性神经中毒和心肌损害。解毒治疗以阿托品类药物为主。复配作用较差，可酌情使用。洗胃要彻底，忌用碱性液体洗胃和冲洗皮肤，可用高锰酸钾溶液或清水。

21. 敌蝇威（dimetilan）

其他名称：G5 13332；Geigy 22870。

毒性：急性经口LD$_{50}$大鼠为47～64mg/kg，小鼠为60～65mg/kg；大鼠急性经皮LD$_{50}$＞4g/kg。

作用方式与特点：具有胃毒作用。在进入动物体后和其他一些氨基甲酸酯一样，产生抑制胆碱酯酶活性的作用。

使用方法：配制毒饵防治家蝇。

注意事项：

① 当处理浓制剂时须穿着防护服，避免皮肤和药液接触。

② 贮存在离食物和饲料较远的地方，勿让儿童接近。

中毒和急救：解毒药剂为硫酸阿托品。

22. 氟虫胺（sulfluramid）

其他名称：GX 071；Finitron。

毒性：大鼠急性经口$LD_{50}>5g/kg$。兔急性经皮$LD_{50}>2g/kg$。对兔皮肤有轻微刺激，对兔眼睛无刺激。大鼠急性吸入$LC_{50}>4.4mg/L$（4h）。

剂型：毒饵（Finitron）。

用途：为有机氟杀虫剂，每个家庭使用12~20饵，防治蚂蚁和蟑螂。

23. 伏蚁腙（hydramethylnon）

其他名称：AC 217300；CL 217300；Amdro，Combat（家庭用），Maxforce（专业用途），Matox，Wipeout。

毒性：急性经口LD_{50}，雄大鼠为1131mg/kg，雌大鼠为1300mg/kg；兔急性经皮$LD_{50}>5g/kg$。对兔和豚鼠皮肤无刺激，对兔眼有可逆刺激，对豚鼠皮肤无致敏作用。大鼠急性吸入$LC_{50}>5mg/L$（4h）。

剂型：多为糊剂（PA）和饵剂（RB）。

作用方式：为试验性杀虫剂，具有胃毒作用，无内吸性，在环境中无生物积累作用。

使用方法：主要用于牧场、草地、草坪和非作物区，防治火蚁。饵剂用量为1.12~1.68kg/hm^2。也可防治蟑螂。

24. 伏蚁灵（nifluridide）

其他名称：EL–468，Lilly L–27，EL–968；Bant。

毒性：大鼠急性经口LD_{50}为48mg/kg。

剂型：5g/kg、7.5g/kg饵剂（RB）

使用方法：用于防治火蚁和白蚁，对火蚁的施用剂量为10~20g/hm^2，250mg/kg可使白蚁死亡。

25. 蜗牛散（metacetaldehyde）

其他名称：聚乙醛；灭蜗灵；Meta；Metason；Antimiltace；Namekil；Scatterbait；Slugan；Slugges；Slugoids；Halizan；Limatox。

毒性：急性经口LD_{50}，大鼠的为283mg/kg，小鼠的为425mg/kg。

剂型：原粉；3.3%蜗牛散与5%砷酸钙混合剂；4%蜗牛散与5%氟硅酸钠混合剂；80%可湿性粉剂。

使用方法：叮用2.5%~5%有效成分的蜗牛散混合豆饼或玉米粉或糠制成毒饵，傍晚施于田间诱杀；或每亩3.3%蜗牛散与5%砷酸钙混合制剂6.75~7.5kg/hm^2，傍晚时撒于田间。

注意事项：不要用焊锡的铁器包装。

26. 其他

除上述产品外，毒饵的研究取得了一些新进展，部分具有开发为毒饵使用的潜力，简介如下：

（1）以石膏为主的杀鼠饵剂　该饵剂含面粉400份、石膏450份、糖30份、粉笔30份（质量）。该饵剂会在鼠类动物肠内硬化，造成肠梗阻而死亡。

（2）其他杀鼠植物　张宏利等（2007）主编的《中国灭鼠植物及其研究方法》一书根据国内外对灭鼠植物的研究现状，总结出58科231种对鼠类具有毒杀或使鼠类具有不育作用的植物，从其形态特征、毒性、化学成分及毒理作用等方面进行了详细介绍。

当然，许多杀鼠植物也已得到了应用，如将烟草背皮用溶剂提取烟碱，提取物干燥后与谷物掺和制成丸剂；以蓖麻毒蛋白为主体成分研制出的植物灭鼠剂水剂，野外防治高原鼠兔的应用试验结果显示，该植物灭鼠剂在防治青藏高原的高原鼠兔中具有较好的应用前景；以人工合成类激素和棉酚混合，研制出的使森林害鼠不育的第2代抗生育剂，其主要抗生育效果为破坏雄鼠的生殖器官睾丸和抑制雌鼠排卵，抗生育效果极为明显，并呈现出一个长期而稳定的效果；以"雷公藤"根部的提取物为原料的杀鼠剂，其毒性是目前市场上大量使用的溴敌隆灭鼠剂的1/760。

（3）D型肉毒毒素毒饵　D型肉毒毒素是D型肉毒棱菌毒素的简称，与C型肉毒杀鼠素属同一类生物毒素，但它属于低毒农药，对牛羊特别安全，可以一面投毒饵一面放牧，残留期短，不会污染环境。产品为200万毒价/mL D型肉毒杀鼠素水剂，商品名叫克鼠安，由江苏扬州市崔氏生物实验所生产。用于牧草防治长爪沙鼠、兔尾鼠等，将其配成0.1%～0.2%毒饵，亩投毒饵35～50g。毒饵配制方法和投饵方法参见C型肉毒杀鼠素。

（4）生物猫　生物猫是1.25%肠炎沙门菌阴性赖氨酸丹尼氏变化6a噬菌体饵剂的商品名，是一种杀鼠剂，由古巴进口。主要用于草原，防治黄胸鼠、大足鼠、布氏田鼠、高原鼠兔等，采用饱和投饵法，每洞投饵5～6g。

病原微生物灭鼠法是利用自然界中一些对鼠类有选择性的病原微生物经实验室培养之后，以毒饵的形式投放到鼠类种群之中，通过鼠类的活动或媒介昆虫及吸血节肢动物等在鼠类之间传播，使鼠类发病死亡，以达到消灭和降低鼠类种群密度的方法。灭鼠微生物通常是在鼠类发生动物病流行时，从鼠体中分离得到，经实验室选育鉴定后才使用的。据资料记载，使用最多的是沙门氏菌属中的细菌，其次是某些病毒。

（5）斑蝥素灭蝇毒饵　斑蝥素（cantharidin，$C_{10}H_{12}O_4$）是一种存在于鞘翅目Coleoptera芜菁科Meloidae昆虫体内，具有独特防御作用的倍半萜类天然物质。斑蝥素可防治多种害虫，杀虫谱广，作用方式多样，其主要作用方式为触杀、胃毒和拒食，兼具一定的内吸、驱避和种群抑制作用，但无熏蒸作用。称取奶粉50g放入200mL烧杯中，加入100mL蒸馏水、3.0g琼脂，在酒精灯上加热、煮沸，使其成黏稠状；再加入山梨酸和对羟基苯甲酸甲酯各0.4g，搅拌至糊状；待温度降至30℃左右时，即用手摸烧杯不烫手时，开始迅速分装，加入斑蝥素和已稀释好的0.08%家蝇信息素诱虫烯，搅拌均匀；最后倒入长、宽约3cm，高1.5cm的星形小塑料盒中，待其凝固后倒出备用。当斑蝥素含量为0.1%时，毒饵48h和60h的灭蝇率分别达到81.04%和95.78%。

（6）药用植物配制灭蝇毒饵

① 百合科的藜芦（*Veratrum nigrum* L.）　藜芦鳞茎和根的毒性最强，家蝇取食它的鳞茎米汤浸出液后，半小时左右即有中毒现象，鳞茎浸出液对家蝇毒杀的开始有效浓度为1%，最高为5%。20～100倍水溶液混以米汤和糖水诱杀苍蝇的杀虫率可达75～90%。或用5斤捣碎，调糖和酒酿各半斤，做成毒饵。

② 百部科的百部［*Stemona japonica*（Bl.）Miq.］　百部的10倍水煎液，以块根为最强，而块根中又以根轴为最强，浓度为1∶400时蝇幼虫的死亡率为64%，1∶250时死亡率为92%。百部的酒精浸膏作为胃毒剂，成蝇食后10～15min呈麻醉状态，15～30h死亡，毒饵诱杀家蝇的杀虫率为61%。

③ 菊科的黄花蒿（*Artemisia annua* L.）　黄花蒿又名臭蒿，制成毒饵诱杀家蝇，杀虫率为58%。

④ 茄科的烟草（*Nicotiana tabacum* L.）　烟叶研细，拌入稀粥或米汤中可毒蝇。

⑤ 毛茛科的乌头（*Aconitum Kusnezoffii* Reichb）　乌头又名草乌。新鲜的根切碎与粥饭混合，可以用来毒杀成蝇。

中国科学院昆虫研究所用53种土农药的酒精浓缩液做食饵诱杀舍蝇成虫的试验，效果以细辛为最好，苦藤子、川橘皮次之，苦檀子、苦葛、鹤虱、五加皮、百部、青龙权、蛇薯作诱饵，有毒杀舍蝇的作用。

（7）鱼藤灭蚁毒饵　鱼藤根中杀虫主要成分为鱼藤酮，还有鱼藤毒、灰毛豆精和毒灰叶酚等，对昆虫主要起触杀作用，也有胃毒和忌避的效果。将鱼藤根粉碎后与植物淀粉、糖、脂肪和香料配成1～1.5mm的颗粒诱饵，10%的毒饵对伊大头蚁72h毒杀效果达100%。

（8）夜蛾病毒毒饵　传统毒饵的有效成分是胃毒剂，但也有人报道以斜纹夜蛾的致病病毒（SpltNPV）为有效成分制成毒饵饲喂斜纹夜蛾，携带病毒的成虫交配后可以使病毒顺利传代，完成垂直传播。子代幼虫死亡，又可以成为病毒水平传播的侵染源，促使病毒病流行，从而达到防治效果。

（9）蝗虫微孢子虫毒饵　微孢子虫属原生动物的一个类群，是昆虫中普遍寄生物，为蝗虫体内重要病原物。将其中蝗虫微孢子虫加工成毒饵。经蝗虫摄入体内，在肠消化液作用下，释放出极丝注入肠壁细胞，穿透细胞壁进入体腔，感染敏感组织，并开始裂殖生殖，从而影响蝗虫的生长发育，可经蝗卵进行垂直传播，致使蝗卵不能完成胚胎发育而致死，所以可持续在蝗虫种群中发挥作用，控制蝗虫种群数量。

第七节　毒饵的使用

与其他农药剂型相比，毒饵的使用技术更加复杂，主要采取抛撒、散布或分放的方法。例如，防治农田地下害虫时，播种期间可将毒饵撒在播种沟里或随种播下，幼苗期则可将毒饵撒在幼苗基部，最好用土覆盖，地面撒毒饵，饵料还可以采用新鲜水草或野菜，这样不仅可以节约粮食，而且对许多草食性害物的灭效可以超过粮食毒饵。毒饵的应用在害鼠防治中最为广泛。这里，我们就以杀鼠毒饵的使用为例。防治害鼠时，投饵方法主要有点放法、散放法和毒饵站法。

（1）点放法　鼠道、鼠洞明显，容易发现时，可将毒饵成堆点放在鼠道上和鼠洞附近。毒饵量视鼠密度大小而定。

（2）散放法　若鼠道、鼠洞不易发现，可将毒饵散放在鼠类活动的场所。

（3）毒饵站法　"毒饵站"是指老鼠能够自由进入取食，而其他动物（如鸡、鸭、猫、狗、猪等）不能进入或取食的一种能盛放毒饵的容器，如毒饵盒、毒饵罐、毒饵箱等。毒饵器中央放毒饵，两端设一个方便鼠进出的小洞。大面积灭鼠后，在容易发生鼠患的场所设毒饵器可长期巩固灭鼠效果。该法具有高效、经济、安全、环保、持久等优点；儿童、禽畜不易接触到毒饵；毒饵不易被雨水冲刷，不易受潮毒变，可长久发挥药效，节省灭鼠成本，对环境不造成污染。

根据是家居害鼠还是田野害鼠，地面害鼠还是地下害鼠，灭鼠药是急性还是慢性等，具体的投饵方法也有所不同。投放毒饵的方法和投饵量与灭鼠效果和效率关系极大。不适当的方法和投饵量不但容易造成事故，还可能会影响生态平衡。应当根据鼠类的活动规律，并考虑灭鼠现场的各种因素，选用适用的方法。

一、地面害鼠投饵

1. 洞口投饵或洞群投饵

洞口投饵适用于植被低矮稀疏、洞口明显的地段。可将毒饵投于有效洞口外面的跑道两侧；为了避免牲畜取食，大块毒饵可以投在洞内。投饵量每洞0.1～0.2g，慢性灭鼠剂用量至少要大一倍。布饵时应当稍稍撒开些，以减少牲畜取食的机会。洞群投饵是在每一洞群中任选若干地点投饵，不必靠近某一洞口，投饵量和洞口投饵法相近，也需把毒饵撒开，切勿堆成大堆。

大面积灭鼠时，为了提高功效，不必区分有效洞和无效洞，可以统统投饵。有人认为，大面积灭鼠中不成片的漏洞，漏洞率在5以下时，不会影响灭效。

2. 均匀投饵和带状投饵

在鼠洞密度较高、分布比较均匀的地段，根据鼠类主动觅食的习性，可以采用均匀投饵法。即用人力或机械均匀撒布毒饵，使毒饵以单粒存在。急性灭鼠剂投饵量为0.5～1.0kg/hm²，慢性灭鼠剂加倍。

均匀投饵可以只投在洞口集中处，也可以投成带状。带状投饵用人工步行撒布、骑马撒布、喷饵机布饵和飞机投饵均可。带的宽度依投饵工具而定，徒手一般可撒5m左右。带间宽度不超过杀灭对象经常活动半径。投饵量可控制在毒饵带内1m²面积上有5粒毒饵（小麦粒）左右。均匀投饵和带状投饵一般宜用小粒毒饵。毒剂浓度一般应达到每粒毒饵含1个全致死量。

均匀投饵功效较高，灭效较好，牲畜中毒概率也低，缺点是耗饵量较大。

3. 宽行距条状投饵

用宽行距条状投饵法投饵，饵粒排成线状。条间距依鼠类采食半径而定，据内蒙古试验，达乌尔黄鼠可间隔50m，长爪沙鼠25～30m，布氏田鼠20～25m。但在鼠类不同的生态期，其活动半径会有变化，妊娠、哺乳和幼仔出洞期活动半径较小，应缩短行距。冬季贮粮的鼠种，在秋季使用此法效果最好。

4. 等距离堆状投饵

在林区家畜不能进入的地方，可用等距离堆状投饵，堆可以大一点，堆距离5m，行距10～20m。

5. 机械投饵

为了保障操作人员的安全和提高灭鼠质量，灭鼠中不可缺少投饵工具。在地广人稀的牧区，更需要有适用的投饵机械，以节约人力，提高工作效率。

投饵工具的形式多种多样，可就地取材，制作简易工具。

宽行距条状投饵，在步行和骑乘牲口时，可以利用农村中各种播种器的原理制作简单的工具。使用机械动力时，可用改装的小型单行播种机。

在均匀投饵和带状投饵时，可以利用各种机动喷粉器，其功效很高，但需要相当大的动力。

6. 飞机投饵

有些地区曾用飞机投饵，取得了一定的成绩和经验。飞机投饵适用于劳动力缺乏、鼠害严重、为害面积大、分布集中均匀，以及人、畜或一般机械不易进入的地区。它的优点是效率高、速率快、撒饵均匀，在条件适宜时，还可以结合飞播造林种草进行。诱饵可以用各种谷物或草籽。飞行高度约50m，喷幅、幅间距都在50m左右，喷饵量约为2kg/hm²（喷幅内），1m²落饵约4粒。据试验，在飞行高度50m、风速6m/s以下时，对喷幅影响不大。飞机灭鼠，组织工作十分重要，它对于地面信号、配制毒饵的速率和质量（最好用机械配制毒饵）、喷药装置的质量，以及工作计划、安排都有十分严格的要求。如果上述问题不能妥善处理，就不可能收到良好的效果。

二、地下害鼠投饵

1. 投饵方法

（1）插洞法　用探棍在鼢鼠洞道上面插一个小孔。探洞时，不要用力过猛，探到洞道时有一种下陷的感觉，这时轻轻旋转退出探棍，把毒饵从此孔用药勺投到鼢鼠洞道内，然后用湿土把此孔盖严。此法的优点是省工、省时，人为因素对甘肃鼢鼠的影响极小［图11-6（a）］。

（2）切洞法　用铁锨在鼢鼠洞道上挖一个上大下小的坑，取净洞内的土，判断是否为有效洞，若是有效洞则投饵。其投饵有两种，一种是用长柄勺将毒饵放进洞内深处；另一种是用50～60cm长的细棍，探其洞道深浅，用插洞法把毒饵投在距开口处40～50cm的洞道内，投饵后立即用湿土封住切开的洞口。另外投饵还有单向和双向投饵之分，对有经验的投饵者，可以根据鼢鼠鼻印判断鼢鼠所在方向，拟采用单向投饵；而对于一般投饵者应采用双向投饵。此法的优点是较插洞法投饵准确率高，且较省药［图11-6（b）］。

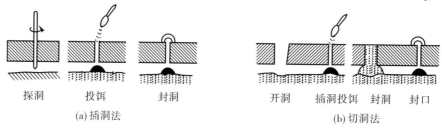

探洞　　投饵　　封洞　　　　　开洞　　插洞投饵　封洞　　封口

(a)插洞法　　　　　　　　　　　　　　(b)切洞法

图11-6　地下害鼠投饵方式示意图

（3）切封洞法　此法基本上与切洞法相似，只是开洞后24h后在封洞的洞内投饵。此法的优点是投饵的效率极高，非常省药，缺点是费工、费时，工作量大，易受人为因素的干扰而影响鼢鼠对饵的取食。

投饵时，对于插洞法来说不要用手触摸探棍的端部，否则会在探棍上留下汗渍味；而对于切洞法和切封法来说，封洞时，不要用手摸对着洞口一面的土。特别是女性投饵时，投饵前不要使用气味大的化妆品或用香皂洗手、洗脸，否则会影响投饵效果，降低鼢鼠对饵料的取食，影响杀灭效果。

2. 投饵密度与用药量

投饵密度和用药量与防治现场的鼠口密度、投饵方式和防治效果有关，表11-4反映了95%杀灭率下1hm²不同投饵方式的投饵密度和用药量。

表11-4　1hm²不同鼠口密度下95%防治效果的投饵密度和最大用药量

鼠口密度/只	切封洞法		切洞法		插洞法	
	密度/洞	药量/g	密度/洞	药量/g	密度/洞	药量/g
2.0～4.0	4～6	30	8～12	60	16～25	125

鼠口密度 / 只	切封洞法		切洞法		插洞法	
	密度 / 洞	药量 /g	密度 / 洞	药量 /g	密度 / 洞	药量 /g
4.8 ~ 7.2	6 ~ 14	70	12 ~ 28	140	25 ~ 60	300
8.0 ~ 10.0	14 ~ 20	100	28 ~ 40	200	60 ~ 100	500
11.2 ~ 12.8	20 ~ 25	125	42 ~ 50	250	90 ~ 125	625
14.0 ~ 16.0	25 ~ 35	175	50 ~ 70	350	90 ~ 250	1250

三、居民区投饵法

居民区灭鼠宜采用堆状投饵，可沿墙边等鼠类经常出没处投放，每堆3 ~ 5g，每平方米的面积投1 ~ 2堆。在饲养场、食堂、仓库等特殊场合，宜采用毒饵站法。急性灭鼠剂与慢性灭鼠剂的投饵方法有很大不同。

（1）急性灭鼠剂　在投放毒饵前，应预先投放无毒的前饵3 ~ 7d，以克服家鼠的异物反应。投放毒饵的时间，对小家鼠可稍短，对褐家鼠宜稍长。在投放前饵时，还可以调整投饵密度。投饵后每天检查1次，若前饵几天未动，可取消几堆；若前饵部分消耗，应加以补充；若前饵被吃完或基本吃完，除补充饵料外，应增设投饵点。最后，收起无毒饵，换上毒饵。

（2）慢性灭鼠剂　可不布放前饵，毒饵密度的调节如前。在5 ~ 7d，要充分供应毒饵。灭鼠后，应收回残余毒饵，集中妥善处理。

四、草地喷雾法

利用内习性药物的内吸特性进行灭鼠，适用于杀灭鼢鼠、鼹形田鼠等营地下生活的鼠类。具体做法是将内习性杀鼠剂配制成一定浓度的溶液，以喷雾器喷在生长旺盛的植株上。既可以全面喷洒，也可以条喷、点喷（即在洞群及其附近喷洒）。

杀鼠毒饵是毒饵中最具代表性的一种。鼠害的防治对于保证农业丰收、防止疾病传播有重大意义。据统计，全国农田发生鼠害面积达$2.4 \times 10^7 hm^2$（3.6×10^8亩），每年因鼠害而造成的粮食减产达1.5Gt（$1.5Gt = 1.5 \times 10^9 t$），每年库存粮食被盗达0.3Gt；鼠类还能传播疾病，如鼠疫、流行性出血热等，严重危害人类健康。因此，科学合理地使用杀鼠药剂，是人们非常关心的课题。其中需要注意的是，做好害情预报，合理选择有效药物，合理布置毒饵，防止产生二次毒性和污染。

1. 做好害情预报

植保部门应对鼠害的种群分布、种群数量较长动态、种群繁殖动态、危害特点等进行预测，以便根据鼠害情况合理用药，指导灭鼠工作。例如，根据某地黑线姬鼠的生态特征、中期繁殖和消长规律，确定每年3月和8月为最佳防治时期。据此，适当地采用人工捕杀与毒饵诱杀相结合的办法，可收到良好的灭鼠效果。

2. 应注意杀鼠剂品种的合理交替使用，以免产生抗性

杀鼠剂，包括急性速效药物，第一代抗凝血药物和第二代抗凝血药物。其中，除了已被淘汰和禁用的药物外，其余药物均为有效。在使用时，应注意品种的适当轮换。虽然第二代抗凝血药物是比较好的杀鼠剂，但长期使用则易产生抗药性，在新型杀鼠剂出现之前，

则应该与第一代抗凝血药物适当交替使用，并与其他品种合理配置，避免抗药性的产生，延长品种的有效使用期。

3. 防止产生二次毒性和污染

杀鼠剂大多为无味无臭物质，且饵料和鼠尸又为家畜喜食，易产生二次毒性和污染。所以，在使用和制作毒饵时应注意以下问题。

① 制作、投放毒饵后应立即洗手，冲洗盛装读物的容器。

② 定量、定点投放毒饵，随时检查毒饵消耗情况，收集深埋鼠尸，防止家畜误食。

③ 灭鼠结束后，对剩余毒饵应集中统一处理。

④ 检查灭鼠效果，以确定是否继续投放毒饵或改用其他灭鼠方法。

毒饵仅是众多剂型的一种。而要做到有效防治，还应注意多种剂型和方法的合理使用，同时，毒饵的制作和使用还有待发展，即如何防止产生抗药性和二次毒性，选择更廉价的和有效的饵料，使防治对象不拒食，研制更加有效的添加剂仍是毒饵的重要研究课题。

第八节 毒饵的中毒急救

一、安全使用规则

严格执行安全防护规则，是杜绝中毒事故发生的根本措施。

1. 药剂运输

（1）包装 包装必须严密坚固，注明"有毒"字样。运输中应轻拿轻放。包装如有破损，须立即改装。被污染的包装材料和衣物及散落毒剂之处，应交专业人员妥善处理。

（2）运输 运输时不得与粮食、瓜果、蔬菜等食品或日用品混合装载。

2. 药剂保管

（1）专业保管 设专人、专库、专柜保管。保管处门窗应牢固，通风条件良好，门、柜应加锁。不可和食物、饲料及日用品放在一起。

（2）严禁混放 熏蒸毒剂，尤其是已启封、分装的熏蒸毒剂，绝对禁止放在住房或与住房、畜圈贯通的仓库内。

（3）建立账目 药剂的购进、入库、发放和消耗应及时登记，做到账与药相符。

（4）剩余物的处理 装药用的空瓶、空罐和其他包装材料应由专人妥善处理，不可任意移作他用。

（5）进库入库要洗手 在库内严禁吸烟、喝水和吃东西。库房中应有面盆、肥皂和毛巾，入库人员出库后应立即洗手。

3. 毒饵的加工配制

（1）专业加工 毒饵的加工配制必须在专业人员的指导下，在有专门设备的室内进行，室内应有人工通风设备。如条件不具备，必须在露天加工时，应远离住房、畜圈、渠道和水井等地，并且禁止畜禽和无关人员接近。

（2）严格执行操作规程 配制毒饵时，应准确称量。不能随意加大用药量。工作人员应穿戴防护装备，工作中不能进食、饮水和抽烟，切勿赤手接触药剂。操作完毕，应认真做好清除自身残毒工作。

（3）废物处理　洗涤工具的水和药剂污染的废纸、废液、垃圾及中毒鼠尸，都应集中挖坑深埋。

（4）计划配制　在配制毒饵时应认真而准确地做好计划，用多少配多少，当天毒饵当天用完，剩余毒饵必须收回，统一入库保管，严禁随意乱放。

4. 药剂投放规则

使用人员应是身体健康、经过训练的成年人。体弱、精神病患者、孕妇和儿童不宜参加投毒。

工作中应穿戴必要的防护装备；不得进食、喝水和吸烟。药剂或毒饵应装在适当的容器内，毒饵应用勺子舀取，切勿用手直接抓取投放。

投熏蒸剂或喷液时，应站在侧风方向进行。

大面积灭鼠时，应广泛宣传。投毒后，应加强畜禽管理，必要时划禁牧区，并规定适当的禁牧期，禁牧区应设置醒目的标记。

准备当天投放的毒饵，力求当天投完。如果投不完时，也不能超量乱投，余下的毒饵应交专人统一处理。

非经有关人员批准，药剂不许转发他人使用，也不许个人私自取用，灭鼠结束时，要彻底清查库存和私人手中可能存放的药剂，收交主管单位集中保管。

若有人出现中毒症状，如头痛、头晕、恶心、呕吐和呼吸困难等，应马上停止工作，送医疗单位诊治。

二、毒饵中毒的急救

在事故发生之前应当有所准备。准备工作包括：灭鼠工作队中配置医务工作人员，并给予适当培训；准备好急救药物和器材；预先与附近医疗单位联系，并主动提供灭鼠药物性质和中毒急救的资料，必要时还应提供特效解毒药物。抢救灭鼠剂中毒通常按三步进行：一要摸清发病原因，尽快清除未被吸收的毒药，阻止它继续毒害人体。二要对已被机体吸收的毒药解毒，促使毒药从人体排出。三要对症治疗，减轻各种症状及防治并发症。一般说来，发生中毒之后，最好是及时送往医院治疗，在医疗条件较差的地区，或是在医生到来之前，还可根据中毒的情况，采取一些简便的措施进行急救。

1. 排除毒物

（1）洗胃　神志清楚的病人可以自己喝下去；神志不清的病人，可以用像皮胃管插入胃内进行洗胃。昏迷病人，应尽量避免洗胃。内服强腐蚀性毒物者应禁忌洗胃。洗胃最好在中毒6h内进行。用1～2m长，直径1～1.5cm的胶管，一头装漏斗另一头用温水湿润，慢慢插入病人食道。如不成，可用压舌板压舌根，利用反射性吞咽动作，慢慢插入。从牙齿算起，根据病人个子大小，插入30～50cm。为防止把洗胃管插入气管，插入后把另一头放入水中，如冒气泡，应抽出来重插，以免洗胃液流入肺中。

洗胃一般用温水、1/5000的高锰酸钾溶液、鞣酸或生理盐水，把洗胃液注入漏斗，把漏斗提高，待全部流入胃里，再把漏斗放低，让毒药随洗胃液流出。

（2）催吐　中毒后立即进行催吐，是排除体内毒药的最好方法，还可加强洗胃的效果。用手指、筷子、压舌板、匙柄、笔杆、鸡毛刺激舌根部或喉后壁导吐，简便易行，奏效迅速。如胃内物过稠，不易吐出、吐净，可饮温水，或300～500mL温水中溶解3～5

汤匙食盐，再刺激导吐。用空心菜掺洗米水搓溶去渣，内服半碗，可引起呕吐。也可灌服1：2000高锰酸钾100～300mL，或硫酸铜、硫酸锌溶液（0.3～0.5g溶于150～250mL温水中），应用碘酊（0.5mL加水500mL）刺激胃黏膜引起呕吐。皮下注射阿扑吗啡5～10mg致吐。也可由3%盐水灌服，然后用干净手指机械地刺激咽部催吐。对于昏迷状态的病人，不宜采用催吐法，以免吐出的东西进入气管，造成呼吸困难或引起吸入性肺炎。

（3）导泻　催吐和洗胃之后，还需导泻和洗肠，使已经进入肠道的毒药迅速排出体外，减少肠内吸收。蓖麻油15～20mL导泻效果好，但脂溶性毒药，忌用蓖麻油、液状石蜡等油类泻剂。硫酸镁30～35g，溶于200mL水中，口服，导泻效果好，为防止中枢神经呼吸抑制，肾功能减退时忌服。还可改服中药，明矾5g，大黄、甘草各25g，水煎冷服，1次服完，1日连服2剂。腐蚀性毒药中毒或全身衰老者，以及中毒症状有吐泻、明显脱水时忌用泻药，可用生理盐水洗肠。

（4）远离毒物源　排除经鼻吸入的毒药时，应把病人迅速抬离毒气区，抬的时候严禁颠簸，以减少病人的氧气消耗。脱去被毒气沾染的衣服，松开衣扣、裤带，让病人充分呼吸新鲜空气。垫高脚部，安静休息，盖被，必要时加热水袋以保持体温。注意观察病人神态、呼吸和循环系统功能，必要时给予氧气或施行人工呼吸，促使毒气尽快排除。

（5）清洗皮肤　排除经皮肤吸收的毒药时，应先脱去被污染的衣服，以防继续中毒。用大量清水冲洗皮肤，至少5min，以去掉皮肤上的毒药。毒药溅入眼内时，酸性毒药用2%碳酸氢钠液冲洗；碱性毒药用3%硼酸液冲洗，并滴0.25%的氯霉素滴眼液，涂5%金霉素眼药膏、土霉素、鼻眼净等药，以防继发性感染。

（6）服用吸附剂和保护剂　活性炭是良好的吸附剂，如遇到对食管、胃肠道黏膜有刺激、腐蚀作用的毒物中毒时应服保护剂，如植物油、牛奶、蛋清、豆浆、淀粉糊等，这些胶状或乳状的物质附着在胃壁（胃黏膜）上，可减少胃壁与毒物的接触，这样一方面可以减少人体对毒物的吸收，另一方面也可以减少毒物对胃壁的直接损伤。

（7）其他　静脉点滴注射5%葡萄糖生理盐水溶液，一方面可以稀释体内毒素，另一方面可使毒素随水分从小便中排出。给予利尿药加速毒物排泄。对酸中毒病人，除输入一般液体外，还应加入碳酸氢钠或乳酸钠纠正酸中毒。

2. 应用解毒剂治疗

（1）一般解毒剂　当不了解中毒药剂时，可利用氧化、中和等方式进行一般性解毒。当酸中毒时，可用弱碱（如氧化镁乳剂、肥皂水等，但不宜用苏打，因在胃内能分解产生大量的二氧化碳气体，有胀裂胃壁的危险）通过中和作用而解毒；如毒物是碱，可用弱酸（如乙酸、枸橼酸）中和。

（2）特效解毒剂　应用特效解毒剂是最有效的解毒方法，但采用时必须确认中毒药剂种类，否则应用不当可能反而加重中毒症状。具体应根据药剂的致毒机理和已明确的特效解药进行治疗。

3. 对症治疗

应与排毒操作同时进行，但应注意切不可使用中毒毒物的禁忌药物。

（1）镇痛　可用吗啡等。用吗啡时注意对呼吸中枢的抑制作用。此外，可用巴比妥钠或异戊巴比妥钠作镇静剂。

（2）呼吸衰竭的抢救　如中毒者呼吸表浅，时快时慢，呼吸暂停，口唇青紫时，可吸入纯氧或含5%二氧化碳的氧，亦可嗅氨水，注射洛贝林（山梗莱碱），每次1～2支，或用可拉明1支，卡他阿唑1~2支交替肌注。此外，可针刺人中、腋中、内关、十宣等穴。若呼吸停止，应立即进行人工呼吸。

（3）循环衰竭的抢救 中毒者出现心跳过速、血压下降、脉搏微弱等休克症状时，给浓茶喝。也可静脉注射肾上腺素或麻黄素。心脏停止跳动，速向心脏注射肾上腺素，或立即进行人工呼吸和心脏按摩。

（4）其他 昏迷超过12h，应注射抗生素预防呼吸道感染。痉挛时，用水合氯醛灌肠，肌注苯巴比妥钠或让病人吸入醚、氯仿。因缺氧发生痉挛时，可吸入氧气。恶心、呕吐、腹痛时，内服平胃散、颠茄片，注射阿托品等，也可针刺内关、上吐穴、足三里等穴。对中毒者可给予大量饮水，或从静脉或直肠补液。同时还需注意支持病人的体力，扶助机体的抵抗力，输液保温，使病人安全度过危险期。

参考文献

［1］曹敏. 蟑螂的化学防制进展. 中华卫生杀虫药械：2005：253-255.

［2］陈建新，宋敦伦，刘泉. 一种新型灭蜚蠊、蚂蚁毒饵配方及其毒效. 中国媒介生物学及控制杂志，2002：271-272.

［3］党蕊叶，权清转，吴晓民，等. 溴敌隆蜡膜毒饵的制备及效果试验. 陕西师范大学学报：自然科学版，2007：24-26.

［4］邓志坚. 白蚁毒饵诱杀技术研究进展. 华东昆虫学报，2006：315-320.

［5］冯纪年，等. 草原鼠虫害及其防治. 杨凌：西北农林科技大学出版社，2006.

［6］花立民. 甘肃草原啮齿动物精确性可持续控制技术和WEB数据库构建研究. 兰州：甘肃农业大学，2008.

［7］姜志宽，邵则信. 家蝇引诱剂及毒饵的研究进展. 医学动物防制，2000：498-502.

［8］梁铁麟，何上虹. 蜚蠊毒饵的应用和发展a. 中国媒介生物学及控制杂志，2009：392-393.

［9］梁铁麟，何上虹. 蟑螂毒饵的应用和发展b. 中华卫生杀虫药械，2009：432.

［10］刘步林. 农药剂型加工技术. 北京：化学工业出版社，2001.

［11］邵新玺，黄清臻，周广平，等. 家蝇的诱杀防治进展. 医学动物防制，2000：159-160.

［12］孙晨熹. 灭蝇毒饵及其辅剂的研究进展. 医学动物防制，2002：366-367.

［13］王春晓，田伟金，庄天勇，等. 鱼藤毒饵防治伊大头蚁的初步研究. 昆虫天敌，2006：93-96.

［14］谢红旗，张平森，杨庭勇，等. 红豆草粉粒C型肉毒梭菌毒饵灭鼠效果试验. 草业科学，1998（2）：60-61.

［15］邢杰，闫玉文，纪伟华. 高效氯氰菊酯毒饵的制备及杀灭蜚蠊效果观察. 解放军预防医学杂志，2000：25-27.

［16］徐汉虹主编. 植物化学保护学. 第4版. 北京：中国农业出版社，2007.

［17］杨学军，韩崇选，王明春，等. 灭鼠毒饵引诱剂的筛选. 西北林学院学报，2003：92-95.

［18］姚振祥，陈敏，何华，等. 德国小蠊的毒饵防治. 中华卫生杀虫药械，2004：399-400.

［19］张子平，茆青松. 灭蝇毒饵的加工合成技术. 医学动物防制，2002：272-276.

［20］张宏利，韩崇选，潘宏阳，等. 中国灭鼠植物及其研究方法. 杨凌：西北农林科技大学出版社，2009.

［21］赵伟，于清洁，刘娟，等. 糖衣法配制的溴敌隆毒饵灭鼠效果观察. 中国媒介生物学及控制杂志，2004：491.

［22］朱永和，等. 农药大典. 北京：中国三峡出版社，2006.

化工版农药、植保类科技图书

分类	书号	书名	定价
农药手册性工具图书	122-22028	农药手册（原著第16版）	480.0
	122-29795	现代农药手册	580.0
	122-31232	现代植物生长调节剂技术手册	198.0
	122-27929	农药商品信息手册	360.0
	122-22115	新编农药品种手册	288.0
	122-22393	FAO/WHO农药产品标准手册	180.0
	122-18051	植物生长调节剂应用手册	128.0
	122-15528	农药品种手册精编	128.0
	122-13248	世界农药大全——杀虫剂卷	380.0
	122-11319	世界农药大全——植物生长调节剂卷	80.0
	122-11396	抗菌防霉技术手册	80.0
	122-00818	中国农药大辞典	198.0
农药分析与合成专业图书	122-15415	农药分析手册	298.0
	122-11206	现代农药合成技术	268.0
	122-21298	农药合成与分析技术	168.0
	122-16780	农药化学合成基础（第2版）	58.0
	122-21908	农药残留风险评估与毒理学应用基础	78.0
	122-09825	农药质量与残留实用检测技术	48.0
	122-17305	新农药创制与合成	128.0
	122-10705	农药残留分析原理与方法	88.0
农药剂型加工专业图书	122-15164	现代农药剂型加工技术	380.0
	122-30783	现代农药剂型加工丛书－农药液体制剂	188.0
	122-30866	现代农药剂型加工丛书－农药助剂	138.0
	122-30624	现代农药剂型加工丛书－农药固体制剂	168.0
	122-31148	现代农药剂型加工丛书－农药制剂工程技术	180.0
	122-23912	农药干悬浮剂	98.0
	122-20103	农药制剂加工实验（第2版）	48.0
	122-22433	农药新剂型加工与应用	88.0
	122-23913	农药制剂加工技术	49.0
农药专利、贸易与管理专业图书	122-18414	世界重要农药品种与专利分析	198.0
	122-29426	农药商贸英语	80.0
	122-24028	农资经营实用手册	98.0
	122-26958	农药生物活性测试标准操作规范——杀菌剂卷	60.0
	122-26957	农药生物活性测试标准操作规范——除草剂卷	60.0

分类	书号	书名	定价
农药专利、贸易与管理专业图书	122-26959	农药生物活性测试标准操作规范——杀虫剂卷	60.0
	122-20582	农药国际贸易与质量管理	80.0
	122-19029	国际农药管理与应用丛书——哥伦比亚农药手册	60.0
	122-21445	专利过期重要农药品种手册（2012—2016）	128.0
	122-21715	吡啶类化合物及其应用	80.0
	122-09494	农药出口登记实用指南	80.0
农药研发、进展与专著	122-16497	现代农药化学	198.0
	122-26220	农药立体化学	88.0
	122-19573	药用植物九里香研究与利用	68.0
	122-09867	植物杀虫剂苦皮藤素研究与应用	80.0
	122-10467	新杂环农药——除草剂	99.0
	122-03824	新杂环农药——杀菌剂	88.0
	122-06802	新杂环农药——杀虫剂	98.0
	122-09521	螨类控制剂	68.0
	122-30240	世界农药新进展（四）	80.0
	122-18588	世界农药新进展（三）	118.0
	122-08195	世界农药新进展（二）	68.0
	122-04413	农药专业英语	32.0
	122-05509	农药学实验技术与指导	39.0
农药使用类实用图书	122-10134	农药问答（第5版）	68.0
	122-25396	生物农药使用与营销	49.0
	122-29263	农药问答精编（第二版）	60.0
	122-29650	农药知识读本	36.0
	122-29720	50种常见农药使用手册	28.0
	122-28073	生物农药科学使用指南	50.0
	122-26988	新编简明农药使用手册	60.0
	122-26312	绿色蔬菜科学使用农药指南	39.0
	122-24041	植物生长调节剂科学使用指南（第3版）	48.0
	122-28037	生物农药科学使指南（第3版））	50.0
	122-25700	果树病虫草害管控优质农药158种	28.0
	122-24281	有机蔬菜科学用药与施肥技术	28.0
	122-17119	农药科学使用技术	19.8
	122-17227	简明农药问答	39.0
	122-19531	现代农药应用技术丛书——除草剂卷	29.0
	122-18779	现代农药应用技术丛书——植物生长调节剂与杀鼠剂卷	28.0

分类	书号	书名	定价
农药使用类实用图书	122-18891	现代农药应用技术丛书——杀菌剂卷	29.0
	122-19071	现代农药应用技术丛书——杀虫剂卷	28.0
	122-11678	农药施用技术指南（第2版）	75.0
	122-21262	农民安全科学使用农药必读（第3版）	18.0
	122-11849	新农药科学使用问答	19.0
	122-21548	蔬菜常用农药100种	28.0
	122-19639	除草剂安全使用与药害鉴定技术	38.0
	122-15797	稻田杂草原色图谱与全程防除技术	36.0
	122-14661	南方果园农药应用技术	29.0
	122-13695	城市绿化病虫害防治	35.0
	122-09034	常用植物生长调节剂应用指南（第2版）	24.0
	122-08873	植物生长调节剂在农作物上的应用（第2版）	29.0
	122-08589	植物生长调节剂在蔬菜上的应用（第2版）	26.0
	122-08496	植物生长调节剂在观赏植物上的应用（第2版）	29.0
	122-08280	植物生长调节剂在植物组织培养中的应用（第2版）	29.0
	122-12403	植物生长调节剂在果树上的应用（第2版）	29.0
	122-27745	植物生长调节剂在果树上的应用（第3版）	48.0
	122-09568	生物农药及其使用技术	29.0
	122-08497	热带果树常见病虫害防治	24.0
	122-27882	果园新农药手册	26.0
	122-07898	无公害果园农药使用指南	19.0
	122-27411	菜园新农药手册	22.8
	122-18387	杂草化学防除实用技术（第2版）	38.0
	122-05506	农药施用技术问答	19.0
	122-04812	生物农药问答	28.0

邮如需相关图书内容简介、详细目录以及更多的科技图书信息，请登录www.cip.com.cn。

邮购地址：（100011）北京市东城区青年湖南街13号 化学工业出版社

服务电话：qq: 1565138679，010-64518888，64518800（销售中心）

如有化学化工、农药植保类著作出版，请与编辑联系。联系方式：010-64519457，286087775@qq.com。